工业机器人一体化系列教材

工业机器人机械基础一体化教程

主　编　韩鸿鸾　马春峰　徐金友
副主编　谭建正　林方霞　张彩霞　王　英
主　审　夏洪雷

教学资源

西安电子科技大学出版社

内 容 简 介

本书是基于创新创业模式，依据高等职业院校工业机器人技术专业的相关标准和工业机器人“1+X”证书制度的相关标准，按照“创新企业模式＋信息化＋课证融通”多位一体的表现模式编写的专业理论基础与实践一体化教材。

本书主要内容包括认识工业机器人的结构、工业机器人机械识图、工业机器人用典型零件、机器人常用机构、机器人机械传动、机器人液压与气压传动共 6 个模块，配有视频、课件等资源，有需要的读者可扫码获取。

本书适合高等职业学校、高等专科学校、成人教育高校及本科院校的二级职业技术学院、技术(技师)学院、高级技工学校、继续教育学院和民办高校的机电专业、机器人专业的师生使用，也可以作为工业机器人装调与维修初学者的参考用书。

图书在版编目(CIP)数据

工业机器人机械基础一体化教程 / 韩鸿鸾，马春峰，徐金友主编. --西安：西安电子科技大学出版社，2023.7
ISBN 978-7-5606-6835-2

Ⅰ. ①工… Ⅱ. ①韩… ②马… ③徐… Ⅲ. ①工业机器人—装配(机械)—高等职业教育—教材 Ⅳ. ①TP242.2

中国国家版本馆 CIP 数据核字(2023)第 061257 号

策　　划　毛红兵　刘小莉
责任编辑　刘小莉　吴祯娥
出版发行　西安电子科技大学出版社(西安市太白南路 2 号)
电　　话　(029)88202421　88201467　　邮　　编　710071
网　　址　www.xduph.com　　电子邮箱　xdupfxb001@163.com
经　　销　新华书店
印刷单位　陕西精工印务有限公司
版　　次　2023 年 7 月第 1 版　2023 年 7 月第 1 次印刷
开　　本　787 毫米×1092 毫米　1/16　印 张　23.5
字　　数　561 千字
印　　数　1～2000 册
定　　价　59.00 元
ISBN 978 - 7 - 5606 - 6835 - 2 / TP
XDUP 7137001-1

前　言

为了提高职业院校人才培养的质量，满足产业转型升级对高素质复合型、创新型技术技能人才的需求，《国家职业教育改革实施方案》和教育部关于双高计划的文件中，提出了“教师、教材、教法”三教改革的系统性要求。

国务院印发的《国家职业教育改革实施方案》提出，从2019年开始，在职业院校、应用型本科高校启动“学历证书＋若干职业技能等级证书”制度试点(以下称“1＋X”证书制度试点)工作。

为此，我们按照“信息化＋课证融通＋自学报告＋企业文化＋课程思政＋工匠精神＋工作单”等多位一体的表现模式，策划、编写了专业理论与实践一体化的课程系列教材。

本套教材按照“以学生为中心、以学习成果为导向、促进自主学习”思路进行教材开发设计，将企业岗位(群)任职要求、职业标准、工作过程或产品作为教材主体内容，将以德树人等课程思政内容有机地融合到教材中，提供丰富、适用和具有引领创新作用的多种类型立体化、信息化课程资源，实现教材多功能作用并构建深度学习的管理体系。

我们通过校企合作和广泛的企业调研，对工业机器人专业的教材进行了统筹设计。最终确定了9种工业机器人专业教材，包括《工业机器人机电装调与维修一体化教程》《工业机器人操作与应用一体化教程》《工业机器人离线编程与仿真一体化教程》等。

在编写过程中，我们对课程教材进行了系统性改革和模式创新，将课程内容进行了系统化、规范化和体系化设计，按照多位一体模式进行策划设计。

本套教材以多个学习性任务为载体，通过项目导向、任务驱动等多种“情境化”的表现形式，突出过程性知识，引导学生学习相关知识，获得经验、诀窍、实用技术、操作规范等与岗位能力形成直接相关的知识和技能，使其知道在实际岗位工作中“如何做”以及“如何做得更好”。

本套教材通过理念和模式创新形成了以下特点和创新点：

(1) 基于岗位知识需求，系统化、规范化地构建课程体系和教材内容。

(2) 通过教材的多位一体表现模式和教、学、做之间的引导和转换，强化学生学中做、做中学训练，潜移默化地提升岗位管理能力。

(3) 采用任务驱动式的教学设计，强调互动式学习、训练，激发学生的学习兴趣和动手能力，快速有效地将知识内化为技能、能力。

(4) 针对学生的群体特征，以可视化内容为主，通过实物图、电路图、逻辑图、视频等形式表现学习内容，降低学生的学习难度，培养学生的兴趣和信心，提高学生自主学习的效率和效果。

本套教材注重职业素养、以德树人的培养，通过操作规范、安全操作、职业标准、环保、人文关爱等知识的有机融合，提高学生的职业素养和道德水平。

本书在编写过程中将课程内容进行了系统化、规范化和体系化设计，按照多位一体模式进行策划设计。本书对应的是工业机器人技术专业的一门必修专业基础课，是连接基础课和专业课的桥梁，具有承上启下的作用。本书是基于高等职业院校工业机器人技术专业的相关标准和工业机器人“1 + X”证书的相关标准编写的，并始终贯穿“守正创新、独具创意”理念，课程思政融入方式如下：

(1) 课程思政，培根铸魂。本书在编写过程中，落实立德树人，融入思政元素，将严谨、精细、工匠精神融入教材中，并设置教师讲解、一体化教学、多媒体教学等栏目，以培养高素质的技术技能人才、能工巧匠为具体目标，教会学生真本领，培养对社会有作为、对国家有担当的职业技能人才。

(2) 不忘初心，牢记使命。二十大报告提到“实施科教兴国战略，强化现代化人才支撑”。编者坚持党的领导，忠于党的教育事业，支持教育事业高质量发展，建设高质量教材，提升教育教学水平。本书以价值观、知识技能为主题开展教学，渗透政治教育内容，强化学生创新意识、人文情怀、科学素养、工匠精神等。

本书是基于创新创业模式课程编写的。具体来说，本书是按照“创新创业模式 + 信息化 + 课证融通”等多位一体的模式编写的专业理论基础与实践一体化教材。双创精神(创新创业，即培养学生的创新素质和创业能力)融入方式如下：

(1) 守正创新，全面贯彻党的教育方针，认真研究职教领域一系列改革文件精神，特别是在本书的编写内容、表现形式等方面借助信息化手段提升教材质量。编者将相关视频、动画等教学资源制成二维码插入书中，便于读者自主学习，有效地提高学习效果，突出重点，为社会培养德智体美劳全面发展的高素质技术技能人才。

(2) 本书是专创融合教材，具体表现为以多个学习性任务为载体，通过项目导向、任务驱动、双创训练题等多种“情境化”的表现形式，突出过程性知识，提高学生的双创能力。

本书由韩鸿鸾、马春峰、徐金友任主编，由谭建正、林方霞、张彩霞、王英任副主编。本书在编写过程中得到了柳道机械、天润泰达、上海 ABB、KUKA、山东立人科技有限公司等工业机器人生产企业与北汽(黑豹)汽车有限公司、山东新北洋信息技术股份有限公司、豪顿华(英国)、联轿仲精机械(日本)有限公司等工业机器人应用企业的大力支持。同时还得到了众多职业院校的帮助，有的职业院校还安排了编审人员，在此一并表示感谢。

本书配有教学资源，以二维码的形式呈现，读者可用移动终端扫码获取。

由于时间仓促，编者水平有限，书中缺陷乃至错误在所难免，感谢广大读者给予批评指正。

编者于山东
2022 年 5 月

目　录

笔记

模块一

认识工业机器人的结构

任务一　认识工业机器人

工作任务

我国制造业规模稳居世界第一。工业机器人作为高端制造装备的重要组成部分，技术附加值高，应用范围广，是我国先进制造业的重要支撑技术和信息化社会的重要生产装备，对未来生产、社会发展以及增强军事国防实力都具有十分重要的意义。图 1-1 至图 1-4 所示为不同的工业机器人。

图 1-1　直角坐标系工业机器人

图 1-2　圆柱坐标系工业机器人

图 1-3　关节坐标系工业机器人

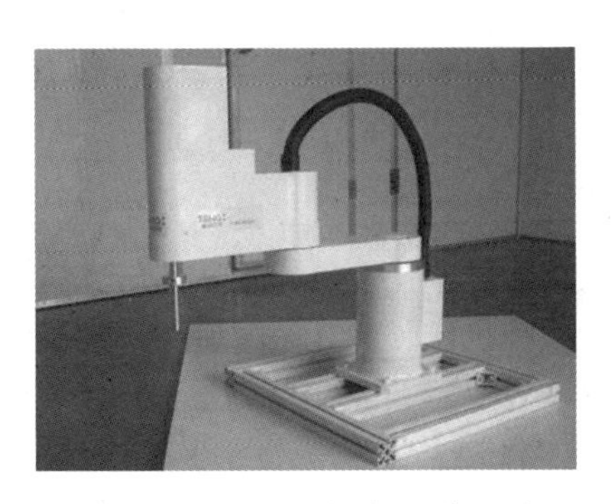

图 1-4　平面关节型工业机器人

笔记

任务目标

知 识 目 标	能 力 目 标
1. 了解工业机器人的产生 2. 掌握工业机器人的分类方式	1. 能对工业机器人进行分类 2. 能根据需要选择工业机器人

任务准备

工业机器人的产生

教师讲解

通过教师讲解，让学生进一步掌握国家标准，促进规范化、程序化水平的提高。

工业机器人的研究工作是20世纪50年代初从美国开始的。日本、俄罗斯、英国等的研制工作比美国大约晚10年，但日本的发展速度比美国快。欧洲特别是西欧各国比较注重工业机器人的研制和应用，其中英国、德国、瑞典、挪威等国的技术水平较高，产量也较大。

第二次世界大战期间，由于核工业和军事工业的发展，美国原子能委员会的阿尔贡研究所研制了“遥控机械手”，该“遥控机械手”用于代替人生产和处理放射性材料。1948年，这种较简单的机械装置被改进，开发出了机械式的主从机械手(见图1-5)。它由两个结构相似的机械手组成，主机械手在控制室，从机械手在危险或有害环境的作业现场，两者之间由透明的防辐射墙相隔。操作者用手操纵主机械手，控制系统会自动检测主机械手的运动状态，并控制从机械手跟随主机械手运动，从而解决放射性材料的操作问题。这种被称为主从控制的机器人控制方式至今仍应用在很多场合中。

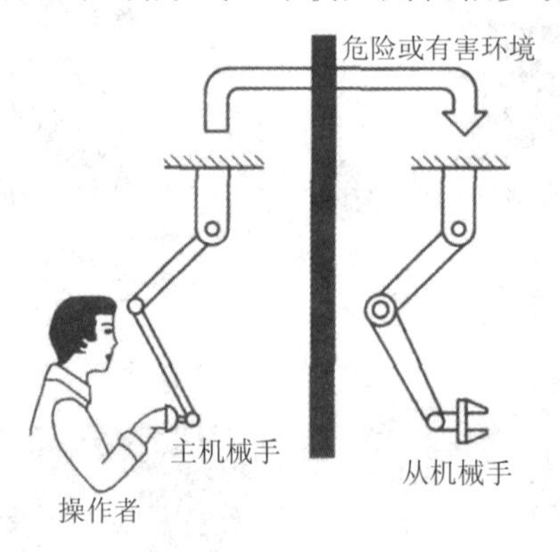

图1-5　主从机械手

由于航空工业的需求，美国麻省理工学院(MIT)于1952年成功开发了第一代数控机床(CNC)，并进行了与CNC机床相关的控制技术及机械零部件的研究，为机器人的开发奠定了技术基础。

1954年，美国人乔治·德沃尔(George Devol)提出了一个关于工业机器人的技术方案，设计并研制了世界上第一台可编程的工业机器人样机，将之

笔记

命名为“Universal Automation”，并申请了该项机器人的专利。这种机器人是一种可编程的零部件操作装置，其工作方式为：首先，移动机械手的末端执行器，并记录下整个动作过程；然后，机器人反复再现整个动作过程。后来，在此基础上，Devol与Engerlberge合作创建了美国万能自动化公司(Unimation)，于1962年生产了第一台机器人，取名Unimate(见图1-6)。这种机器人采用极坐标式结构，外形像坦克炮塔，可以实现回转、伸缩、俯仰等动作。

图1-6　Unimate机器人

自Devol申请专利到真正实现设想的这8年时间里，美国机床与铸造公司(AMF)也在从事机器人的研究工作，并于1960年生产了一台被命名为Versation的圆柱坐标型的数控自动机械，以Industrial Robot(工业机器人)的名称进行宣传。通常，我们认为这是世界上最早的工业机器人。

Unimate和Versation这两种型号的机器人以“示教再现”的方式在汽车生产线上成功地代替工人进行传送、焊接、喷漆等作业，它们在工作中体现出来的经济效益、可靠性、灵活性令其他发达国家工业界为之倾倒。于是，Unimate和Versation作为商品开始在世界市场上销售。

任务实施

一、工业机器人的常见分类

工厂参观

在教师的带领下，让学生到当地工厂中去参观，了解工业机器人的应用，并对工厂中的工业机器人进行分类(若条件不允许，教师可通过视频让学生了解工业机器人)。

注意：到工厂中去参观，要注意安全。

1. 按照机器人的运动形式分类

1) 直角坐标型机器人

直角坐标型机器人的外形轮廓与数控镗铣床或三坐标测量机相似，如图1-7所示。其中3个关节都是移动关节，关节轴线相互垂直，相当于笛卡尔坐标系的x、y和z轴。它主要用于生产设备的上下料，也可用于高精度的装卸和检测作业。

笔记

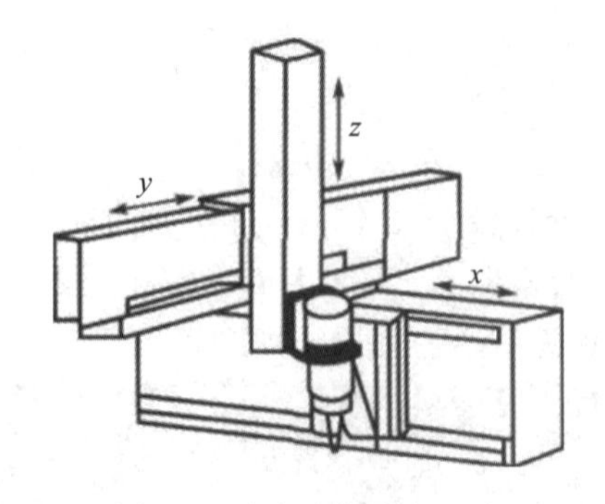

图 1-7　直角坐标型机器人

2) 圆柱坐标型机器人

如图 1-8 所示，圆柱坐标型机器人以 θ、z 和 r 为参数构成坐标系。手腕参考点的位置可表示为 $p=(\theta, z, r)$。其中，θ 是手臂绕水平轴的角位移，z 是在垂直轴上的高度，r 是手臂的径向长度。如果 r 不变，操作臂的运动将形成一个圆柱表面，空间定位比较直观。操作臂收回后，其后端可能与工作空间内的其他物体相碰，移动关节不易防护。

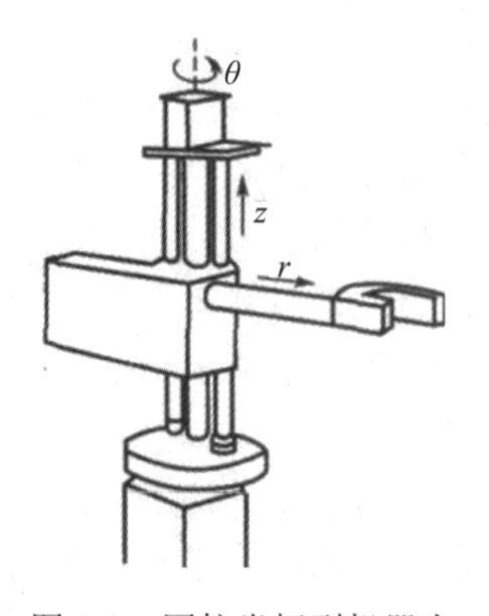

图 1-8　圆柱坐标型机器人

3) 球(极)坐标型机器人

如图 1-9 所示，球(极)坐标型机器人腕部参考点运动所形成的最大轨迹表面是半径为 r 的球面的一部分，以 θ、ϕ、r 为坐标，任意点可表示为 $p=(\theta, \phi, r)$。这类机器人占地面积小，工作空间较大，移动关节不易防护。

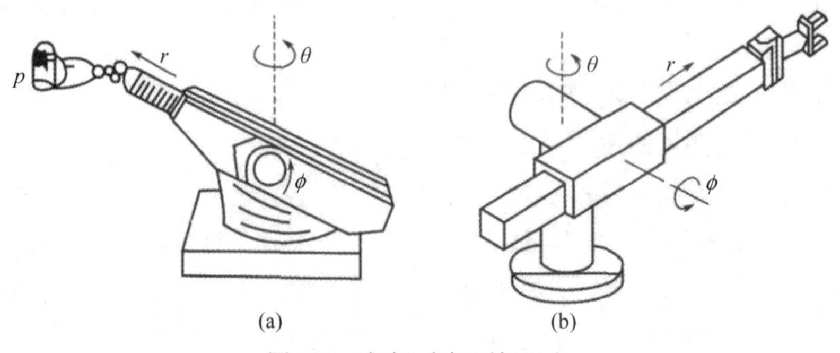

图 1-9　球(极)坐标型机器人

笔记

4) 平面双关节型机器人

平面双关节型机器人(Selective Compliance Assembly Robot Arm，SCARA)有3个旋转关节，其轴线相互平行，在平面内进行定位和定向，另一个关节是移动关节，用于完成末端件垂直于平面的运动。手腕参考点的位置是由两旋转关节的角位移 ϕ_1、ϕ_2 和移动关节的位移 z 决定的，即 $p=(\phi_1,\ \phi_2,\ z)$，如图1-10所示。这类机器人结构轻便、响应快。如Adept I型SCARA机器人的运动速度可达10 m/s，比一般关节式机器人的运动速度快数倍。它最适用于平面定位而在垂直方向进行装配的作业。

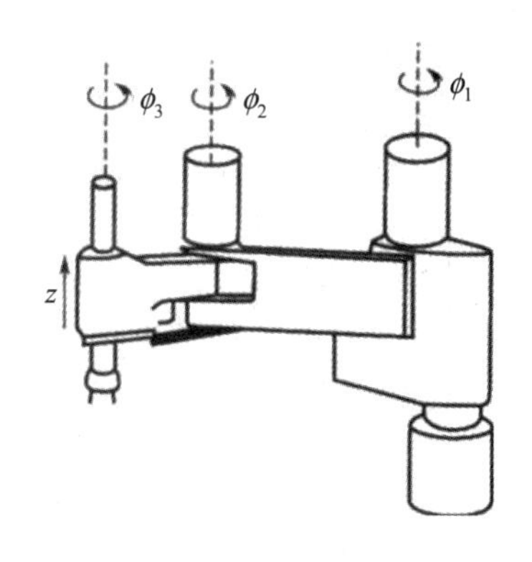

图1-10　SCARA机器人

5) 关节型机器人

关节型机器人由2个肩关节和1个肘关节进行定位，由2个或3个腕关节进行定向。其中，一个肩关节绕铅直轴旋转，另一个肩关节实现俯仰，这两个肩关节轴线正交，肘关节平行于第二个肩关节轴线，如图1-11所示。这种构形动作灵活，工作空间大，在作业空间内手臂的干涉最小，结构紧凑，占地面积小，关节上相对运动部位容易密封防尘。这类机器人运动学较复杂，运动学反解困难，确定末端件执行器的位姿不直观，进行控制时计算量比较大。

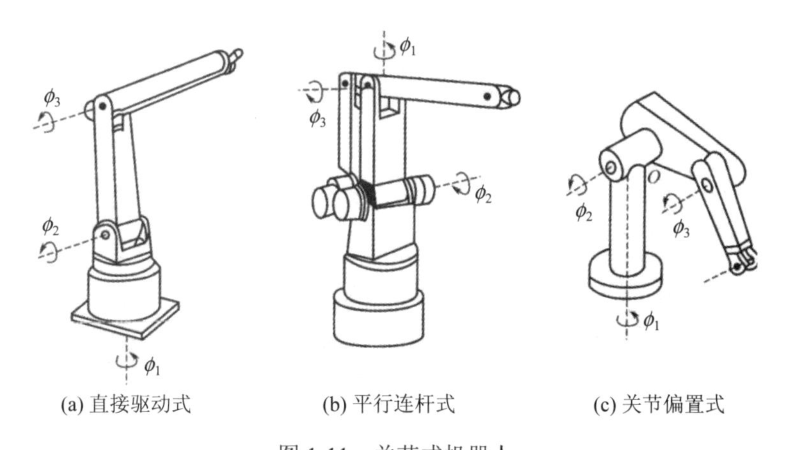

(a) 直接驱动式　(b) 平行连杆式　(c) 关节偏置式

图1-11　关节式机器人

带领学生到工厂的工业机器人旁边进行介绍，以提高学生的双创能力，但应注意安全。

一体化教学

不同坐标型机器人，其特点、工作范围及性能也不同，如表1-1所示。

笔记

表 1-1　不同坐标型机器人的性能比较

分类	特　　点	工 作 空 间
直角坐标型	在直线方向上移动，运动容易想象； 通过计算机控制实现，容易达到高精度； 占地面积大，运动速度低； 直线驱动部分难以密封、防尘，容易被污染	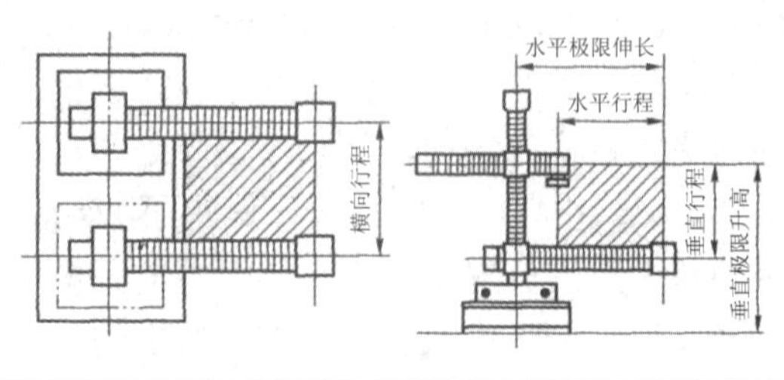 横向行程　水平极限伸长　水平行程　垂直行程　垂直极限升高
圆柱坐标型	容易想象和计算，直线部分可采用液压驱动，可输出较大的动力； 能够伸入型腔式机器内部，它的手臂可以到达的空间受到限制，不能到达近立柱或近地面的空间； 直线驱动部分难以密封、防尘； 后臂工作时，手臂后端会碰到工作范围内的其他物体	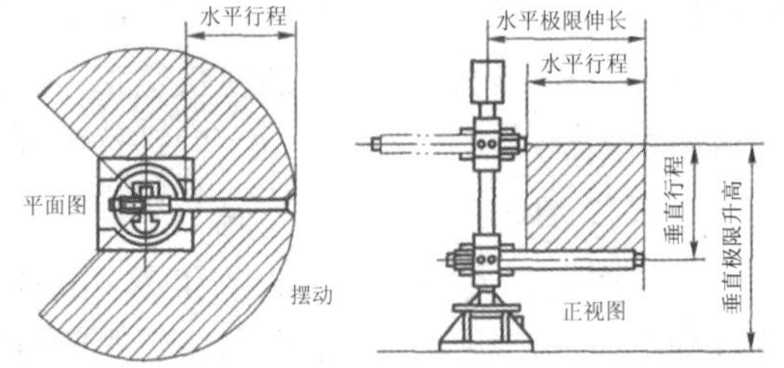 水平行程　平面图　摆动　水平极限伸长　水平行程　垂直行程　垂直极限升高　正视图
球(极)坐标型	中心支架附近的工作范围大，两个转动驱动装置容易密封，覆盖工作空间较大； 坐标复杂，难于控制； 直线驱动装置仍存在密封及工作死区的问题	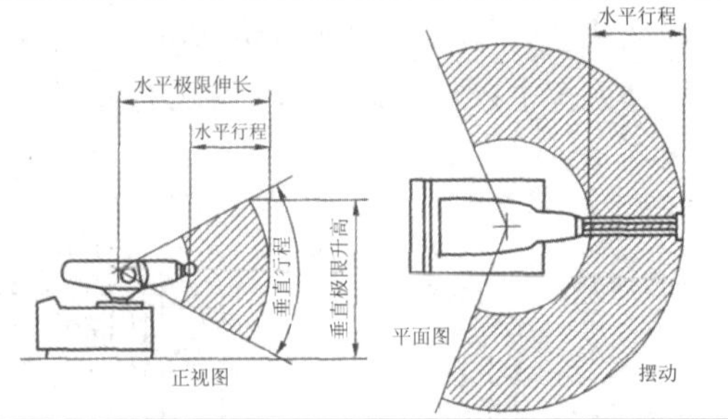 水平极限伸长　水平行程　垂直行程　垂直极限升高　正视图　水平行程　平面图　摆动
平面双关节型	关节全都是旋转的，类似于人的手臂，是工业机器人中最常见的结构； 它的工作范围较为复杂	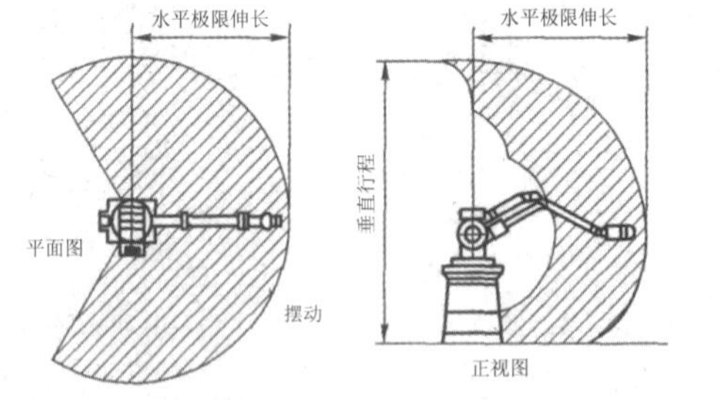 水平极限伸长　平面图　摆动　水平极限伸长　垂直行程　正视图
关节型	前两个关节(肩关节和肘关节)全都是平面旋转的，最后一个关节(腕关节)是工业机器人中最常见的结构；它的工作范围较为复杂	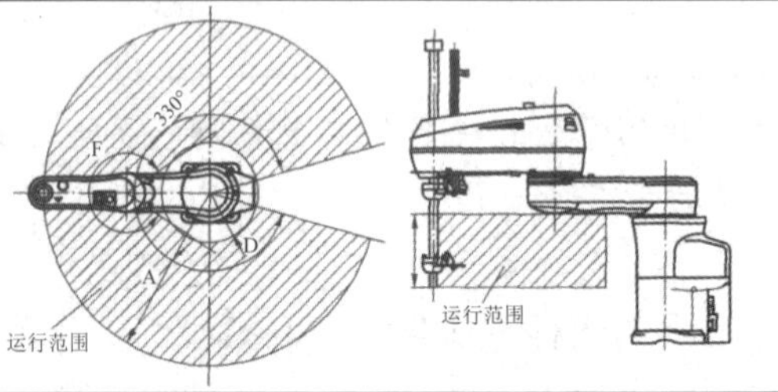 330°　F　D　A　运行范围　运行范围

笔记

教师讲解

通过教师讲解，让学生进一步掌握国家标准，促进规范化、程序化水平的提高。

2. 按机器人的驱动方式分类

1) 气动式机器人

气动式机器人以压缩空气来驱动其执行机构。这种驱动方式的优点是空气来源方便，动作迅速，结构简单，造价低；其缺点是空气具有可压缩性，致使工作速度的稳定性较差。因气源压力一般是 60 MPa，故此类机器人适合抓举力要求较小的场合。图 1-12 是 2015 年日本 RIVERFIELD 公司研发的一种气压驱动式机器人，即内窥镜手术辅助机器人——EMARO(Endoscope MAnipulator Robot)。

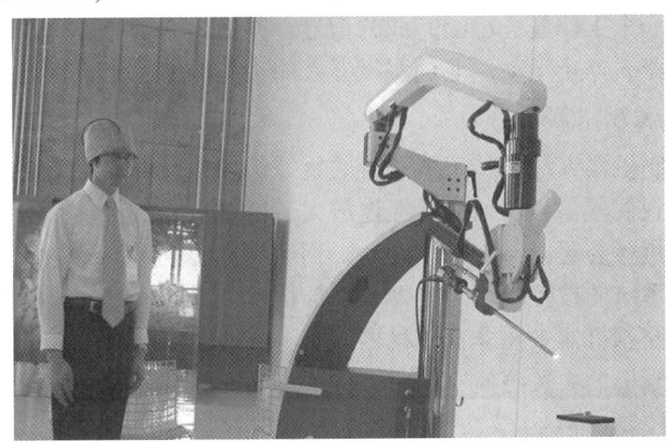

图 1-12　内窥镜手术辅助机器人(EMARO)

2) 液动式机器人

相对于气力驱动，液力驱动的机器人具有大得多的抓举能力，可高达上百千克。液力驱动式机器人结构紧凑，传动平稳且动作灵敏，但对密封的要求较高，且不宜在高温或低温的场合工作，其要求的制造精度较高，成本较高。

3) 电动式机器人

目前，越来越多的机器人采用电力驱动式，这不仅是因为电动机可供选择的品种众多，更因为其可以运用多种灵活的控制方法。电力驱动是利用各种电动机产生的力或力矩，直接或经过减速机构驱动机器人，以获得所需的位置、速度、加速度。电力驱动具有无污染、易于控制、运动精度高、成本低、驱动效率高等优点，其应用最为广泛。电力驱动又可分为步进电动机驱动、直流伺服电动机驱动、无刷伺服电动机驱动等。

4) 新型驱动方式机器人

伴随着机器人技术的发展，出现了利用新的工作原理制造的新型驱动器。例如，静电驱动器、压电驱动器、形状记忆合金驱动器、人工肌肉及光驱动器等。

笔记

多媒体教学

对于有些机器人，由于应用较少，可以采用视频、动画等多媒体方式教学。

3. 按机器人的控制方式分类

1) 非伺服机器人

非伺服机器人按照预先编好的程序顺序进行工作，使用限位开关、制动器、插销板和定序器控制机器人的运动。插销板用来预先规定机器人的工作顺序，而且往往是可调的。定序器是一种按照预定的正确顺序接通驱动装置的能源。驱动装置接通能源后，就带动机器人的手臂、腕部和手部等装置运动。

当它们移动到由限位开关所规定的位置时，限位开关切换工作状态，给定序器送去一个工作任务已经完成的信号，并使终端制动器动作，切断驱动能源，使机器人停止运动。非伺服机器人的工作能力是比较有限的。

2) 伺服控制机器人

伺服控制机器人通过传感器取得的反馈信号与来自给定装置的综合信号比较后，得到误差信号，该信号经过放大后用以激发机器人的驱动装置，进而带动手部执行装置以一定规律运动，到达规定的位置。这是一个反馈控制系统。伺服系统的被控量可为机器人手部执行装置的位置、速度、加速度和力等。伺服控制机器人比非伺服机器人有更强的工作能力。

伺服控制机器人按照控制的空间位置不同，又可分为点位伺服控制和连续轨迹伺服控制。

(1) 点位伺服控制。点位伺服控制机器人的受控运动方式为从一个点位目标移向另一个点位目标，只在目标点上完成操作。机器人可以以最快和最直接的路径从一个端点移到另一端点。按点位方式进行控制的机器人，其运动为空间点到点之间的直线运动，在作业过程中只控制几个特定工作点的位置，不对点与点之间的运动过程进行控制。在点位伺服控制的机器人中，控制点数的数量取决于控制系统的复杂程度。通常，点位伺服控制机器人适用于只需要确定终端位置而对编程点之间的路径和速度不作主要考虑的场合。点位伺服控制主要用于点焊、搬运机器人。

(2) 连续轨迹伺服控制。连续轨迹伺服控制机器人能够平滑地跟随某个规定的路径，其轨迹往往是某条不在预编程端点停留的曲线路径。按连续轨迹方式进行控制的机器人，其运动轨迹可以是空间的任意连续曲线。机器人在空间的整个运动过程都处于控制之下，能同时控制两个以上的运动轴，使得手部位置可沿任意形状的空间曲线运动，而手部的姿态也可以通过腕关节的运动得以控制，这对于焊接和喷涂作业是十分有利的。连续轨迹伺服控制机器人具有良好的控制和运行特性，由于数据是依时间采样的，而不是依预先规定的空间采样，因此机器人的运行速度较快、功率较小、负载能力也较小。连续轨迹伺服控制机器人主要用于弧焊、喷涂、打飞边毛刺和检测机器人。

笔记

现场教学

带领学生到工厂的工业机器人旁边进行介绍，但应注意安全。

4. 按机器人关节连接布置形式分类

按机器人关节连接布置形式，机器人可分为串联机器人和并联机器人两类。从运动形式来看，并联机构可分为平面机构和空间机构；还可细分为平面移动机构、平面移动转动机构、空间纯移动机构、空间纯转动机构和空间混合运动机构。

1) 串联机器人

串联机器人是一种开式运动链机器人，由一系列连杆通过转动关节或移动关节串联形成，采用驱动器驱动各个关节的运动从而带动连杆的相对运动，使末端执行器到达合适的位姿，一个轴的运动会改变另一个轴的坐标原点。图 1-13 是一种常见的关节串联机器人，其特点是：工作空间大；运动分析较容易；可避免驱动轴之间的耦合效应；机构各轴必须独立控制，并且需搭配编码器与传感器来提高机构运动时的精准度。串联机器人的研究相对较成熟，已成功应用在工业上的各个领域，如装配、焊接(见图 1-14)、喷涂、码垛等。

图 1-13　串联装配机器人

图 1-14　工业机器人在复杂零件焊接方面的应用

工业机器人在复杂零件焊接方面的应用

笔记

2) 并联机器人(Parallel Mechanism)

如图 1-15 所示，并联机器人是在动平台和定平台通过至少两个独立的运动链相连接，具有两个或两个以上自由度，且以并联方式驱动的一种闭环机构。其中末端执行器为动平台，与基座即定平台之间由若干个包含有许多运动副(如球副、移动副、转动副、虎克铰)的运动链相连接，每一个运动链都可以独立控制其运动状态，以实现多自由度的并联，即一个轴运动不影响另一个轴的坐标原点。图 1-16 所示为一种蜘蛛手并联机器人，这种类型机器人的特点是：工作空间较小；无累积误差，精度较高；驱动装置可置于定平台上或接近定平台的位置，运动部分质量轻，速度高，动态响应好；结构紧凑，刚度高，承载能力强；完全对称的并联机构具有较好的各向同性。并联机器人在需要高刚度、高精度或者大载荷而无需很大工作空间的领域获得了广泛应用，其中，在食品、医药、电子等轻工业中应用最为广泛，在物料的搬运、包装、分拣等方面有着无可比拟的优势。

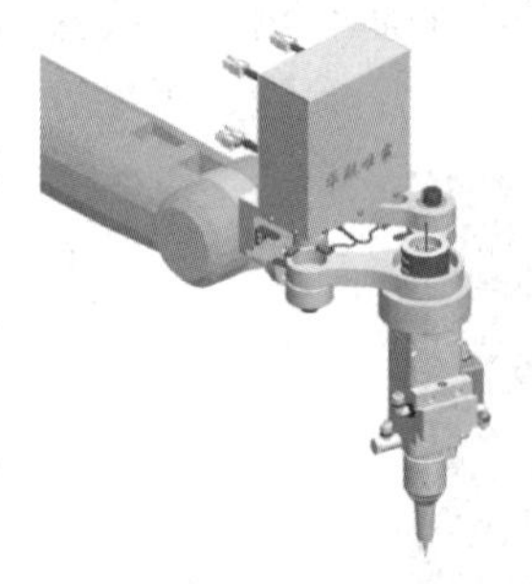

(a) 2 自由度并联机构

(b) 3 自由度并联机构

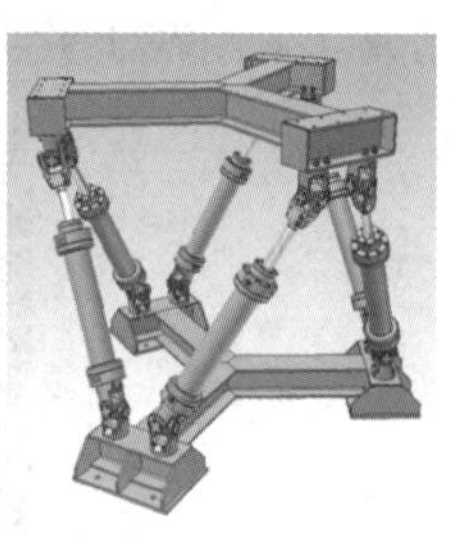

(c) 6 自由度并联机构

图 1-15　并联机器人

图 1-16　蜘蛛手并联机器人

高速并联机器人生产线

5. 按程序输入方式分类

1) 编程输入型机器人

编程输入型机器人的工作原理是将计算机上已编好的作业程序文件，通过 RS232 串口或者以太网等通信方式传送到机器人控制柜，计算机解读程序后作出相应控制信号命令各伺服系统控制机器人来完成相应的工作任务。图 1-17 是该类型工业机器人的编程界面示意图。

笔记

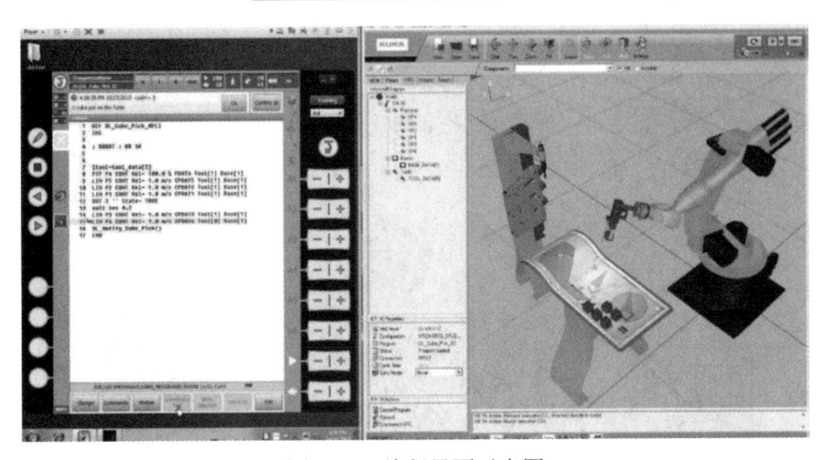

图 1-17　编程界面示意图

2) 示教输入型机器人

示教输入型机器人的示教方法有两种。一种是由操作者用手动控制器(示教操纵盒等人机交互设备)，将指令信号传给驱动系统，由执行机构按要求的动作顺序和运动轨迹操演一遍。图 1-18 所示为通过示教器来控制机器人运动的工业机器人。另一种是由操作者直接控制执行机构，按要求的动作顺序和运动轨迹操演一遍。在示教过程中，工作程序的信息同步自动存入程序存储器中，在机器人自动工作时，控制系统从程序存储器中调出相应信息，并将指令信号传给驱动机构，使执行机构再现示教的各种动作。

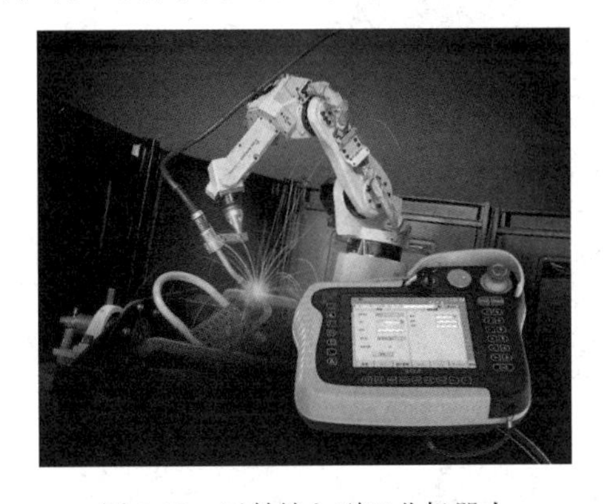

图 1-18　示教输入型工业机器人

工厂参观

在教师的带领下，让学生到当地工厂中去参观工厂中的工业机器人(若条件不允许，教师可通过视频让学生了解工业机器人)。

二、工业机器人的应用领域

1. 喷漆机器人

喷涂机器人(如图 1-19 所示)能在恶劣环境下连续工作，并具有工作灵活、工作精度高等特点，被广泛应用于汽车、大型结构件等的喷漆生产线，以保

笔记

证产品的加工质量、提高生产效率、减轻操作人员劳动强度。

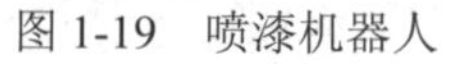

图 1-19　喷漆机器人

单机器人喷涂

2. 焊接机器人

用于焊接的机器人一般可分为图 1-20 所示的点焊机器人和图 1-21 所示的弧焊机器人两种。焊接机器人作业精确，可以不知疲劳地连续工作，但在作业中存在部件稍有偏位或焊缝形状有所改变的情况。人工作业时能看到焊缝，因此可以随时作出调整；而焊接机器人是按事先编好的程序工作的，不能随时作出调整。

图 1-20　点焊机器人

图 1-21　弧焊机器人

笔记

3. 上下料机器人

目前，我国大部分生产线上的机床装卸工件仍由人工完成，其劳动强度大，生产效率低，且具有一定的危险性，这已经满足不了生产自动化的发展趋势。为提高工作效率，降低成本，并使生产线发展为柔性生产系统，为满足现代机械行业自动化生产的要求，越来越多的企业已经开始利用工业机器人进行上下料了，如图 1-22 所示。

图 1-22　数控机床用上下料机器人

数控机床用上下料机器人

4. 装配机器人

装配机器人(如图 1-23 所示)是专门为装配而设计的工业机器人，与一般工业机器人比较，它具有精度高、柔顺性好、工作范围小、能与其他系统配套使用等特点。使用装配机器人可以保证产品质量，降低成本，提高生产自动化水平。

(a) 机器人

(b) 装配工业机器人的应用

图 1-23　装配工业机器人

5. 搬运机器人

在建筑工地和海港码头，总能看到大吊车的身影，应当说吊车装运比起早先的工人肩扛手抬已经进步多了，但这只是机械代替了人力，或者说吊车只是机器人的雏形，它还得完全依靠人操作和控制定位，不能自主作业。图 1-24 所示的搬运机器人可进行自主的搬运。当然，有时也可应用机械手进行搬运。图 1-25 所示为机械手操作图。

笔记

图 1-24　搬运机器人

搬运机器人

图 1-25　机械手操作图

机械手

6. 码垛工业机器人

码垛工业机器人(如图 1-26 所示)主要用于工业码垛。

图 1-26　码垛工业机器人

码垛工业机器人

7. 包装机器人

计算机、通信和消费性电子行业(3C 行业)和化工、食品、饮料、药品工业是包装机器人的主要应用领域。图 1-27 所示为应用包装机器人在工作。3C 行业的产品产量大、周转速度快、成品包装任务繁重；化工、食品、饮料、药品包装等行业由于其特殊性，人工作业涉及安全、卫生、清洁、防水、防菌等方面的问题，因此都需要利用包装机器人来完成物品的包装作业。

笔记

图 1-27　包装机器人在工作

包装机器人

8. 喷丸机器人

图 1-28 所示的喷丸机器人的清理效率比人工要高出 10 倍以上，而且工人可以避开污浊、嘈杂的工作环境，操作者只要改变计算机程序，就可以轻松更换不同的清理工艺。

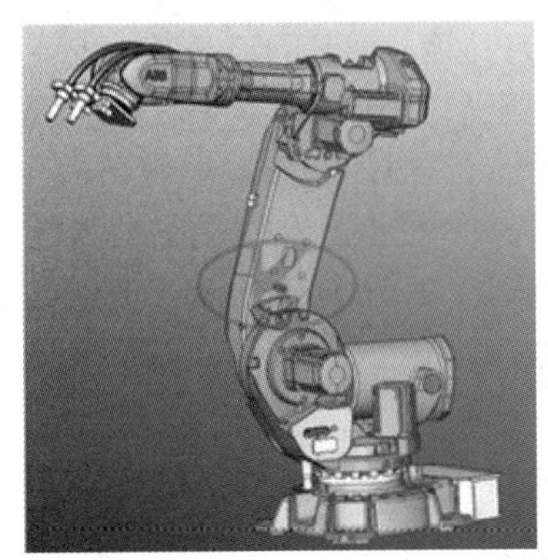

(a) 机器人

(b) 喷丸机器人的应用

图 1-28　喷丸机器人

9. 吹玻璃机器人

类似灯泡一类的玻璃制品都是先将玻璃熔化，然后人工吹制成形的。熔化的玻璃温度高达 1100℃以上，无论是搬运还是吹制工作，工人的劳动强度很大，技术难度很高，还有害身体。法国赛博格拉斯公司开发了两种 6 轴工业机器人，可完成“采集”(搬运)和“吹制”玻璃两项工作。

笔记

10. 核工业机器人

核工业机器人(如图 1-29 所示)主要用于以核工业为背景的危险、恶劣场所，特别针对核电站、核燃料后处理厂及三废处理厂等放射性环境现场，可以对其核设施中的设备装置进行检查、维修和简单事故处理等工作。

图 1-29　核工业机器人

11. 机械加工机器人

机械加工机器人本身具有加工工具，如刀具等，刀具的运动是由工业机器人的控制系统控制的。机械加工机器人主要用于切割(见图 1-30)、去毛刺(见图 1-31)与轻型加工(见图 1-32)、抛光与雕刻等。这类加工比较复杂，一般采用离线编程来完成。有的机械加工机器人已经具有了加工中心的某些特性，如刀库等。图 1-33 所示的雕刻工业机器人的刀库如图 1-34 所示。但这类工业机器人的机械加工能力远远低于数控机床，其刚度、强度等性能都没有数控机床好。

图 1-30　激光切割机器人工作站

笔记

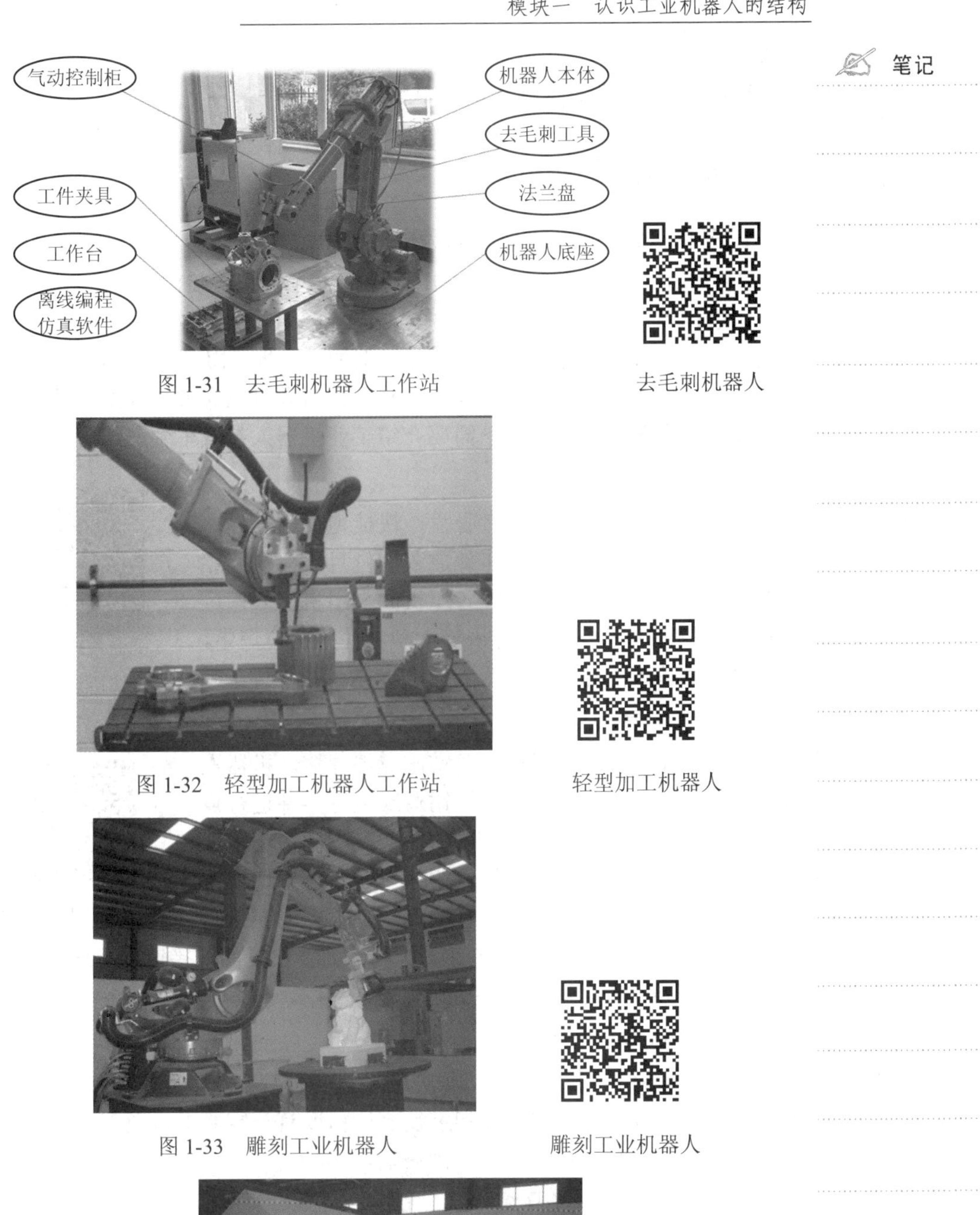

图 1-31　去毛刺机器人工作站

去毛刺机器人

图 1-32　轻型加工机器人工作站

轻型加工机器人

图 1-33　雕刻工业机器人

雕刻工业机器人

图 1-34　雕刻工业机器人的刀库

笔记

查一查：工业机器人还有哪些应用？

三、工业机器人的应用案例

1. 各种工业机器人在汽车制造中的应用

在整车制造的四大车间(即冲压、焊接、涂装和总装)中，机器人广泛应用于搬运、焊接、涂敷和装配工作。如果与不同的加工设备配合，工业机器人几乎可以做整车生产中的所有工作。例如，点焊、MIG 焊、激光焊接、螺柱焊、打孔、打磨、涂胶和搬运等。利用机器人可以大大提高生产节奏，减少工位，提高车身质量。以下简要介绍工业机器人在汽车生产线上的应用。

1) 工业机器人搬运

机器人操纵专用抓手或者吸盘，快捷地抓取零件，准确地移动大型零件，并将零件放置到位且不会损坏零件表面。例如，在冲压生产线各压机间采用机器人搬运零件；在车身底板、侧围和总拼等大型零件的定位焊中，零件定位时基本上都采用机器人抓取零件。

机器人搬运及点焊协调作业

2) 工业机器人点焊

机器人操纵各种点焊焊枪，实施点焊焊接。机器人可以操纵重达 150 kg 的大型焊钳对底板等零件进行点焊，也可以利用微型焊钳对车身总拼(如侧围和后轮罩连接等空间小而且位置复杂的焊点)进行焊接。通过切换系统可以更换焊枪，进行各种位置的点焊，焊点的质量高且质量稳定，焊接速度快。一般来说，对于简单位置的焊接速度可达每点 2～3 s，对于复杂位置的焊接速度可达每点 3～4 s。

双工位点焊机器人

3) 工业机器人弧焊

对于薄板而言，机器人可以很方便地进行仰焊、立焊等各种位置的弧焊。机器人弧焊对零件的装配精度和重复制造精度有一定要求，当零件装配间隙不均匀或不平整时，容易产生焊接缺陷。

4) 工业机器人激光焊接

激光焊接机器人系统由激光器、冷却系统、热交换器、光缆转换器、激光电缆、激光加工镜组和机器人等部分组成。例如，在 POLO 两厢车身骨架焊接中，由两台激光源通过光缆转换器分别为 5 台机器人所带的激光头提供激光输入。激光焊接对焊接位置和零件配合要求较高，且对机器人重复精度要求也高(一般为±0.1 mm)。激光焊接机器人系统及焊接成形如图 1-35 所示。

激光焊接机器人

机器人激光焊

笔记

图 1-35　激光焊接机器人系统及焊接成形

5) 工业机器人螺栓焊接

机器人操纵螺栓焊枪可以对螺栓进行焊接，也可以进行空间全方位的焊接。机器人螺栓焊接具有位置精度高、焊接速度快、焊接质量高和质量稳定的特点。例如，焊 1 个螺钉的一般速度可达 2～3 s。

6) 工业机器人 TOX 压铆连接

TOX 压铆连接是可塑性薄板的不可拆卸式冲压点连接技术的国际注册名称，它采用 TOX 气液增力缸式冲压设备及标准连接模具，在一个气液增力的冲压过程中，依据板件本身材料的挤压塑性变形，使两个板件在挤压处形成一个互相镶嵌的圆形连接点，由此将板件点连接起来。POLO 车身的前盖及后盖广泛使用了 TOX 压铆技术，以 TOX 压铆技术连接完全取代了电阻点焊连接，生产过程无飞溅、无烟尘、无噪声，生产效率达到点焊速度(每焊接 1 点的时间约 3 s)，并且连接点质量稳定可靠，不受电极头磨损情况的影响，效果非常好。

7) 工业机器人测量打孔

机器人测量打孔系统主要由测量系统、打孔整形焊枪及机器人组成，是一种新型的测量技术，包括数据采集系统(如照相机等)和数据处理系统(如 PC 等)。数据采集系统对装配型面进行三维数据采样，数据处理系统对采样数据与标准模型进行比较分析，从而决定打孔的最佳位置、角度及方向，并将结果反馈给机器人。在机器人控制打孔整形枪完成在零件上打孔整形的过程中，由于机器人具有高精度(±0.1 mm)，从而保证整套系统正常运行。

8) 工业机器人涂胶系统

机器人涂胶系统主要由涂胶泵、涂胶枪等组成。机器人操纵涂胶枪可以精确地控制黏结剂(车身主要使用点焊胶)流量，进行各种复杂形状和空间位置的涂敷。涂敷过程应保证快速且稳定。

在汽车制造中用到的工业机器人以焊接机器人为主，汽车车身装焊包括车架、地板(底板)、侧围、车门及车身总成合焊等的装配焊接，在装焊生产过程中采用了大量的电阻点焊工艺。在汽车车身装焊工艺中，点焊工艺处于主导地位。据统计，每辆汽车车身上有 3000～4000 个点焊焊点。点焊技术的应用实现了汽车车身制造的量产化与自动化。

笔记

在汽车制造过程中，机器人可应用在很多方面。例如，激光钎焊、装配、卷边、测量、检验和自动喷漆等。多种工业机器人可以协作工作，一种工业机器人可以应用在多处。例如，点焊在行李仓制造中的应用。

多种工业机器人协作工作

行李仓点焊

2. 焊接机器人在轿车白车身焊装线的应用

汽车车身装焊生产线上使用的主要是点焊设备。轿车白车身是指尚未进入涂装和内饰件总装阶段之前的车身，它是轿车的动力系统、行驶系统、电气系统、内外饰件等轿车子系统的载体，是轿车动力性、舒适性、平顺性等轿车性能的载体，是轿车外观形象、外观质量的载体，所以轿车白车身的制造是轿车总车制造中一个关键环节。

白车身是汽车重要组成部分，是由薄板冲压零件装焊而成的车身结构，也是指四门两盖(前后车门、发动机盖和行李箱盖，或统称开口件)安装前的车身骨架，不包括发动机和内饰件。在车身制造中，为了便于装配和焊接，通常将车身分成分总成(如前围总成、后围总成、侧围总成等)，各个分总成又分为若干个小总成，各个小总成则由若干个零件组成。这样在车身焊接时，通常是先将零件焊装成小总成，再将小总成焊装成分总成，最后将分总成焊装成车身。通常，薄板冲压件在白车身车间经离线分拼焊接后，将分总成送到车身焊装线，由机器人等自动化设备将前地板、后地板、水箱总成、车顶和四门两盖装配线、底板(或称地板)装配线，底板补焊线、总拼线、打磨线等和车顶激光焊等在生产线上装配、焊接、加工形成白车身。

轿车生产全过程

1) 点焊机器人生产指标

(1) 生产指标。一条生产线各作业站所使用的机器人，其生产指标主要包括：生产线设备的最大产能、生产线的生产节拍、生产线各作业站的生产工艺、车型所有焊点的分布图等数据资料。

(2) 生产效率和焊接质量。机器人主要应用在：人工作业困难的焊点、人工作业存在安全隐患的焊点、车体设计时品质面要求高的焊点、能够提高工效的焊点等方面。焊接完的车体基础骨架会形成“安全舱”式的车身结构，这种车身结构使车辆在侧面及正面碰撞时具有良好的吸能和抗撞击性能，构成优越的生存空间。

选取焊枪的一般方法及原则是：根据工作站的打点位置进行分类；根据各类焊点位置的钣金端面及外形设定焊枪的初步形式；将相近的焊枪统一整合以尽可能地减少焊枪的种

车头部分焊接

笔记

类；制作模型焊枪进行模拟；初步设计并进行三维动态模拟；使用生产线上已有悬挂点的焊枪。

2) 焊接节拍与产能计算

某汽车制造企业因超负荷生产轿车，生产线品质亟待提升，计划在原生产线改造、规划导入点焊机器人，产量为 30 000 台/年、双班。因该线是过渡生产，故要求投资成本尽量低，即在能完成指定焊点数目的同时，机器人的数量及焊枪的数量要尽量少。

(1) 该生产线生产节拍的计算。

日产量按生产纲领为 30 000 台/年，每日采用双班制计算如下：

$$\text{日产量} = 30\,000\ \text{台/年} \div 12\ \text{月} \div 21\ \text{天(月平均工作日)} \approx 120\text{(台/天、双班)} \tag{1-1}$$

$$\text{生产节拍(C/T)} = 800\ \text{min(每天有效生产时间)} \div 120\ \text{台} \approx 6.67\ \text{min/台} = 400\ \text{s/台} \tag{1-2}$$

有效生产时间为 [8×60−(20+15)]×90%×2 min=800 min

每天工作时间　休息时间　电极修磨时间　设备使用率　两班生产

(2) 焊点区分。依据机器人规划原则，将人工作业困难、不安全、品质要求高等焊点筛选出来分配给各机器人，车体各部件焊点区分的名称和车身各部位的焊点类别见表 1-2。

表 1-2　车体焊点区分

	人工作业困难	人工打点不安全	品质要求高	其　他
补焊1#	62	22		
补焊2#	14	82		
补焊3#	74	14	22	56
其他站		13	308	
合计	150	131	330	56

由表 1-2 可知，共有焊点：611 点(150 点 + 131 点 + 330 点)，必须规划各焊点到相应的机器人。

汽车底板焊接

3) 机器人焊枪的种类设定

按照选枪方法对各焊点进行机器人焊枪的种类设定，见表 1-3。

表 1-3　机器人焊枪种类

枪形	G1	G2	G3	G4	G5	G6	G7	G8
可焊点数	116	115(8)	78	5(16)	10(58)	44(56)	14	24(67)

由表 1-3 可知，完成这些焊点的作业要有 8 种不同形式的焊枪，括号内焊点数依次为 G2、G4、G5、G6、G8，这五种焊枪均可作业。

笔记

4) 机器人及焊钳类型的选择

尽管同一把焊钳可焊接的焊点数相当多，这些焊点可能从车头分布到车尾，但由于一台机器人活动的范围有限，故同一形式的焊钳不止一把。另外，同一机器人活动范围内可能有多种类别的焊点，为了提高单台机器人的使用效率，该机器人应采用“枪(焊钳)交换”机构。单台机器人打点数量应以其作业总时间不超过该生产线的生产节拍为极限。

(1) 机器人台数的初步设定机器人各主要动作时间经验值见表 1-4。

表 1-4　机器人各主要动作时间经验值

序　号	动作类别	平均时间/(s/点)
1	预焊	3～4
2	连续作业点焊	2～3
3	特殊位置焊点	5～6
4	换枪(焊钳)	20

规划机器人点焊的总时间(每个焊点平均按照 3.5 s 估算)为

$$(150\text{点} + 131\text{点} + 330\text{点}) \times 3.5\ \text{s} = 2139\ \text{s} \tag{1-3}$$

机器人台数的概算为

$$2139\ \text{s} \div 400\ \text{s/台}(\text{生产节拍}) = 5.35(\text{台}) \approx 6\text{台} \tag{1-4}$$

故机器人的规划按照 6 台初步设定。

(2) 机器人工作站设定。每个工作站正常状况下仅能布置下 4 台机器人，6 台机器人必须分成两个站。因为车体焊点一般情况下为左右对称分布，所以每站中的机器人也应以对称分布为原则。

汽车底板焊装线

任务扩展

一、按协作与否分

按协作与否可将机器人分为协作工业机器人和非协作工业机器人。如图 1-36 所示，协作工业机器人是指被设计成可以在协作区域内与人直接进行交互的机器人。

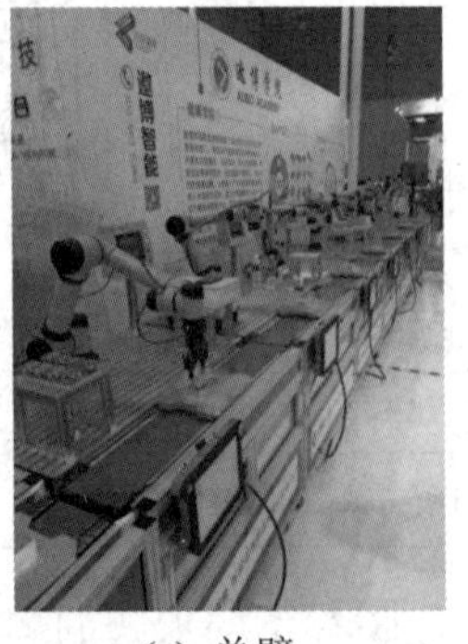

(a) 单臂

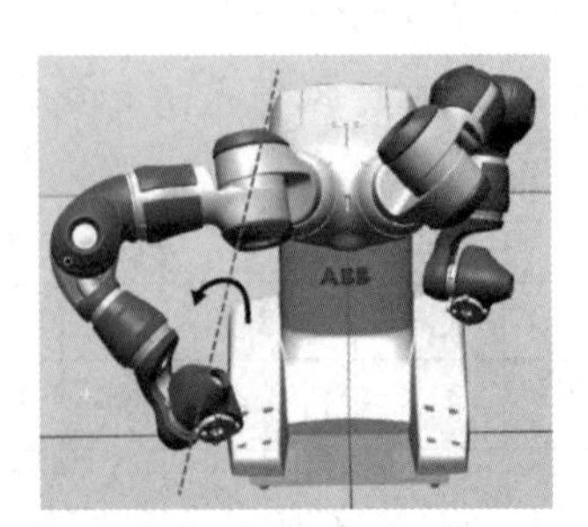

(b) 双臂

图 1-36　协作工业机器人

笔记

二、机器人在新领域中的应用

1. 医用机器人

医用机器人是一种智能型服务机器人，它能独自编制操作计划，依据实际情况确定动作程序，然后把动作变为操作机构的运动。医用机器人有强大的感觉系统、智能及模拟装置，可识别周围及自身情况，可从事医疗或辅助医疗工作。

医用机器人种类很多，按照其用途不同，有运送物品机器人、移动病人机器人(见图 1-37)、临床医疗用的机器人(见图 1-38)和康复训练机器人(见图 1-39)、护理机器人、医用教学机器人等。

图 1-37　移动病人机器人

图 1-38　临床医疗用的机器人

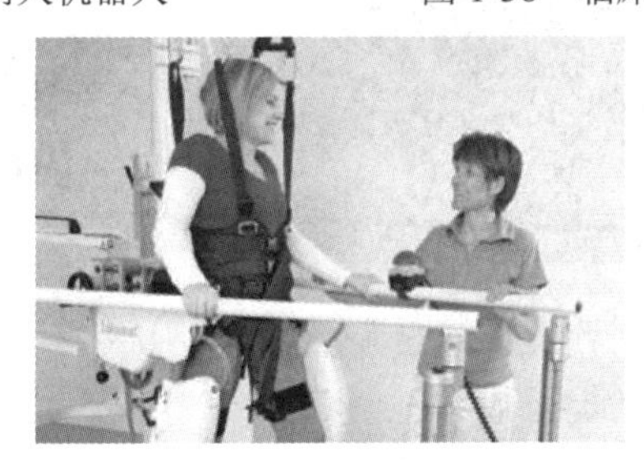

图 1-39　MGT 型下肢康复训练机器人

2. 其他方式的服务机器人

其他方式的服务机器人包括健康福利服务机器人、公共服务机器人(见图 1-40)、家庭服务机器人(见图 1-41)、娱乐机器人(见图 1-42)、建筑机器人(见图 1-43)与教育机器人等几种形式。图 1-44 为送餐机器人，送餐也可以用小车，如图 1-45 所示。图 1-46 和图 1-47 所示的设备是服务机器人。

图 1-40　保安巡逻机器人

图 1-41　家庭清洁机器人

图 1-42　演奏机器人

笔记

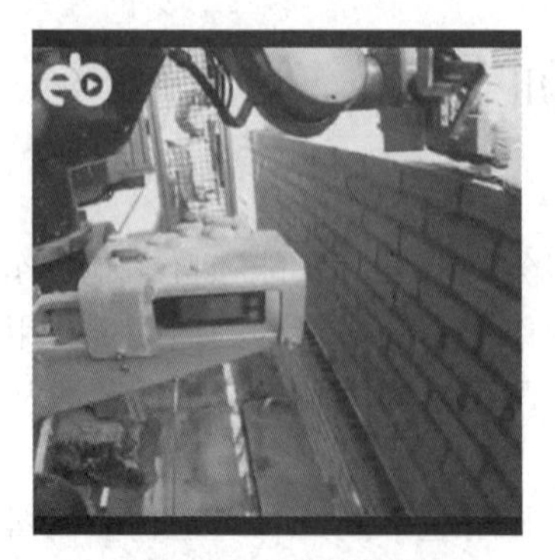

图 1-43　建筑机器人

建筑机器人

图 1-44　送餐机器人

送餐机器人

图 1-45　送餐小车

送餐小车

笔记

图 1-46　自动旅行箱　　　　自动旅行箱

图 1-47　AGV 小车　　　　AGV 小车

高压巡线是一项危险性较高的工种，工作人员需攀爬高压线设备进行安全巡视工作，具有较高的危险性。通过借助高压线作业机器人(如图 1-48 所示为变电站巡视机器人)帮助工作人员巡视高压线，这不仅省时省力，还能有效保障工作人员的生命安全。

图 1-48　变电站巡视机器人

笔记

墙壁清洗机器人(如图 1-49 所示)、爬缆索机器人(如图 1-50 所示)以及管内移动机器人等机器人都是根据某种特殊目的设计的特种作业机器人，为帮助人类完成一些高强度、高危险性或无法完成的工作。

图 1-49　墙壁清洗机器人

图 1-50　爬缆索机器人

任务巩固

一、填空题

1. 第一台极坐标式结构机器人是于__________年生产的。

2. 直角坐标型机器人主要用于生产设备的___________，也可用于高精度的_________和_________作业。

3. 按机器人关节连接布置形式，机器人可分为_______机器人和_______机器人两类。

二、选择题

1. 世界上最早的工业机器人产生于(　　)年。

A. 1962　　B. 1960　　C. 1952　　D. 1947

2. 平面双关节型机器有(　　)个旋转关节。

A. 1　　B. 2　　C. 3　　D. 4

三、简答题

1. 简述工业机器人的应用。

2. 简述工业机器人的常见分类方式。

四、双创训练题

在教师的指导下，分析工业机器人的市场现状。

任务二　认识机器人的组成与工作原理

工作任务

制造强国离不开工业机器人。工业机器人通常由执行机构、驱动系统、控制系统和传感系统四部分组成，如图 1-51 所示。工业机器人各组成部分之

笔记

间的关系如图 1-52 所示。

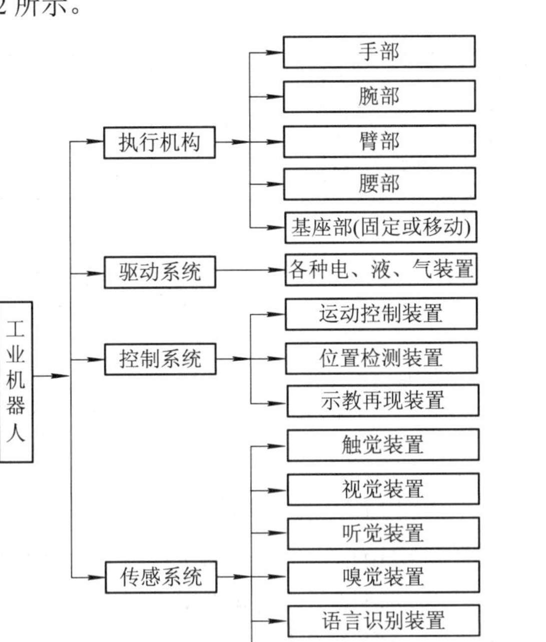

图 1-51 工业机器人的组成

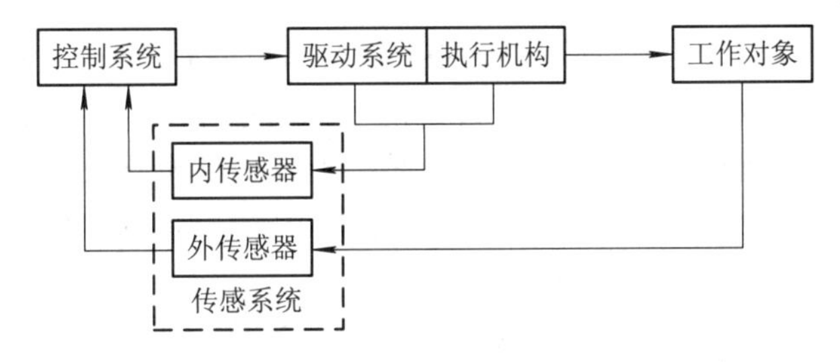

图 1-52 工业机器人各组成部分之间的关系

任务目标

知 识 目 标	能 力 目 标
1. 掌握工业机器人的组成 2. 掌握工业机器人的工作原理	1. 能标识工业机器人各部位的名称 2. 能针对不同的工业机器人说明其工作原理

任务准备

机器人的基本工作原理

采用视频、动画等多媒体教学。

现在广泛应用的工业机器人都是第一代机器人，它的基本工作原理是示教再现，如图 1-53 所示。

多媒体教学

笔记

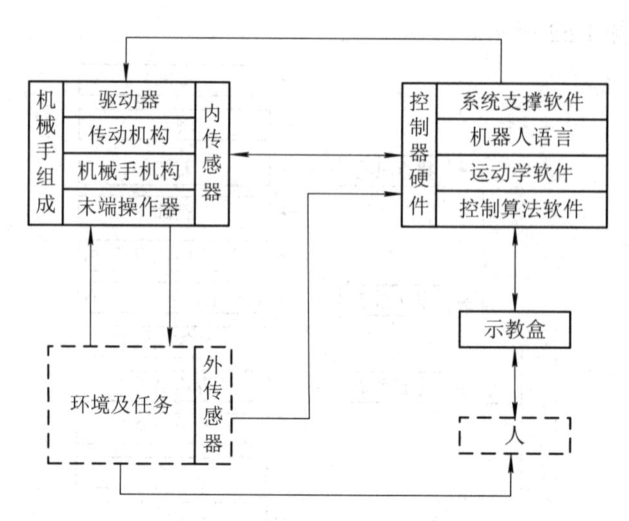

图 1-53　机器人的基本工作原理

示教也称为导引，即由用户引导机器人，一步步将实际任务操作一遍，机器人在引导过程中自动记忆示教的每个动作的位置、姿态、运动参数、工艺参数等，并自动生成一个连续执行全部操作的程序。完成示教后，只需给机器人一个启动命令，机器人便将精确地按示教动作，一步步完成全部操作，这就是示教与再现。

1. 机器人手臂的运动

机器人的机械臂由数个刚性杆体和旋转或移动的关节连接而成，是一个开环关节链(以下简称“开链”)。开链的一端固接在基座上，另一端是自由的，安装着末端执行器(如焊枪)。在机器人操作时，机器人手臂前端的末端执行器必须与被加工工件处于相适应的位置和姿态，而这些位置和姿态是由若干个臂关节的运动所合成的。

在机器人运动控制中，必须要知道机械臂各关节变量空间和末端执行器的位置和姿态之间的关系，这就是机器人运动学模型。一台机器人机械臂的几何结构确定后，其运动学模型即可确定，这是机器人运动控制的基础。

2. 机器人轨迹规划

机器人机械手端部从起点的位置和姿态到终点的位置和姿态的运动轨迹空间曲线叫做路径。

轨迹规划的任务是用一种函数来“内插”或“逼近”给定的路径，并沿时间轴产生一系列“控制设定点”，用于控制机械手运动。目前，常用的轨迹规划方法有空间关节插值法和笛卡尔空间规划两种方法。

3. 机器人机械手的控制

当一台机器人机械手的动态运动方程已给定，它的控制目的就是按预定性能要求保持机械手的动态响应。但机器人机械手的惯性力、耦合反应力和重力负载都随运动空间的变化而变化，因此要对它进行高精度、高速度、高

笔记

动态品质的控制是相当复杂且困难的。

目前，工业机器人采用的控制方法是把机械手上每一个关节都当作一个单独的伺服机构，即把一个非线性的、关节间耦合的变负载系统简化为线性的非耦合单独系统。

任务实施

工业机器人的组成

把学生带到工业机器人旁边进行现场教学，但要注意安全。

现场教学

一、执行机构

执行机构是机器人赖以完成工作任务的实体，通常由一系列连杆、关节或其他形式的运动副所组成。从功能的角度，执行机构可分为手部、腕部、臂部、腰部和机座，如图 1-54 所示。

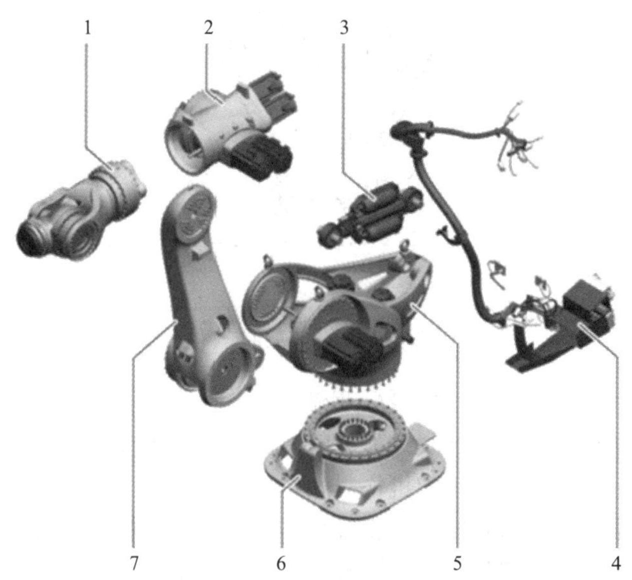

1—机器人腕部；2—小臂；3—平衡配重；4—电气设备；5—腰部(转盘)；6—机座(底座)；7—大臂

图 1-54 KR 1000 titan 的主要组件

1. 手部

工业机器人的手部也叫作末端执行器，是装在机器人手腕上直接抓握工件或执行作业的部件。手部对于机器人来说是完成作业好坏、作业柔性的关键部件之一。

(1) 机械钳爪式手部结构。机械钳爪式手部按夹取的方式，可分为内撑式和外夹式两种，分别如图 1-55 和图 1-56 所示。两者的区别在于夹持工件的部位不同，手爪动作的方向正好相反。

笔记

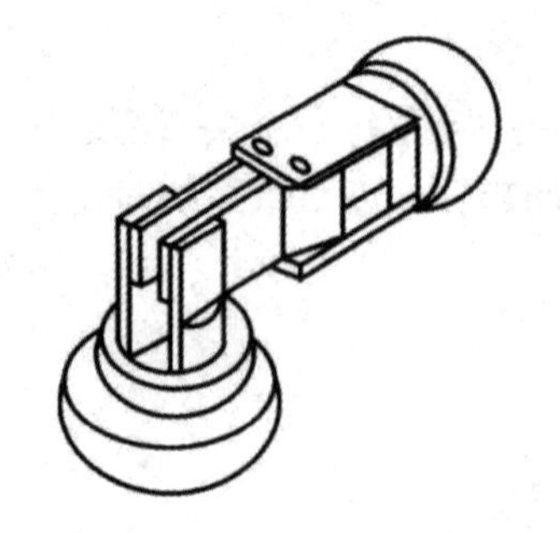

图 1-55　内撑钳爪式手部的夹取方式

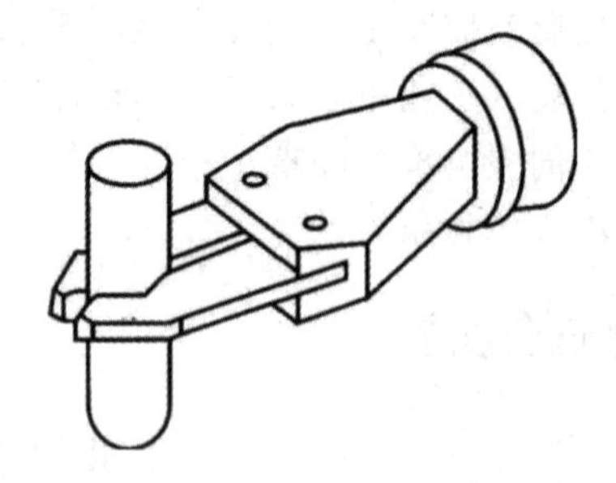

图 1-56　外夹钳爪式手部的夹取方式

采用两爪内撑式手部夹持时不易达到稳定，因此工业机器人多用内撑式三指钳爪来夹持工件，如图 1-57 所示。

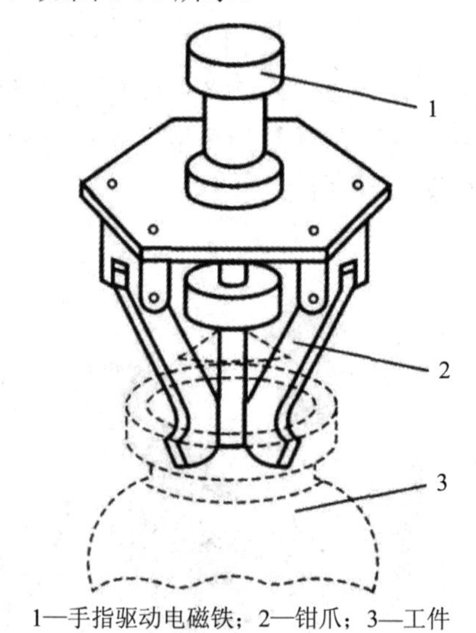

1—手指驱动电磁铁；2—钳爪；3—工件

图 1-57　内撑式三指钳爪

从机械结构特征、外观与功能来区分，钳爪式手部还有多种结构形式，下面介绍几种不同形式的手部机构。如图 1-58 至图 1-62 所示，依次为齿轮齿条移动式手爪、重力式钳爪、直线平移型手部、拨杆杠杆式钳爪、自动调整式钳爪。需要注意的是，自动调整式钳爪的调整范围在 0～10 mm 之内，适用于抓取多种规格的工件，当更换产品时可更换 V 型钳口。

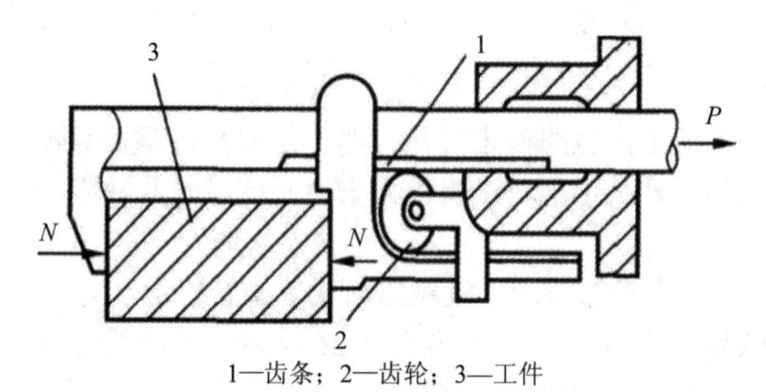

1—齿条；2—齿轮；3—工件

图 1-58　齿轮齿条移动式手爪

笔记

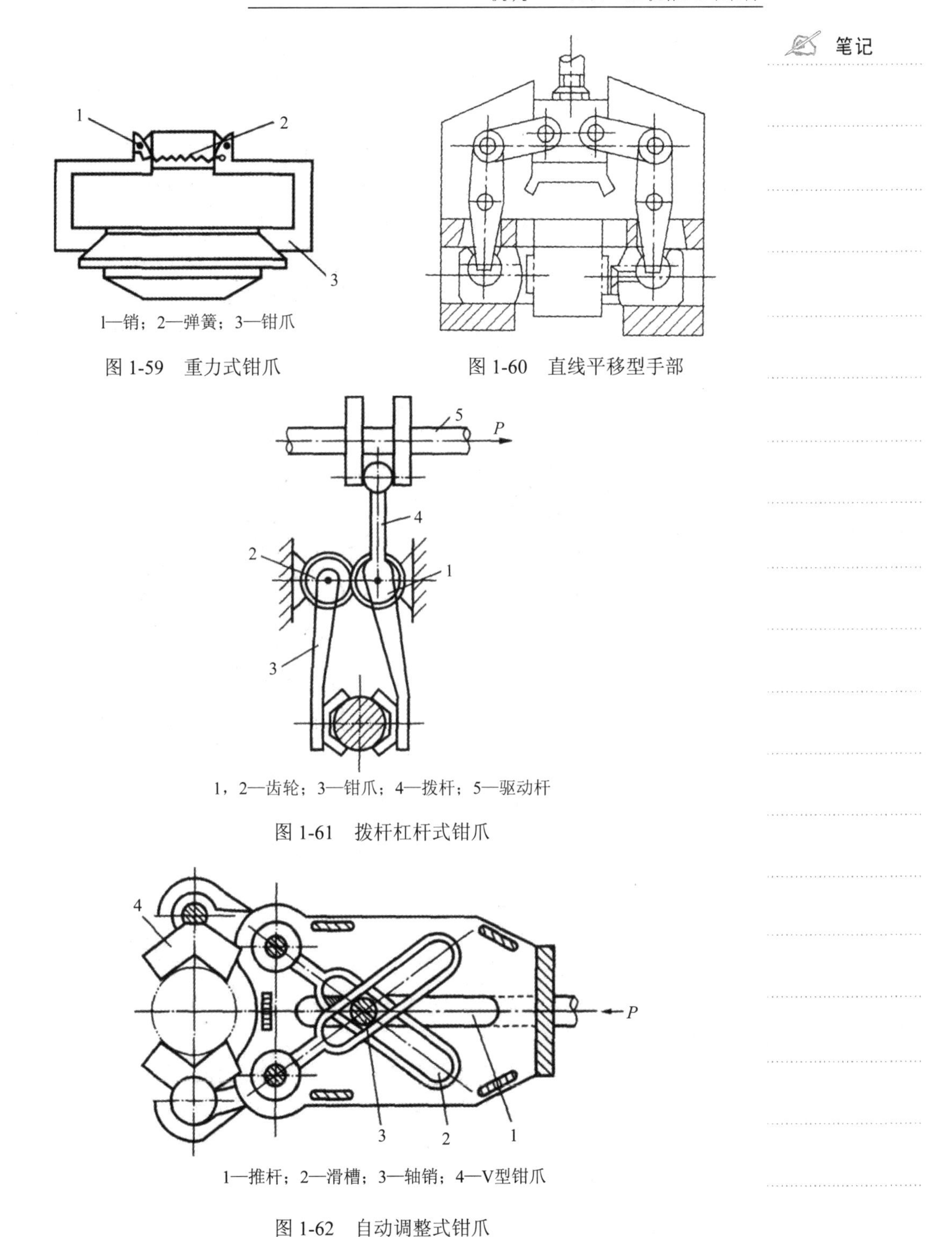

1—销；2—弹簧；3—钳爪

图 1-59　重力式钳爪

图 1-60　直线平移型手部

1，2—齿轮；3—钳爪；4—拨杆；5—驱动杆

图 1-61　拨杆杠杆式钳爪

1—推杆；2—滑槽；3—轴销；4—V型钳爪

图 1-62　自动调整式钳爪

(2) 钩托式手部。钩托式手部的主要特征是不靠夹紧力来夹持工件，而是利用手指对工件钩、托、捧等动作来托持工件。应用钩托方式可降低驱动力的要求，简化手部结构，甚至可以省略手部驱动装置。它适用于在水平面

笔记

内和垂直面内作低速移动的搬运工作，尤其对大型笨重的工件、或结构粗大而质量较轻且易变形的工件更为有利。钩托式手部可分为无驱动装置型和有驱动装置型。

无驱动装置型的钩托式手部，手指动作通过传动机构，借助臂部的运动来实现，手部无单独的驱动装置。图 1-63(a)所示为一种无驱动装置，手部在臂部的带动下向下移动。当手部下降到一定位置时，齿条 1 下端碰到撞块，臂部继续下移，齿条便带动齿轮 2 旋转，手指 3 即进入工件钩托部位。手指托持工件时，销 4 在弹簧力作用下插入齿条缺口，保持手指的钩托状态并可使臂部携带工件离开原始位置。在完成钩托任务后，电磁铁将销向外拔出，手指又呈自由状态，可继续下一个工作循环程序。

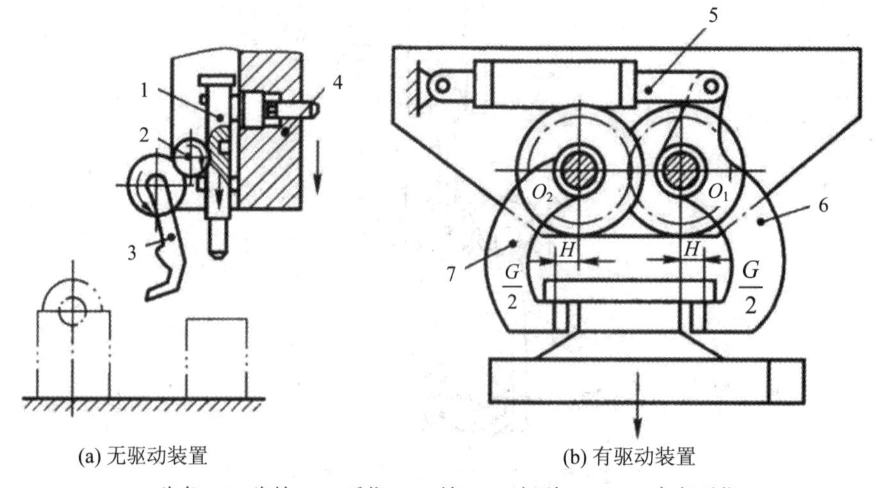

(a) 无驱动装置　　(b) 有驱动装置

1—齿条；2—齿轮；3—手指；4—销；5—液压缸；6、7—杠杆手指

图 1-63　钩托式手部

有驱动装置型的钩托式手部的工作原理是依靠机构内力平衡工件重力从而保持托持状态。如图 1-63(b)所示，驱动液压缸 5 以较小的力驱动杠杆手指 6、7 回转，使手指闭合至托持工件的位置。手指与工件的接触点均在其回转支点 O_1、O_2 的外侧，因此在手指托持工件后工件本身的重量不会使手指自行松脱。

图 1-64(a)为从 3 个方向夹住工件的抓取机构的工作原理，爪 1、2 由连杆机构带动，在同一平面中作相对的平行移动；爪(3)的运动平面与爪 1、2 的运动平面相垂直；工件由这三爪夹紧。图 1-64(b)为爪部的传动机构。抓取机构的驱动器 6 安装在抓取机构机架的上部，输出轴 7 通过联轴器 8 与工作轴相连，工作轴上装有离合器 4，离合器与蜗杆 9 相连。蜗杆带动齿轮 10、11，齿轮带动连杆机构，使爪 1、2 作启闭动作。输出轴又通过齿轮 5 带动与爪 3 相连的离合器，使爪 3 作启闭动作。当爪与工件接触后，离合器进入“OFF”状态，三爪均停止运动。蜗杆蜗轮传动具有反行程自锁的特性，故抓取机构不会自行松开被夹住的工件。

笔记

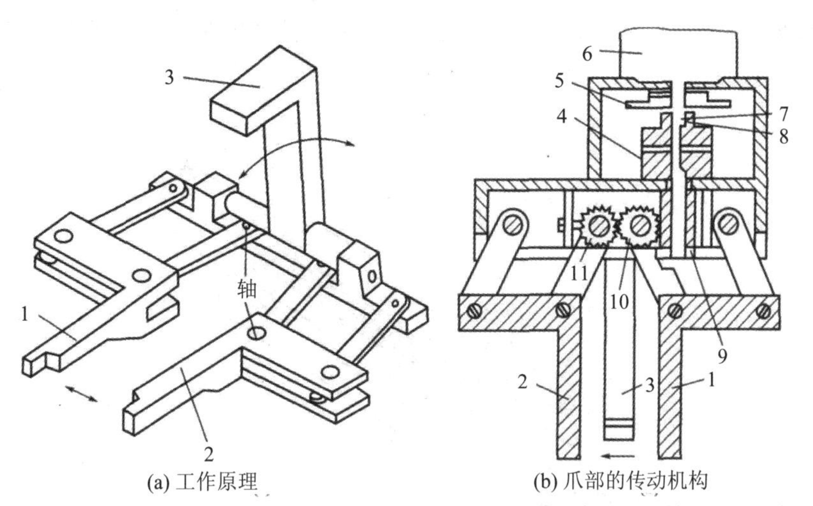

(a) 工作原理　　(b) 爪部的传动机构

1～3—爪；4—离合器；5，10，11—齿轮；6—驱动器；7—输出轴；8—联轴器；9—蜗杆

图 1-64　从三个方向夹住工件的抓取机构

(3) 弹簧式手部。弹簧式手部靠弹簧力的作用将工件夹紧，手部不需要专用的驱动装置，结构简单。它的使用特点是工件进入手指和从手指中取下工件都是强制进行的。由于弹簧力有限，故只适用夹持轻小工件。

图 1-65 所示为一种结构简单的簧片手指弹性手爪。当手臂带动夹钳向坯料推进时，弹簧片 3 由于受到压力而自动张开，于是工件进入钳内，受弹簧作用而自动夹紧。当机器人将工件传送到指定位置后，手指不会松开工件，必须先将工件固定后，手部才后退，并强迫手指撑开后留下工件。这种弹簧式手部只适用定心精度要求不高的场合。

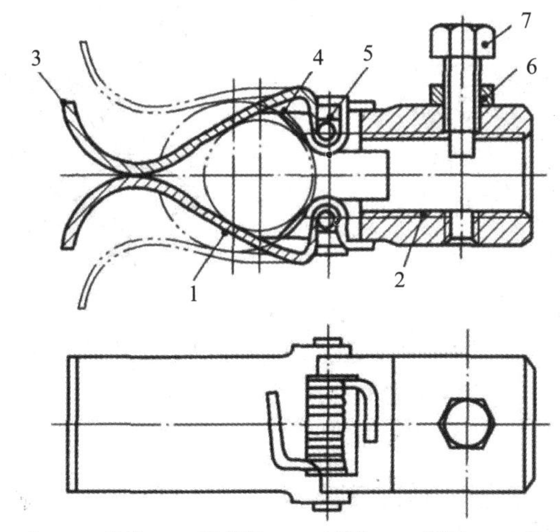

1—工件；2—套筒；3—弹簧片；4—扭簧；5—销钉；6—螺母；7—螺钉

图 1-65　弹簧式手部

如图 1-66 所示，两个手爪 1、2 用连杆 3、4 连接在滑块上，气缸活塞杆通过弹簧 5 使滑块运动。手爪夹持工件 6 的夹紧力取决于弹簧的张力，因此

笔记

可根据工作情况，选取不同张力的弹簧。需要注意的是，当手爪松开时，不要让弹簧脱落。

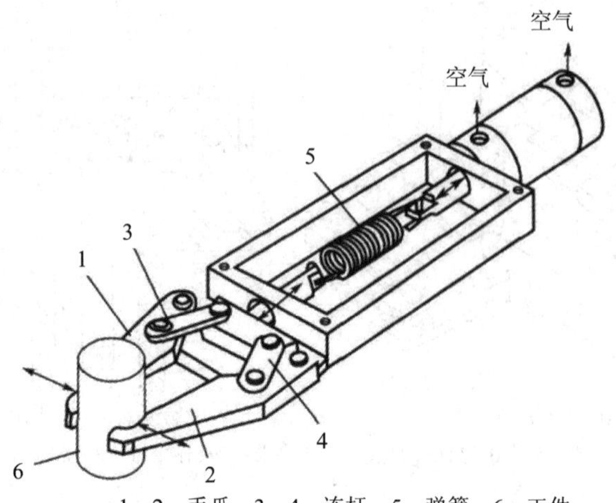

1，2—手爪；3，4—连杆；5—弹簧；6—工件

图 1-66　利用弹簧螺旋的弹性抓物机构

图 1-67(a)所示的抓取机构中，在手爪 5 的内侧设有槽口，用螺钉将弹性材料装在槽口中以形成具有弹性的抓取机构；弹性材料的一端用螺钉紧固，另一端可自由运动。当手爪夹紧工件 7 时，弹性材料发生变形并与工件的外轮廓紧密接触；也可以只在一侧手爪上安装弹性材料，这时工件被抓取时定位精度较好。1 是与活塞杆固连的驱动板，2 是气缸，3 是支架，4 是连杆，6 是弹性爪。图 1-67(b)所示为另一种形式的弹性抓取机构。

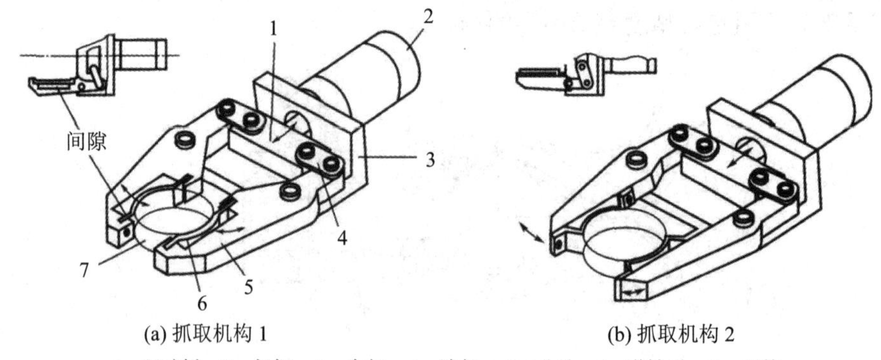

(a) 抓取机构 1　　(b) 抓取机构 2

1—驱动板；2—气缸；3—支架；4—连杆；5—手爪；6—弹性爪；7—工件

图 1-67　具有弹性的抓取机构

2. 腕部

腕部旋转是指腕部绕小臂轴线的转动，又叫作臂转。如图 1-68(a)所示。有些机器人限制其腕部转动角度小于 360°。另一些机器人仅仅受到控制电缆缠绕圈数的限制，腕部可以转几圈。

(1) 腕部弯曲。腕部弯曲是指腕部的上下摆动，这种运动称为俯仰，又叫作手转，如图 1-68(b)所示。

笔记

(2) 腕部侧摆。腕部侧摆指机器人腕部的水平摆动，又叫作腕摆。如图1-68(c)所示。腕部的旋转和俯仰两种运动结合起来可以看成是侧摆运动。通常，机器人的侧摆运动由一个单独的关节提供。

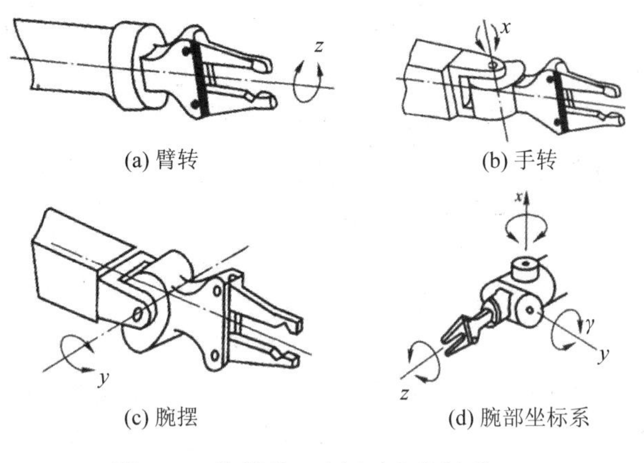

(a) 臂转　(b) 手转

(c) 腕摆　(d) 腕部坐标系

图 1-68　腕部的三个运动和坐标系

腕部结构多为上述 3 个回转方式的组合，组合的方式可以有多种形式，常用的腕部组合的方式有：臂转、腕摆、手转结构，臂转、双腕摆、手转结构等，如图 1-69 所示。

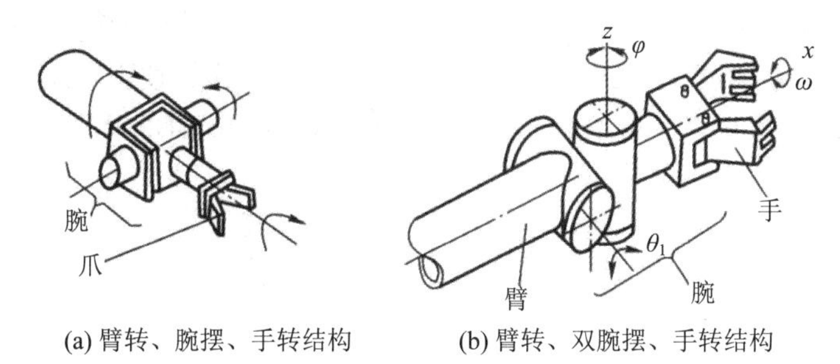

(a) 臂转、腕摆、手转结构　(b) 臂转、双腕摆、手转结构

图 1-69　腕部的组合方式

(3) 手腕的分类。按自由度数目来分，手腕可分为单自由度手腕、二自由度手腕和三自由度手腕。

① 单自由度手腕。图 1-70(a)所示为一种翻转(Roll)关节，简称 R 关节，它把手臂纵轴线和手腕关节轴线构成共轴线形式，这种 R 关节旋转角度大，可达到 360° 以上。图 1-70(b)、1-70(c)所示为一种折曲(Bend)关节，简称 B 关节，关节轴线与前、后两个连接件的轴线相垂直。这种 B 关节因为受到结构上的干涉，旋转角度小，很大程度上限制了方向角。

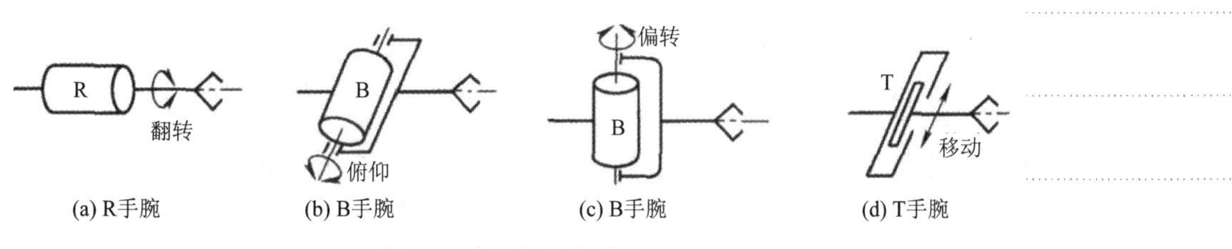

(a) R手腕　(b) B手腕　(c) B手腕　(d) T手腕

图 1-70　单自由度手腕

笔记

② 二自由度手腕。二自由度手腕可以由一个 R 关节和一个 B 关节组成 BR 手腕，如图 1-71(a)所示；也可以由两个 B 关节组成 BB 手腕，如图 1-71(b)所示。需要注意的是，二自由度手腕不能由两个 R 关节组成 RR 手腕，因为两个 R 关节共轴线，所以退化了一个自由度，实际只构成了单自由度手腕，如图 1-71(c)所示。

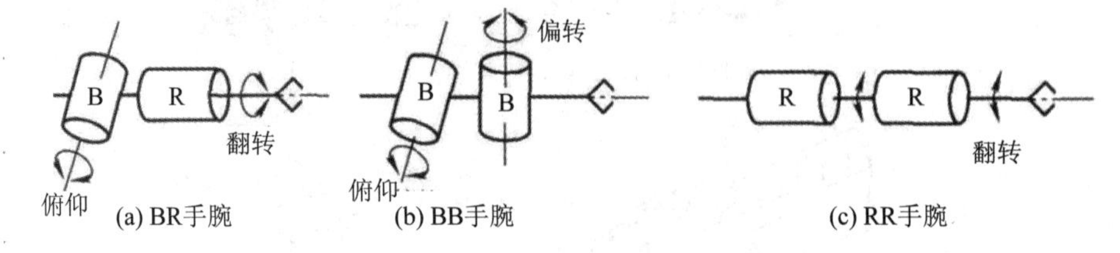

图 1-71　二自由度手腕

③ 三自由度手腕。三自由度手腕可以由 B 关节和 R 关节组成许多种形式。图 1-72(a)所示为通常见到的 BBR 手腕，使手部俯仰、偏转和翻转运动，即 RPY 运动。图 1-72(b)所示为一个 B 关节和两个 R 关节组成的 BRR 手腕，为了不使自由度退化，使手部获得 RPY 运动，第一个 R 关节必须如图偏置。图 1-72(c)所示为三个 R 关节组成的 RRR 手腕，它也可以实现手部 RPY 运动。图 1-72(d)所示为 BBB 手腕，它只有 PY 运动，已经退化为二自由度手腕，它在实践中是不采用的。值得注意的是，B 关节和 R 关节排列的次序不同会产生不同的效果，即产生了其他形式的三自由度手腕。为了使手腕结构紧凑，通常把两个 B 关节安装在一个十字接头上，这可大大减小 BBR 手腕的纵向尺寸。

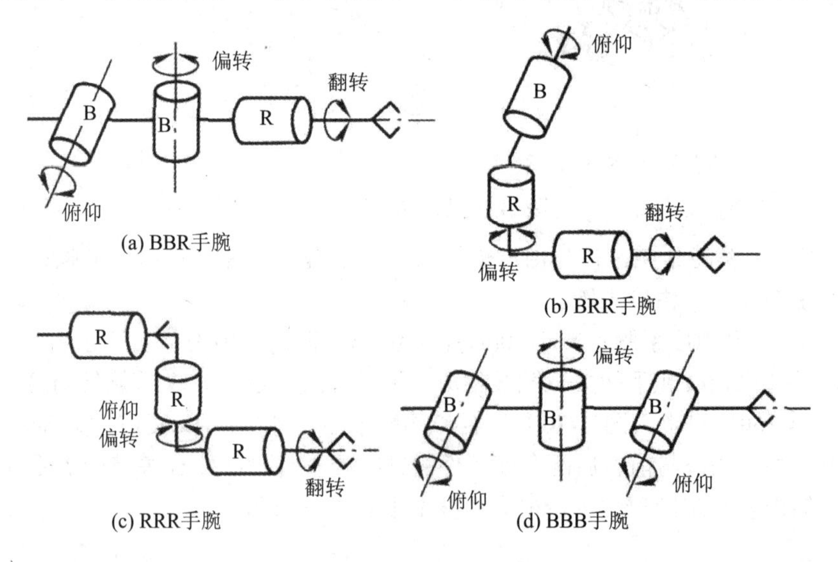

图 1-72　三自由度手腕

3. 臂部

臂部是机器人执行机构中重要的部件，它的作用是支撑腕部和手部，并将被抓取的工件运送到给定的位置上。机器人的臂部主要包括臂杆以及与其运动有关的构件，包括传动机构、驱动装置、导向定位装置、支承连接和位

笔记

置检测元件等。此外，还有与腕部或手臂的运动和连接支承等有关的构件。一般机器人手臂有 3 个自由度，即手臂的伸缩、左右回转和升降(或俯仰)运动。手臂回转和升降运动是通过机座的立柱实现的，立柱的横向移动即为手臂的横移。手臂的各种运动通常由驱动机构和各种传动机构实现。

常见工业机器人如图 1-73 所示，图 1-74 和图 1-75 所示为其手臂结构图，手臂的各种运动通常由驱动机构和各种传动机构来实现。因此，它不仅承受被抓取工件的重量，还承受末端执行器、手腕和手臂自身的重量。手臂的结构、工作范围、灵活性、抓重大小(即臂力)和定位精度都直接影响机器人的工作性能，所以臂部的结构形式必须根据机器人的运动形式、抓取重量、动作自由度、运动精度等因素来确定。

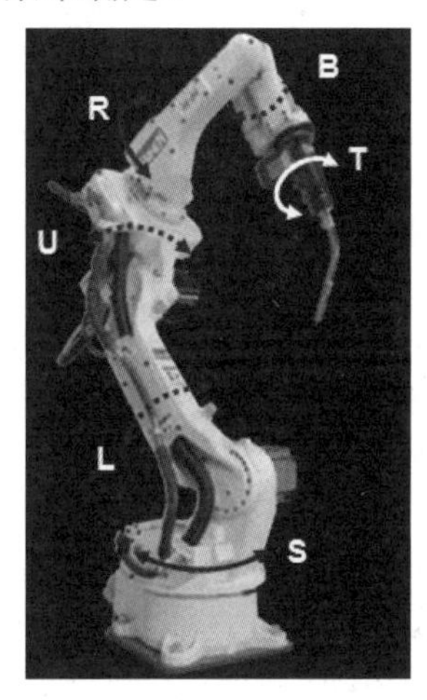

图 1-73　工业机器人

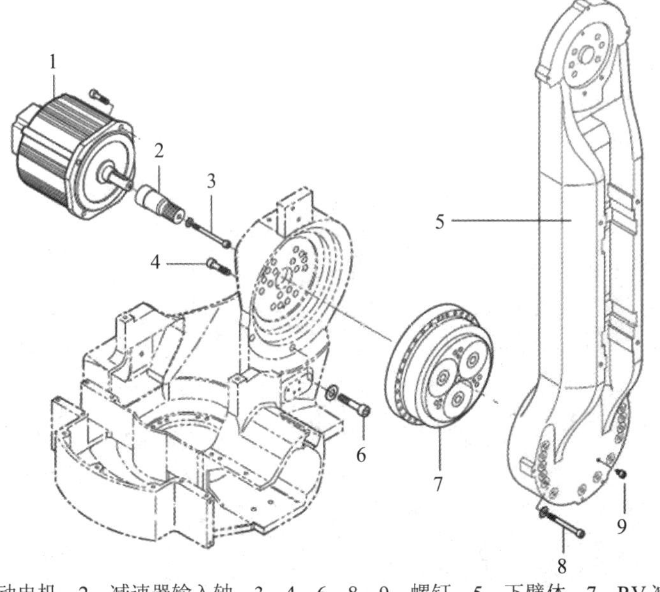

1—驱动电机；2—减速器输入轴；3、4、6、8、9—螺钉；5—下臂体；7—RV 减速器

图 1-74　下臂

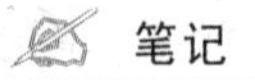
笔记

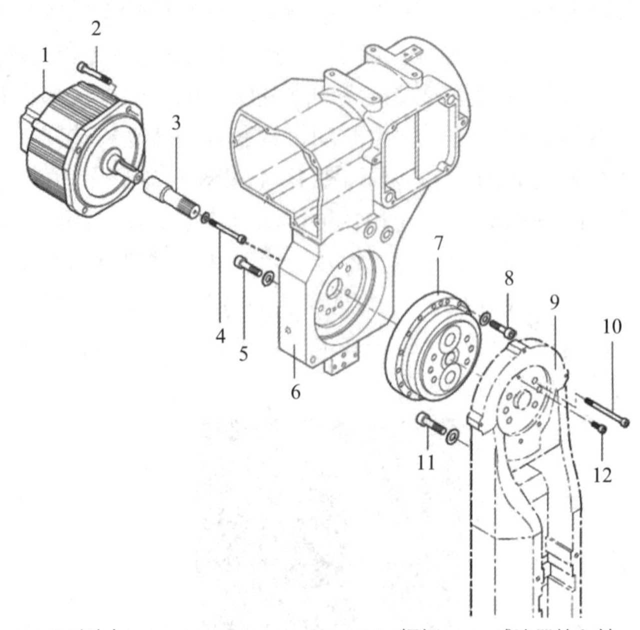

1—驱动电机；2、4、5、8、10、11、12—螺钉；3—减速器输入轴；
6—上臂；7—RV 减速器；9—上臂体

图 1-75　上臂

4. 腰部

腰部是指连接臂部和基座的部件，通常是回转部件。它的回转加上臂部的运动，就能使腕部作空间运动。腰部是执行机构的关键部件，它的制作误差、运动精度和平稳性对机器人的定位精度有决定性的影响。

5. 基座

基座是整个机器人的支持部分，有固定式和移动式两类。移动式基座用来扩大机器人的活动范围，有的是专门的行走装置，有的是轨道(见图 1-76)、滚轮机构(见图 1-77)。基座必须有足够的刚度和稳定性。

图 1-76　桁架工业机器人

笔记

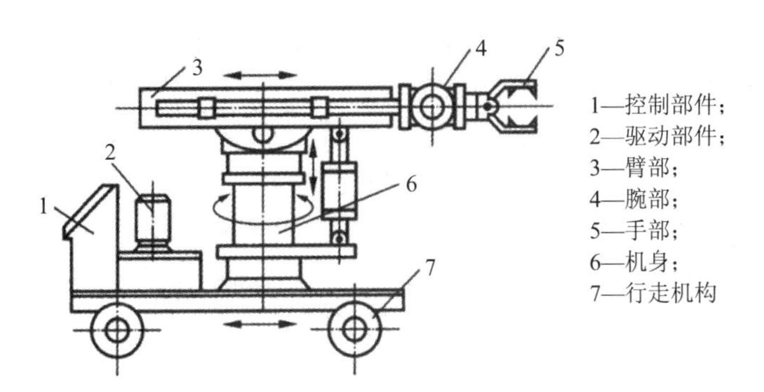

图 1-77　具有行走机构的工业机器人系统

二、驱动系统

工业机器人的驱动系统是向执行系统各部件提供动力的装置，包括驱动器和传动机构两部分，它们通常与执行机构连成一体。驱动器通常有电动、液压、气动装置以及把它们结合起来应用的综合系统。常用的传动机构有谐波传动、螺旋传动、链传动、带传动以及各种齿轮传动等机构。工业机器人驱动系统的组成如图 1-78 所示。

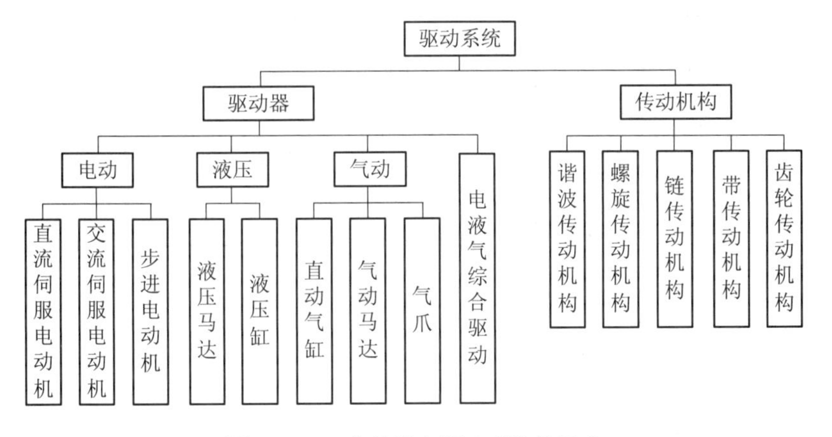

图 1-78　工业机器人驱动系统的组成

三、控制系统

控制系统的任务是根据机器人的作业指令程序，以及从传感器反馈回来的信号支配机器人的执行机构完成固定的运动和功能。若工业机器人不具备信息反馈特征，则为开环控制系统；若其具备信息反馈特征，则为闭环控制系统。

工业机器人的控制系统主要由主控计算机和关节伺服控制器组成，如图 1-79 所示。上位主控计算机主要根据作业要求完成编程，并发出指令控制各伺服驱动装置使各杆件协调工作，同时还要完成环境状况、周边设备之间的信息传递和协调工作。关节伺服控制器用于实现驱动单元的伺服控

笔记

制、轨迹插补计算以及系统状态监测。不同的工业机器人控制系统是不同的，图 1-80 所示为 IRB 2600 工业机器人的控制系统实物图。机器人的测量单元一般安装在执行部件中的位置检测元件(如光电编码器)和速度检测元件(如测速电机)中，这些检测量反馈到控制器中用于闭环控制、监测或者进行示教操作。人机接口除了包括一般的计算机键盘、鼠标外，还包括手持控制器(示教盒)。通过手持控制器可以对机器人进行控制和示教操作。

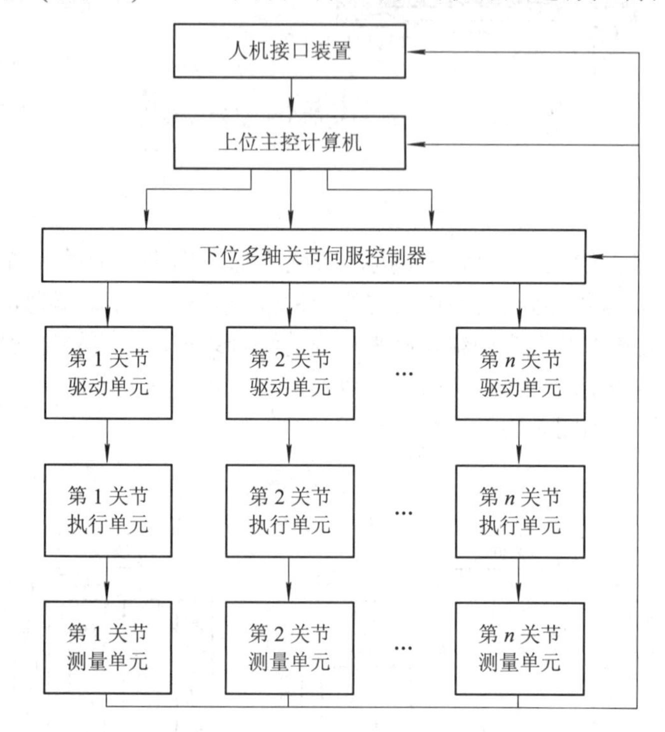

图 1-79　工业机器人控制系统一般构成

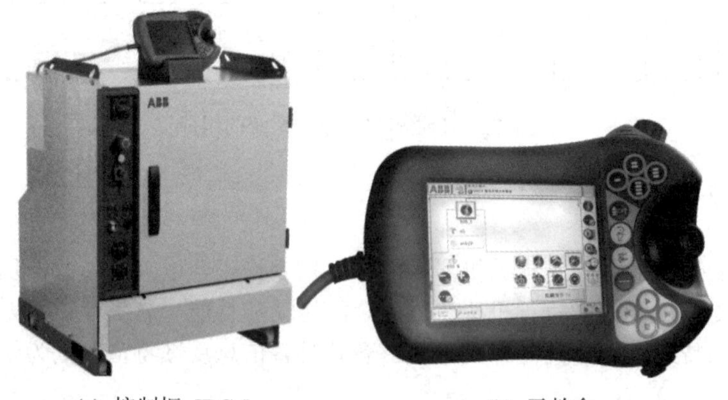

(a) 控制柜 IRC 5　　(b) 示教盒

图 1-80　IRB 2600 工业机器人

工业机器人通常具有示教再现和位置控制两种方式。示教再现控制就是操作人员通过示教装置把作业内容编制成程序，输入记忆装置，在外部给出启动命令后，机器人从记忆装置中读出信息并送到控制装置，发出控制信号，

笔记

由驱动机构控制机械手的运动，在一定精度范围内，按照记忆装置中的内容完成给定的动作。实质上，工业机器人与一般自动化机械的最大区别就是它的“示教再现”功能，因而具有通用、灵活的“柔性”特点。

工业机器人的位置控制方式有点位控制和连续路径控制两种。点位控制方式只关心机器人末端执行器的起点和终点位置，而不关心这两点之间的运动轨迹，这种控制方式可完成无障碍条件下的点焊、上下料、搬运等。连续路径控制方式不仅要求机器人以一定的精度达到目标点，而且对移动轨迹也有一定的精度要求，如机器人喷漆、弧焊等。这种控制方式是以点位控制方式为基础，在每两点之间用满足精度要求的位置轨迹插补算法来实现轨迹连续化。

四、传感系统

传感系统是机器人的重要组成部分。按其采集信息的位置，一般可分为内部和外部两类传感器。内部传感器是完成机器人运动控制所必需的传感器(如位置、速度传感器等)，用于采集机器人内部信息，是构成机器人不可缺少的基本元件。外部传感器检测机器人所处环境、外部物体状态或机器人与外部物体的关系。常用的外部传感器有力觉传感器、触觉传感器、接近觉传感器、视觉传感器等。一些特殊领域应用的机器人还需要具有温度、湿度、压力、滑动量、化学性质等感觉能力方面的传感器。机器人传感器的分类如表 1-5 所示。

表 1-5　机器人传感器的分类

<table>
<tr><td rowspan="3">内部传感器</td><td>用　途</td><td>机器人的精确控制</td></tr>
<tr><td>检测的信息</td><td>位置、角度、速度、加速度、姿态、方向等</td></tr>
<tr><td>所用传感器</td><td>微动开关、光电开关、差动变压器、编码器、电位计、旋转变压器、测速发电机、加速度计、陀螺、倾角传感器、力(或力矩)传感器等</td></tr>
<tr><td rowspan="3">外部传感器</td><td>用　途</td><td>了解工件、环境或机器人在环境中的状态，对工件的灵活、有效的操作</td></tr>
<tr><td>检测的信息</td><td>工件和环境：形状、位置、范围、质量、姿态、运动、速度等
机器人与环境：位置、速度、加速度、姿态等
对工件的操作：非接触(间隔、位置、姿态等)、接触(障碍检测、碰撞检测等)、触觉(接触觉、压觉、滑觉)、夹持力等</td></tr>
<tr><td>所用传感器</td><td>视觉传感器、光学测距传感器、超声测距传感器、触觉传感器、电容传感器、电磁感应传感器、限位传感器、压敏导电橡胶、弹性体加应变片等</td></tr>
</table>

传统的工业机器人仅采用内部传感器，用于对机器人运动、位置及姿态进行精确控制。使用外部传感器，使得机器人对外部环境具有一定程度的适

笔记

应能力，从而表现出一定程度的智能。

任务扩展

一、机器人应用与外部的关系

机器人技术是集机械工程学、人工智能或计算机科学、控制工程、电子技术、传感器技术、生物学技术等为一体的综合技术，它是多学科交叉融合科技革命的必然结果。每一台机器人都是一个知识密集和技术密集的高科技机电一体化产品。机器人与外部的关系如图 1-81 所示。

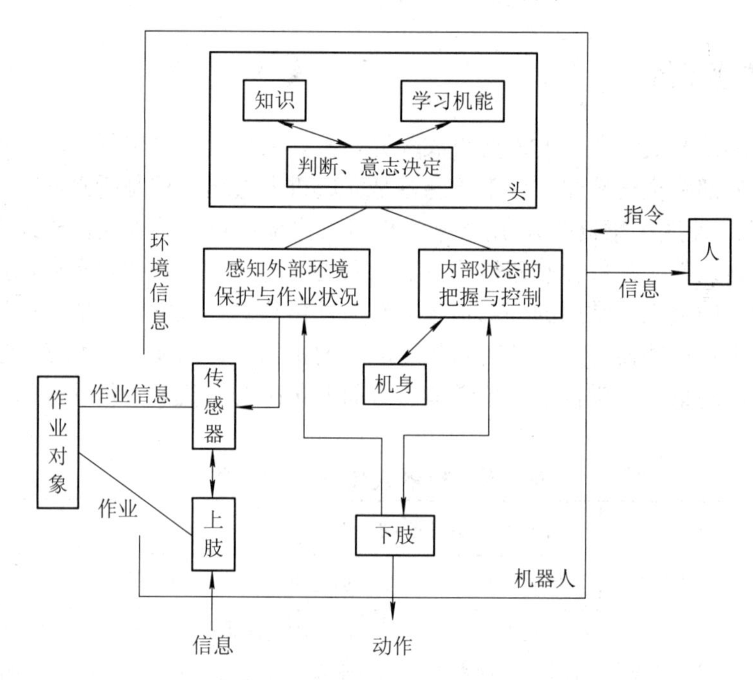

图 1-81　机器人与外部的关系

机器人技术涉及的研究领域如下：

(1) 传感器技术。

(2) 人工智能或计算机科学。

(3) 假肢技术。

(4) 工业机器人技术。

(5) 移动机械技术。

(6) 生物学技术。

二、工业机器人末端装置的安装

1. 认识快速装置

使用一台通用机器人，要在作业时能自动更换不同的末端操作器，就需

笔记

要配置具有快速装卸功能的换接器。换接器由换接器插座和换接器插头两部分组成，分别装在机器腕部和末端操作器上，能够实现机器人对末端操作器的快速自动更换。

在具体实施时，各种末端操作器存放在工具架上，组成一个专用末端操作器库，如图 1-82 所示。机器人可根据作业要求，自行从工具架上接上相应的专用末端操作器。

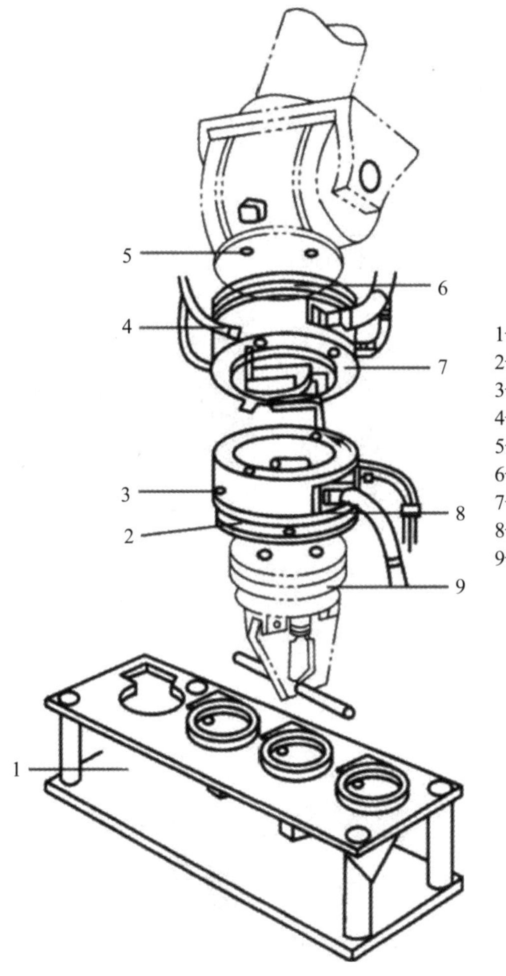

1—末端操作器库；
2—操作器过渡法兰；
3—位置指示器；
4—换接器气路；
5—连接法兰；
6—过渡法兰；
7—换接器；
8—换接器配合端；
9—末端执行装置

图 1-82　气动换接器与操作器库

对专用末端操作器换接器的要求主要有：同时具备气源、电源及信号的快速连接与切换；能承受末端操作器的工作载荷；在失电、失气情况下，机器人停止工作时不会自行脱离；具有一定的换接精度等。

气动换接器和专用末端操作器如图 1-83 所示。该换接器也分成两部分：一部分在手腕上，称为换接器；另一部分在末端操作器上，称为配合器。利用气动锁紧器将两部分进行连接，并具有就位指示灯，以表示电路、气路是否接通。其结构如图 1-84 所示。

笔记

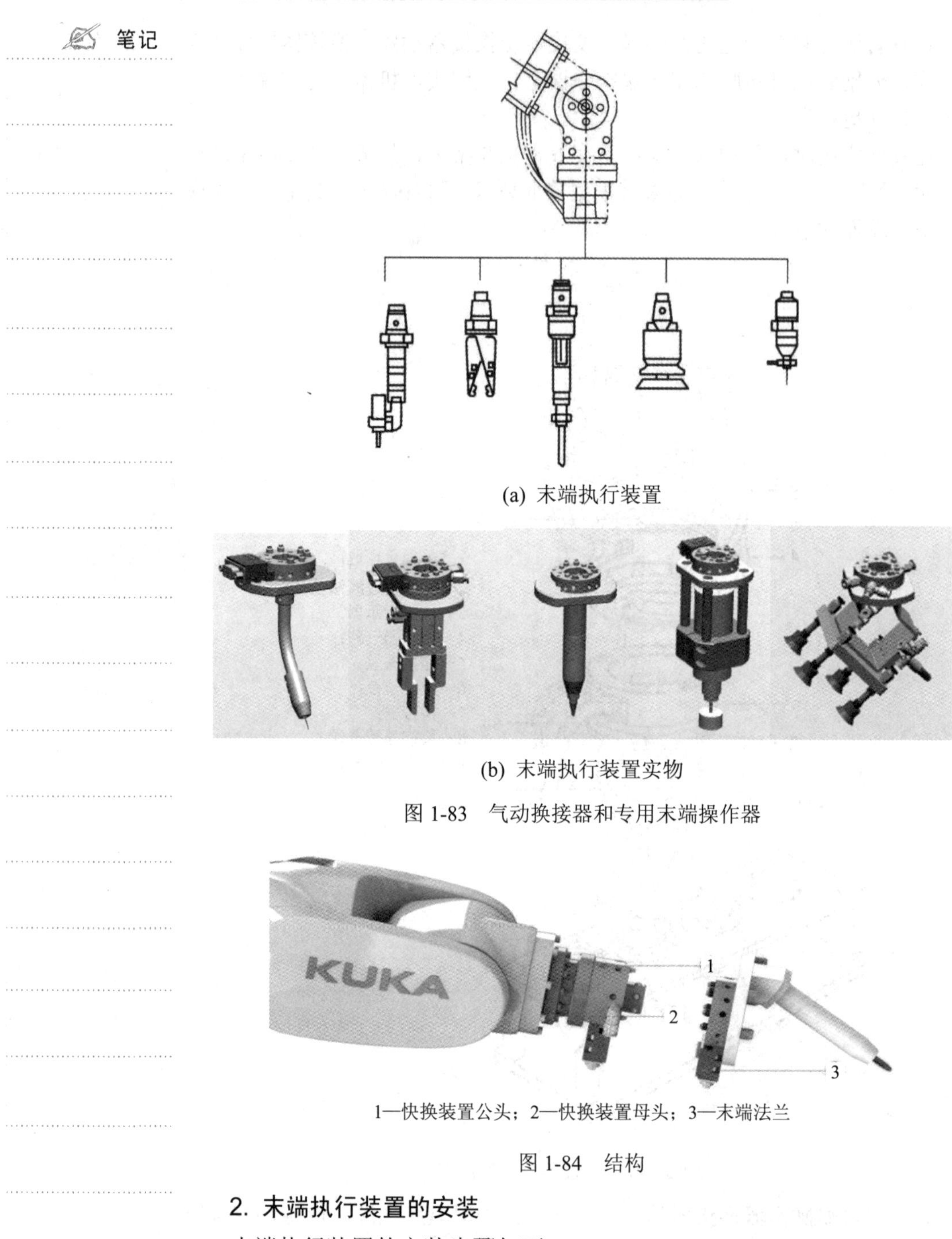

(a) 末端执行装置

(b) 末端执行装置实物

图 1-83　气动换接器和专用末端操作器

1—快换装置公头；2—快换装置母头；3—末端法兰

图 1-84　结构

2. 末端执行装置的安装

末端执行装置的安装步骤如下：

(1) 安装工具快换装置的主端口，将定位销(工业机器人附带配件)安装在IRB 120工业机器人法兰盘中对应的销孔中。安装时切勿倾斜、重击，必要时可使用橡胶锤敲击，如图1-85所示。

(2) 对准快换装置主端口上的销孔和定位销，将快换装置主端口安装在工业机器人法兰盘上，如图1-86所示。

笔记

图 1-85　安装定位销

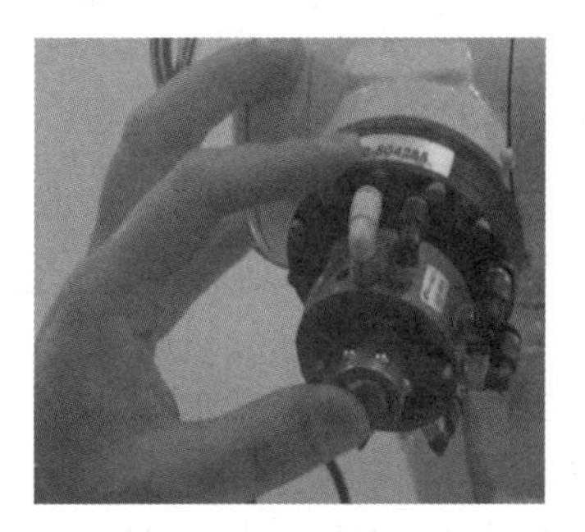

图 1-86　安装主端口

(3) 安装 M5 × 40 规格的内六角螺钉，并使用内六角扳手工具拧紧，如图 1-87 所示。

(4) 安装末端工具时，通过按压控制工具快换动作的电磁阀上的手动调试按钮，使快换装置主端口中的活塞上移，锁紧钢珠缩回，如图 1-88 所示。

图 1-87　拧紧内六角螺钉

图 1-88　手动调试按钮

(5) 手动安装末端工具时，需要对齐被接端口与主端口外边上的 U 型口位置来实现末端工具快换装置的安装，如图 1-89 所示。

(6) 对准端面贴合位置后，松开控制工具快换动作的电磁阀上的手动调试按钮，快换装置主端口锁紧钢珠弹出，使工具快换装置锁紧，如图 1-90 所示。

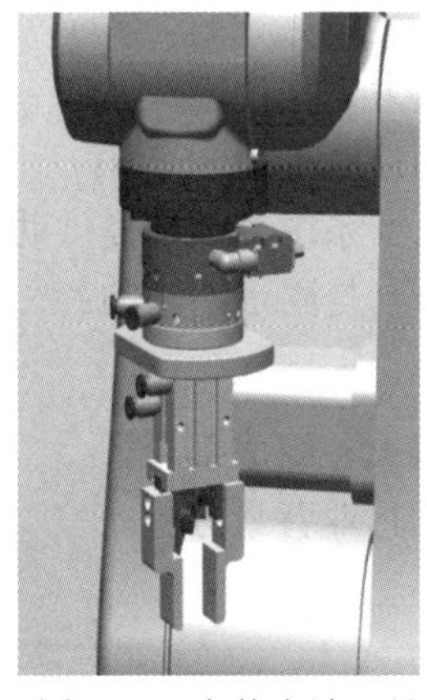

图 1-89　安装末端工具

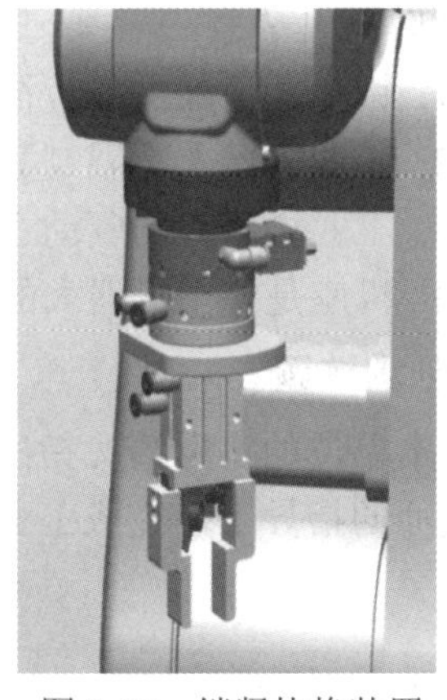

图 1-90　锁紧快换装置

笔记

任务巩固

一、填空题

1. 工业机器人通常由__________机构、_________系统、________系统和_______系统四部分组成。

2. 目前常用的轨迹规划方法有__________插值法和_________规划两种方法。

3. 机械钳爪式手部按夹取的方式，可分为_______式和_______式两种。

4. 钩托式手部可分为_______装置型和_______装置型两种。

5. 手腕按自由度数目来分，可分为_______自由度手腕、_______自由度手腕和_______自由度手腕。

6. 臂部的作用是支撑_______和_______，并将被抓取的工件运送到给定的_______上。

7. 机座是整个机器人的支持部分，有_______式和_______式两类。

8. 工业机器人的控制系统主要由_______和关节_______组成。

9. 传感系统是机器人的重要组成部分，一般可分为______部和______部两类传感器。

二、选择题

1. 一般机器人手臂有(　　)个自由度。

A. 1　　B. 2　　C. 3　　D. 4

2. 腰部是指连接臂部和基座的部件，通常是(　　)部件。

A. 回转　　B. 直线　　C. 复合　　D. 往复

三、简答题

1. 简述工业机器人手腕的分类。

2. 简述工业机器人手部的分类。

3. 简述工业机器人的组成。

4. 简述工业机器人的工作原理。

四、判断题

(　　) 1. 钩托式手部主要特征是靠夹紧力来夹持工件。

(　　) 2. 工业机器人都限制其腕部转动角度小于 360°。

(　　) 3. 工业机器人的驱动系统是向执行系统各部件提供动力的装置。

(　　) 4. 机座是整个机器人的支持部分，是固定不动的。

五、双创训练题

1. 根据本单位的实际情况指出工业机器人各组成部分。

2. 在教师的指导下，完成工业机器人的行业背景分析。

笔记

模块二

工业机器人机械识图

任务一　工业机器人机械识图基础

工作任务

工业机器人是由若干零件按一定的装配关系和设计、使用要求装配而成的。图 2-1 为某工业机器人前爪法兰侧盖零件图。零件图是制造和检验零件的主要依据，因此识读零件图是学习工业机器人技术，实现规范化、程序化的前提。

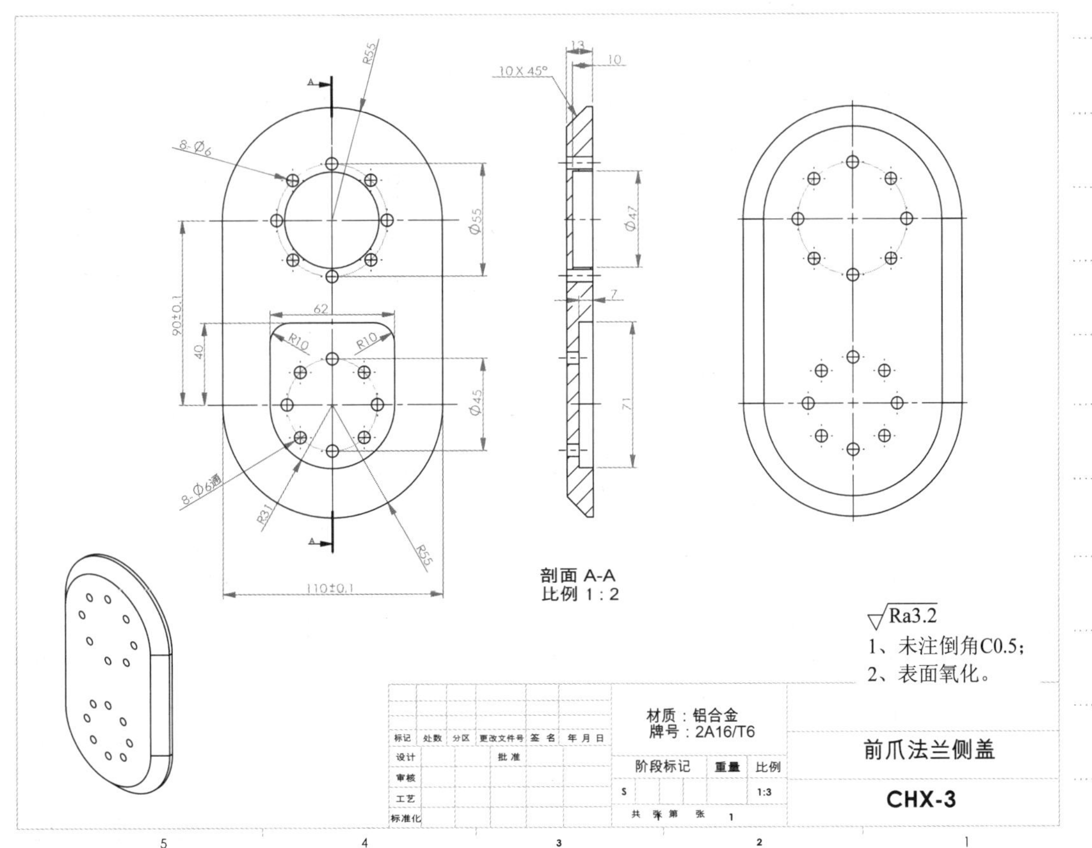

图 2-1　某工业机器人前爪法兰侧盖

笔记

任务目标

知识目标	能力目标
1. 了解图纸幅面、图框、标题栏、比例等国家标准的使用方法 2. 掌握图线及尺寸标注的规定画法 3. 掌握常用几何图形的画法	1. 能够按照国家标准规定选用图纸、绘制图框、标题栏等 2. 能够正确分析平面图形 3. 能绘制简单的零件图

任务准备

机械识图基础

★ 实物教学

一、图纸

图纸幅面及格式应符合 GB/T 14689—2008 标准。

1. 图纸幅面尺寸

当绘制机械图样时，基本幅面应优先选用表 2-1 中的。必要时，也允许选用表 2-2 中第二选择的加长幅面和第三选择的加长幅面。加长幅面是由基本幅面的短边成整数倍增加后得出的。

表 2-1 基本幅面 单位：mm

幅面代号	A0	A1	A2	A3	A4
$B \times L$	841 × 1189	594 × 841	420 × 594	297 × 420	210 × 297
e	20		10		
c	10			5	
a	25				

表 2-2 加长幅面 单位：mm

第二选择		第三选择			
幅面代号	$B \times L$	幅面代号	$B \times L$	幅面代号	$B \times L$
A3 × 3	420 × 891	A0 × 2	1189 × 1682	A3 × 5	420 × 1486
A3 × 4	420 × 1189	A0 × 3	1189 × 2523	A3 × 6	420 × 1783
A4 × 3	297 × 630	A1 × 3	841 × 1783	A3 × 7	420 × 2080
A4 × 4	297 × 841	A1 × 4	841 × 2378	A4 × 6	297 × 1261
A4 × 5	297 × 1051	A2 × 3	594 × 1261	A4 × 7	297 × 1471
		A2 × 4	594 × 1682	A4 × 8	297 × 1682
		A2 × 5	594 × 2102	A4 × 9	297 × 1892

2. 图框格式

在图纸上必须用粗实线绘制图框线，其格式分为留有装订边和不留装订

笔记

边两种，但同一产品的图样只能采用一种格式。不留装订边的图纸，其图框格式如图 2-2 所示。留有装订边的图纸，其图框格式如图 2-3 所示。

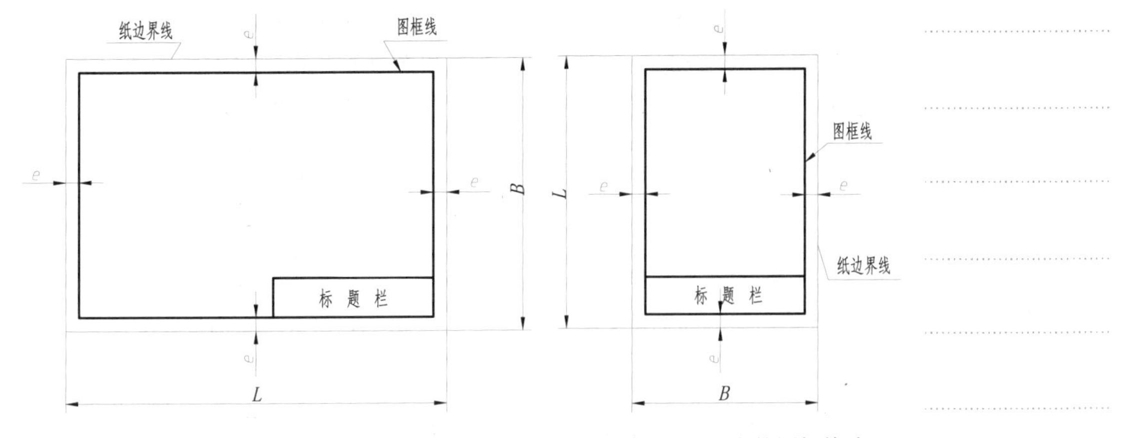

(a) 无装订边图纸(X 型)的图框格式　　(b) 无装订边图纸(Y 型)的图框格式

图 2-2　不留装订边的图框格式

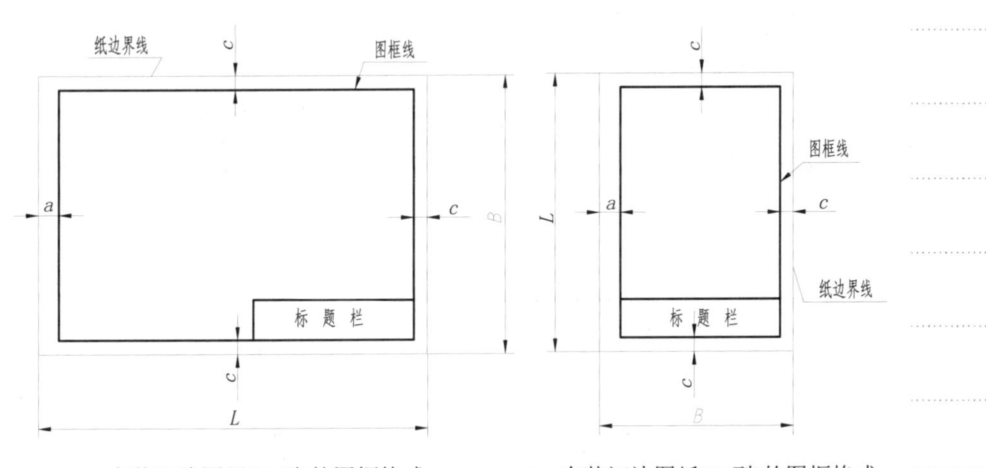

(a) 有装订边图纸(X 型)的图框格式　　(b) 有装订边图纸(Y 型)的图框格式

图 2-3　留有装订边的图框格式

加长幅面的图框尺寸是按所选用的基本幅面大一号的图框尺寸确定的。例如，A2×3 的图框尺寸按 A1 的图框尺寸确定，即 e 为 20(或 c 为 10)；A3×4 的图框尺寸按 A2 的图框尺寸确定，即 e 为 10(或 c 为 10)。

3. 标题栏的方位与格式

1) 标题栏的方位

每张图纸上都必须画出标题栏。标题栏的位置应位于图纸的右下角，如图 2-2 和图 2-3 所示。当标题栏的长边置于水平方向并与图纸的长边平行时，则构成 X 型图纸，如图 2-2(a)、图 2-3(a)所示。当标题栏的长边与图纸的长边垂直时，则构成 Y 型图纸，如图 2-2(b)、图 2-3(b)所示。此时，看图的方向与看标题栏的方向一致。

笔记

2) 对中符号

为了使图样复制和缩微摄影时定位方便，应在图纸各边长的中点处分别画上对中符号。对中符号用粗实线绘制，宽度不小于 0.5 mm，长度从纸边界开始至伸入图框约 5 mm，如图 2-4 和图 2-5 所示。当对中符号处在标题栏范围内时，伸入标题栏部分可省略不画，如图 2-5 所示。

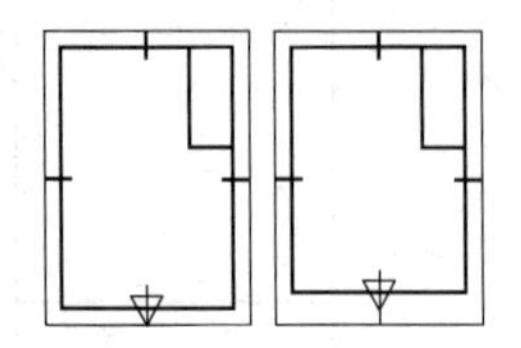

图 2-4　X 型图纸的短边置于水平

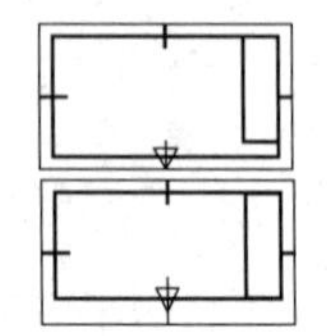

图 2-5　Y 型图纸的长边置于水平

3) 方向符号

若使用预先印制好的图纸，为了明确绘图和看图时图纸的方向，应在图纸的下边对中符号处画出一个方向符号。方向符号是用细实线绘制的等边三角形，其大小和所处的位置如图 2-6 所示。

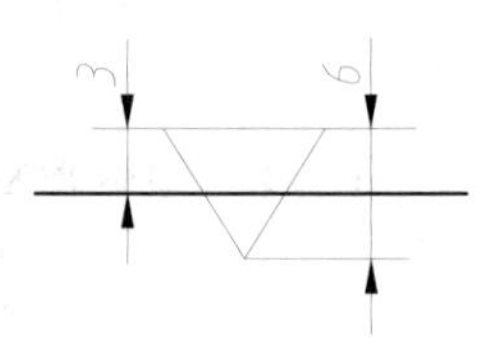

图 2-6　方向符号

4) 标题栏的格式

国家标准(GB/T10609.1—2008)对标题栏的格式作了统一规定，如图 2-7 所示。但在校学习期间的制图作业中，可采用如图 2-8 所示的推荐格式。

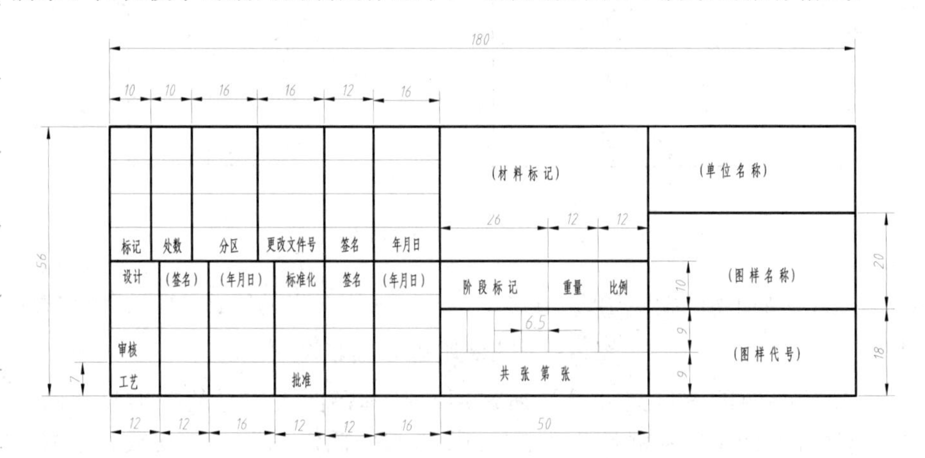

图 2-7　标题栏的格式及各部分的尺寸

(图　名)			材料		比例	
			数量		图号	
制图	(姓名)	(日期)	(校名) (班级学号)			
审核	(姓名)	(日期)				

尺寸：15、35、15、15；4×8(32)；8；15、25、20；140

图 2-8　制图作业中推荐使用的标题栏格式

笔记

二、图线与标注

多媒体教学

采用视频、动画等多媒体教学。

1. 图线(GB/T 17450—1998、GB/T 4457.4-2002)

国家规定《技术制图——图线》规定了绘制各种技术图样的15种基本线型，机械图样中规定了9种线型，如表2-3所示。

表2-3　图线的规格及应用

图线名称	图线型式	图线宽度	一般应用
粗实线	▬▬▬▬	b	可见轮廓线、可见过渡线
细实线	————	约 $b/3$	尺寸线及尺寸界限、引出线、辅助线、剖面线、分界线及范围线、不连续的同一表面的连线、重合剖面的轮廓线、弯折线(如展开图中的弯折线)、螺纹的牙底线及齿轮的齿根线、成规律分布的相同要素的连线
波浪线	∿∿∿	约 $b/3$	断裂处的边界线、视图和剖视的分界线
双折线	—⌇——⌇—	约 $b/3$	断裂处的边界线
虚线	----------------	约 $b/3$	不可见轮廓线、不可见过渡线
细点画线	———— — ————	约 $b/3$	轴线、对称中心线、轨迹线、节圆及节线
粗点画线	———— — ————	b	有特殊要求的线或表面的表示线
双点画线	——·-·——·-·——	约 $b/3$	相邻辅助零件的轮廓线、坯料的轮廓线或毛坯图中制成品的轮廓线、极限位置的轮廓线、试验或工艺用结构(成品上不存在)的轮廓线、假想投影轮廓线、中断线
粗虚线	— — — — —		允许表面处理的表示线

2. 字体(GB/T 14691—2008)

在图样中，书写汉字、数字、字母时必须做到字体工整、笔画清楚、间隔均匀、排列整齐。字体的号数，即字体的高度 h，其公称尺寸系列为20、14、10、7、5、3.5、2.5、1.8(单位为mm)。

(1) 汉字。汉字规定用长仿宋体书写，并采用国家正式公布的简化汉字。汉字的高度一般不应小于3.5 mm，字体宽度一般为 $h/\sqrt{2}$。

(2) 字母和数字。字母和数字可写成直体和斜体。斜体字的字头向右倾

笔记

斜，与水平基准线成 75°。

3. 尺寸标注(GB/T 4458.4—2003)

图形只能表达机件的形状，而机件的大小必须通过尺寸标注才能确定。国标“尺寸注法”(GB/T 4458.4—2003)中规定了标注尺寸的基本规则、符号和方法。在绘图时必须严格遵守这些规定。

1) 标注尺寸的基本规则

(1) 机件的真实大小应以图样上所标注的尺寸数值为依据，与图形的大小及绘图的准确度无关。

(2) 当图样中(包括技术要求和其他说明)的尺寸单位为 mm 时，不需标注单位或名称。若采用其他单位，则应注明相应的单位符号。

(3) 图样中所标注尺寸为该图样所示机件的最后完工尺寸，否则需另加说明。

(4) 机件的每一个尺寸在图样上一般只可标注一次，并应标注在反映该结构最清晰的图形上。

2) 标注尺寸的要素

一个完整的尺寸由尺寸界线、尺寸线、尺寸数字三个要素组成，如图 2-9 所示。尺寸界线和尺寸线画成细实线，尺寸数字一般注写在尺寸线的上方。尺寸线终端可以有箭头或斜线两种形式，箭头的大小与所绘制的图样大小和图线宽度有关，一般其长度约等于 $6d$(线宽)，如图 2-10 所示。

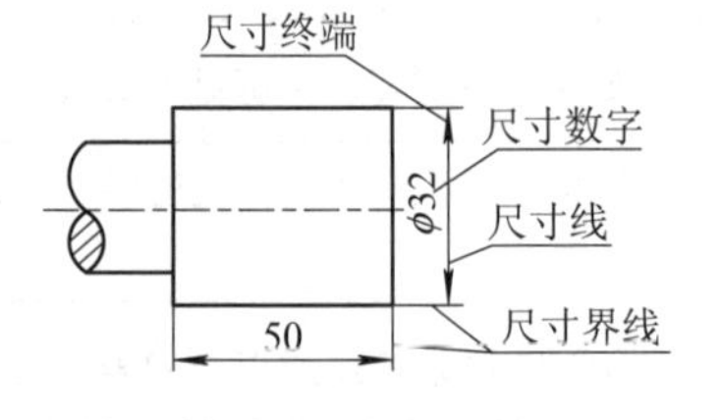

图 2-9　尺寸的组成

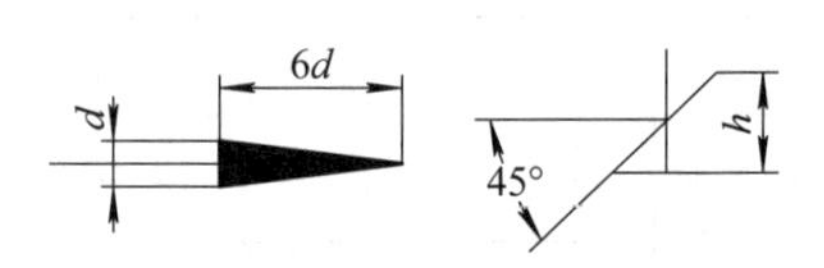

图 2-10　尺寸线的终端形式

3) 常见尺寸的标注方法

常见尺寸的标注方法如表 2-4 所示。

表 2-4　常见尺寸的标注方法

项目	图　例	说　明
尺寸界线		尺寸界线应由图形的轮廓线、轴线或对称中心线处引出，也可利用轮廓线、轴线或对称中心线作尺寸界线 尺寸界线一般应与尺寸线垂直并超过尺寸线约 2～3 mm

续表一

笔记

项目	图　例	说　明
尺寸线	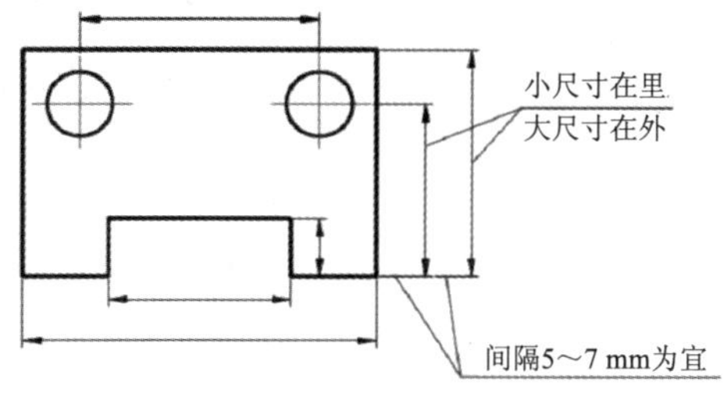 小尺寸在里 大尺寸在外 间隔5～7 mm为宜	(1) 尺寸线不能用其他图线代替，不得与其他图线重合或画在其延长线上 (2) 尺寸线应平行于被标注的要素，其间隔及两尺寸线间的间隔以 6～7 mm 为宜。尺寸线间应尽量避免相交
尺寸数字	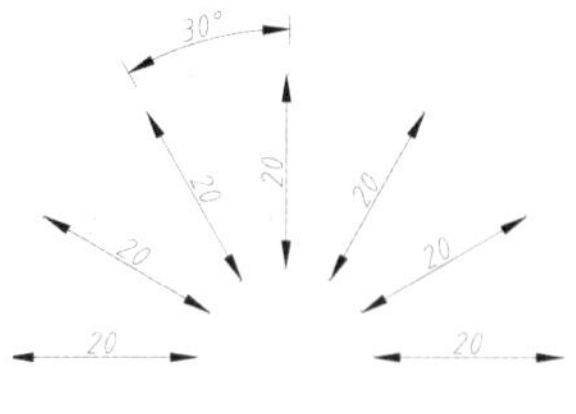 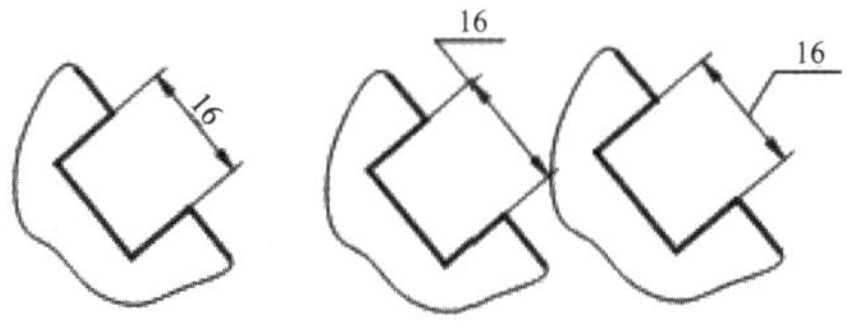 30°　20　20　20　20　20　20　20 (a) 16　16　16 (b)	(1) 尺寸数字一般书写在尺寸线上或中断处，线性尺寸数字的注写方法如图(a)所示，并尽可能避免在图示范围内标注尺寸。当无法避免时，可按图(b)所示的形式标注 (2) 尺寸数字不能被图样上的任何图线所通过。当不可避免时，必须将图线断开
角度	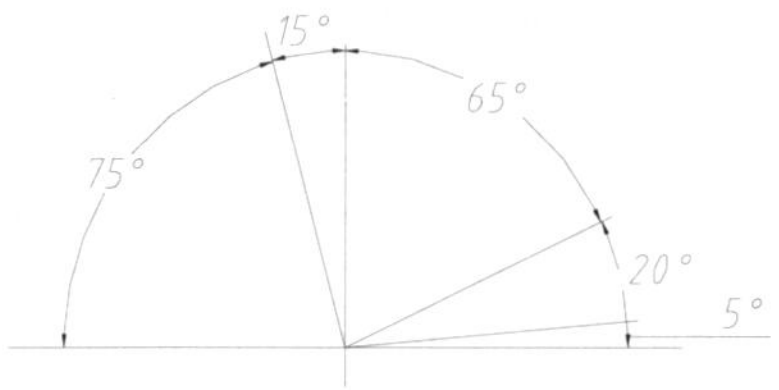 15°　65°　75°　20°　5°	(1) 角度数字一律写成水平，填在尺寸线的中断处。必要时允许写在外面，或引出标注，如图例所示 (2) 尺寸线用圆弧绘制，圆心为该角的顶点，尺寸界线应沿径向引出
圆的直径	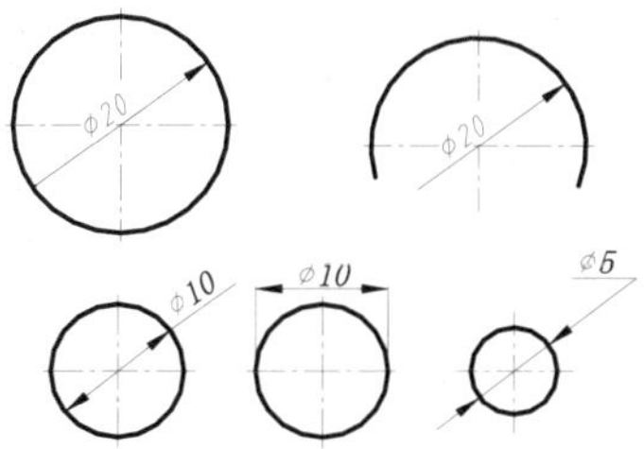 φ20　φ20 φ10　φ10　φ6	(1) 圆或大于半圆的圆弧应标注直径 (2) 标注直径尺寸时，在数字前加注符号“ *ϕ*” (3) 尺寸线应通过圆心，并在接触圆周的终端画箭头 (4) 标注小圆尺寸时，箭头和数字可分别或同时标注在外面
球的直径或半径	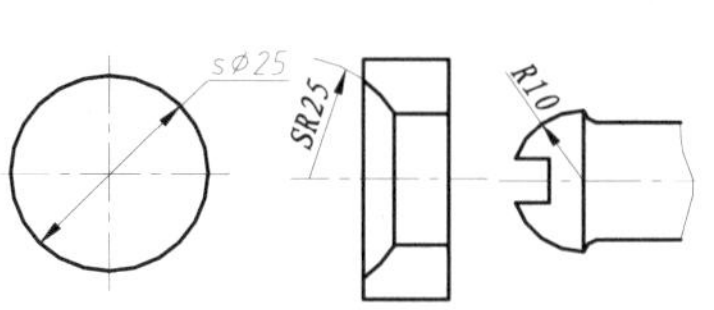 Sφ25　SR25　R10	(1) 标注球的直径或半径时，应在符号“ *ϕ*”或“*R*”前再加符号“*S*” (2) 在不致误解时，如螺钉的头部，可省略“*S*”

笔记

续表二

项目	图　例	说　明
圆弧半径	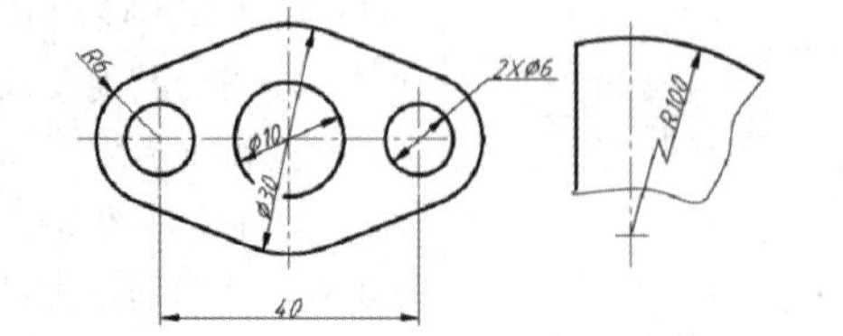 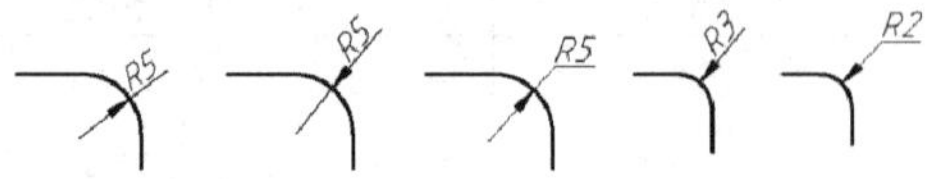 R6　2×φ6　φ10　φ30　R100　40 (a) R5　R5　R5　R3　R2 (b)	(1) 小于半圆的圆弧应标注半径，标注半径时，应在数字前加注符号“*R*” (2) 尺寸线应通过圆心，带箭头的一端应与圆弧接触 (3) 半径过大或图纸范围内无法标其圆心位置时，按折线标注方法如图(b)所示 (4) 标注小半径时，可将箭头和数字注在外面
弧长及弦长	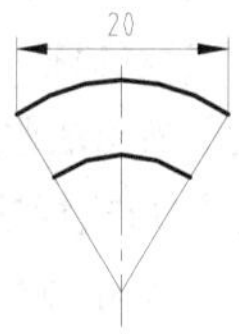 20　28 (a) 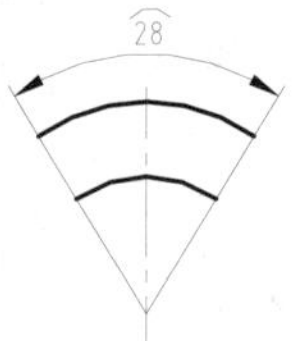　(b)	(1) 标注弧长时，应在尺寸数字上方加符号“⌒” (2) 弧长及弦长的尺寸界线应平行于该弦的垂直平分线，如图(a)所示；当弧度较大时，尺寸界线可沿径向引出，如图(b)所示
小尺寸	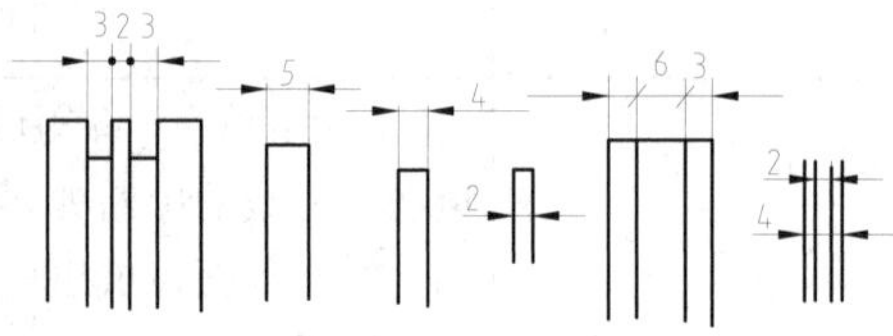 3 2 3　5　4　2　6 3　2　4	(1) 小尺寸串联时，箭头画在尺寸界线的外侧，其中间可用小圆点或斜线代替箭头 (2) 数字可写在中间、尺寸线上方、外侧或引出标注
相同的组成要素	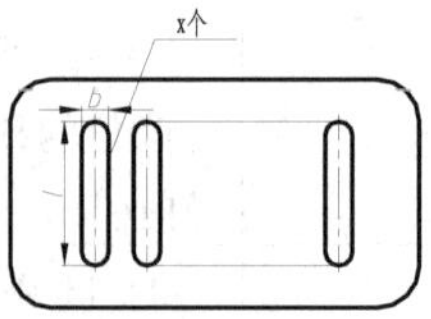 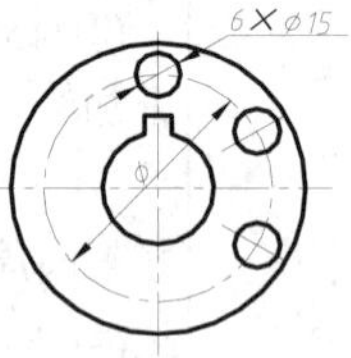 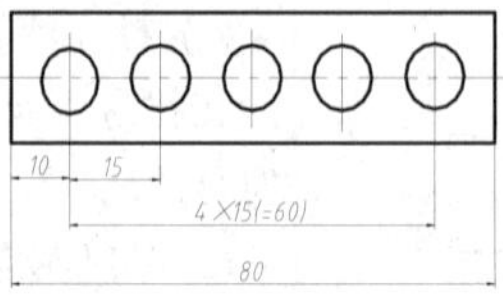 x个　b (a) 6×φ15　φ (b) 10　15　4×15(=60)　80 (c)	(1) 在同一图形中，对于尺寸相同的孔、槽等成组要素，可仅在一个要素上注出其尺寸和数量，如图(a)所示 (2) 当成组要素(如均布孔)的定位和分布情况在图中已明确时，可不标注其角度，并可省略“EQS”，如图(b)所示 (3) 间隔相等的链式尺寸，可只注出一个间距，其余用“间距数量×间距=距离”形式注写，如图(c)所示

笔记

4) 标注尺寸的符号

标注尺寸时，应尽可能使用符号和缩写词。常用的符号和缩写词如表 2-5 所示。

表 2-5　常用的符号和缩写词

名 称	符 号	名 称	符 号	名 称	符 号	名 称	符 号
直径	ϕ	球直径	Sϕ	45°倒角	C	埋头孔	⋁
半径	R	球半径	SR	深度	↧	均布	EQS
厚度	t	正方形	□	沉孔或锪平	⊔		

任务实施

技能训练

根据实际情况，让学生在教师的指导下进行技能训练。

一、视图

投影的方法和分类

1. 投影

在日常生活中，人们根据光照射成影的物理现象，提出了用投射在平面上的图形表达空间物体形状的方法，即投影法。所得的图形称为物体的投影，投影所在的平面，称为投影面。常用的投影法有中心投影法和平行投影法。

1) 中心投影法

投射线汇交于一点的投影法称为中心投影法。如图 2-11 所示，点 S 称为投影中心，自投射中心 S 引出的射线称为投影线(如 SA、SB、SC)，平面 H 称为投影面。投射线 SA、SB、SC 与平面 H 的交点 a、b、c 就是空间点 A、B、C 在投影面 H 上的中心投影。△abc 即为空间的△ABC 在投影面 H 上的投影。用中心投影法绘制的图形有立体感，但不能真实地反映物体的形状和大小。这种方法常用于绘制建筑物的透视图，但一般不在机械图样中采用。

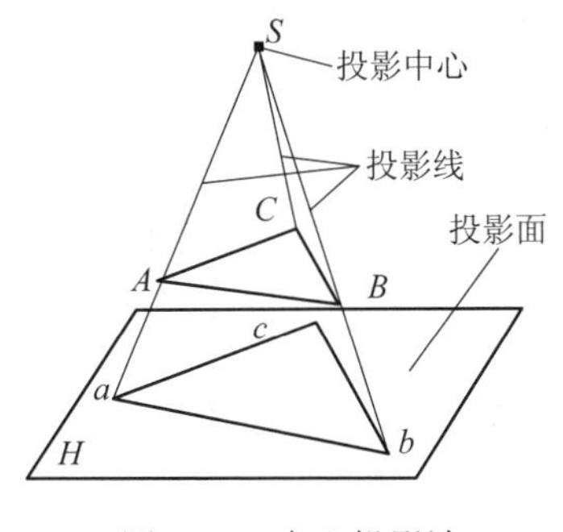

图 2-11　中心投影法

笔记

2) 平行投影法

投射线都相互平行的投影法称为平行投影法，如图 2-12 所示。正投影法能够表达物体的真实形状和大小，绘制方法也较简单，已成为机械制图绘图的基本原理与方法。按投影线与投影面的倾角不同，平行投影法又分为以下两种：

(1) 斜投影法是指投射线与投影面相倾斜的平行投影法，如图 2-12(a)所示。

(2) 正投影法是指投射线与投影面相垂直的平行投影法，如图 2-12(b)所示。

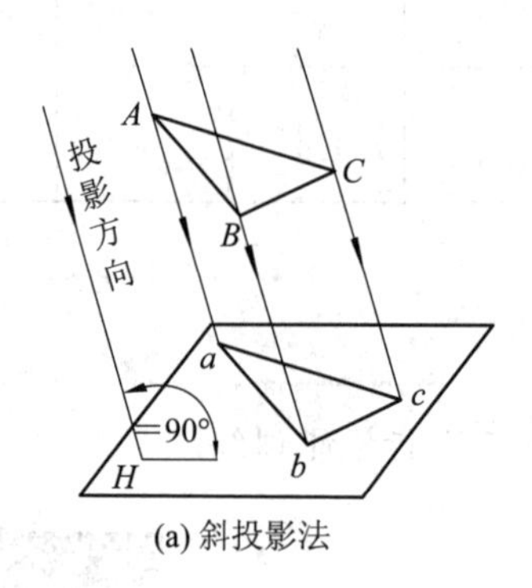

(a) 斜投影法

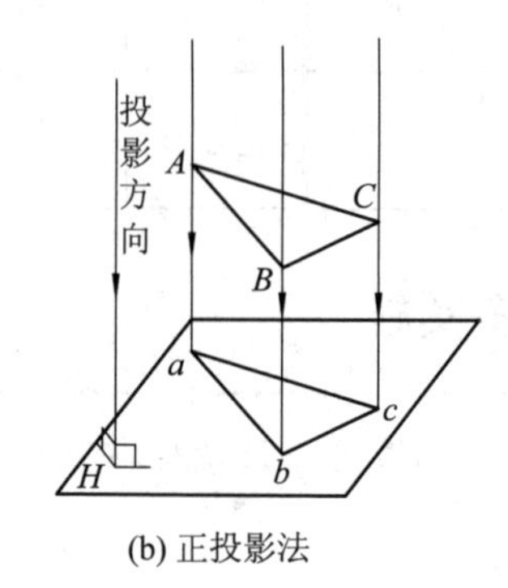

(b) 正投影法

图 2-12 平行投影法

2. 视图简介

用正投影法所绘制物体的图形，称为视图。视图主要用于表达物体的可见部分，必要时才画出其不可见部分。

1) 基本视图

六视图的展开与排列

基本视图是物体向基本投影面投射所得的视图。基本投影面分为六个，即正立面、水平面、侧立面、前立面、顶面、右侧立面。六个视图为主、俯、左、后、仰、右视图，如图 2-13 所示。便于画图基本视图要展开在同一平面上，如图 2-14 所示。基本视图的位置和方位对应关系，如图 2-15 所示。

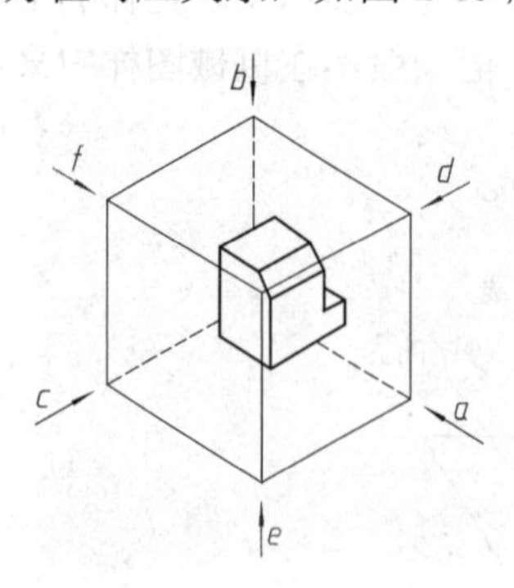

图 2-13 基本投影面

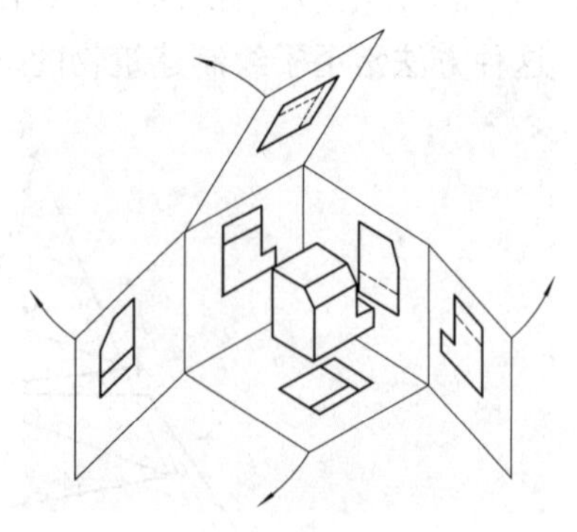
图 2-14 六个投影面的展开图

笔记

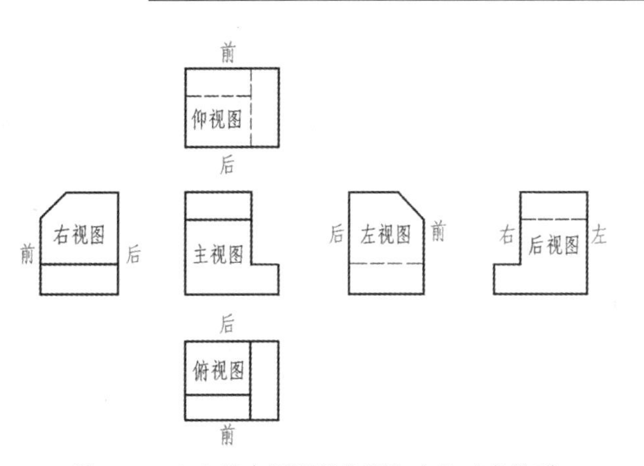

图 2-15　六个基本视图的位置和方位对应关系

2) 三视图

物体一个视图一般不能完全确定物体的形状和大小，如图 2-16 所示，两种形状不同的物体在同一个投影面上的投影相同。所以，要反映物体的真实形状，必须增加由不同投射方向得到的投影图，互相补充。工程上常用三投影面体系来表达物体的形状。为了准确地反映物体的形状和大小，一般采用多面正投影图。

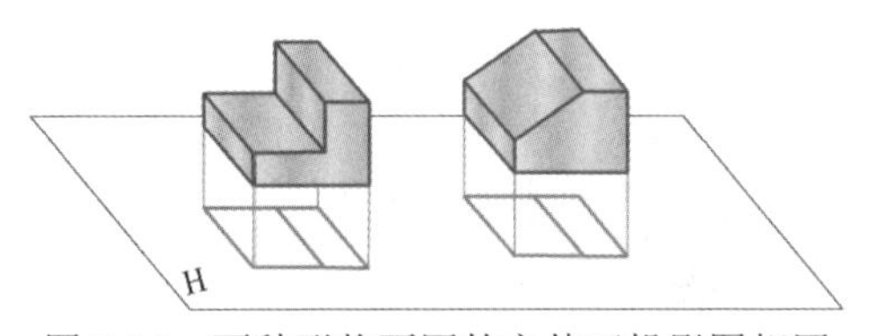

图 2-16　两种形状不同的立体正投影图相同

(1) 三面投影体系。如图 2-17(a)所示，设三个互相垂直的投影面，将空间分为八个分角，我国采用第一分角，如图 2-17(b)所示。正立投影面为正立面的投影面，简称正面，用 *V* 表示；水平投影面为水平位置的投影面，简称水平面，用 *H* 表示；侧立投影面为右侧的投影面，简称侧面，用 *W* 表示。

三视图的形成

三个投影面之间的交线称为投影袖。*V* 面与 *H* 面的交线称为 OX 轴(简称 *X* 轴)，它代表物体的长度方向。*H* 面与 *W* 面的交线称为 OY 轴(简称 *Y* 轴)，它代表物体的宽度方向。*V* 面与 *W* 面的交线称为 OZ 袖(简称 *Z* 轴)，它代表物体的高度方向。三个投影轴垂直相交的交点 *O* 称为原点。

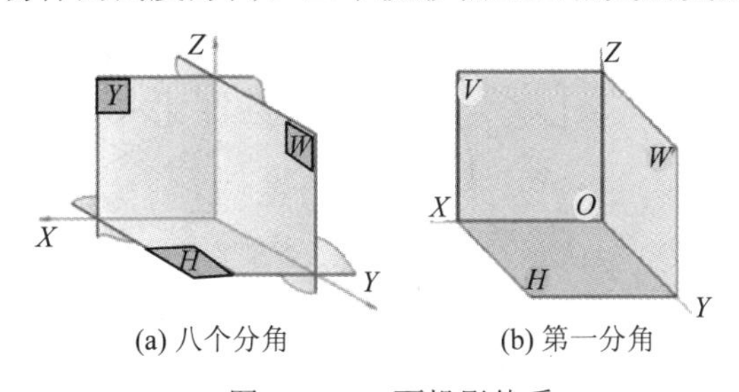

(a) 八个分角　　(b) 第一分角

图 2-17　三面投影体系

笔记

(2) 三视图的形成。如图 2-18(a)所示，将物体放在三投影面体系中，并使其主要表面与投影面平行，按正投影法向各投影面投射，即可得到主视图、俯视图和左视图。主视图是指由前向后投射，在正面上所得的投影图。俯视图是指由上向下投影，在水平面上所得的投影图。左视图是指由左向右投影，在侧面上所得的投影图。

三视图的展开与排列

为了方便绘图，三视图应该画在同一张图纸上，可将三投影面展开。正面 *V* 保持不动，水平面 *H* 绕 OX 轴向下旋转 90°，侧面 *W* 绕 OZ 轴向右旋转 90°，使三面共面，如图 2-18(b)和图 2-18(c)所示。在展开投影面时，OY 轴一分为二，在 *H* 面上的标记为 OYH，在 *W* 面上的标记为 OYW。画图时，通常省去投影面的边框和投影轴。在同一张图纸内按图示那样配置视图时，一律不注明视图的名称，如图 2-18(c)所示。

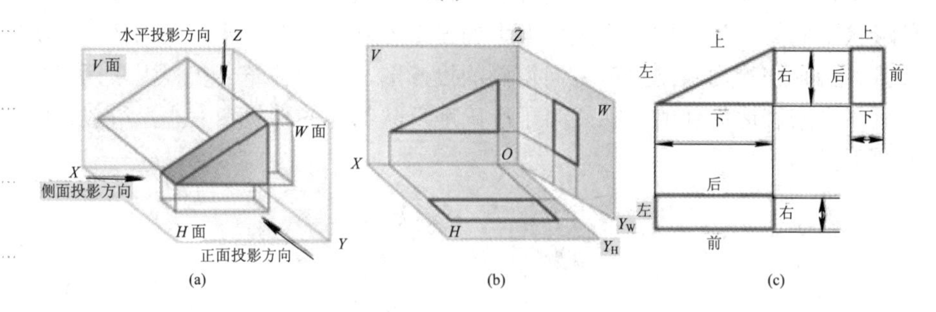

图 2-18　三视图的形成及展开

(3) 三视图之间的对应关系，具体如下：

① 位置关系。俯视图在主视图的正下方，左视图在主视图的正右方，如图 2-18(c)所示。

② 尺寸关系。主视图反映了物体的长和高，俯视图反映了物体的长和宽，左视图反映了物体的宽和高，且每两个视图之间有一定的对应关系。由此可见：三个视图之间具有如图 2-19 所示的投影关系。主、俯视图都反映物体的长度，即主、俯视图“长对正”；主、左视图都反映物体的高度，即主、左视图“高平齐”；俯、左视图都反映物体的宽度，即俯、左视图“宽相等”。

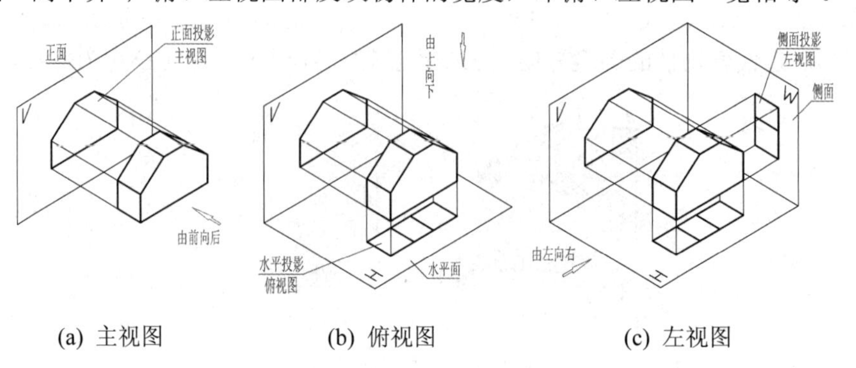

(a) 主视图　　(b) 俯视图　　(c) 左视图

图 2-19　三个视图之间投影关系

笔记

③ 方位关系。物体具有左、右、上、下、前、后六个方位，如图 2-19 所示。主视图反映上、下和左、右的相对位置关系，则前后重叠；俯视图反映前、后和左、右的相对位置关系，则上下重叠；左视图反映前、后和上、下的相对位置关系，则左右重叠。由此可见：俯、左视图中靠近主视图一侧均表示物体后面，远离主视图一侧均表示物体的前面。

3) 向视图

向视图是可以移位配置的基本视图，向视图必须标注名称与方向，如图 2-20 所示。图中，名称为“×”(大写英文字母)，方向为箭头、相应字母。

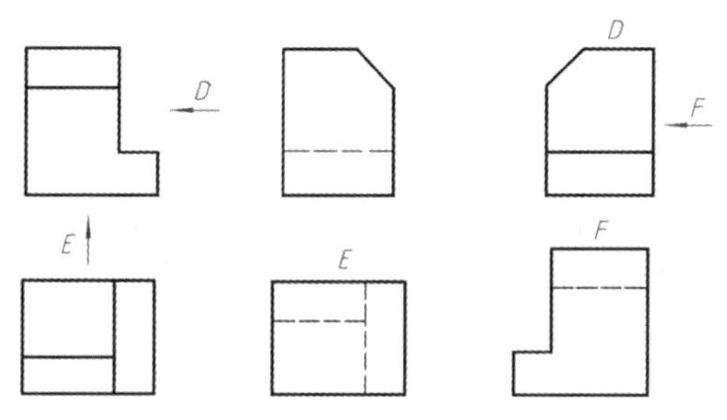

图 2-20　向视图的标注

4) 局部视图

局部视图是将物体的某一部分向基本投影面投影所得的视图，是不完整的基本视图。局部视图的画法与标注，如图 2-21 所示。

(1) 局部视图尽量按投影关系配置，断裂边界以波浪线或双折线表示。当局部视图表达的是一个完整结构且轮廓线封闭时，可省略波浪线。

(2) 局部视图的标注与向视图的标注相同。如果局部按投影关系配置、中间无其他图形间隔时，可省略标注。

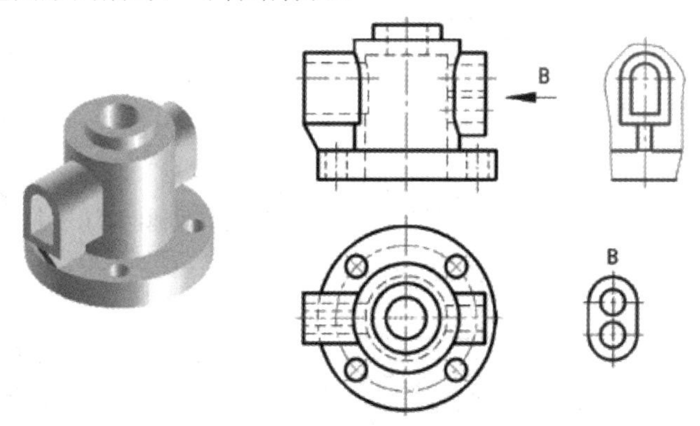

图 2-21　局部视图的画法与标注

5) 斜视图

斜视图是物体向不平行于基本投影面的平面投影所得的视图。图 2-22 所示用于表达局部倾斜结构。斜视图的画法、标注与局部视图相同。必要时，允许将斜视图旋转摆正，但要标注旋转符号。旋转符号是半径为字体高度的半圆，字母写在箭头端，也可在字母后面标注旋转角度，如图 2-22 所示。

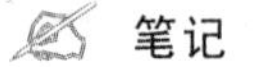

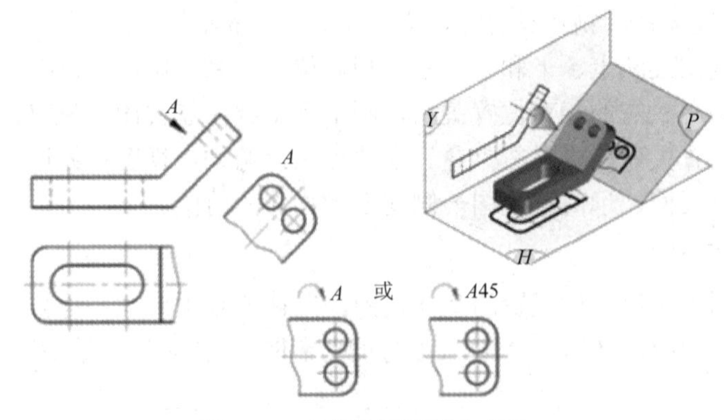

图 2-22　斜视图的画法与标注

3. 剖视图

视图主要用来表达机件的外部形状。当机件内部结构比较复杂时，视图上就会出现较多虚线而使图形不清晰，不便于看图和标注尺寸。为了清晰地表达机件的内部结构，常采用剖视图这种表达方法。

1) 剖面符号的画法

机件被剖开，剖切面与机件的接触部分(即剖面区域)要画出与材料相应的剖面符号，剖面符号的画法与机件的材料名称见表 2-6。

表 2-6　剖 面 符 号

材料名称		剖面符号	材料名称	剖面符号
金属材料(已有规定剖面符号者除外)			线圈绕组元件	
非金属材料(已有规定剖面符号者除外)			转子、变压器等的迭钢片	
型砂、粉末冶金、陶瓷、硬质合金等			玻璃及其他透明材料	
木质胶合板(不分层数)			格网(筛网、过滤网等)	
木材	纵剖面		液体	
	横剖面			

不需要表达机件材料类别时，剖面符号可采用通用的剖面线表示，通用剖面线为间隔相等的平行细实线，绘制时最好与图形主要轮廓线或剖面区域的对称线成 45°。

2) 剖视图的种类

根据剖切范围的不同，剖视图可分为全剖视图、半剖视图、局部剖视图。

笔记

(1) 全剖视图。全剖视图是指用剖切面完全地剖开机件所得的剖视图。全剖视图适用于表达外形比较简单、内部结构较复杂且不对称的机件。

图 2-23 所示为工业机器人回转机构 GT—D1。本机构由电动回转结构包括直流电动机、测速发电机、光电圆形位置传感器等组成，保证了电动机轴转动时随动调节的工作状态。该机构中直流电动机为带变换器组件的电动机。电动机通过法兰固定在齿轮减速器的盖上，经过齿轮的一系列传动关系将动力及运动传递给固接齿轮，此时固接齿轮与转台上的齿圈相啮合，右端的小齿轮也与转台上的齿圈啮合。扭杆的另一端装有带左旋螺纹的轴套，轴套上安装有螺母及反螺母，调整螺母和反螺母便可以将扭杆拉紧，以实现扭杆相对于轴的预紧，即依靠扭杆的扭转来消除齿轮传动中的间隙。成套电驱动装置中的测速发电机通过联轴器、剖分式齿轮等消除传动中的间隙，并与减速器的中齿轮啮合。

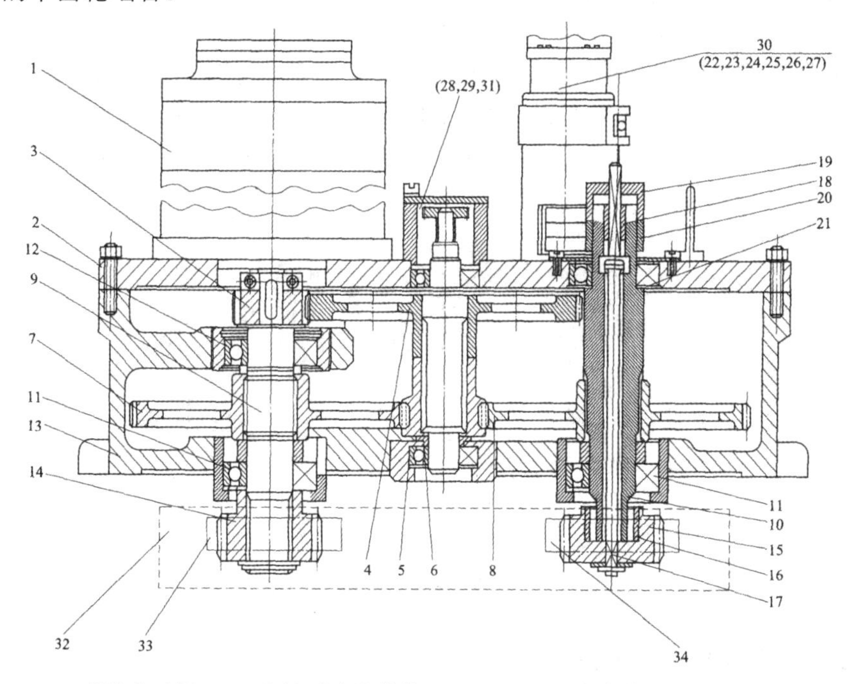

L—直流电动机；2—齿轮减速器的盖；3，15，29—小齿轮；4—中齿轮；5，11，12，24—轴承；6～8—齿轮；9，10，23，28—轴；13—减速器箱体；14　固接齿轮；16—滚针轴承；17—扭杆；18—左旋螺纹轴套；19—螺母；20—反螺母；21—测速发电机；22—联轴器；25，26，30—剖分式齿轮；27—弹簧；31—光电圆形位置传感器；32—转台；33—转台齿圈 1；34—转台齿圈 2

图 2-23　工业机器人回转机构 GT—D1

(2) 半剖视图。当机件具有对称平面时，在垂直于对称平面的投影面上，可以对称中心线为界。一半画剖视，另一半画视图，这种剖视图称为半剖视图。半剖视图用于表达内外结构都需要表达的对称机件。图 2-24 所示为工业机器人用 SAFS-1 型十字形腕力传感器实体结构图。它是将弹性体 3 固定在外壳 1 上，而弹性体另一端与端盖 5 相

半剖视图

笔记

连接。十字形腕力传感器的特点是结构比较简单，坐标容易设定并基本上认为其坐标原点位于弹性体几何中心，但要求加工精度比较高。

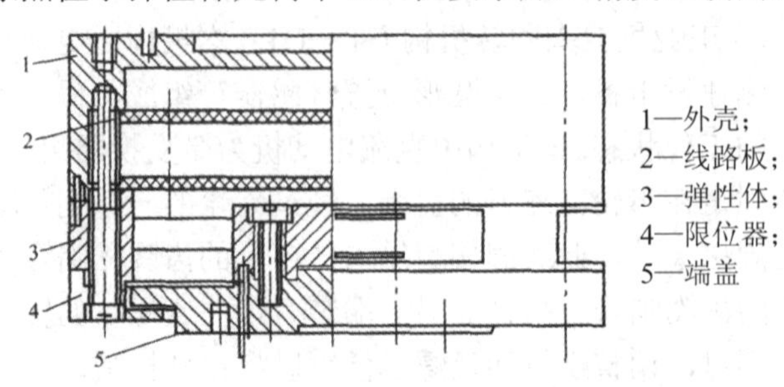

图 2-24　SAFS-1 型十字形腕力传感器实体结构图

(3) 局部剖视图。局部剖视图是用剖切面局部地剖切机件所得的剖视图。图 2-25 所示为采用活塞缸和连杆机构的一种双臂机器人手臂的结构图。手臂的上下摆动由铰接活塞油缸和连杆机构来实现。当活塞油缸 1 的两腔通压力油时，连杆 2 带动手臂 3(即曲柄)绕轴心作 90° 的上下摆动(如双点划线所示位置)。当手臂下摆到水平位置时，其水平和侧向的定位由支承架 4 上的定位螺钉 5、6 来调节。此手臂结构具有传动结构简单、紧凑和轻巧等特点。

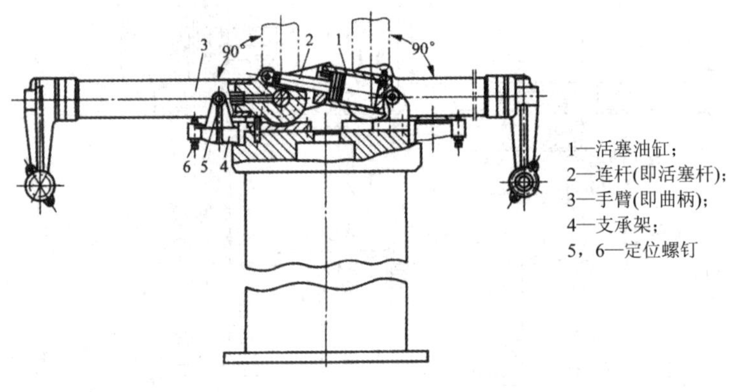

图 2-25　双臂机器人的手臂结构

二、常用几何图形的画法

技能训练

根据实际情况，让学生在教师的指导下进行技能训练。

机件的轮廓形状可看成是由几何图形所组成的，因此，熟练地掌握几何图形的画法是绘制机械图样必备的基本技能之一。

五等分线段

1. 等分直线段

任意等分直线段的方法如图 2-26 所示(如将线段 *AB* 分为 *n* 等份)。图 2-26(a)所示为已知直线段 *AB*；图 2-26(b)所示为过 *A* 点作任意线 *AM*，以适当长度为单位，在 *AM* 上量取 *n* 个线段，得到 1，2，…，*K* 点；图 2-26(c)所示为连接 *KB*，过 1，2，…做 *KB* 的平行线，与 *AB* 相交，即可将 *AB* 分成 *n* 等份。

笔记

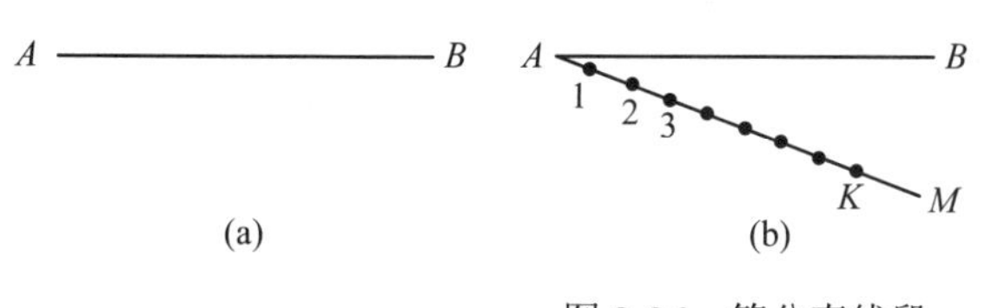

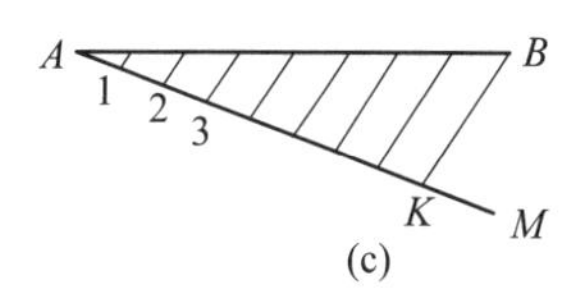

图 2-26　等分直线段

2. 等分圆周和作正多边形

等分圆周和作正多边形的方法及步骤详见表 2-7。

表 2-7　等分圆周或作正多边形

类别	作　　图	方法和步骤
三等分圆周和作正三角形		用 30°、60° 三角板等分。将 30°、60° 三角板的短直角边紧贴丁字尺，并使其斜边过点 *A* 作直线 *AB*，翻转三角板，以同样方法作直线 *AC*，连接 *BC*，即得正三角形
五等分圆周和作正五边形		(1) 平分半径 *OM* 得点 O_1，以点 O_1 为圆心，O_1A 为半径画弧，交 *ON* 于点 O_2，见图(a) (2) 取 O_2A 的弦长，自 *A* 点起在圆周上依次截取，得等分点 *B*、*C*、*D*、*E*，连接等分点后即得正五边形，见图(b)
六等分圆周和作正六边形		方法一：用圆规直接等分。以已知圆直径的两端点 *A*、*D* 为圆心，以已知圆半径 *R* 为半径画弧与圆周相交，即得等分点 *B*、*F* 和 *C*、*E*，依次连接各点，即得正六边形，见图(a) 方法二：用 30°、60°三角板等分。将 30°、60°三角板的短直角边紧贴丁字尺，并使其斜边过点 *A*、*D*(圆直径上的两端点)，作直线 *AF* 和 *DC*；翻转三角板，以同样方法作直线 *AB* 和 *DE*；连接 *BC* 和 *FE*，即得正六边形，见图(b)

作圆内接正五边形

作圆内接正六边形

笔记

续表

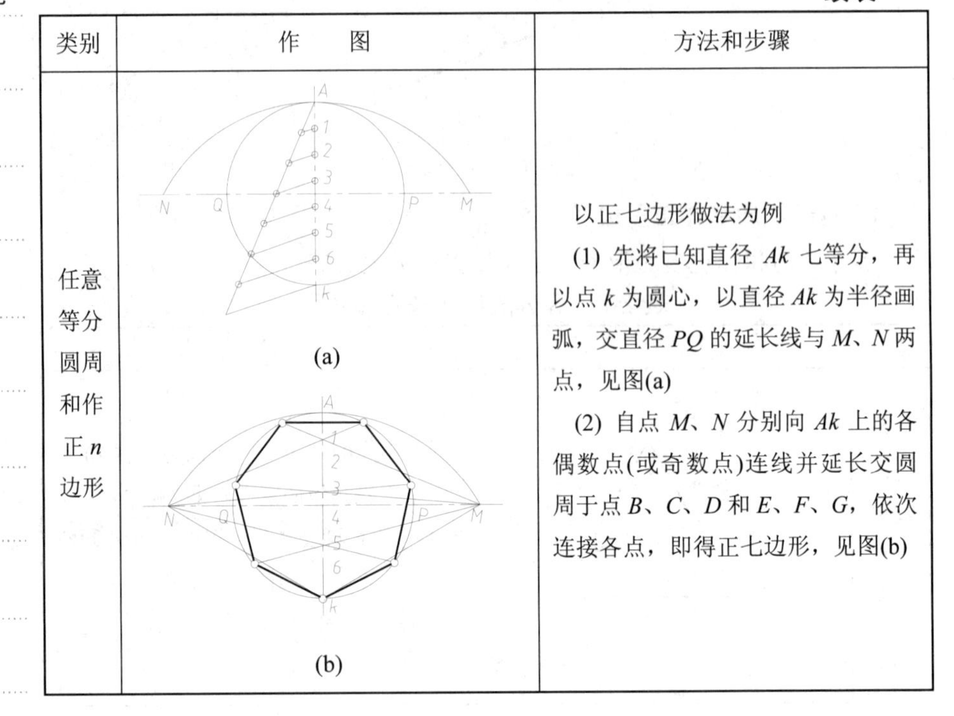

类别	作　　图	方法和步骤
任意等分圆周和作正 n 边形	(a) (b)	以正七边形做法为例 (1) 先将已知直径 Ak 七等分，再以点 k 为圆心，以直径 Ak 为半径画弧，交直径 PQ 的延长线与 M、N 两点，见图(a) (2) 自点 M、N 分别向 Ak 上的各偶数点(或奇数点)连线并延长交圆周于点 B、C、D 和 E、F、G，依次连接各点，即得正七边形，见图(b)

3. 斜度和锥度

1) 斜度(GB/T4096—2001))

斜度是指一直线(或平面)对另一直线(或平面)的倾斜程度，其大小以它们夹角 α 的正切值来表示，并将此值化为 1∶n 的形式，如图 2-27 所示。在图样上标注斜度时，需在 1∶n 前加注符号“∠”，符号的方向应与图形中的倾斜方向一致。斜度的画法及标注如图 2-28 所示。

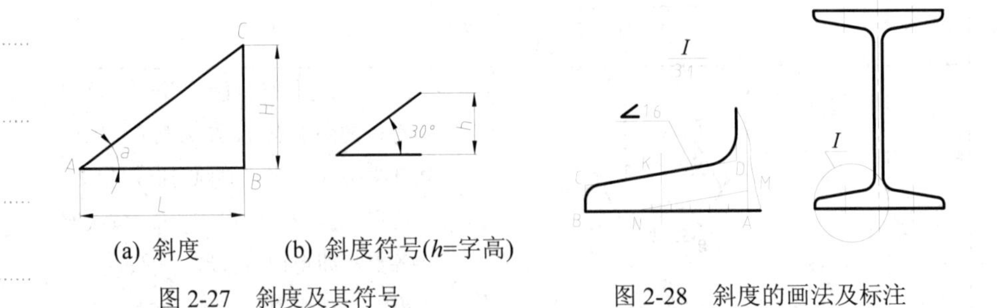

(a) 斜度　　(b) 斜度符号(h=字高)

图 2-27　斜度及其符号

图 2-28　斜度的画法及标注

2) 锥度(GB/T15754—1995)

锥度是指正圆锥的底圆直径与高度之比(正圆台的锥度为底圆和顶圆直径之差与其高度之比)，并将此值化为 1∶n 的形式，如图 2-29 所示。标注锥度时，需在 1∶n 前加注锥度符号“▷”，符号的方向应与图形中大、小端方向一致，并对称地配置在基准线上，即基准线应从锥度符号中间穿过，如图 2-30 所示。

笔记

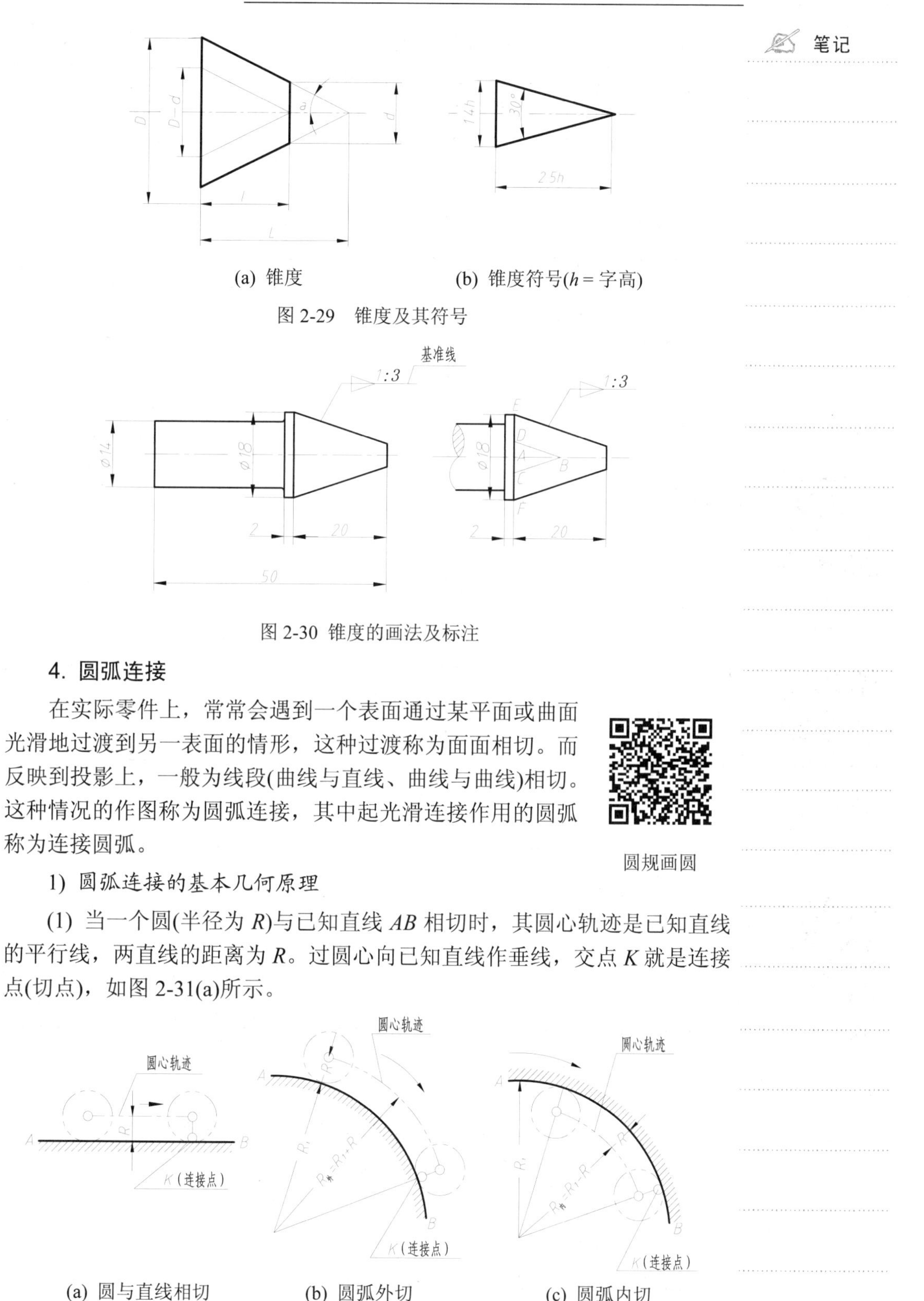

(a) 锥度　　(b) 锥度符号(h = 字高)

图 2-29　锥度及其符号

图 2-30　锥度的画法及标注

4. 圆弧连接

在实际零件上，常常会遇到一个表面通过某平面或曲面光滑地过渡到另一表面的情形，这种过渡称为面面相切。而反映到投影上，一般为线段(曲线与直线、曲线与曲线)相切。这种情况的作图称为圆弧连接，其中起光滑连接作用的圆弧称为连接圆弧。

圆规画圆

1) 圆弧连接的基本几何原理

(1) 当一个圆(半径为 R)与已知直线 AB 相切时，其圆心轨迹是已知直线的平行线，两直线的距离为 R。过圆心向已知直线作垂线，交点 K 就是连接点(切点)，如图 2-31(a)所示。

(a) 圆与直线相切　　(b) 圆弧外切　　(c) 圆弧内切

图 2-31　圆弧连接的几何关系

笔记

(2) 当一个圆(半径为 R)与已知圆弧 AB 相切时，其圆心轨迹是已知圆弧的同心圆。两圆弧连心线与已知圆弧的交点 K 即为连接点(切点)。当两圆弧外切时，同心圆半径为 $R_{外}=R_1+R$，如图 2-31(b)所示。当两圆弧内切时，同心圆半径为 $R_{内}=R_1-R$，如图 2-31(c)所示。

2) 圆弧连接的作图举例

常见的各种圆弧连接的作图方法及步骤见表 2-8。

表 2-8　各种圆弧连接的作图方法及步骤

连接要求	作图方法和步骤		
	求圆心 O	求切点 K_1、K_2	画连接圆弧
连接直线与直线	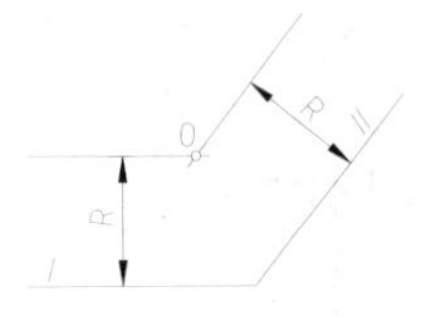	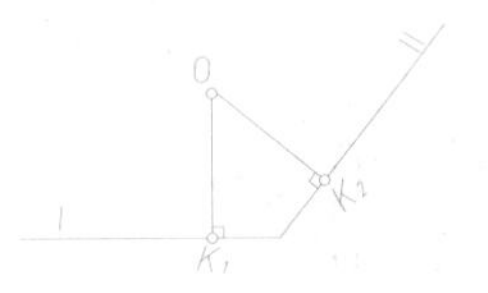	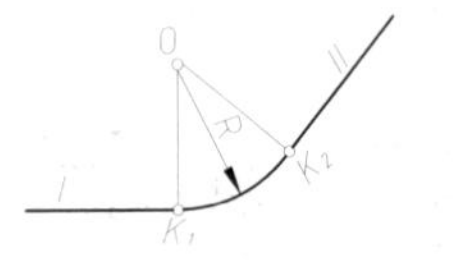
连接一直线和一圆弧	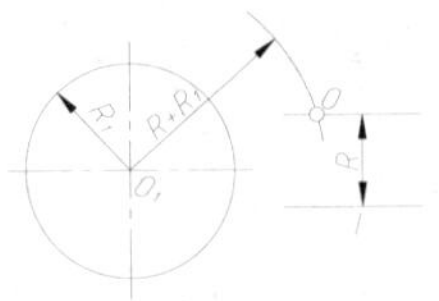	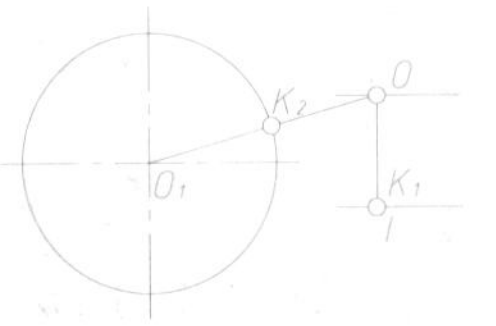	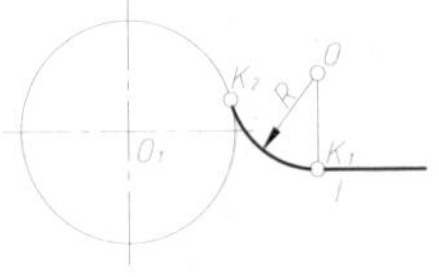
外接两圆弧	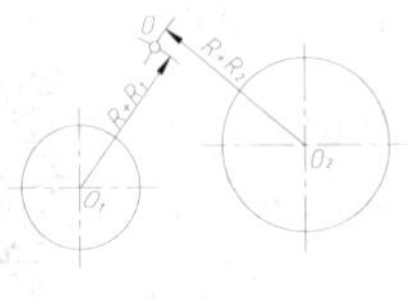	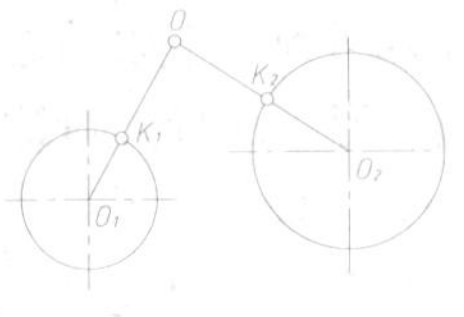	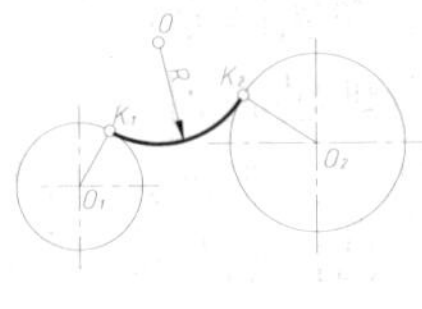
内接两圆弧	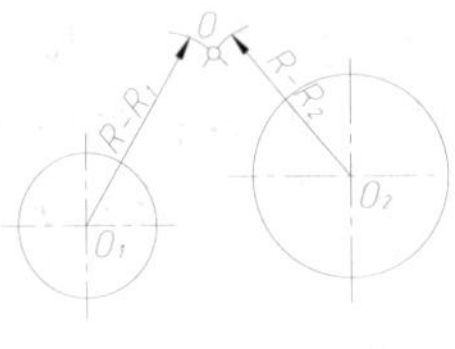	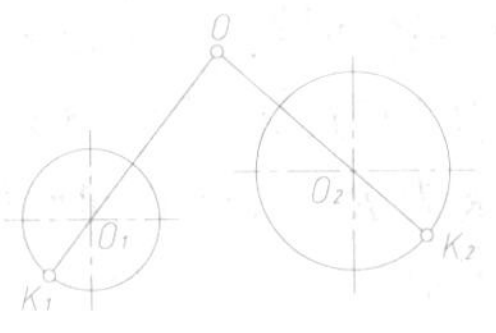	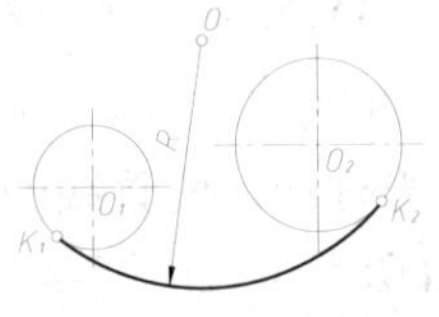

圆弧连接两已知直线

圆弧外连接两已知圆弧

圆弧内连接两已知圆弧

三、平面图形的画法

画平面图形前，必须先对图形的尺寸进行分析，其次确定图形各线段的性质，再次明确作图顺序，最后正确画出图形。

1. 平面图形的尺寸

1) 尺寸基准

标注尺寸的起点称为基准。平面图形中有水平和垂直方向两个基准，它们通常是对称图形中的对称中心线、较大的圆的对称中心线、较长的主要轮

笔记

廓线。当平面图形在某个方向有多个尺寸基准时，应以一个为主(主要基准)，其余为辅(辅助基准)。

对于平面图形，应在水平方向和垂直方向至少各确定一个尺寸基准。如图 2-32 所示，图形是以水平的对称中心线和较长的铅垂线作基准线的。

2) 定形尺寸

确定平面图形上各线段形状大小的尺寸称为定形尺寸。例如，直线的长度、圆及圆弧的直径或半径，以及角度大小等。图 2-32 所示中的 ϕ20、ϕ5、*R*15、*R*12、*R*50、*R*10、15 均为定形尺寸。

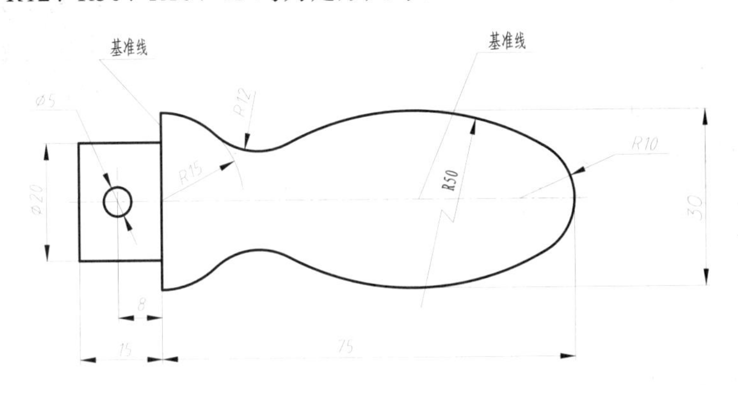

图 2-32　手柄

3) 定位尺寸

确定平面图形上的线段或线框间相对位置的尺寸称为定位尺寸。如图 2-32 所示，确定 ϕ5 小圆位置的尺寸 8 和确定 *R*10 位置的 75 均为定位尺寸。

应当指出的是，平面图形中有的尺寸对某一组成部分是起定形的作用，而对另一组成部分可能起的是定位作用。图 2-32 所示中的 15 对两水平直线段而言，起的是定形作用；而对左右两竖直线段而言，起的却是定位作用。所以，在判断一个尺寸是定形尺寸还是定位尺寸时，应针对某一具体的被研究对象而言。

2. 平面图形的线段分析

根据平面图形中所给出的各线段的定形和定位(两个)尺寸的完整程度，可将它们分为以下三种类型。

1) 已知线段(圆弧)

凡是定位尺寸和定形尺寸均齐全的线段，称为已知线段(圆弧)。

2) 中间线段(圆弧)

定形尺寸齐全，但定位尺寸不齐全的线段，称为中间线段(圆弧)。中间线段必须借助其一端与相邻线段间的连接关系才能画出，例如，图 2-32 所示中的 *R*50 的圆弧，过一已知点且与定圆弧或圆相切的直线等。

3) 连接线段(圆弧)

只有定形尺寸，而无定位尺寸的线段，称为连接线段(圆弧)。连接线段

笔记

必须借助其两端与相邻线段间的连接关系才能画出，例如，图 2-32 所示中的 *R*12 的圆弧，两圆弧的切线等。

应当指出的是，在两条已知线段之间可以有多条中间线段，但最多只能有一条连接线段。

3. 平面图形的画图步骤

画平面图形时，应首先对其进行尺寸分析和线段分析，然后按正确的顺序作图，即：

(1) 画出基准线，并根据各个封闭图形的定位尺寸画出定位线；

(2) 画出已知线段；

(3) 画出中间线段；

(4) 画出连接线段。

图 2-32 所示的手柄的作图步骤如图 2-33 所示。

手柄轮廓平面图形的作图步骤

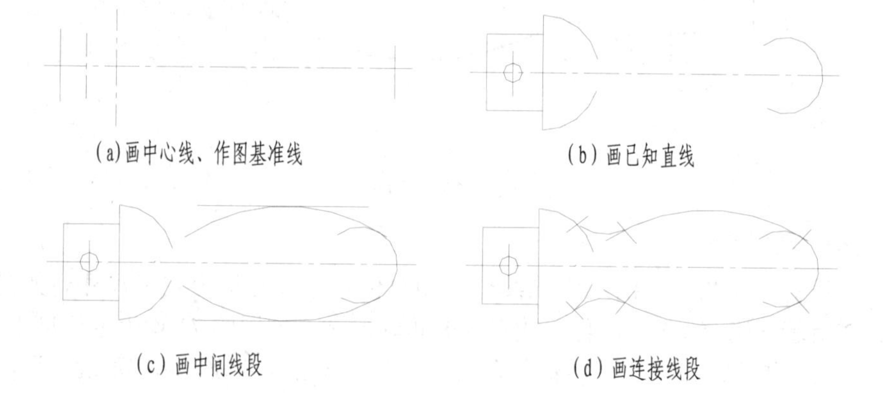

图 2-33　手柄图形的作图步骤

任务扩展

装　配　图

多媒体教学

采用视频、动画等多媒体教学。

一、组成

装配图是表达装配体(机器或部件)的图样，它表示了装配体的基本结构、各零件相对位置、装配关系和工作原理。当设计新产品、改进原产品时，首先要绘制装配图，然后按照装配图设计并拆画出零件图，该装配图称为设计装配图。在使用产品时，装配图又是了解产品结构和产品调试与维修的主要依据。如图 2-34 所示，一张完整的装配图一般由以下四个方面的内容组成，有时也可以采用图 2-35 所示的简单画法，只表示其组成部分的相互关系。

笔记

1) 一组图形

一组图形是用以表达机器或部件的工作原理、装配关系、传动路线、连接方式及零件的基本结构。

2) 必要的尺寸

必要的尺寸是指表示装配体的规格、性能、装配、安装和总体尺寸等。

3) 技术要求

在装配图空白处(一般在标题栏、明细栏的上方或左方)，用文字或符号准确、简明地表示机器或部件的性能、装配、检验、调整等要求的内容都属于技术要求。

4) 说明

标题栏、序号和明细栏用于说明装配体及其各零部件名称、数量和材料等。

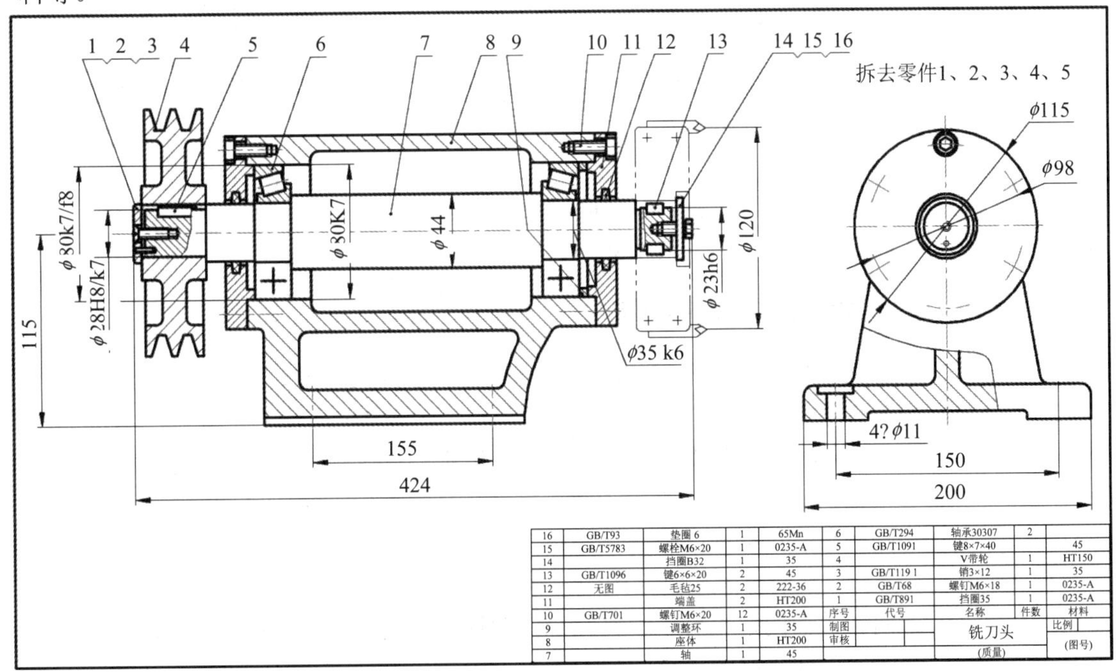

16	GB/T93	垫圈 6	1	65Mn	6	GB/T294	轴承30307	2	
15	GB/T5783	螺栓M6×20	1	0235-A	5	GB/T1091	键8×7×40		45
14		挡圈B32	1	35	4		V带轮	1	HT150
13	GB/T1096	键6×6×20	2	45	3	GB/T119 1	销3×12	1	35
12	无图	毛毡25	2	222-36	2	GB/T68	螺钉M6×18	1	0235-A
11		端盖	2	HT200	1	GB/T891	挡圈35	1	0235-A
10	GB/T701	螺钉M6×20	12	0235-A	序号	代号	名称	件数	材料
9		调整环	1	35	制图		铣刀头		比例
8		座体	1	HT200	审核				(图号)
7		轴	1	45			(质量)		

图 2-34　铣刀头的装配图

如图 2-35 所示，GT-Y1 液压缸驱动装置的特点是活塞在行程的终点能自动双向制动。当向工作腔供给压力时，活塞向左移动；在行程的终点时，固接在活塞杆的左轴套进入左端盖的孔中，端盖里装有节流阀。此时，装在左端管接头中的单向阀遮住溢流孔，液压油通过节流阀流出，因而活塞杆的运动速度减慢。当向活塞杆腔供给压力时，装在左端管接头中的单向阀打开，活塞以较大的速度向右移动。

当右轴套进入右端盖的孔中，通过装在右端管接头中的单向阀和在右端盖中的节流阀进行类似的制动过程。活塞用 U 形大密封圈密封，而活塞杆则用 U 形小密封圈密封。左、右端盖用拉杆拉紧并靠到套筒上。

笔记

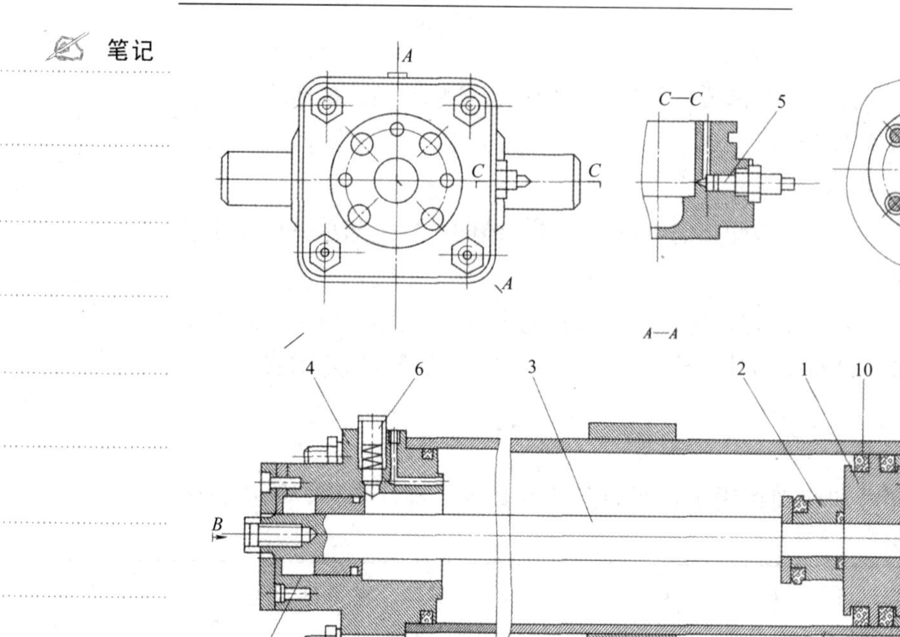

1—活塞；2—左轴套；3—活塞杆；4—左端盖；5—节流阀；6—左端管接头；7—右轴套；
8—右端盖；9—右端管接头；10—U形大密封圈；11—U形小密封圈；12—套筒；13—拉杆

图 2-35　GT-Y1 液压缸驱动装置装配图

二、装配图的规定画法

为了便于区分不同的零件，正确表达零件间的关系，装配图在画法上有以下规定。

(1) 相邻两零件的接触面或基本尺寸相同的配合面只画一条线。基本尺寸不同的非配合面，必须画两条直线；当间隙较小时，可采用夸大画法，也得画两条线，如图 2-36 所示。

(2) 在剖视图或断面图中，相邻两个零件的剖面线倾斜方向应相反，或方向一致而间隔不同。但在同一张图样上，同一个零件在各个视图中的剖面线方向、间隔必须一致，如图 2-36 所示。

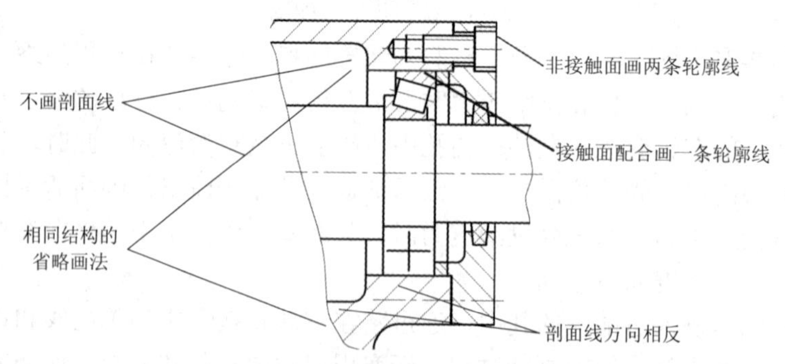

图 2-36　接装配图的规定画法

(3) 在装配图中，若剖切平面通过实心零件(如轴、杆等)和标准件(如螺

笔记

栓、螺母、销轴、键等)的基本轴线时，则按照不剖绘制，如图 2-36 所示。在这些实心零件上的孔、槽等结构需要表达时，可采用局部剖视。当剖切平面垂直于其轴线剖切时，则需要画出剖面线。

三、装配图的特殊画法

1. 拆卸画法

在装配图中，当有的零件遮住了需要表达的其他结构或装配关系，而它在其他视图中已表示清楚时，可假设将其拆去，只画出那些需要表达的部分视图，并在该视图上方加注“拆去 XX 等”字样，这种画法称为拆卸画法，如图 2-34 所示的左视图。

2. 假想画法

在装配图中，当需要表示运动零(部)件的运动范围、极限位置或者需要表示与本零(部)件有相互位置关系时，可用双点画线画出该相邻零(部)件的部分外形轮廓，如图 2-34 所示的主视图用双点画线表示铣刀盘的外轮廓。

3. 夸大画法

在装配图中，当有些零件无法按实际尺寸画出，或者虽然能按实际画出但不明显，为了使图形表达清晰，可将其夸大画出。

4. 简化画法

在装配图中，零件的工艺结构(如小圆角、倒角、退刀槽等)允许不画出；螺栓、螺母的倒角和因倒角而产生的曲线允许省略。

任务巩固

一、填空题

1. 图纸格式分为_______和_______两种。

2. 当标题栏的长边置于水平方向并与图纸的长边_______时，则构成 X 型图纸。

3. 一个完整的尺寸由________线、________线、尺寸_______三个要素组成。

4. 常用的投影法有两类：_______投影法和_______投影法。

5. 根据剖切范围的不同，剖视图分为_______视图、______视图、_____视图。

二、选择题

1. 在图纸上必须用(　　)绘制图框线。

A. 粗实线　　B. 细实线　　C. 点画线　　D. 虚线

2. 当标题栏的长边与图纸的长边(　　)时，则构成 Y 型图纸。

A. 平行　　B. 垂直　　C. 异面　　D. 共线

笔记

三、判断题

(　　) 1. 加长幅面是由基本幅面的长边成整数倍增加后得出。

(　　) 2. 同一产品的图样可采用不同的格式。

(　　) 3. 局部剖视图是用剖切面局部地剖切机件所得的剖视图。

四、简答题

1. 举例说明锥度与斜度的区别。
2. 剖面线有几种画法？分别应用在什么地方？

五、双创训练题

抄画图 2-37 所示的连杆轴程盖图样。

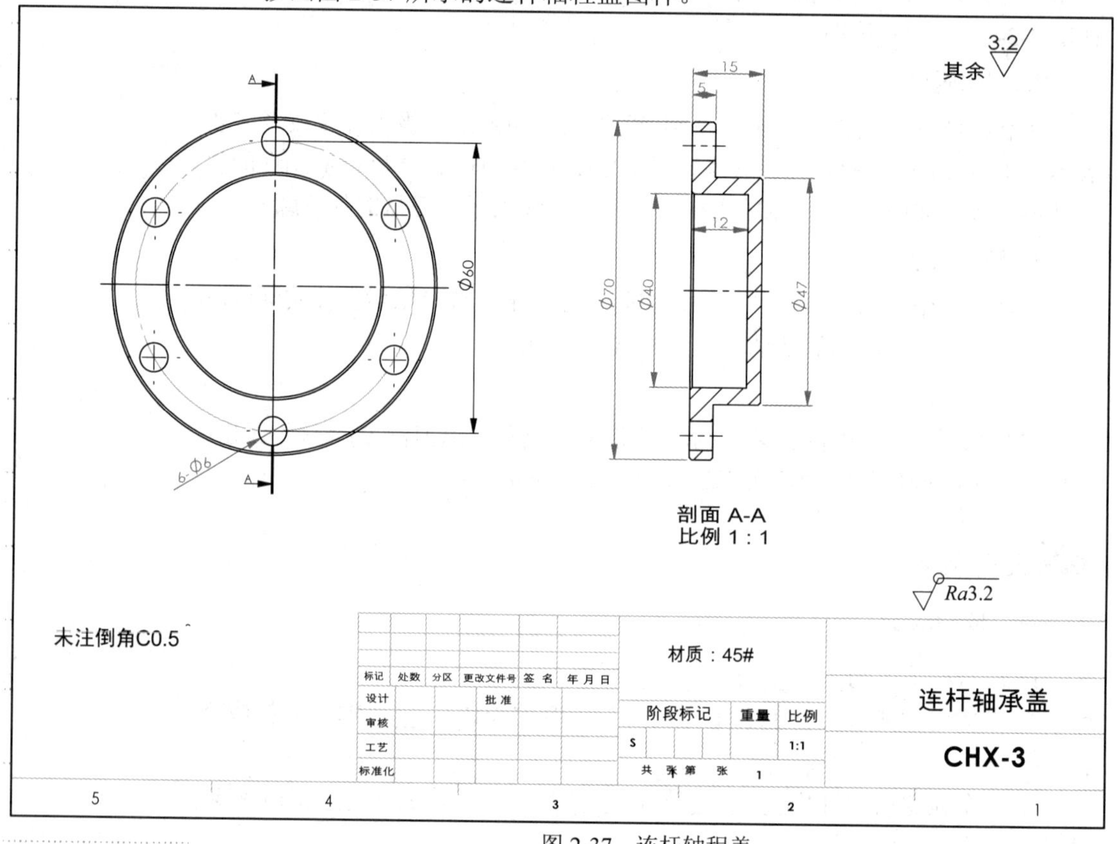

图 2-37　连杆轴程盖

任务二　机器人机械图的识读

工作任务

通过机器人的识图，把握好工业机器人全局和局部关系。图 2-38 所示为工业机器人底盘旋转涡轮轴下法兰，与图 2-1、图 2-37 相比，该零件图样除有尺寸外，还有一些公差要求，为零件的互换提供了保证。

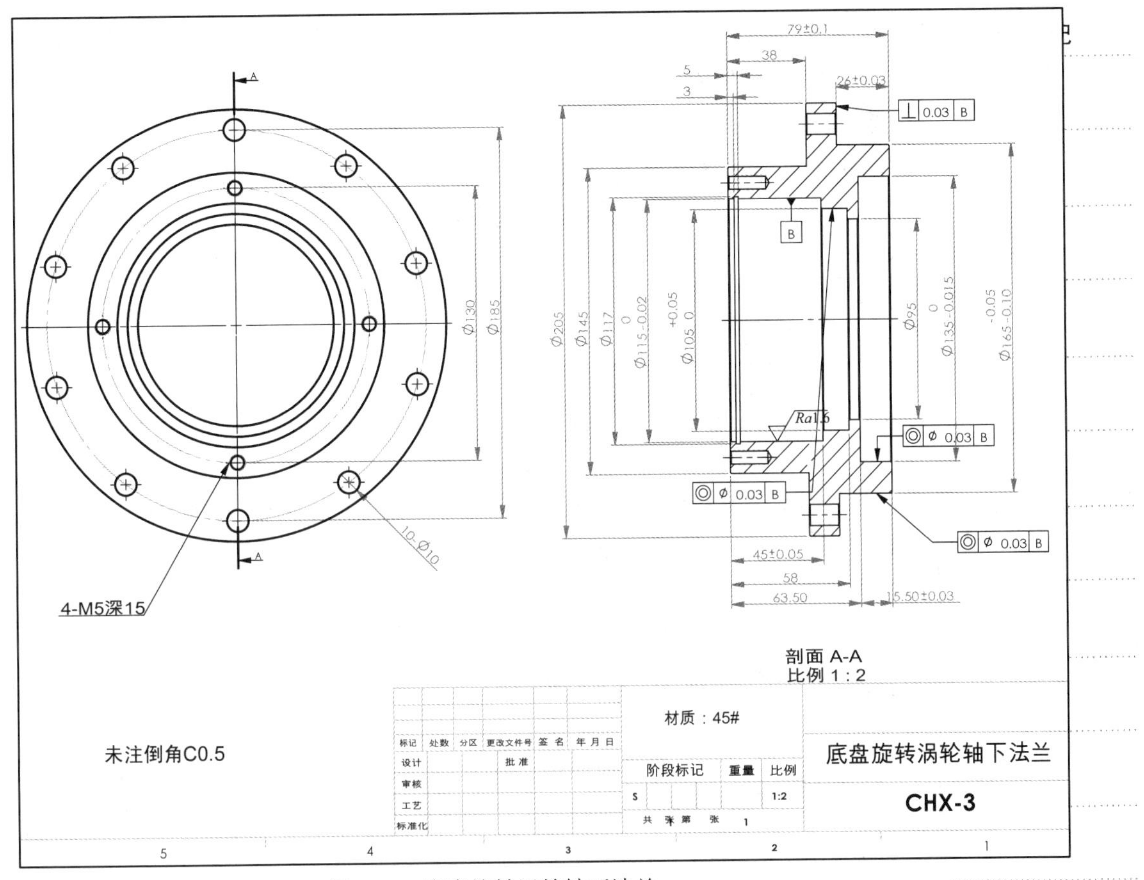

图 2-38　底盘旋转涡轮轴下法兰

任务目标

知 识 目 标	能 力 目 标
1. 了解公差与配合 2. 掌握形位公差及其标注方法 3. 掌握表面粗糙度及标注方法 4. 掌握零件图识读方法 5. 掌握布局图的识读方法	1. 能够根据零件特点选择合适的视图表示方法 2. 能够进行零件公差与粗糙度的选择与规范标注 3. 能够识读中等复杂零件的零件图 4. 能读懂布局图

任务准备

采用视频、动画等多媒体教学。

多媒体教学

一、公差与配合

1. 零件的互换性

在成批生产进行机器装配时，要求一批相配合的零件只要按零件图样要

笔记

求加工出来，不经任何选择或修配，任取一对进行装配后，即可达到设计的工作性能要求，零件间的这种性质称为互换性。

2. 公差的基本术语和含义

公差的基本术语和含义详见表 2-9。

表 2-9　公差的基本术语和含义

术　语	含　义	术　语	含　义
基本尺寸	设计时给定的尺寸。	实际尺寸	通过加工后零件所得的尺寸，实际尺寸包含实际测量误差
极限尺寸	允许零件尺寸变化的两个界限值。它以基本尺寸为基数来确定，其中较大的一个称为最大极限尺寸；较小的一个称为最小极限尺寸	尺寸偏差	极限尺寸减其基本尺寸所得代数差称为极限偏差。极限偏差分为上偏差和下偏差，上偏差等于最大极限尺寸减去基本尺寸，下偏差等于最小极限尺寸减去基本尺寸
尺寸公差	允许尺寸的变动量，简称公差。尺寸公差等于最大极限尺寸与最小极限尺寸之代数差或上偏差与下偏差之差	零线	在公差带图中，确定偏差的一条基准直线，通常取基本尺寸作为零线
尺寸公差带	由代表上、下偏差的两平行直线所限定的区域	公差带图	用适当的比例画成两个极限偏差表示的公差带，如图 2-39 所示

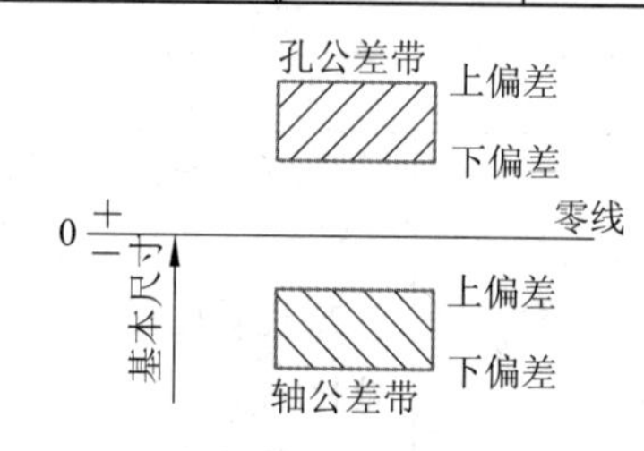

图 2-39　公差带图

3. 配合

基本尺寸相同的、相互结合的孔和轴公差带之间的关系，称为配合。根据相互结合的孔与轴公差带之间的不同，国家标准规定配合分成三类，如图 2-40 所示。

1) 间隙配合

间隙配合是指保证具有间隙(包括最小间隙等于零)的配合。孔的公差带在轴的公差带之上。

2) 过盈配合

过盈配合是指保证具有过盈(包括最小过盈等于零)的配合。孔的公差带

笔记

在轴的公差带之下。

3) 过渡配合

过渡配合是指可能具有间隙，也可能具有过盈的配合。孔的公差带与轴的公差带相互交迭。

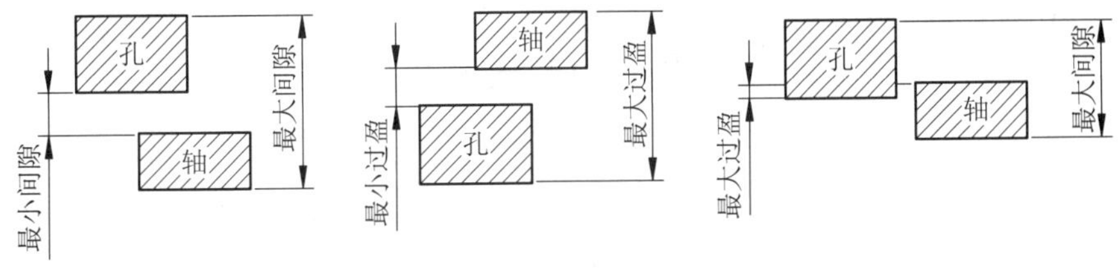

图 2-40　配合种类

4. 标准公差与基本偏差

国家标准(GB/T 1800.1—2009)规定，公差带是由标准公差和基本偏差组成的。标准公差确定公差带的大小，基本偏差确定公差带的位置。

1) 标准公差

标准公差是指国家标准所列的，用以确定公差带大小的任一公差。它的数值由基本尺寸和公差等级所确定。标准公差决定单个尺寸在加工时所确定的精确程度。标准公差分为 20 个等级，即 IT01、IT0、IT1、IT2～IT18。其中，IT 表示标准公差，数字表示公差等级。IT01 公差值最小，精度最高；IT18 公差值最大，精度最低。标准公差数值可由表 2-10 中查出。

表 2-10　标准公差数值(GB/T 1800.3—1998)

基本尺寸/mm		标准公差等级																			
		μm												mm							
大于	至	IT01	IT0	IT1	IT2	IT3	IT4	IT5	IT6	IT7	IT8	IT9	IT10	IT11	IT12	IT13	IT14	IT15	IT16	IT17	IT18
—	3	0.3	0.5	0.8	1.2	2	3	4	6	10	14	25	40	60	0.1	0.14	0.25	0.40	0.60	1.0	1.4
3	6	0.4	0.6	1	1.5	2.5	4	5	8	12	18	30	48	75	0.12	0.18	0.30	0.48	0.75	1.2	1.8
6	10	0.4	0.6	1	1.5	2.5	4	6	9	15	22	36	58	90	0.15	0.22	0.36	0.58	0.90	1.5	2.2
10	18	0.5	0.8	1.2	2	3	5	8	11	18	27	43	70	110	0.18	0.27	0.43	0.70	1.10	1.8	2.7
18	30	0.6	1	1.5	2.5	4	6	9	13	21	33	52	84	130	0.21	0.33	0.52	0.84	1.30	2.1	3.3
30	50	0.6	1	1.5	2.5	4	7	11	16	25	39	62	100	160	0.25	0.39	0.62	1.00	1.60	2.5	3.9
50	80	0.8	1.2	2	3	5	8	13	19	30	46	74	120	190	0.30	0.46	0.74	1.20	1.90	3.0	4.6
80	120	1	1.5	2.5	4	6	10	15	22	35	54	87	140	220	0.35	0.54	0.87	1.40	2.20	3.5	5.4
120	180	1.2	2	3.5	5	8	12	18	25	40	63	100	160	250	0.40	0.63	1.00	1.60	2.50	4.0	6.3
180	250	2	3	4.5	7	10	14	20	29	46	72	115	185	290	0.46	0.72	1.15	1.85	2.90	4.6	7.2
250	315	2.5	4	6	8	12	16	23	32	52	81	130	210	320	0.52	0.81	1.30	2.10	3.2	5.2	8.1
315	400	3	5	7	9	13	18	25	36	57	89	140	230	360	0.57	0.89	1.40	2.30	3.60	5.7	8.9
400	500	4	6	8	10	15	20	27	40	63	97	155	250	400	0.63	0.97	1.55	2.50	4.00	6.3	9.7

注意：基本尺寸小于或等于 1 mm 时，无 IT14～IT18。

笔记

2) 基本偏差

基本偏差是国家标准所列的，用以确定公差带相对于零线位置的上偏差或下偏差，一般指靠近零线的那个偏差。如图 2-41 所示，孔和轴的基本偏差系列共有 28 种。它的代号分别用大、小写拉丁字母表示。大写拉丁字母表示孔，小写拉丁字母表示轴。当公差带在零线的上方时，基本偏差为下偏差，反之则为上偏差。基本偏差数值可从国家标准和有关手册中查得。

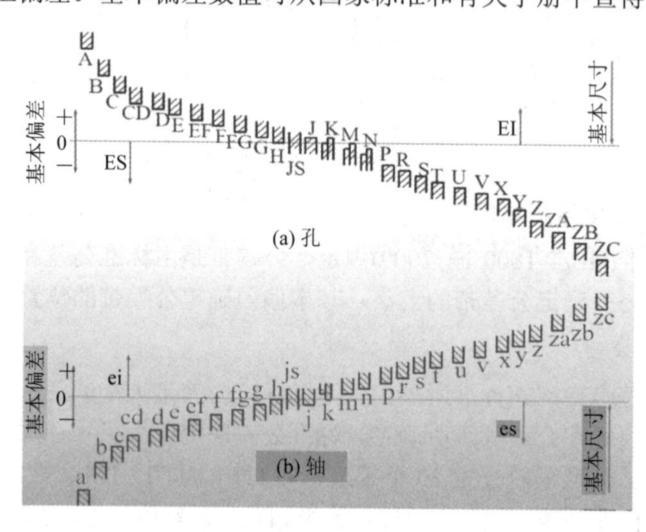

图 2-41　基本偏差系列

5. 基准制度

基准制度分为基孔制和基轴制，具体如下。

1) 基孔制

基本偏差为一定的孔的公差带与轴的不同基本偏差的公差带形成各种配合的 种制度。基孔制的孔为基准孔，基本偏差代号为 H。

2) 基轴制

基本偏差为一定轴的公差带与不同基本偏差的孔的公差带形成各种配合的一种制度。基轴制的轴为基准轴，基本偏差代号为 h。

公差在零件图中的标注如图 2-42 所示，配合在装配图中的标注如图 2-43 所示。

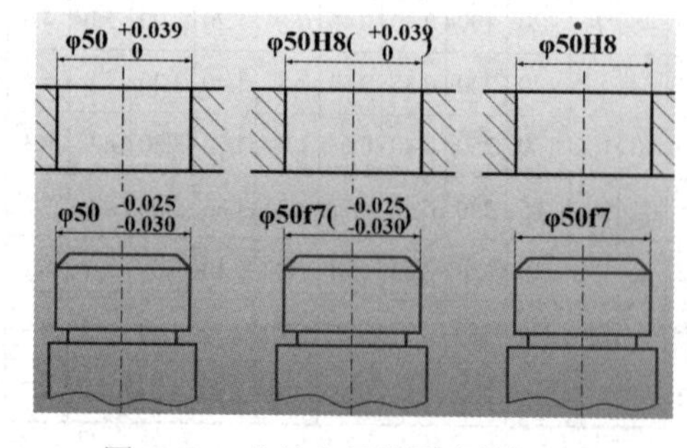

图 2-42　公差在零件图中的标注

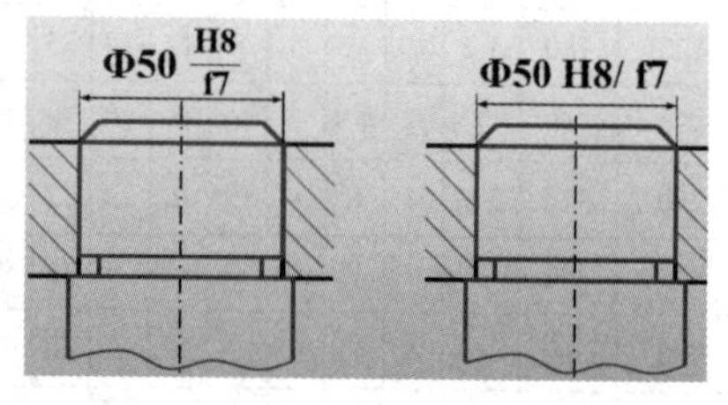

图 2-43　配合在装配图中的标注

笔记

二、形位公差及其标注

形状公差和位置公差简称为形位公差，它是指零件的实际形状和位置相对理想形状和位置的允许变动量。形位公差的分类和符号共有 14 项，分为形状公差、形状或位置公差和位置公差，如表 2-11 所示。形位公差代号和基准代号如图 2-44 所示。

表 2-11　形位公差的分类和基本符号

公　差		特征项目	符　号	基准要求
形状公差		直线度	—	无
		平面度	▱	无
		圆　度	○	无
		圆柱度	⌭	无
形状或位置公差		线轮廓度	⌒	有或无
		面轮廓度	⌓	有或无
位置公差	定向	平行度	//	有
		垂直度	⊥	有
		倾斜度	∠	有
	定位	位置度	⌖	有或无
		同轴(同心)度	◎	有
		对称度	⌯	有
	跳动	圆跳动	↗	有
		全跳动	⌰	有

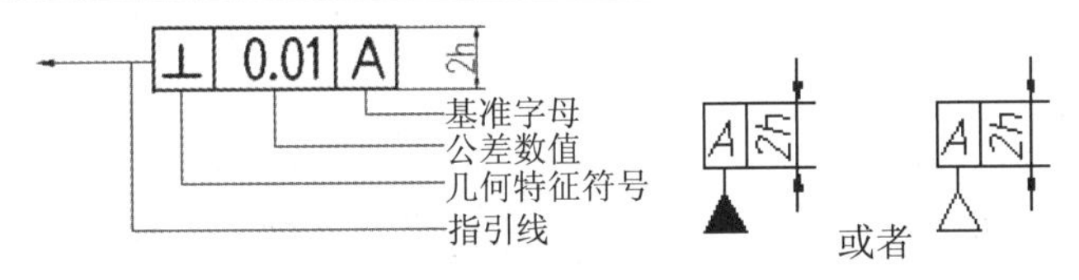

图 2-44　形位公差代号和基准代号

三、表面粗糙度及标注

1. 表面粗糙度概念及评定参数

表面粗糙度是指零件加工表面上(见图 2-45)具有较小间距和峰谷所组成的微观集合形状特性，是评定零件表面质量的一项重要技术指标，也称表面结构要求。它对零件的配合、耐磨性、抗腐蚀性、密封性和外观等都有影响。评定表面粗糙度的主要参数有轮廓算术平均偏差(R_a)和轮廓最大高度(R_z)，如图 2-46 所示。

表面结构

笔记

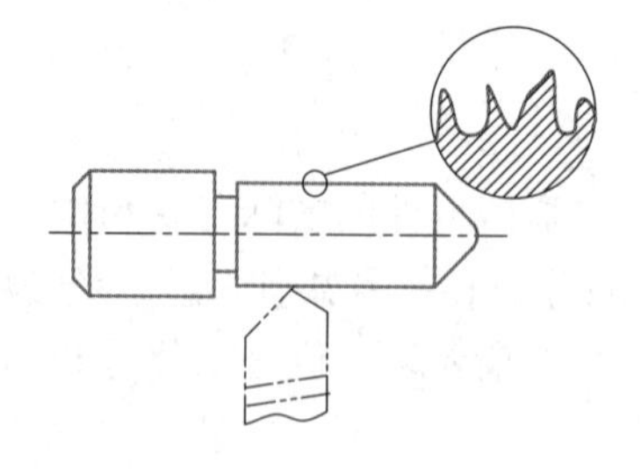

图 2-45　零件加工表面

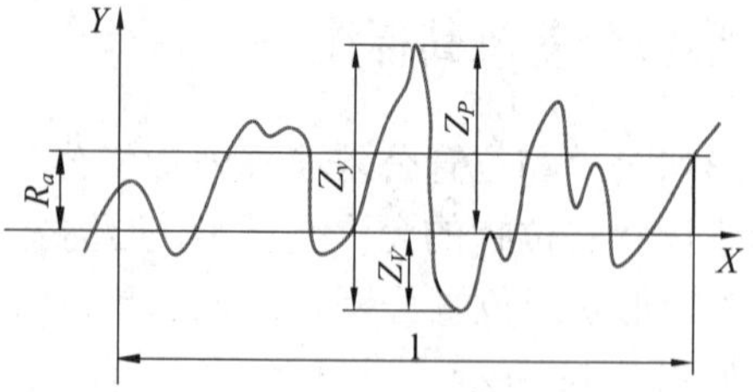

图 2-46　表面粗糙度参数

2. 表面粗糙度的标注

1) 表面粗糙度的代(符)号及其画法

GB/T 131—2006 规定，表面粗糙度代(符)号是由规定的符号和有关参数值组成的。图样上表示零件表面粗糙度的符号如表 2-12 所示。

表 2-12　表面粗糙度的符号

符　号	意　义	符号画法及特征注法
 √	基本符号，未指定工艺方法的表面，当通过一个注释解释时刻单独使用	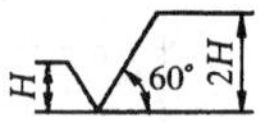 H 60° $2H$　$H = 1.4h$　线宽 = $0.1h$　h = 字高
	扩展图形符号，用去除材料的方法获得的表面，如车、铣、刨、磨、钻等加工；仅当其含义是“被加工表面”时可单独使用	 基本符号加一短划
	扩展图形符号，表示不去除材料的表面，如铸、锻冲压等；也可用于表示保持上道工序形成的表面，不管这种状况是通过去除材料或不去除材料形成的	 基本符号加一圈

表面粗糙度代(符)号是在表面粗糙度符号的基础上，标注表面特征规定后组成的。各特征规定的标准位置，如图 2-47 所示。

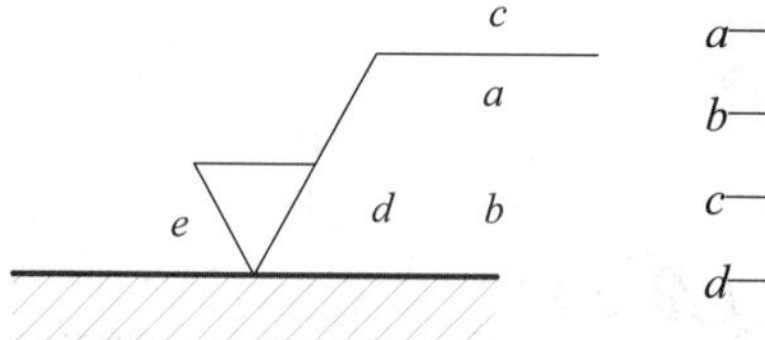

a—注写单一表面结构要求；
b—注写第二个表面结构要求；
c—注写加工方法；
d—注写表面纹理及方向；
e—注写加工余量(mm)

图 2-47　表面粗糙度参数的标注位置

2) 表面粗糙度参数识读

在零件图中，表面粗糙度代(符)号的高度参数经常标注轮廓算术平均偏差 R_a 值，因此可省略 R_a 符号。表面粗糙度的高度参数示例，如表 2-13 所示。

笔记

表 2-13　表面粗糙度代号的读解

符　号	意　义
Rz 0.4	表示不允许去除材料，单向上限值，默认传输带，*R* 轮廓，粗糙度的最大高度 0.4 μm，评定长度为 5 个取样长度(默认)，“16%规则”(默认)
U Ra max 3.2 L Ra 0.8	表示不允许去除材料，双向极限值，两极限值均使用默认传输带，*R* 轮廓，上极限：算术平均偏差 3.2 μm，评定长度为 5 个取样长度(默认)，“最大规则”；下极限：算术平均偏差 0.8 μm，粗糙度的最大高度 0.4 μm，评定长度为 5 个取样长度(默认)，“16%规则”(默认)
Ra 3.2	表示去除材料，单向上限值，默认传输带，*R* 轮廓，粗糙度的算术平均偏差 3.2 μm，评定长度为 5 个取样长度(默认)，“16%规则”(默认)
Ra 3.2	表示任意加工方法，单向上限值，默认传输带，*R* 轮廓，粗糙度的算术平均偏差 3.2 μm，评定长度为 5 个取样长度(默认)，“16%规则”(默认)
铣 Ra 3.2 2	表示铣削加工，加工余量为 2 mm，单向上限值，默认传输带，*R* 轮廓，粗糙度的算术平均偏差 3.2 μm，评定长度为 5 个取样长度(默认)，“16%规则”(默认)

3) 表面粗糙度代(符)号在图样上的标注

在零件图中，表面粗糙度标注的总原则是根据 GB/T 4458.4—2003 规定的，使表面结构的注写和读取方向与尺寸的注写和读取方向一致，如表 2-14 所示。

表 2-14　表面粗糙度代(符)号在图样上的注写示例

注写示例	说　明
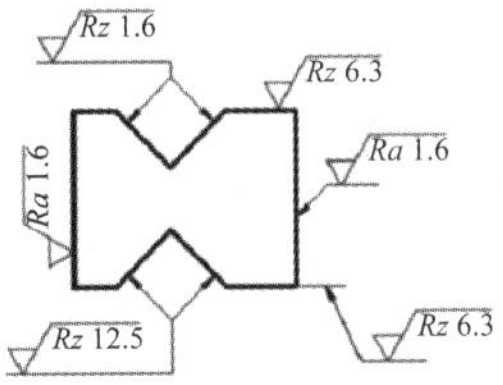 Rz 1.6、Rz 6.3、Ra 1.6、Ra 1.6、Rz 12.5、Rz 6.3	1. 表面结构要求可标注在轮廓线上，其符号应从材料指向并接触表面 2. 必要时，表面结构符号也可用带箭头或黑点的指引线标注
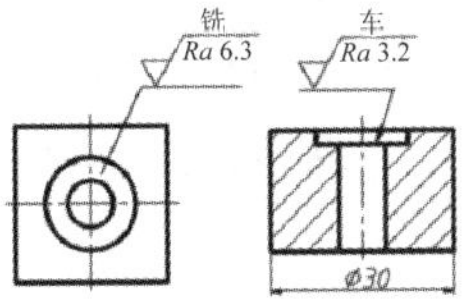 铣 Ra 6.3、车 Ra 3.2、⌀30	
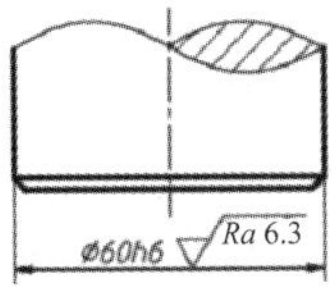 ⌀60h6、Ra 6.3	1. 在不致引起误解时，表面结构要求可以标注在给定的尺寸上 2. 表面结构要求可标注在形位公差框格的上方

笔记

续表

注写示例	说　明
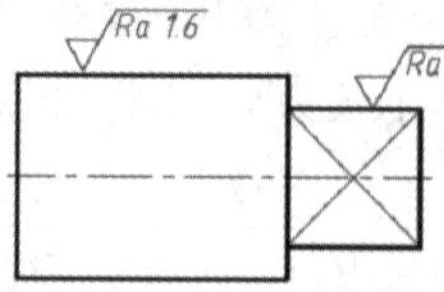 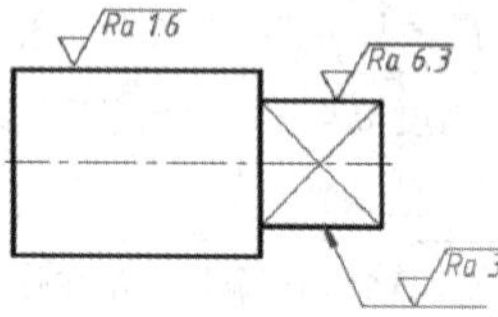 Ra 1.6 Ra 6.3 (a) Ra 1.6 Ra 6.3 Ra 3.2 (b)	圆柱或棱柱表面的表面结构要求只标注一次，如图(a)所示。如果每个棱柱表面有不同的表面结构要求，则应分别单独标注，如图(b)所示
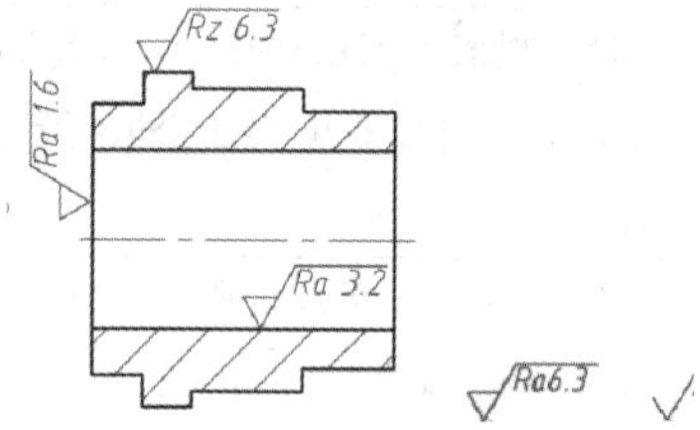 Rz 6.3 Ra 1.6 Ra 3.2 Ra6.3	如果在工件的多数表面有相同的表面结构要求，则其表面结构要求可统一标注在图样的标题栏附近。此时，表面结构要求的符号后面应用 1. 在圆括号内给出无任何其他标注的基本符号 2. 在圆括号内给出不同的表面结构要求
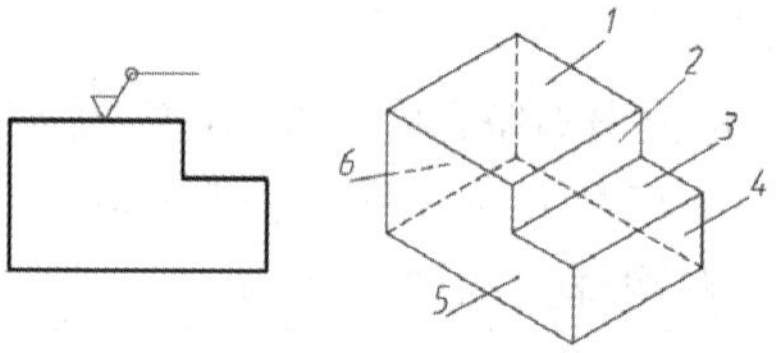 1 2 3 4 5 6	当在图样某个视图上构成封闭轮廓的各表面有相同的表面结构要求时，在完整图形符号上加一圆圈，标注在图样中工件的封闭轮廓线上

任务实施

一体化教学

带领学生到工厂的工业机器人旁边进行介绍，但应注意安全。

一、读零件图

阅读零件图是工程技术人员必备的能力。读零件图的目的是了解零件的名称材料、功能结构形状、质量及技术要求、加工方法等。图 2-48 所示为底盘旋转蜗杆电机法兰零件图样。

1) 读标题栏

从标题栏了解零件的名称、材料、比例用途等信息。

2) 分析零件的视图表达方案

首先找出主视图，再根据对应关系剖切位置符号视图的投射方向，分析其他视图的名称表达方法及各视图所表达的信息。

笔记

3) 想象零件的结构形状

运用形体分析法、线面分析法分线框对投影，想形状，由大到小、由外向内、由整体到局部，想象出零件各部分的结构形状相对位置，最后综合归纳想象零件的总体结构形状。

4) 分析尺寸基准

了解尺寸基准及各部位的定形尺寸、定位尺寸和总体尺寸。

5) 看技术要求

了解表面粗糙度尺寸公差几何公差和其他技术要求。

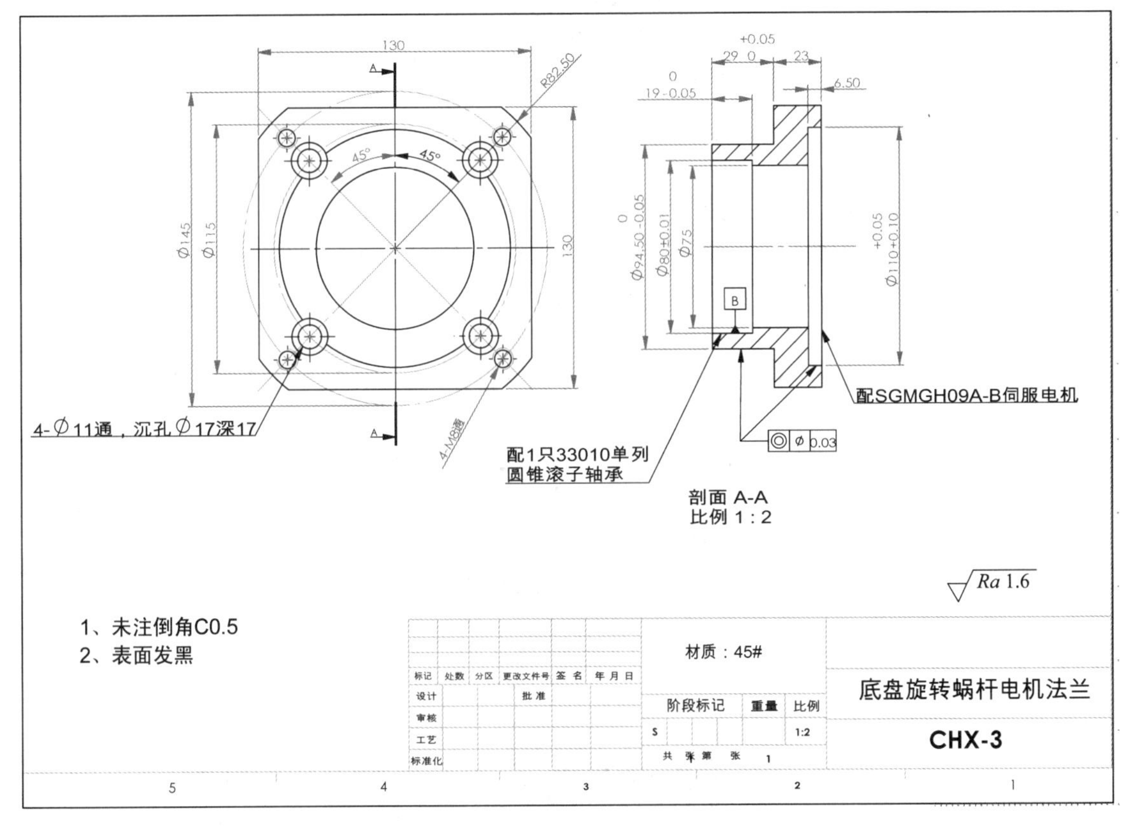

图 2-48　底盘旋转蜗杆电机法兰

二、机械布局图识读

机器人工作站是指以一台或多台机器人为主，配以相应的周边设备(如变位机、输送机、工装夹具等)，或借助人工的辅助操作一起完成相对独立的一种作业或工序的一组设备组合。机器人工作站主要由机器人及其控制系统、辅助设备以及其他周边设备所构成，表达这些设备的安装与调试的所有图样就是工作站图样。工作站图纸如图 2-49 所示。

看布置图时，首先要了解土建、管道等相关图样，然后看设备(包括平面、立体位置)，由投影关系详细分析各设备具体位置及尺寸，并弄清楚各电气设

笔记 备之间的相互关系，如线路引入、引出、走向等。

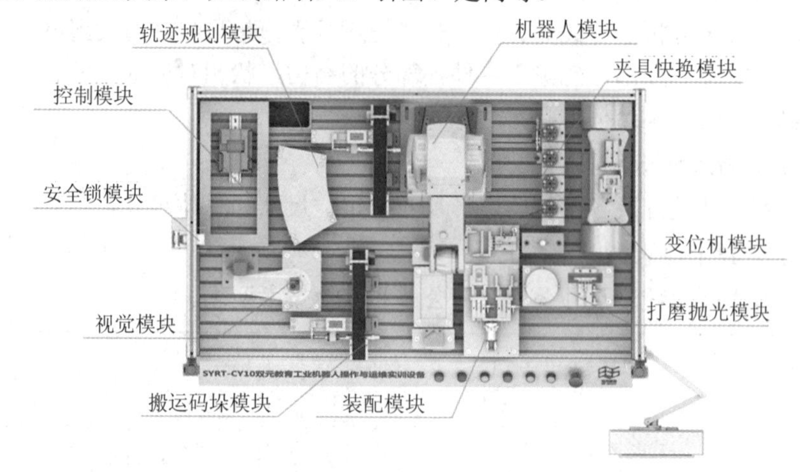

图 2-49 工作站图纸

通过工作站的机械装配图样可以了解工作站各个工艺单元在台面上的具体的位置，在安装各个工艺单元的时候需要根据这些具体的安装位置尺寸来进行单元模块的安装，如图 2-50 所示。通过机械布局图可了解到如下信息。

(1) 工作站的名称、用途、性能和主要技术特性。

(2) 各零部件的材料、结构形状、尺寸以及零部件间的装配关系，装拆顺序。

(3) 根据设备中各零部件的主要形状、结构和作用，进而了解整个设备的结构特征和工作原理。

(4) 设备上气动元件的原理和数量。

(5) 设备在设计、制造、检验和安装等方面的技术要求。

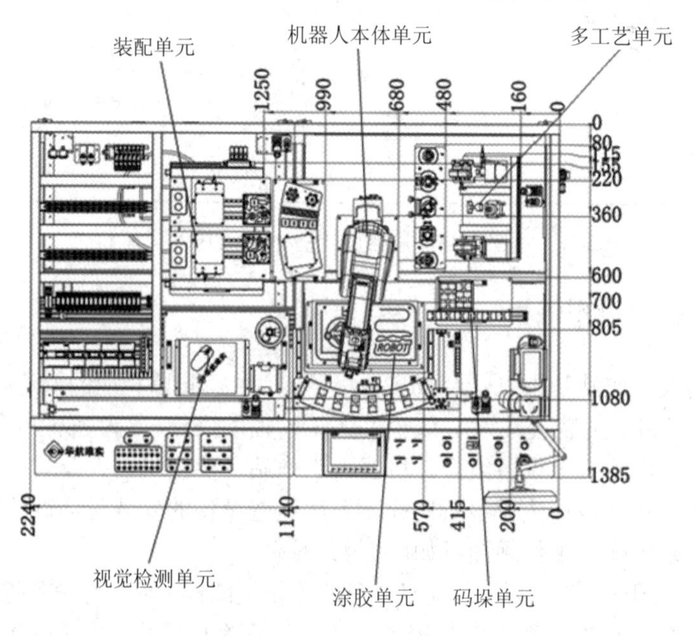

图 2-50 机械布局图

笔记

三、工作站工艺文件识读

1. 工序卡片识读

工序卡片是工艺规程的一种形式，是在工艺卡片的基础上分别为每一个工序制定的，是用来具体指导工人进行操作的一种工艺文件。工序卡片中详细记载了该工序加工所必需的工艺资料，如定位基准、选用工具、安装方案及工时定额等。

工序卡片是按零件加工或装配的每一道工序编制的一种工艺文件。它的内容包括：每一工序的详细操作、操作方法和要求等。它适用于大量加工装配的全部零件和成批的重要零件。表 2-15、表 2-16 分别是一种弧焊工作站中的小型变位机轴承室的装配工序卡片以及它的装配工艺卡附图表格。

表 2-15 装配工序卡片

<table>
<tr><td colspan="3" rowspan="2">装配工艺卡片</td><td>产品型号</td><td colspan="2">ZH01</td><td colspan="2">部件图号</td><td colspan="3">HH-01</td><td colspan="2">共 2 页</td></tr>
<tr><td>产品名称</td><td colspan="2">弧焊工作站</td><td colspan="2">部件名称</td><td colspan="3">轴承室</td><td colspan="2">第 1 页</td></tr>
<tr><td>车间</td><td>装配车间</td><td>装配部件</td><td colspan="2">轴承室</td><td colspan="3">工序号</td><td>10</td><td colspan="2">工序名称</td><td colspan="2">装配轴承室</td></tr>
<tr><td rowspan="2">工序号</td><td colspan="4" rowspan="2">工步内容</td><td colspan="5">工艺装备及辅助材料</td><td colspan="2" rowspan="2">作业时间</td><td rowspan="2">准备时间</td></tr>
<tr><td colspan="3">名称规格或编号</td><td colspan="2">名称规格或编号</td></tr>
<tr><td>11</td><td colspan="4">清理、清洗轴承</td><td colspan="3">煤油、棉纱</td><td colspan="2"></td><td colspan="3"></td></tr>
<tr><td>12</td><td colspan="4">将两盘深沟球轴承 6004 依次正压入轴承室内</td><td colspan="3">铜锤、台钳子或轴承套筒</td><td colspan="2"></td><td colspan="3"></td></tr>
<tr><td>13</td><td colspan="4">用 4 个 M4X10 的内六角沉头螺栓将轴承座和轴承端盖连接紧固</td><td colspan="3">内六角扳手</td><td colspan="2"></td><td colspan="3"></td></tr>
<tr><td></td><td colspan="4"></td><td colspan="3"></td><td colspan="2"></td><td colspan="3"></td></tr>
<tr><td></td><td></td><td></td><td></td><td></td><td></td><td></td><td></td><td></td><td></td><td>设计(日期)</td><td>校对(日期)</td><td>审核(日期)</td></tr>
<tr><td></td><td></td><td></td><td></td><td></td><td></td><td></td><td></td><td></td><td></td><td></td><td></td><td></td></tr>
<tr><td></td><td></td><td></td><td></td><td></td><td></td><td></td><td></td><td></td><td></td><td>会签(日期)</td><td>标准号(日期)</td><td>车间会签(日期)</td></tr>
<tr><td>标记</td><td>处数</td><td>更改文件号</td><td>签字</td><td>日期</td><td>标记</td><td>处数</td><td>更改文件号</td><td>签字</td><td>日期</td><td></td><td></td><td></td></tr>
</table>

笔记

表 2-16 装配工艺卡附图表格

	装配工艺附图		产品型号	ZH01	部件图号	HH-01	共 2 页
			产品名称	弧焊工作站	部件名称	轴承室	第 2 页
车间	某装配车间	装配部分	轴承室	工序号	10	工序名称	装配轴承室
A A A—A 1 2 3 4 1—轴承安装座；2—轴承端盖；3—内六角沉头螺钉M4×10；4—深沟球轴承6004							

2. 工艺文件识读

将工艺规程的内容填入一定格式的卡片，即为生产准备和施工依据的技术文件，称为工艺文件。各企业工艺规程表格不尽一致， 但是其基本内容是相同的。

1) 工艺过程综合卡片

工艺过程综合卡片主要列出了整个生产加工所经过的工艺路线。它是制定其他工艺文件的基础，也是进行生产技术准备、编制作业计划和组织生产的依据。在单件小批量生产中，一般的简单工艺过程只编制工艺过程综合卡片作为工艺指导文件。

2) 工艺卡片

工艺卡片是以工序为单位，详细说明整个工艺过程的工艺文件。它不仅标出工序顺序、工序内容，还对主要工序表示出工序内容、工位及必要的加工或装配简图或加工装配说明。在成批生产中，广泛采用这种卡片，对单件小批量生产中的某些重要零部件也要制定工艺卡片。表 2-17 为一种弧焊工作站中的小型变位机(见图 2-51)的装配工艺过程卡片。

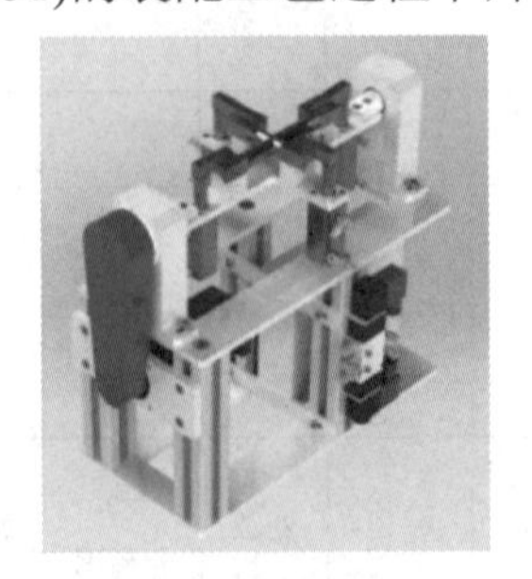

图 2-51 小型变位机示意图

笔记

表 2-17 装配工艺过程卡片

<table>
<tr><td colspan="4" rowspan="2">装配工艺
过程卡片</td><td colspan="3">产品型号</td><td colspan="2">ZH01</td><td>部件图号</td><td></td><td>共 1 页</td><td rowspan="2">备注</td></tr>
<tr><td colspan="3">产品名称</td><td colspan="2">弧焊工作站</td><td>部件名称</td><td>变位机</td><td>第 1 页</td></tr>
<tr><td colspan="2">序号</td><td colspan="2">工序名称</td><td colspan="5">工序内部</td><td>完成部门</td><td colspan="2">设备及工艺装备</td><td>工时定额(分)</td></tr>
<tr><td colspan="2">10</td><td colspan="2">钳加工</td><td colspan="5">轴承室装配</td><td>装配</td><td colspan="2">小铜锤、套筒、内六角扳手</td><td></td></tr>
<tr><td colspan="2">20</td><td colspan="2">钳加工</td><td colspan="5">复位机旋转轴装配</td><td>装配</td><td colspan="2">内六角扳手、皮锤</td><td></td></tr>
<tr><td colspan="2">30</td><td colspan="2">钳加工</td><td colspan="5">变位机底座装配</td><td>装配</td><td colspan="2">内六角扳手</td><td></td></tr>
<tr><td colspan="2">40</td><td colspan="2">钳加工</td><td colspan="5">变位机伺服电机装配</td><td>装配</td><td colspan="2">内六角扳手</td><td></td></tr>
<tr><td colspan="2">50</td><td colspan="2">钳加工</td><td colspan="5">气动元件装配</td><td>装配</td><td colspan="2">内六角扳手</td><td></td></tr>
<tr><td></td><td></td><td></td><td></td><td></td><td></td><td></td><td></td><td></td><td></td><td>编制
(日期)</td><td>审核
(日期)</td><td>会签
(日期)</td></tr>
<tr><td></td><td></td><td></td><td></td><td></td><td></td><td></td><td></td><td></td><td></td><td rowspan="2"></td><td rowspan="2"></td><td rowspan="2"></td></tr>
<tr><td>标记</td><td>处数</td><td>更改文件号</td><td>签字</td><td>日期</td><td>标记</td><td>处数</td><td>更改文件号</td><td>签字</td><td>日期</td></tr>
</table>

3. 安装规范及工艺要求

1) 手势图

环境中的噪音等因素会使意思无法正确传达，而导致事故发生。因此，大型系统中由多名作业人员进行作业，必须在相距较远处进行交谈时，应通过使用手势等方式正确传达意图，工业用机器人手势(示例)如图 2-52 所示。

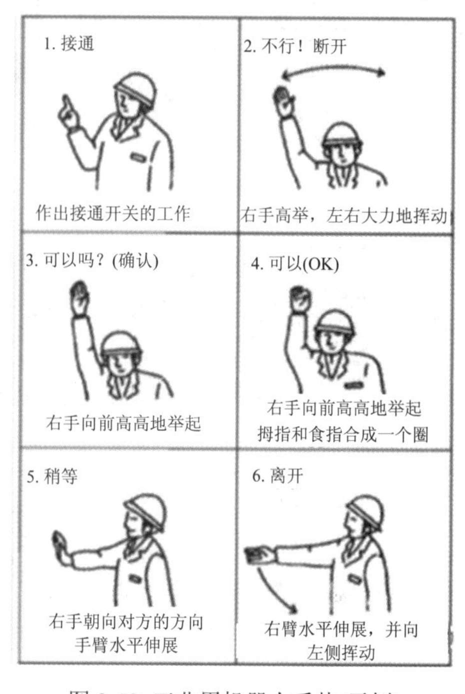

图 2-52 工业用机器人手势(示例)

笔记

2) 机械安装规范及工艺要求

机械安装规范及工艺要求详见表 2-18。

表 2-18 机械安装规范及工艺要求

序号	描 述	合 格	不合格
1	型材板上的电缆和气管必须分开绑扎		
2	当电缆、光纤和气管都作用于同一个活动模块时，允许绑扎在一起		
3	扎带切割后剩余长度需≤1 mm，以免伤人	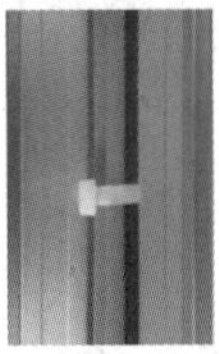 	
4	所有沿着型材往下走的线缆和气管(如 PP 站点处的线管)在安装时需要使用线夹固定		
5	扎带的间距为≤50 mm。这一间距要求同样适用于型材台面下方的线缆。PLC 和系统之间的 I/O 布线不在检查范围内		
6	线缆托架的间距为≤120 mm	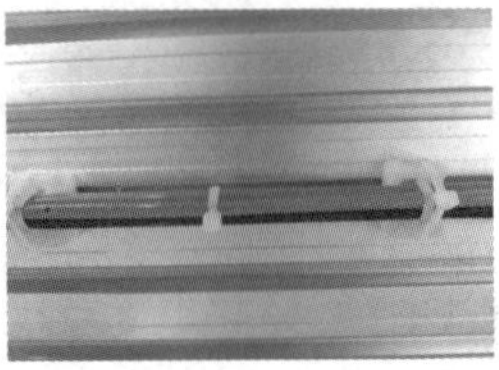	

笔记

续表一

序号	描　述	合　格	不合格
7	唯一可以接受的束缚固定线缆、电线、光纤线缆、气管的方式就是使用传导性线缆托架	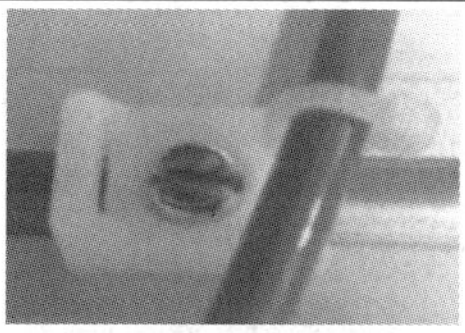 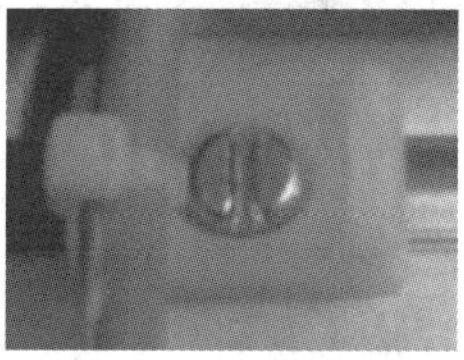 单根电线用绑扎带固定在线夹子上	 单根电缆/电线/气管没有紧固在线夹子上
8	第一根扎带离阀岛气管接头连接处的最短距离为 60 mm ± 5 mm		
9	所有活动件和工件在运动时不得发生碰撞	所有驱动器、线缆、气管和工件需能够自由运动 注意：如有例外，将在任务开始前进行通知	运行期间，驱动器、线缆、线管或工件间发生接触
10	工具不得遗留到站上或工作区域地面上	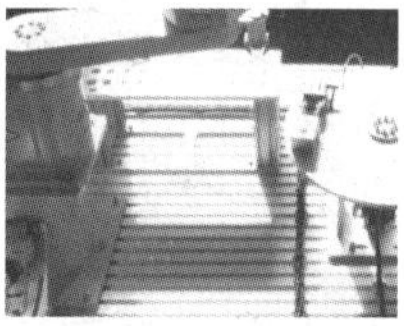	
11	工作站上不得留有未使用的零部件和工件	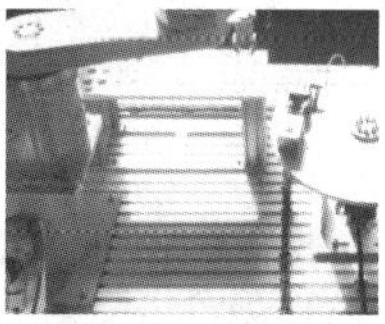	
12	所有系统组件和模块必须固定好，所有信号终端也必须固定好		

笔记

续表二

序号	描　述	合　格	不合格
13	工作站与工作站之间的错位需小于等于5 mm		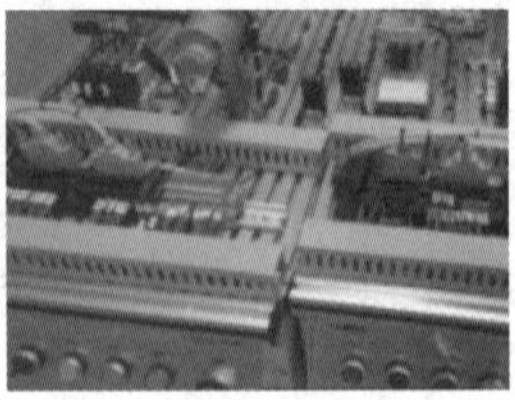
14	工作站的连接必须至少使用2个连接件		
15	工作站之间的最大间距需≤5 mm		
16	所有型材末端必须安装盖子		
17	固定零部件时都应使用带垫圈的螺丝	 	
18	所有电缆、气管和电线都必须使用线缆托架进行固定，可以进行短连接。如果可以将线缆切割到合适的长度，则不允许留线圈	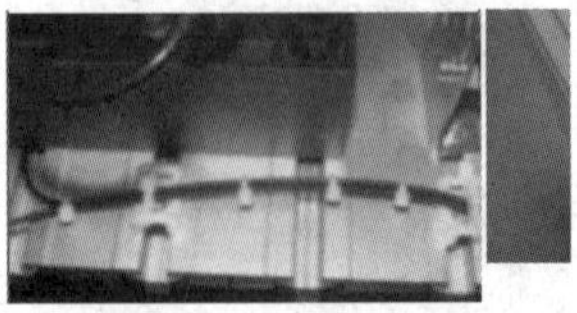	

笔记

续表三

序号	描　述	合　格	不合格
19	螺钉头不得有损坏，而且螺钉任何部分都不得留有工具损坏的痕迹		
20	锯切口必须平滑无毛刺		
21	用于展示时，型材台面应尽可能处于最低位置		
22	装置的零部件和组件不得超出型材台面		

3) 周边环境

周边环境详见表2-19。

表2-19　周 边 环 境

序号	描　述	合　格	不合格
1	工作站上(包括线槽里面)不得有垃圾、下脚料或其他碎屑		不得使用压缩空气清理工作站
2	未使用的部件需放到桌上的箱子中。例外情况：未完成装配工作时		 

笔记

续表

序号	描　述	合　格	不合格
3	只能在执行维护任务时进行标记，并且在完成后必须全部清除		
4	不允许使用胶带或类似材料改造工件		
5	工作站、周围区域以及工作站下方应干净整洁(用扫帚打扫干净)		

任务扩展

读 装 配 图

多媒体教学

采用视频、动画等多媒体教学。

一、概括了解

1. 识读装配图的主要任务

识读装配图的主要任务如下：

(1) 了解装配体(机器或部件)的性能、功用和工作原理。

(2) 弄清各个零件的作用和它们之间的相对位置、装配关系、连接和固定方式以及拆装顺序等。

(3) 看懂零件(特别是几个主要零件)的结构形状。

2. 概括了解装配体的结构

在看装配图时，先从标题栏里知道装配体的名称，概括地看一看所选用

笔记

的视图和零件明细栏，大致可以看出装配体的规格、性能和繁简程度，并对装配体的功用和运动情况有一个概括了解，概括了解装配体的结构、工作原理及性能特点。

二、确定视图关系

确定视图关系，分析各图作用。分析装配图共有几个视图，各视图之间的投影关系及每个图形的作用。

视图分析的一般步骤为：先确定主视图，然后确定其他视图及剖视图的剖切位置。

三、分析部件运动

1. 部件运动分析的方法

分析部件运动规律时，应先将装配图大体分成几大部分来分析。只有当各个部分都弄清楚了，才能更好地认识其总体。在具体看图时，可从反映该装配体主要装配关系的视图上开始，根据各运动部分的装配干线，对照各视图的投影关系，从各零件的剖面线方向和密度来分清零件。

2. 零件的分类

组成每个运动部分的零件，根据它在装配体中的作用，大致可分为运动件、固定件和连接件(后两者都是相对静止的零件)。

四、分析零件作用

1. 分析零件的基本思路

分析零件时，首先要分离零件，根据零件的序号找到零件在某个视图上的位置和范围，再遵循投影关系，并借助统一零件在不同的剖视图上剖面线方向、宽窄一致的原则，来区分零件的投影，如图 2-53 所示。将零件的投影分离后，采用形体分析法和结构分析法，逐步看懂每个零件的结构形状和作用。

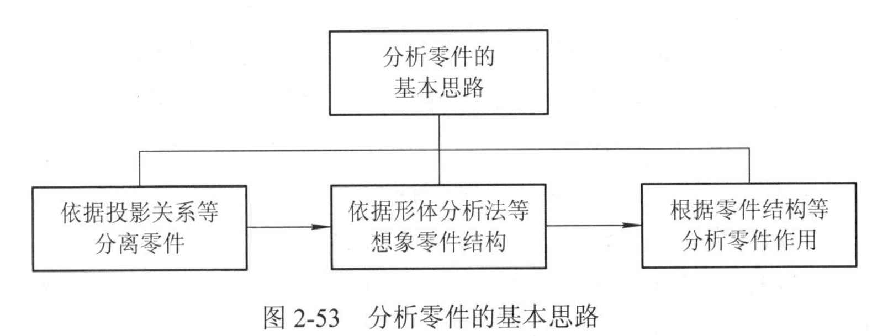

图 2-53　分析零件的基本思路

笔记

2. 分析零件的基本方法

分析零件的基本方法仍然是运用投影规律进行形体分析和线面分析。

(1) 依照投影规律分清每个零件在各个视图中的位置，由平面图形想象空间形状。首先从主视图着手，分清各零件在视图中的轮廓线范围，并结合各零件剖面的差异，勾画出各零件的基本形状。

(2) 逐条分析图中每一条轮廓线(包括不可见轮廓线)。例如，分析相贯线的形状可以判断组成一个零件的基本形体的几何形状，以及它们之间的相对位置。

(3) 分析与相邻零件的关系，相邻两零件的接触表面一般具有相似性。在上述分析的基础上，想象零件的空间形状，从平面到空间，再从空间到平面反复思考，直到将零件的结构形状全部弄清楚。

3. 尺寸分析

装配图是按一定的比例画的，图中只标注几种必要的尺寸。这些尺寸表明了装配体的结构特征、配合性质、形状和大小，是装配图的重要组成部分。

尺寸分析是包括分析图上及明细表内注写的全部尺寸及符号，分析尺寸是深入看图的手段。

五、综合各部结构

1. 综合分析的目标

综合分析的目标是对整个装配体有完整的认识，以实现以下目标：

(1) 全面分析装配体的整体结构形状，技术要求及维护使用要领，进一步领会设计意图及加工和装配的技术条件。

(2) 掌握装配体的调整和装配顺序，画出拆装顺序图表。

(3) 想象装配体的整体形状。

2. 识读装配图需注意的问题

上述识读装配图的一般步骤，事实上不能截然分开，而是交替进行的。识读装配图应根据图形、标题栏信息、尺寸及技术要求等方面综合分析。

六、实例

GT 手腕传动机构装配如图 2-54 所示，该结构采用的是差动齿轮和行星减速器的混合结构，用于工业机器人操作机手腕的回转和摆动。

该结构由两个液压马达获得动力，并分别传到具有两个自由度的手腕驱动装置中。以实现手腕的转动及手腕的摆动。其中转动用液压马达以实现手腕的转动，摆动用液压马达以实现手腕的摆动。

该差动减速器机构安装在带水平接合面的箱体中，两个液压马达分别固定在该箱体上。液压马达在箱体内分别通过联轴器、轴承与锥齿轮差速器相

笔记

连接。两个转臂分别安装在中心锥齿轮的内部，该中心锥齿轮是轴线位置固定的齿轮，行星轮分别套在两个转臂的轴承上。

在中间部位，箱体上安装有带方孔的轴(扭杆)、双联齿轮等，该结构用于消除运动链中的间隙。同时，轴(扭杆)也用于实现手腕执行机构到驱动装置扭矩的反馈。

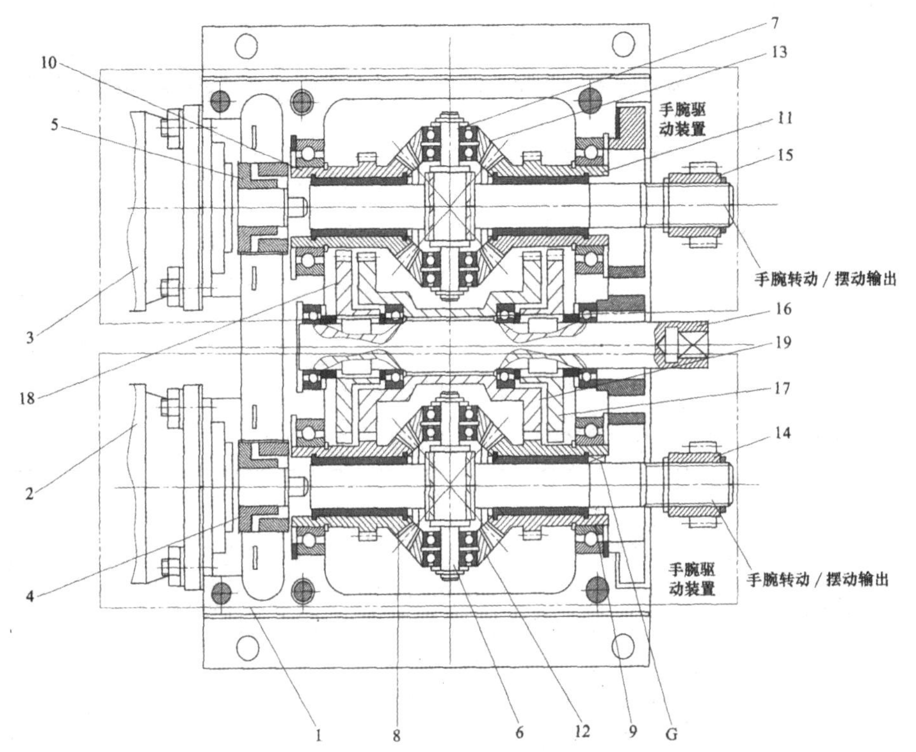

1—箱体；2—转动用液压马达；3—摆动用液压马达；4，5—联轴器；6，7—转臂；8～11—中心锥齿轮；12，13—行星轮；14，15—输出齿轮；16—轴(扭杆)；17，18—齿轮；19—双联齿轮

图 2-54　GT 手腕传动机构装配图

1. 手腕转动

为实现手腕的转动，从转动用液压马达开始，按两条路线传递运动。

(1) 中心锥齿轮(8)→行星轮(12)→转臂(6)→小输出齿轮(14)。

(2) 中心锥齿轮(8)上的小齿轮→齿轮(18 和 17)→中间轮→中心锥齿轮(11)上的小齿轮→行星轮(13)→转臂(7)→小输出齿轮(15)。

这时输出齿轮(14 和 15)以相同的速度旋转。

2. 手腕摆动

当手腕摆动时，从摆动用液压马达开始，也按两条路线传递运动。

(1) 中心锥齿轮(10)→行星轮(13)→转臂(7)→小输出齿轮(15)。

(2) 中心锥齿轮(10)上的小齿轮→双联齿轮(19)→中心锥齿轮(9)上的小

笔记

齿轮一行星轮(12)→转臂(6)→小输出齿轮(14)。

这时输出齿轮(14 和 15)以相同速度沿不同方向旋转。

通过上面两条路线，实现差动齿轮变速的运动传递，并控制手腕的转动和摆动，可以方便地实现手腕的工作状况。

任务巩固

一、填空题

1. 基孔制的孔为基准孔，基本偏差代号为________。基轴制的轴为基准轴，基本偏差代号为________。

2. 国家标准规定配合分成三类，分别为______配合、_____配合、_____配合。

二、名词解释

1. 互换性

2. 配合

3. 形位公差

三、双创训练题

读识图 2-55 所示的零件图，并抄画此图。

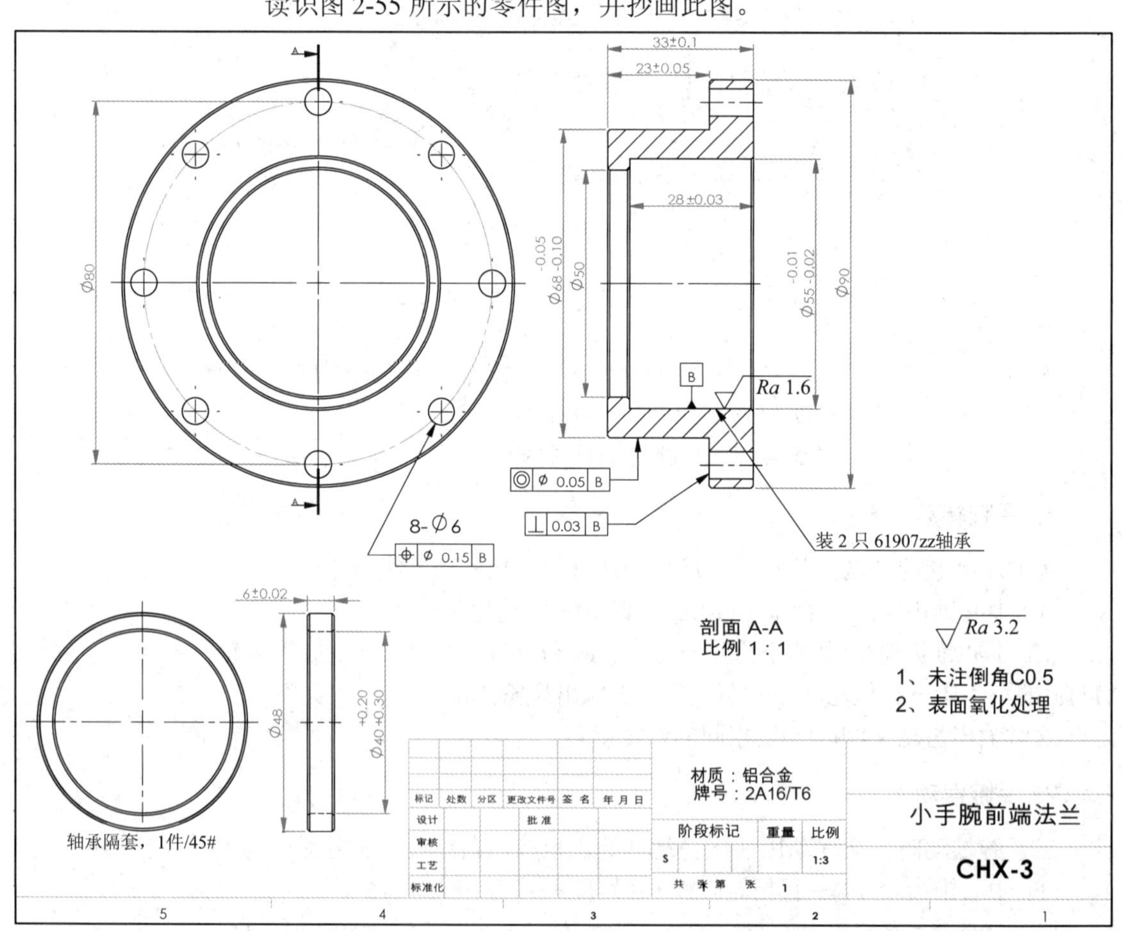

图 2-55　小手腕前端法兰

笔记

模块三

工业机器人用典型零件

任务一　工业机器人用轴类零件

工作任务

轴类零件是长度大于直径的回转体类零件的总称，是机器中的主要零件之一，主要用来支承传动件(如齿轮、带轮、离合器等)和传递扭矩。图 3-1 所示为工业机器人手腕锥齿轮旋转中心轴。图 3-2 所示为卸下的工业机器人倾斜机壳轴，轴工作状况的好坏直接影响工业机器人的性能。

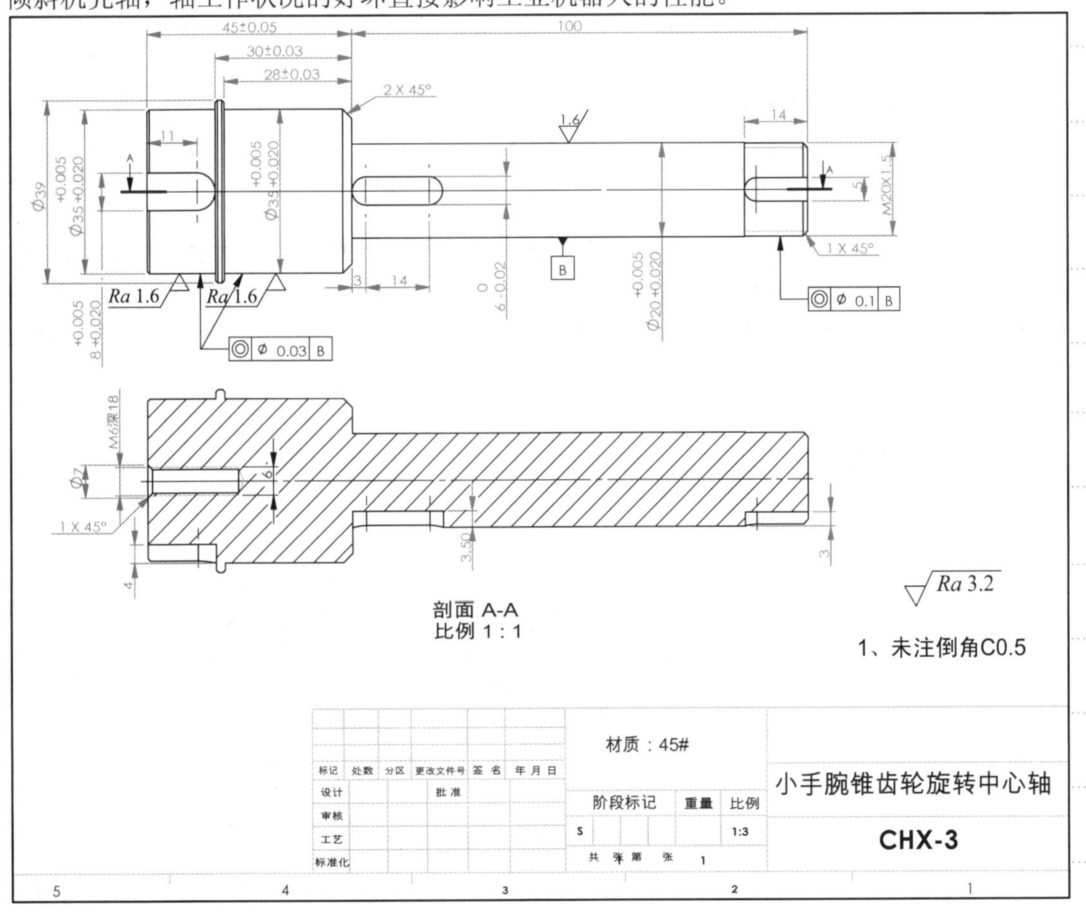

图 3-1　工业机器人手腕锥齿轮旋转中心轴

笔记

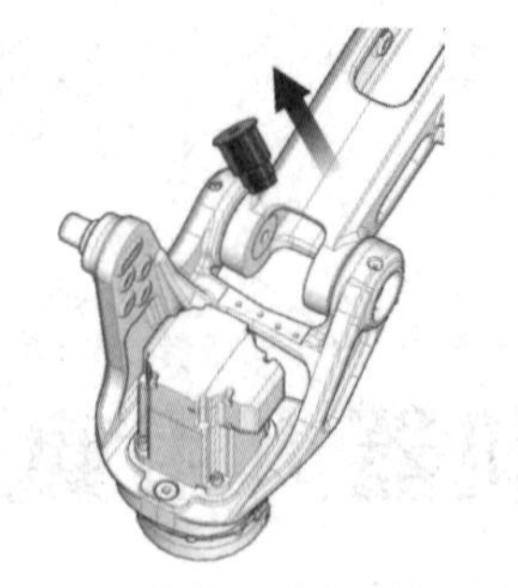

图 3-2　工业机器人倾斜机壳轴

任务目标

知识目标	能力目标
1. 掌握轴类的作用、结构与分类	1. 能根据需要选择工业机器人用轴
2. 掌握联轴器与离合器的种类	2. 能分清工业机器人用联轴器与离合器
3. 了解工业机器人的制动	3. 知道工业机器人的制动

任务准备

轴的结构

★ 实物教学

为了推动制造业智能化、绿色化的发展，节省材料、减轻质量，轴应尽量采用等强度外形和高刚度的剖面形状； 要便于轴上零件的定位、固定、装配、拆卸和位置调整；轴上安装有标准零件(如轴承、联轴器、密封圈等)时，轴的直径要符合相应的标准或规范；轴上结构要有利于减小应力集中以提高疲劳强度；轴应具有良好的加工工艺性。多数情况采用阶梯轴，因为它既接近于等强度，加工也不复杂，且有利于轴上零件的装拆、定位和固定。

轴的典型结构如图 3-3 所示，轴由轴颈(轴和轴承配合的部分)、轴头(轴和旋转零件配合的部分)、轴身(连接轴头与轴颈的部分)、轴肩或轴环(轴上截面尺寸变化的部分)组成。

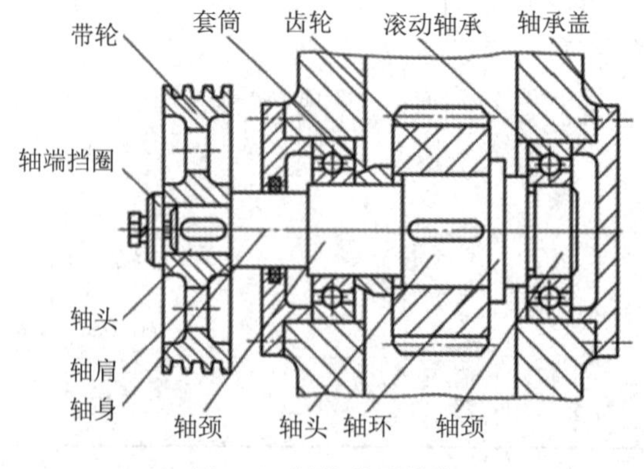

图 3-3　轴的典型结构

笔记

任务实施

采用视频、动画等多媒体教学。

多媒体教学

一、轴的分类与选择

1. 轴的分类

1) 按所受载荷分类

按轴所受载荷，轴可分为心轴、传动轴和转轴三类。

(1) 心轴。主要承受弯矩的轴称为心轴。若心轴工作时是转动的，称为转动心轴。例如，机车轮轴为转动心轴，如图 3-4 所示。若心轴工作时不转动，则称为固定心轴。

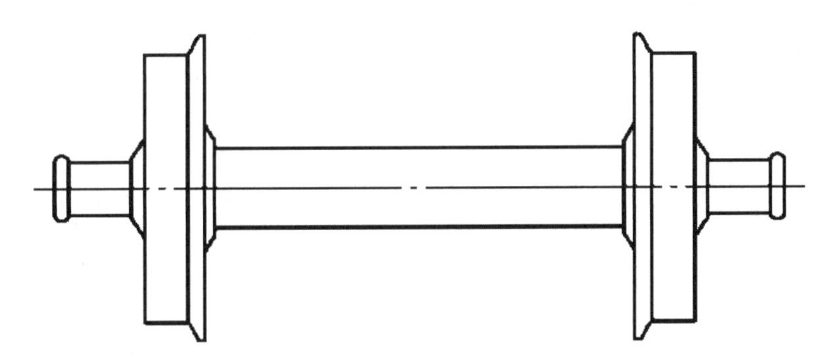

图 3-4　转动心轴

(2) 传动轴。主要承受扭矩的轴称为传动轴。

(3) 转轴。图 3-5 所示为单级圆柱齿轮减速器中的转轴，该轴上两个轴承之间的轴段承受弯矩，联轴器与齿轮之间的轴段承受扭矩。这种既承受弯矩，又承受转矩的轴称为转轴。图 3-6 所示为工业机器人手腕锥齿轮轴。

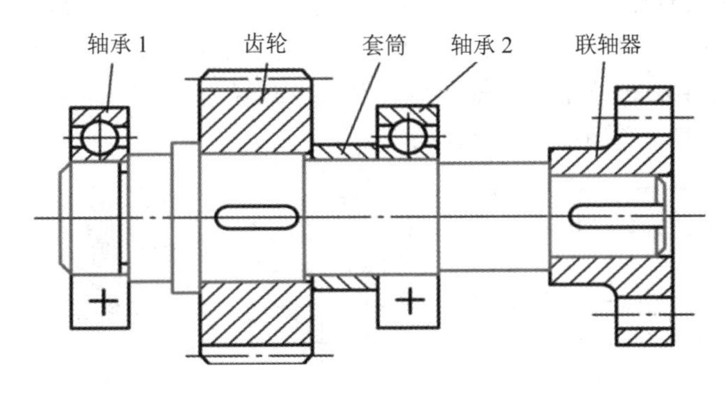

图 3-5　齿轮减速器中的转轴

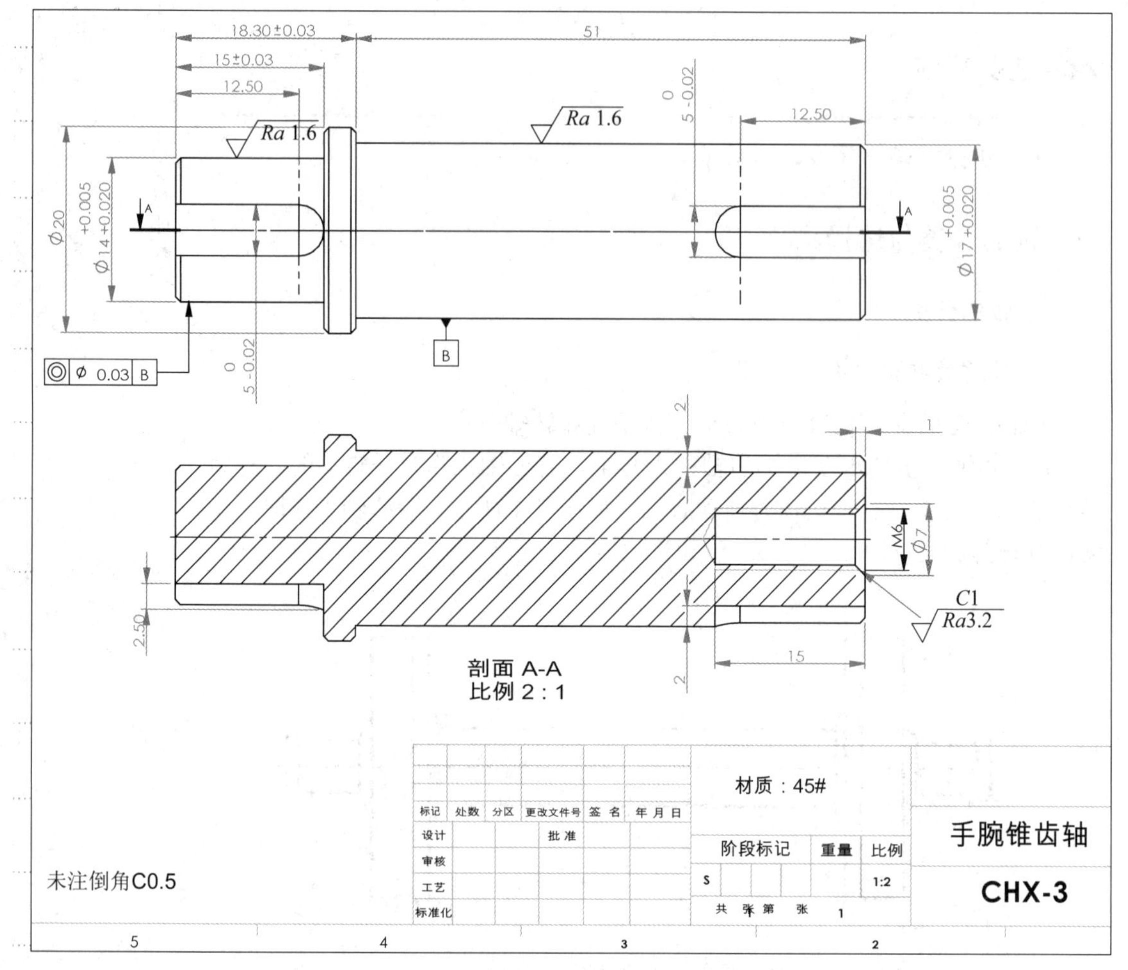

图 3-6　工业机器人手腕锥齿轮轴

2) 按轴线的几何形状分类

按轴线的几何形状，轴可分为直轴、曲轴和挠性轴三类。

(1) 直轴按形状又可分为光轴、阶梯轴和空心轴三类。光轴的各截面直径相同。它加工方便，但零件不易定位。阶梯轴的轴上零件容易定位，便于装拆。图 3-7(a)所示为工业机器人腕部关节的滚转轴。图 3-7(b)所示为工业机器人腕部关节的弯转轴。图 3-7(c)所示为工业机器人上臂轴的阶梯轴。图 3-8 所示的腕部中心轴就是空心轴。这种轴可以减轻质量、增加刚度，还可以利用轴的空心来输送润滑油、切削液等。

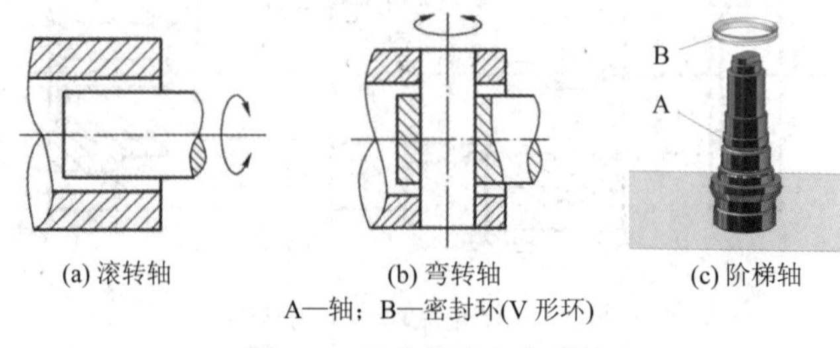

(a) 滚转轴　　(b) 弯转轴　　(c) 阶梯轴

A—轴；B—密封环(V 形环)

图 3-7　工业机器人上臂轴

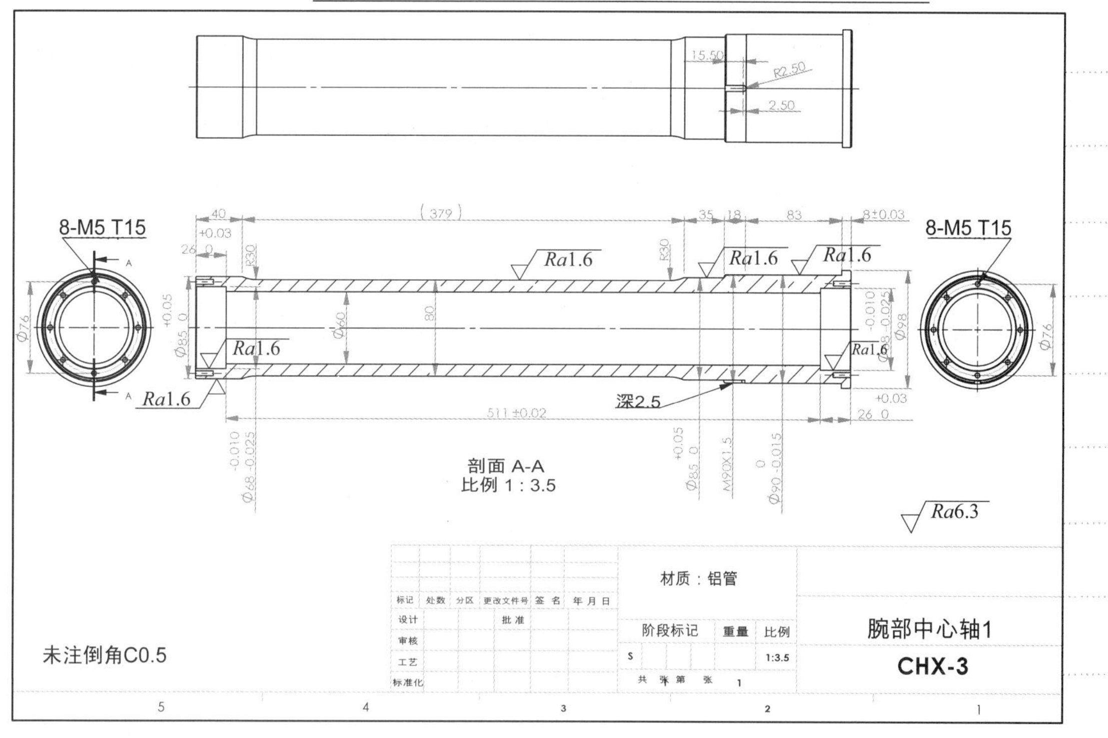

图 3-8　工业机器人腕部中心轴

(2) 曲轴常用于往复式机械(如曲柄压力机、内燃机等)中，以实现运动的转换和动力的传递，如图 3-9 所示。

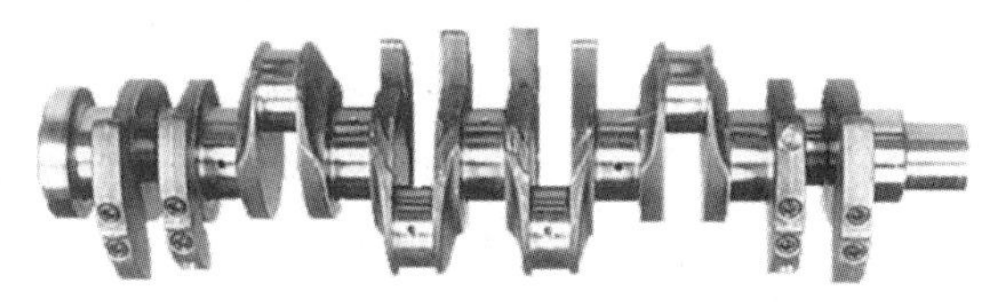

图 3-9　曲轴

(3) 挠性轴(也称钢丝软轴)是由几层紧贴在一起的钢丝层构成的，如图 3-10 所示。它能把旋转运动和不大的转矩灵活地传到任何位置，但它不能承受弯矩。挠性轴多用于转矩不大、以传递运动为主的简单传动装置中。

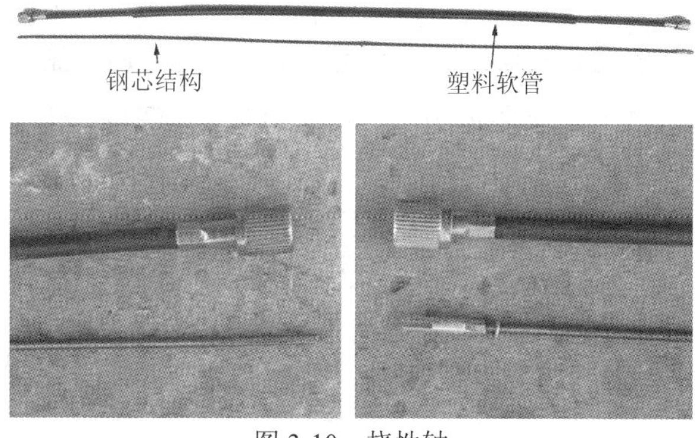

图 3-10　挠性轴

图 3-11 所示为一种工业机器人多关节柔性手指手爪，它的每个手指具有

笔记

若干个被动式关节，每个关节不是独立驱动的。在拉紧夹紧钢丝绳后，柔性手指环抱住物体，因此这种柔性手指手爪对物体形状有一定适应性。但是，这种柔性手指并不同于各个关节独立驱动的多关节手指。图 3-12 所示为工业机器人采用数根钢丝弹簧并联组成的柔顺手腕。

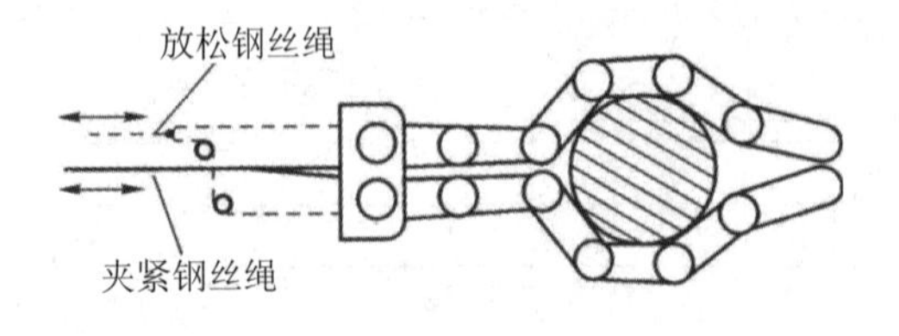

图 3-11　多关节柔性手指手爪

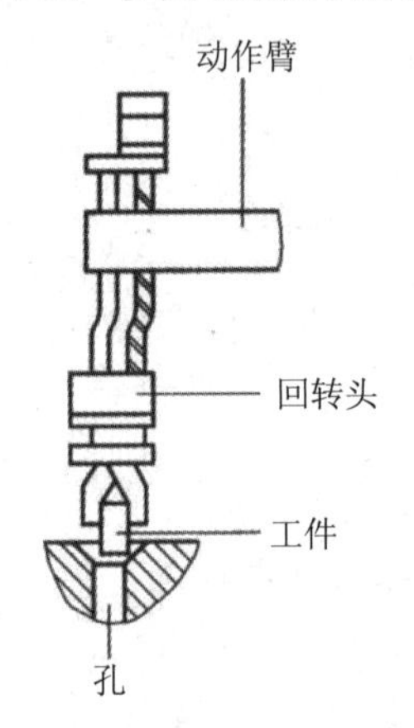

图 3-12　钢丝弹簧柔顺手腕

3. 轴的选择

选择轴的结构时，主要考虑下述几个方面：

1) 轴上零件的周向固定

轴上零件必须可靠地周向固定，才能传递运动与动力。周向固定可采用键、花键、销等连接。

2) 轴上零件的轴向固定

轴上零件的轴向位置必须固定，以承受轴向力或不产生轴向移动。轴向定位和固定主要有两类方法：一是利用轴本身部分结构，如轴肩、轴环、锥面等，如图 3-13 所示；二是采用附件，如套筒、圆螺母、弹性挡圈、轴端挡圈、紧定螺钉、楔键和销等，如图 3-14 所示。

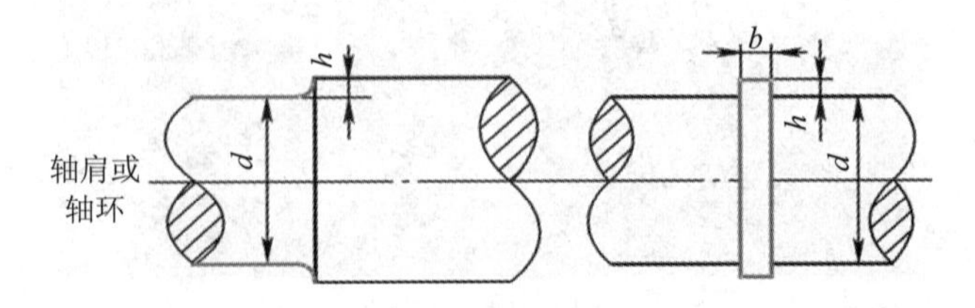

图 3-13　利用轴本身部分轴向固定

笔记

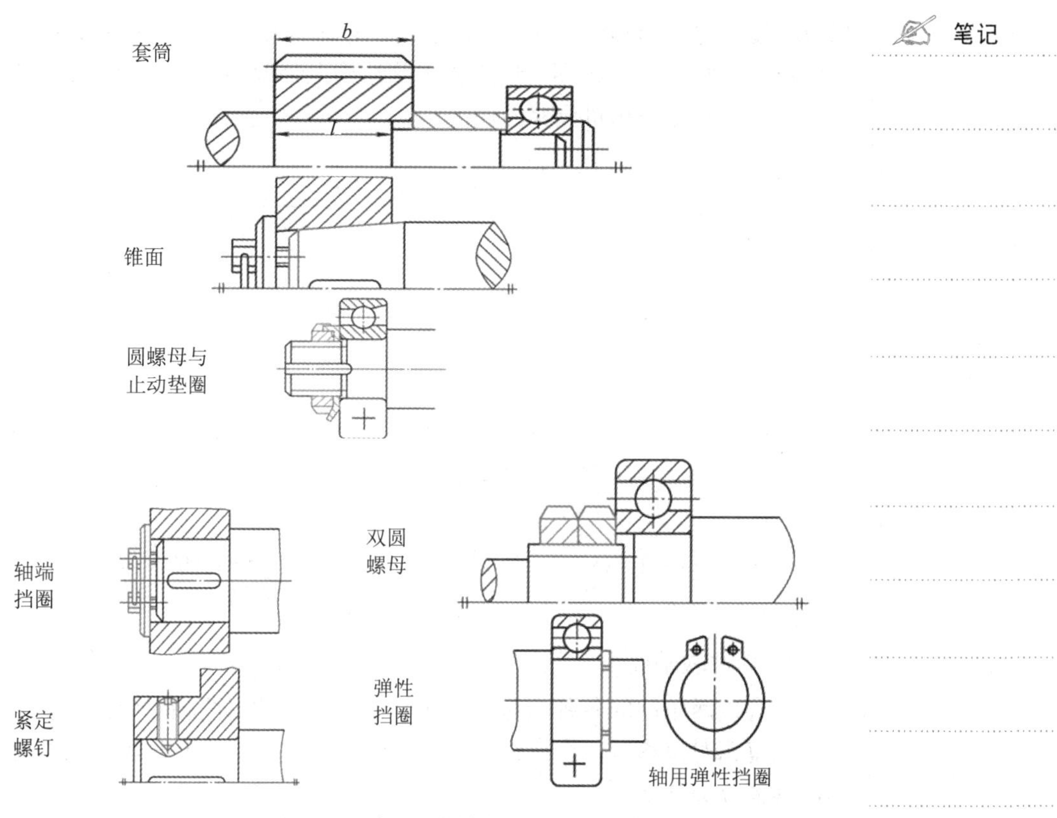

图 3-14　采用附件轴向固定

3) 轴上零件的定位

轴上零件利用轴肩或轴环来定位是最方便有效的办法。为了保证轴上零件紧靠定位面，轴肩或轴环处的圆角半径 r 必须小于零件毂孔的圆角 R 或倒角 C_1 (见图 3-15)。定位轴肩的高度 h 一般取$(2\sim3)C_1$ 或 $h=(0.07\sim0.1)d$(d 为配合处的轴径)。轴环宽度 $b\approx1.4h$。

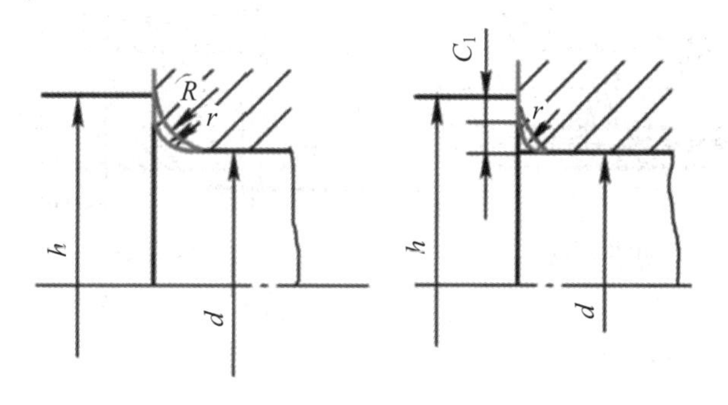

图 3-15　定位轴肩的结构

二、联轴器

联轴器是指机械传动中的常用部件用来连接两传动轴，使其一起转动并传递转矩，有时也可作为安全装置。由于制造及安装误差、承载后的变形，

笔记

以及温度变化的影响等，往往不能保证严格地对中，而是存在着某种程度的相对位移，如图 3-16 所示。这就要求从结构上采取各种不同的措施，使之具有适应一定范围的相对位移的性能。

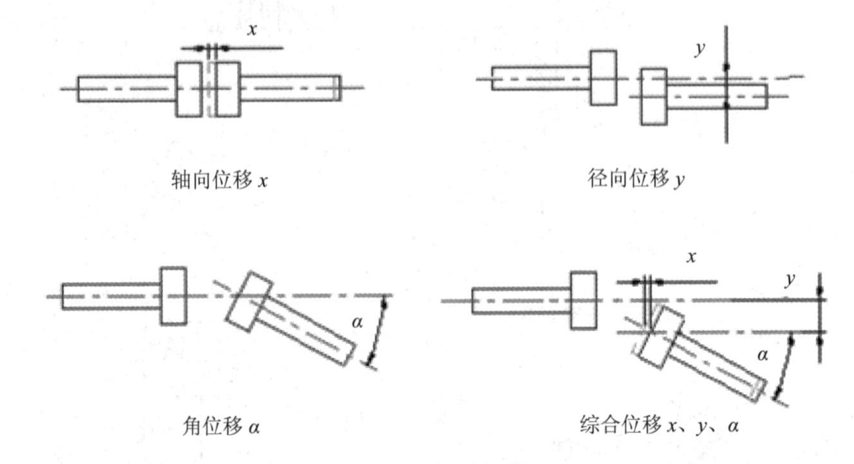

图 3-16　相对位移

1. 刚性联轴器

被连接两轴间的各种相对位移无补偿能力，故对两轴对中性的要求高。当两轴有相对位移时，会在结构内引起附加载荷。这类联轴器的结构比较简单，具体分类如下。

1) 套筒联轴器

套筒联轴器(见图 3-17)由连接两轴轴端的套筒和连接套筒与轴的连接件(如键或销钉)所组成。一般当轴端直径 d≤80 mm 时，套筒用 35 或 45 钢制造；当轴端直径 d>80 mm 时，可用强度较高的铸铁制造。

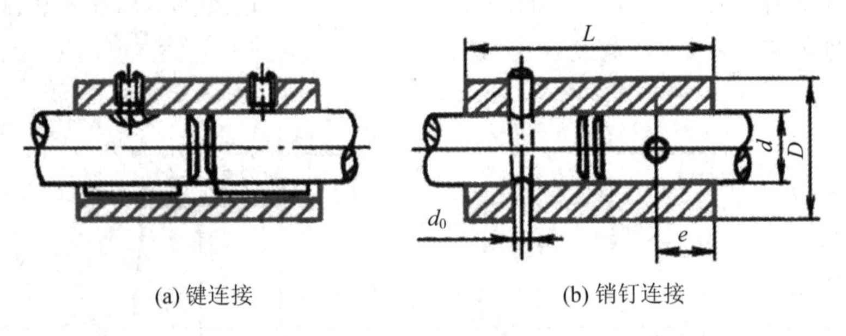

图 3-17　套筒联轴器

2) 凸缘式联轴器

凸缘式联轴器是把两个带有凸缘的半联轴器分别与两轴连接，然后用螺栓把两个半联轴器连成一体，以传递动力和扭矩，见图 3-18。凸缘式联轴器可作成带防护边的(见图 3-18(a))或不带防护边的(见图 3-18(b))。凸缘式联轴器有两种对中方法：一种是用一个半联轴器上的凸肩与另一个半联轴器上的凹槽相配合而对中(见图 3-18(a))；另一种是共同与另一部分环相配合而对中

(见图 3-18(b))。前者在装拆时轴必须做轴向移动，后者则无此缺点。连接螺栓可以采用半精制的普通螺栓，此时螺栓杆与钉孔壁间存有间隙，扭矩靠半联轴器结合面间的摩擦力来传递(见图 3-18(b))；也可采用铰制孔用螺栓，此时螺栓杆与钉孔为过渡配合，靠螺栓杆承受挤压与剪切来传递扭矩(图 3-18(a))。

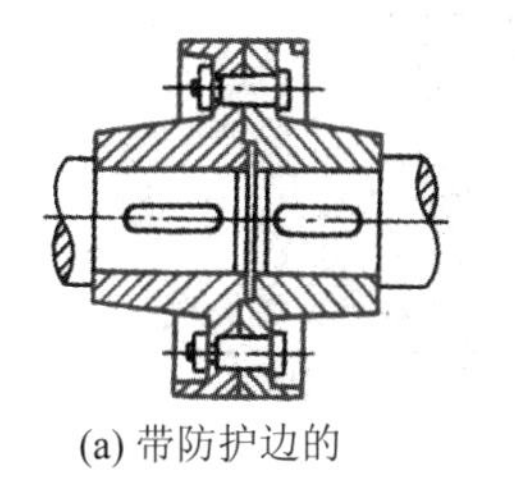

(a) 带防护边的

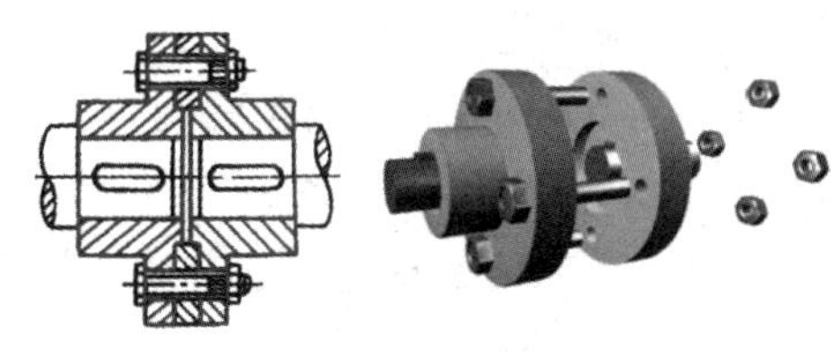

(b) 不带防护边的

图 3-18　凸缘式联轴器

凸缘式联轴器的材料可用 HT250 或碳钢，重载时或圆周速度大于 30 m/s 时应用铸钢或锻钢。

凸缘式联轴器对于所连接的两轴的对中性要求很高，当两轴间有位移与倾斜存在时，就在机件内引起附加载荷，使工作情况恶化，这是它的主要缺点。因其构造简单、成本低以及可传递较大扭矩，故当转速低、无冲击、轴的刚性大以及对中性较好时亦常采用。

3) 十字滑块联轴器

如图 3-19 所示，十字滑块联轴器由两个端面上开有凹槽的半联轴器和一个两面带有相互垂直凸牙的中间盘所组成。能补偿一定的径向(如图 3-19(b)中的 y)和角位移。在轴有径向位移且转速较高时，滑块会产生很大的离心力和磨损。十字滑块联轴器用于转速较低，轴的刚性较大，无剧烈冲击的场合。

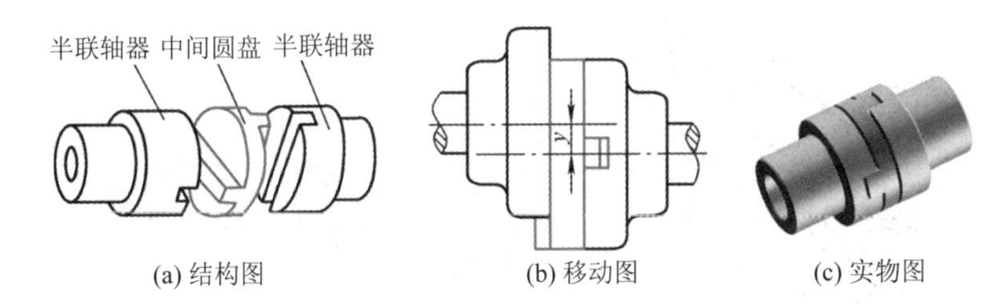

(a) 结构图　(b) 移动图　(c) 实物图

图 3-19　十字滑块联轴器

4) 齿式联轴器

如图 3-20 所示，齿式联轴器是由两个具有外齿环的半内套筒轴和两个具有内齿环的凸缘外壳组成的半联轴器，其通过内、外齿的相互啮合而相联。两凸缘外壳用螺栓联成一体，两齿轮联轴器内、外齿环的轮齿间留有较大的

笔记

齿侧间隙，外齿轮的齿顶做成球面，球面中心位于轴线上，故能补偿两轴的综合位移。齿环上常用压力角为 20° 的渐开线齿廓，齿的形状有直齿和鼓形齿，后者称为鼓形齿联轴器。

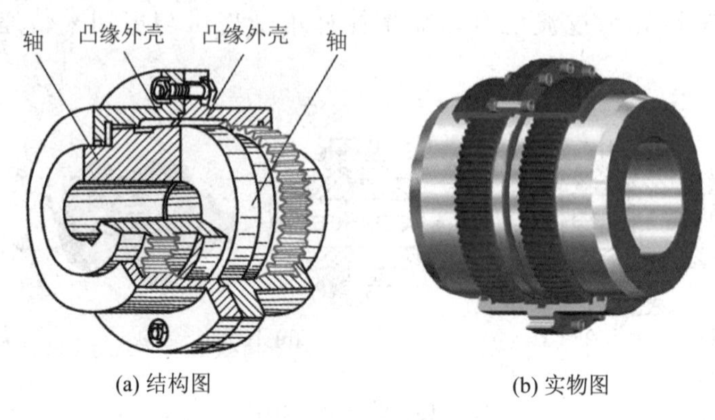

(a) 结构图　　(b) 实物图

图 3-20　齿式联轴器

5) 万向联轴器

如图 3-21 所示，万向联轴器由两个叉形接头，一个中间十字形连接件和销轴所组成，可补偿较大的角位移。“万向”是指两轴偏斜的角度大，可达 45°。当联结的两轴有角位移时，主动轴等角速转动，而从动轴则成变角速转动，会引起附加动载荷。实际中常将两个万向联轴器成对使用，即双万向联轴器。

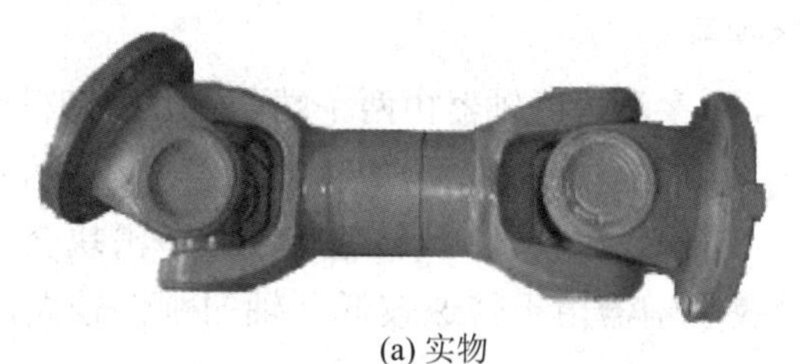

(a) 实物

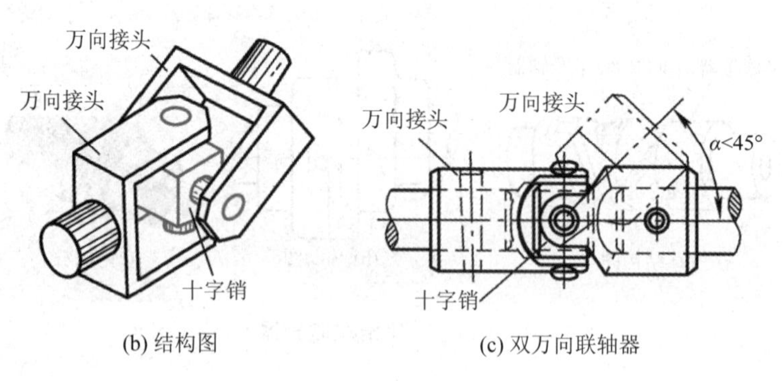

(b) 结构图　　(c) 双万向联轴器

图 3-21　万向联轴器

6) 链条联轴器

如图 3-22 所示，链条联轴器是利用公用的链条，同时与两个齿数相同的并列链轮啮合。常见的链条联轴器有双排滚子链联轴器、齿形链联轴器等。

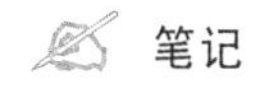

链条联轴器具有结构简单、装拆方便、拆卸时不用移动被连接的两轴、尺寸紧凑、质量轻、有一定补偿能力、对安装精度要求不高、工作可靠、寿命较长、成本较低等优点。

图 3-22　链条联轴器

2. 弹性联轴器

弹性联轴器具体可分为：

1) 弹性套柱销联轴器

如图 3-23 所示，弹性套柱销联轴器与凸缘联轴器外形相似，不同的是其用套有硬橡胶圈的柱销代替螺栓。因为中间有弹性元件，这样它除了能补偿被连接两轴的各种相对位移外，还能起缓冲、吸振等作用。弹性套柱销联轴器常用在高转速，起动频繁，变载荷或经常反向的机器上。

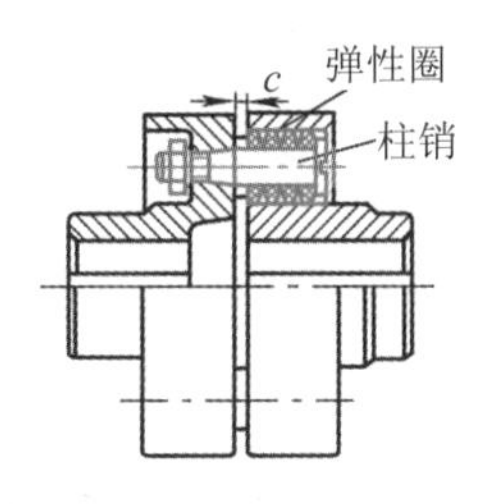

图 3-23　弹性套柱销联轴器

2) 弹性柱销联轴器

如图 3-24 所示，弹性柱销联轴器主要用榆木、白桦木或夹布胶木、尼龙等非金属材料来代替弹性套柱销，其结构简单、制造容易、维护方便、两个半联轴器对称并可互换。弹性柱销联轴器适用于轴向窜动大(允许 $x = 1$～6 mm)，正反转变化多，起动频繁的场合。

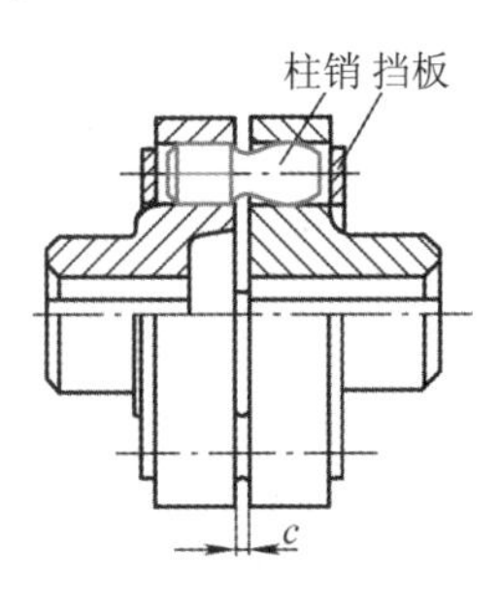

图 3-24　弹性柱销联轴器

笔记

3) 梅花形弹性联轴器

如图 3-25 所示，梅花形弹性联轴器主要由两个带凸齿的半联轴器和弹性元件组成，靠半联轴器和弹性元件的密切啮合并承受径向挤压以传递扭矩。当两轴线有相对偏移时，弹性元件发生相应的弹性变形，起到自动补偿作用。梅花形弹性联轴器主要适用于起动频繁、正反转、中高速、中等扭矩和要求高可靠性的工作场合。

图 3-25　梅花形弹性联轴器

4) 金属弹性元件联轴器

金属弹性元件联轴器具体分类如下：

(1) 蛇形弹簧联轴器。如图 3-26 所示，蛇形弹簧联轴器是一种结构先进的金属弹性联轴器，它靠蛇形弹簧片将两轴连接并传递扭矩。蛇形弹簧联轴器的减振性好，使用寿命长，允许有较大的安装偏差。由于弹簧片与齿弧面是点接触的，所以使得联轴器能获得较大的挠性。它被安装在同时有径向、角向、轴向的偏差情况时还能正常工作。

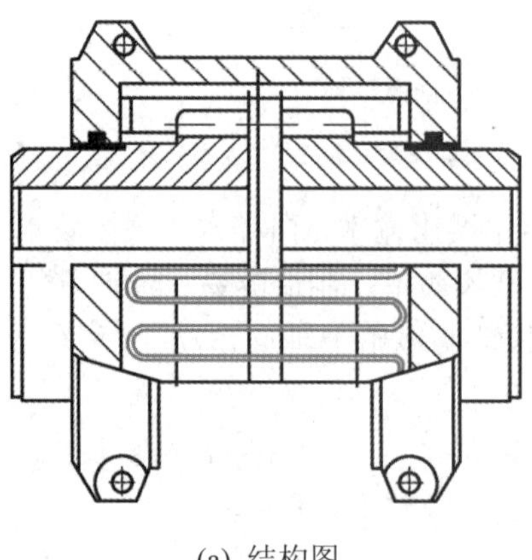

(a) 结构图

(b) 实物图

图 3-26　蛇形弹簧联轴器

(2) 圆形弹簧联轴器。在大扭矩宽调速直流电机及传递扭矩较大的步进电机的传动机构中，与丝杠之间可采用直接连接的方式，这不仅可简化结构、减少噪声，而且对减少间隙、提高传动刚度也大有好处。

图 3-27 所示为挠性联轴器。弹簧片 7 分别用螺钉和球面垫圈与两边的联

笔记

轴套相连，其通过柔性片传递扭矩。柔性片每片厚 0.25 mm，材料为不锈钢。两端的位置偏差由柔性片的变形抵消。

挠性联轴器利用了锥环的胀紧原理，可以较好地实现无键、无隙连接，因此挠性联轴器通常又称为无键锥环联轴器。它是安全联轴器的一种，锥环形状如图 3-28 所示。

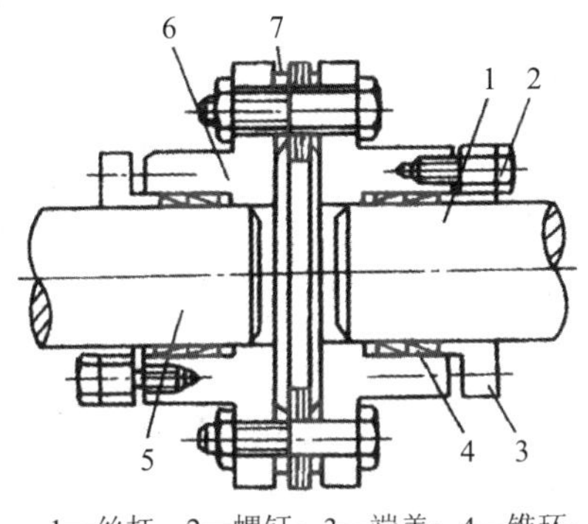

1—丝杠；2—螺钉；3—端盖；4—锥环；
5—电动机轴；6—联轴器；7—弹簧片

(a) 锥环联轴器的结构图

(b) 锥环联轴器的实物图

图 3-27　弹性(无键锥环)联轴器

(a) 外锥环

(b) 内锥环

(c) 成对锥环

图 3-28　锥环形状

三、离合器

离合器与联轴器一样，连接两轴，使其一起转动并传递转矩。在机器的运转过程中，联轴器可以随时进行接合或分离，也可用于过载保护等。其区别在于，联轴器只有在机器停止运转后将其拆卸，才能使两轴分离；离合器则可以在机器的运转过程中进行分离或接合。

1. 啮合式离合器

如图 3-29 所示，它主要由端面带牙的两个半离合器组成，其通过啮合的齿来传递转矩。图中半离合器 1 固装在主动轴上，而半离合器 2 利用导向平键安装在从动轴上，沿轴线移动。工作时，啮合式离合器利用操纵杆(图中未画出)带动滑环，使半离合器 2 作轴向移动，从而实现离合器的接合或分离。

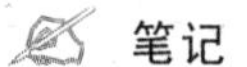

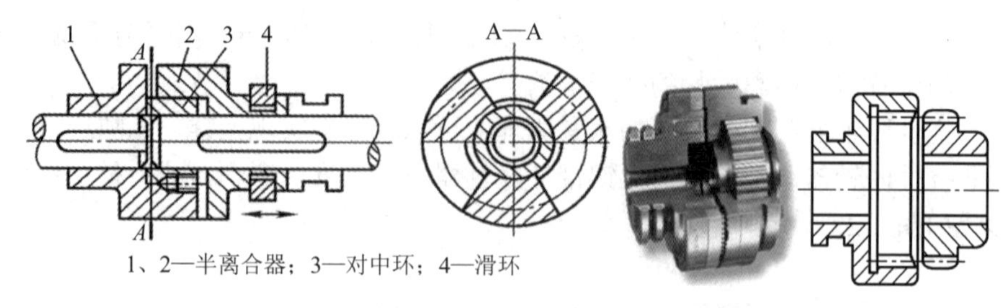

图 3-29　啮合式离合器

2. 摩擦式离合器

摩擦离合器可分为单盘式、多盘式和圆锥式三类，这里只简单介绍前两种。

1) 单盘式摩擦离合器

如图 3-30 所示，单盘式摩擦离合器是由两个半离合器(摩擦盘)组成的。工作时，两离合器相互压紧，靠接触面间产生的摩擦力来传递转矩。

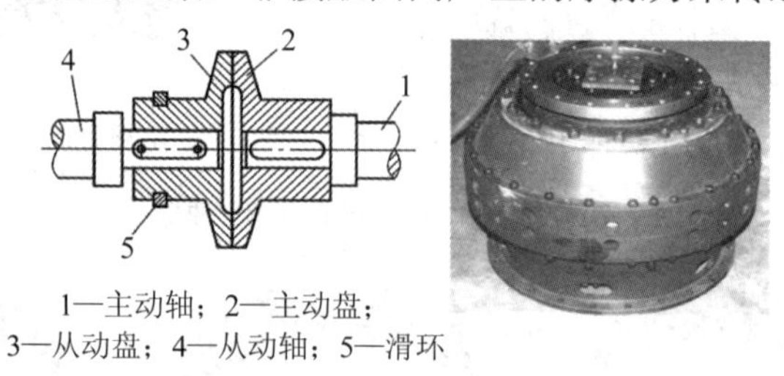

图 3-30　单盘式摩擦离合器

2) 多盘式摩擦离合器

如图 3-31 所示，多盘式摩擦离合器是由外摩擦片、内摩擦片、主动轴套筒和从动轴套筒组成的。多盘式离合器的优点是径向尺寸小而承载能力大，连接平稳，因此其适用的载荷范围大，应用较广。

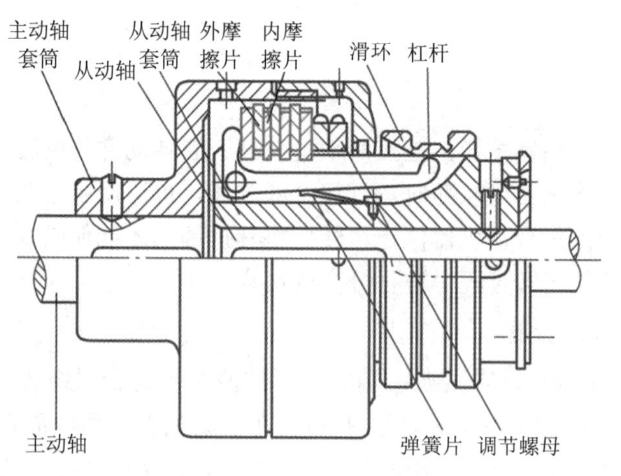

图 3-31 多盘式摩擦离合器

3. 超越式离合器

超越式离合器如图 3-32 所示。

笔记

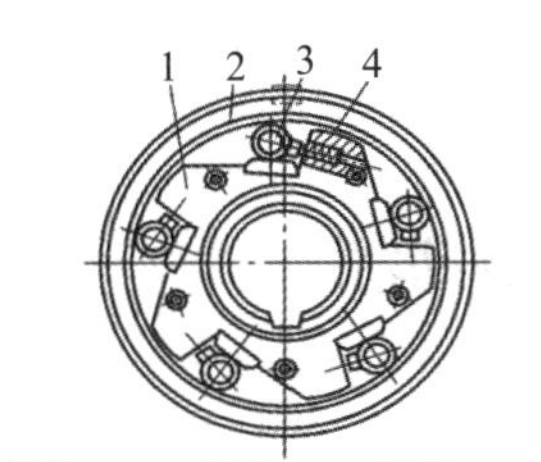

1—星轮；2—外圈；3—滚柱；4—弹簧

图 3-32　超越式离合器

四、工业机器人的制动器

制动器是用来迫使机器迅速停止运转或降低机器运转速度的机械装置。许多机器人的机械臂都需要在各关节处安装制动器，其作用是在机器人停止工作时，保持机械臂的位置不变。在电源发生故障时，保护机械臂和它周围的物体不发生碰撞。假如齿轮链、谐波齿轮机构和滚珠丝杠等元件的质量较高，一般其摩擦力都很小，在驱动器停止工作的时候，它们是不能承受负载的。如果不采用某种外部固定装置(如制动器、夹紧器或止挡装置等)，一旦电源关闭，机器人的各个部件就会在重力的作用下滑落，因此机器人制动装置是十分重要的。

通常制动器是按失效抱闸方式工作的，即要放松制动器就必须接通电源，否则各关节不能产生相对运动。它的主要目的是在电源出现故障时起保护作用，其缺点是在工作期间要不断消耗电能使制动器放松。假如需要的话也可以采用一种省电的方法，其原理是：需要各关节运动时，先接通电源，松开制动器，然后接通另一电源，驱动一个挡销将制动器锁在放松状态。这样所需要的电力仅仅是把挡销放到位所消耗的电能。

为了使关节定位准确，制动器必须有足够的定位精度。制动器应当尽可能地放在系统的驱动输入端，这样利用传动链速比，能够减小制动器的轻微滑动所引起的系统移动，保证在承载条件下仍具有较高的定位精度。在许多实际应用中机器人都采用了制动器。图 3-33 所示为三菱装配机器人(Movemaster EX RV-M1)肩部制动闸安装图。

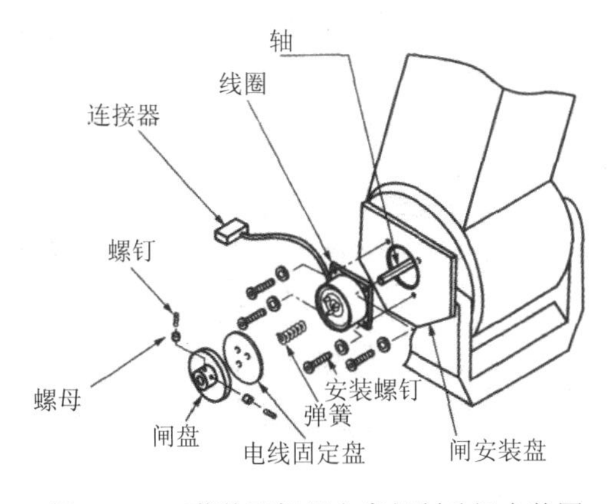

图 3-33　三菱装配机器人肩部制动闸安装图

笔记

多媒体教学

任务扩展

常用制动器

采用视频、动画等多媒体教学。

一、内涨式制动器

图 3-34 所示为内涨式制动器工作简图。两个制动蹄分别通过两个销轴与机架铰接，制动蹄表面装有摩擦片，制动轮与需制动的轴固联。当压力油进入双向作用的泵后，推动左右两个活塞，克服弹簧的作用使制动蹄压紧制动轮，从而使制动轮(或轴)制动。油路卸压后，弹簧的拉力使两制动蹄与制动轮分离而松闸。这种制动器结构紧凑，广泛应用于各种车辆以及结构尺寸受限制的机械中。

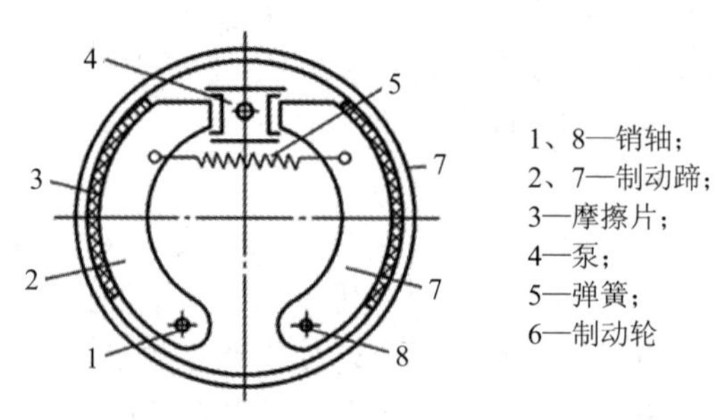

图 3-34　内涨式制动器工作简图

二、外抱块式制动器

外抱块制动器，一般又称为块式制动器。图 3-35 所示为外抱块式制动器示意图。主弹簧通过制动臂使闸瓦块压紧在制动轮上，使制动器经常处于闭合(制动)状态。当松闸器通入电流时，利用电磁作用把顶柱顶起，推杆推动制动臂使闸瓦块与制动器松脱。瓦块的材料可用铸铁，也可在铸铁上覆以皮革或石棉带，瓦块磨损时可调节推杆的长度。上述通电时松闸，断电时制动的过程，称为常闭式。常闭式比较安全，因此在起重运输机械等设备中应用较广。松闸器亦可设计成通电时制动，断电时松闸，该过程称为常开式。

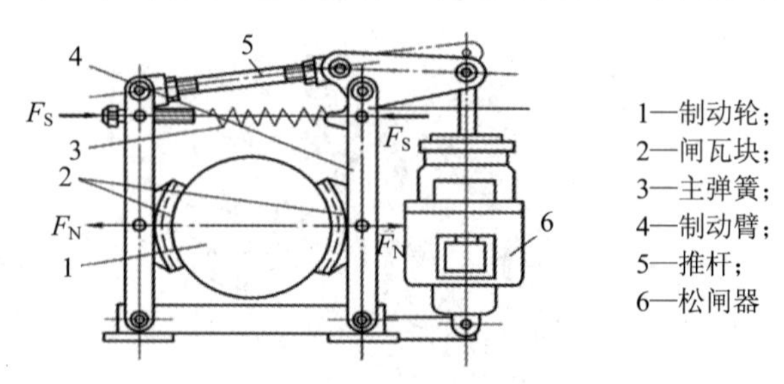

图 3-35　外抱块式制动器

笔记

任务巩固

一、填空题

1. 轴由________、轴头、________、轴肩或轴环组成。

2. 按轴所受载荷，可分为________轴、传动轴和________轴三类。

3. 按轴线的几何形状，可分为________轴、________轴和________轴三类。

4. 离合器则可以在机器的运转过程中进行________或________。

5. 摩擦离合器可分为________、________和圆锥式三类。

6. 多盘式摩擦离合器是由_______ 、内摩擦片和_______套筒、_______套筒组成。

二、判断题

(　　) 1. 联轴器只有在机器停止运转后才能使两轴分离。

(　　) 2. 单盘式摩擦离合器是由两个半离合器(摩擦盘)组成。

三、名词解释

1. 心轴

2. 传动轴

四、简答题

1. 常用的心轴有哪几种？

2. 直轴分为哪几种？各有什么特点？

3. 轴的选择应考虑哪几个方面？

4. 简述联轴器的种类。

五、双创训练题

根据图 3-6 说明工业机器人腕部关节的滚转和弯转工作原理，并说明其必要性。

任务二　工业机器人用轴承

工作任务

轴、轴承、联轴器等都是机械传动中通用的零部件，它们是工业机器人传动的核心部件，其工作的好坏直接影响工业机器人能否正常运转和使用寿命。图 3-36 所示就是工业机器人平行臂所用轴承。

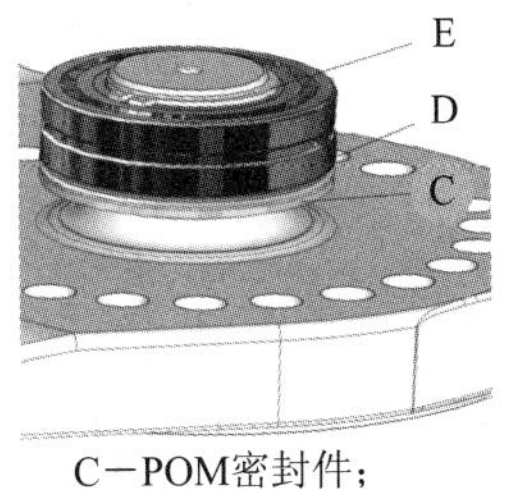

C—POM密封件；
D—轴承；E—扣环

图 3-36　工业机器人平行臂所用轴承

笔记

任务目标

知 识 目 标	能 力 目 标
1. 了解轴承的作用与结构 2. 掌握工业机器人常用轴承	1. 能对滚动轴承进行分类 2. 能根据需要选择滚动轴承 3. 能对滚动轴承进行固定、调整、预紧及润滑和密封

任务准备

★ 实物教学

一、轴承的作用

轴承是用于减少轴与轴座之间摩擦损失的一种精密机械元件，如图 3-37 所示。按摩擦性质不同，轴承可分为滚动轴承与滑动轴承。

滚动轴承具有摩擦力矩小，易起动，载荷、转速及工作温度的适用范围较广，轴向尺寸小，润滑、维修方便等优点，在机械中应用非常广泛。本任务主要以滚动轴承为例进行介绍。

(a) 滚动轴承

滚动轴承

(b) 滑动轴承

滑动轴承

图 3-37　轴承

二、滚动轴承的结构

如图 3-38 所示，滚动轴承一般由内圈、外圈、滚动体及保持架四部分组成。通常，内圈用过盈配合与轴颈装配在一起，外圈则以较小的间隙配合装在轴承座孔内。内、外圈的一侧均有滚道，工作时，内、外圈做相对转动，滚动体可在滚道内滚动。为防止滚动体相互接触而增加摩擦，常用保持架将滚动体均匀地分开。滚动体的形状有球形、圆柱形、圆锥形、鼓形、针形等，如图 3-39 所示。

滚动轴承的结构

笔记

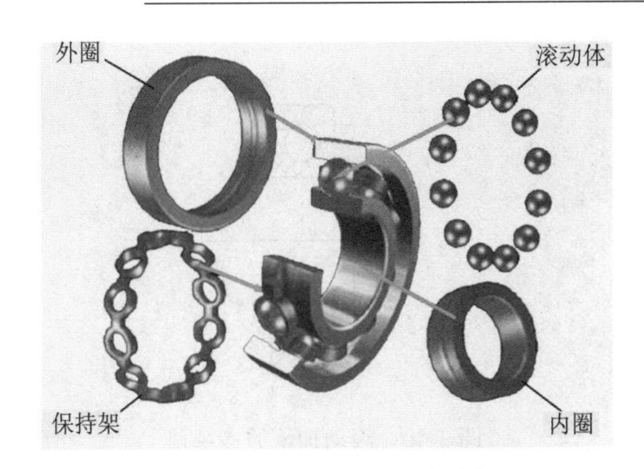

图 3-38　滚动轴承的基本结构

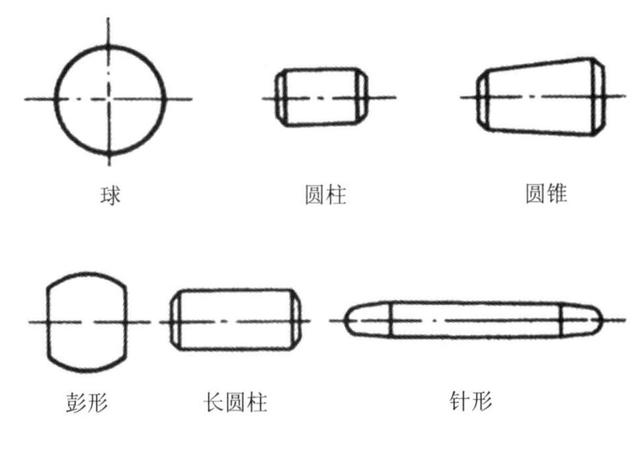

图 3-39　滚动体的形状

三、滚动轴承的分类

采用视频、动画等多媒体教学。

多媒体教学

1. 分类方式

轴承的分类方式较多，下面详细说明。

(1) 按滚动体的形状，轴承可分为球轴承和滚子轴承两种类型。球轴承的滚动体和套圈滚道为点接触，其负荷能力低、耐冲击性差，但摩擦阻力小，极限转速高，价格低廉。滚子轴承的滚动体与套圈滚道为线接触，其负荷能力高、耐冲击，但摩擦阻力大，价格也比较高。

(2) 按滚动体的列数，轴承可分为单列、双列及多列轴承。

(3) 按工作时能否自动调心，轴承可分为刚性轴承和调心轴承。

(4) 按接触角分类。接触角是滚动轴承的一个重要参数。如图 3-40 所示，接触角越大，承受轴向载荷的能力也越大。按接触角分，公称接触角 $\alpha=0$ 的称为径向接触向心轴承(如深沟球轴承、圆柱滚子轴承)；公称接触角 $0<\alpha\leqslant45°$ 的称为角接触向心轴承(如角接触球轴承、圆锥滚子轴承)；公称接触角 $45°<\alpha<90°$ 的称为推力轴承；公称接触角 $\alpha=90°$ 的称为轴向推力轴承。

笔记

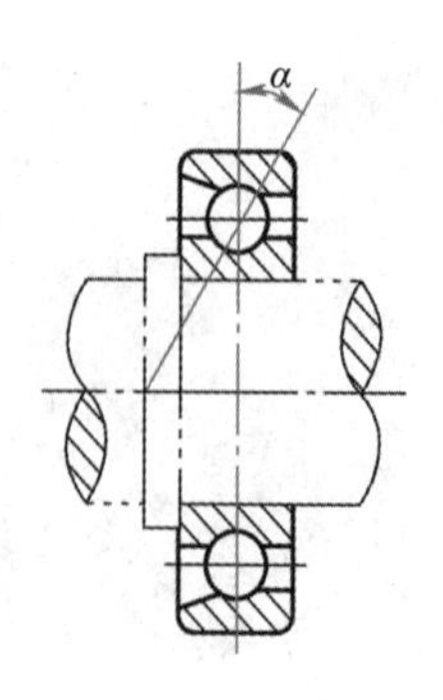

图 3-40　滚动轴承的接触角

2. 滚动轴承的基本代号

滚动轴承已完全标准化，由专业化工厂生产，规定了滚动轴承代号。滚动轴承代号由基本代号、前置代号和后置代号组成，用字母和数字等表示，滚动轴承代号的构成见表 3-1。

表 3-1　滚动轴承代号的构成

<table>
<tr><td>前置代号</td><td colspan="5">基本代号</td><td colspan="8">后置代号</td></tr>
<tr><td rowspan="3">轴承分部件代号</td><td>五</td><td>四</td><td>三</td><td>二</td><td>一</td><td rowspan="3">内部结构代号</td><td rowspan="3">密封与防尘结构代号</td><td rowspan="3">保持架及其材料代号</td><td rowspan="3">特殊轴承材料代号</td><td rowspan="3">公差等级代号</td><td rowspan="3">游隙代号</td><td rowspan="3">多轴承配置代号</td><td rowspan="3">其他代号</td></tr>
<tr><td rowspan="2">类型代号</td><td colspan="2">尺寸系列代号</td><td colspan="2" rowspan="2">内径代号</td></tr>
<tr><td>宽度系列代号</td><td>直径系列代号</td></tr>
</table>

1) 轴承类型代号

轴承类型代号用阿拉伯数字或大写拉丁字母表示，见表 3-2。表 3-3 为常用滚动轴承的类型、结构代号及特点。

表 3-2　轴承类型代号(摘自 GB/T 272—2017)

代号	0	1	2	3	4	5	6	7	8	N	U	QJ
轴承类型	双列角接触球轴承	调心球轴承	调心滚子轴承和推力调心滚子轴承	圆锥滚子轴承	双列深沟球轴承	推力球轴承	深沟球轴承	角接触球轴承	推力圆柱滚子轴承	圆柱滚子轴承	外球面球轴承	四点接触球轴承

笔记

表 3-3 常用滚动轴承的类型、结构代号及特点

类型代号	简图	类型名称	结构代号	基本额定动载荷	极限转速比	轴向承载能力	轴向限位能力	性能和特点
1		调心球轴承	10000	0.6～0.9	中	少量	I	因为外圈滚道表面是以轴承中点为中心的球面，故能自动调心，允许内圈(轴)对外圈(外壳)的轴线偏斜量≤2°～3°。一般不宜承受纯轴向载荷
2		调心滚子轴承	20000	1.8～4	低	少量	I	性能、特点与调心球轴承相同，但具有较大的径向承载能力，允许内圈对外圈轴线偏斜量≤1.5°～2.5°
3		圆锥滚子轴承 α=10°～18°	30000	1.5～2.5	中	较大	II	可以同时承受径向载荷及轴向载荷(30000 型以径向载荷为主，30000B 型以轴向载荷为主)，外圈可分离，安装时可调整轴承的游隙。一般成对使用
		大锥角圆锥滚子轴承 α=27°～30°	30000B	1.1～2.1	中	很大		
5		推力球轴承	51000	1	低	只能承受单向的轴向载荷	II	为了防止钢球与滚道之间的滑动，工作时必须加有一定的轴向载荷。高速时离心力大，钢球与保持架磨损，发热严重，寿命降低，故极限转速很低。轴线必须与轴承座底面垂直，载荷必须与轴线重合，以保证钢球载荷的均匀分配
		双向推力球轴承	52000	1	低	能承受双向的轴向载荷	I	

笔记

续表

类型代号	简图	类型名称	结构代号	基本额定动载荷	极限转速比	轴向承载能力	轴向限位能力	性能和特点
6		深沟球轴承	60000	1	高	少量	I	主要承受径向载荷，也可同时承受小的轴向载荷。当量摩擦因数最小。在高转速时，可用来承受纯轴向载荷。工作中允许内、外圈轴线偏斜量≤8′～16′，大量生产，价格最低
7		角接触球轴承	70000C	1.0～1.4	高	一般	II	可以同时承受径向载荷及轴向载荷，也可单独承受轴向载荷。能在较高转速下正常工作。由于一个轴承只能承受单向的轴向力，因此一般成对使用。承受轴向载荷的能力由接触角 α 决定。接触角大的，承受轴向载荷的能力也高
			70000AC	1.0～1.3		较大		
			70000B	1.0～1.2		更大		
N		外圈无挡边的圆柱滚子轴承	N0000	1.5～3	高	无	III	外圈(或内圈)可以分离，故不能承受轴向载荷，滚子由内圈(或外圈)的挡边轴向定位，工作时允许内、外圈有少量的轴向错动。有较大的径向承载能力，但内外圈轴线的允许偏斜量很小(2′～4′)。这一类轴承还可以不带外圈或内圈
NU		圆柱滚子轴承	NU0000					

2) 滚动轴承的尺寸系列代号

滚动轴承的尺寸系列代号由轴承的宽(高)度系列代号和直径系列代号组合而成。

(1) 宽(高)度系列代号。对于同一内、外径的轴承，根据不同的工作条件可做成不同的宽(高)度，这称为宽(高)度系列(对于向心轴承表示宽度系列，对于推力轴承表示高度系列)，用基本代号右起第四位数字表示，其代号见表 3-4。

笔记

表 3-4　轴承的宽(高)系列代号

向心轴承	宽度系列	特窄	窄	正常	宽	特宽	推力轴承	高度系列	特低	低	正常
	代号	8	0	1	2	3,4,5,6		代号	7	9	1,2

当宽度系列的代号为 0 时，在轴承代号中通常省略，但在调心轴承和圆锥滚子轴承代号中不可省略。

(2) 直径系列代号。对于同一内径的轴承，由于工作所需承受负荷大小不同，寿命长短不同，必须采用大小不同的滚动体，因而使轴承的外径和宽度随着改变，这种内径相同而外径不同的变化称为直径系列，用基本代号右起第三位数字表示，其代号见表 3-5。组合排列时，宽(高)度系列在前，直径系列在后，详见表 3-6。

表 3-5　轴承的直径系列代号

项　目	向心轴承						推力轴承				
直径系列	超轻	超特轻	特轻	轻	中	重	超轻	特轻	轻	中	重
原代号	8，9	7	1，7	2(5)	3(6)	4	9	1	2	3	4
新代号	8，9	7	0，1	2	3	4	0	1	2	3	4

表 3-6　滚动轴承尺寸系列代号

直径系列		向心轴承								推力轴承			
		宽度系列代号								高度系列代号			
		8	0	1	2	3	4	5	6	7	9	1	2
		宽度尺寸依次递增→								高度尺寸依次递增→			
		尺寸系列代号											
外径尺寸依次递增↓	7	—	—	17	—	37	—	—	—	—	—	—	—
	8	—	08	18	28	38	48	58	68	—	—	—	—
	9	—	09	19	29	39	49	59	69	—	—	—	—
	0	—	00	10	20	30	40	50	60	70	90	10	—
	1	—	01	11	21	31	41	51	61	71	91	11	—
	2	82	02	12	22	32	42	52	62	72	92	12	22
	3	83	03	13	23	33	—	—	—	73	93	13	23
	4	—	04	—	24	—	—	—	—	74	94	14	24
	5	—	—	—	—	—	—	—	—	—	95	—	—

注：此表中“—”表示不存在此种组合。

(3) 内径代号。内径代号表示轴承内径尺寸的大小，用基本代号右起第一、第二位数字表示。滚动轴承常用内径尺寸代号见表 3-7。

笔记

表 3-7　滚动轴承常用内径尺寸代号

轴承公称内径/mm		内径代号	示　例
10～17	10	00	深沟球轴承 6200 d =10 mm
	12	01	
	15	02	
	17	03	
20～480(22，28，32 除外)		公称内径除以 5 的商数，商数为个位数，需在商数左边加“0”，如 08	调心滚子轴承 23208 d = 40 mm
大于和等于 500 以上及 22，28，32		用公称内径毫米数直接表示，但在与尺寸系列之间用“/”分开。	调心滚子轴承 230/500 d = 500 mm 深沟球轴承 62/22 d = 22 mm

注：此表代号不表示滚针轴承的代号。

滚动轴承基本代号一般由五个数字或字母加四个数字组成，其示例如图 3-41 所示。当宽度系列为“0”时，代号可省略。

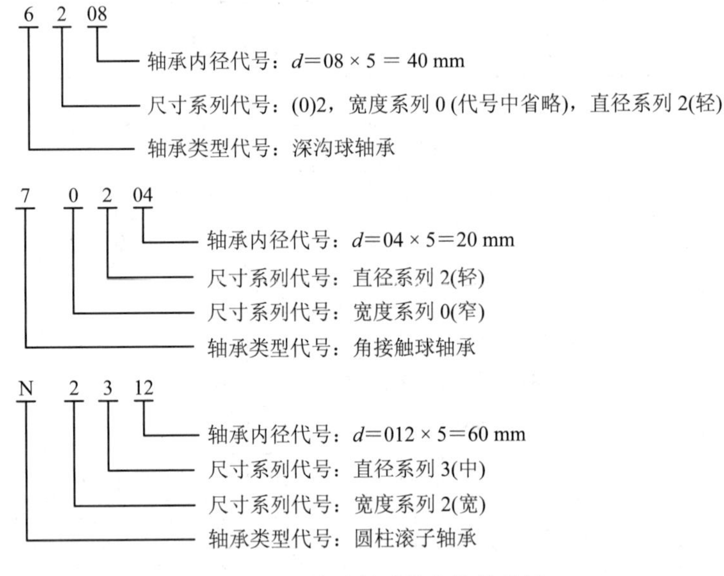

图 3-41　滚动轴承基本代号示例

3. 前后置代号

1) 前置代号

前置代号表示成套轴承分部件，用字母表示。例如，L 表示可分离轴承的可分离内圈或外圈，K 表示滚子和保持架组件等。

2) 后置代号

后置代号是轴承在结构形状、尺寸公差、技术要求等方面有改变时，在

笔记

基本代号右侧添加的补充代号。后置代号一般用字母(或加数字)表示，与基本代号相距半个汉字距。后置代号共分八组，例如，第一组是内部结构，表示内部结构变化情况。现以角接触球轴承的接触角变化为例，说明其标注含义：

(1) 角接触球轴承，公称接触角 $\alpha=40^\circ$，代号标注：7210B。

(2) 角接触球轴承，公称接触角 $\alpha=25^\circ$，代号标注：7210AC。

(3) 角接触球轴承，公称接触角 $\alpha=15^\circ$，代号标注：7005C。

3) 前后置代号示例

GS　8　11　07

上例中，GS 为前置代号：推力圆柱滚子轴承座圈；8 为轴承类型代号：推力圆柱滚子轴承；11 为尺寸系列代号：宽度系列代号为 1，直径系列代号为 1；07 为内径代号：$d=35$ mm。

2　10　NR

上例中，2 为尺寸系列代号(02)：宽度系列代号 0 省略，直径系列代号为 2；10 为内径代号；$d=50$ mm；NR 为后置代号：轴承外圈上有止动槽，并带止动环。

想一想：查阅相关标准，能确定学习任务中轴承的哪几个代号。

四、工业机器人常用轴承

如图 3-42 所示，工业机器人的轴承是其关键配套件之一，其用途广泛，最适用于工业机器人的关节部位或者旋转部位、机械加工中心的旋转工作台、机械手旋转部、精密旋转工作台、医疗仪器、计量器具、IC 制造装置等。

图 3-42　工业机器人用轴承

工业机器人轴承特点是：可承受轴向、径向、倾覆等方向综合载荷；薄壁；高回转定位精度。任何满足此种设计需求的轴承都可用于工业机器人手臂、回转关节、底盘等部位。

截面薄壁轴承和交叉圆柱滚子轴承是工业机器人中应用较多的两类轴承。此外，机器人中常用的还有谐波减速器轴承、直线轴承、关节轴承等。

1. 交叉滚子轴承

交叉滚子轴承是圆柱滚子或圆锥滚子在呈 90° 的 V 形沟槽滚动面上通过隔离块被相互垂直地排列的轴承，所以交叉滚子轴承可承受径向负荷、轴向负荷及力矩负荷等多方向的负荷。内外圈的尺寸被小型化，极薄形式更是接近于极限的小型尺寸，并且其具有高刚性，精度可达到 P5、P4、P2 级。因此交叉滚子轴承适合于工业机器人的关节部和旋转部、机械加工中心的旋转台，精密旋转工作台、医疗机器、计算器、军工、IC 制造装置等设备。

笔记

1) 交叉滚子轴承的特点

(1) 旋转精度高。交叉滚子轴承内部结构采用滚子呈 90° 相互垂直交叉排列，滚子之间装有间隔保持器或者隔离块，可以防止滚子在倾斜时滚子之间相互磨擦，有效防止了旋转扭矩的增加。另外，不会发生滚子的一方接触现象或者锁死现象；同时因为内外环是分割的结构，间隙可以调整，即使被施加预压，也能获得高精度的旋转运动。

(2) 安装操作简单。被分割成两部分的外环或者内环在装入滚子和保持器后，被固定在一起，所以安装时的操作非常简单。

(3) 可承受较大的轴向和径向负荷。因为滚子在呈 90° 的 V 型沟槽滚动面上通过间隔保持器被相互垂直排列，这种设计使交叉滚子轴承可以承受较大的径向负荷、轴向负荷及力矩负荷等所有方向的负荷。

(4) 大幅节省安装空间。交叉滚子轴承的内外环尺寸被最小限度地小型化，特别是超薄结构是接近极限的小型尺寸，并且其具有高刚性，所以最适合于工业机器人的关节部位或者旋转部位、机械加工中心的旋转工作台、机械手旋转部、精密旋转工作台、医疗仪器、计量器具、IC 制造装置等。

2) 交叉滚子轴承类型

(1) 交叉滚子轴承 RB 型。如图 3-43 所示，交叉滚子轴承 RB 型分为外环分割型、内环旋转用，此系列型号为交叉圆柱滚子轴承的基本型，内、外环尺寸被最小限度地小型化，其构造为外环是分割型，内环是一体设计，其适合于要求内环旋转精度高的部位。

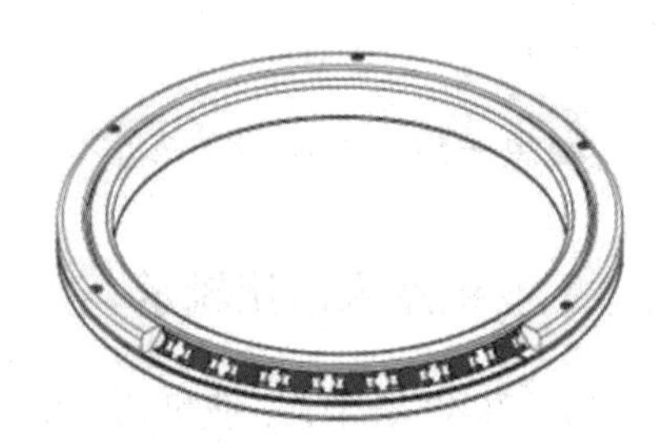

图 3-43　交叉滚子轴承 RB 型

(2) RE 型(内环分割型、外环旋转用)。如图 3-44 所示，此系列型号是由 RB 型的设计理念产生的新型式，其主要尺寸与 RB 型相同，其构造为内环是分割型，外环是一体设计，适合于要求外环旋转精度高的部位。

(3) RU 型(内、外环一体型)。如图 3-45 所示，此系列型号由于已进行了安装孔的加工，就不需要固定法兰和支撑座。另外，由于采用带座的一体化内外环结构，安装对性能几乎没有影响，因此能够获得稳定的旋转精度和扭矩，能用于外环和内环旋转。

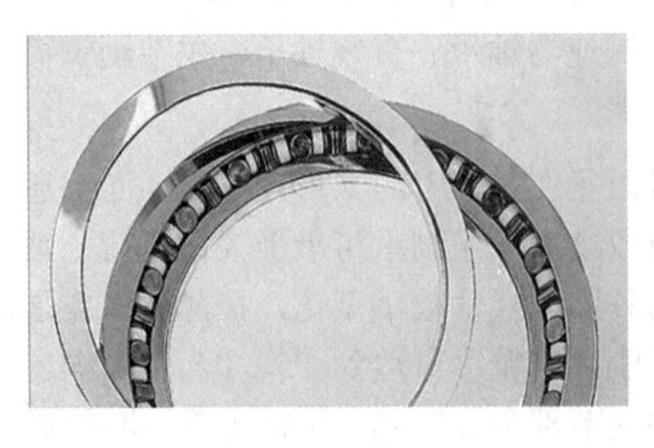

图 3-44　RE 型

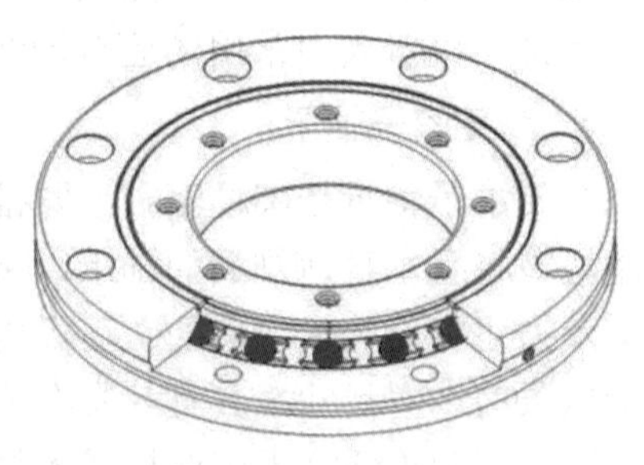

图 3-45　RU 型

笔记

(4) CRB型(外环分割型、内环旋转用)。如图3-46所示，其构造为外环是分割型，内环是一体设计，不带保持架满装滚子轴承。CRB型适合于要求内环旋转精度高的部位。CRB型可细分为CRBC型和CRBH型。

① CRBC型(外环分割型、内环旋转用)：其构造为外环是分割型，内环是一体设计，带保持架满装滚子轴承。CRBC型适合于要求内环旋转精度高的部位。

② CRBH型(内、外环一体型)：该系列型号内、外环都是一体结构，用于外环和内环旋转。

(5) RA型(外环分割型、内环旋转用)。如图3-47所示，此系列型号是将RB型内、外环厚度减小到极限的紧凑型，适合于需要重量轻、紧凑设计的部位，例如工业机器人和机械手旋转部位。常用的是RA-C型(单一裂缝型)，其主要尺寸与RA型相同。由于该型号为外圈一个缺口结构，外圈也具有高刚性，因此该型号也可用于外圈旋转。

图3-46　CRB型

图3-47　RA型

(6) XR/JXR型(交叉圆锥滚子轴承)。如图3-48所示，该类轴承具有两组滚道和滚子，相互呈直角组合，滚子交错相对。轴承的横截面高度与单列轴承相似，因此节省了空间和轴承座材料，大锥角和锥形几何设计使轴承总体有效跨距是轴承自身宽度的几倍。交叉圆锥滚子轴承能承受高倾覆力矩，适用于机床，包括立式镗床和磨床工作台、机床精密圆分度工作台、大型滚齿机、转塔、工业机器人等。

(a) XR型

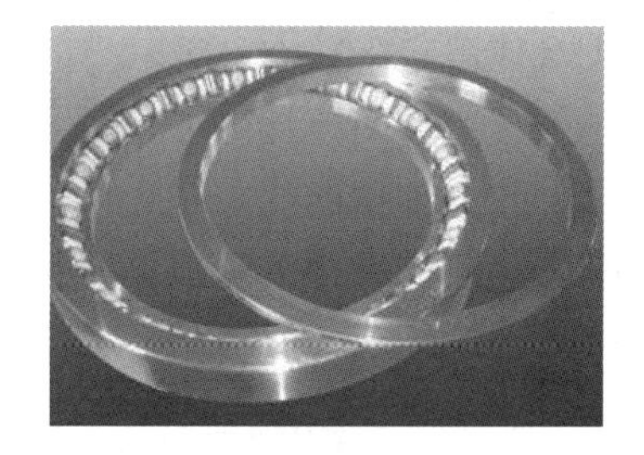

(b) JXR型

图3-48　交叉圆锥滚子轴承

2. 薄壁等截面轴承

薄壁等截面轴承又叫薄壁套圈轴承，它精度高、非常安静，以及承载能力很强。薄壁套圈轴承可以是深沟球轴承、四点接触轴承、角接触球轴承，薄壁等截面轴承横截面大多为正方形。在这些系列中，即使是更大的轴直径

笔记

和轴承孔，横截面也能保持不变。这些轴承因此称为等截面。正是因为这个特性才将标准 ISO 系列中的薄壁套圈轴承与传统的轴承区别开来。因此，可以选择更大的横截面并使用承载能力更强的轴承，而不必改变轴直径。薄壁套圈轴承可以设计成极度轻且需要很小空间的轴承。

等截面薄壁轴承由七个开式系列、五个密封系列组成。开式系列有三种类型，即径向接触 C 型、角接触型 A 型和四点接触 X 型，如图 3-49 所示。薄壁型轴承实现了极薄型的轴承断面，也实现了产品的小型化、轻量化。产品的多样性扩展了其用途范围。

图 3-49　等截面薄壁轴承

为了得到轴承的低摩擦扭矩、高刚性、良好的回转精度，使用了小外径的钢球。中空轴的使用确保了轻量化和配线的空间。薄壁型 6700、6800 系列有各种防尘盖形式、带法兰形式、不锈钢形式、宽幅形式等。

薄壁等截面轴承主要应用于步进电机、医疗器械、办公器械、检测仪器、减速/变速装置、工业机器人、光学/影像器械、旋转编码器。

3. 球轴承

球轴承是机器人和机械手结构中最常用的轴承。它能承受径向和轴向载荷，摩擦较小，对轴和轴承座的刚度不敏感。图 3-50(a)所示为普通深沟球轴承，图 3-50(b)所示为角接触球轴承。这两种轴承的每个球和滚道之间只有两点接触(一点与内滚道接触，另一点与外滚道接触)。为了预载，此种轴承必须成对使用。图 3-50(c)所示为四点接触球轴承。该轴承的滚道是尖拱式半圆，球与每个滚道两点接触，该轴承通过两内滚道之间适当的过盈量实现预紧。因此，此类轴承的优点是无间隙、能承受双向轴向载荷、尺寸小、承载能力和刚度比同样大小的一般球轴承高 1.5 倍；其缺点是价格较高。

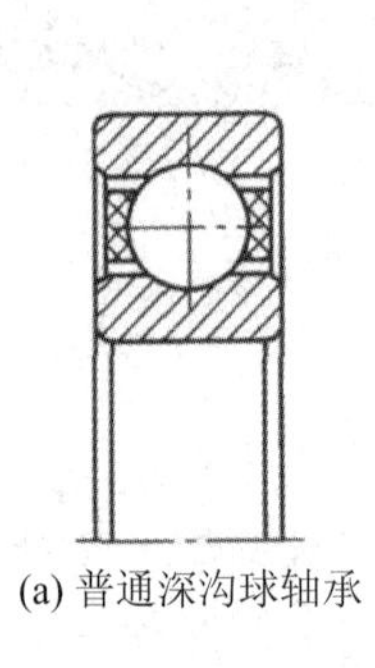

(a) 普通深沟球轴承

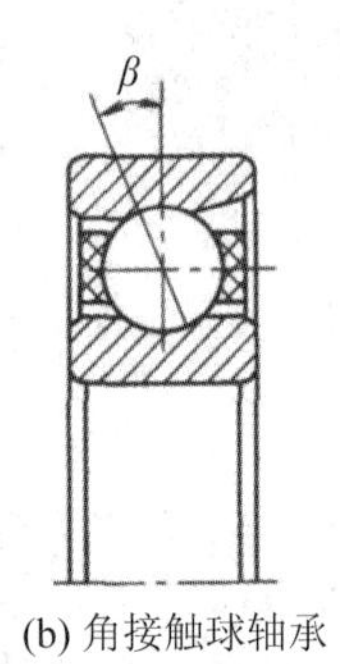

(b) 角接触球轴承

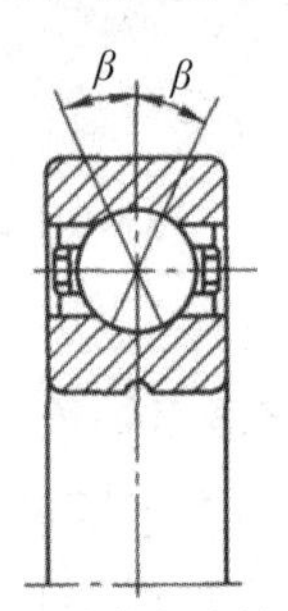

(c) 四点接触球轴承

图 3-50　基本耐磨球轴承

笔记

采用四点接触式设计以及高精度加工工艺的机器人专用轴承已经问世，这种轴承比同等轴径的常规中系列四点接触球轴承轻很多。机器人专用轴承的结构尺寸和重量如图 3-51 所示，其适合于 ϕ 为 76.2～355.6 mm 的轴径，轴承重量 G 为 0.07～2.79 kg。

减轻轴承重量的另一种方法是采用特殊材料。目前，正在研究采用氮化硅陶瓷材料制成球和滚道。陶瓷球的弹性模量比钢球约高 50%，但重量比钢球轻很多。

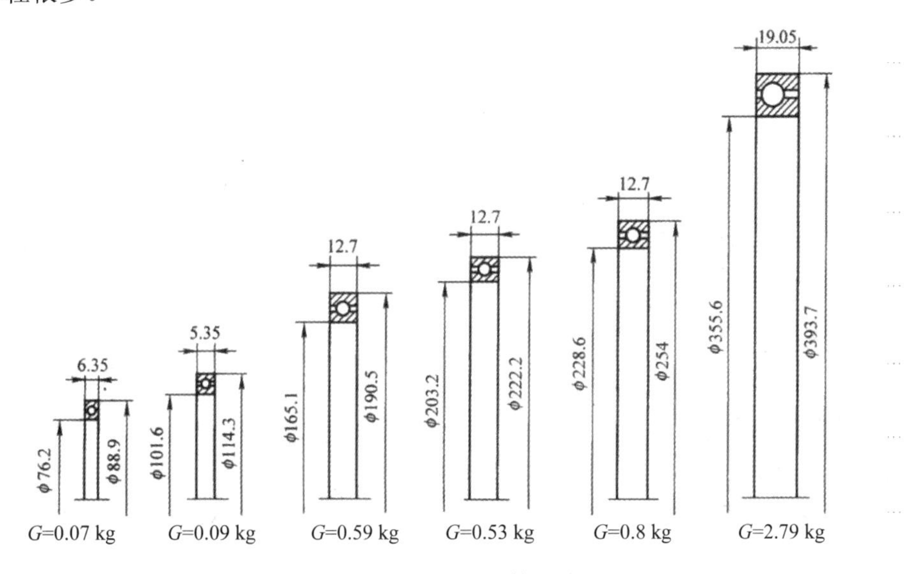

图 3-51　机器人专用轴承的结构尺寸和重量

4. 直接驱动方式

直接驱动方式是驱动器的输出轴和机器人手臂的关节轴直接相连的方式。直接驱动方式的驱动器和关节之间的机械系统较少，因而能够减少摩擦等非线性因素的影响，控制性能比较好。然而，为了直接驱动手臂的关节，驱动器的输出转矩必须很大。此外，由于不能忽略动力学对手臂运动的影响，因此控制系统还必须考虑到手臂的动力学问题。

高输出转矩的驱动器有油缸式液压装置，另外还有力矩电动机(如直驱马达)等，其中液压装置在结构和摩擦等方面的非线性因素很强，所以很难体现出直接驱动的优点。因此，在 20 世纪 80 年代所开发的力矩电动机，采用了非线性的轴承机械系统，得到了优良的逆向驱动能力(以关节一侧带动驱动器的输出轴)。图 3-52 所示为使用力矩电动机的直接驱动方式的关节机构实例。

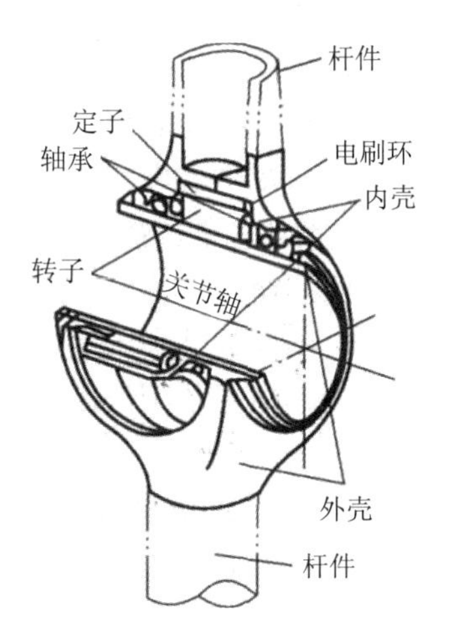

图 3-52　关节直接驱动方式

笔记

使用这样的直接驱动方式的机器人，通常称为 DD 机器人(Direct Drive Robot，DDR)。DD 机器人驱动电动机通过机械接口直接与关节连接，驱动电动机和关节之间没有速度和转矩的转换。

美国、日本等工业发达国家已经开发出性能优异的 DD 机器人。例如，美国 Adept 公司研制出了带有视觉功能的四自由度平面关节型 DD 机器人；日本大日机工公司成功研制了五自由度关节型 DD-600V 机器人。DD-600V 机器人的性能指标为：最大工作范围为 1.2 m，可搬重量为 5 kg，最大运动速度为 8.2 m/s，重复定位精度为 0.05 mm。

DD 机器人的优点还包括：机械传动精度高；振动小，结构刚度好；机械传动损耗小；结构紧凑，可靠性高；电动机峰值转矩大，电气时间常数小，短时间内可以产生很大转矩，响应速度快，调速范围宽；控制性能较好。DD 机器人目前主要存在的问题有：载荷变化、耦合转矩及非线性转矩对驱动和控制影响显著，使控制系统设计困难和复杂；对位置、速度的传感元件提出了相当高的要求；需开发小型实用的 DD 电动机；电动机成本高。

看一看：你们学校的机器人采用的是哪几种轴承？

任务实施

现场教学

把学生带到设备旁边进行现场教学，以提高学生的双创能力，但要注意安全。

一、滚动轴承的类型选择

1. 选择轴承类型应考虑的因素

选择轴承类型应考虑的因素如下：

(1) 轴承工作载荷的大小、方向和性质。

(2) 轴承转速的高低。

(3) 轴颈和安装空间允许的尺寸范围。

(4) 对轴承提出的特殊要求。

2. 滚动轴承选择的一般原则

滚动轴承选择的一般原则如下：

(1) 与同尺寸和同精度的滚子轴承相比，球轴承的极限转速和旋转精度较高，更适用于高速或旋转精度要求较高的场合。

(2) 滚子轴承比同尺寸的球轴承的承载能力大，承受冲击载荷的能力也较高，因此适用于重载及有一定冲击载荷的地方。

(3) 非调心的滚子轴承对于轴的挠曲敏感，因此这类轴承适用于刚性较大的轴和能保证严格对中的地方。

(4) 各类轴承内、外圈轴线相对偏转角不能超过许用值，否则会使轴承寿命降低，故在刚度较差或多支点轴上，应选用调心轴承。

(5) 推力轴承的极限转速较低，因此在轴向载荷较大和转速较高的装置中，应采用角接触球轴承。

(6) 当轴承同时受较大的径向和轴向载荷且需要对轴向位置进行调整时，宜采用圆锥滚子轴承。

(7) 当轴承的轴向载荷比径向载荷大很多时，采用向心和推力两种不同类型轴承的组合来分别承担轴向和径向载荷，其效果和经济性都比较好。

(8) 考虑经济性，球轴承比滚子轴承价格便宜。同类轴承中，公差等级越高，价格越贵。

3. 轴承的载荷

轻载和中等负荷时，应选用球轴承；重载或有冲击负荷时，应选用滚子轴承。纯径向负荷时，可选用深沟球轴承、圆柱滚子轴承或滚针轴承。纯轴向负荷时，可选用推力轴承。既有径向负荷又有轴向负荷时，若轴向负荷不太大时，可选用深沟球轴承或接触角较小的角接触球轴承、圆锥滚子轴承；若轴向负荷较大时，可选用接触角较大的这两类轴承；若轴向负荷很大而径向负荷较小时，可选用推力角接触轴承，也可以采用向心轴承和推力轴承一起的支承结构。

4. 轴承的转速

轴承的转速注意事项如下：

(1) 高速运转时，应优先选用球轴承。

(2) 内径相同时，外径愈小，离心力也愈小。故在高速时，宜选用超轻、特轻系列的轴承。

(3) 推力轴承的极限转速都很低，高速运转时摩擦发热严重。若轴向载荷不十分大，可采用角接触球轴承或深沟球轴承来承受纯轴向力。

5. 轴承的调心性能

轴承内、外圈轴线间的偏位角应控制在极限值内，否则会增加轴承的附加载荷而降低其寿命。对于刚度差或安装精度较差的轴组件，宜选用调心轴承。应注意：调心轴承应成对使用。由于轴的安装误差或轴的变形等都会引起内、外圈轴心线发生相对倾斜，其倾斜角用 θ 表示(见图 3-53)。各类轴承都有不同的允许角偏差。当内、外圈倾斜角过大时，可采用外滚道为球面的调心轴承，这类轴承能自动适应两套圈轴心线的偏斜。

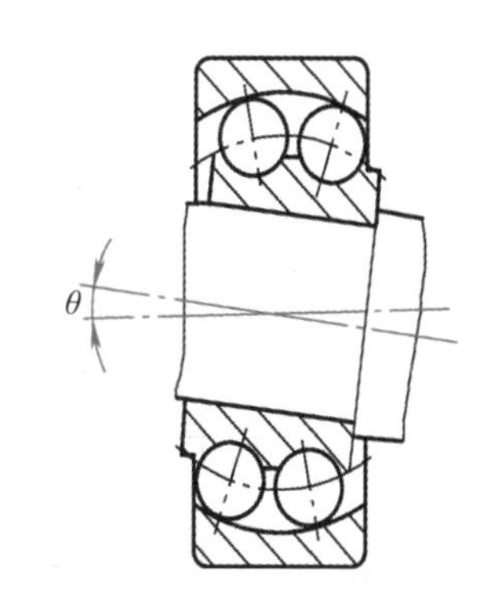

图 3-53　滚动轴承的轴心线倾斜

6. 经济性

在满足使用要求的情况下，优先选用价格低廉的轴承。一般情况，球轴承的价格低于滚子轴承。轴承的精度越高，其价格越高。同精度的轴承中，深沟球轴承价格最低。选用高精度轴承时应进行性能价格比的分析。

笔记

7. 安装与拆卸

在轴承座不是剖分而必须沿轴向装拆轴承以及需要频繁装拆轴承的机械中，应优先选用内、外圈可分离的轴承(如 3 类，N 类等)；当轴承在长轴上安装时，为便于装拆可选用内圈为圆锥孔的轴承(后置代号第 2 项为 K)。

二、滚动轴承的组合

为了保证轴承在机器中正常工作，除了要正确选择轴承类型和确定轴承的型号外，还必须正确、合理地进行轴承组合的结构设计，即合理地解决轴承固定、调整、预紧、配合、装拆以及润滑和密封等方面的问题。

1. 滚动轴承的轴向固定

1) 内圈固定

内圈固定方式详见表 3-8。

表 3-8　内圈固定方式

定位固定方式	简　图	特点和应用
轴肩定位固定		最为常用的一种方式，单向定位、简单可靠、适用各种轴承
弹性挡圈嵌在轴的沟槽内		结构紧凑，装拆方便，无法调整游隙，随轴向载荷较小，适用于转速不高的深沟球轴承
用螺钉固定轴端挡圈		定位固定可靠，能承受较大的轴向力，适合于高转速下的轴承
用圆螺母定位固定		防松、定位安全可靠，承受轴向力大，适用于高速、重载的轴承

2) 外圈固定

滚动轴承外圈轴向定位固定的方式详见表 3-9。

笔记

表 3-9　滚动轴承外圈轴向定位固定的方式

定位固定方式	简　图	特点和应用
轴承端盖固定		固定可靠、调整简便，应用广泛，适合于各类轴承的外圈单向固定
弹簧挡圈固定		结构简单、紧凑，适合于转速不高、轴向力不大的场合
止动卡环固定		轴承外圈带有止动槽，结构简单、可靠，适用于箱体外壳不便设凸肩的深沟球轴承固定
螺纹环固定		轴承座孔须加工螺纹，适用于转速高，轴向载荷大的场合

2. 滚动轴承的支承结构形式

为了保证轴工作时的位置，防止轴的窜动，轴系的轴向位置必须固定。其典型结构形式有下述三种。

1) 两端单向固定

两端单向固定的结构适用于工作温度变化不大的短轴，如图 3-54 所示。考虑到轴工作时受热膨胀，安装时轴承盖与轴承外圈之间应留有间隙，如图 3-54(a)所示，常取间隙 $\Delta = 0.25 \sim 0.4$ mm。一般还要在轴承盖和机座间加调整垫片，以便调整轴承的游隙，如图 3-54(b)所示。

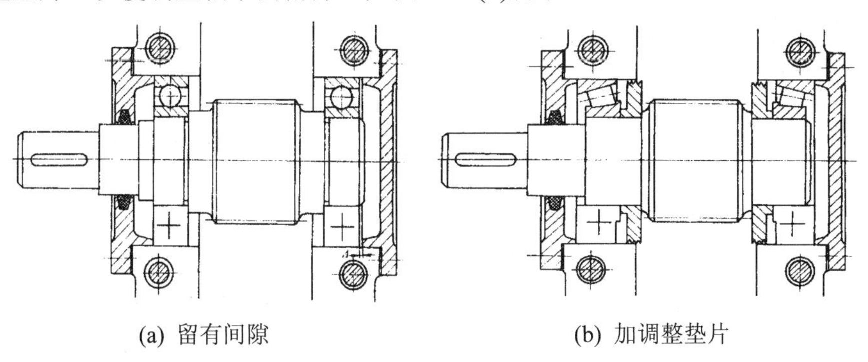

(a) 留有间隙　　(b) 加调整垫片

图 3-54　两端单向固定

笔记

2) 一端固定及一端游动

当轴在工作温度较高的条件下工作或轴细长时，为弥补轴受热膨胀后伸长时的误差，常采用一端轴承双向固定、另一端轴承游动的结构形式(见图3-55)。一般游动端可选用圆柱滚子轴承(见图 3-55(a))或深沟球轴承(见图3-55(b))。

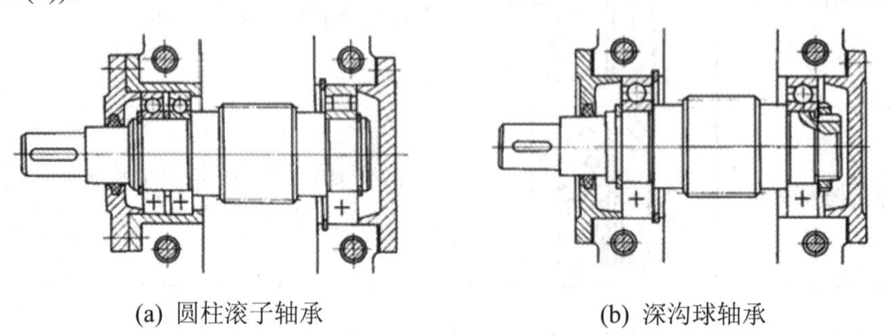

(a) 圆柱滚子轴承　　(b) 深沟球轴承

图 3-55　一端固定及一端游动

3) 两端游动

图 3-56 所示为典型的两端游动支承，两个支承都采用外圈无挡边的圆柱滚子轴承，轴承的内、外圈各边都要求固定，以保证轴能在轴承外圈的内表面做轴向游动。这种支承适用于要求两端都游动的场合(如人字齿轮的主动轴)，以弥补因螺旋角偏差造成两侧轮齿不完全对称而引起的啮合误差。为了保证整个啮合系统的正常工作，传动的另一根轴要做成固定式。

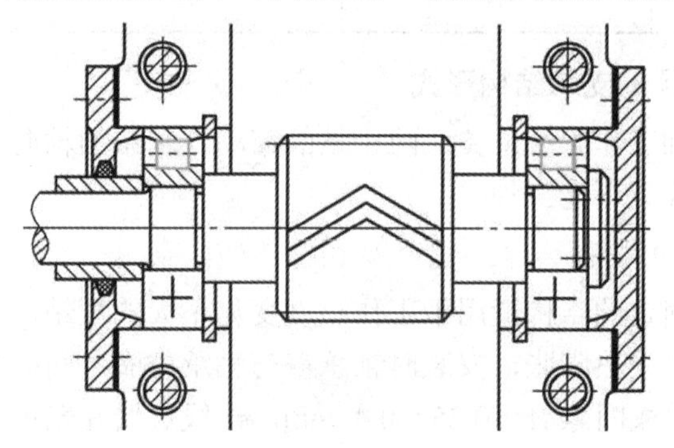

图 3-56　两端游动

3. 滚动轴承轴调整

1) 轴承间隙的调整

为保证轴承正常运转，在装配轴承时，一般都要留有适当的间隙。常用的调整方法有以下三种：

(1) 调整垫片(见图 3-57(a))，增减轴承端盖与箱体结合面之间的垫片厚度以调整轴承间隙。

(2) 调节压盖(见图 3-57(b))，利用端盖上的螺钉调节可调压盖的轴向位置。

(3) 调整环(见图 3-57(c))，增减轴承端面与轴承端盖间的调整环厚度以调整轴承间隙。

笔记

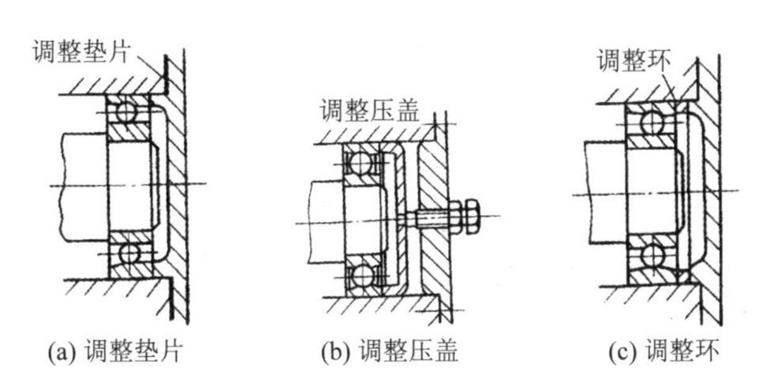

(a) 调整垫片　(b) 调整压盖　(c) 调整环

图 3-57　轴向间隙的调整

2) 轴承组合位置的调整

轴承组合位置调整的目的是使轴上零件具有准确的工作位置。例如，锥齿轮传动，要求两个节锥顶点要重合，这可以通过调整移动轴承的轴向位置来实现。图 3-58 所示为锥齿轮轴系支承结构，套杯与机座之间的垫片 1 用来调整锥齿轮的轴向位置，而垫片 2 用来调整轴承游隙。

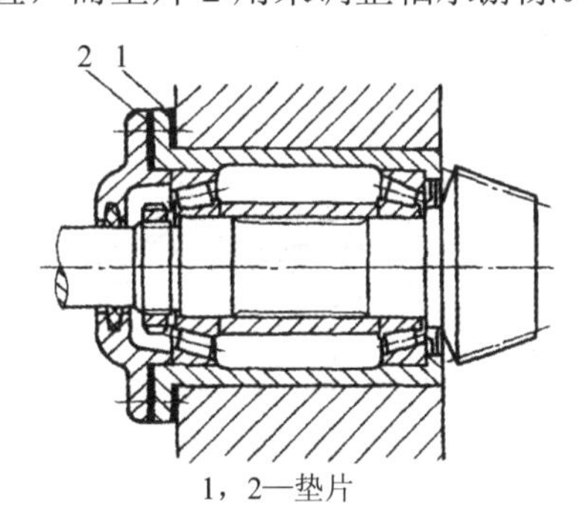

1，2—垫片

图 3-58　锥齿轮轴系支承结构

为了保证轴上零件处于正确位置，轴系部件安装时应能进行必要的调整。轴承组合位置的调整，包括轴承间隙的调整和轴系轴向位置的调整，如图 3-59 所示。

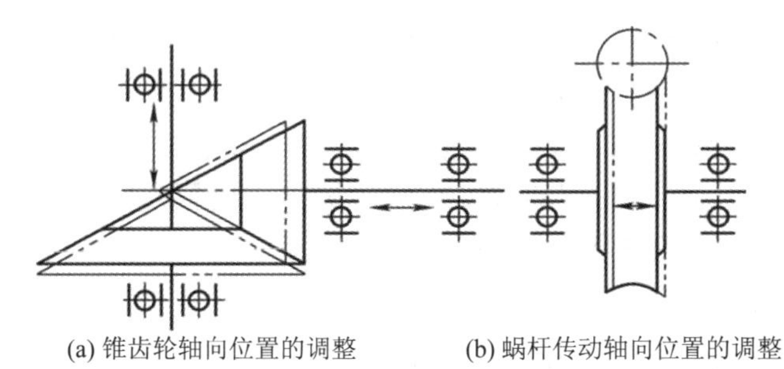
(a) 锥齿轮轴向位置的调整　(b) 蜗杆传动轴向位置的调整

图 3-59　轴承组合位置的调整

3) 滚动轴承的预紧

预紧是指安装时给轴承一定的轴向压力(预紧力)，以消除其间隙，并使滚动体和内外圈接触处产生弹性预变形。预紧的作用是增加轴承刚度，减小轴承工作时的振动，提高轴承的旋转精度。预紧主要分为定位预紧和定压预紧。

笔记

(1) 定位预紧。在轴承的内圈(或外圈)之间加上金属垫片(见图 3-60(a))或磨窄某一套圈的厚度(见图 3-60(b))，在受一定轴向力后产生预变形实现预紧。

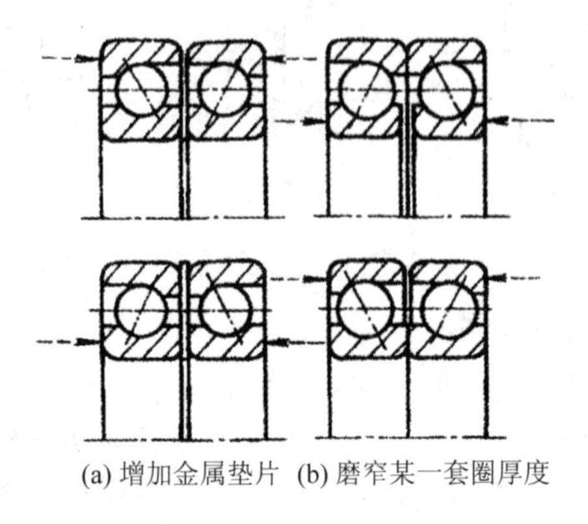
(a) 增加金属垫片 (b) 磨窄某一套圈厚度

图 3-60 轴承的定位预紧

(2) 定压预紧。利用弹簧的弹性压力使轴承承受一定的轴向载荷并产生预变形，实现定压预紧，如图 3-61 所示。

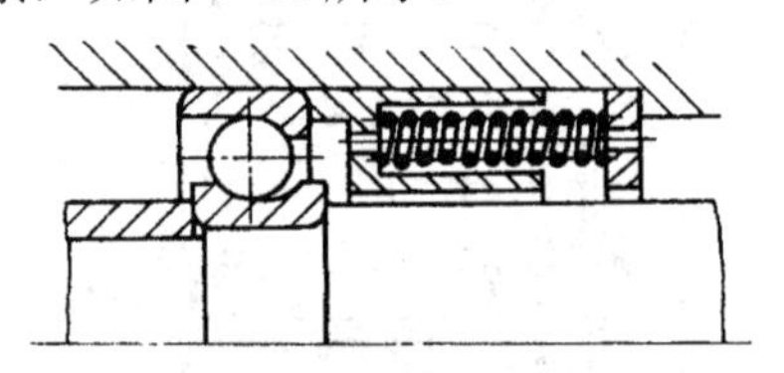

图 3-61 轴承的定位预紧

4. 润滑剂的选择

在运动过程中，机械各相对运动的零部件的接触表面会产生摩擦及磨损。摩擦是机械运转过程中不可避免的物理现象，在机械零部件众多的失效形式中，摩擦及磨损是最常见的失效形式。在日常生活和工程实践中，很多器具和设备的最终报废不是因为强度或刚度，而是因磨损严重导致不能正常使用而废弃。要维护机械的正常运转，减少噪声，保持运转精度，就必须了解摩擦产生的原因，采用合理的润滑手段。合理润滑可降低摩擦，减少磨损，防止腐蚀，提高效率，改善机器运转状况，延长机器的使用寿命。

工业生产实际中最常用的润滑剂有润滑油、润滑脂，此外，还有固体润滑剂(如二硫化钼、石墨等)、气体润滑剂(如空气等)。

1) 润滑油

润滑油是使用最广泛的润滑剂，可以分为三类：一是有机油，通常是指动植物油；二是矿物油，主要是指石油产品；三是化学合成油。因矿物油来源充足、成本低廉、稳定性好、实用范围广，故工业生产中多采用矿物油作为润滑油。

选用润滑油主要是确定润滑油的种类与牌号。一般是根据机械设备的工作条件、载荷和速度，先确定合适的黏度范围，再选择适当的润滑油品种。

笔记

选择润滑油的原则是：载荷较大或变载、冲击的场合，加工粗糙或未经磨合的表面，选黏度较高的润滑油。速度高时，载荷较小，采用压力循环润滑、滴油润滑的场合，宜选用黏度低的润滑油。工业常用润滑油的性能与用途见表 3-10。

表 3-10 工业常用润滑油的性能与用途

类别	品种代号	牌号	运动黏度	闪点/℃不低于	倾点/℃不高于	主要性能和用途	说明
工业闭式齿轮油	L-CKB 抗氧防锈工业齿轮油	46	41.4～50.6	180	−8	有良好的抗氧化性，抗浮化性等性能，适用于齿面应力在 500 MPa 以下的一般工业闭式齿轮传动的润滑	L-润滑剂类
		68	61.2～74.8				
		100	90～110				
		150	135～165	220			
		220	198～242				
		320	288～352				
	L-CKC 中载荷工业齿轮油	68	61.2～74.8	180		具有良好的极压抗磨和热氧化安定性，适用中载荷(500～1000 MPa)闭式齿轮传动的润滑	
		100	90～110				
		150	135～165	200			
		220	198～242				
		320	288～352				
		460	414～506		−5		
		680	612～748				
	L-CKD 重载荷工业齿轮油	100	90～110		−8	具有良好的极压抗磨性，抗氧化性，适用于重载荷齿轮传动装置	
		150	135～165				
		220	198～242				
		320	288～352				
		460	414～506				
		680	612～748		−5		
主轴油	主轴油(SH/T0017—90—1998)	N2	2.0～2.4	60	凝点上高于−15	主要适用于精密轴承的润滑及其他以油面压力、油雾润滑为润滑方式的滑动轴承和滚动轴承的润滑。N10 可作为普通轴承用油	SH 为石化部标准代号
		N3	2.9～3.5	70			
		N5	4.2～5.1	80			
		N7	6.2～7.5	90			
		N10	9.0～11.0	100			
		N15	13.5～16.5	110			
		N22	19.8～24.2	120			
全损耗系统用油	L-AN 全损耗系统用油	5	4.14～5.06	80	−5	不加或加少量添加剂，质量不高，适用于一次性润滑和某些要求较低、换油周期较短的油浴式润滑	全损耗系统用油包括 L-AN 全损耗系统用油和车辆油
		7	6.12～7.48	110			
		10	9.00～11.00	130			
		15	13.5～16.5	150			
		22	19.8～24.2				
		32	28.8～35.2				
		46	41.4～50.6				
		68	61.2～74.8	160			
		100	90.0～110.0	180			
		150	135.0～165.0				

笔记

2) 润滑脂

润滑脂是在润滑油中加入稠化剂(如钙、钙钠、复合钙、锉等金属皂基)而形成的脂状润滑剂，俗称黄油或干油。加入稠化剂的主要作用是减少油的流动性，提高润滑油与摩擦面的附着力。有时还加入一些添加剂，以增加抗氧化性和油膜厚度。 润滑脂和润滑油相比，润滑脂黏性大，其黏性随温度变化的影响较小，使用温度范围较润滑油宽广；黏附能力强，密封性好，油膜强度高，不易流失；但流动性和散热能力差，摩擦阻力大，故不宜用于高速高温的场合。 常用润滑脂的性能与用途见表 3-11。

表 3-11 常用润滑脂的性能与用途

润滑脂			锥入度/0.1mm	滴点/℃不大于等于	性 能	主要用途
名 称		牌号				
钙基	钙基润滑脂 GB/T491—2008	1	310～340	80	抗水性好，适用于潮湿环境，但耐热性差	广泛应用于中速中低载荷轴承的润滑，将逐渐被锂基脂所取代
		2	265～295	85		
		3	220～250	90		
		4	175～205	95		
钠基	钠基润滑脂 GB492—1989	2	265～295	160	耐热性很好，黏附性强，但不耐水	适用于不与水接触的轴承润滑，使用温度不超过110℃
		3	220～250			
锂基	通用锂基润滑脂 GB/T7324—2010	1	310～340	170	具有良好的润滑性能、机械安定性、耐热性和防锈性、抗水性好	为多用途、长寿命通用脂，适用于−20～120℃的各种轴承及其他摩擦部位的润滑
		2	265～295	175		
		3	220～250	180		
	极压锂基润滑脂 GB/T7323—2019	00	400～430	165	具有良好的机械安定性、抗水性、极压抗磨性、防锈性和泵送性	为多数、长寿命通用脂，适用于−20～120℃的重型齿轮轴承的润滑
		0	355～385	170		
		1	310～340			
		2	265～295			
滚动轴承润滑脂 SH0378—1992		2	250～295	120	具有良好的润滑性能、化学稳定性、机械安定性	用于常用机械的滚动轴承的润滑
铝基	复合铝基润滑脂 SH0378—1992	0	355～385	235	耐热性、抗水性、流动性、泵水性、机械安定性等均好	称为“万能润滑脂”，适用于高温设备的润滑，0、1号脂泵送性好，适用于集中润滑，2号脂适用于轻中载荷设备轴承
		1	310～340			
		2	265～295			
合成润滑脂	7412 号齿轮脂	00	400～430	200	具有良好的涂覆性和极压润滑性，适用于−20～150℃	为半流体脂，适用于各种减速器齿轮的润滑
			445～474			

3) 固体润滑剂

用具有润滑作用的固体粉末取代润滑油或润滑脂来实现摩擦表面的润滑，称为固体润滑。最常用的固体润滑剂有石墨、二硫化钼、二硫化钨、高分子材料(如聚四氟乙烯、尼龙等)。固体润滑剂具有很好的化学稳定性，耐高温、高压，润滑简单，维护方便。固体润滑剂适用于速度、温度和载荷非正常的条件下，或不允许有油、脂污染及无法加润滑油的场合。

5. 润滑方式及其选择

1) 润滑方式

润滑方式根据供油方式可分为间歇式和连续式。如图 3-62 所示，间歇润滑只适用于低速、轻载和不重要的轴承，比较重要的轴承均应采用连续润滑方式。

(1) 芯捻润滑装置。图 3-63 所示为芯捻润滑装置。它利用芯捻的毛细管作用将油从油杯中吸入轴承，但不能调整供油量。

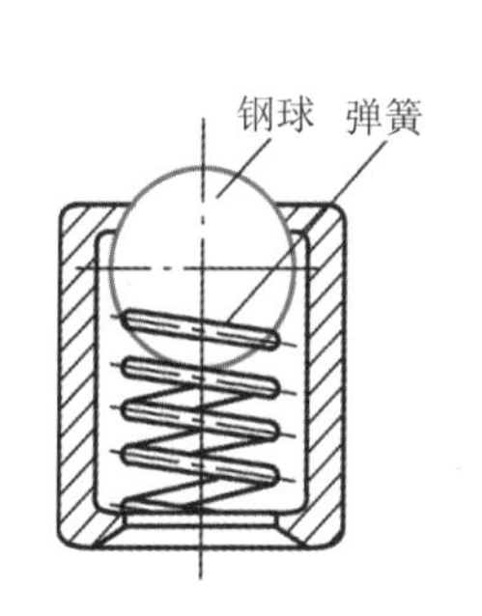

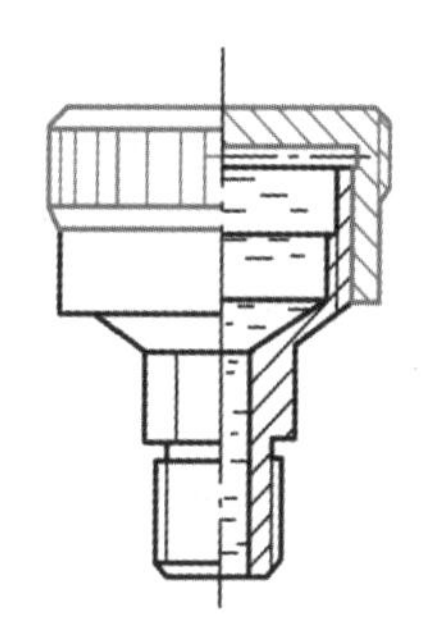

图 3-62　间歇润滑方式

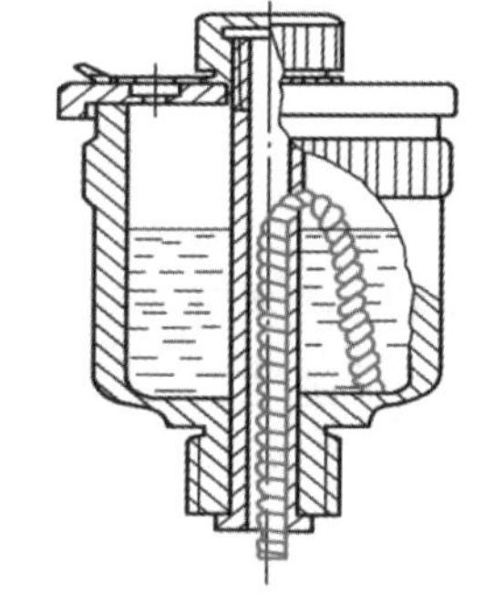

图 3-63　芯捻润滑装置

(2) 针阀式注油杯。图 3-64 所示为针阀式注油杯。当手柄平放时，针阀被弹簧压下，堵住底部油孔。当手柄垂直时，针阀提起，底部油孔打开，油杯中的油流入轴承。调节螺母可调节针阀提升的高度以控制油孔的进油量。

(3) 甩油润滑方式。图 3-65 所示，润滑装置是在轴颈套上一个油杯，利用轴的旋转将油甩到轴颈上。它适用于转速较高的轴颈处。

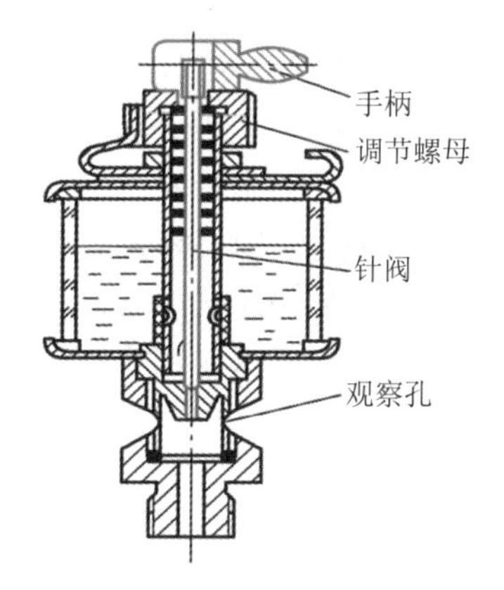

图 3-64　针阀式注油杯

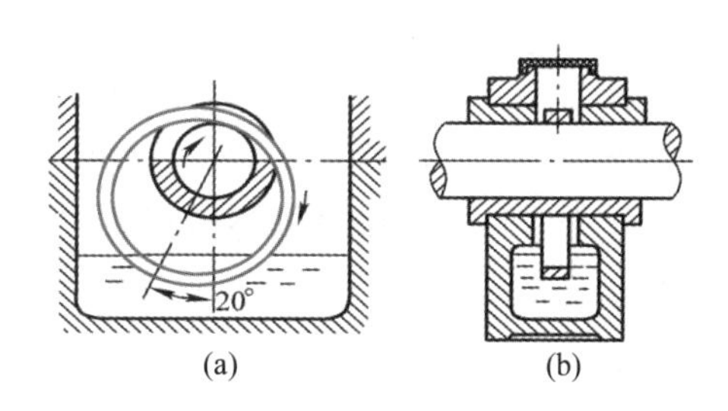

图 3-65　甩油润滑方式

笔记

2) 润滑方式选择

滚动轴承通常以轴承内径 d 和转速 n 的乘积值 $d \times n$ 来选择润滑剂和润滑方式，选择时参见表 3-12。

表 3-12　适用于脂润滑和油润滑的 dn 值界限

轴承类型	$dn/(10^4$mm.r/min)(脂润滑)	$dn/(10^4$mm.r/min)(油润滑)			
		油浴	滴油	喷油(循环油)	油雾
深沟球轴承	16	25	40	60	＞60
调心球轴承	16	25	40		
角接触球轴承	16	25	40	60	＞60
圆柱滚子轴承	12	25	40	60	＞60
圆锥滚子轴承	10	16	23	30	
调心滚子轴承	8	12		25	
推力球轴承	4	6	12	15	

滴油润滑是用油杯储油，可用针阀调节油量。为了使滴油畅通，一般选用黏度较低的 L-AN15 全损耗系统用油。

喷油润滑是用油泵将油增压，然后通过油管和喷嘴将油喷到轴承内。其润滑效果好，一般适用于高速、重载和重要的轴承中。

油雾润滑是用经过过滤和脱水的压缩空气，将润滑油经雾化后通入轴承。该润滑方式适用于 dn 值大于 6×10^5 mm • r/min 的轴承。这种方法的冷却效果好，还可节约润滑油，但油雾散逸在空气中会污染环境。

6. 密封装置

机械设备中的润滑系统都必须设置密封装置，密封的作用是防止灰尘、水分及有害介质侵入机器，阻止润滑剂或工作介质的泄漏，有效地利用润滑剂，实现减污，节约的目的。通过密封还可节约润滑剂，提高机器使用寿命，改善工厂环境卫生和工作条件。

密封装置的类型很多。根据被密封构件的运动形式不同，密封装置可分为静密封和动密封。

两个相对静止的构件之间结合面的密封称为静密封，如减速器的上下箱之间的密封、轴承端盖与箱体轴承座之间的密封等。实现静密封的方法很多，最简单的方法是靠接合面加工平整，在一定的压力下贴紧密封。一般情况下，在结合面之间加垫片或密封圈，还有在结合面之间涂各类密封胶。

两个具有相对运动的构件结合面之间的密封称为动密封。根据其相对运动的形式不同，动密封可分为旋转密封和移动密封，如减速器中外伸轴与轴承端盖之间的密封就是旋转密封。旋转密封可分为接触式密封和非接触式密封两类。本节只介绍旋转轴外伸端的密封方法。

1) 接触式密封

接触式密封是靠密封元件与接合面的压紧产生接触摩擦而起密封作用的，故此种密封方式不宜用于高速。接触密封有毡圈密封和唇形密封圈密封。

(1) 毡圈密封。如图 3-66 所示，毡圈密封是将断面为矩形的毡圈压入轴承端盖的梯形槽中，使之产生对轴的压紧作用而实现密封。毡圈内径略小于轴的直径，尺寸已标准化，毡圈材料为毛毡。安装前，毡圈应先在黏度较高的热矿物油中浸渍饱和。毡圈密封结构简单，安装方便，成本较低，但易磨损、寿命短。一般适用于脂润滑和密封处圆周速度 $v < 4$ m/s 的场合，工作温度不超过 90℃。

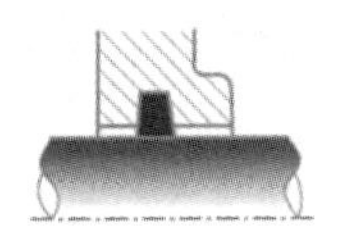
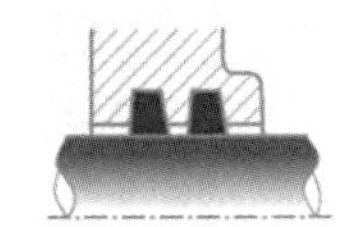
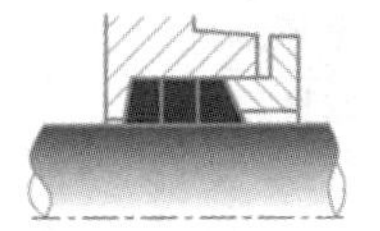

毡圈密封

图 3-66　毡圈密封

(2) 唇形密封圈密封。如图 3-67(a)所示，密封圈一般由耐油橡胶、金属骨架和弹簧三部分组成，也有的没有骨架，密封圈是标准件。靠材料本身的弹力及弹簧的作用，以一定的收缩力紧套在轴上起密封作用。使用唇形密封圈时应注意唇口的方向，图 3-67(b)所示为密封圈唇口朝内，主要是防止漏油；图 3-67(c)所示为密封圈唇口朝外，主要是防止灰尘、杂质侵入。这种密封方式既可用于油润滑，也可用于脂润滑。轴的圆周速度要求小于 7 m/s，工作温度范围为−40～100℃。

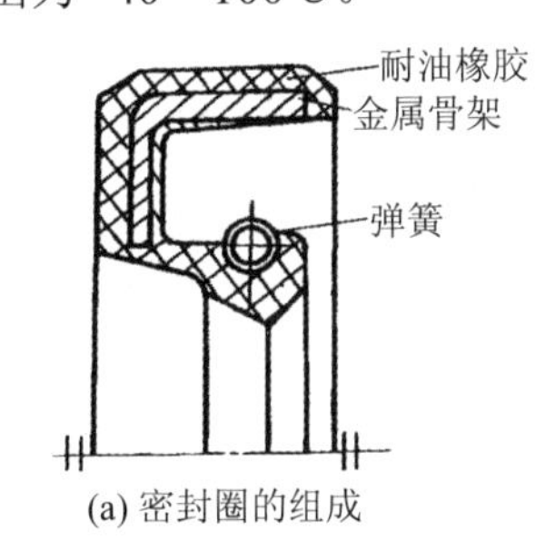

(a) 密封圈的组成

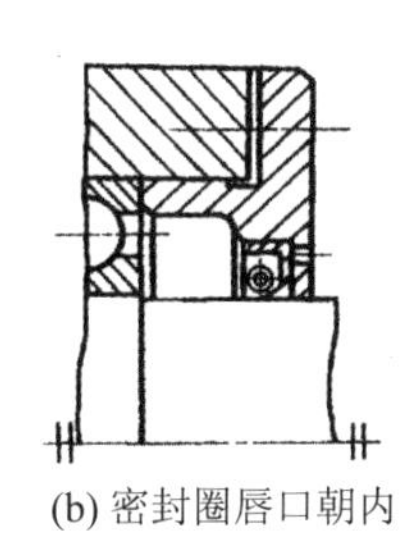

(b) 密封圈唇口朝内

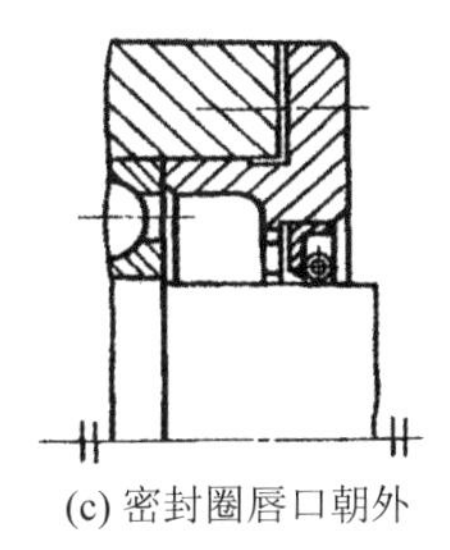

(c) 密封圈唇口朝外

图 3-67　唇形密封圈密封

2) 非接触式密封

非接触式密封方式密封部位转动零件与固定零件之间不接触，留有间隙，因此对轴的转速没有太大的限制。

(1) 间隙密封如图 3-68 所示，间隙式密封(亦称为防尘节流环式密封)，在转动件与静止件之间留有很小间隙(0.1～0.3 mm)，利用节流环间隙的节流效应起到防尘和密封作用。可在轴承端盖内加工出螺旋槽，若在螺旋槽内填充密封润滑脂，密封效果会更好。间隙的宽度越长，密封的效果越好。间隙密封适用于环境比较干净的脂润滑。

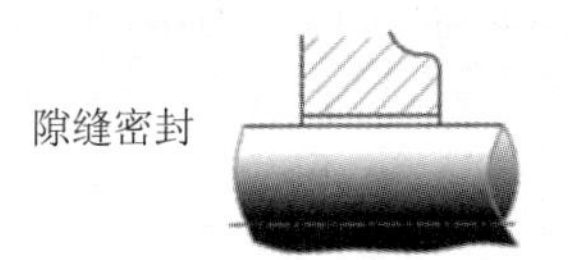

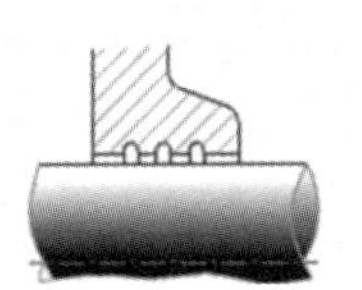

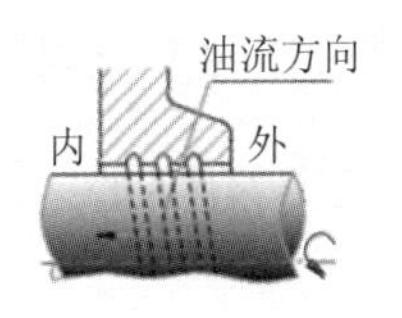

图 3-68　间隙密封

笔记

(2) 挡油环密封如图 3-69 所示，在轴承座孔内的轴承内侧与工作零件之间安装一挡油环，挡油环随轴一起转动，利用其离心作用，将箱体内下溅的油及杂质甩走，阻止油进入轴承部位。挡油环密封多用于轴承部位使用脂润滑的场合。

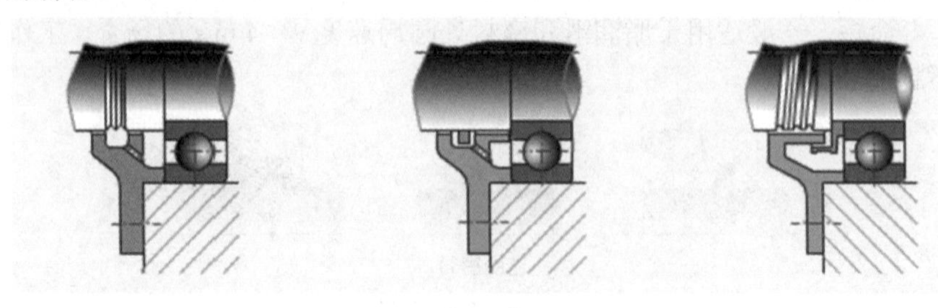

图 3-69　挡油环密封

(3) 迷宫式密封如图 3-70 所示，轴上的旋转密封零件与固定在箱体上的密封零件的接触处做成迷宫间隙，对被密封介质产生节流效应而起密封作用。迷宫式密封可分为轴向迷宫、径向迷宫、组合迷宫等。若在间隙中填充密封润滑脂，密封效果会更好。迷宫式密封结构简单，使用寿命长，但加工精度要求高，装配较难，适用于脂或油的润滑场合，多用于一般密封不能胜任、要求较高的场合。

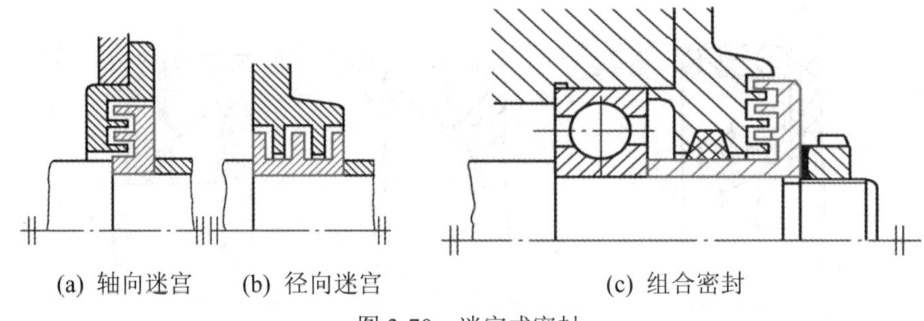

(a) 轴向迷宫　(b) 径向迷宫　(c) 组合密封

图 3-70　迷宫式密封

任务扩展

滑 动 轴 承

★ 实物教学

在高速、重载、高精密度和结构要求剖分大直径和很小直径的场合，尤其是在低速、有较大冲击的机械中不便使用滚动轴承，应使用滑动轴承。滑动轴承一般由轴承座、轴瓦(或轴套)、润滑装置和密封装置等部分组成。根据承受载荷方向的不同，滑动轴承可分为向心滑动轴承和推力滑动轴承两类。

一、向心滑动轴承

向心滑动轴承只能承受径向载荷。它有整体式和对开式两种形式。

笔记

1. 整体式滑动轴承

图 3-71 所示为典型的整体式滑动轴承，它由轴和轴套组成。整体式滑动轴承的结构简单、制造容易、成本低，常用于低速、轻载、间歇工作而不需要经常装拆的场合。它的缺点是轴只能从轴承的端部装入，装拆不便；轴瓦磨损后，无法调整轴与孔之间的间隙。

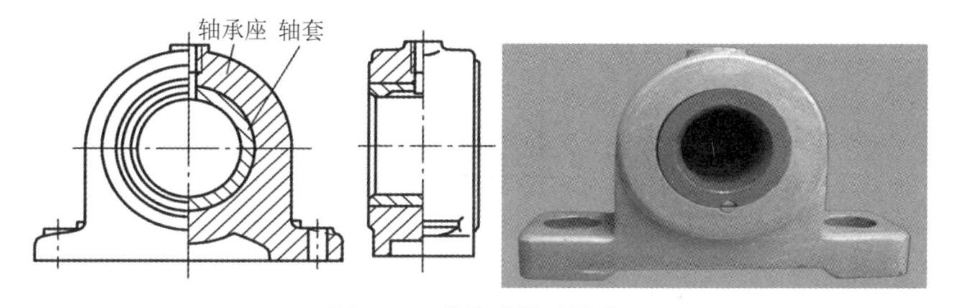

图 3-71　整体式滑动轴承

2. 对开式滑动轴承

图 3-72 所示为典型的对开式滑动轴承。它由轴承座，轴承盖，剖分的上轴瓦和下轴瓦以及双头螺柱等组成。这种轴承的轴瓦采用对开式，在分合面上配置有调整垫片。当轴瓦磨损后，可适当调整垫片或对轴瓦分合面进行刮削、研磨等切削加工来调整轴颈与轴瓦间的间隙。

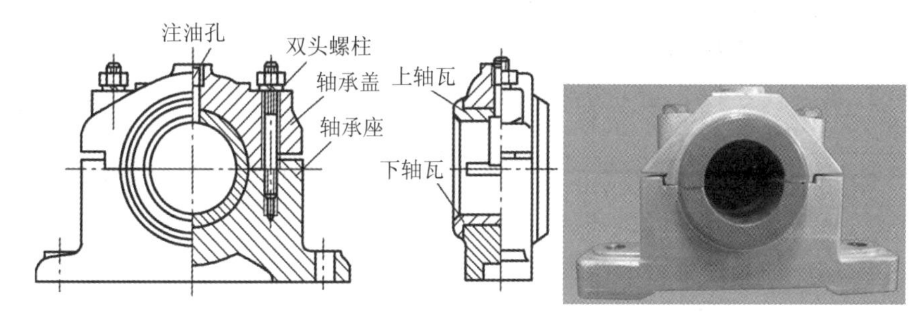

图 3-72　对开式滑动轴承

二、推力滑动轴承

以立式轴端推力滑动轴承为例，它由轴承座、衬套、轴瓦和止推瓦组成，如图 3-73 所示。止推瓦底部制成球面，可以自动复位，避免偏载。销钉用来防止轴瓦转动。轴瓦用于固定轴的径向位置，同时也可承受一定的径向负荷。润滑油靠压力从底部注入，并从上部油管流出。

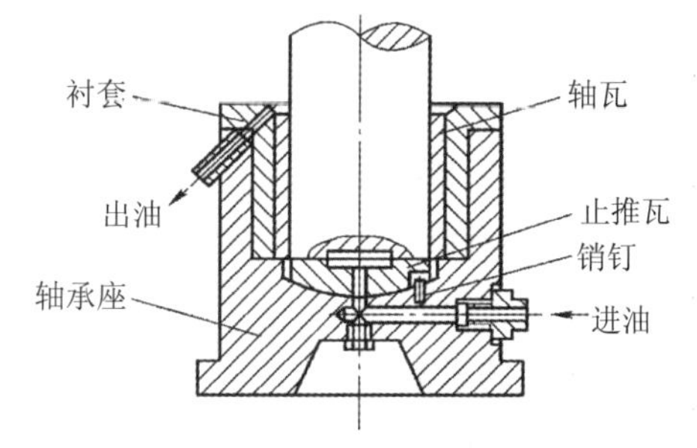

图 3-73　推力滑动轴承

推力轴承用来承受轴向载荷。按推力轴颈支承面的不同，推力滑动轴承可分为实心、空心和多环等形式，如图 3-74 所示。根据承受轴向力的大小，

笔记

环形支承面可做成单环或多环，多环式轴颈承载能力较大，且能承受双向轴向载荷。

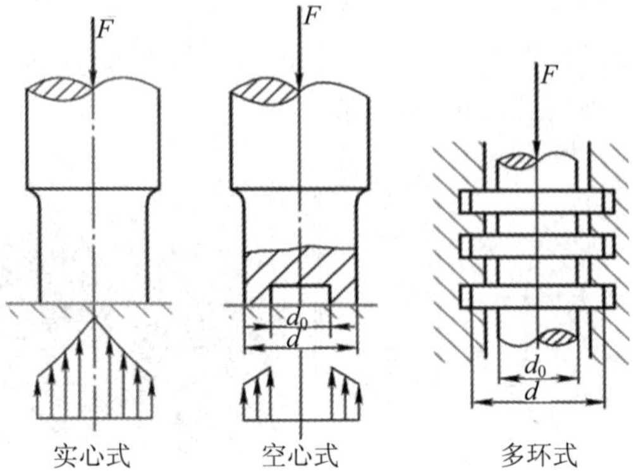

实心式　空心式　多环式

图 3-74　推力轴颈支承面

任务巩固

一、填空题

1. 按摩擦性质，轴承可分为_______轴承与_______轴承。

2. 滚动轴承一般由内圈、外圈、_______及_______等四部分组成。

3. 前置代号表示成套轴承_______部件。

4. 前置代号 L 表示可分离轴承的可_______内圈或外圈，K 表示______和_______组件等。

5. 当轴在工作温度较高的条件下工作或轴细长时，为弥补轴受热膨胀时的_______，常采用一端轴承_______固定、一端轴承_______的结构形式。

6. 润滑油是使用最广泛的润滑剂，可以分为三类：一是有机油；二是油；三是_______合成油。

二、判断题

(　　) 1. 对于同一内、外径的轴承可做成不同的宽(高)度。

(　　) 2. 滚动轴承基本代号一般由六个数字组成。

(　　) 3. 两端单向固定适用于工作温度变化不大的短轴。

(　　) 4. 芯捻润滑装置供油量可调整。

三、名词解释

1. 动密封

2. 静密封

四、简答题

1. 滚动轴承按不同的分类方式分为哪几种?

2. 简述滚动轴承的基本代号组成。

3. 简述工业机器人用轴承的特点。

笔记

五、双创训练题

根据需要组成团队，选购一种工业机器人用轴承，并拟定购买清单。

任务三　机器人常用机械连接

工作任务

工业机器人用到很多机械连接，图 3-75 所示为 ABB 工业机器人第一轴所用连接螺钉和垫圈。图 3-76 所示为机械臂的连接图。

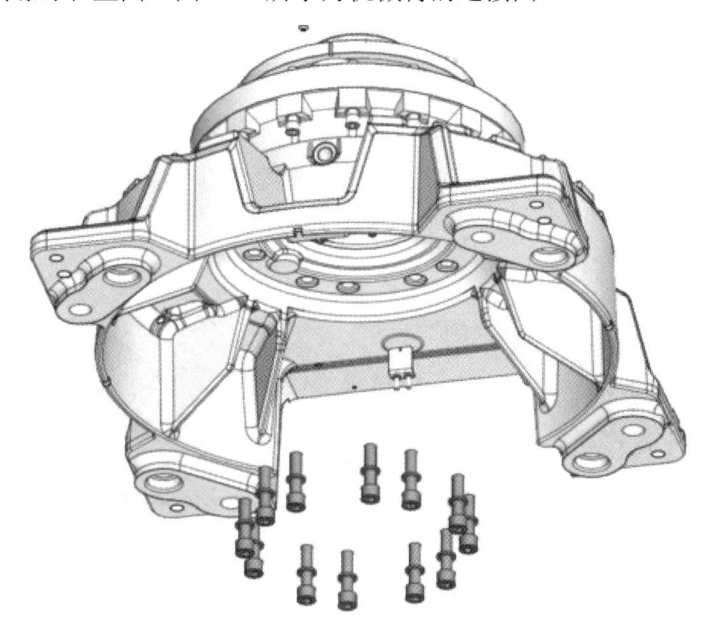

图 3-75　连接螺钉和垫圈

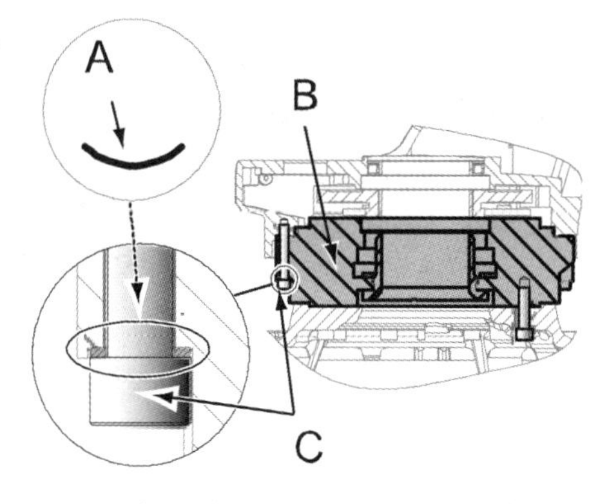

A—齿形锁紧垫圈(16 pcs)；B—齿轮箱；
C—连接螺钉M12×80质量等级12.9 gleitmo (16 pcs)

图 3-76　机械臂的连接图

笔记

任务目标

知识目标	能力目标
1. 了解螺纹连接的类型、预紧和防松 2. 掌握螺栓组连接的结构 3. 掌握键连接、花键连接与成型连接、销连接的类型和应用场合 4. 了解其他连接形式的类型和应用场合	1. 能对螺栓连接进行预紧和防松处理 2. 能选择键的类型及尺寸的选择能力 3. 能根据实际情况进行其他连接

任务准备

技能训练

根据实际情况，让学生在教师的指导下进行技能训练。

根据螺旋线所在面不同，螺纹可分为外螺纹和内螺纹。螺纹连接用的螺栓就是外螺纹，螺母即为内螺纹，螺纹连接就是由螺栓与螺母组成的，如图3-77所示。

(a) 外螺纹—螺栓

(b) 内螺纹—螺母

(c) 连接

图 3-77　螺纹连接

一、螺纹的规定画法

为方便作图，国家标准规定了螺纹的画法，见表3-13。

笔记

表 3-13 螺纹的画法

螺纹种类	图例	螺纹的画法	说明
外螺纹	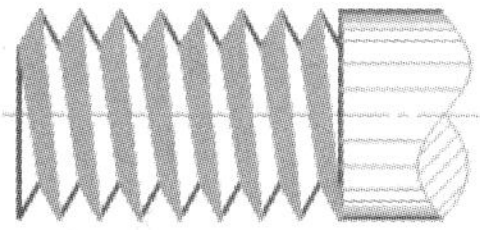	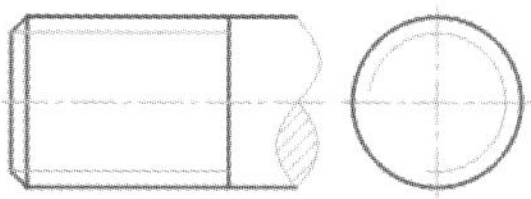	1. 螺纹的牙顶(外螺纹的大径、内螺纹的小径)用粗实线表示 2. 牙底(外螺纹的小径、内螺纹的大径)用细实线表示，并画进螺杆头部 3. 螺纹终止线画粗实线 4. 在螺纹投影为圆的视图中，表示牙底的细实线圆只画约 3/4 圈，倒角圆省略不画 5. 在螺纹的剖视图中，剖面线都必须画到粗实线 6. 绘制不通螺纹孔时，钻头前端形成的锥顶角画成 120° 旋合部分按外螺纹画出，其余各部分仍按各自的画法表示。当剖切平面通过螺杆轴线时，螺杆按不剖绘制。内、外螺纹的大径线和小径线，必须分别位于同一条直线上
	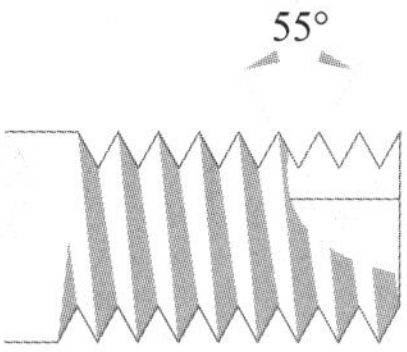 55°	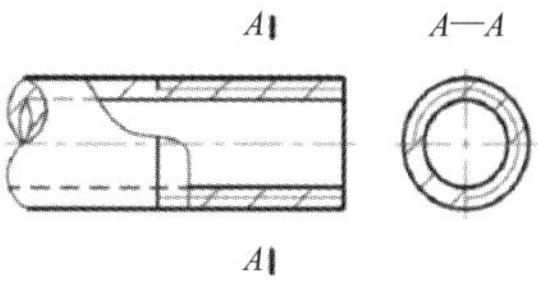 A A—A A	
内螺纹	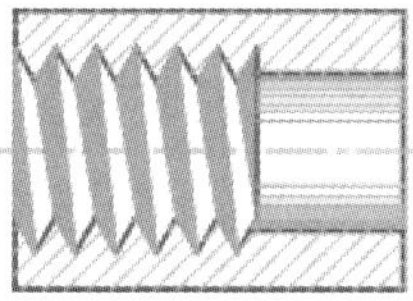	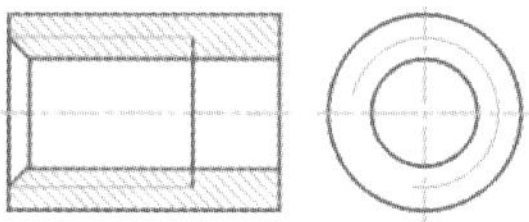	
	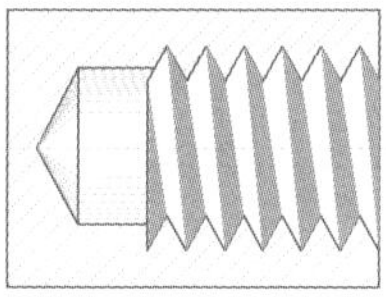	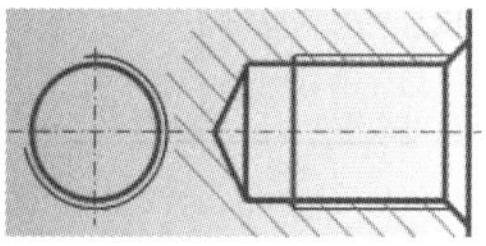	
内外螺纹连接	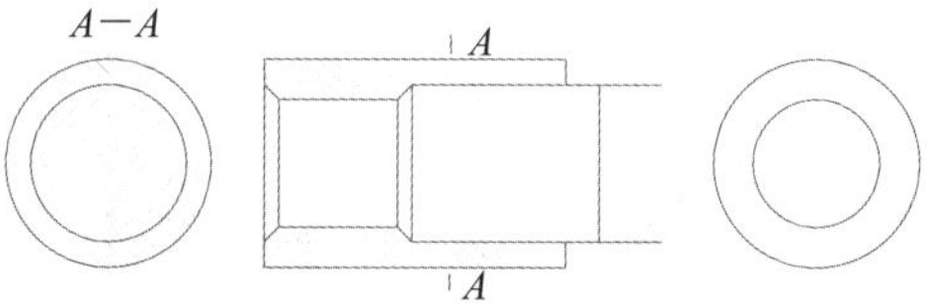 A—A A A		

常用螺纹的规定标注见表 3-14。

表 3-14 常用螺纹的规定标注

螺纹种类		标注方式与举例	标注图例	说明
普通螺纹	粗牙	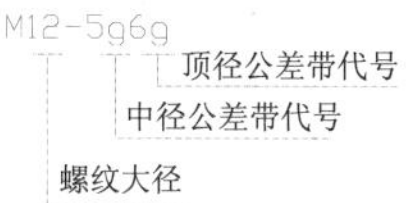 M12-5g6g 顶径公差带代号 中径公差带代号 螺纹大径	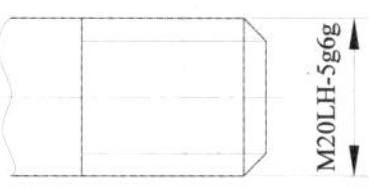 M20LH-5g6g	1. 螺纹的标记应注在大径的尺寸线或注在其引出线上 2. 粗牙螺纹不标注螺距；细牙螺纹标注螺距
单线	细牙	 M12X1.5-5g6g 螺距	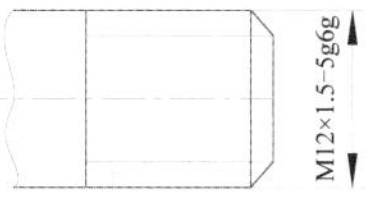 M12×1.5-5g6g	

笔记

续表

<table>
<tr><th colspan="2">螺纹种类</th><th>标注方式</th><th>标注图例</th><th>说　明</th></tr>
<tr><td rowspan="2">管螺纹
单线</td><td rowspan="2">非螺纹密封的管螺纹</td><td>非螺纹密封的内管螺纹标记：G1/2
内螺纹公差只有一种，不标注</td><td>G1/2</td><td rowspan="2">1. 右边的数字为尺寸代号，即管子内通径，单位为英寸。管螺纹的直径需查其标准确定。尺寸代号采用小一号的数字书写
2. 在图上从螺纹大径画指引线进行标注</td></tr>
<tr><td>非螺纹密封的外管螺纹标记：G1/2A
外螺纹公差分A、B两级，需标注</td><td>G1/2A
(φ1″)</td></tr>
<tr><td rowspan="2">梯形螺纹</td><td>单线</td><td>Tr48×8-7e
中径公差带代号</td><td rowspan="2">Tr40×14(P7)-6e</td><td rowspan="2">(1) 单线螺纹只注螺距，多线螺纹注导程、螺距
(2) 旋合长度分为中等(N)和长(L)两组，中等旋合长度可以不标注</td></tr>
<tr><td>多线</td><td>Tr40×14(P7)LH-7e
旋向
螺距
导程</td></tr>
</table>

二、螺纹紧固件连接图的画法

典型的连接结构，如图3-78所示。六角螺母、垫圈、六角头螺栓和螺柱等都可采用简化画法，省略角形成的曲线。连接图的画法如图3-79所示。

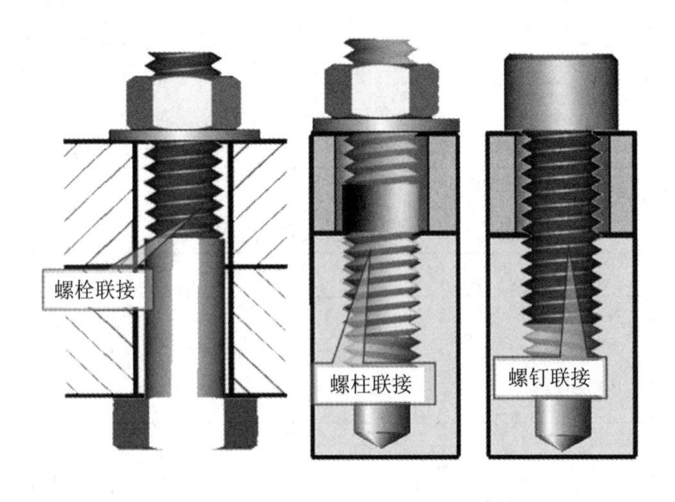

图3-78　典型的连接结构

笔记

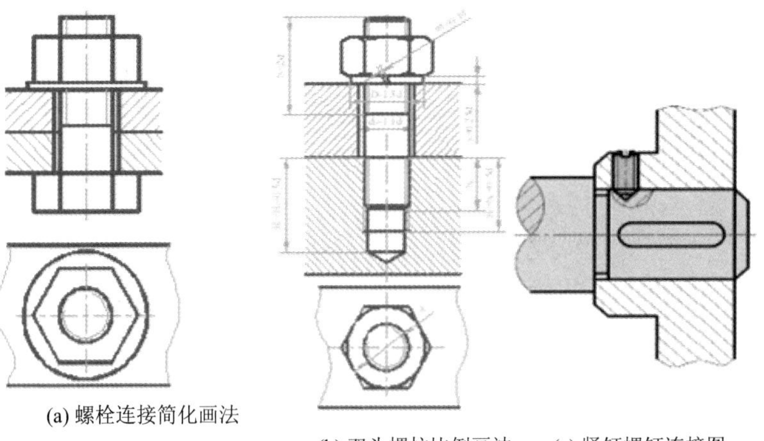
(a) 螺栓连接简化画法

(b) 双头螺柱比例画法　　(c) 紧钉螺钉连接图

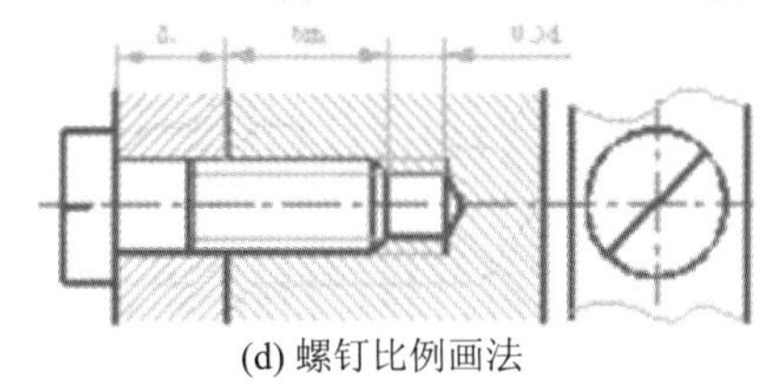
(d) 螺钉比例画法

图 3-79　螺纹连接图的画法

任务实施

★ 实物教学

一、螺纹连接

1. 连接

1) 螺栓连接

图 3-80 所示为螺栓连接，这种连接适用于被连接件不太厚又需经常拆装的场合。螺柱连接有两种连接形式：一种是被连接件上的通孔和螺栓杆间留有间隙的普通螺栓连接(见图 3-80(a))；另一种是螺杆与孔是基孔制过渡配合的铰制孔用螺栓连接(见图 3-80(b))。

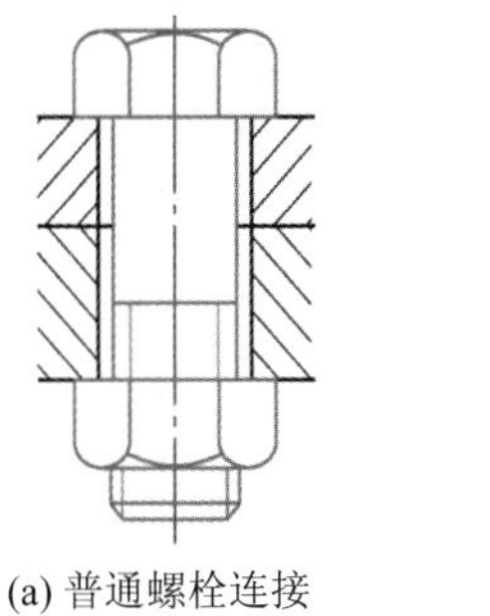
(a) 普通螺栓连接

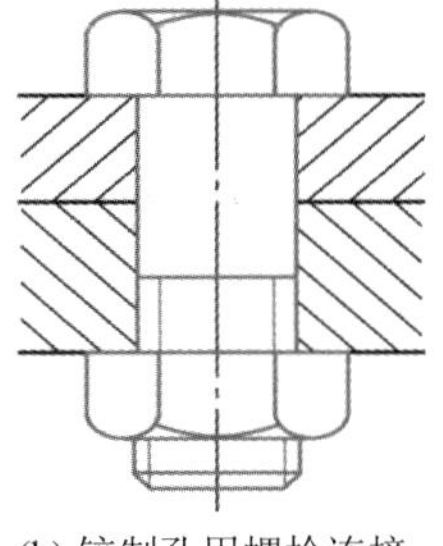
(b) 铰制孔用螺栓连接

图 3-80　螺栓连接

笔记

2) 双头螺柱连接

图 3-81 所示为双头螺柱连接。这种连接适用于被连接件之一太厚而不便于加工通孔并需经常拆装的场合。双头螺柱连接的特点是被连接件之一制有与螺柱相配合的螺纹，另一被连接件则为通孔。

3) 螺钉连接

图 3-82 所示为螺钉连接。这种连接的适用场合与双头螺柱连接相似，但多用于受力不大，不需经常拆装的场合。螺钉连接的特点是不用螺母，螺钉直接拧入被连接件的螺孔中。

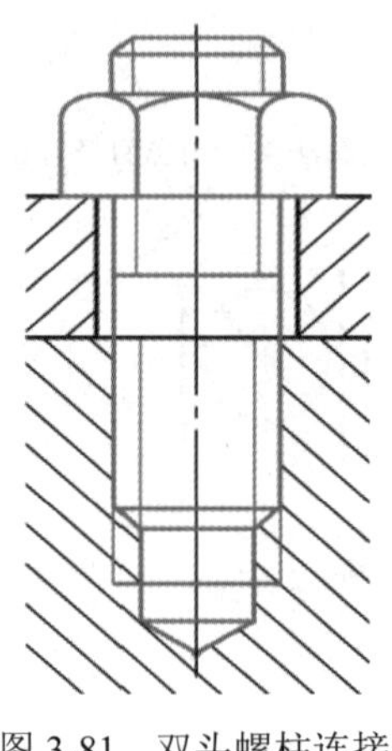

图 3-81　双头螺柱连接

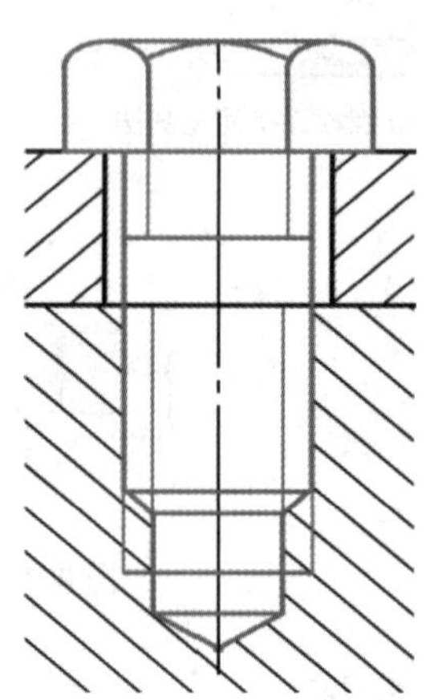

图 3-82　螺钉连接

4) 紧定螺钉连接

图 3-83 所示为紧定螺钉连接。这种连接适用于固定两零件的相对位置，并可传递不大的力和转矩。紧定螺钉连接的特点是螺钉被旋入被连接件之一的螺纹孔中，末端顶住另一被连接件的表面或顶入相应的坑中，用以固定两个零件的相对位置。

紧定螺钉连接

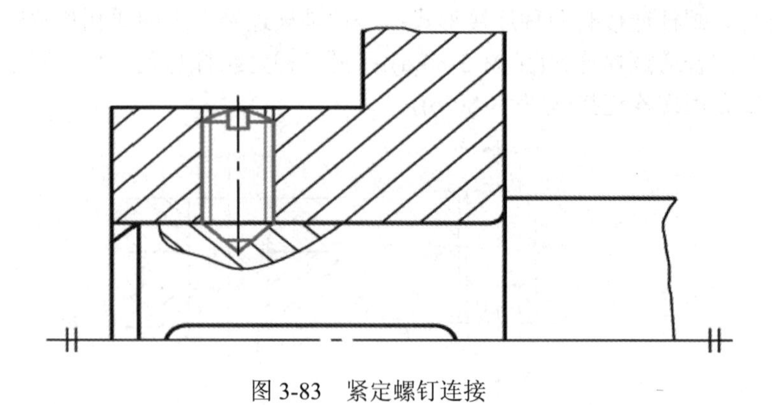

图 3-83　紧定螺钉连接

5) 常见螺纹紧固件

常见螺纹紧固件有螺栓、螺柱、螺钉、螺母和垫圈等，如表 3-15 所示。

笔记

表 3-15　螺纹紧固件的种类

六角头螺栓	内六角圆柱头螺栓	开槽沉头螺钉	开槽圆柱头螺钉
开槽锥端紧定螺钉	双头螺钉	六角螺母	六角开槽螺母
圆螺母	平垫圈	弹簧垫圈	止退垫圈

2. 螺栓组连接

螺栓组连接详见表 3-16。

表 3-16　螺 栓 组 连 接

设计原则	图　例	说　明
1. 要设计成轴对称、形状简单的几何形状		螺栓对称布置，连接接合面受力均匀，便于加工制造
2. 螺栓的布置应使螺栓的受力合理	倾覆力矩 旋转力矩　旋转力矩 螺栓布置合理　螺栓布置不合理	受倾覆力矩或旋转力矩作用，应使螺栓的位置适当靠近接合面的边缘，以减少螺栓受力
3. 螺栓的布置应有合理的间距、边距	螺栓间距t_0 工作压力(MPa)：≤1.6 | 1.6~4 | 4~10 | 10~16 | 16~20 | 20~30 t_0(mm)：7d | 4.5d | 4.5d | 4d | 3.5d | 3d	
4. 分布在同一圆周上的螺栓数目，应取成(如 4、6、8 等)偶数		为便于在圆周上钻孔时的分度和画线，另外同一螺栓组紧固件形状、尺寸、材料应尽量一致
5. 避免螺栓承受附加的弯曲载荷		

笔记

3. 预紧

在生产实践中，大多数螺纹连接在安装时都需要预紧。连接在工作前因预紧所受到的力，称为预紧力。预紧可以增强连接的刚性、紧密性和可靠性，防止受载后被连接件间出现缝隙或发生相对移动。对于普通场合使用的螺纹连接，为了保证连接所需的预紧力，同时又不使螺纹连接件过载，通常由工人用普通扳手凭经验决定。对重要场合(如气缸盖、管路凸缘等)紧密性要求较高的螺纹连接，预紧时应控制预紧力。利用控制拧紧力矩的方法来控制预紧力的大小。测力矩扳手的工作原理是：扳手长柄在拧紧时产生弹性弯曲变形，但和扳手头部固联的指针不发生变形，当扳手长柄弯曲时，和长柄固联的刻度盘在指针下便显示出拧紧力矩的大小。图 3-84(a)所示为测力矩扳手的示意图，图 3-84(b)所示为测力矩扳手(俗称公斤扳手)的实物图，图 3-84(c)所示为测力矩扳手力矩刻度盘。

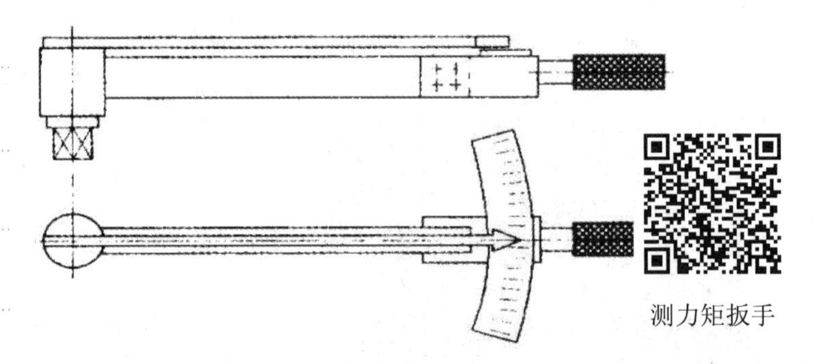

(a) 测力矩扳手的示意图

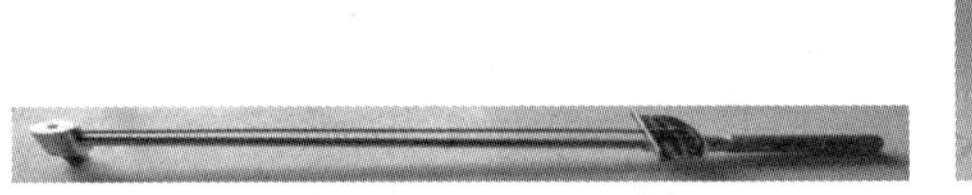

(b) 测力矩扳手的实物图

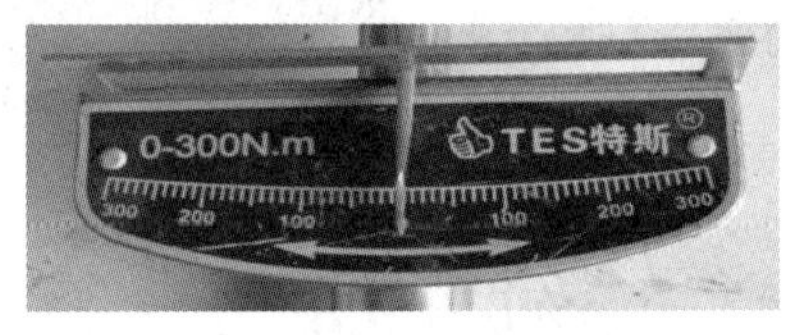

(c) 测力矩扳手刻度盘

图 3-84　测力矩扳手

图 3-85(a)所示为机械式实物图。图 3-85(b)所示为电子式实物图。图 3-85(c)所示为手柄的头部，头部上有一棘轮转向开关，拨动开关，扳手可换方向转动，因头部里有棘轮机构，此扳手在拧紧时只需连续往复摆动，即可拧紧螺母。图 3-85(d)所示为手柄的尾部，有预设扭矩数值的套筒，使用时转动套筒，调节标尺上的数值至所需扭矩值。

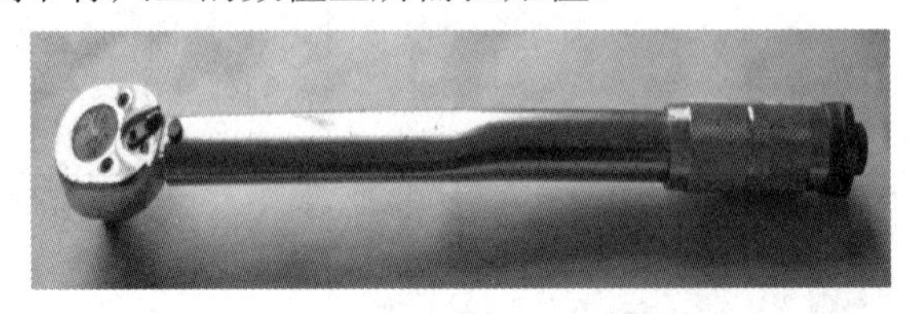

(a) 机械式实物图

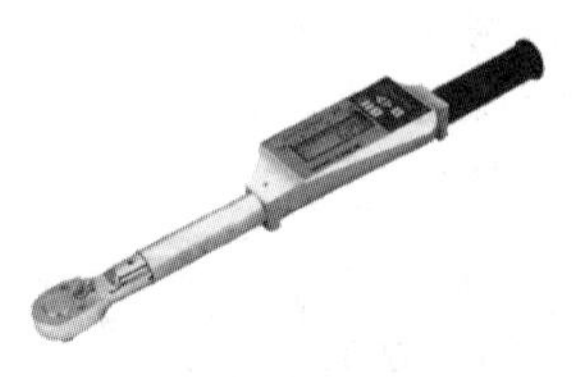

(b) 电子式实物图

笔记

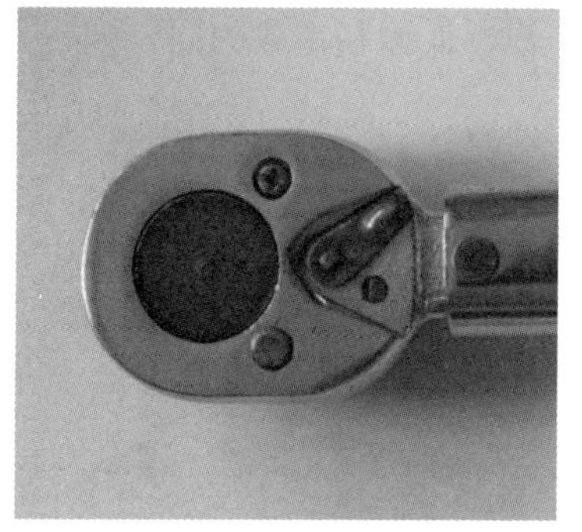

(c) 手柄的头部

(d) 手柄的尾部

图 3-85　预置式扭力扳手

机械式预置式扭力扳手具有声响装置，当紧固件的拧紧扭矩达到预设数值时，能自动发出讯号“咔嗒”的一声，同时伴有明显的手感振动，提示完成工作。

考虑到摩擦因数不稳定和加在扳手上的力有时难以准确控制，可能使螺栓拧得过紧，甚至拧断。因此，对于重要连接不宜采用直径小于 M12～M16mm 的螺栓，并应在装配图上注明拧紧的要求。

如图 3-86 所示，安装工业机器人减速器螺钉应遵循对角加紧原则，并用记号笔对各紧固后的螺钉做记号，此处螺钉所需力矩为 4.8 Nm；并向腔内注入适量润滑油 SKY。

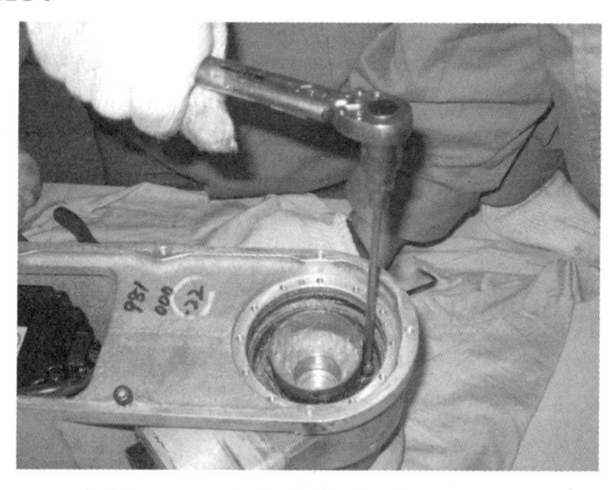

图 3-86　安装谐波减速机的软齿

4. 螺纹连接的防松

连接用的螺纹连接件，一般采用三角形粗牙普通螺纹。正常使用时，螺纹连接本身具有自锁性，螺母和螺栓头部等支承面处的摩擦也有防松作用，因此在静载荷作用下，连接一般不会自动松脱。但在冲击、振动或变载荷作用下，或当温度变化很大时，螺纹中的摩擦阻力可能瞬间消失或减小，这种现象多次重复出现就会使连接逐渐松脱，甚至会引起严重事故。因此，在生产实践使用螺纹连接时必须考虑防松措施，常用的防松方法有以下几种：

1) 对顶螺母

两螺母对顶拧紧后使旋合螺纹间始终受到附加的压力和摩擦力，从而起

笔记

到防松作用。该方式结构简单，适用于平稳、低速和重载的固定装置上的连接，但轴向尺寸较大，如图 3-87 所示。

2) 弹簧垫圈

螺母拧紧后，靠垫圈压平而产生的弹簧弹性反力使旋合螺纹间压紧，同时垫圈斜口的尖端抵住螺母与被连接件的支承面也有防松作用。该方式结构简单，使用方便，但在冲击振动的工作条件下，其防松效果较差，一般用于不重要的连接，如图 3-75、图 3-88 所示。

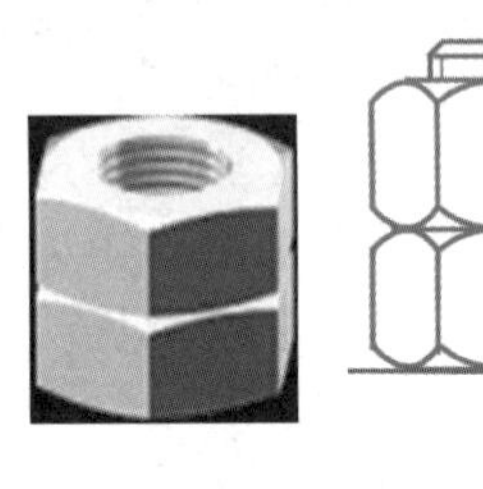
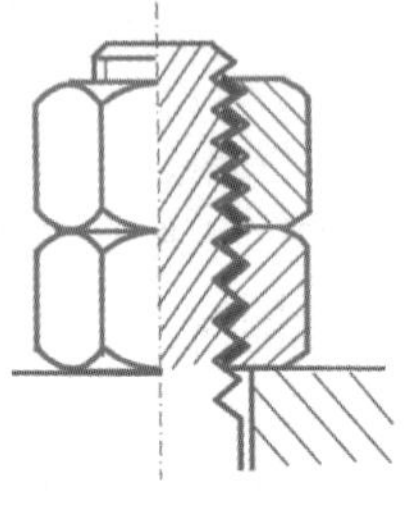

图 3-87　对顶螺母

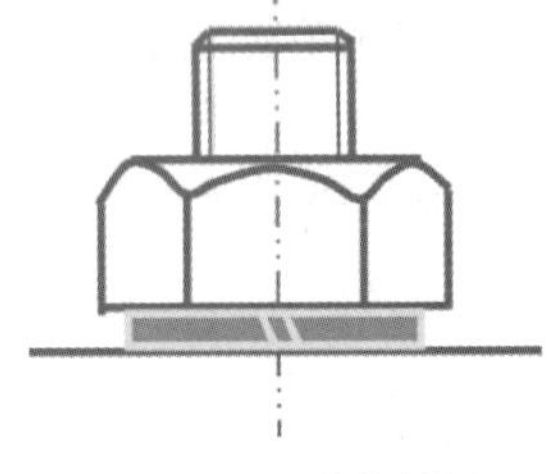

图 3-88　弹簧垫圈

3) 开口销与六角开槽螺母

将开口销穿入螺栓尾部小孔和螺母槽内，并将开口销尾部掰开与螺母侧面贴紧，靠开口销阻止螺栓与螺母相对转动以防松。该方式适用于较大冲击、振动的高速机械中，如图 3-89 所示。

开口销与六角开槽螺母

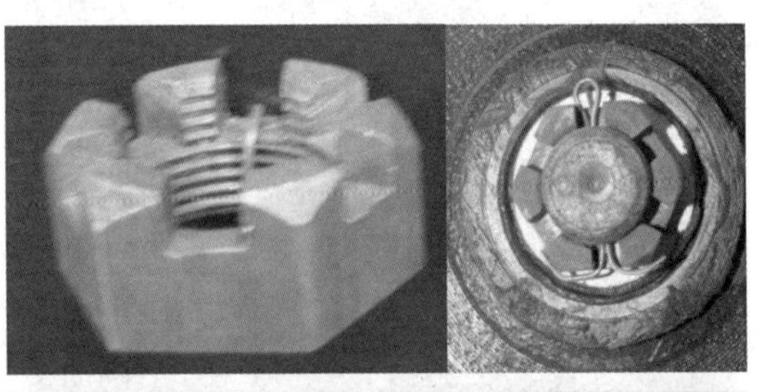
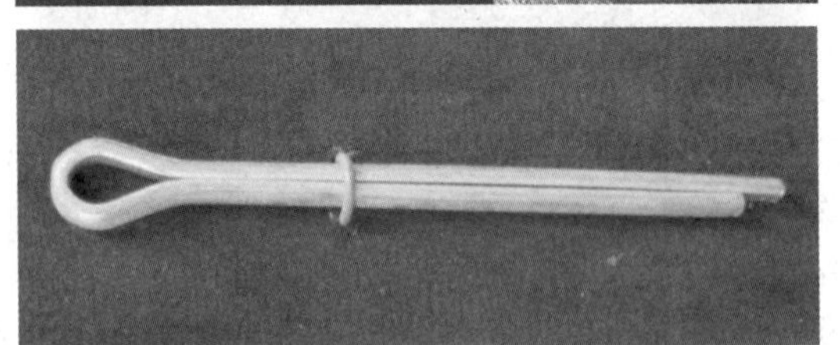

图 3-89　开口销与六角开槽螺母

4) 圆螺母与止动垫圈

垫圈的内圆有一内舌，垫圈的外圆有若干的外舌，螺杆(轴)上开有槽。使用时，先将止动垫圈的内舌插入螺杆的槽内，当螺母拧紧后，再将止动垫圈的外舌之一折嵌入圆螺母的沟槽中，使螺母和螺杆之间没有相对运动。该方式的防松效果较好，多用于轴上滚动轴承的轴向固定，如图 3-90 所示。

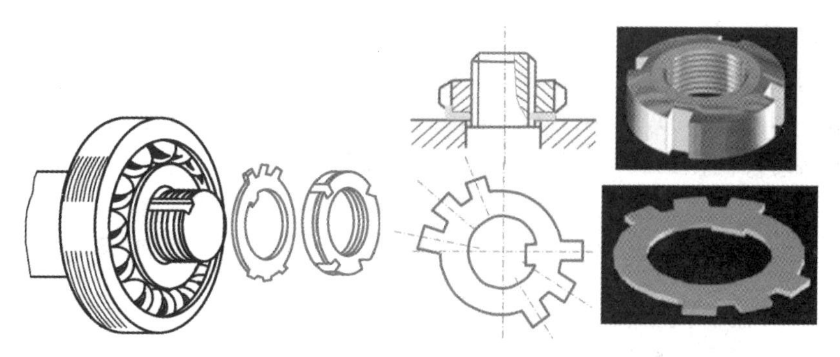

图 3-90　圆螺母与止动垫圈

5) 止动垫圈

螺母拧紧后，将单耳或双耳止动垫圈上的耳分别向螺母和被连接件的侧面折弯贴紧，即可将螺母锁住。该方式结构简单、使用方便、防松可靠，如图 3-91 所示。

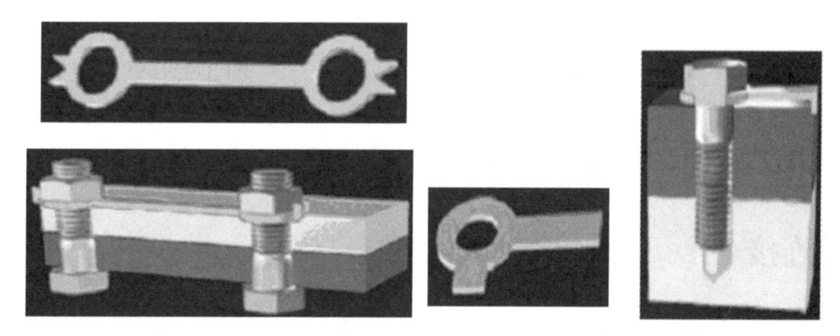

图 3-91　止动垫圈

6) 串联钢丝

用低碳钢丝穿入各螺钉头部的孔内，将各螺钉串联起来使其相互制约。该方式适用于螺钉组连接，其防松可靠，使用时必须注意钢丝的穿入方向，但装拆不方便，如图 3-92 所示。

7) 冲点

在螺纹件旋合好后，用冲头在旋合缝处或在端面冲点防松。这种防松方法效果很好，但此时螺纹连接成了不可拆连接，如图 3-93 所示。

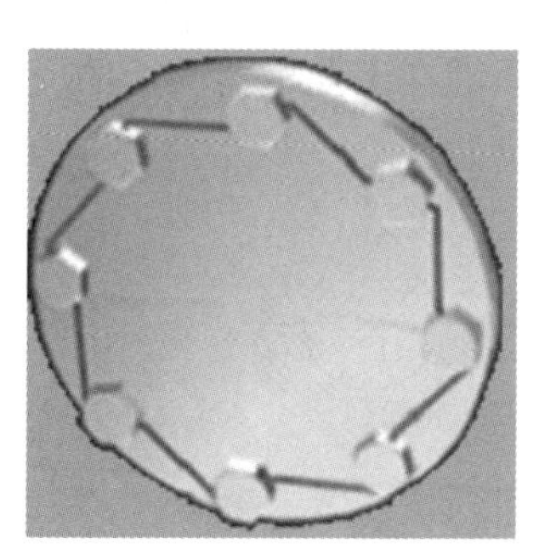

图 3-92　串联钢丝

图 3-93　冲点

笔记

8) 黏合剂

用黏合剂涂于螺纹旋合表面，拧紧螺母后黏合剂能自行固化，防松效果良好，但不便拆卸，如图 3-94 所示。如图 3-95 所示，在工业机器人采用螺纹连接时，向锁紧螺母注入锁紧液体(Loctite 243)。

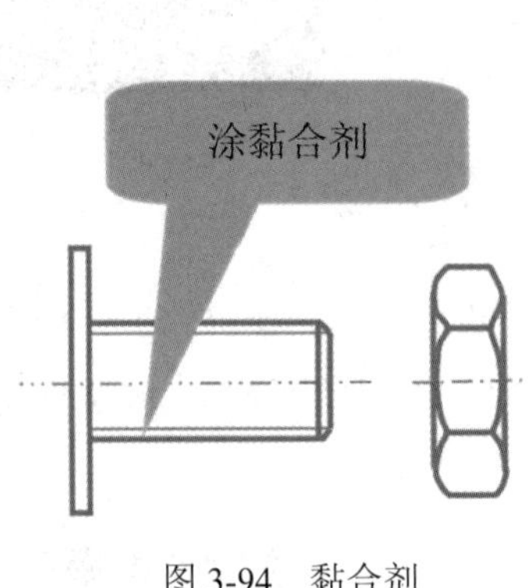

图 3-94　黏合剂

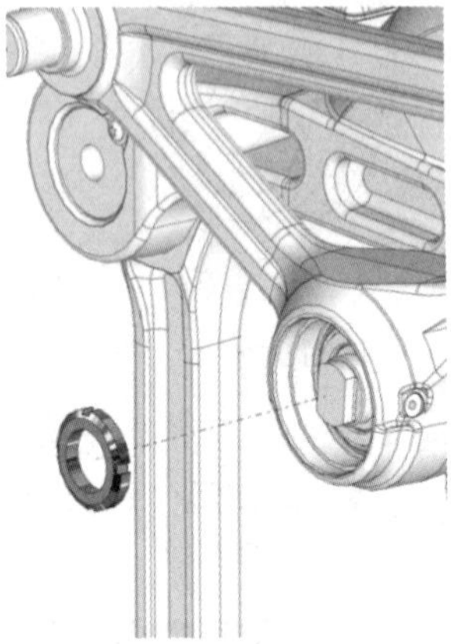

图 3-95　螺纹连接

看一看：本单位的工业机器人所用螺纹连接。

二、键连接

键常用于连接轴和轴上零件，实现周向固定以传递运动和转矩的作用。靠平键的两侧面传递转矩，键的两侧面是工作面，对中性好；键的上表面与轮毂上的键槽底面留有间隙，以便装配。

1. 普通平键

1) 连接

平键的上下两面和两个侧面都互相平行。如图 3-96 所示，工作时靠键与键槽侧面的挤压来传递转矩，故键的两个侧面是工作面，键的上表面与轮毂槽底之间留有间隙。其具有对中性好、装拆方便、结构简单等优点，但它不能承受轴向力，对轴上零件不能起到轴向固定的作用。端部形状有圆头(A 型)、平头(B 型)和单圆头(C 型)三种，如图 3-97 所示。其中 A 型键应用最广，C 型键一般用于轴端。图 3-98 所示为普通平键在工业机器人上的应用。

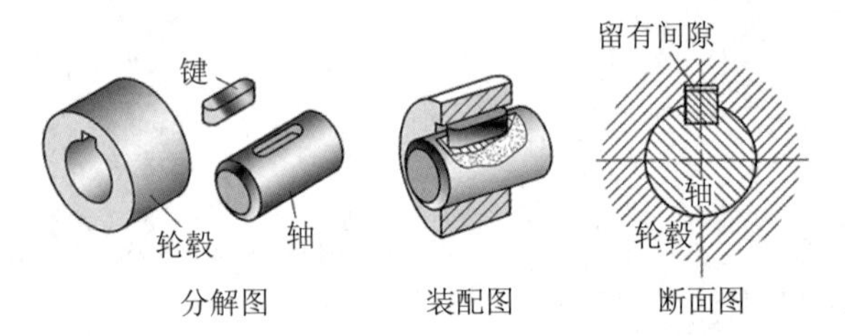

图 3-96　普通平键

笔记

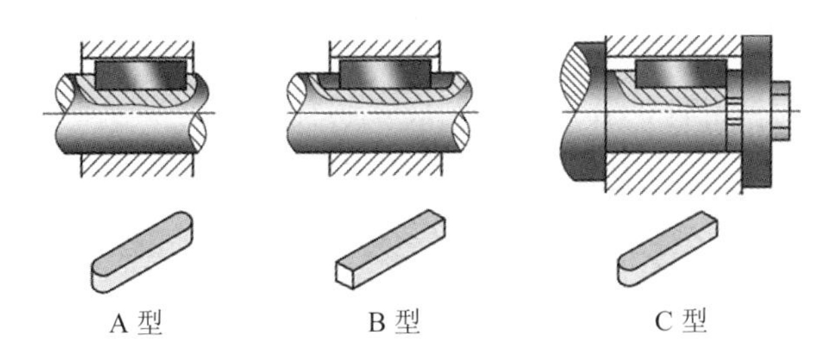

图 3-97　端部形状

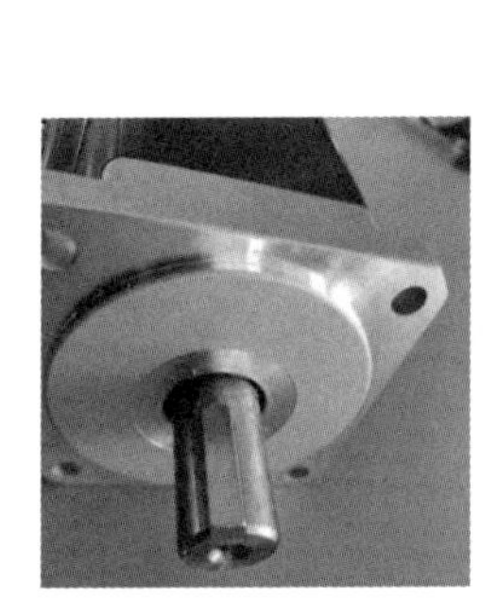

图 3-98　普通平键在工业机器人上的应用

2) 选择

平键是标准件，只需根据用途、轮毂长度等选取键的类型和尺寸。普通平键的主要尺寸是键宽 b、键高 h、键长 L，普通平键的尺寸应根据需要从标准中选取，如图 3-99 所示。

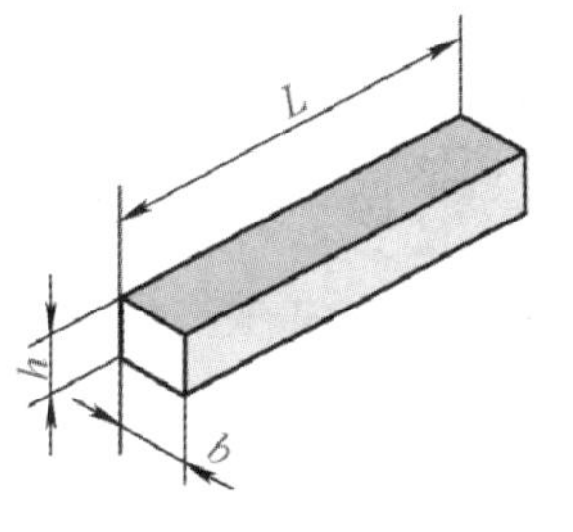

图 3-99　普通平键

根据轴的直径 d 从标准中选择键的宽度 b、高度 h。键的长度 L 根据轮毂长度确定，键长应比轮毂长度短 5～10 mm，还应符合标准中规定的长度系列(见表 3-17)。导向平键的键长按轮毂长度及轴上零件的滑动距离而定，所选键长亦应符合标准规定的长度系列。

表 3-17　普通平键的主要尺寸　　　　单位：mm

轴径 d	>10～12	>12～17	>17～22	>22～30	>30～38	>38～44	>44～50
键宽 b	4	5	6	8	10	12	14
键高 h	4	5	6	7	8	8	9
键长 L	8～45	10～56	14～70	18～90	22～110	28～140	36～160
轴径 d	>50～58	58～65	>65～75	>75～85	>85～95	>95～110	>110～130
键宽 b	16	18	20	22	25	28	32
键高 h	10	11	12	14	14	16	18
键长 L	45～180	50～200	56～220	63～250	70～280	80～320	90～360

注：键的长度系列为 8，10，12，14，16，18，20，22，25，28，32，36，40，45，50，63，70，80，90，100，110，125，140，160，180，200，220，250，280，320，360。

笔记

3) 键的标记

普通平键为标准件，其标记示例如表 3-18 所示。

表 3-18 键的标记示例

序 号	名 称	键的型式	规定标记示例
1	圆头普通平键(GB/T 1096—2003)		$b=8$、$h=7$、$L=25$ 的普通平键(A 型)：键 8 × 25 GB/T 1096—2003
2	半圆键(GB/T 1099—2003)		$b=6$、$h=10$、$d_1=25$、$L=24.5$ 的半圆键：键 6 × 25 GB/T 1099—2003
3	钩头楔键(GB/T 1565—2003)		$b=18$、$h=11$、$L=100$ 的钩头楔键：键 18 × 100 GB/T 1565—2003

做一做：在键连接中，齿轮处的轴的直径 $d=70$ mm，齿轮轮毂长度 $L=100$ mm，试选择键的尺寸大小，包括键的宽度 b、高度 h。其中键长应比轮毂宽度小一些，并对该键进行标记。

2. 导向平键

如图 3-100 所示，导向平键是一种较长的平键，用螺钉固定在轴上，为了使键拆卸方便，在键的中部制有起键螺孔。键与轮毂采用间隙配合，轴上零件能做轴向滑动，适用于移动距离不大的场合。

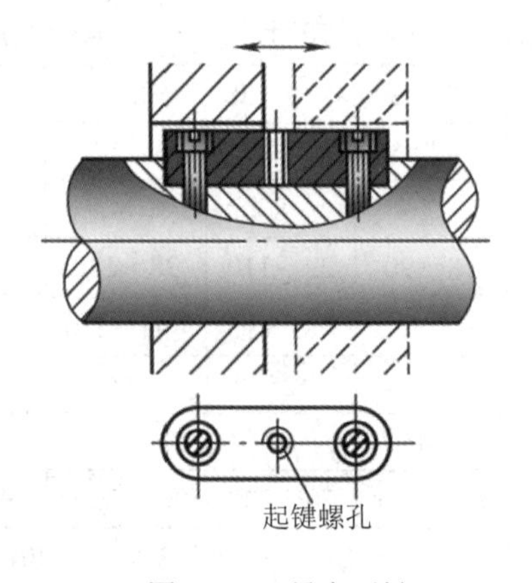

图 3-100 导向平键

导向平键

笔记

3. 滑键

滑键固定在轴上零件的轮毂槽中，并随同零件在轴上的键槽中滑移，适用于轴上零件滑移距离较大的场合，如图 3-101 所示。

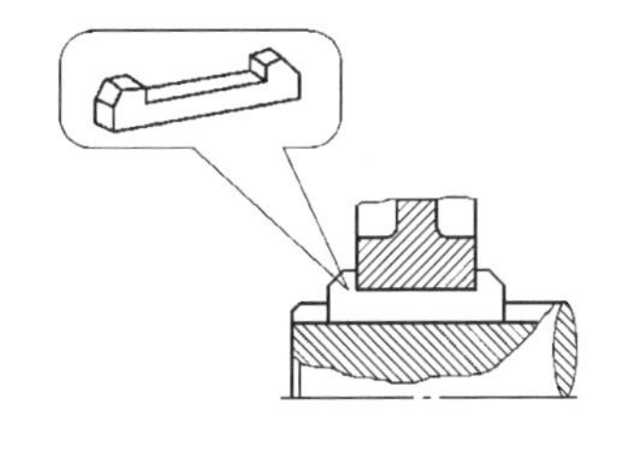
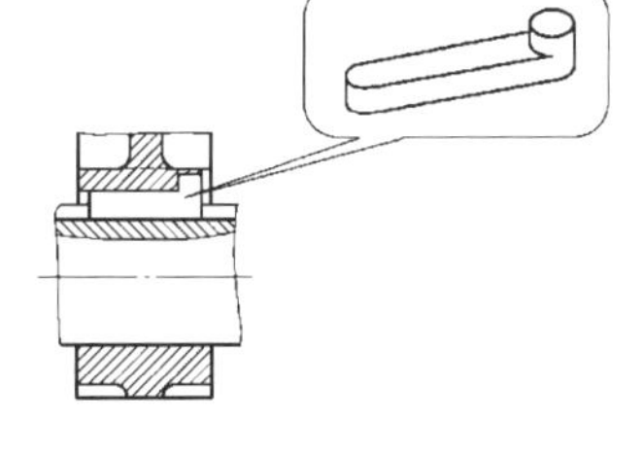

图 3-101　滑键

滑键

4. 半圆键连接

如图 3-102 所示，半圆键连接靠键的两个侧面传递转矩，故其工作面为两侧面，键能在槽中绕其几何中心摆动，以适应轮毂槽由于加工误差所造成的斜度，一般用于轻载场合的连接，特别适用于锥形轴与轮毂的连接。

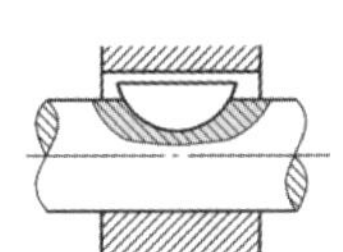
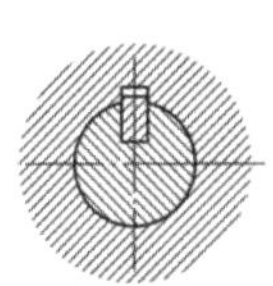
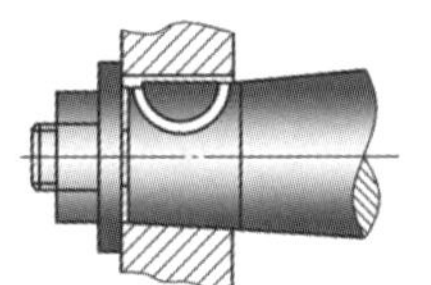

图 3-102　半圆键连接

半圆键连接

5. 楔键

如图 3-103 所示，楔键与键槽的两个侧面不相接触，为非工作面。楔键连接能使轴上零件轴向固定，并能使零件承受单方向的轴向力。楔键用于定心精度要求不高，荷载平稳和低速的场合。

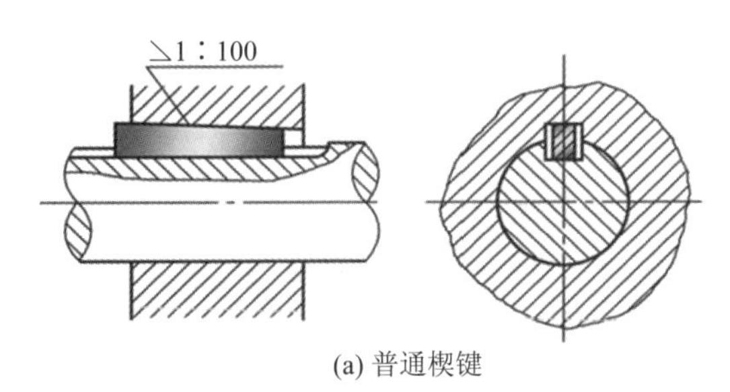

(a) 普通楔键

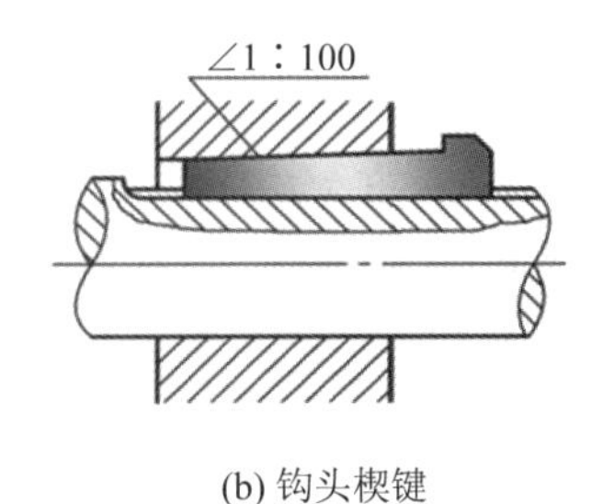

(b) 钩头楔键

图 3-103　楔键

6. 切向键

如图 3-104 所示，切向键由一对具有 1：100 斜度的楔键沿斜面拼合而成，上下两工作面互相平行，轴和轮毂上的键槽底面没有斜度。

切向键

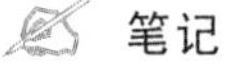
笔记

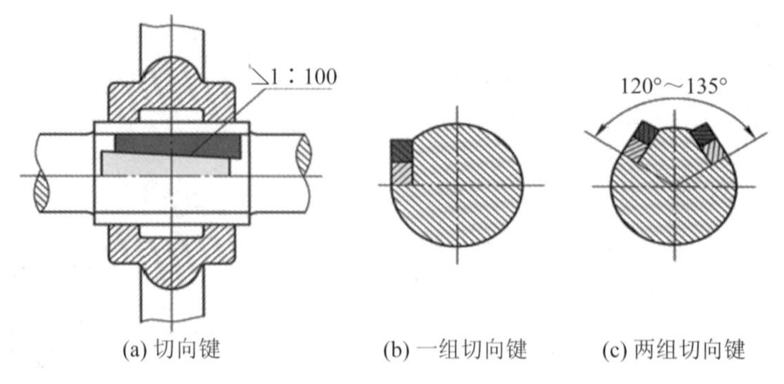

(a) 切向键　(b) 一组切向键　(c) 两组切向键

图 3-104　切向键

7. 花键

花键连接是由沿轴和轮毂孔周向均布的多个键齿相互啮合而成的连接，如图 3-105 所示。花键已标准化，其标记为：N(键数) × d(小径) × D(大径) × B(键宽)。花键分为矩形花键和渐开线花键。

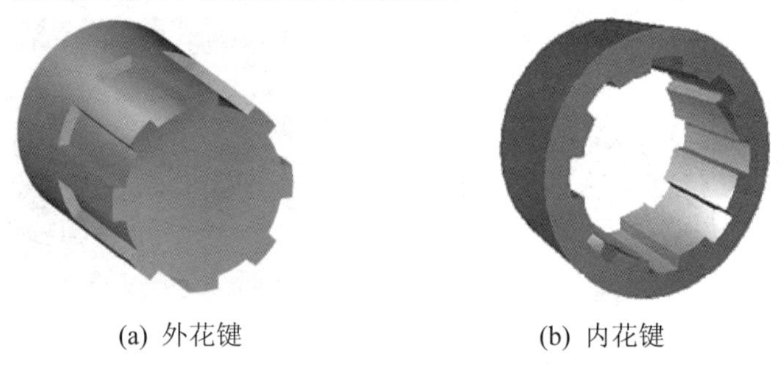

(a) 外花键　(b) 内花键

图 3-105　内外花键

1) 矩形花键

如图 3-106 所示，矩形花键的齿侧边为直线，廓形简单，一般采用小径定心。这种定心方式的定心精度高、稳定性好，但花键轴和孔上的齿均需在热处理后磨削，以消除热处理变形。

2) 渐开线花键

如图 3-106 所示，渐开线花键的两侧齿形为渐开线。标准规定：渐开线花键的标准压力角有 30° 和 45° 两种。受载时，齿上有径向分力，能起自动定心作用，有利于各齿受力均匀，因此多采用齿形定心。渐开线花键可用加工齿轮的方法制造，工艺性好，易获得较高的精度和互换性，齿根强度高，应力集中小，寿命长，因此常用于载荷较大、定心精度要求较高，以及尺寸较大的连接。

如图 3-107 所示，工业机器人机身包括两个运动，即机身的回转和升降。机身回转机构置于升降缸之上。手臂部件与回转缸的上端盖连接，回转缸的动片与缸体连接，由缸体带动手臂回转运动。回转缸的转轴与升降缸的活塞杆是一体的。活塞的杆采用空心，内装一花键套与花键轴配合，活塞的升降由花键轴导向。花键轴与升降缸的下端盖用键来固定，下端盖与连接地面的

笔记

底座固定。这样固定了花键轴，也通过花键轴固定了活塞杆。这种结构的导向杆在内部，结构紧凑。

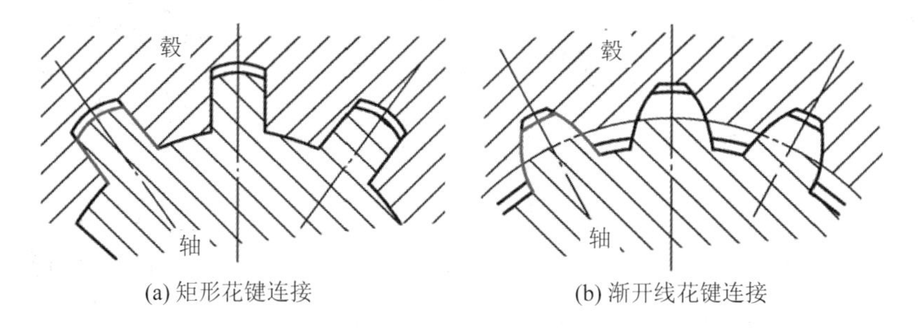

(a) 矩形花键连接　　(b) 渐开线花键连接

图 3-106　花键

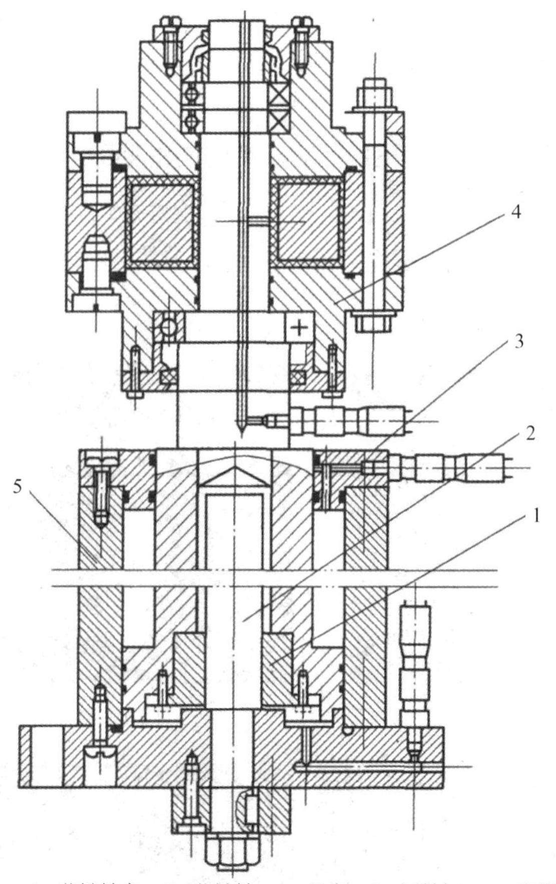

1—花键轴套；2—花键轴；3—活塞；4—回转缸；5—升降缸

图 3-107　工业机器人机身回转升降型机身结构

三、销连接

销连接主要用于固定零件之间的相对位置，如图 3-108(a)所示；也可用于轴与毂的连接或其他零件的连接，以传递不大的载荷，如图 3-108(b)所示。在安全装置中，销还常用作过载剪断元件，如图 3-108(c)所示，称为安全销。

笔记

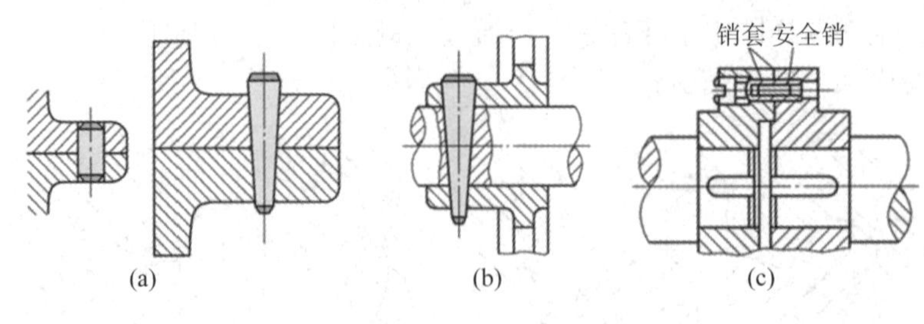

图 3-108　销连接

销按其外形可分为圆柱销(见图 3-109)、圆锥销(见图 3-110)及异形销(见图 3-111)等。与圆柱销、圆锥销相配的被连接件孔均需铰光和开通。圆锥销连接的销和孔均制有 1∶50 的锥度，装拆方便，且多次装拆对定位精度影响较小，故可用于需经常装拆的场合。特殊结构形式的销统称为异形销。用于安全场合的销称为安全销(见图 3-112)。有些销带有螺纹，如图 3-113 和图 3-114 所示。

圆柱销

圆锥销

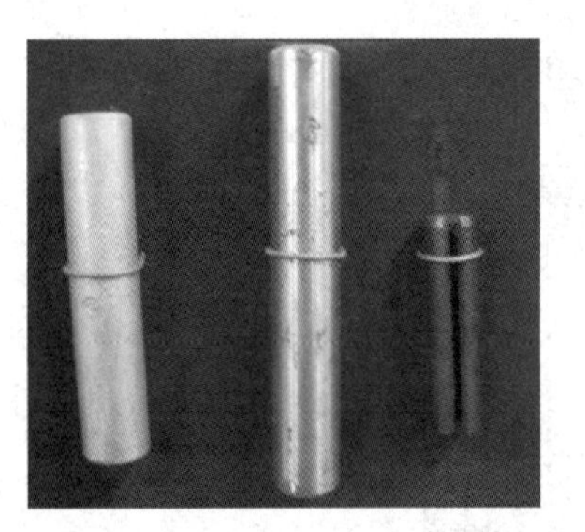

图 3-109　圆柱销

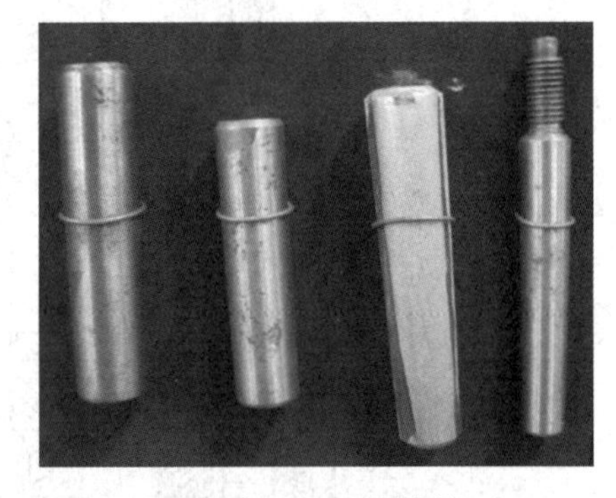

图 3-110　圆锥销

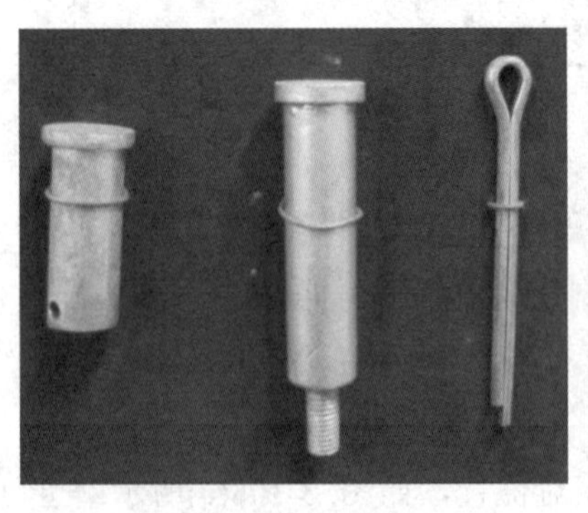

图 3-111　异形销

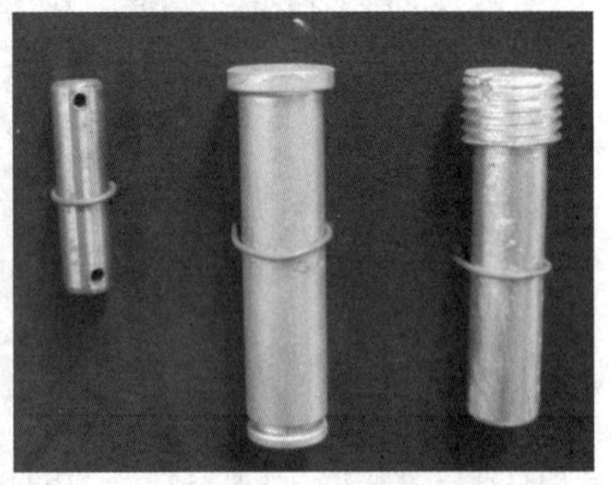

图 3-112　安全销

笔记

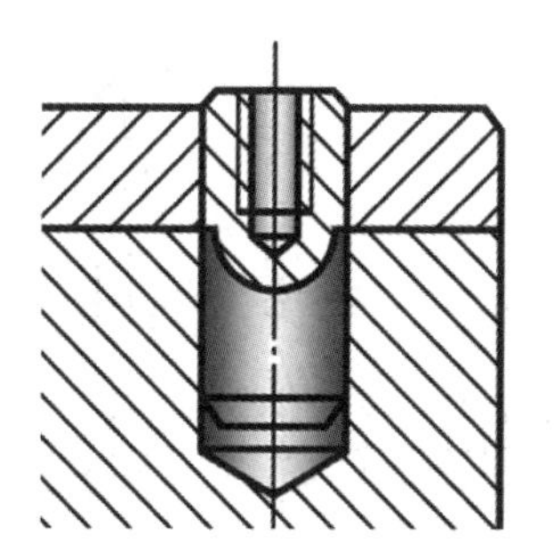

图 3-113　内螺纹圆柱销

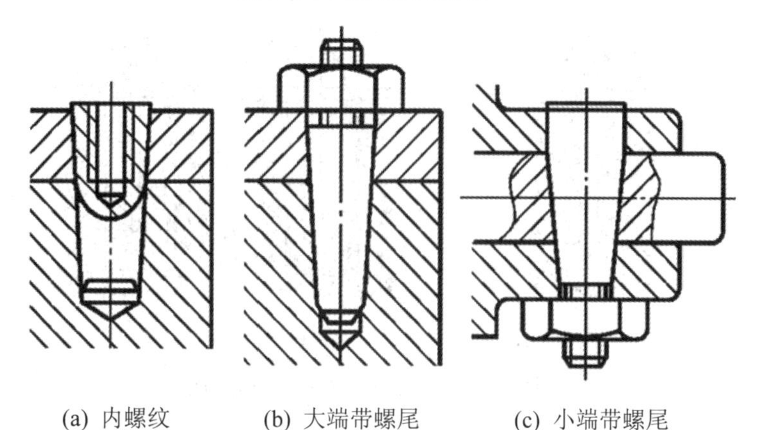

(a) 内螺纹　　(b) 大端带螺尾　　(c) 小端带螺尾

图 3-114　带螺纹圆锥销

四、膨胀螺栓与地脚螺栓连接

1. 简介

图 3-115 所示为膨胀螺栓，该螺栓头部为一圆锥体，杆部装一软套筒，套筒上开有轴向槽。安装时，先将螺栓杆连同套筒装在被连接孔中，拧紧末端螺母时，锥体压入套筒，靠套筒变形将螺栓固定在被连接件中，末端有平端形和钩形等。这种连接结构简单，安装方便，应用广泛。

常用的各种膨胀螺栓与地脚螺栓及固定方式见图 3-116、图 3-117、图 3-118、图 3-119。地基平面尺寸应大于工业机器人支承面积的外廓尺寸，还需考虑安装、调整和维修所需尺寸。地脚螺栓有时又称为锚栓。

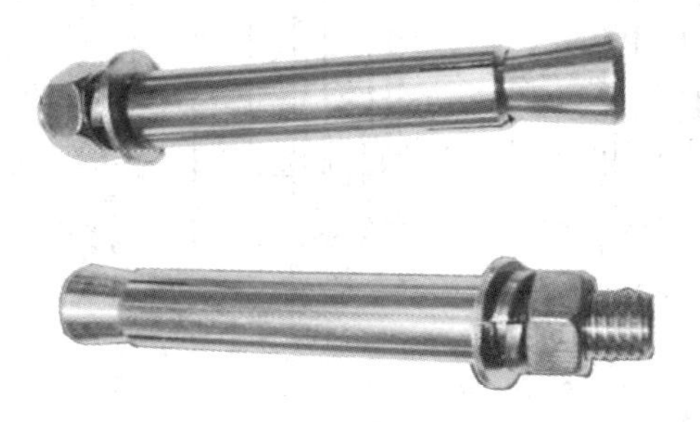

图 3-115　膨胀螺栓

笔记

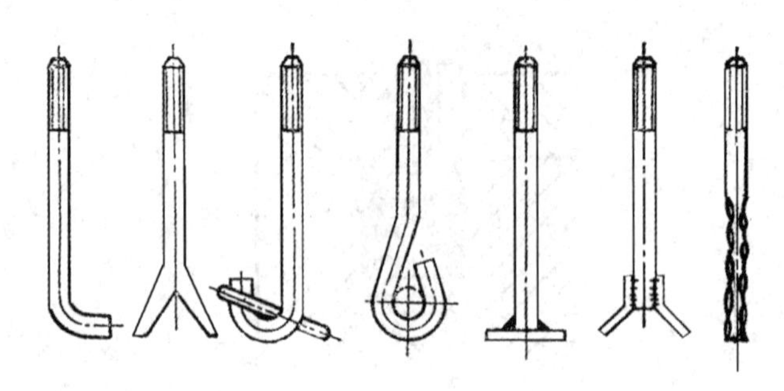

图 3-116　固定地脚螺栓

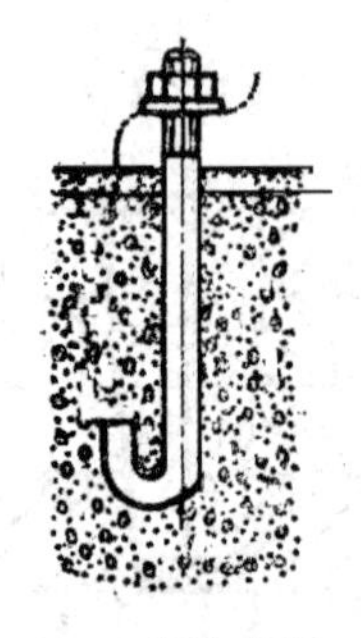

(a) 一次浇灌法

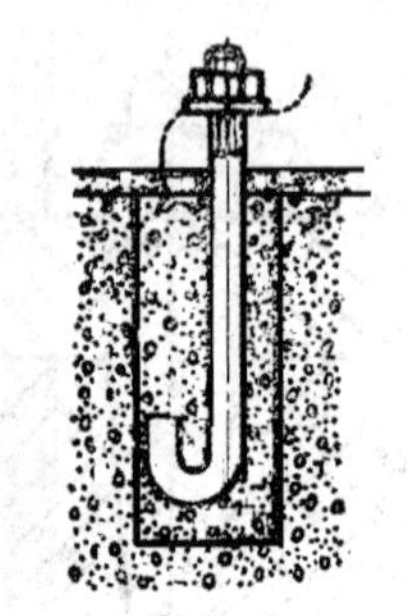

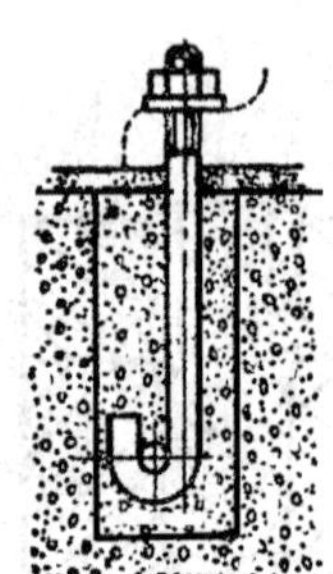

(b) 二次浇灌法

图 3-117　固定地脚螺栓的固定方法

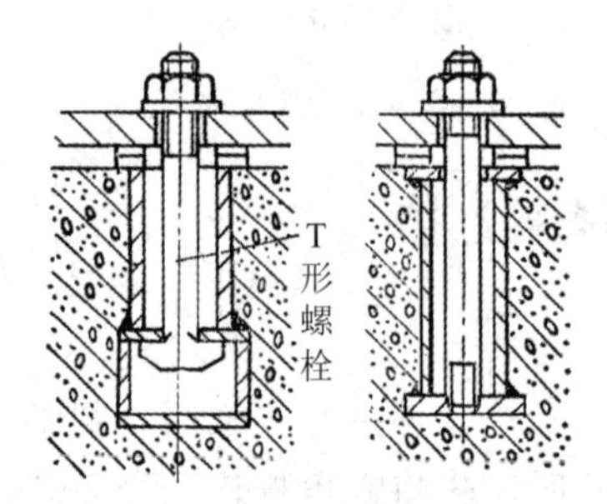

图 3-118　活地脚螺栓

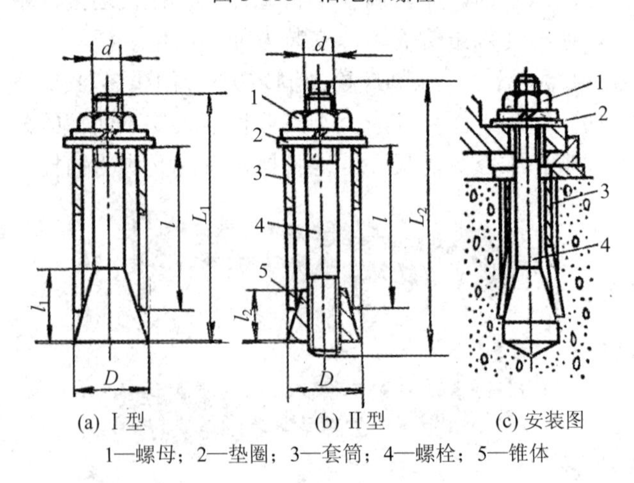

1—螺母；2—垫圈；3—套筒；4—螺栓；5—锥体

图 3-119　膨胀螺栓

笔记

2. 工业机器人底板的安装

某一 KUKA 工业机器人底板的尺寸和结构如图 3-120、图 3-121 所示。其安装步骤如下。

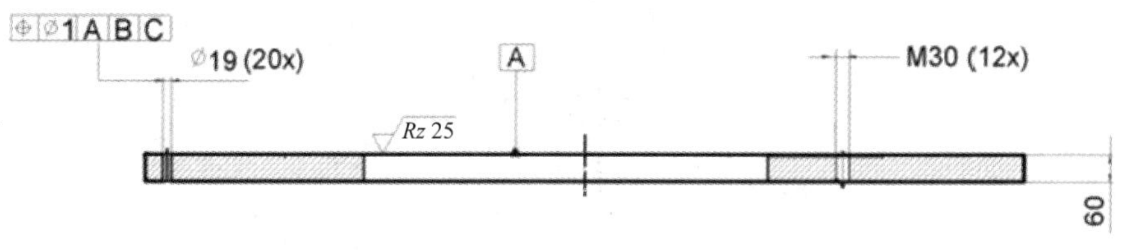

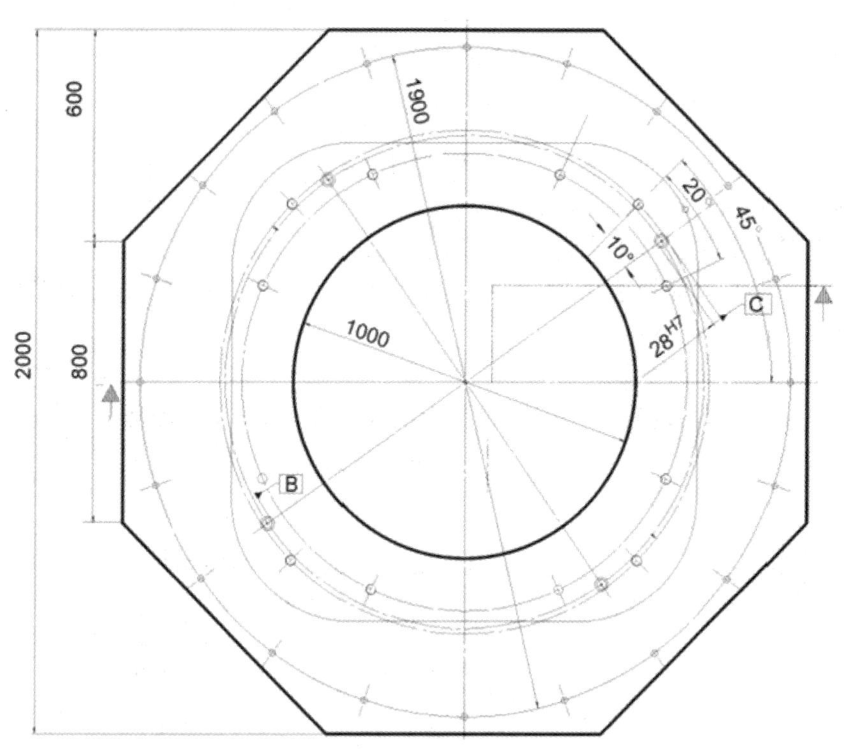

图 3-120　工业机器人底板尺寸

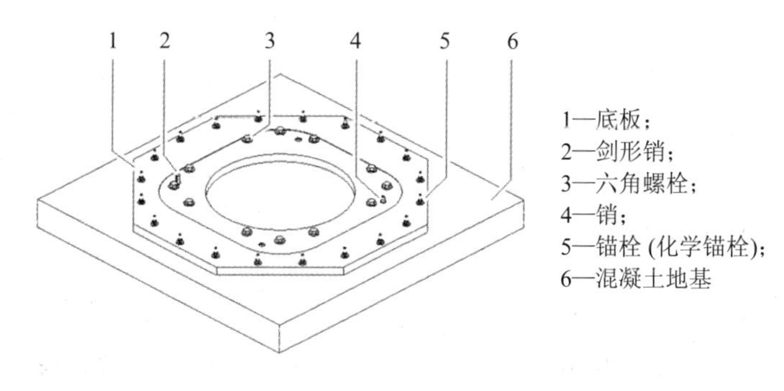

图 3-121　底板结构

(1) 用叉车或运输吊具(见图 3-122)抬起底板。注意：用运输吊具吊起前拧入环首螺栓。

笔记

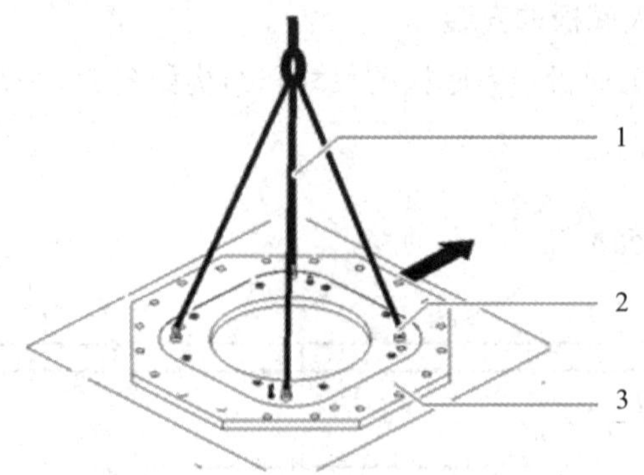

1—运输吊具；2—环首螺栓M30；3—底板

图 3-122　底板运输

(2) 确定底板相对于地基上工作范围的位置。

(3) 将底板放到安装位置的地基上。

(4) 检查底板的水平位置。允许的偏差必须＜3°。

(5) 安装后，让补整砂浆硬化约 3 h。温度低于 293K (+20℃)时，延长硬化时间。

(6) 拆下 4 个环首螺栓。

(7) 通过底板上的孔将 20 个化学锚栓孔(见图 3-123)钻入地基中。

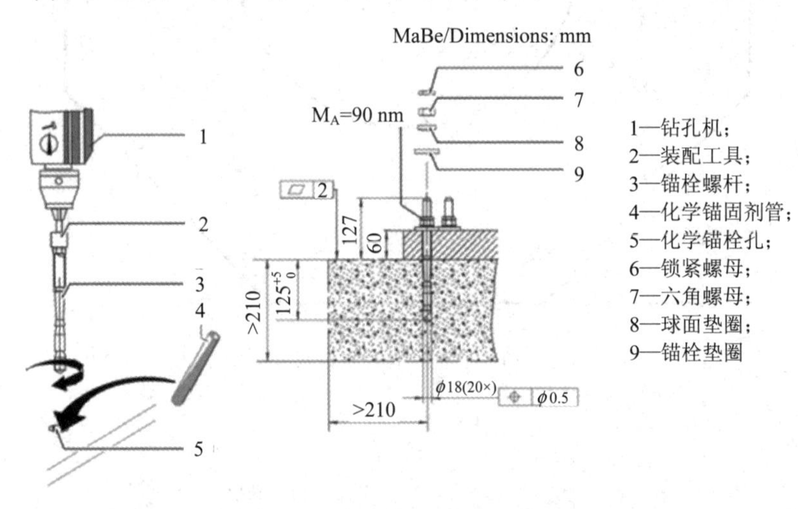

图 3-123　安装锚栓

(8) 清洁化学锚栓孔。

(9) 依次装入 20 个化学锚固剂管。

(10) 为每个锚栓执行以下工作步骤。

(11) 将装配工具与锚栓螺杆一起夹入钻孔机中，然后将锚栓螺杆以不超过 750 r/min 的转速拧入化学锚栓孔中。如果化学锚固剂混合充分，并且地基中的化学锚栓孔已完全填满，则锚栓螺杆就座。

(12) 让化学锚固剂硬化(详见生产商表格或者说明)。以下数值是参考值。

笔记

① 若温度≥293K (+20℃)，则硬化 20 min。

② 283K(+10℃)温度≤293K (+20℃)，则硬化 30 min。

③ 273 K (0℃)温度≤283K (+10℃)，则硬化 1 h。

(13) 放上锚栓垫圈和球面垫圈。

(14) 套上六角螺母，然后用扭矩扳手对角交错拧紧六角螺母；同时应分几次将拧紧扭矩增加至 90 N • m。

(15) 套上并拧紧锁紧螺母。

(16) 将注入式化学锚固剂注入锚栓垫圈上的孔中，直至孔中填满为止。注意并遵守硬化时间。地基准备好后可用于安装机器人。

⚠警告：

(1) 如果底板未完全平放在混泥土地基上，可能会导致地基受力不均或松动。为此将机器人再次抬起，然后用补整砂浆充分涂抹底板底部，用补整砂浆填住缝隙。然后将机器人重新放下并校准，清除多余的补整砂浆。

(2) 在用于固定机器人的六角螺栓下方区域必须没有补整砂浆。

(3) 让补整砂浆硬化约 3 h。若温度低于 293 K (+20℃)时，延长硬化时间。

任务扩展

自攻螺钉连接

自攻螺钉连接是利用螺钉在被连接件的光孔内直接攻出螺纹。螺钉头部形状有盘头、沉头和半沉头，分别如图 3-124(a)、(b)、(c) 所示，头部槽有一字槽、十字槽和开槽等形状，末端有锥端和平端两种，常用于金属薄板、轻合金或塑料零件的连接。在小型工业机器人的机械臂壳体的连接上经常用到自攻螺钉连接。

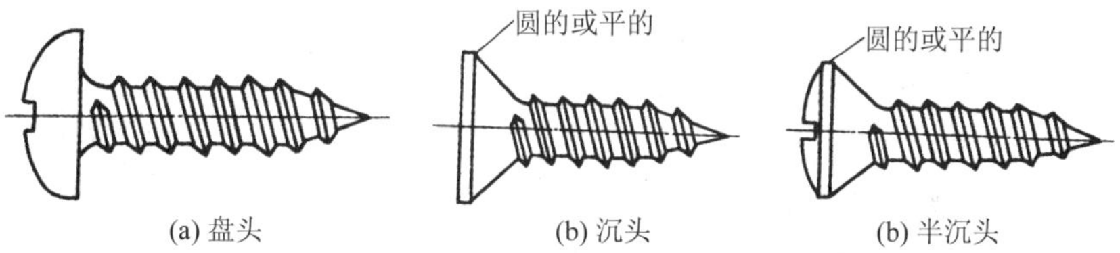

圆的或平的　圆的或平的

(a) 盘头　(b) 沉头　(b) 半沉头

图 3-124　自攻螺钉

任务巩固

一、填空题

1. 根据螺旋线所在面分，螺纹可分为________螺纹和________螺纹。

2. 双头螺柱连接适用于被连接件之一_________而不便于加工通孔并需________的场合。

3. 用黏合剂涂于螺纹旋合表面，拧紧螺母后黏合剂能自行________，防松效果良好，但______拆卸。

笔记

4. 键常用连接轴和轴上零件，实现________固定以传递________和转矩的作用。

5. 导向平键是一种较长的________键，用________固定在轴上。

二、判断题

(　　) 1. 螺钉连接多用于受力不大，不需经常拆装的场合。

(　　) 2. 紧定螺钉连接适用于固定两零件的相对位置，并可传递较大的力和转矩。

(　　) 3. 在生产实践中，大多数螺纹连接在安装时都需要预紧。

(　　) 4. 滑键固定在轴上零件的轮毂槽中能随同零件在轴上的键槽中滑移。

(　　) 5. 楔键的两个侧面是工作面。

三、选择题

1. 螺栓连接适用于(　　)的场合。

A. 被连接件厚不需经常拆装

B. 被连接件厚又需经常拆装

C. 被连接件不太厚不需经常拆装

D. 被连接件不太厚又需经常拆装

2. 普通平键连接的工作面是(　　)。

A. 下表面　　B. 侧面与底面　　C. 两个侧面　　D. 上表面

3. 导向平键与轮毂采用(　　)配合。

A. 过盈　　B. 间隙　　C. 过渡　　D. 都可以

4. 半圆键连接能的键能在槽中能绕其几何中心(　　)。

A. 摆动　　B. 滑动　　C. 转动　　D. 挠动

5. 切向键由一对具有(　　)斜度的楔键沿斜面拼合而成。

A. 1∶50　　B. 1∶30　　C. 1∶10　　D. 1∶100

6. 圆锥销连接的销和孔均制有(　　)的锥度。

A. 1∶50　　B. 1∶30　　C. 1∶10　　D. 1∶100

四、简答题

1. 螺纹连接的防松措施有哪几种？

2. 键连接有哪几种？

3. 销按其外形可分哪几种？

五、双创训练题

看一下本校或单位工业机器人采用了哪几种连接方式，并说明其原因。

笔记

模块四

机器人常用机构

任务一　平面连杆机构

工作任务

图 4-1 所示为常见的工业机器人(ABBIRB 460 工业机器人)，其具有平面连杆机构。图 4-2 所示为几种机械手的简图，图 4-2(a)所示的是采用齿条齿轮传动的手部；图 4-2(b)所示的是采用蜗杆传动的手部；图 4-2(c)所示的是采用连杆斜滑槽传动的手部。它们的共同点是，都采用平行四边形的铰链机构——双曲柄铰链四连杆机构，以实现手指平移；其不同点是，分别采用齿条齿轮、蜗杆蜗轮、连杆斜滑槽的传动方法。

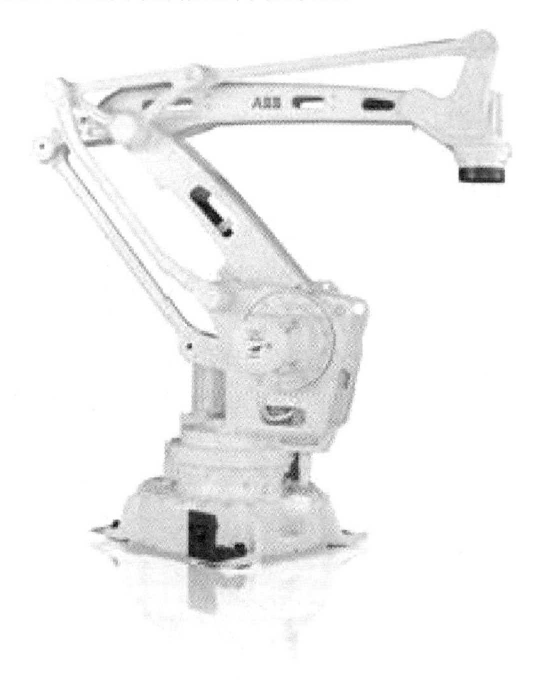

图 4-1　ABBIRB 460 工业机器人

笔记

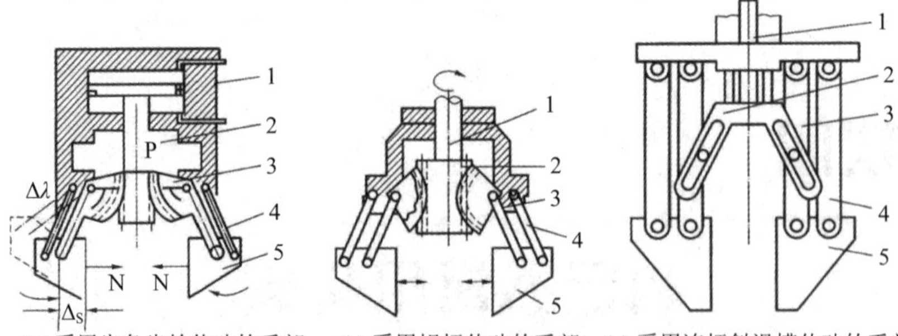

(a) 采用齿条齿轮传动的手部　(b) 采用蜗杆传动的手部　(c) 采用连杆斜滑槽传动的手部

1—驱动器；2—驱动元件；3—驱动摇杆；4—从动摇杆；5—手指

图 4-2　四连杆机构平移型手部

任务目标

知 识 目 标	能 力 目 标
1. 了解平面连杆机构组成及其运动特点 2. 掌握平面连杆机构的基本形式和演化形式的应用 3. 了解曲柄、急回运动、死点等特性 4. 掌握平面连杆机构设计的方法及步骤	1. 能判断铰链四杆机构的类型 2. 能绘制简单机械的机构运动简图 3. 能判断工业机器人的自由度

任务准备

多媒体教学

采用视频、动画等多媒体教学。

一、运动副及其分类

构件和构件之间既要相互连接(接触)在一起，又要有相对运动。两构件之间这种可动的连接(接触)就称为运动副，即关节(Joint)。关节是允许机器人手臂各零件之间发生相对运动的机构，是两构件直接接触并能产生相对运动的活动连接，如图 4-3 所示。A、B 两部件可以作互动连接。运动副元素由两构件上直接参加接触构成运动副的部分组成，包括点、线、面元素。由两构件组成运动副后，限制了两构件间的相对运动。这种相对运动的限制称为约束。

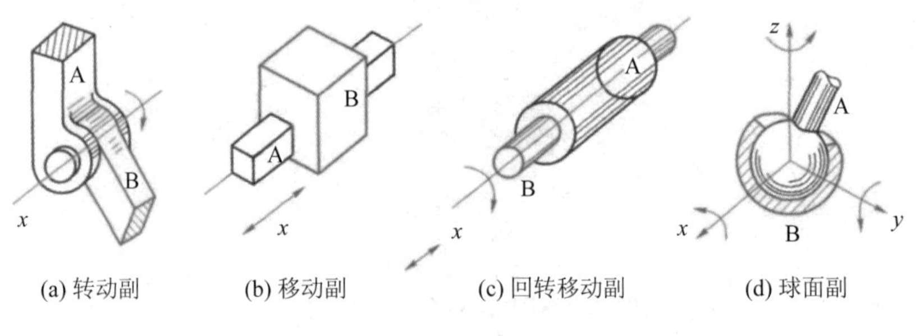

(a) 转动副　(b) 移动副　(c) 回转移动副　(d) 球面副

图 4-3　机器人的关节

笔记

1. 按两构件接触情况分类

按两构件接触情况，运动副分为低副和高副两大类。

1) 低副

低副是指两构件以面接触而构成的运动副，包括转动副和移动副。

(1) 转动副：转动副是指只允许两构件作相对转动，如图 4-3(a)所示。

(2) 移动副：移动副是指组成运动副的两构件只能作相对直线移动的运动副，如图 4-3(b)所示。例如，活塞与气缸体所组成的运动副即为移动副，此平面机构中的低副可以看作是引入两个约束，仅保留一个自由度。

2) 高副

高副是指两构件以点或线接触而构成的运动副，如图 4-4 所示。

(a) 凸轮副

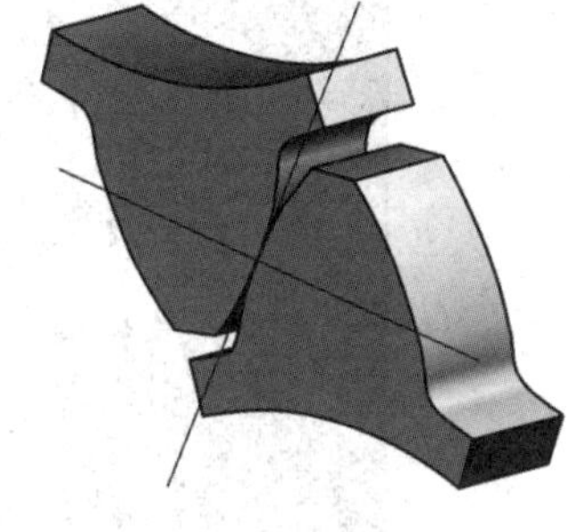

(b) 齿轮副

图 4-4　高副

2. 按运动方式分类

关节是各杆件间的结合部分，是实现机器人各种运动的运动副。由于机器人的种类很多，其功能要求不同，关节的配置和传动系统的形式也不同。机器人常用的关节有移动和旋转运动副。一个关节系统包括驱动器、传动器和控制器，是整个机器人伺服系统中的一个重要环节，属于机器人的基础部件，其结构、重量、尺寸对机器人性能有直接影响。按运动方式分类，具体如下：

1) 回转关节

回转关节，又叫作回转副、旋转关节，是使连接两杆件的组件中的一件相对于另一件绕固定轴线转动的关节，两个构件之间只作相对转动的运动副。例如，手臂与机座、手臂与手腕。多数电动机能直接产生旋转运动，但常需各种齿轮、链、带传动或其他减速装置，以获取较大的转矩。

2) 移动关节

移动关节，又叫作移动副、滑动关节、棱柱关节，是使两杆件的组件中的一件相对于另一件做直线运动的关节，两个构件之间只作相对移动。它采用直线驱动方式传递运动，包括直角坐标结构的驱动、圆柱坐标结构的径向驱动和垂直升降驱动，以及极坐标结构的径向伸缩驱动。直线运动可以直接由气缸或液压缸和活塞产生，还可以采用齿轮齿条、丝杠、螺母等传动元件把旋转运动转换成直线运动。

笔记

3) 圆柱关节

圆柱关节，又叫作回转移动副、分布关节，是使两杆件的组件中的一件相对于另一件移动或绕一个移动轴线转动的关节。两个构件之间除了作相对转动之外，还可以作相对移动。

4) 球关节

球关节，又叫作球面副，是使两杆件间的组件中的一件相对于另一件在3个自由度上绕一固定点转动的关节，即组成运动副的两构件能绕一球心作3个独立的相对转动的运动副。

若两构件之间的相对运动均为空间运动，称为空间运动副。图4-5所示为螺旋副。

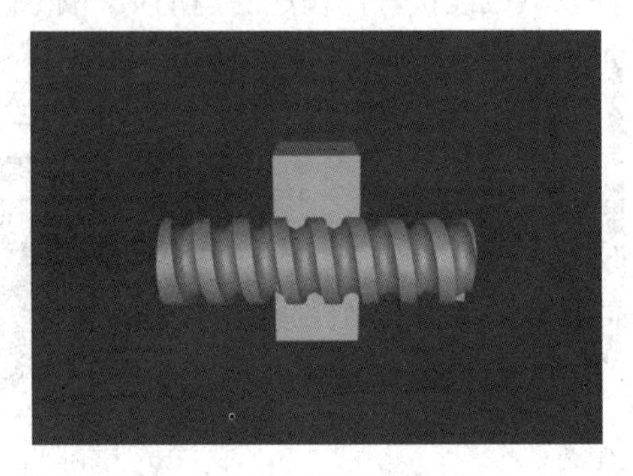

图4-5　螺旋副

二、机构运动简图

构件是组成机构的基本的运动单元，一个零件可以成为一个构件，但多数构件实际上是由若干零件固定联接而组成的刚性组合。图4-6所示为齿轮构件，该构件就是由轴、键和齿轮连接组成的。

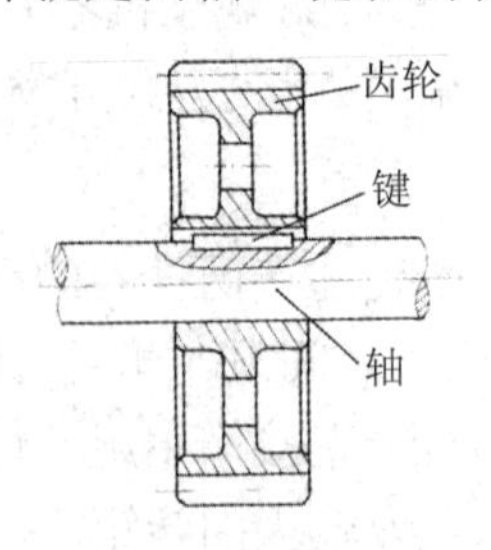

图4-6　齿轮构件

机构简图是指用特定的构件和运动副符号表示机构的一种简化示意图(仅着重表示结构特征)；该简化示意图又按一定的长度比例尺确定运动副的位置，用长度比例尺画出的机构简图称为机构运动简图。机构运动简图清晰地保持了实际机构的运动特征，还简明地表达了实际机构的运动情况。

在实际应用中，有时只需要表明机构运动的传递情况和构造特征，而不要求机构的真实运动情况，因此，不必严格地按比例确定机构中各运动副的

笔记

相对位置。在设计新机器时，常用机构简图进行方案比较。

机构运动简图表示的主要内容有：机构类型、构件数目、运动副的类型和数目以及运动尺寸等。

机构运动简图中构件均用直线或小方块等来表示，画有斜线的表示机架。机构运动简图中构件表示方法如图 4-7 所示。图 4-7(a)、图 4-7(b)表示能组成两个运动副的一个构件，其中图 4-7(a)表示能组成两个转动副的一个构件，图 4-7(b)表示能组成一个转动副和一个移动副的一个构件；图 4-7(c)、图 4-7(d)表示能组成三个转动副的一个构件。

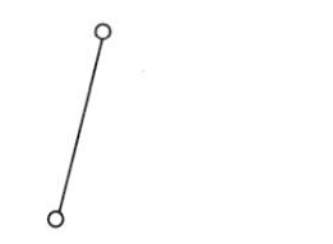

(a) 能组成两个转动副的一个构件

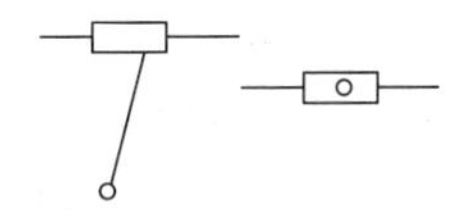

(b) 能组成一个运动副和一个移动副的一个构件

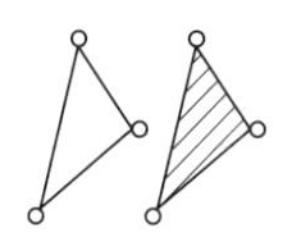

(c) 能组成三个转动副的一个构件

(d) 能组成三个转动副的一个构件

图 4-7　构件简图

1) 运动副的图形符号

机器人所用的零件和材料，以及装配方法等与现有的各种机械完全相同。机器人常用的关节有移动、旋转运动副，常用的运动副图形符号如表 4-1 所示。

表 4-1　常用的运动副图形符号

运动副名称		运动副符号	
	转动副	两运动构件构成的运动副	两构件之一为固定时的运动副
平面运动副	转动副		
	移动副		
	平面高副		

笔记

续表

运动副名称		运动副符号	
空间运动副	螺旋副	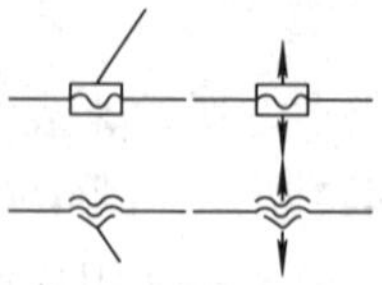	
	球面副及球销副	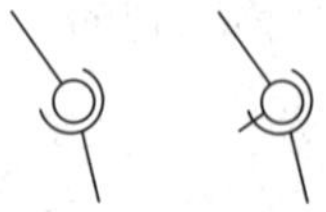	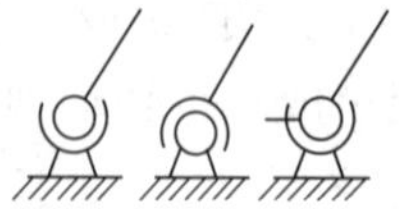

2) 基本运动的图形符号

机器人的基本运动与现有的各种机械表示也完全相同。常用的基本运动图形符号如表 4-2 所示。

表 4-2　常用的基本运动图形符号

序　号	名　　称	符　　号
1	直线运动方向	 单向　双向
2	旋转运动方向	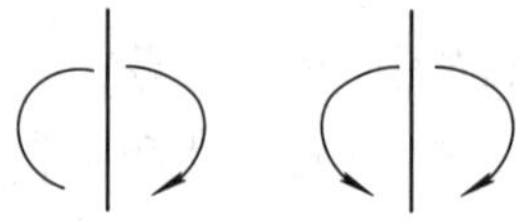 单向　双向
3	连杆、轴关节的轴	
4	刚性连接	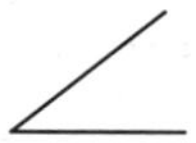
5	固定基础	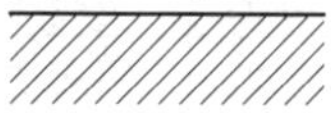
6	机械联锁	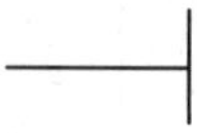

3) 运动机能的图形符号

机器人的运动机能常用的图形符号如表 4-3 所示。

表 4-3　机器人的运动机能常用的图形符号

编号	名称	图形符号	参考运动方向	备　注
1	移动(1)	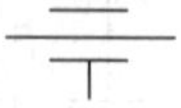	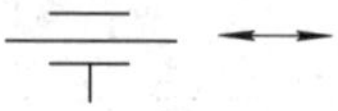	
2	移动(2)	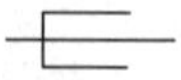	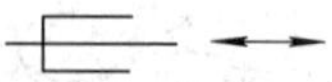	
3	回转机构	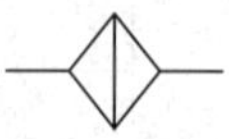	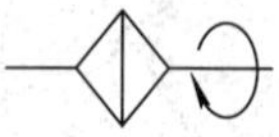	

笔记

续表

编号	名称	图形符号	参考运动方向	备　注
4	旋转(1)	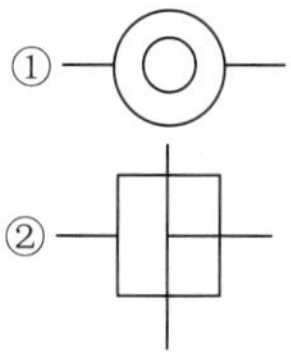 ① ②	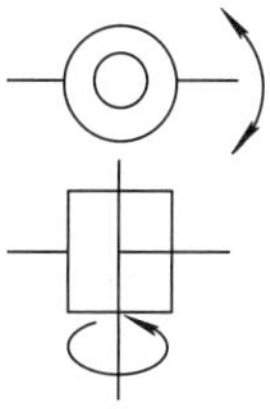	① 一般常用的图形符号 ② 表示①的侧向的图形符号
5	旋转(2)	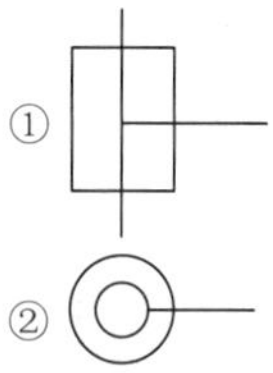 ① ②	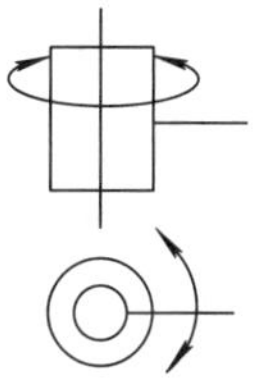	① 一般常用的图形符号 ② 表示①的侧向的图形符号
6	差动齿轮	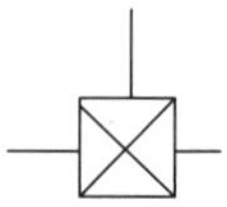	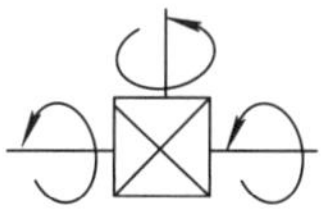	
7	球关节	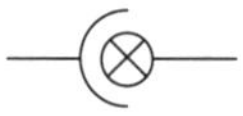		
8	握持	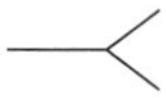	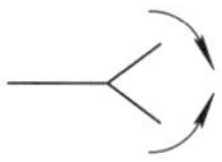	
9	保持			包括已成为工具的装置。工业机器人的工具此处未作规定
10	机座	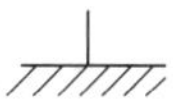		

4) 运动机构的图形符号

机器人的运动机构常用的图形符号如表 4-4 所示。

表 4-4　机器人的运动机构常用的图形符号

序号	名　称	自由度	符　号	参考运动方向	备　注
1	直线运动关节(1)	1	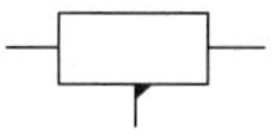	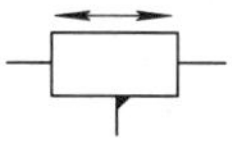	
2	直线运动关节(2)	1	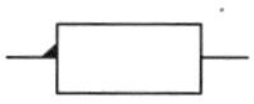	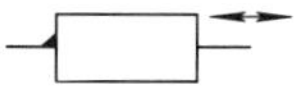	
3	旋转运动关节(1)	1	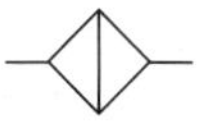		

笔记

续表

序号	名　称	自由度	符　号	参考运动方向	备　注
4	直线运动关节(2)	1			平面
5		1	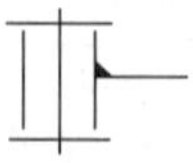	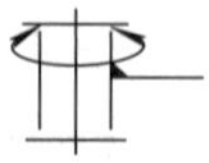	立体
6	轴套式关节	2		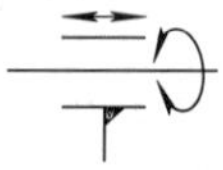	
7	球关节	3		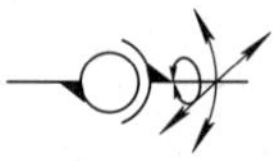	
8	末端操作器		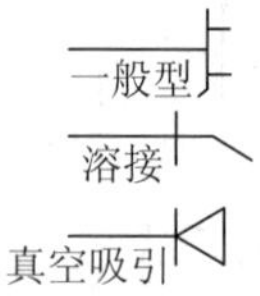 一般型 溶接 真空吸引		用途示例

任务实施

技能训练

根据实际情况，让学生在教师的指导下进行技能训练。

一、平面机构运动简图的绘制步骤

平面机构运动简图的绘制步骤如下：

(1) 运转机械，搞清楚运动副的性质、数目和构件数目。

(2) 从原动件开始，沿着运动传递路线，分析各构件间的相对运动性质，确定运动副的种类、数目以及定各运动副的位置。

(3) 测量各运动副之间的尺寸，选投影面(运动平面)，绘制示意图。

(4) 按比例绘制运动简图。简图比例尺为

$$\mu_l = \text{实际尺寸 m / 图上长度 mm} \tag{4-1}$$

(5) 按机构运动传递顺序，从原动件开始，用规定的符号和线条绘制出机构运动简图，并标注出原动件、构件的编号。

(6) 检验机构是否满足运动确定的条件。

注意：绘制机构的运动简图时，机构的瞬时位置不同，所绘制的简图也不同。

机器人的机构简图是描述机器人组成机构的直观图形表达形式，是将机器人的各个运动部件用简便的符号和图形表达出来，此图可用上述图形符号体系中的文字与代号表示。典型工业机器人的机构简图如图 4-8 所示。

笔记

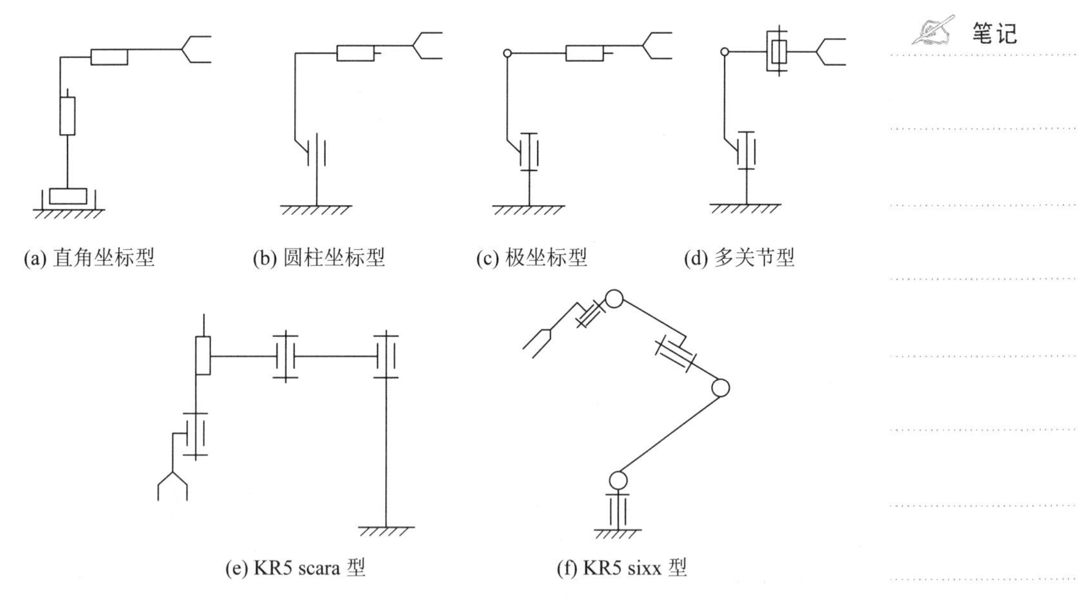

(a) 直角坐标型　(b) 圆柱坐标型　(c) 极坐标型　(d) 多关节型

(e) KR5 scara 型　(f) KR5 sixx 型

图 4-8　典型机器人机构简图

二、自由度

把构件相对于参考系具有的独立运动参数的数目称为自由度。构件的自由度是构件可能出现的独立运动。任何一个构件在空间自由运动时有 6 个自由度，在平面运动时有 3 个自由度。

自由度通常作为机器人的技术指标，反映机器人动作的灵活性，可用轴的直线移动、摆动或旋转动作的数目来表示。表 4-5 为常见机器人自由度的数量，下面详细讲述各类机器人的自由度。

表 4-5　常见机器人自由度的数量

<table>
<tr><th>序号</th><th colspan="2">机器人种类</th><th>自由度数量</th><th>移动关节数量</th><th>转动关节数量</th></tr>
<tr><td>1</td><td colspan="2">直角坐标</td><td>3</td><td>3</td><td>0</td></tr>
<tr><td>2</td><td colspan="2">圆柱坐标</td><td>5</td><td>2</td><td>3</td></tr>
<tr><td>3</td><td colspan="2">球(极)坐标</td><td>5</td><td>1</td><td>4</td></tr>
<tr><td rowspan="2">4</td><td rowspan="2">关节</td><td>SCARA</td><td>4</td><td>1</td><td>3</td></tr>
<tr><td>6轴</td><td>6</td><td>0</td><td>6</td></tr>
<tr><td>5</td><td colspan="2">并联机器人</td><td>需要计算</td><td></td><td></td></tr>
</table>

1. 直角坐标机器人的自由度

直角坐标机器人的臂部具有 3 个自由度，如图 4-9 所示。其移动关节各轴线相互垂直，使臂部可沿 X、Y、Z 3 个自由度方向移动，构成直角坐标机器人的 3 个自由度。这种形式的机器人的主要特点是结构刚度大，关节运动相互独立，操作灵活性差。

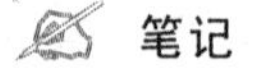
笔记

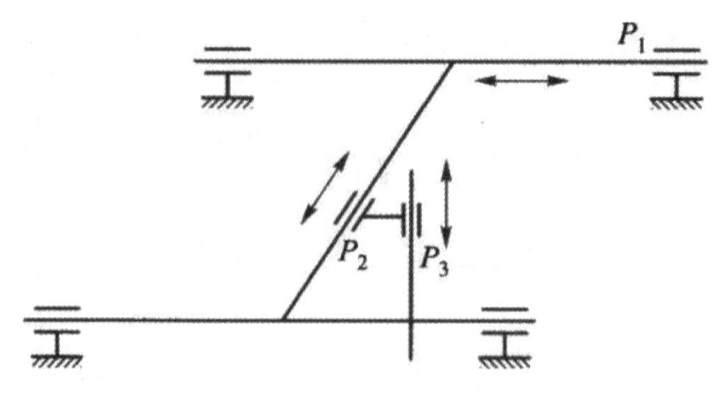

图 4-9　直角坐标机器人的自由度

2. 圆柱坐标机器人的自由度

5 轴圆柱坐标机器人有 5 个自由度，如图 4-10 所示。其臂部可沿自身轴线伸缩移动，可绕机身垂直轴线回转，并可沿机身轴线上下移动，构成 3 个自由度；另外，其臂部、腕部和末端执行机构三者间采用 2 个转动关节连接，构成 2 个自由度。

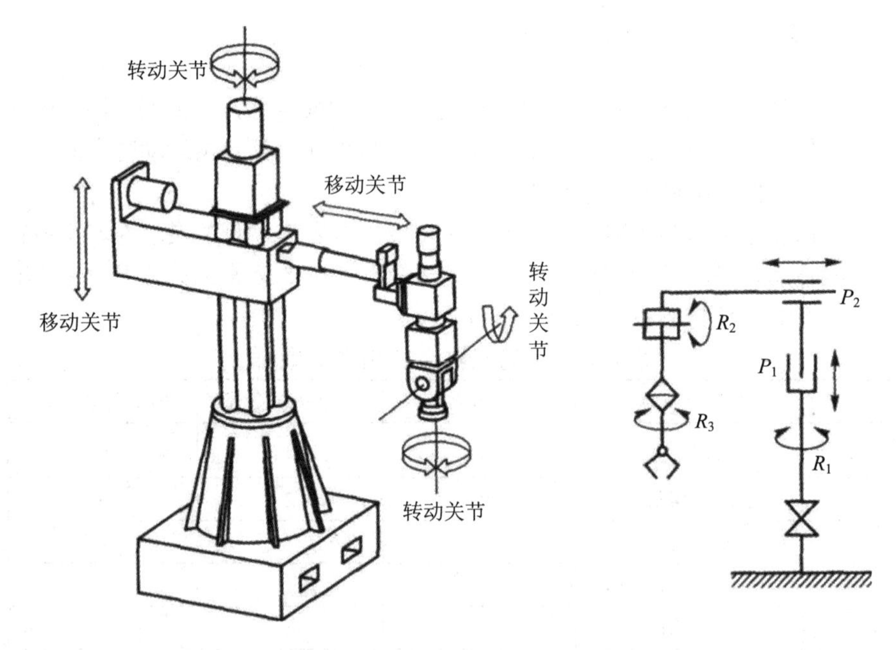

图 4-10　圆柱坐标机器人的自由度

3. 球(极)坐标机器人的自由度

球(极)坐标机器人具有 5 个自由度，如图 4-11 所示。其臂部可沿自身轴线伸缩移动，可绕机身垂直轴线回转，并可在垂直平面内上下摆动，构成 3 个自由度；另外，其臂部、腕部和末端执行机构三者间采用 2 个转动关节连接，构成 2 个自由度。这类机器人的灵活性好、工作空间大。

笔记

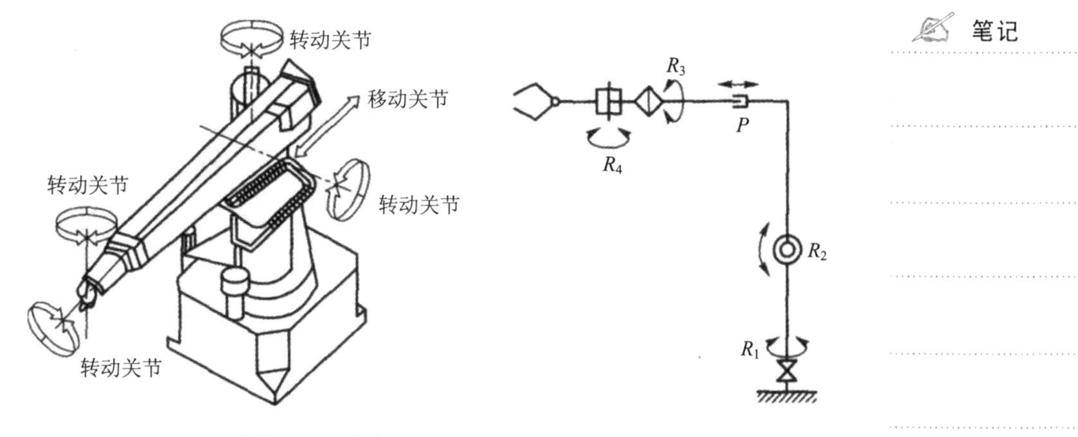

图 4-11 球(极)坐标机器人的自由度

4. 关节机器人的自由度

关节机器人的自由度与关节机器人的轴数和关节形式有关，下面以常见的 SCARA 平面关节机器人和 6 轴关节机器人为例进行说明。

1) SCARA平面关节机器人

SCARA 平面关节机器人(如图 1-10 所示)有 4 个自由度，其机构简图如图 4-12 所示。SCARA 平面关节机器人的大臂与机身的关节、大小臂间的关节都为转动关节，具有 2 个自由度；小臂与腕部的关节为移动关节，具有 1 个自由度；腕部和末端执行器的关节为转动关节，具有 1 个自由度，实现末端执行器绕垂直轴线的旋转。这种机器人在垂直方向进行装配作业，适用于平面定位。

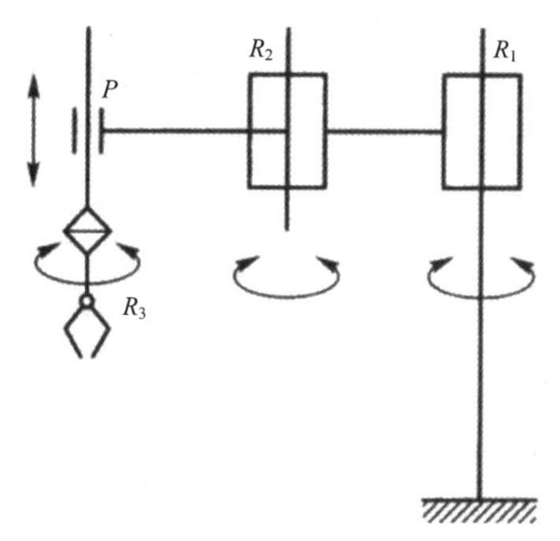

图 4-12 SCARA 平面关节机器人机构简图

2) 6 轴关节机器人

6 轴关节机器人有 6 个自由度，如图 4-13 所示。6 轴关节机器人的机身与底座处的腰关节、大臂与机身处的肩关节、大小臂间的肘关节，以及小臂、腕部和手部三者间的 3 个腕关节，都是转动关节，因此该机器人具有 6 个自由度。这种机器人动作灵活、结构紧凑。

笔记

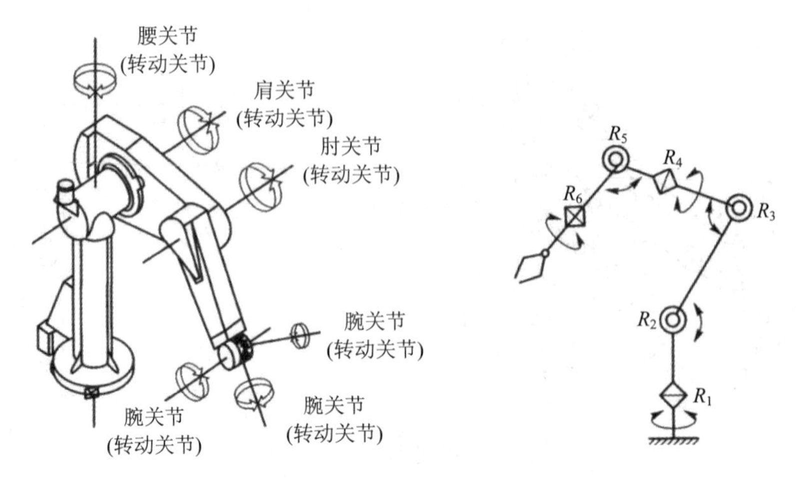

图 4-13 6 轴关节机器人的自由度

5. 并联机器人的自由度

并联机器人是由并联方式驱动的闭环机构组成的机器人。Gough-Stewart 并联机构和由此机构构成的机器人也是典型的并联机器人，其机构简图如图 4-14 所示。与串联式开链结构不同，并联机器人闭环机构不能通过结构关节自由度的个数明显数出，需要经过计算得出自由度。计算自由度的方式多样，但大多有适用条件限制或者若干“注意事项”(如需要甄别公共约束、虚约束、环数、链数、局部自由度等)。其中，用 Kutzbach-Grubler 公式计算自由度的方式如下：

$$F = 6(l - n + 1) + \sum_{i=1}^{n} f_i \tag{4-2}$$

式中，F 为机器人的自由度；l 为机构连杆数；n 为结构的关节总数；f_i 为第 i 个关节的自由度。

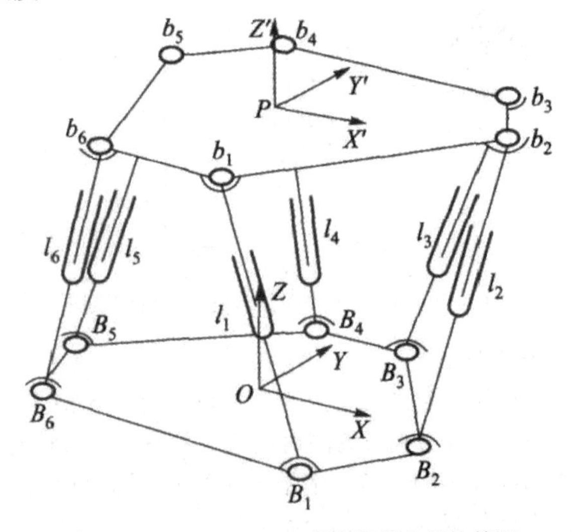

图 4-14 Gough-Stewart 并联机器人机构简图

通过教师讲解，让学生进一步掌握国家标准，促进规范化、程序化水平的提高。

教师讲解

三、平面连杆机构的特点

平面连杆机构是由若干个构件通过低副连接而成的机构，又称为平面低副机构。由 4 个构件通过低副连接而成的平面连杆机构，称为四杆机构。如果所有低副均为转动副相连的平面四杆机构称为平面铰链四杆机构，简称铰链四杆机构，如图 4-15 所示。如果低副间的连接，除了转动副以外，还有移动，则称为滑块四杆机构，图 4-16 所示的构件(3 和 4)使用移动副连接。

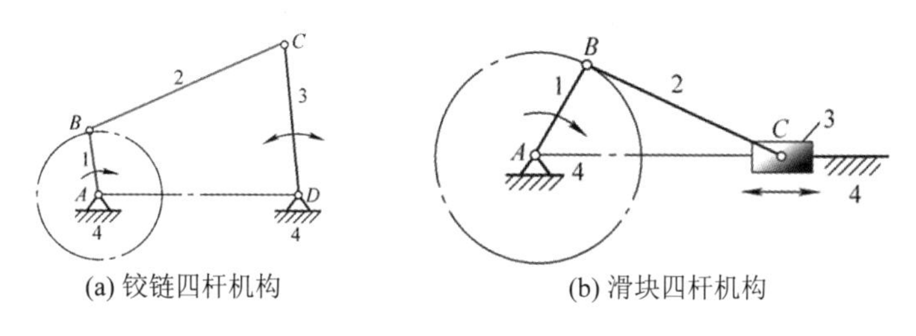

图 4-15　四杆机构

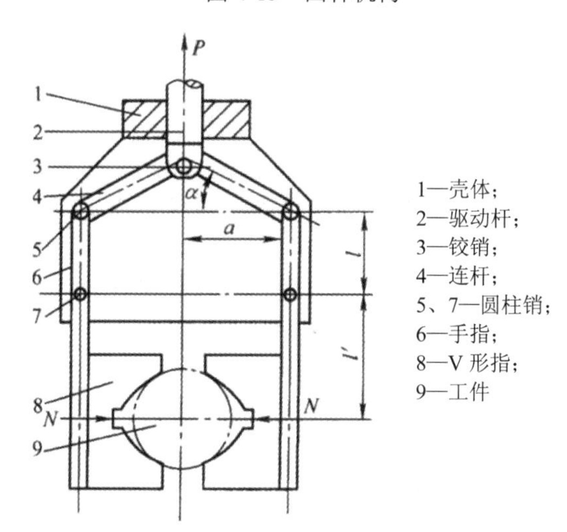

图 4-16　双支点连杆式手部

平面连杆机构是低副，且为面接触，所以承受压强小、便于润滑、磨损较轻，可承受较大载荷。平面连杆机构结构简单，加工方便，构件之间的接触是由构件本身的几何约束来保持的，所以构件工作可靠。利用平面连杆机构中的连杆可满足多种运动轨迹的要求。不足的是机构比较复杂，精度不高。运动时产生的惯性难以平衡，不适用于高速场合。

图 4-16 所示为双支点连杆式手部的简图。驱动杆(2)末端与连杆(4)由铰销(3)铰接。当驱动杆(2)作直线往复运动时，连杆推动两杆手指各绕支点作回转运动，从而使得手指松开或闭合。

笔记

1. 铰链四杆机构的组成

固定不动的构件为机架，如图 4-17 所示的构件 4。不与机架直接相连的构件为连杆，如图 4-17 所示的构件 2。连杆(Link)是指机器人手臂上被相邻两关节分开的部分，是保持各关节间固定关系的刚体，是机械连杆机构中两端分别与主动和从动构件铰接以传递运动和力的杆件。例如，在往复活塞式动力机械和压缩机中，用连杆来连接活塞与曲柄。连杆多为钢件，其主体部分的截面多为圆形或工字形，两端有孔，孔内装有青铜衬套或滚针轴承，供装入轴销而构成铰接。连杆是机器人中的重要部件，它连接着关节，其作用是将一种运动形式转变为另一种运动形式，并把作用在主动构件上的力传给从动构件以输出功率。与机架相连的构件是连架杆，如图 4-17 所示的构件 1、3。

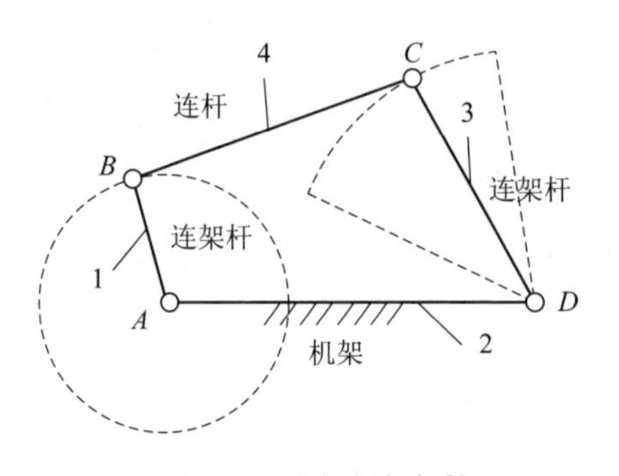

图 4-17　曲柄摇杆机构

1) 曲柄

与机架用转动副相连，且能绕该转动副轴线作整周旋转的构件称为曲柄。曲柄存在条件如下。

(1) 最短杆与最长杆的长度之和小于或等于其他两杆长度之和。

(2) 连架杆和机架中必有一杆是最短杆。

2) 摇杆

与机架用转动副相连，但只能绕该转动副轴线摆动的构件称为摇杆。

2. 铰链四杆机构的分类

1) 曲柄摇杆机构

铰链四杆机构的两个连架杆中，一个是曲柄，另一个是摇杆。一般曲柄主动，将连续转动转换为摇杆的摆动，也可摇杆主动，曲柄从动，如图 4-17 所示。

2) 双曲柄机构

铰链四杆机构中两连架杆均为曲柄。

(1) 不等长双曲柄机构是指两曲柄长度不等的双曲柄机构，如图 4-18 所示。

(2) 平行双曲柄机构是指连杆与机架的长度相等且两个曲柄长度相等，曲柄转向相同的双曲柄机构，如图 4-19 所示。

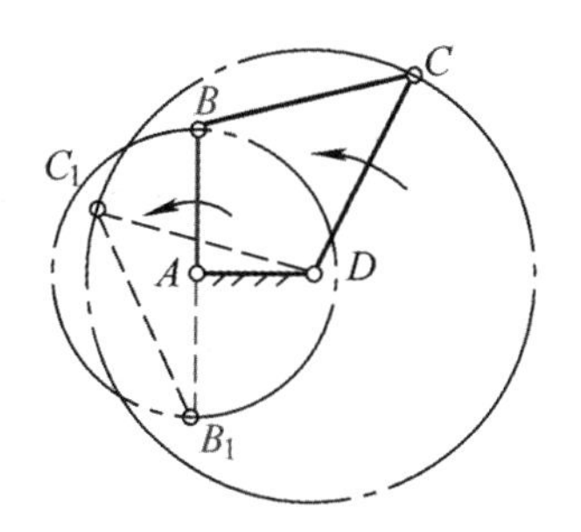

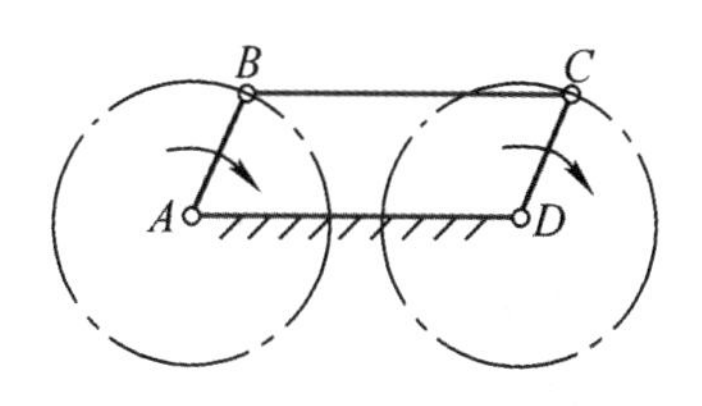

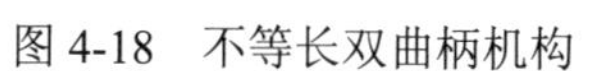

图 4-18　不等长双曲柄机构　　　图 4-19　平行双曲柄机构

(3) 反向双曲柄机构是指连杆与机架的长度相等且两个曲柄长度相等，曲柄转向相反的双曲柄机构，如图 4-20 所示。

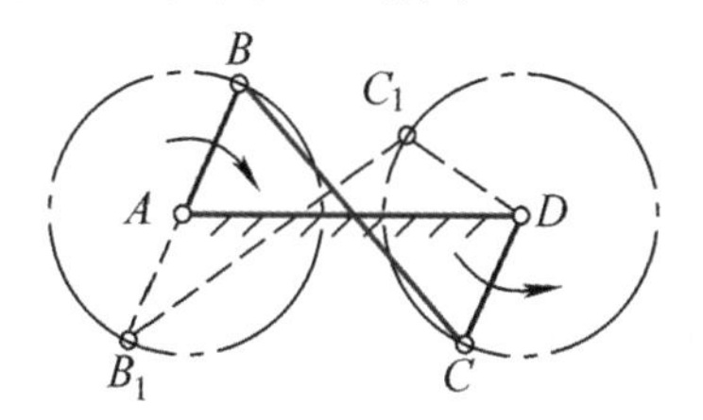

图 4-20　反向双曲柄机构

3) 双摇杆机构

铰链四杆机构中两连架杆均为摇杆，如图 4-21 所示。

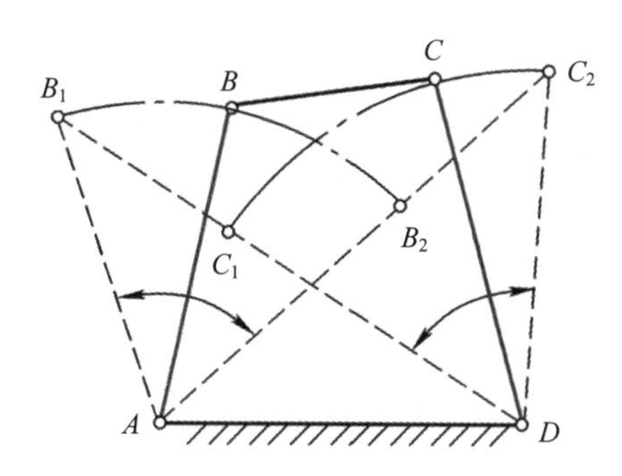

机械两极限位置：

- B_1C_1D
- C_2B_2A

图 4-21　双摇杆机构

3. 铰链四杆机构的判别

(1) 曲柄摇杆机构的条件是连架杆之一为最短杆，如图 4-22 所示。

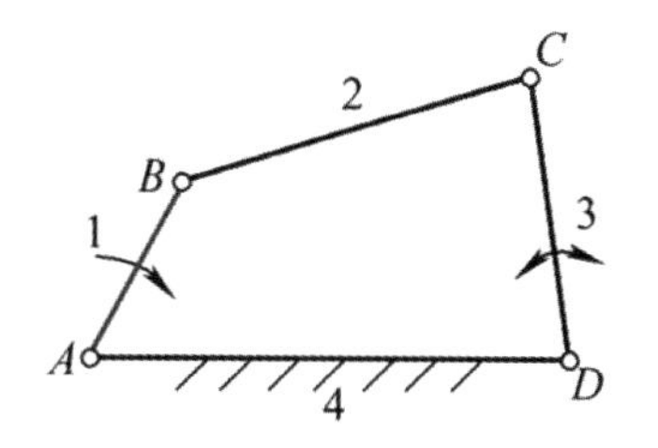

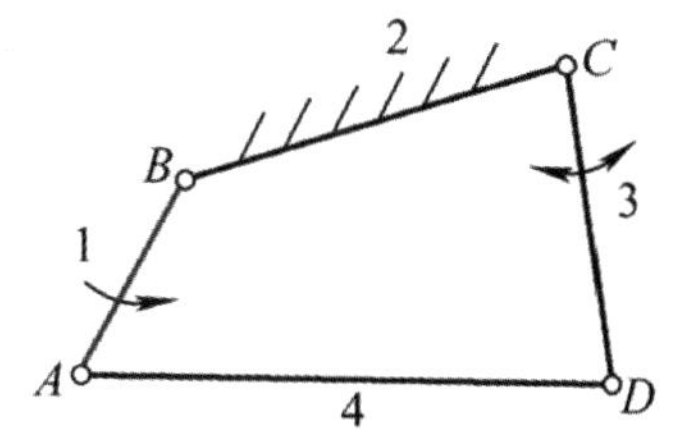

图 4-22　曲柄摇杆机构的条件

笔记

(2) 双曲柄机构的条件是机架为最短杆，如图 4-23 所示。

(3) 双摇杆机构的条件是连杆为最短杆，如图 4-24 所示。当最长杆与最短杆长度之和大于其余两杆长度之和时，无论取哪一杆件为机架，机构均为双摇杆机构。

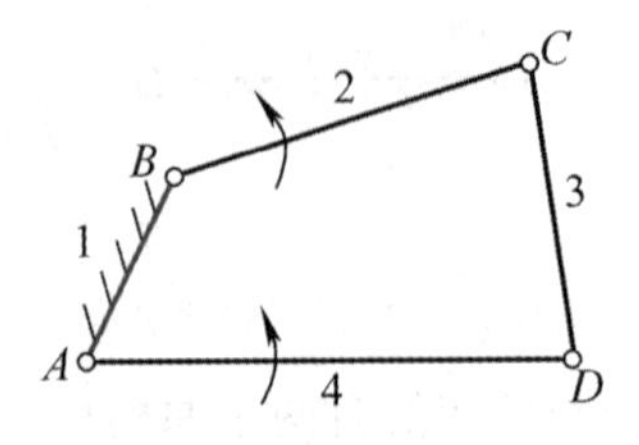

图 4-23　双曲柄机构的条件

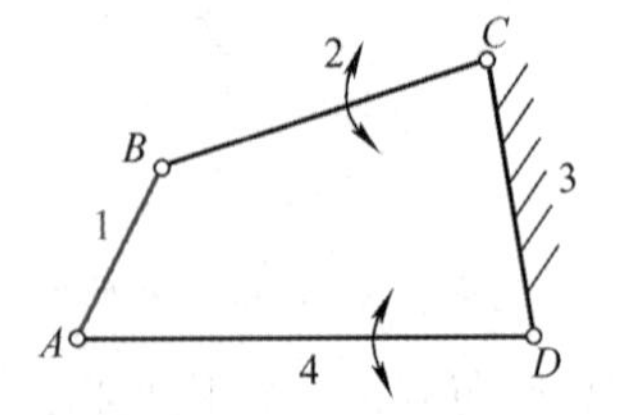

图 4-24　双摇杆机构的条件

四、运动特性

1. 传动特性

常用压力角和传动角表示四杆机构的传力性能。图 4-25 所示为曲柄摇杆机构的压力角与传动角。

1) 压力角

压力角是指作用在从动件 CD 上 C 点的力 F(沿 BC 方向)与该点速度正向之间的夹角，用 α 表示。

2) 传动角

传动角是指连杆 BC 和从动件 CD 之间所夹的锐角(∠BCD)，用 γ 表示。传动角与压力角互为余角。F 可分成两个分力 F_t 和 F_n，由图得：

切向分力为

$$F_t = F\cos\alpha = F\sin\gamma \tag{4-3}$$

法向分力为

$$F_n = F\cos\gamma \tag{4-4}$$

为保证机构良好的传力性能，一般要求 $\gamma_{min} \geqslant 40°$。对于高速大功率机械，应使 $\gamma_{min} \geqslant 50°$。

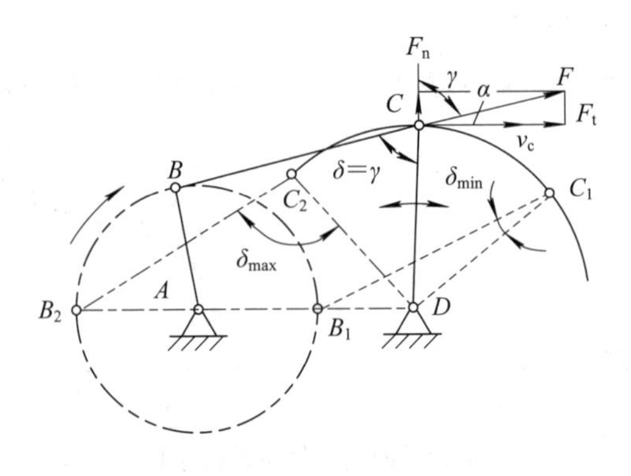

图 4-25　压力角与传动角

2. 急回特性

1) 极位夹角

极位夹角是指摇杆在极限位置时，曲柄两位置之间所夹锐角，用 θ 表示。图 4-26 所示的摇杆在 C_1D 和 C_2D 两极限位置时，曲柄与连杆共线，对应两位置所夹的角为锐角。

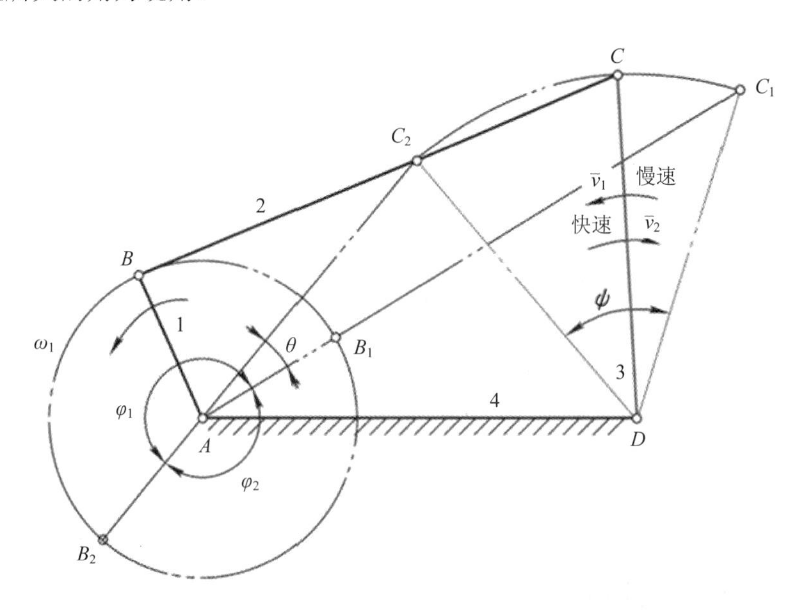

图 4-26　极位夹角

2) 急回特性

当曲柄 AB 作匀速整周旋转时，会带动摇杆左右摆动 ϕ 角。在空回行程 $C_1D \rightarrow C_2D$ 时的平均角速度大于工作行程 $C_2D \rightarrow C_1D$ 的平均角速度。机构的急回特性可用行程速比系数 K 表示。极位夹角 θ 越大，机构的急回特性越明显。用公式表示为

$$K = \frac{\overline{v_2}}{\overline{v_1}} = \frac{t_1}{t_2} = \frac{180^\circ + \theta}{180^\circ - \theta} \tag{4-5}$$

3. 死点

如图 4-27 所示，曲柄 AB 为从动件时，当连杆 BC 与曲柄 AB 处于共线位置时，连杆 BC 与曲柄 AB 之间的传动角 $\gamma = 0^\circ$ ，压力角 $\alpha = 0^\circ$ ，这时摇杆 CD 经连杆 BC 传给从动件曲柄 AB 的力通过曲柄转动中心 A，转动力矩为零，从动件不转，机构停顿，机构所处的这种位置称为死点位置。如图 4-28 所示，工件夹紧后，BCD 成一直线，撤去外力 F 之后，机构在工件反弹力 T 的作用下，处于死点位置。即使反弹力很大，工件也不会松脱，使夹紧牢固可靠。

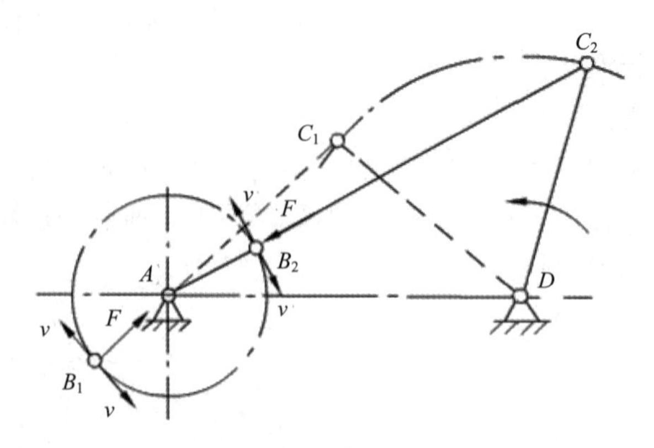

图 4-27　死点位置

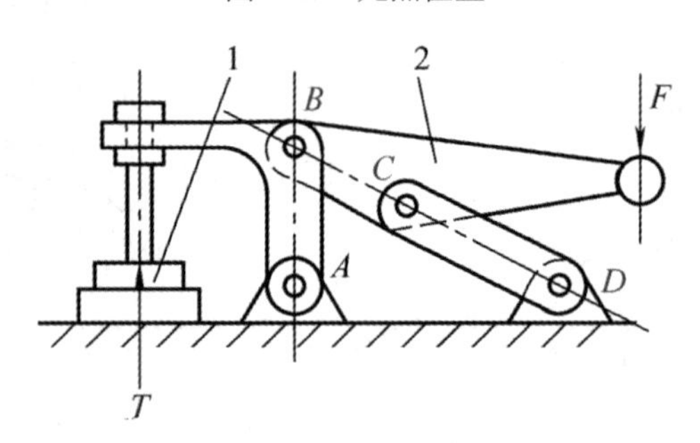

图 4-28　死点位置的应用

五、铰链四杆机构的演化

四杆机构的演化，不仅为了满足运动方面的要求，还为了改善受力状况以及满足结构设计上的需要等。各种演化机构的外形虽然各不相同，但性质以及分析和设计方法却相似。

1. 转动副转化为移动副

图 4-29(a)所示为曲柄摇杆机构的演化。把杆 4 作成环形槽，槽的中心在 D 点，把杆 3 作成弧形滑块，与槽配合，如图 4-29(b)所示。图 4-29(a)和图 4-29(b)机构的运动性质等效。若槽的半径无穷大，则变成了直槽，转动副变成了移动副，机构演化成偏置曲柄滑块机构，如图 4-29(c)所示。图中 e 为曲柄中心 A 至直槽中心线的垂直距离，称为偏心距。当 e=0 时，称为对心曲柄滑块机构。

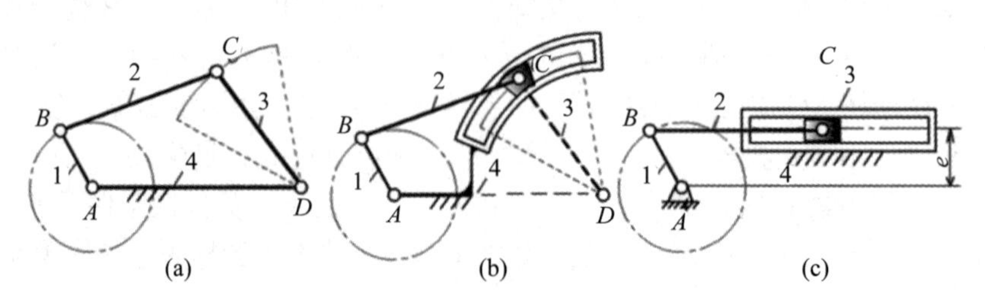

图 4-29　曲柄摇杆机构的演化

笔记

2. 选用不同的构件为机架

运动链中以不同构件作为机架获得不同机构的演化方法称为机构的倒置。图 4-30 所示为曲柄滑块机构的演化应用实例，图 4-31 所示为滑槽式杠杆回转型手部简图。杠杆形手指 4 的一端装有 V 形指 5，另一端开有长滑槽。驱动杆 1 上的圆柱销 2 套在滑槽内，当驱动连杆同圆柱销一起作往复运动时，即可拨动两个手指各绕其支点(铰销 3)作相对回转运动，从而实现手指的夹紧与松开动作。

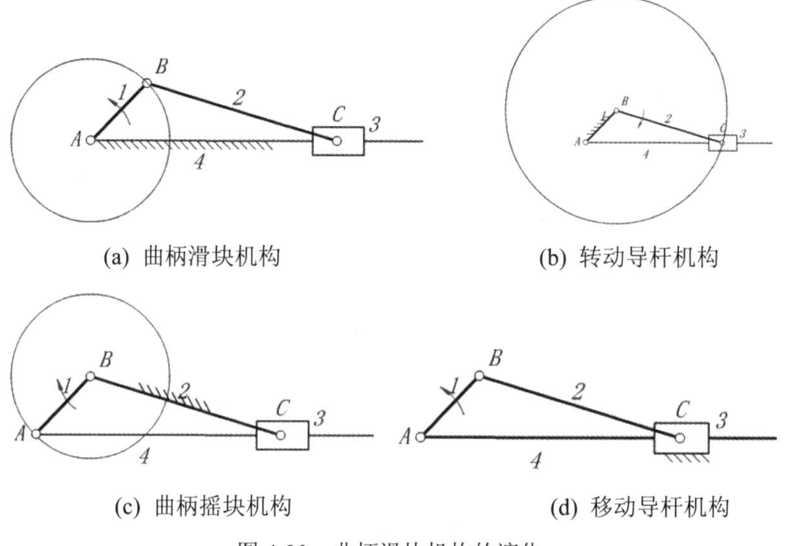

图 4-30　曲柄滑块机构的演化

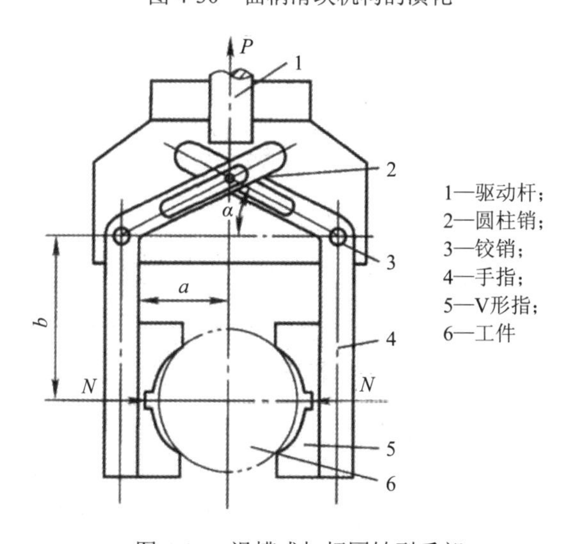

图 4-31　滑槽式杠杆回转型手部

3. 扩大转动副

由于结构需要，通常将机构中转动副 B 的半径扩大。超过曲柄 AB 的尺寸演化成偏心轮机构，如图 4-32 所示。此圆盘称为偏心轮，几何中心与回转中心间的距离称为偏心距，等于曲柄长。

笔记

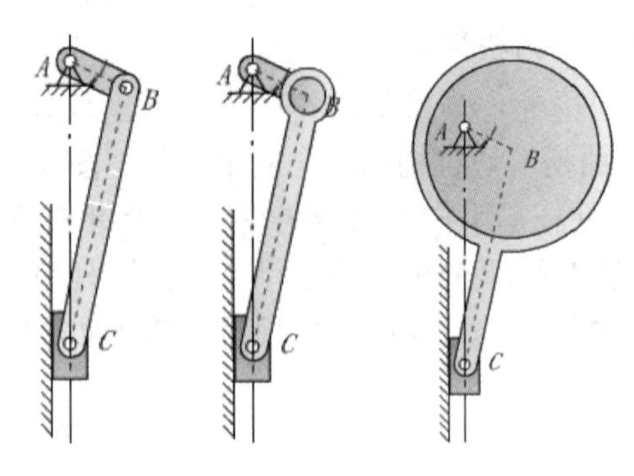

图 4-32　偏心轮机构

4. 多杆机构

在生产实际和日常生活中，单一的四杆机构不能满足某一运动要求或动力要求，常以某个四杆机构为基础，增添一些杆组或机构，组成多杆机构。如图 4-14 所示的 Gough-Stewart 并联机器人。图 4-33 所示为夹钳式手部的组成，这也是一种多杆机构。

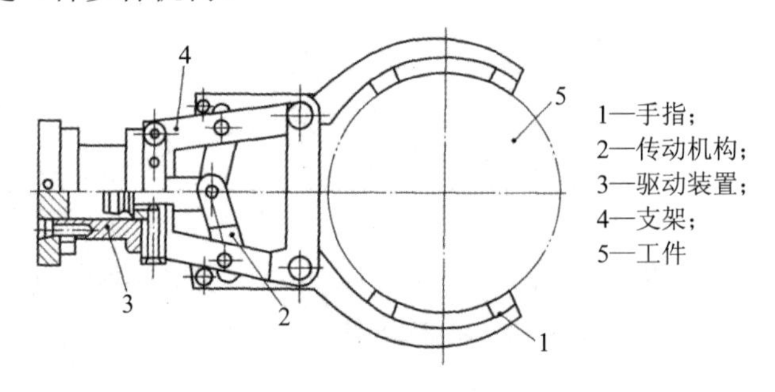

图 4-33　夹钳式手部的组成

任务扩展

多媒体教学

采用视频、动画等多媒体教学。

常见工业机器人的机构简图如表 4-6 所示。

表 4-6　常见工业机器人的机构简图

厂　家	型　号	简　图	规　格	主要应用
ABB	IRB 2400	ABB IRB 2400	Payload：5～16 kg Reach：1.5～1.8 kg 精度：0.06 mm 已安装 14 000 套	弧焊 装配 清洁/喷雾 切割/修边 涂胶/密封 打磨/抛光 机加工 物料搬运 包装 弯板机管理

续表一　　笔记

厂　家	型　号	简　图	规　格	主要应用
ABB	IRB 1410	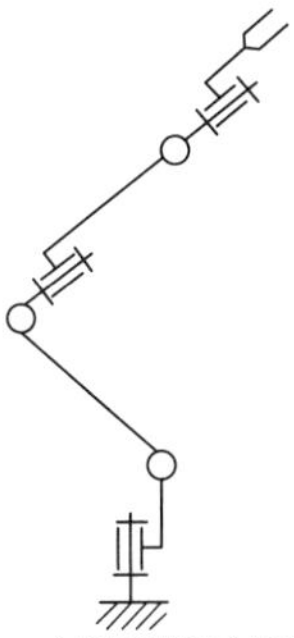 ABB IRB 1410	Payload：5 kg Reach：1.44 m 精度：0.05 mm	弧焊
ABB	IRB 4400	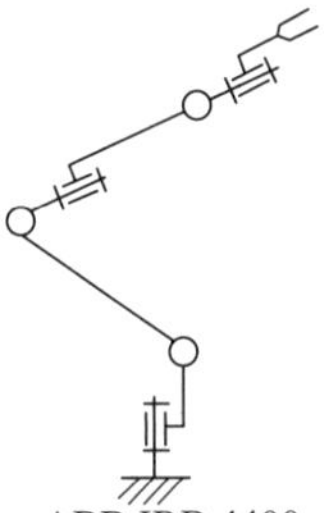 ABB IRB 4400	Payload：10～60 kg Reach：1.95～2.55 m 精度：mm	弧焊 装配 清洁/喷雾 切割/修边 涂胶/密封 打磨/抛光 机加工 物料搬运 包装 货盘堆垛 弯板机管理
ABB	IRB 6600	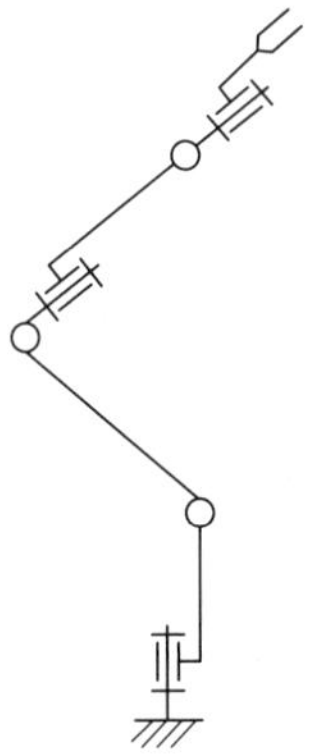	Payload: 125～225 kg Reach：2.55～3.2 m 精度：mm	机加工 物料搬运 点焊
KUKA	KR 5 SCARA	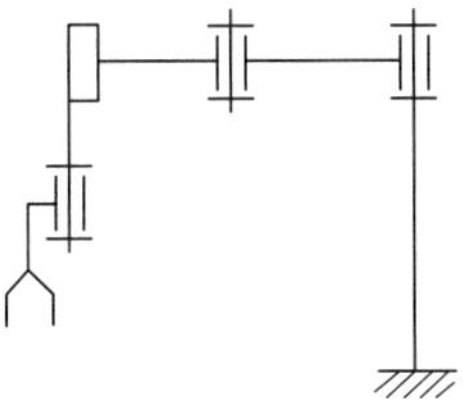 KUKA KR 5 SCARA	Payload：5 kg Reach：350 mm 精度：0.015 mm	

笔记

续表二

厂　家	型　号	简　图	规　格	主要应用
KUKA	KR 5 sixx	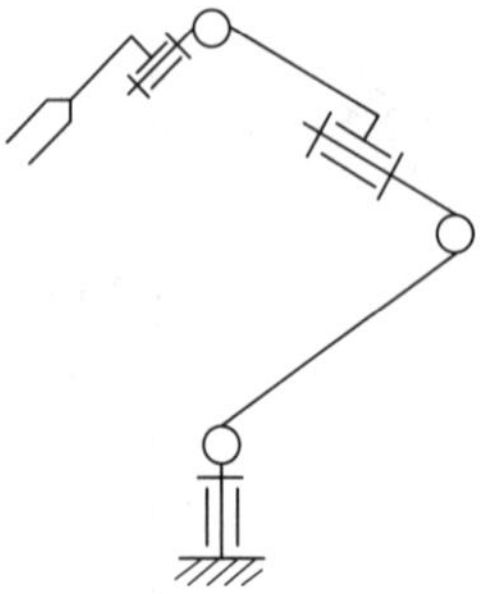 KUKA KR 5 sixx	Payload：5 kg Reach：650 mm 精度：0.02 mm	
KUKA	KR 1000 Titan	略	Payload：1000 kg Reach：mm 精度：mm	
FUNAC	R-2000iB	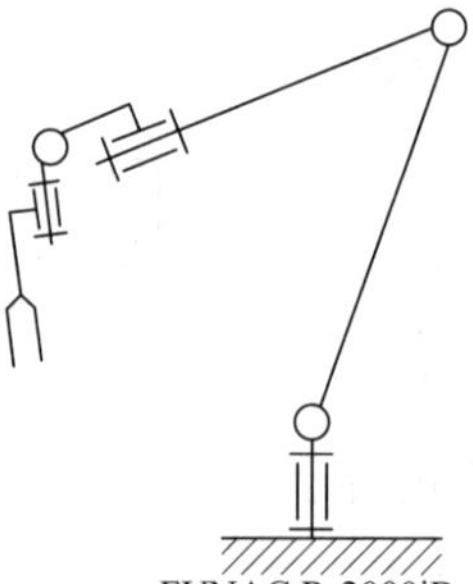 FUNAC R-2000iB	Payload：kg Reach：mm 精度：mm	
MOTOMAN	DIA10	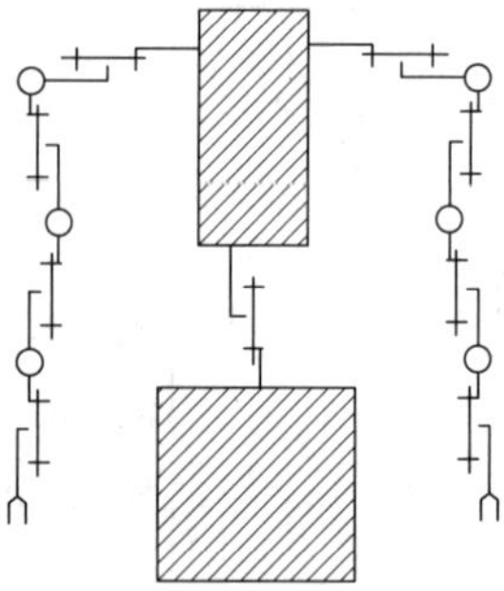 MOTOMAN-DIA10	承载能力：10 kg/arm 到达距离：2.5 m 精度：+0.1 mm 控制轴：15 活动度	
MOTOMAN	HP20	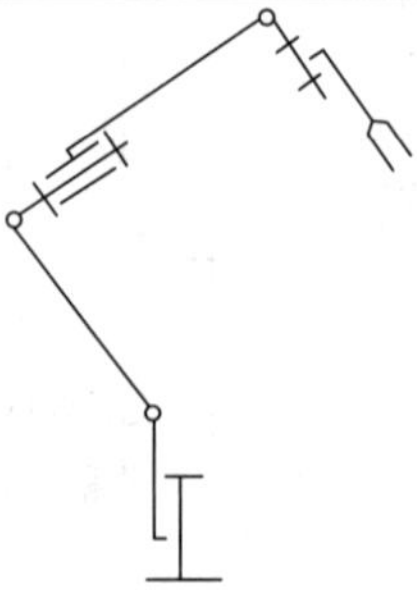 MOTOMAN-HP20	承载能力：20 kg 到达距离：2.1 m 精度：–0.06 mm 控制轴：6 活动度	

续表三

笔记

厂 家	型 号	简 图	规 格	主要应用
MOTOMAN	IA20	MOTOMAN-IA20 MOTOMAN-IA20	承载能力：20 kg 到达距离：1.59 m 精度：+0.1 mm 控制轴：7 活动度	

查一查：上网查询表 1-9 所示的工业机器人的外观结构。

任务巩固

一、填空题

1. 按两构件接触情况，常分为________与________两大类。

2. 低副包括________和________。

3. ________通常作为机器人的技术指标可用轴的直线动、动或转动作的数目来表示。

二、判断题

(　　) 1. 图形符号体系构件均用直线或小方块等来表示，画有斜线的表示机架。

(　　) 2. 常用的直角坐标工业机器人有四个自由度。

(　　) 3. 平面连杆机构是高副，为面接触，所以承受压强小、便于润滑、磨损较轻，可承受较大载荷。

(　　) 4. 双摇杆机构的条件是连杆为最短杆。

三、选择题

1. SCARA 平面关节机器人有(　　)个自由度。

A. 1　　B. 2　　C. 3　　D. 4

2. 铰链四杆机构中固定不动的构件为(　　)。

A. 机架　　B. 连杆　　C. 连架杆　　D. 曲柄

3. 双曲柄机构的条件是机架为(　　)杆。

A. 最长　　B. 最短　　C. 较短　　D. 较长

四、名词解释

1. 关节

笔记

2. 低副
3. 高副
4. 自由度
5. 曲柄
6. 摇杆

五、双创训练题

1. 简述关节按运动方式的分类。
2. 简述平面机构运动简图的绘制步骤。
3. 简述铰链四杆机构的分类。
4. 根据您所在单位的实际情况，画出所用工业机器人的机构简图，并选择一种机器人进行营利核算。

任务二　螺旋机构

工作任务

图 4-34 所示为龙门桁架式工业机器人 X 轴的硬件结构，其驱动方式为伺服电机经减速机减速后，通过同步带带动滚珠丝杠实现旋转运动变换为直线运动，由滚珠导轨导向滑动。图 4-35 所示为其龙门桁架的结构。图 4-36 所示为滚珠丝杠在四坐标工业机器人上的应用图。从本质上来说，滚珠丝杠副是螺旋机构的一种，故本任务就介绍螺旋机构。

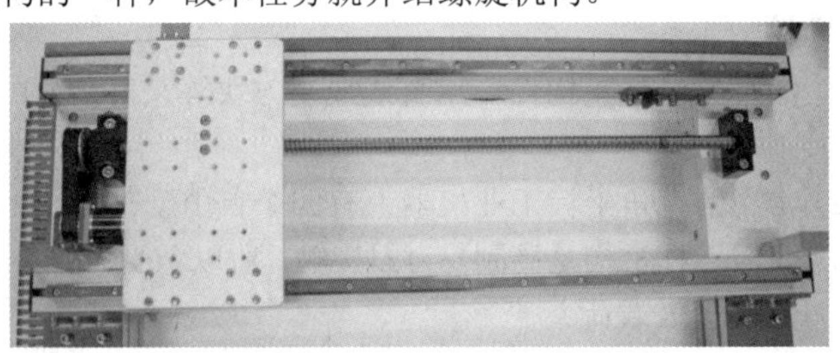

图 4-34　X 轴的硬件结构

图 4-35　龙门桁架的结构

笔记

图 4-36　滚珠丝杠在四坐标工业机器人上的应用

任务目标

知 识 目 标	能 力 目 标
1. 了解螺纹的形成和种类	1. 知道普通螺纹的主要参数
2. 掌握螺纹的应用	2. 认识螺纹代号与标记
3. 掌握螺旋传动的种类	3. 能对工业机器人用滚珠丝杠进行调整
4. 工业机器人用导轨	4. 知道工业机器人用导轨

任务准备

采用视频、动画等多媒体教学。

多媒体教学

一、螺纹的形成和种类

1. 螺纹的形成

1) 螺旋线

螺旋线是沿着圆柱或圆锥表面运动的点的轨迹，该点的轴向位移和相应的角位移成定比，如图 4-37 所示。

笔记

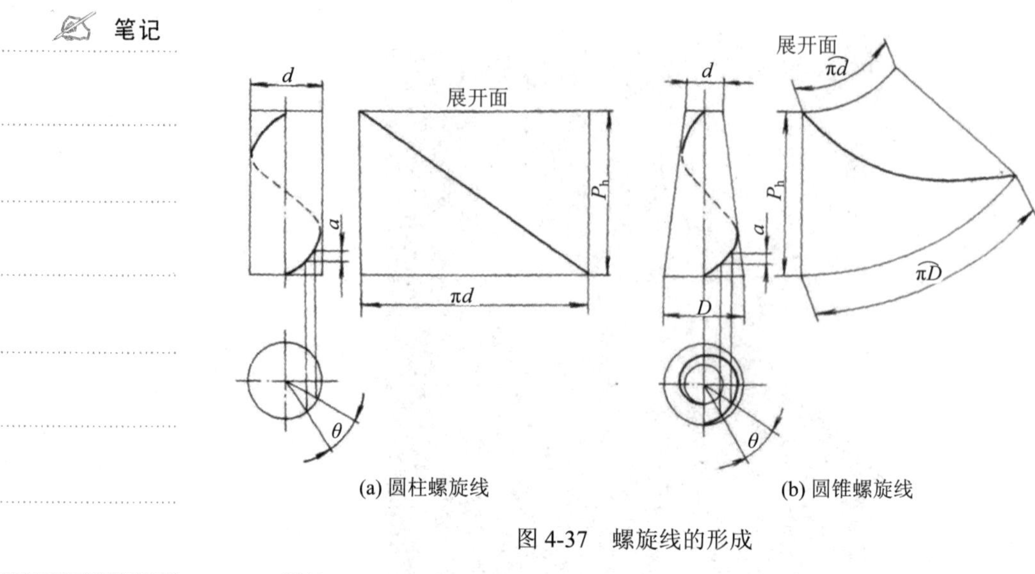

(a) 圆柱螺旋线　　(b) 圆锥螺旋线

图 4-37　螺旋线的形成

2) 螺纹

螺纹是在圆柱或圆锥表面上，沿着螺旋线所形成的具有规定牙型的连续凸起(见图 4-38、图 4-39)。凸起是指螺纹两侧面间的实体部分，又称为牙。在圆柱表面上所形成的螺纹称圆柱螺纹，如图 4-38(a)、图 4-39(a)所示。在圆锥表面上所形成的螺纹称圆锥螺纹，如图 4-38(b)、图 4-39(b)所示。

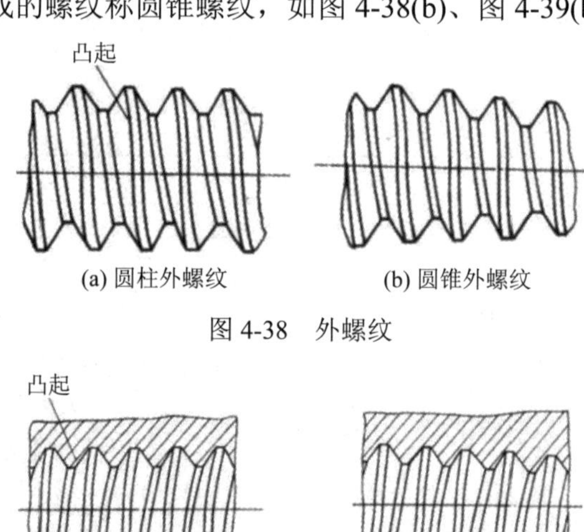

(a) 圆柱外螺纹　　(b) 圆锥外螺纹

图 4-38　外螺纹

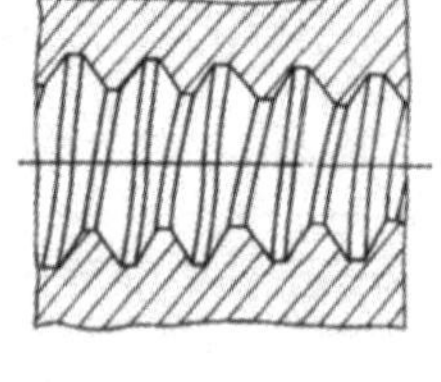

(a) 圆柱内螺纹　　(b) 圆锥内螺纹

图 4-39　内螺纹

★ 实物教学

2. 螺纹的种类

螺纹的种类较多。在圆柱或圆锥外表面上所形成的螺纹称外螺纹；在圆柱或圆锥内表面上所形成的螺纹称内螺纹。按螺纹的旋向不同，顺时针旋转时旋

笔记

入的螺纹称右旋螺纹；逆时针旋转时旋入的螺纹称左旋螺纹。螺纹的旋向可以用右手来判定。如图 4-40(a)所示，伸展右手，掌心对着自己，四指并拢与螺杆的轴线平行，并指向旋入方向，若螺纹的旋向与拇指的指向一致为右旋螺纹，反之则为左旋螺纹。一般常用右旋螺纹。按螺旋线的数目不同，又可分成单线螺纹(沿一条螺旋线所形成的螺纹)和多线螺纹(沿两条或两条以上的螺旋线所形成的螺纹，该螺旋线在轴向等距分布)。图 4-40 中，图 4-40(a)所示为单线右旋螺纹、图 4-40(b)所示为双线左旋螺纹、图 4-40(c)所示为三线右旋螺纹。

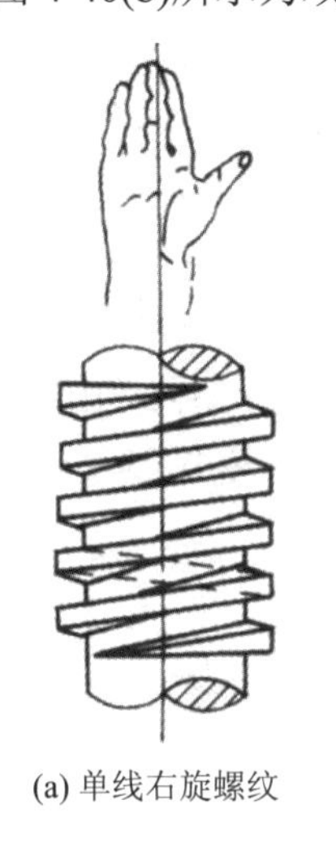

(a) 单线右旋螺纹

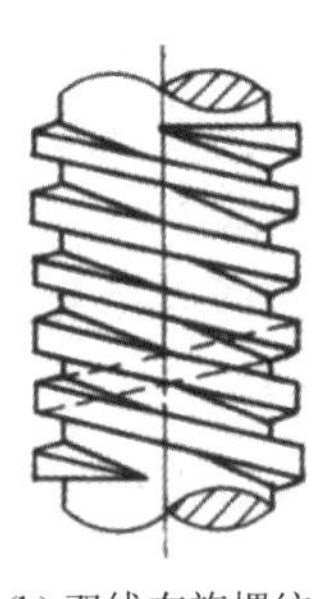

(b) 双线右旋螺纹

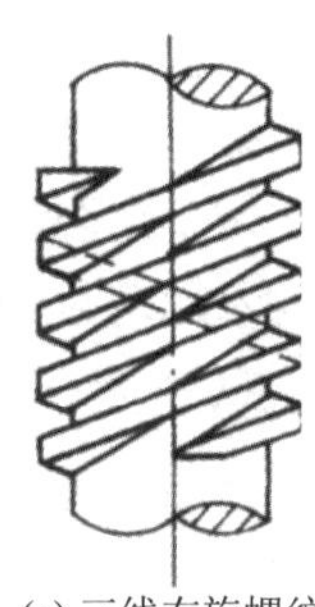

(c) 三线右旋螺纹

图 4-40　螺纹的旋向和线数

在通过螺纹轴线的剖面上，螺纹的轮廓形状称为螺纹牙型。按螺纹牙型不同，常用的螺纹可分为矩形螺纹、三角形螺纹、梯形螺纹和锯齿形螺纹，如图 4-41 所示。

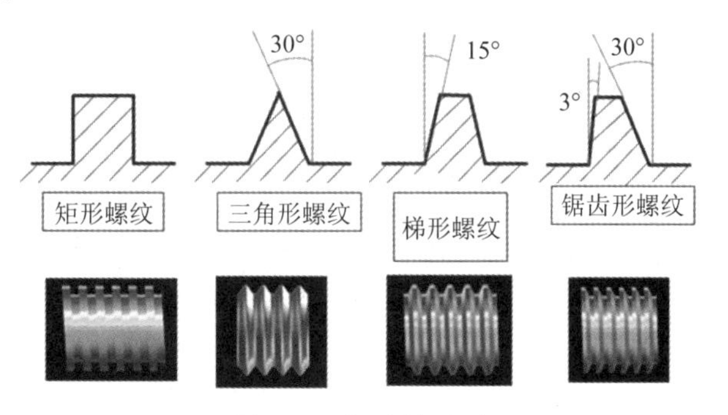

图 4-41　螺纹的牙型

采用视频、动画等多媒体教学。

多媒体教学

二、螺纹的应用

螺纹在机械中的应用主要有连接和传动。因此，按其用途可分为连接螺纹和传动螺纹两大类。

笔记

1. 连接螺纹

内、外螺纹相互旋合形成的连接称为螺纹副。因为三角形螺纹的摩擦力大，强度高，自锁性能好。连接螺纹的牙型多为三角形，且多用单线螺纹。

应用最广的是普通螺纹，其牙型角为60°，同一直径按螺距大小可分为粗牙和细牙两类。一般连接用粗牙普通螺纹。细牙普通螺纹用于薄壁零件或使用粗牙对强度有较大影响的零件，也用于受冲击、振动或载荷交变的连接和微调机构的调整。细牙螺纹比粗牙螺纹的自锁性好，螺纹零件的强度削弱较少，但容易滑扣。

用于管路连接的为管螺纹。管螺纹的牙型角为55°，分为非螺纹密封和用螺纹密封的两类。非螺纹密封的螺纹副，其内螺纹和外螺纹都是圆柱螺纹，连接本身不具备密封性能，若要求连接后具有密封性，可压紧被连接件螺纹副外的密封面，也可在密封面间添加密封物。用螺纹密封的螺纹副有两种连接形式：一种是用圆锥内螺纹与圆锥外螺纹连接；另一种是用圆柱内螺纹与圆锥外螺纹连接。这两种连接方式本身都具有一定的密封能力，必要时也可以在螺纹副内添加密封物，以保证连接的密封性。

2. 传动螺纹

传动螺纹可细分为梯形螺纹、锯齿形螺纹和矩形螺纹。

1) 梯形螺纹

梯形螺纹的螺纹牙型为等腰梯形，牙型角为30°(见图4-42)，是传动螺纹的主要形式，广泛应用于传递动力或运动的螺旋机构中。梯形螺纹牙根强度高、螺旋副对中性好、加工工艺性好，但与矩形螺纹比较，其效率略低。

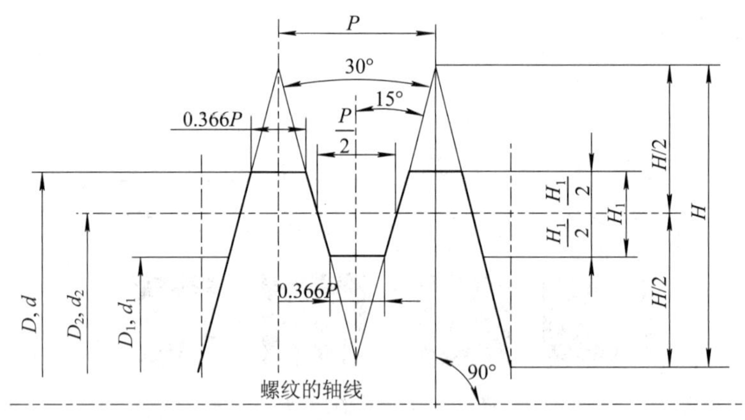

D—内螺纹大径(公称直径)；d—外螺纹大径(公称直径)；D_2—内螺纹中径；d_2—外螺纹中径；D_1—内螺纹小径；d_1—外螺纹小径；P—螺距；H—原始三角形高度；H_1—基本牙型高度

图4-42　梯形螺纹

2) 锯齿形螺纹

锯齿形螺纹的承载牙侧的牙侧角(在螺纹牙型上，牙侧与螺纹轴线的垂线间的夹角)为3°，非承载牙侧的牙侧角为30°(见图4-43)。锯齿形螺纹综合

笔记

了梯形螺纹牙根强度高和矩形螺纹效率高的特点。其外螺纹的牙根有相当大的圆角，可以减小应力集中。螺旋副的大径处无间隙，便于对中。锯齿形螺纹广泛应用于单向受力的传动机构。

3) 矩形螺纹

如图 4-43 所示，矩形螺纹的螺纹牙型为正方形，螺纹牙厚等于螺距的1/2。矩形螺纹的传动效率高，但对中精度低、牙根强度弱，矩形螺纹精确制造较为困难，螺旋副磨损后的间隙难以补偿或修复。矩形螺纹主要用于传力机构中。

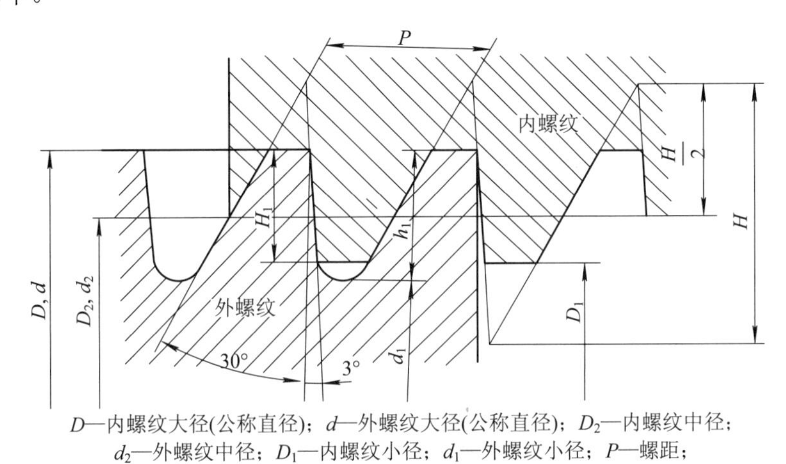

D—内螺纹大径(公称直径)；d—外螺纹大径(公称直径)；D_2—内螺纹中径；d_2—外螺纹中径；D_1—内螺纹小径；d_1—外螺纹小径；P—螺距；H—原始三角形高度；H_1—内螺纹牙高；h_1—外螺纹牙高

图 4-43　锯齿形螺纹

三、普通螺纹的主要参数

普通螺纹的基本牙型如图 4-44 所示。普通螺纹的主要参数有：大径、小径、中径、螺距、导程、牙型角和螺纹升角等。

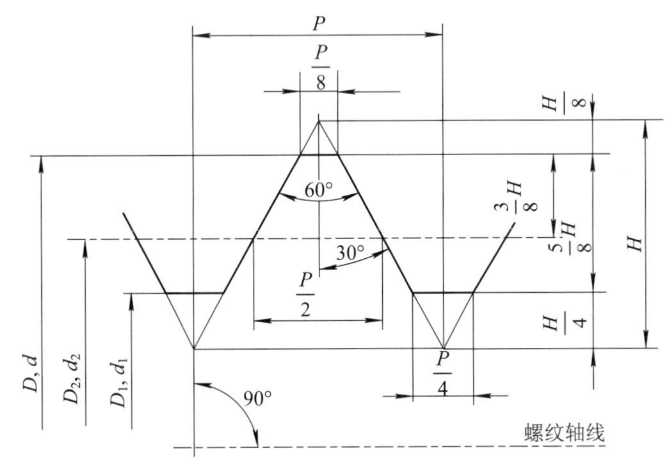

D—内螺纹大径(公称直径)；d—外螺纹大径；D_2—内螺纹中径；d_2—外螺纹中径；D_1—内螺纹小径；d_1—外螺纹小径；P—螺距；H—原始三角形高度

图 4-44　普通螺纹基本牙型

笔记

1. 大径(D，d)

普通螺纹的大径是指与外螺纹牙顶或内螺纹牙底相切的假想圆柱的直径，如图 4-45 所示。内螺纹的大径用代号 D 表示，外螺纹的大径用代号 d 表示。螺纹的公称直径是指代表螺纹尺寸的直径。普通螺纹的公称直径是大径(D，d)。s

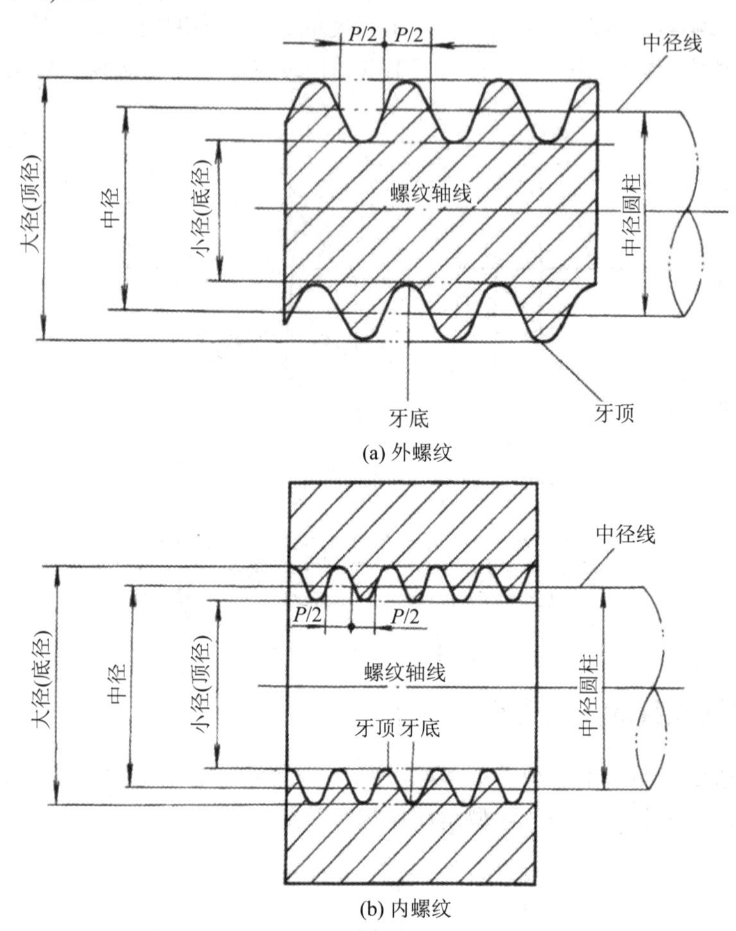

图 4-45　普通螺纹的大径、小径和中径

2. 小径(D_1，d_1)

普通螺纹的小径是指与外螺纹牙底或内螺纹牙顶相切的假想圆柱的直径，如图 4-45 所示。内螺纹的小径用代号 D_1 表示，外螺纹的小径用代号 d_1 表示。

$$D_1 = D - 2\times\frac{5}{8}H \tag{4-6}$$

$$d_1 = d - 2\times\frac{5}{8}H \tag{4-7}$$

3. 中径(D_2，d_2)

普通螺纹的中径是指一个假想圆柱的直径，该圆柱的素线通过牙型上沟

槽和凸起宽度相等的地方。该假想圆柱称为中径圆柱(见图 4-45)。内螺纹的中径用代号 D_2 表示，外螺纹的中径用代号 d_2 表示。

$$D_2 = D - 2\times\frac{3}{8}H \tag{4-8}$$

$$d_2 = d - 2\times\frac{3}{8}H \tag{4-9}$$

4. 螺距(P)

螺距是指相邻两牙在中径线上对应两点间的轴向距离见图 4-46，用代号 P 表示。

5. 导程(P_h)

导程是指同一条螺旋线上的相邻两牙在中径线上对应两点间的轴向距离(见图 4-46)，用代号 P_h 表示。单线螺纹的导程等于螺距；多线螺纹的导程等于螺旋线数与螺距的乘积。

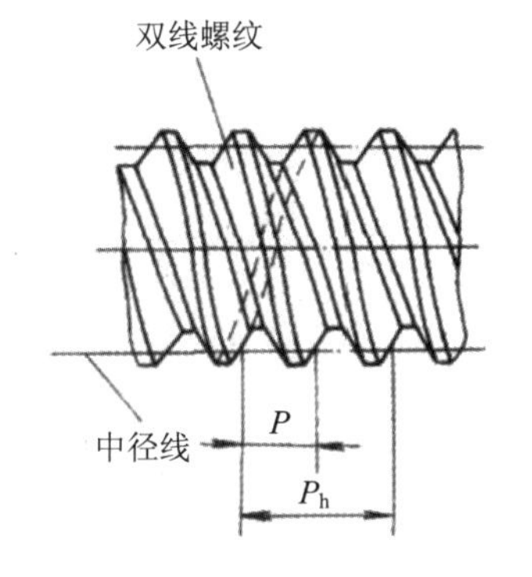

图 4-46　螺距与导程

6. 牙型角(α)及牙侧角

牙型角是指在螺纹牙型上，两相邻牙侧间的夹角(见图 4-47)，用代号 α 表示。普通螺纹的牙型角 α=60° 牙型半角是牙型角的一半，用代号 $\alpha/2$ 表示。

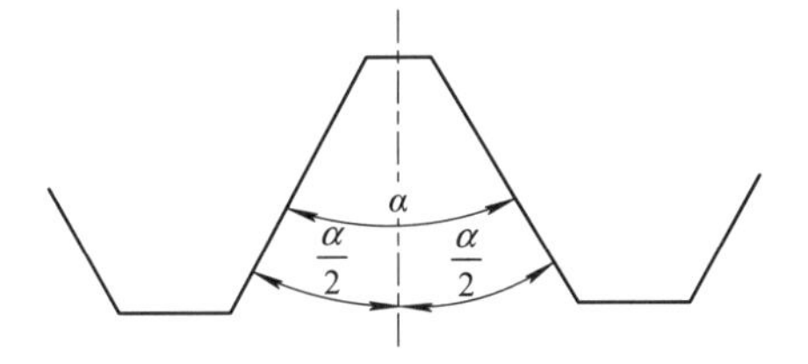

图 4-47　普通螺纹的牙型角 α

牙侧角是指在螺纹牙型上，牙侧与螺纹轴线的垂线间的夹角(见图 4-48)。螺纹的两牙侧角用代号 α_1，α_2 表示。对于普通螺纹，两牙侧角相等，且等于螺纹半角，即

$$\alpha_1 = \alpha_2 = \frac{\alpha}{2} = 30° \tag{4-10}$$

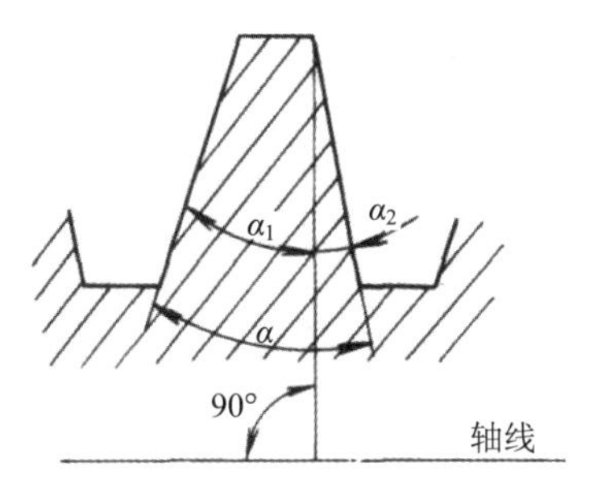

图 4-48　牙侧角

笔记

7. 螺纹升角(ϕ)

螺纹升角又称导程角，普通螺纹的螺纹升角是指在中径圆柱上，螺旋线的切线与垂直于螺纹轴线的平面的夹角(见图 4-49)，用代号 ϕ 表示。

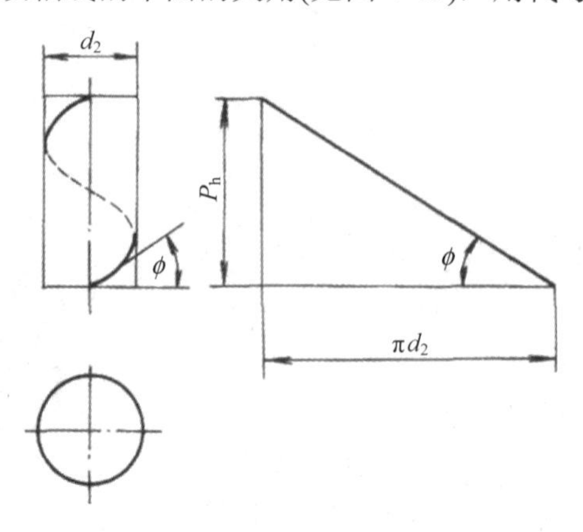

图 4-49　螺纹升角

技能训练

根据实际情况，让学生在教师的指导下进行技能训练。

四、螺纹代号与标记

1. 普通螺纹的代号与标记

1) 普通螺纹代号

粗牙普通螺纹用字母 M 及公称直径表示；细牙普通螺纹用“字母 M 及公称直径 × 螺距”表示。当螺纹为左旋时，在螺纹代号之后加“LH”字样。例如，M24 表示公称直径为 24 mm 的粗牙普通螺纹；M24 × 1.5 表示公称直径为 24 mm、螺距为 1.5 mm 的细牙普通螺纹；M24 × 1.5LH 表示公称直径为 24 mm、螺距为 1.5 mm、方向为左旋的细牙普通螺纹。

2) 普通螺纹标记

普通螺纹的完整标记由螺纹代号、螺纹公差带代号和螺纹旋合长度代号组成。螺纹公差带代号包括中径公差带代号与顶径(指外螺纹大径和内螺纹小径)公差带代号。公差带代号是由表示其大小的公差等级数字和表示其位置的字母所组成的。例如，6H、6g 等，其中“6”为公差等级数字，“H”和“g”为基本偏差代号。

螺纹公差带代号标注在螺纹代号之后，中间用“—”分开。如果螺纹的中径公差带与顶径公差带代号不同，则分别注出(前者表示中径公差带，后者表示顶径公差带)。如果中径公差带与顶径公差带代号相同，则只标注一个代号。其标记示例如下：

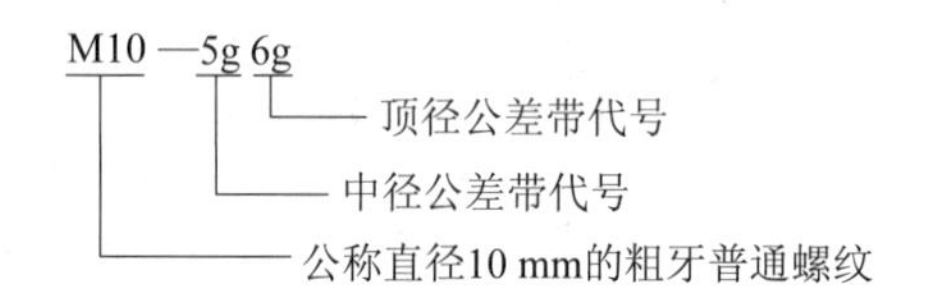

笔记

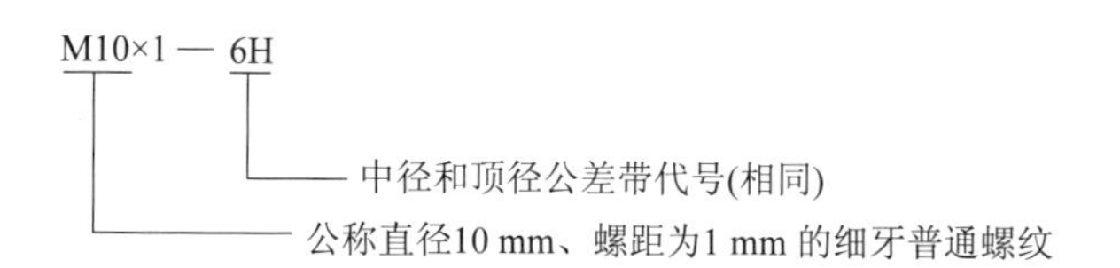

内、外螺纹装配在一起，其公差带代号用斜线分开，左边表示内螺纹公差带代号，右边表示外螺纹公差带代号。其标记示例如下：

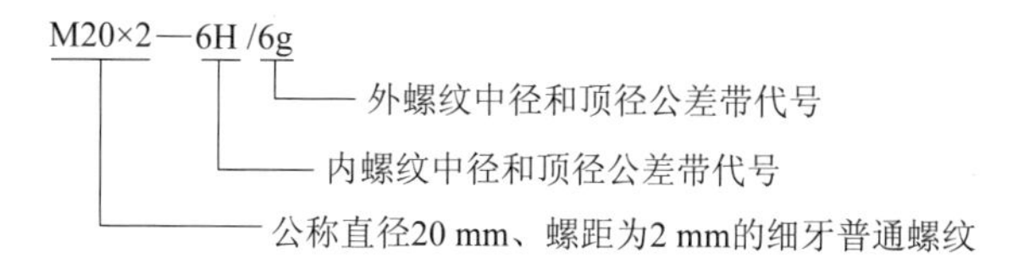

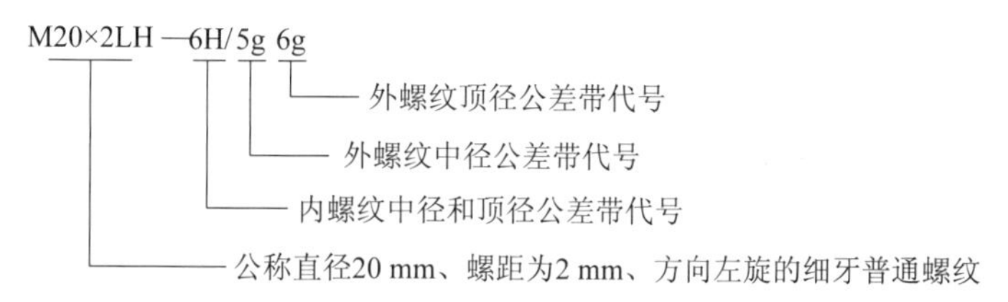

螺纹旋合长度是指两个相互配合的螺纹沿螺纹轴线方向相互旋合部分的长度(见图 4-50)。螺纹的旋合长度分为三组，分别称为短旋合长度、中等旋合长度和长旋合长度，相应地代号依次为 S、N、L。一般情况下，不标注螺纹旋合长度，使用时按中等旋合长度确定。必要时，在螺纹公差带代号之后加注旋合长度代号 S 或 L，中间用“—”分开。特殊需要时，可注明旋合长度的数值，中间用“—”分开。其标记示例如下：

M10—5g6g—S

M10—7H—L

M20×2—7g6g—40

图 4-50　螺纹旋合长度

2. 管螺纹的标记

1) 用螺纹密封的管螺纹的标记

用螺纹密封的管螺纹的标记由螺纹特征代号和尺寸代号组成。螺纹特征代号有 3 个：字母 R_C 表示圆锥内螺纹；字母 R_P 表示圆柱内螺纹；字母 R 表示圆锥外螺纹。当螺纹为左旋时，在尺寸代号后加注“LH”，用“—”分开。内、外螺纹装配在一起时，内、外螺纹的标记用斜线分开，左边表示内螺纹，右边表示外螺纹。其标记示例如下：

圆锥内螺纹 $R_C 1\frac{1}{2}$

左旋圆锥外螺纹 $R_C 1\frac{1}{2}$—LH

笔记

圆柱内螺纹与圆锥外螺纹的配合 $R_p 2\frac{1}{2}/R2\frac{1}{2}$

左旋圆锥内螺纹与圆锥外螺纹的配合 $R_C 1\frac{1}{4}/R1\frac{1}{4}—LH$

2) 非螺纹密封的管螺纹的标记

非螺纹密封的管螺纹的标记由螺纹特征代号、尺寸代号和公差等级代号组成。螺纹特征代号用字母 *G* 表示。螺纹公差等级代号，对外螺纹分 A、B 两级；对内螺纹不标记。当螺纹为左旋时，在公差等级代号后加注“LH”，用“—”分开。内、外螺纹装配在一起时，内、外螺纹的标记用斜线分开，左边表示内螺纹，右边表示外螺纹。其标记示例如下：

内螺纹 $G1\frac{1}{2}$

A 级外螺纹　$G1\frac{1}{2}$A

左旋 B 级外螺纹 $G1\frac{1}{2}$B—LH

右旋螺纹副 $G1\frac{1}{2}/G1\frac{1}{2}A$

左旋螺纹副 $G1\frac{1}{2}/G1\frac{1}{2}A$—LH

3. 梯形螺纹的代号与标记

1) 梯形螺纹代号

梯形螺纹用“Tr”表示。单线螺纹的尺寸规格用“公称直径×螺距”表示；多线螺纹用“公称直径×导程(*P* 螺距)”表示。当螺纹为左旋时，在尺寸规格之后加注“LH”。其标记示例如下：

单线螺纹为

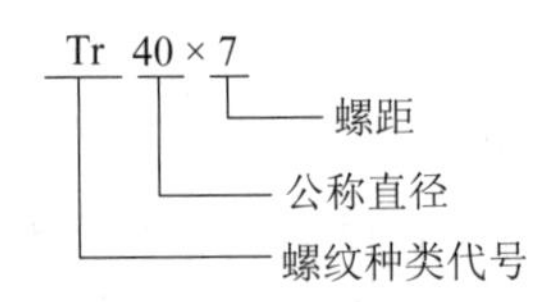

多线左旋螺纹为

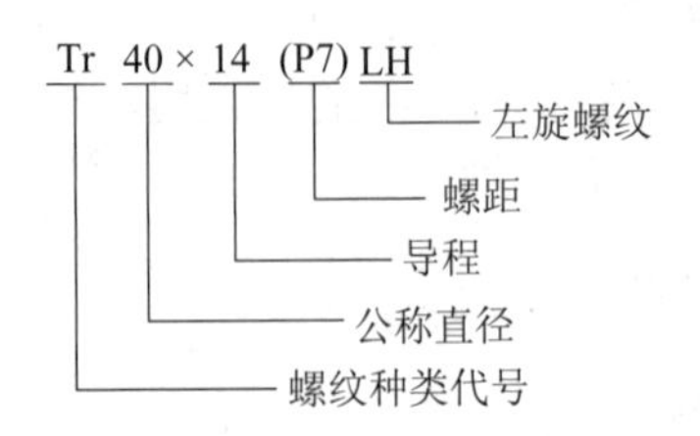

2) 梯形螺纹标记

梯形螺纹的标记由梯形螺纹代号、公差带代号及旋合长度代号组成。梯

笔记

形螺纹的公差带代号只标注中径公差带(由表示公差等级的数字及公差带位置的字母组成)。

旋合长度分 N，L 两组。当旋合长度为 N 组时，不标注组别代号 N；当旋合长度为 L 组时，应将组别代号 L 写在公差带代号后面，并用“—”隔开。特殊需要时，可用具体旋合长度数值代替组别代号 L。梯形螺旋副的公差带要分别注出内、外螺纹的公差带代号。前者是内螺纹公差带代号，后者是外螺纹公差带代号，中间用斜线分开。其标记示例如下：

内螺纹：Tr40 × 7—7H

外螺纹：Tr40 × 7—7e

左旋外螺纹：Tr40 × 7LH—7e

螺旋副：Tr40 × 7—7H/7e

旋合长度为 L 组的多线外螺纹：Tr40 × 14(P7) - 8e—L

旋合长度为特殊需要的外螺纹：Tr40 × 7—7e—140

任务实施

把学生带到现场进行教学，但要注意安全。

现场教学

一、螺旋传动

1. 螺旋传动的特点

螺旋传动是利用螺旋副来传递运动和(或)动力的一种机械传动，可以方便地把主动件的回转运动转变为从动件的直线运动。螺旋运动是构件的一种空间运动，它由具有一定制约关系的转动及沿转动轴线方向的移动两部分组成。组成运动副的两构件只能沿轴线作相对螺旋运动的运动副称为螺旋副。螺旋副是面接触的低副。常用的螺旋传动有普通螺旋传动、差动螺旋传动和滚珠螺旋传动等。

2. 普通螺旋传动

由构件螺杆和螺母组成的简单螺旋副实现的传动是普通螺旋传动。

1) 普通螺旋传动的应用形式

(1) 螺母固定不动螺杆回转并作直线运动。螺母不动，螺杆回转并移动的形式，通常应用于螺旋压力机、千分尺等。

图 4-51(a)所示为螺杆回转并作直线运动的台虎钳。与活动钳口组成转动副的螺杆以右旋单线螺纹与螺母啮合组成螺旋副，螺母与固定钳口连接。当螺杆按图示方向相对螺母 4 作回转运动时，螺杆连同活动钳口向右做直线运动(简称右移)，与固定钳口实现对工件的夹紧；当螺杆反向回转运动时，活动钳口随螺杆左移，钳口松开工件。通过螺旋传动，完成夹紧与松开工件的要求。

图 4-51(b)所示为螺旋斜楔平移机构的工业机器人机械手。它们既可以是双指型的，也可以是三指(或多指)型的；既可自动定心，也可非自动定心。

笔记

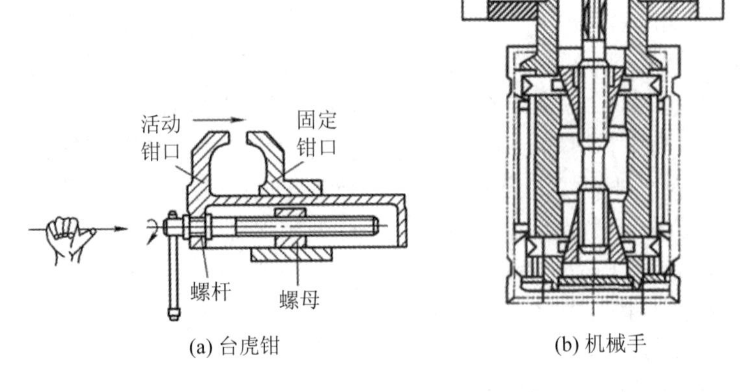

(a) 台虎钳　　(b) 机械手

图 4-51　普通螺旋传动的应用形式

(2) 螺杆固定不动螺母回转并作直线运动。螺杆不动，螺母回转并作直线运动的形式常用于插齿机刀架传动等。

图 4-52 所示为螺旋千斤顶中的一种结构形式，螺杆与底座连接固定不动。转动手柄使螺母回转并作上升或下降的直线运动，从而举起或放下托盘。

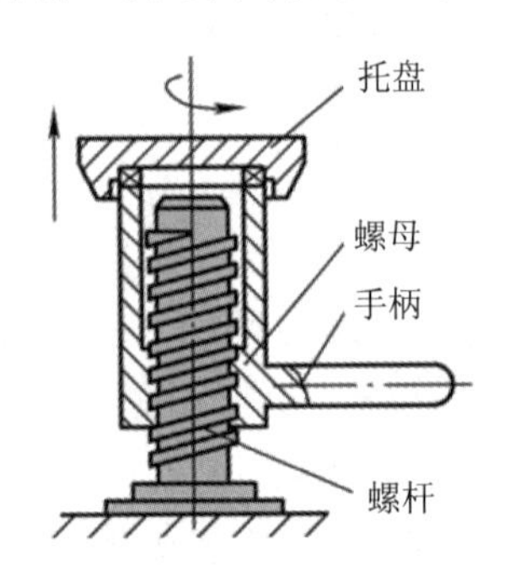

图 4-52　螺旋千斤顶

(3) 螺杆回转螺母作直线运动。螺杆回转、螺母做直线运动的形式应用较广，如机床的滑板移动机构等。

图 4-53 所示为螺杆回转、螺母作直线运动的传动结构图。螺杆 1 与机架 3 组成转动副，螺母 2 与螺杆以左旋螺纹啮合并与工作台 4 连接。当转动手轮使螺杆按图示方向回转时，螺母带动工作台沿机架的导轨向右作直线运动。

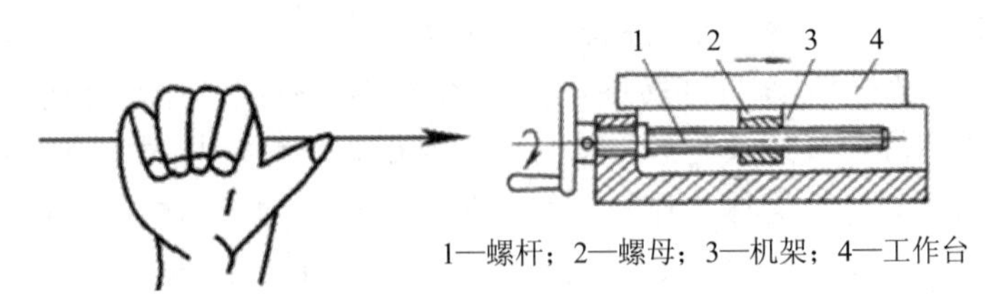

1—螺杆；2—螺母；3—机架；4—工作台

图 4-53　机床工作台移动机构

(4) 螺母回转螺杆作直线。

此处省略。

笔记

2) 直线运动方向的判定

普通螺旋传动时，从动件作直线运动的方向(移动方向)不仅与螺纹的回转方向有关，还与螺纹的旋向有关。因此，正确判定螺杆或螺母的移动方向十分重要。其判定方法如下：

(1) 右旋螺纹用右手，左旋螺纹用左手。手握空拳，四指指向与螺杆(或螺母)回转方向相同，大拇指竖直。

(2) 若螺杆(或螺母)回转并移动，螺母(或螺杆)不动，则大拇指指向为螺杆(或螺母)的移动方向(见图 4-51)。

(3) 若螺杆(或螺母)回转，螺母(或螺杆)移动，则大拇指指向的相反方向为螺母(或螺杆)的移动方向(见图 4-53)。

图 4-53 所示为机床工作台移动机构。丝杠为右旋螺杆，当丝杠按如图 4-53 所示的方向回转时，开合螺母带动床鞍向左移动。

3) 直线运动距离

在普通螺旋传动中，螺杆(或螺母)的移动距离与螺纹的导程有关。螺杆相对螺母每回转一圈，螺杆(或螺母)移动一个等于导程的距离。因此，移动距离等于回转圈数与导程的乘积，即

$$L = NP_h \tag{4-11}$$

式中，L 为螺杆(或螺母)的移动距离，mm；N 为回转圈数；P_h 为螺纹导程，mm。

移动速度为

$$v = nP_h \tag{4-12}$$

式中，v 为螺杆(或螺母)的移动速度，mm/min；n 为转速，r/min；P_h 为螺纹导程，mm。

3. 差动螺旋传动

由两个螺旋副组成的使活动的螺母与螺杆产生差动(即不一致)的螺旋传动称为差动螺旋传动。

1) 差动螺旋传动原理

图 4-54 所示为差动螺旋机构。螺杆分别与活动螺母和机架组成两个螺旋副，机架上为固定螺母(不能移动)，活动螺母不能回转而只能沿机架的导向槽移动。设机架和活动螺母的旋向同为右旋，当如图 4-54 所示方向回转螺杆时，螺杆相对机架向左移动，而活动螺母相对螺杆向右移动，这样活动螺母相对机架实现差动移动，螺杆每转 1 转，活动螺母实际移动距离为两段螺纹导程之差。如果机架上螺母螺纹旋向仍为右旋，活动螺母的螺纹旋向为左旋，则如图 4-54 所示回转螺杆时，螺杆相对机架左移，活动螺母相对螺杆亦左移，螺杆每转 1 转，活动螺母实际移动距离为两段螺纹的导程之和。

2) 差动螺旋传动的移动距离和方向的确定

由上述分析可知，在图 4-54 所示的差动螺旋机构中：

笔记

(1) 螺杆上两螺纹旋向相同时，活动螺母移动距离减小。当机架上固定螺母的导程大于活动螺母的导程时，活动螺母移动方向与螺杆移动方向相同；当机架上固定螺母的导程小于活动螺母的导程时，活动螺母移动方向与螺杆移动方向相反；当两螺纹的导程相等时，活动螺母不动(移动距离为零)。

(2) 螺杆上两螺纹旋向相反时，活动螺母移动距离增大。活动螺母移动方向与螺杆移动方向相同。

(3) 在判定差动螺旋传动中活动螺母的移动方向时，应先确定螺杆的移动方向。

差动螺旋传动中活动螺母的实际移动距离和方向，可用公式表示如下：

$$L = N(P_{h1} \pm P_{h2}) \tag{4-13}$$

式中，L 为活动螺母的实际移动距离，mm；N 为螺杆的回转圈数；P_{h1} 为机架上固定螺母的导程，mm；P_{h2} 为活动螺母的导程，mm。

当两螺纹旋向相反时，公式中用“+”号；当两螺纹旋向相同时，公式中用“−”号。若计算结果为正值时，活动螺母实际移动方向与螺杆移动方向相同；若计算结果为负值时，活动螺母实际移动方向与螺杆移动方向相反。

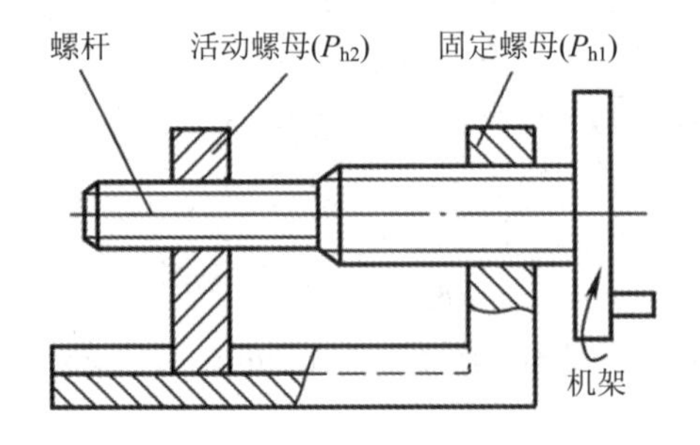

图 4-54　差动螺旋机构

做一做：在图 4-54 中，固定螺母的导程 $P_{h1} = 1.5$ mm，活动螺母的导程 $P_{h2} = 2$ mm，螺纹均为左旋。当螺杆回转 0.5 转时，活动螺母的移动距离是多少？移动方向如何？

4. 滚珠丝杠螺母副

滚珠丝杠螺母副

现在工业机器人上常用滚珠丝杠螺母副作为传动元件，滚珠丝杠螺母副是一种在丝杠和螺母间装有滚珠作为中间元件的丝杠副，其结构原理如图 4-55 所示。在丝杠 3 和螺母 1 上都有半圆弧形的螺旋槽，当它们套装在一起时便形成了滚珠的螺旋滚道。螺母 1 上有滚珠回路管道 b，将几圈螺旋滚道的两端连接起来构成封闭的循环滚道，并在滚道内装满滚珠 2。当丝杠 3 旋转时，滚珠 2 在滚道内沿滚道循环转动(即自转)，迫使螺母(或丝杠)轴向移动。

笔记

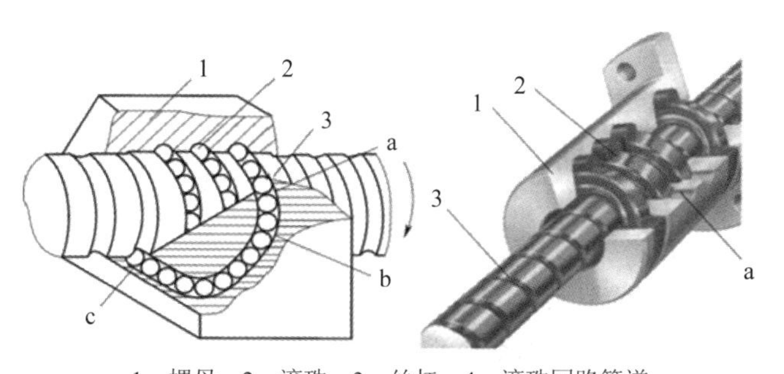

1—螺母；2—滚珠；3—丝杠；4—滚珠回路管道

图 4-55　滚珠丝杠螺母副的结构原理

1) 滚珠丝杠螺母副的种类

滚珠丝杠螺母副的种类

常用的循环方式有两种：滚珠在循环过程中有时与丝杠脱离接触的称为外循环；滚珠在循环过程中始终与丝杠保持接触的称为内循环。

(1) 外循环。图 4-56 所示为常用的一种外循环方式，这种结构是在螺母体上轴向相隔数个半导程处钻两个孔与螺旋槽相切，作为滚珠的进口与出口；再在螺母的外表面上铣出回珠槽并沟通两孔；此外在螺母内进出口处各装一个挡珠器，并在螺母外表面装一套筒，这样就构成了封闭的循环滚道。外循环结构制造工艺简单，使用较广泛。但缺点是滚道接缝处很难做得平滑，影响滚珠滚动的平稳性，甚至发生卡珠现象，噪声也较大。

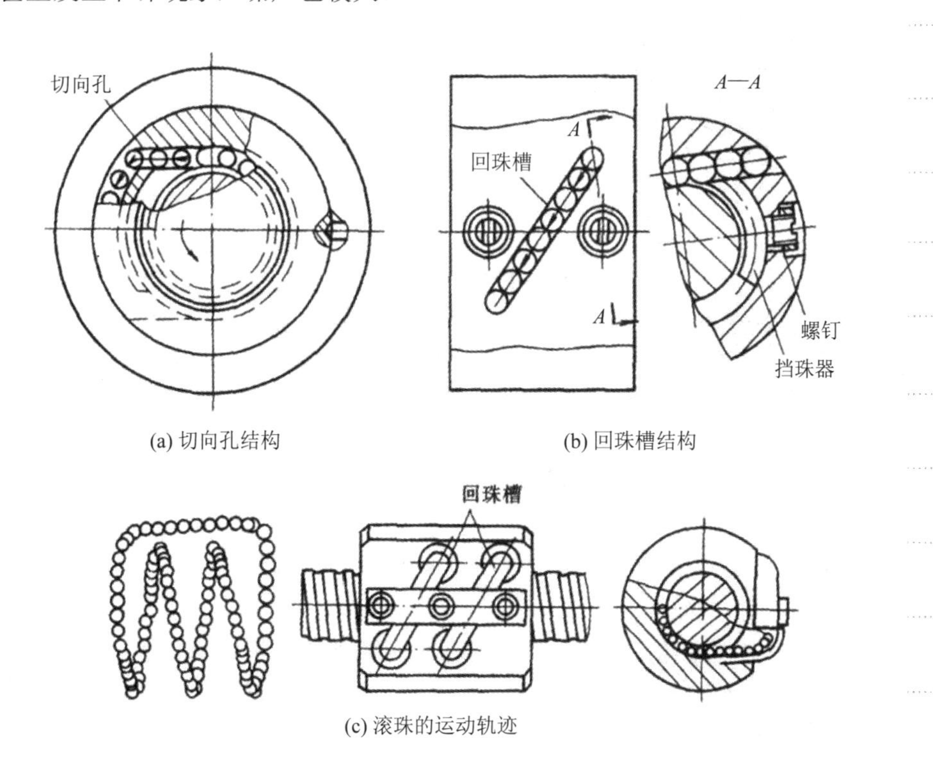

(a) 切向孔结构　　(b) 回珠槽结构

(c) 滚珠的运动轨迹

笔记

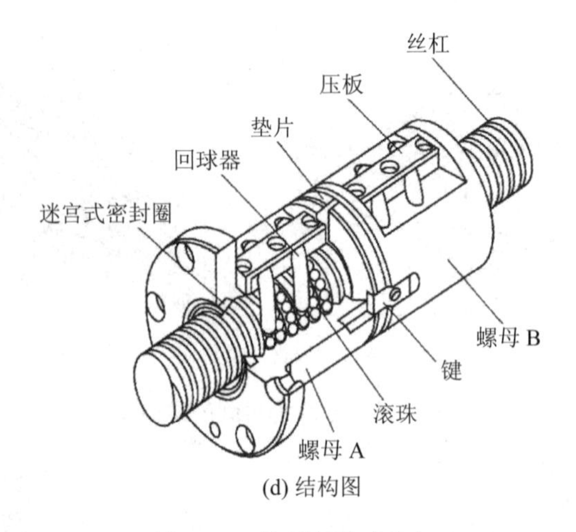

(d) 结构图

图 4-56　外循环滚珠丝杠

(2) 内循环。内循环均采用反向器实现滚珠循环，反向器有两种型式。图 4-57(a)所示为圆柱凸键反向器，该反向器的圆柱部分嵌入螺母内，端部开有反向槽 2。反向槽靠圆柱外圆面及其上端的凸键 1 定位，以保证对准螺纹滚道方向。图 4-57(b)所示为扁圆镶块反向器，该反向器为一半圆头平键形镶块，镶块嵌入螺母的切槽中，其端部开有反向槽 3，用镶块的外廓定位。两种反向器相较，后者尺寸较小，从而减小了螺母的径向尺寸、缩短了轴向尺寸。但这种反向器的外廓和螺母上的切槽尺寸精度要求较高。

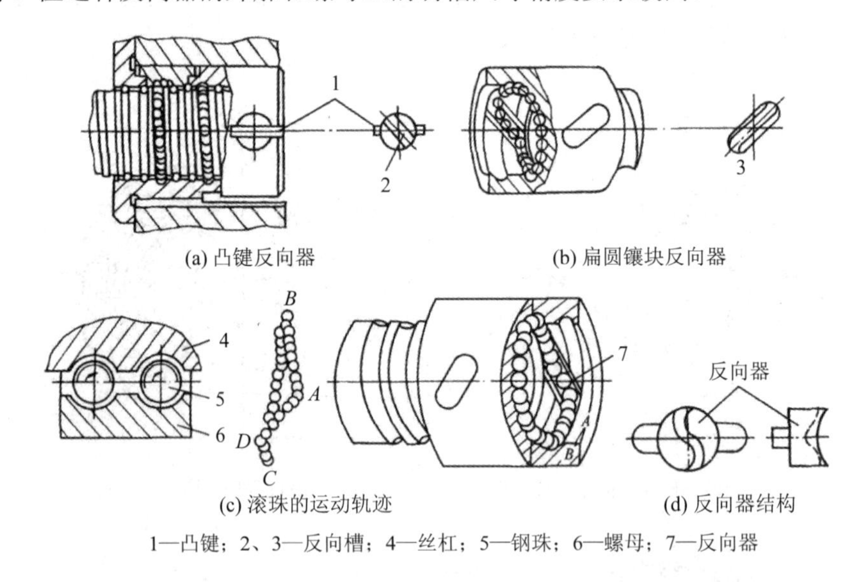

(a) 凸键反向器　　(b) 扁圆镶块反向器

(c) 滚珠的运动轨迹　　(d) 反向器结构

1—凸键；2、3—反向槽；4—丝杠；5—钢珠；6—螺母；7—反向器

图 4-57　内循环滚珠丝杠

2) 滚珠丝杠的支承

滚珠丝杠常用推力轴承支座，以提高轴向刚度(当滚珠丝杠的轴向负载很小时，也可用角接触球轴承支座)，滚珠丝杠在工业机器人上的安装支承方式如图 4-58 所示。近来出现一种滚珠丝杠专用轴承，其结构如图 4-59 所示。

这是一种能够承受很大轴向力的特殊角接触球轴承，与一般角接触球轴承相比，接触角增大到 60°，这增加了滚珠的数目并相应减小了滚珠的直径。产品成对出售，并且在出厂时已经选配好内外环的厚度。产品装配调试时只要用螺母和端盖将内环和外环压紧，就能获得出厂时已经调整好的预紧力，使用极为方便。

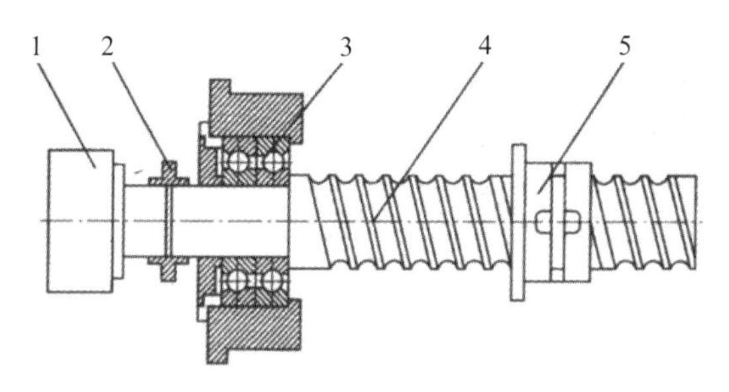

(a) 一端装止推轴承

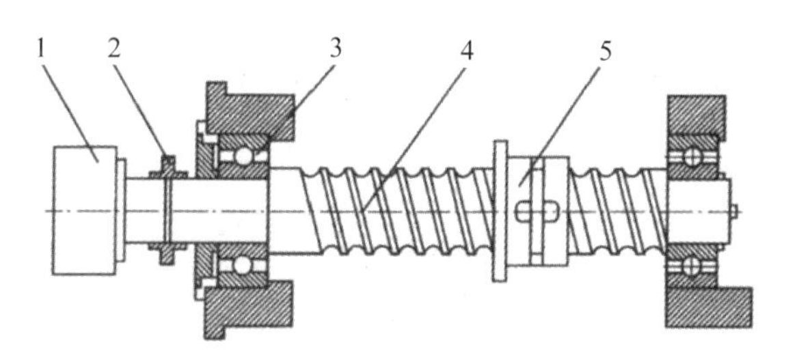

(b) 一端装止推轴承，另一端装向心球轴承

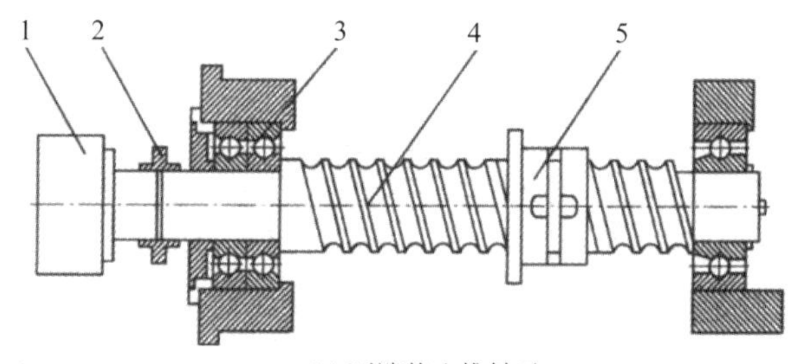

(c) 两端装止推轴承

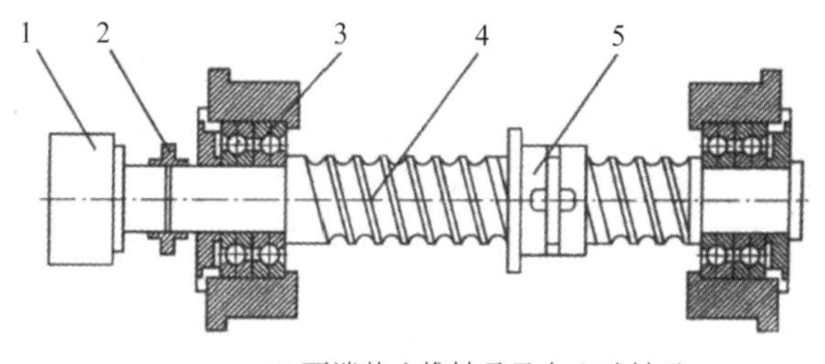

(d) 两端装止推轴承及向心球轴承

1—电动机；2—弹性联轴器；3—轴承；4—滚珠丝杠；5—滚珠丝杠螺母

图 4-58　滚珠丝杠在工业机器人上的支承方式

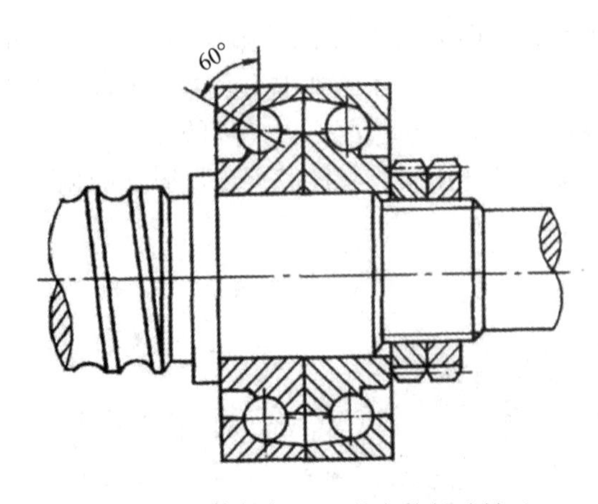

图 4-59　接触角 60° 的角接触球轴承

3) 珠丝杠在工业机器人上的应用

图 4-60 所示为丝杠式升降部件结构简图，机器人的升降机构带动手臂移动，之间可以采用固定式结构连接。机器人升降机构用于将机器人的转动部件及手臂部件等升降到一定位置。当转动部件及手臂部件工作时，能满足机器人强度及稳定性的要求。

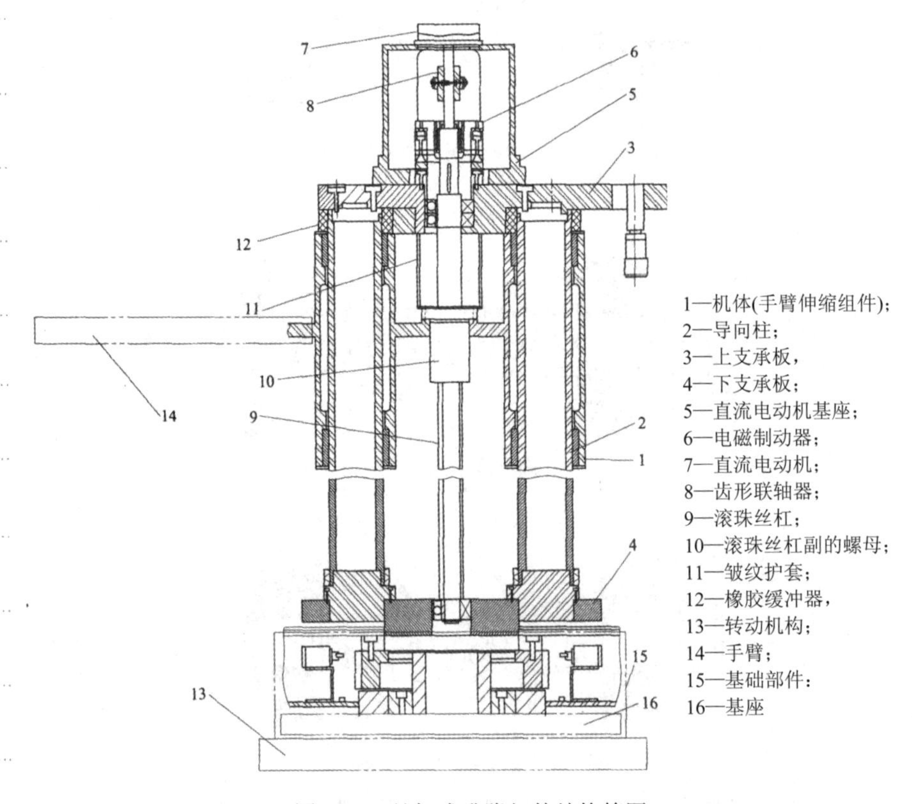

图 4-60　丝杠式升降部件结构简图

图 4-61 所示为 HSR-HL403 圆柱坐标机器人立柱的结构。

笔记

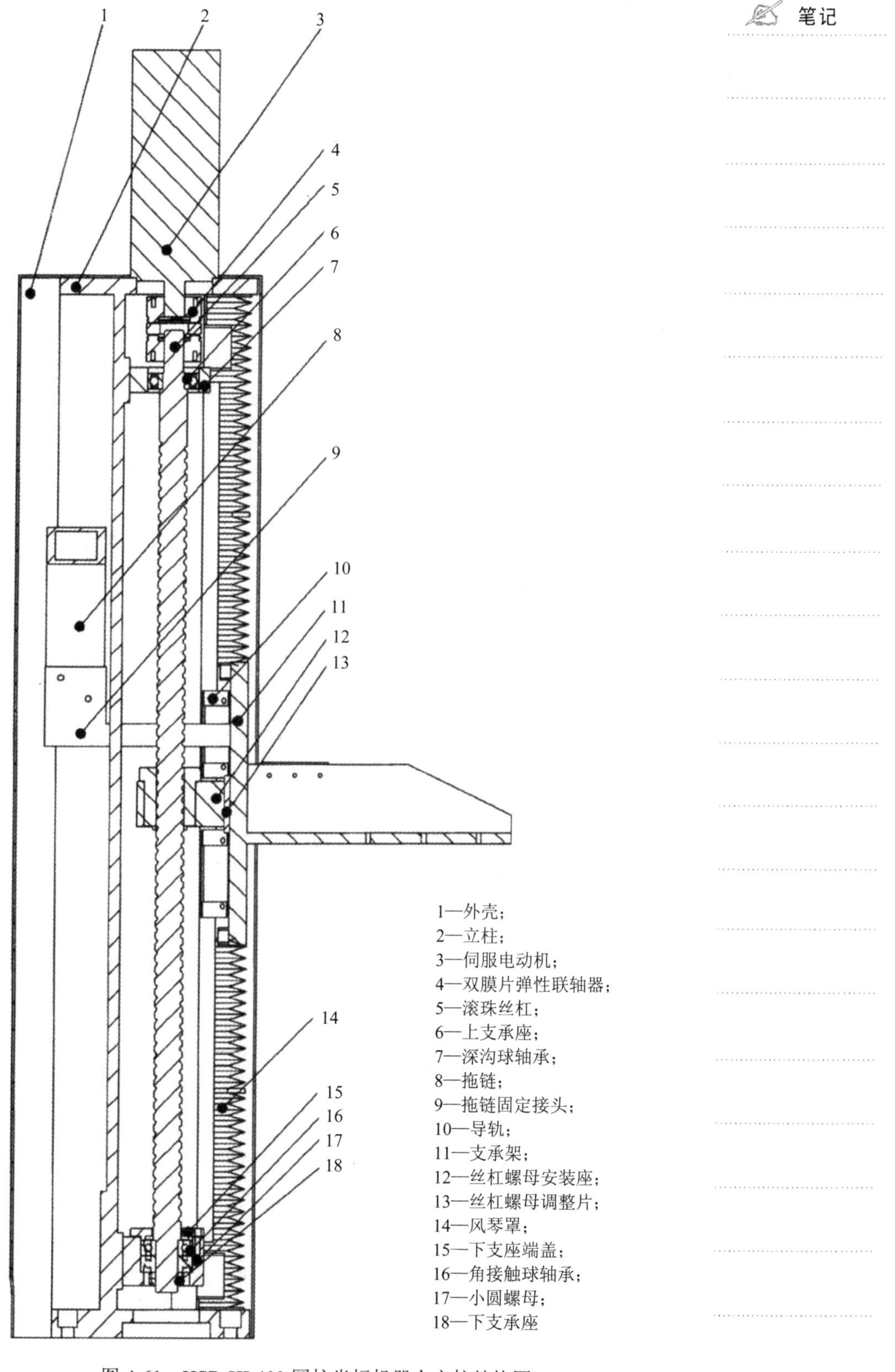

图 4-61　HSR-HL403 圆柱坐标机器人立柱结构图

笔记

多媒体教学

采用视频、动画等多媒体教学。

二、工业机器人用导轨

贴塑导轨

1. 塑料导轨

镶粘塑料导轨已广泛用于工业机器人上，其摩擦因数小，且动、静摩擦因数差很小，能防止低速爬行现象；耐磨性好，抗撕伤能力强；加工性和化学稳定性好，工艺简单，成本低，并有良好的自润滑性和抗震性，塑料导轨多与铸铁导轨或淬硬钢导轨相配使用。

1) 贴塑导轨

贴塑导轨是在动导轨的摩擦表面上贴上一层塑料软带，以降低摩擦因数，提高导轨的耐磨性。导轨软带材料是以聚四氟乙烯为基体，加入青铜粉、二硫化钼和石墨等填充混合烧结，并做成软带状。这种导轨的摩擦因数低(摩擦因数在 0.03～0.05 范围内)，且耐磨性、减振性、工艺性均好，广泛应用于中小型桁架工业机器人。

导轨软带的使用工艺简单，先将导轨粘贴面加工至表面粗糙度 R_a 为 3.2～1.6 μm(有时为了起到定位作用，导轨面粘贴面加工成 0.5～1 mm 深的凹槽)，清洗粘贴面后，用胶黏剂黏合，加压固化后，再进行精加工即可，如图 4-62 所示。

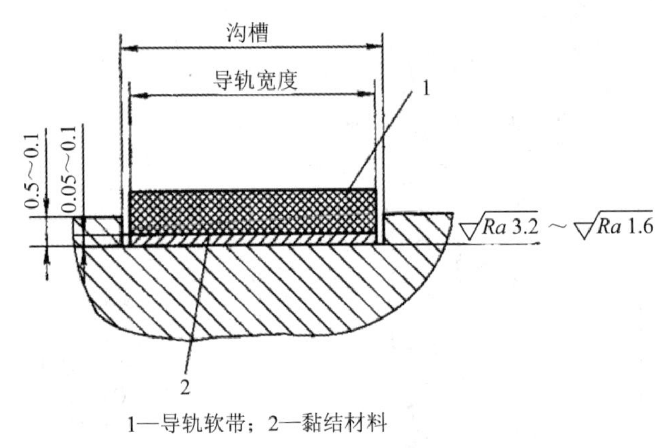

1—导轨软带；2—黏结材料

图 4-62　贴塑导轨

贴塑导轨不仅适用于工业机器人上，还可用于各种类型机床导轨，它在旧机床修理和数控化改装中可以减少机床结构的修改，因而更加扩大了塑料导轨的应用领域，有逐渐取代滚动导轨的趋势。

2) 注塑导轨

注塑导轨又称为涂塑导轨。其抗磨涂层是环氧型耐磨导轨涂层，其材料是以环氧树脂和二硫化钼为基体，加入增塑剂，混合成膏状为一组分、固化剂为一组分的双组分塑料涂层。这种导轨有良好的可加工性、摩擦特性和耐磨性，其抗压强度比聚四氟乙烯导轨软带要高，特别是可在调整好固定导轨

笔记

和运动导轨间的相对位置精度后注入塑料，可节省很多工时。

使用时，先将导轨涂层面加工成锯齿形，如图 4-63 所示，清洗与塑料导轨相配的金属导轨面并涂上一薄层硅油或专用脱模剂(防止与耐磨导轨涂层的黏接)，将涂层涂抹于导轨面，固化后，将两导轨分离。

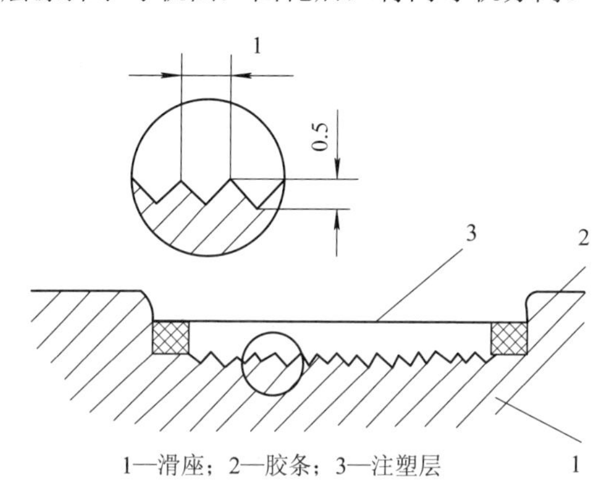

1—滑座；2—胶条；3—注塑层

图 4-63　注塑导轨

2. 滚动导轨

滚动导轨可分为直线滚动导轨、圆弧滚动导轨、圆形滚动导轨。直线滚动导轨品种很多，有整体型和分离型。整体型滚动导轨常用的有滚动导轨块，如图 4-64 所示。滚动体为滚柱或滚针，其有单列和双列；直线滚动导轨副如图 4-65 所示，图 4-65(a)所示的滚动体为滚珠，图 4-65(b)所示的滚动体为滚柱。分离型滚动导轨有 V 字形和平板形，其应用如图 4-66 所示，滚动体有滚柱、滚针和滚珠。带阻尼器的滚动直线导轨副可提高抗震性，如图 4-67 所示。

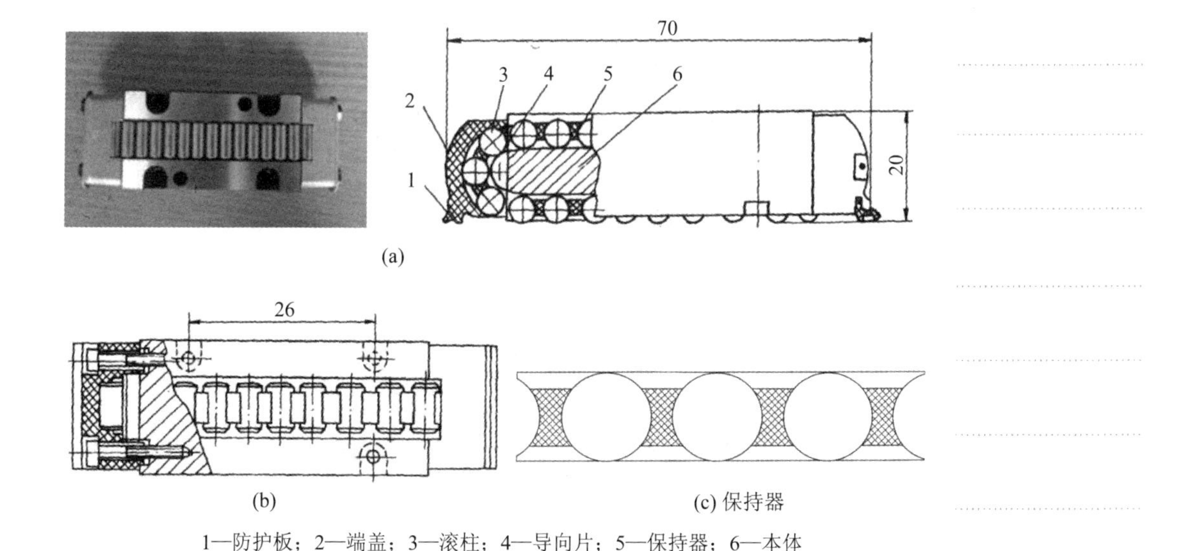

1—防护板；2—端盖；3—滚柱；4—导向片；5—保持器；6—本体

图 4-64　滚动导轨块

笔记

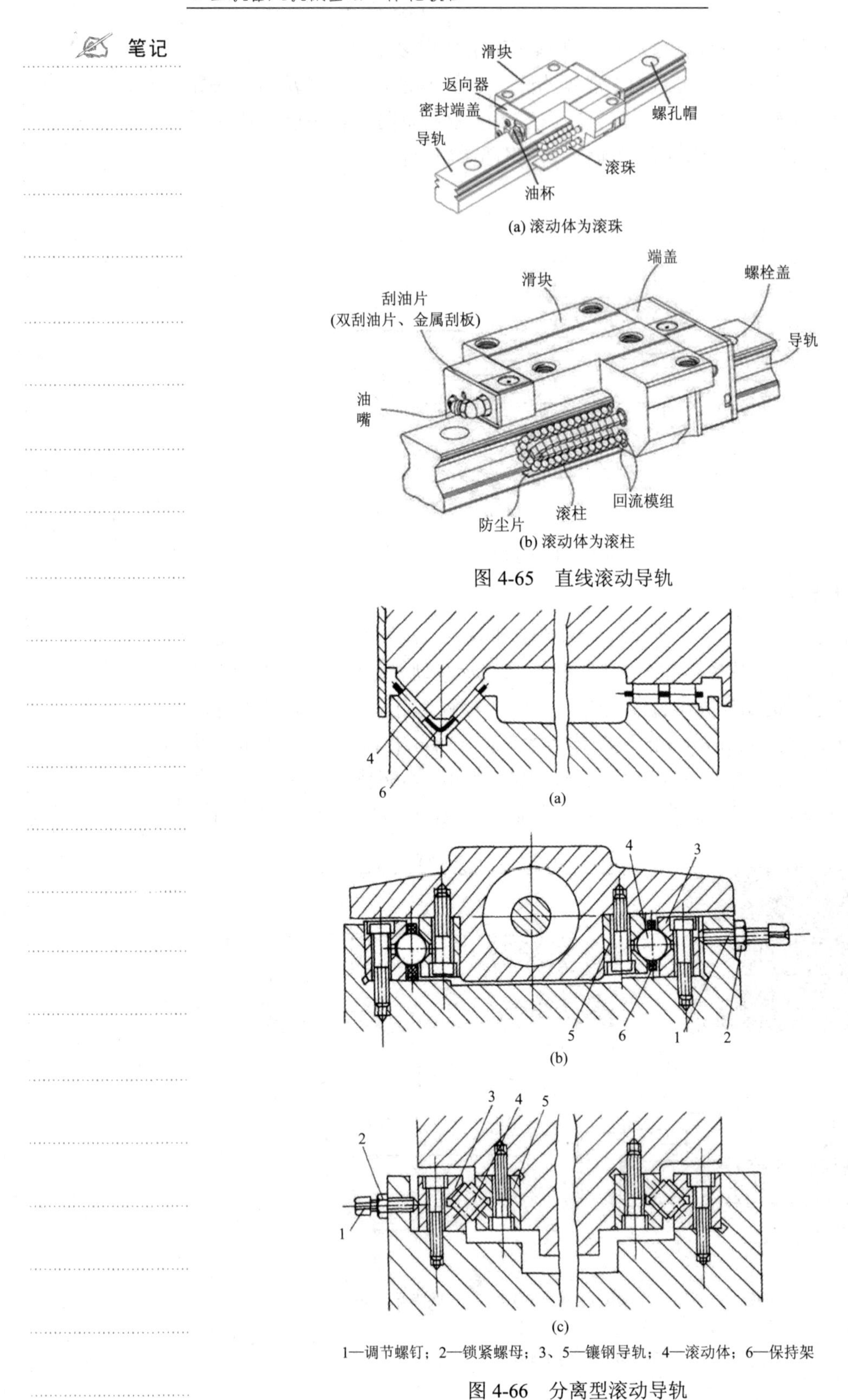

图 4-65　直线滚动导轨

1—调节螺钉；2—锁紧螺母；3、5—镶钢导轨；4—滚动体；6—保持架

图 4-66　分离型滚动导轨

笔记

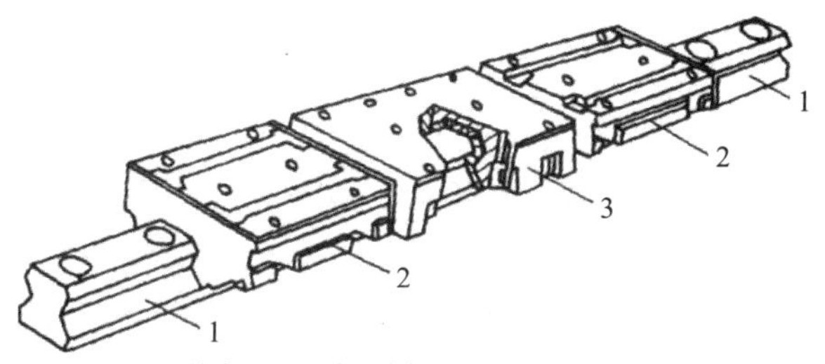

1—导轨条；2—循环滚柱滑座；3—抗震阻尼滑座

图 4-67　带阻尼器的滚动直线导轨副

图 4-68 所示为滚动导轨在桁架工业机器人上的应用。图 4-69 所示为 ARA—1000 D 直角坐标机器人 W 轴结构。图 4-70 所示为该机器人 U、W 轴结构。

图 4-68　滚动导轨在桁架工业机器人上的应用

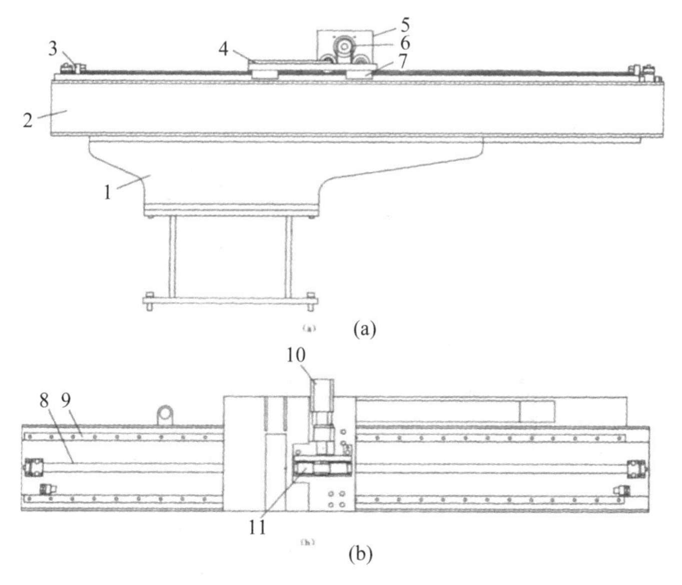

1—底座；
2—主臂；
3—防撞限位块；
4—连接板；
5—电动机连接座；
6—同步轮；
7—滑块；
8—同步带；
9—滚动滑轨；
10—伺服电动机；
11—张紧轮

图 4-69　ARA—1000 D 直角坐标机器人 W 轴结构

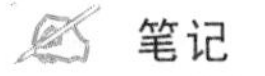

笔记

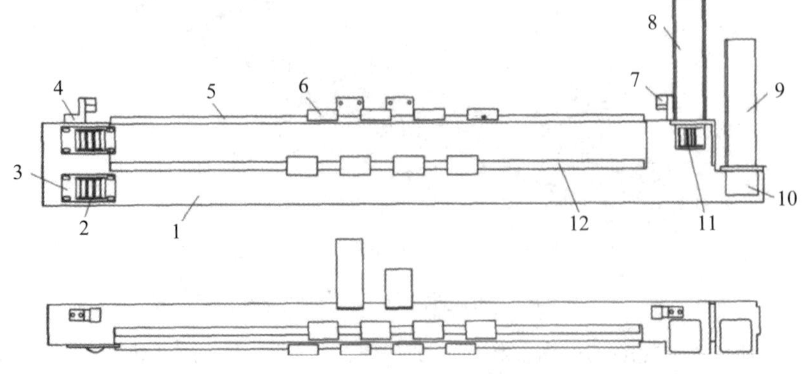

1—悬臂；2—同步轮；3—同步轮固定座；4—防撞限位块；5，12—滚动滑轨；
6—滑块；7—防撞限位块；8，9—伺服电动机；10，11—减速器

图 4-70　ARA 1000D 直角坐标机器人 U、W 轴结构

任务扩展

滚珠丝杠丝母传动系的安装

滚珠丝杠传动系的安装

一、任务内容

安装丝杠丝母传动系组件，并且固定丝母与滑台之间的连接。注意：此任务需要两人完成。

二、工序前保证

工序前应保证：X 轴导轨滑台组件、电机组件(小同步带轮)均已安装完毕。

三、安装部件

滚珠丝杠丝母传动系组件，如图 4-71 所示。

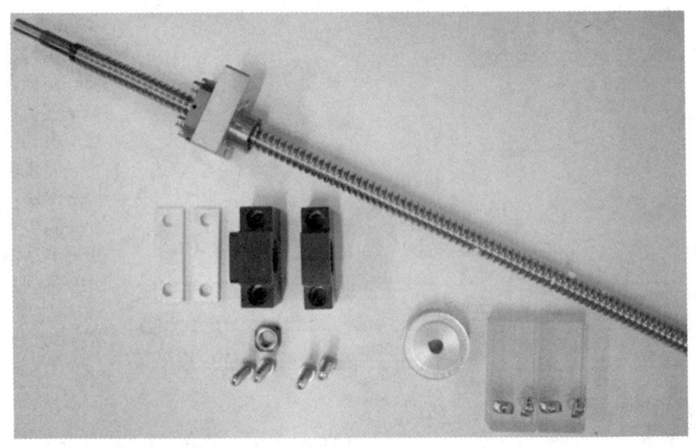

图 4-71　滚珠丝杠丝母传动系的待安装零部件

笔记

四、使用工具

使用工具有：内六角扳手、螺母扳手、游标卡尺。

五、注意事项

安装人员戴手套；丝杠与导轨需要保证平行。

滚珠丝杠丝母传动系组件安装的具体操作步骤详见表4-7。

表4-7　滚珠丝杠丝母传动系组件安装

序号	操作步骤	示　意　图
1	用卡簧将游动一端的轴承固定	
2	准备将垫片和带轴承的轴承座安装在机座上	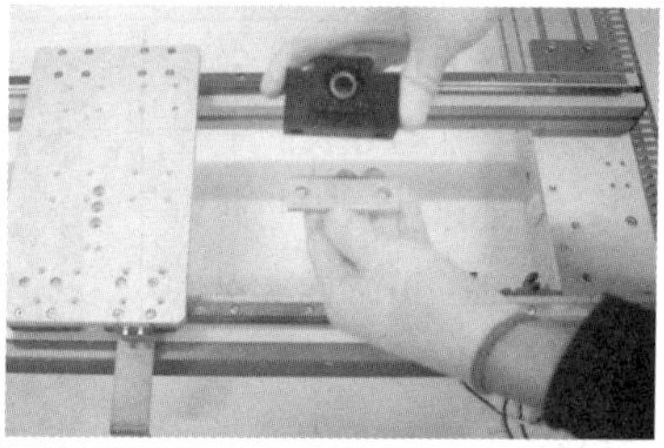
3	用螺钉将轴承座预固定在机座上 注意：轴承座凸出一侧朝向导轨端面之外	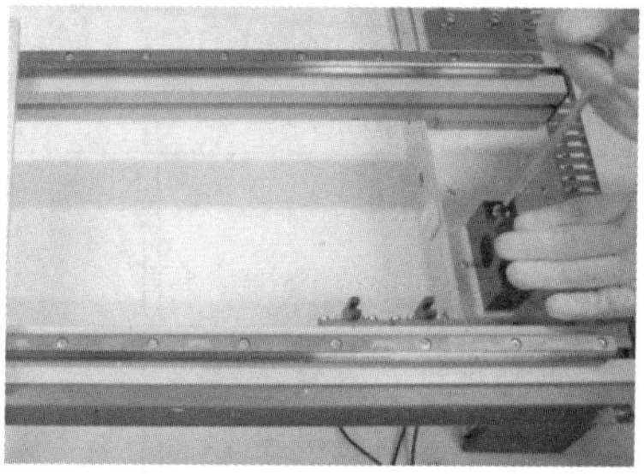
4	确保滚珠滑块的位置大致在丝杠的中间部位	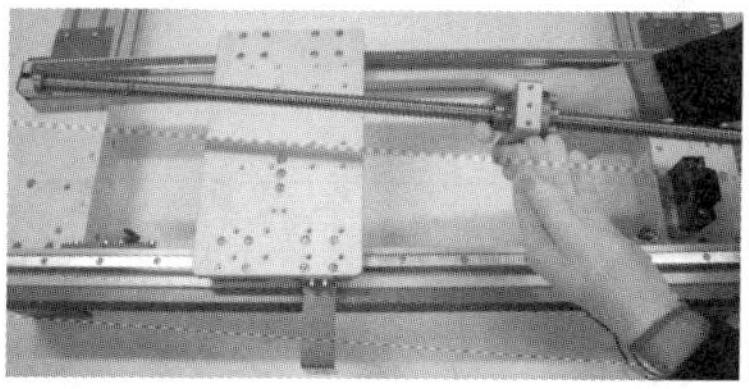
5	将丝杠在滑台的下侧插入到轴承内圈中 注意：在装配过程中，尽可能使丝杠的轴线与轴承中心线在同一直线上，避免轴承或丝杠变形	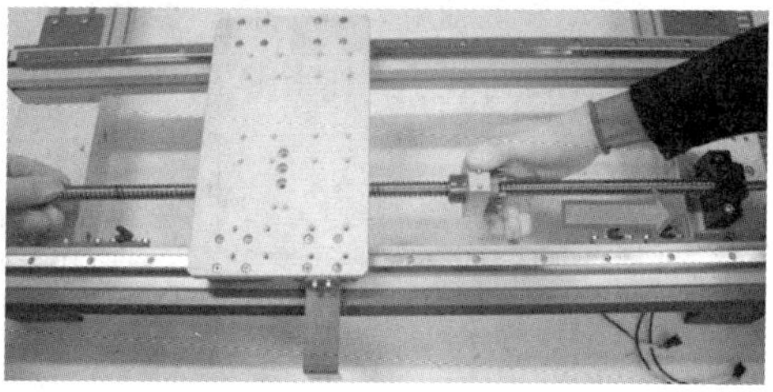

笔记

续表一

序号	操作步骤	示 意 图
6	安装游动一端的轴承座(无轴承盖)和垫片	
7	对轴承座进行预压紧	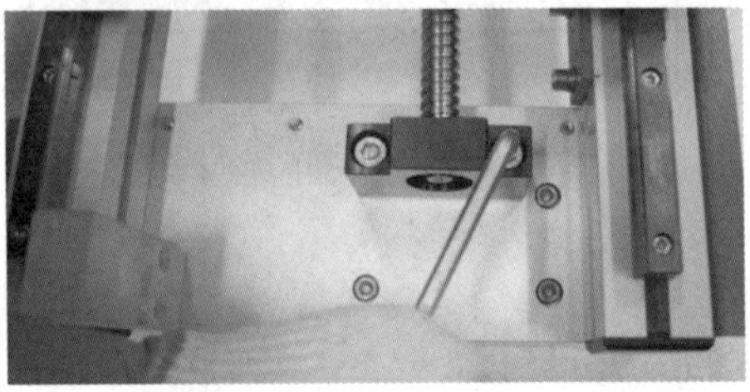
8	轴承座的相对位置会直接影响丝杠与导轨的平行度，此处以轴承座凸肩为定位基准，用游标卡尺保证两轴承座与导轨的间距相等 图示游标卡尺的定位尺寸为 54.00 mm	 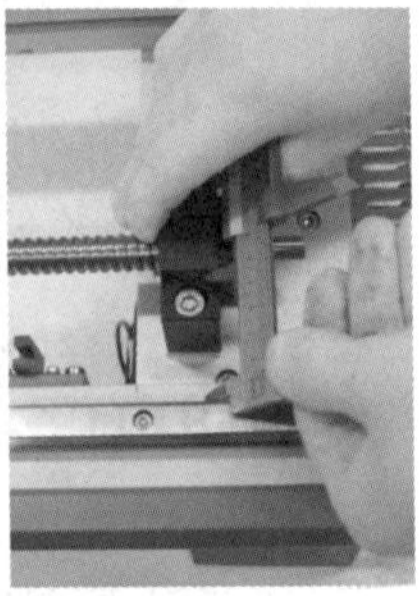
9	轴承定位完成后，将两个轴承座紧固在机座上	
10	手动旋入轴用挡圈，并且借助螺母扳手丝杠紧压在轴承内圈上	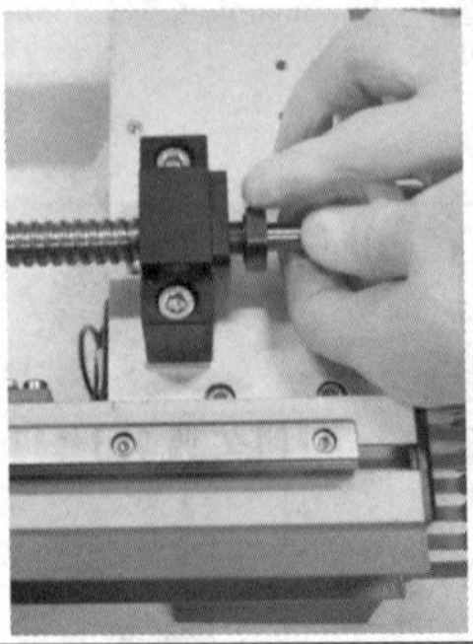 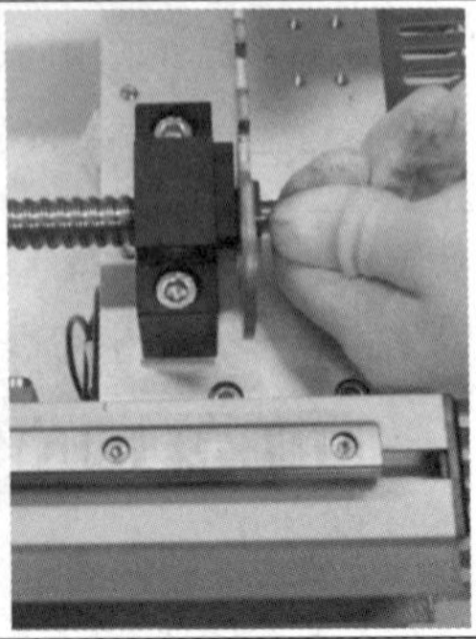

续表二　　笔记

序号	操作步骤	示　意　图
11	轴用挡圈装入完成后用手轴向拉动丝杠，确保无轴向间隙。然后锁紧顶丝，避免挡圈自然松开 注意：若有间隙，将使丝杠失去传动精度。此步骤非常重要	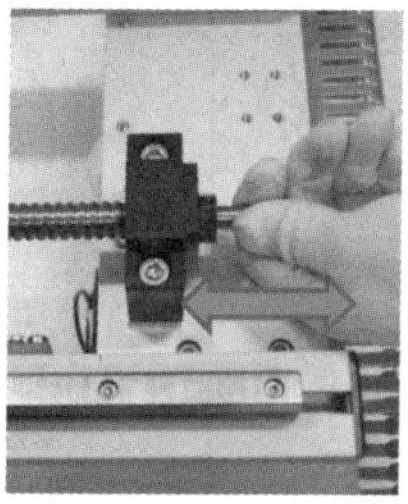 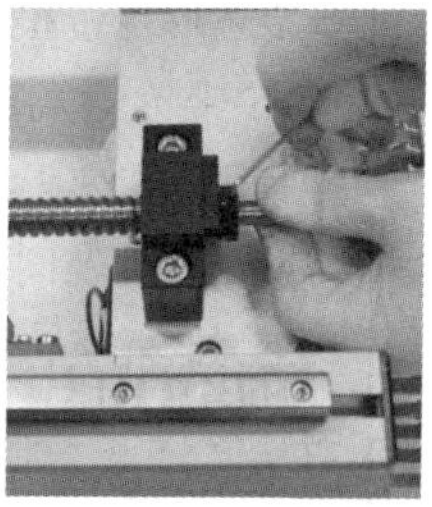
12	将螺母滑块的安装孔调整到上方。然后拖动滑台，对齐滑台和螺母滑块的安装孔	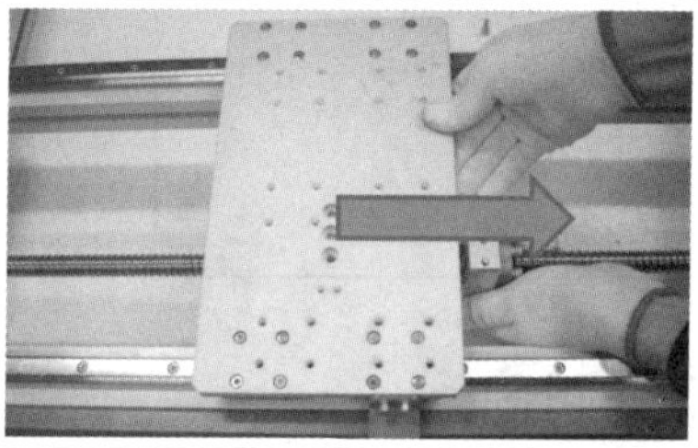
13	用螺钉紧固滑台和螺母滑块	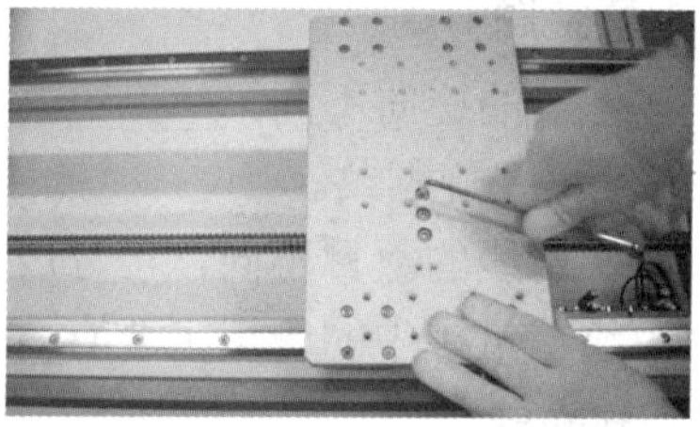
14	在导轨处安装两个机械限位块	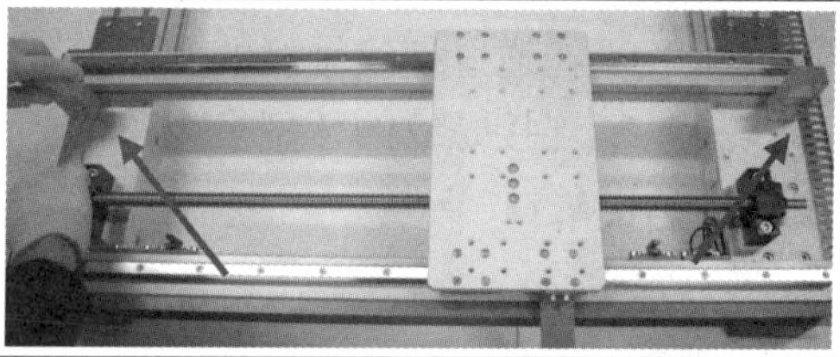
15	插入同步带轮，使丝杠端部与同步带轮端部齐平	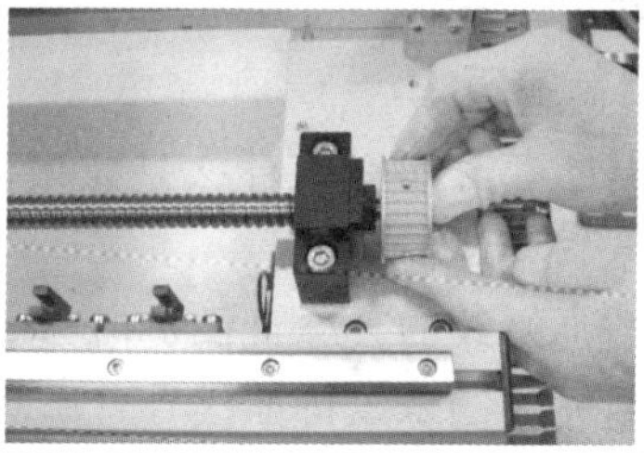
16	锁紧同步带轮的两个顶丝，将同步带轮紧固在丝杠上	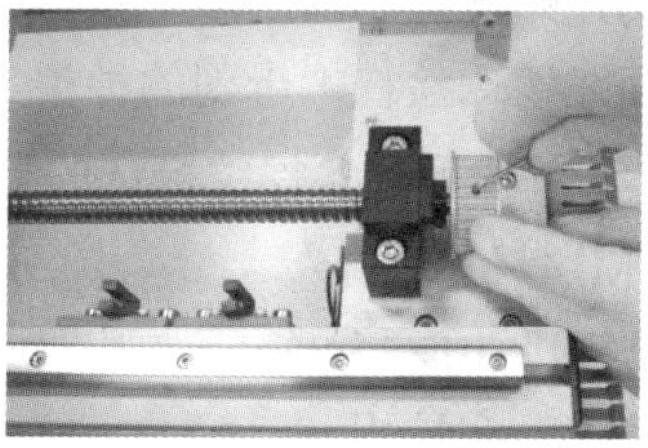

笔记

续表三

序号	操作步骤	示　意　图
17	装入同步带和电机组件(同步带轮)，将减速器支架紧固在机座上 此部分涉及同步带的安装要求，相关内容可以参考任务六	
18	滚珠丝杠传动系组件安装完毕	

任务巩固

一、填空题

1. 按螺纹的旋向不同，________时旋入的螺纹称右旋螺纹；________时旋入的螺纹称左旋螺纹。

2. 按螺旋线的数目不同，可分成________线螺纹和________线螺纹。

3. 螺纹在机械中的应用主要有________和________。

二、判断题

(　　) 1. 在通过螺纹轴线的剖面上，螺纹的轮廓形状称为螺纹牙型。

(　　) 2. 连接螺纹的牙型多为三角形，而且多用多线螺纹。

三、名词解释

1. 导程

2. 螺纹升角

四、简答题

1. 什么是牙型角？什么是牙型半角？什么是牙侧角？螺纹的牙侧角是否一定等于牙型半角？

2. 普通螺纹的公称直径是指哪个直径？普通螺纹的代号如何表示？

3. 管螺纹的螺纹特征代号有哪几种？代号 RD 与 G 有什么不同？

4. 简述螺旋传动的应用形式。

5. 简述滚珠丝杠螺母副的种类。

五、试解释下列各螺纹标记的含义

(1) M24 × 2—6H

(2) M30 × 1.5—5g 6g

(3) M12—6H—S

笔记

(4) R1/4

(5) Tr40 × 14(P7)—7—L

六、试解释下列各螺纹副或螺旋副标记的含义

(1) M36 × 1.5LH—6H/6g

(2) $R_c 2\frac{1}{2}/R2\frac{1}{2}$—LH

(3) $G\frac{3}{4}/G\frac{3}{4}A$

(4) Tr52 × 16(P8)—7H/7e

七、双创训练题

在教师的带领下，组成创新团队，对丝杠进行拆装，并总结其规律。

笔记

模块五

机器人机械传动

任务一　工业机器人用柔性传动

工作任务

现代工业机器人上应用的柔性传动主要包括带传动和链传动。图 5-1 所示为带传动在关节工业机器人上的应用，图 5-2 所示为带传动在桁架工业机器人上的应用。链传动主要应用在工业机器人工作站的外围装置上，图 5-3 所示为工业机器人工作站送料装置所用的带传动，图 5-4 所示为关节工业机器人移动装置组成的第七轴所用的链传动。

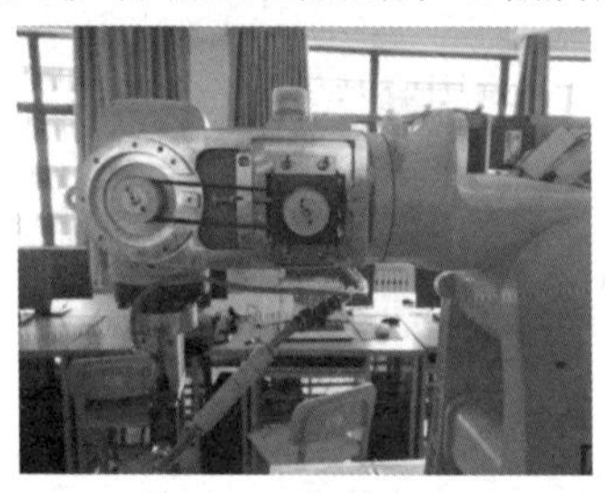

图 5-1　带传动在关节工业机器人上的应用

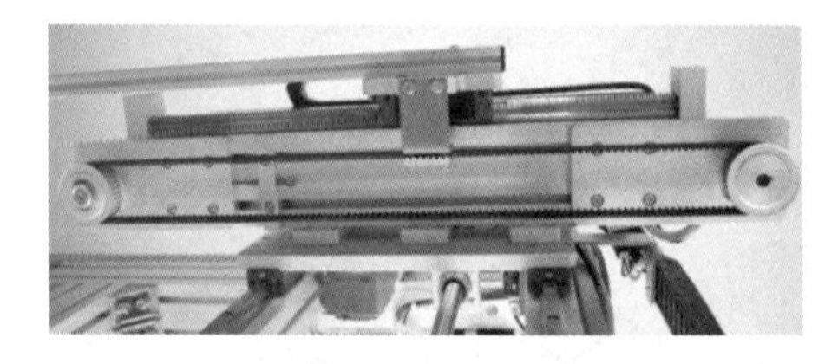

图 5-2　带传动在桁架工业机器人上的应用

工业机器人用带传动

图 5-3　链传动在送料装置上的应用

笔记

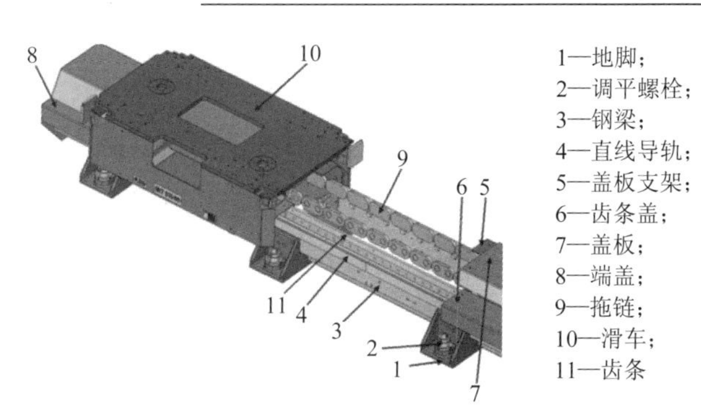

图 5-4　工业链传动在第七轴上的应用

任务目标

知 识 目 标	能 力 目 标
1. 掌握带传动与链传动的特点	1. 能根据需要选择带的类型
2. 掌握带传动与链传动的分类与应用	2. 能根据需要选择链条的类型

任务准备

★ 实物教学

带传动是通过传动带把主动轴的运动和动力传给从动轴的一种机械传动形式。链传动是通过链条与链轮轮齿的相互啮合来传递运动和动力。在机械传动中，带传动和链传动同属挠性传动，应用广泛。当主动轴与从动轴相距较远时，常采用这种传动方式。

一、认识带传动

以张紧在至少两个轮上的带作为中间挠性件，靠带与带轮接触面间产生的摩擦力(啮合力)来传递运动和(或)动力的方式称为带传动。

带传动装置一般是由主动轮、从动轮、紧套在两轮上的传动带及机架组成的。带的传动过程如图 5-5 所示。带传动的传动比 i 是主动轮转速 n_1 与从动轮转速 n_2 之比。其公式如下：

$$i = \frac{n_1}{n_2} \tag{5-1}$$

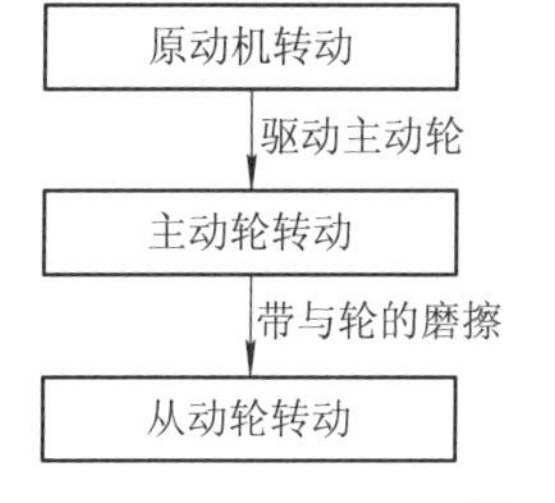

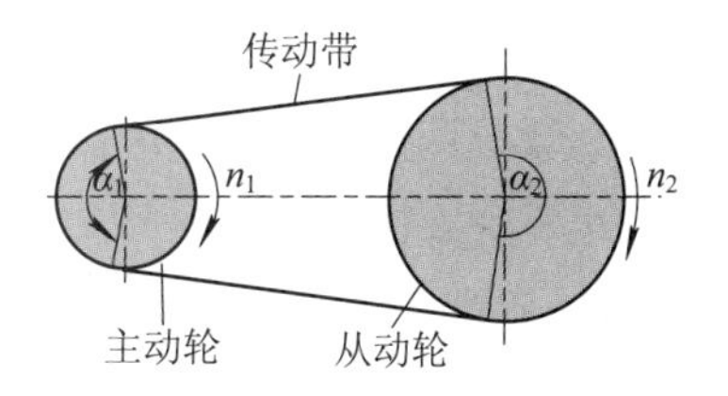

图 5-5　带的传动过程

笔记

1. 带传动的特点

带传动的特点如下：

(1) 带是挠性体，富有弹性，故可缓冲、吸振，因而工作平稳、噪声小。

(2) 过载时，传动带会在小带轮上打滑，可防止其他零件的损坏，起到过载保护作用。

(3) 结构简单，成本低廉，制造、安装、维护方便，适用较大中心距的场合。

(4) 传动比不够准确，外廓尺寸大，传动效率较低，不适用有易燃、易爆气体的场合。

2. 带传动的应用

带传动多用于机械要求传动平稳、传动比要求不严格、中心距较大的高速级传动中。一般情况，带速 $v = 5\sim25$ m/s，传动比 $i\leqslant5$、传递功率 $P\leqslant100$ kW、效率 $\eta = 0.92\sim0.97$。

3. 带传动的分类

1) *摩擦式带传动*

摩擦式带传动是依靠紧套在带轮上的传动带与带轮接触面间产生的摩擦力来传递运动和动力的，应用最为广泛。

(1) 平带。如图 5-6 所示，平带以内周为工作面，主要用于两轴平行、转向相同的较远距离的传动。在工业机器人上多采用钢带。

(2) V 带。如图 5-7 所示，V 带以两侧面为工作面，在相同压紧力和相同摩擦因数的条件下，V 带产生的摩擦力要比平带约大 3 倍，所以 V 带的传动能力更强，结构更紧凑。在机械传动中应用最广泛。

图 5-6　平带传动

图 5-7　V 带传动

(3) 多联 V 形带。如图 5-8 所示，多联 V 形带又称复合 V 形带是一次成型的，不会因长度不一致而受力不均，因而承载能力比多根 V 带(截面积之和相同)的高。同样的承载能力，多联 V 形带的截面积比多根 V 带的小，因而质量较轻、耐挠曲性能高、允许的带轮最小直径小、线速度高。多联 V 形带传递负载主要靠强力层。强力层中有多根钢丝绳或涤纶绳，具有较小的伸长率、较大的抗拉强度和抗弯疲劳强度。带的基底及缓冲楔部分采用橡胶或聚胺酯。

图 5-8　多联 V 形带

(4) 多楔带。如图 5-9 所示，多楔带综合了平带和 V 带的优点。多楔带运转时振动小、发热少、运转平稳、重量轻，可在 40 m/s 的线速度下使用。此外，多楔带与带轮的接触好，负载分配均匀，即使在瞬时超载或高速、大转矩下也不会打滑，且传动功率比 V 带大 20%～30%，因此能够满足加工中心主轴传动的要求。多楔带安装时需要较大的张紧力，使主轴和电动机承受了较大的径向负载，其应用见图 5-10。

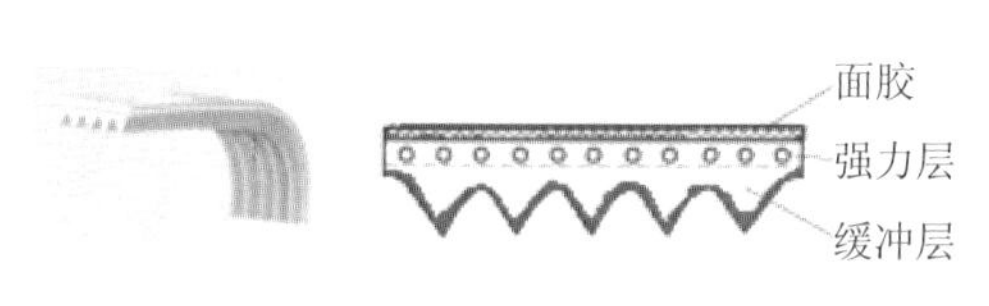

图 5-9　多楔带的结构

图 5-10　多楔带传动

(5) 圆带。如图 5-11 所示，圆带仅用于缝纫机、仪器等低速、小功率场合。

图 5-11　圆带传动

2) 啮合式带传动

啮合式带传动是靠传动带与带轮上齿的啮合来传递运动和动力的。比较典型的是图 5-12 所示的同步带传动，它除保持了摩擦带传动的优点外，还具有传递功率大、传动比准确等优点，故多用于要求传动平稳、传动精度较高的场合。

图 5-12　同步带传动

二、认识链传动

如图 5-13 所示，链传动一般由主动链轮、从动链轮及链条组成。链传动依靠链轮轮齿与链节的啮合传递运动和动力。

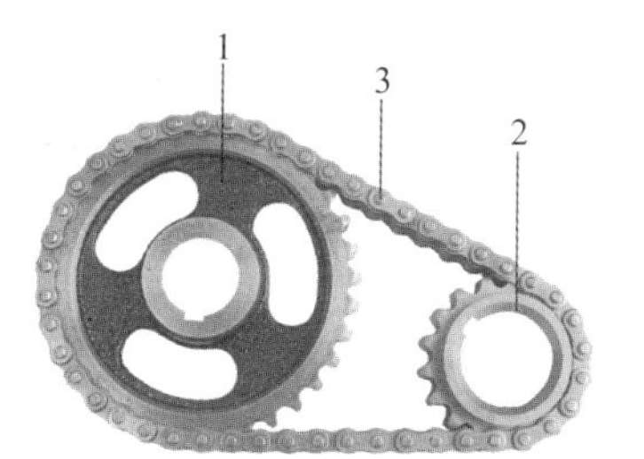

1—主动链轮；2—从动链轮；3—链条

图 5-13　链传动组成

链传动

笔记

1. 链传动的特点

链传动的特点如下：

(1) 链传动是有中间挠性件的啮合传动，与带传动相比，其无弹性伸长和打滑现象，故能保证准确的平均传动比，结构紧凑、传动效率较高、传递功率大、张紧力小。

(2) 与齿轮传动相比，链传动结构简单，加工成本低，安装精度要求低，适用于较大中心距的传动，还能在高温、多尘、油污等恶劣的环境中工作。

(3) 链传动的瞬时传动比不恒定，传动平稳性较差，有冲击和噪声。

2. 链传动的应用

一般链传动的应用范围为：传递功率 $P \leqslant 100$ kW，链速 $v \leqslant 15$ m/s，传动比 $i \leqslant 7$，中心距 $a \leqslant 5 \sim 6$ m，效率 $\eta = 0.92 \sim 0.97$。

3. 链传动的分类

1) 按用途分类

(1) 传动链，在机械中用来传递运动和动力，如图 5-14 所示。

(2) 输送链，在输送机械中用来输送物料或机件，如图 5-15 所示。

(3) 曳引链，在起重机械中用来提升重物，如图 5-16 所示。

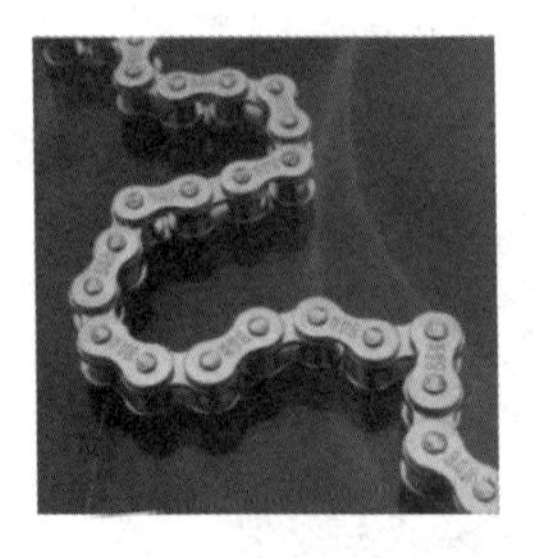

图 5-14　传动链

图 5-15　输送链

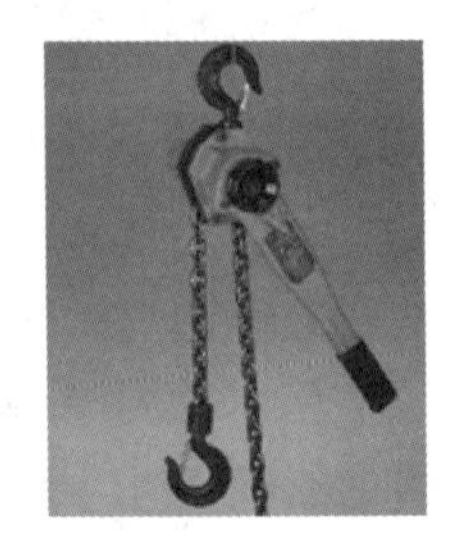

图 5-16　曳引链

2) 按结构分类

用于传递力的传动链有滚子链(见图 5-17)和齿形链(见图 5-18)等类型。生产中常用滚子链。齿形链运转较平稳，噪声小，适用于高速(40 m/s)、运动精度较高的传动中，但缺点是制造成本高，重量大。

图 5-17　滚子链

图 5-18　齿形链

任务实施

把学生带到现场进行教学，以提高学生的双创能力，但要注意安全。

现场教学

笔记

一、带传动简介

1. 平带传动

工业机器人常用平带为钢带，钢带传动的优点是传动比精确、传动件质量小、惯量小、传动参数稳定、柔性好、不需要润滑、强度高。图 5-19 所示为钢带传动。钢带末端紧固在驱动轮和被驱动轮上，因此，摩擦力不是传动的重要因素。钢带传动适合于有限行程的传动。图 5-19(a)所示适合于等传动比传动，图 5-19(c)适合于变化的传动比的回转传动，图 5-19(b)和图 5-19(d)所示为两种直线传动，图 5-19(a)和图 5-19(c)所示为两种回转传动。

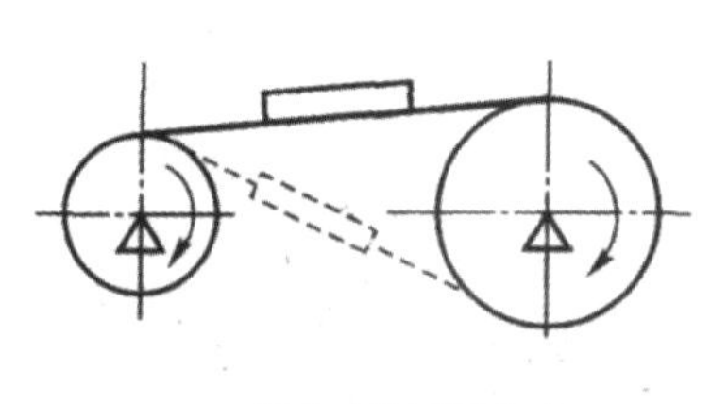

(a) 等传动比回转传动

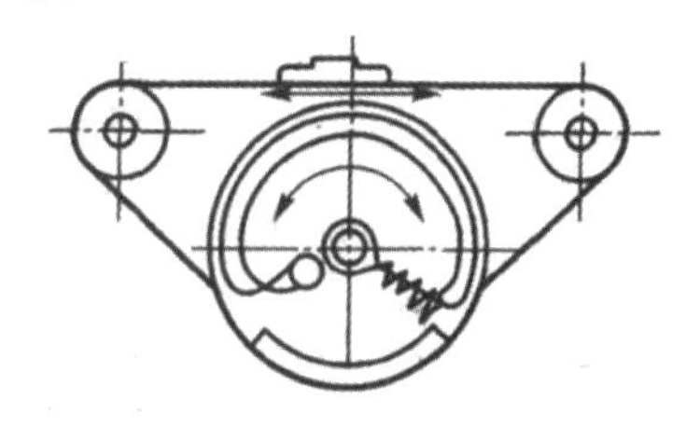

(b) 等传动比直线传动

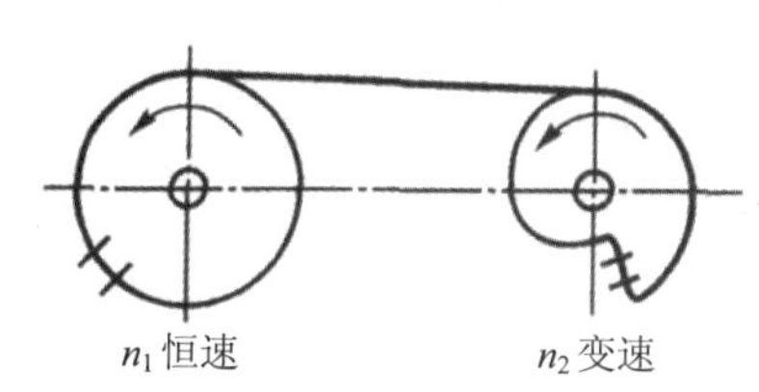

(c) 变传动比回转传动

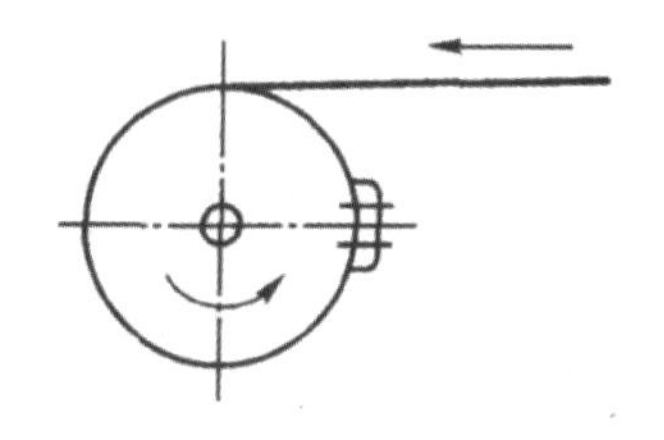

(d) 变传动比直线传动

图 5-19　钢带传动

Adep One 机器人是四自由度水平关节 SCARA 机器人，其大臂和小臂的回转运动采用直接驱动，没有减速器，其传动系统如图 5-20 所示。大臂驱动方式如图 5-20(a)所示。直接驱动电动机的转子 1 直接安装在大臂的回转轴(轴 1)上，电动机转子直接带动大臂回转。大臂通过齿轮带动大臂的编码器 5 旋转，给出大臂回转的角度反馈信号。小臂驱动方式如图 5-20(b)所示，直接驱动电动机安装在轴 2 上，轴 2 通过安装在其上的驱动鼓轮 16 与被动鼓轮 12 上的钢带，将运动传递到小臂的编码器上，小臂的编码器给出小臂回转的角度反馈信号。

2. 多联 V 形带

多联 V 形带又有双联和三联两种，每种都有 3 种不同的截面，横断面呈楔形。如图 5-21 所示，多联 V 形带的楔角为 40°。

3. 多楔带

多楔带有 H 型、J 型、K 型、L 型、M 型等型号，数控机床上常用的多楔带按齿距可分为三种规格：J 形齿距为 2.4 mm、L 形齿距为 4.8 mm、M 形齿距为 9.5 mm。根据图 5-22 可大致选出所需的型号。

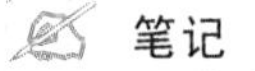
笔记

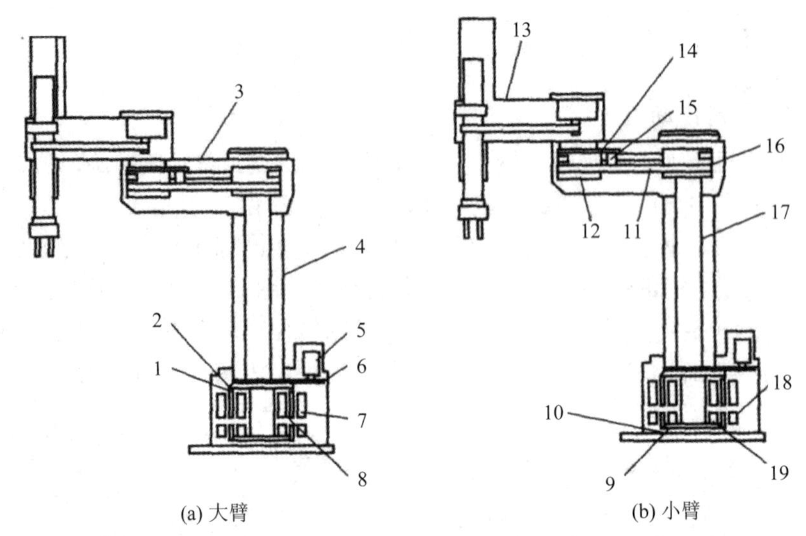

1、9—转子；2—制动器及标定环；3—大臂；4—轴 1；5、15—编码器；
6、14—编码器齿轮；7、18—外定子；8、19—内定子；10—标定环；11—钢带；
12—被动鼓轮；13—小臂；16—驱动鼓轮；17—轴 2

图 5-20 Adept One 机器人传动系统

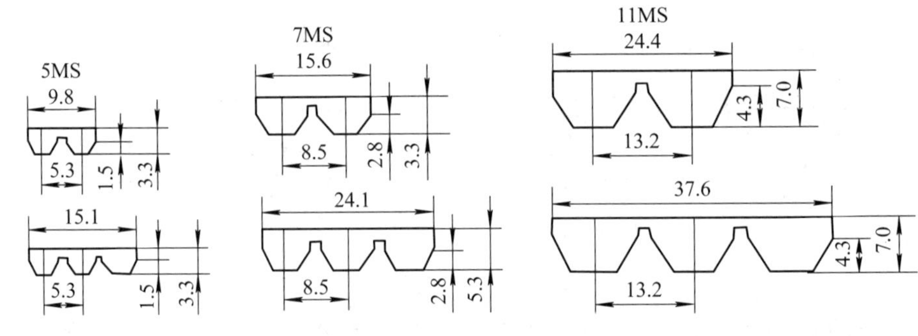

图 5-21 多联 V 形带

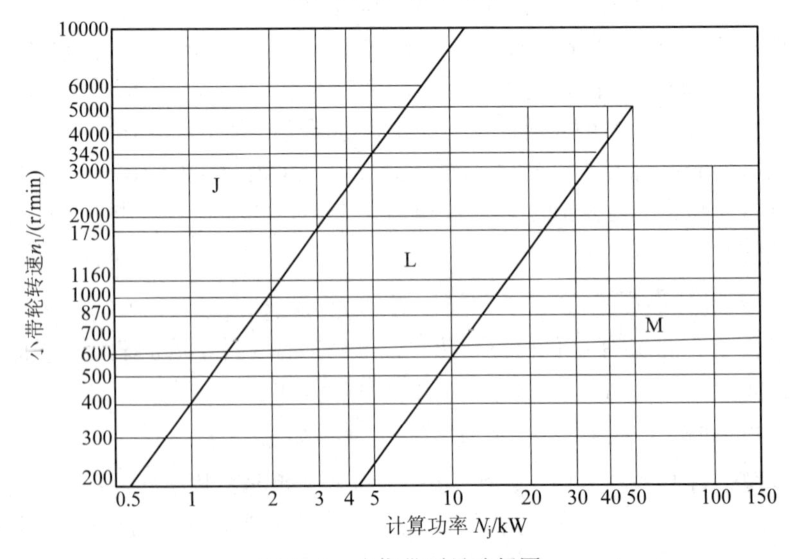

图 5-22 多楔带型号选择图

笔记

4. 齿形带

齿形带又称为同步齿形带。根据齿形不同，齿形带可分为梯形齿同步带和圆弧齿同步带。如图 5-23 所示，两种齿形带的纵断面的结构与材质和楔形带相似，但在齿面上覆盖了一层尼龙帆布，用以减少传动齿与带轮的啮合摩擦。梯形齿同步带在传递功率时，应力集中在齿跟部位，使功率传递能力下降。同时由于梯形齿同步带与带轮是圆弧形接触，当带轮直径较小时齿会变形，影响了与带轮齿的啮合，不仅受力情况不好，当速度很高时，还会产生较大的噪声与振动，这对主传动来说是不利的。因此，在工业机器人传动中很少采用齿形带，一般仅在转速不高的运动传动或小功率的动力传动中使用。圆弧齿同步带克服了梯形齿同步带的缺点，均化了应力，改善了啮合。因此，在工业机器人上优先考虑采用圆弧齿同步带。同步带传动一般是由同步带轮和紧套在两轮上的同步带组成的，如图 5-23 所示。如图 5-24 所示，同步带有单面同步带与双面同步带。

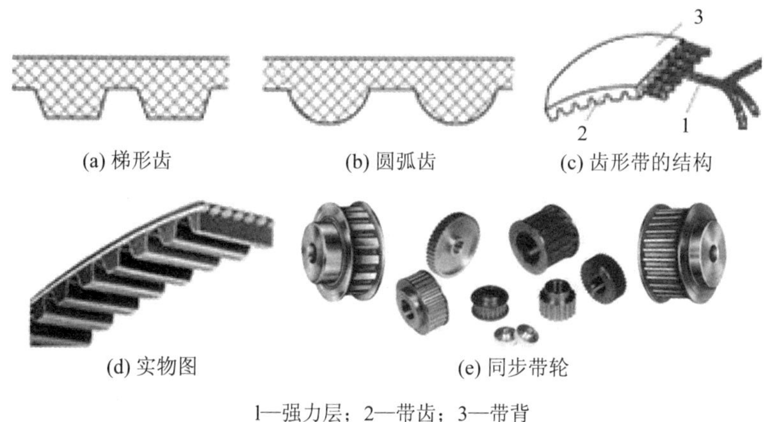

1—强力层；2—带齿；3—带背

图 5-23　同步齿形带

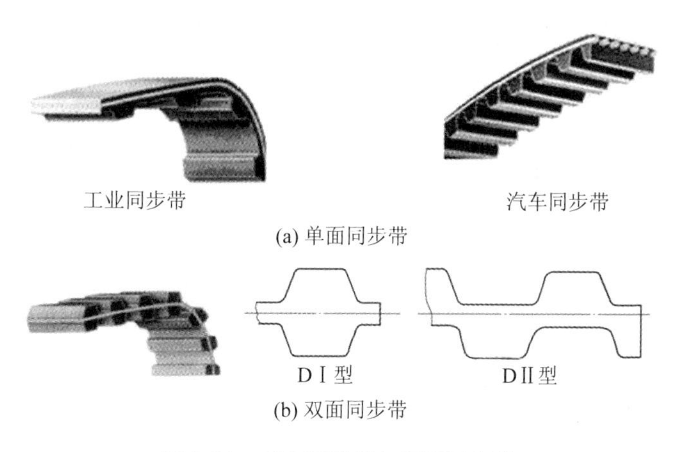

图 5-24　单面同步带与双面同步带

笔记

同步齿形带具有带传动和链传动的优点，与一般的带传动相比，它不会打滑，且不需要很大的张紧力，减少或消除了轴的静态径向力，传动效率高达98%～99.5%，可用于60～80 m/s的高速传动。由于带轮在高速使用时必须设置轮缘，因此在设计时要考虑轮齿槽的排气，以免产生“啸叫”。

同步齿形带的规格用相邻两齿的节距表示(与齿轮的模数相似)，主轴功率为3～10 kW的加工中心多用节距为5 mm或8 mm的圆弧齿形带，型号为5M或8M。根据图5-25可大致选出所需的型号。同步齿形带在工业机器人上的应用如图5-26所示。

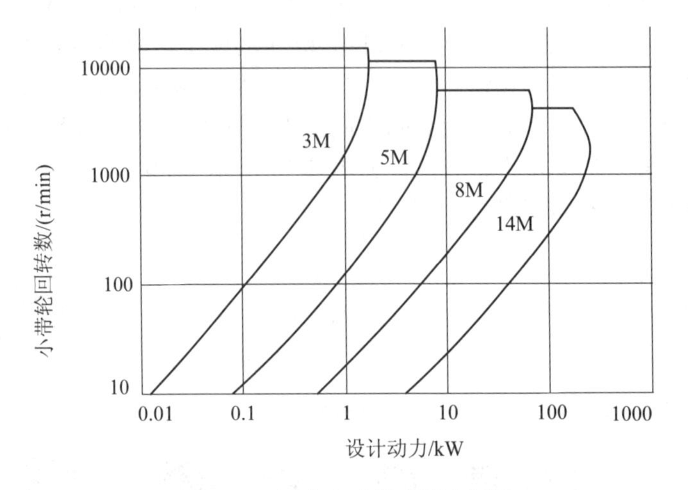

图5-25 同步齿形带型号选择图

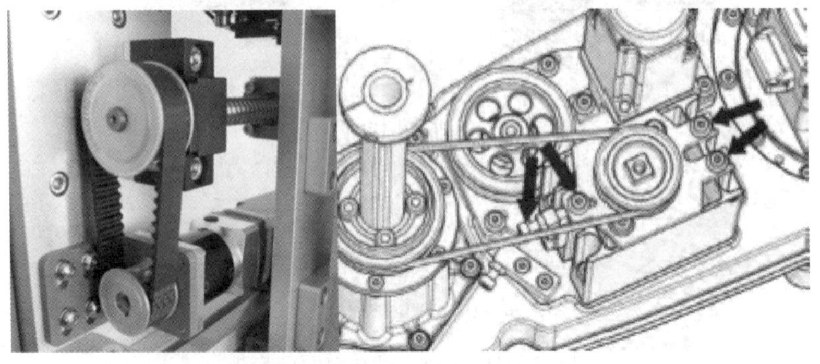

图5-26 同步齿形带在工业机器人上的应用

笔记

图 5-27 所示为 PT-600 型弧焊机器人手腕部结构图和传动原理图。从图 5-27 可以看出，这是一个具有腕摆和手转两个自由度的手腕结构，其传动路线为：腕摆电动机通过同步齿形带传动带动腕摆谐波减速器 7，减速器的输出轴带动腕摆框 1 实现腕摆运动；手转电动机通过同步齿形带传动带动手转谐波减速器 10，减速器的输出通过一对锥齿轮 9 实现手转运动。需要注意的是，当腕摆框摆动而手转电动机不转时，连接末端执行器的锥齿轮在另一锥齿轮上滚动，将产生附加的手转运动，在控制上要进行修正。

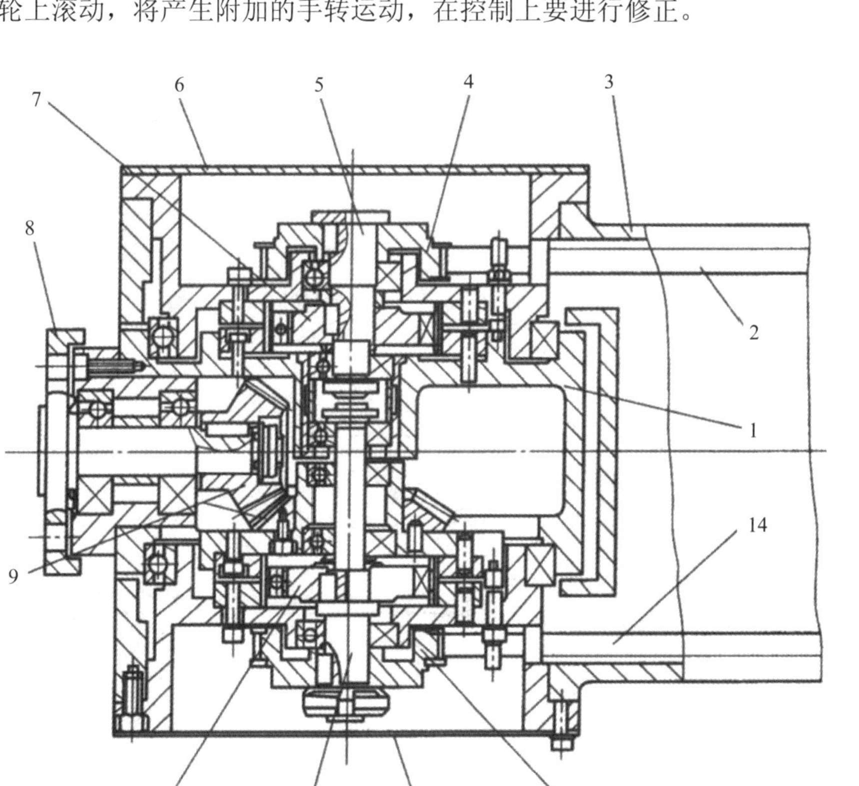

1—腕摆框；2—腕摆齿形带；3—小臂；4—腕摆带轮；
5—腕摆轴；6—端盖；7—腕摆谐波减速器；8—连接法兰；
9—锥齿轮；10—手转谐波减速器；11—手转轴；
12- 端盖；13—手转带轮；14—手转齿形带

图 5-27　PT-600 型弧焊机器人手腕部结构图和传动原理图

二、链传动简介

1. 传动用短节距精密滚子链(简称滚子链)

1) 滚子链的结构

滚子链的结构如图 5-28 所示，它由内链板、外链板、销轴、套筒和滚子组成。

笔记

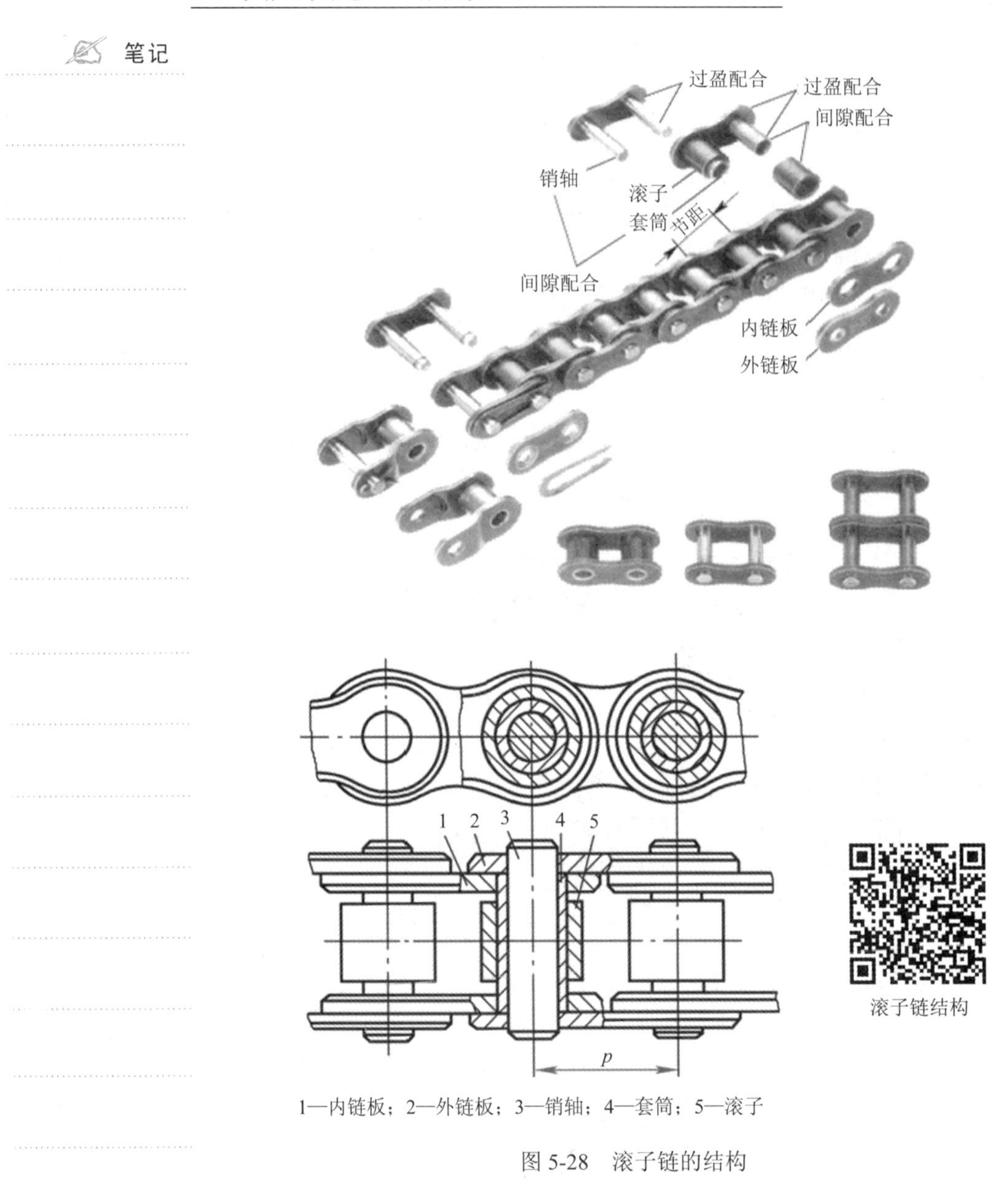

1—内链板；2—外链板；3—销轴；4—套筒；5—滚子

图 5-28　滚子链的结构

滚子链结构

接头处可用开口销(见图 5-29(a))或弹簧卡(见图 5-29(b))锁紧。当链节为奇数时，需用过渡链节(见图 5-30)才能构成环状。

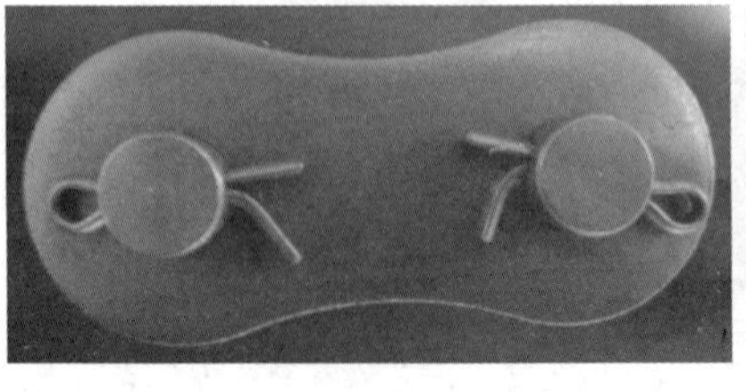

(a) 开口销

(b) 弹簧卡

图 5-29　接头处连接

笔记

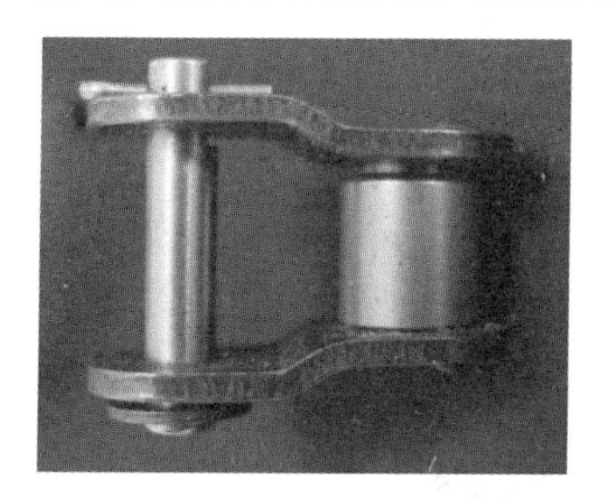

图 5-30 过渡链节

2) 滚子链的主要参数

(1) 节距。链条上相邻两销轴中心的距离 p 称为节距，如图 5-28 所示，它是链条的主要参数。

(2) 节数。滚子链的长度用节数来表示。需要注意的是，链节数常取偶数。

(3) 链条速度。链条速度不宜过快，一般要求不大于 15 m/s。因为链条速度越快，链条与链轮间的冲击力也越大，这会使传动不平稳，同时加速链条和链轮的磨损。

(4) 链轮的齿数。为保证传动平稳，减少冲击和动载荷，小链轮的齿数 z_1 不宜过少，通常 z_1 应大于 17。大链轮的齿数 z_2 也不宜过多，齿数过多除了增大传动尺寸和质量外，还会出现跳齿和脱链现象，通常 z_2 应小于 120。由于链节数常取偶数，为使链条与链轮磨损均匀，链轮的齿数一般应取与链节数互为质数的奇数。

3) 滚子链的标记

滚子链的标记如图 5-31 所示。

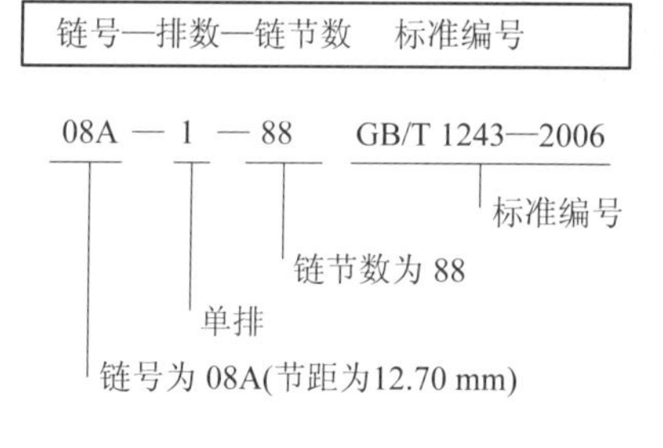

图 5-31 滚子链的标记

4) 分类

当传递较大的动力时，可采用双排链(见图 5-32)或多排链。多排链由几排普通单排链用销轴联成，图 5-33 所示为三排滚子链。

图 5-32 双排链

笔记

图 5-33　三排滚子链

5) 链轮的结构

链轮的结构见图 5-34，小直径的链轮可制成实心式、中等直径的链轮可制成孔板式、直径较大的链轮可用组合式结构。

(a) 实心式 　(b) 孔板式

(c) 组合式 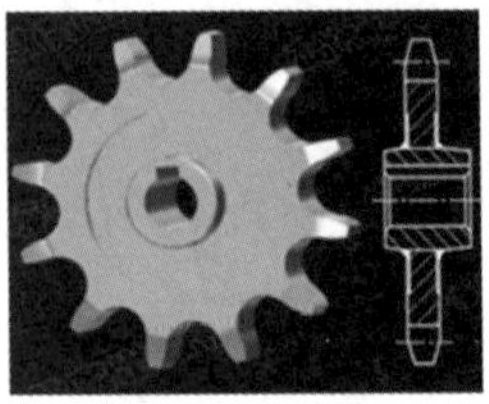　(d) 焊接式

图 5-34　链轮的结构

2. 齿形链

1) 结构

齿形链是由一组带有齿的内、外链板左右交错排列，用铰链连接而成的，如图 5-35 所示。

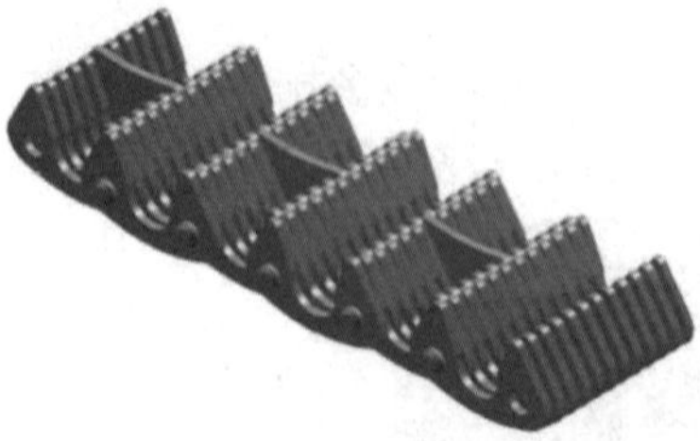

(a) 外链板 　(b) 内链板

图 5-35　齿形链

笔记

2) 链号

(1) 9.525 mm 及以上节距链条链号。由字母 SC 与表示链条节距和链条公称宽度的数字组成，数字的前一位或前两位乘以 3.175 mm(1/8 in)为链条节距值，最后两位或三位数乘以 6.35 mm(1/4 in)为齿形链的公称链宽。例如，SC302 表示节距为 9.52 mm、公称链宽为 12.70 mm 的齿形链。

(2) 4.762 mm 节距链条链号。由字母 SC 与表示链条节距和链条公称宽度的数字组成，0 后面的第一位数乘以 1.5875 mm(1/16 in)为链条节距值，最后一位或两位数乘以 0.793 75(1/32 in)为齿形链的公称链宽。例如，SC0309 表示节距为 4.76 mm、公称链宽为 7.14 mm 的齿形链。

技能训练

根据实际情况，让学生在教师的指导下进行技能训练。

任务扩展

同步带传动系的安装

一、任务内容

安装竖轴同步齿形带、从动带轮、执行杆件，并完成同步带的张紧。

二、工序前保证

工序前应保证：竖(Z)轴导轨滑台组件、电机组件(大同步带轮)均已安装完毕。

三、待安装部件

同步带传动系的待安装部件如图 5-36 所示。

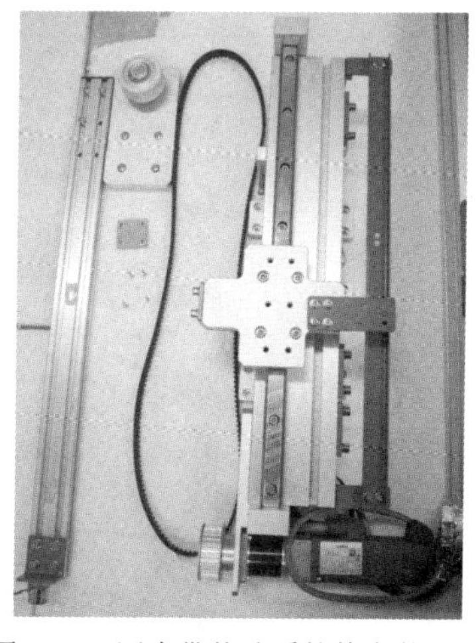

图 5-36　同步带传动系的待安装部件

笔记

四、使用工具

使用工具有：内六角扳手、张力测试仪、游标卡尺、钢尺。

五、注意事项

同步带传动系的安装

安装人员需戴手套；竖(Z)轴与龙门桁架的丝杠需要保证垂直关系。

六、安装步骤

同步带传动系组件安装的具体操作步骤详见表 5-1。

表 5-1　同步带传动系组件安装

序号	操作步骤	示　意　图
1	将同步带传动系的底座放置在滚珠丝杠的滑台上，并对齐安装孔	
2	对底座进行预压紧	
3	滑台的侧边以及底座上的两对安装孔侧边可以作为整个同步带传动系的定位基准 借助卡尺，然后调整底座的方向，使滑台的侧边到底座上的两对安装孔侧边的距离相等，以此来保证同步带导轨与丝杠导轨的垂直度	

续表一　　笔记

序号	操作步骤	示 意 图
4	同步带底座位置调整完毕后，对底座进行紧固	
5	松开张紧螺钉，方便后序同步带从动轮的安装操作	
6	安装同步带	
7	先将同步带装入同步带从动带轮，然后将同步带轮底板预压紧在底座上	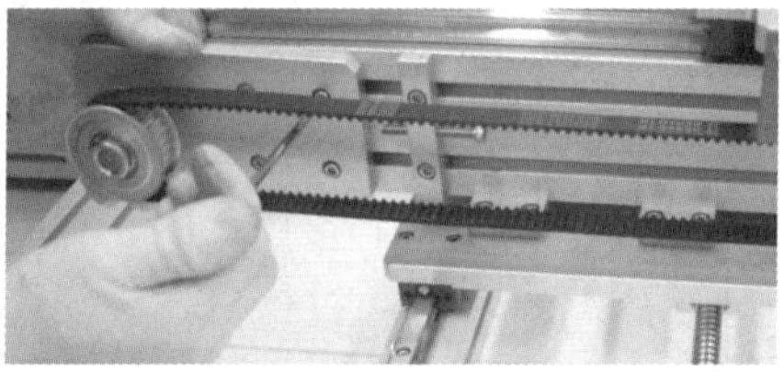
8	如右上图所示，此时的同步带处于松弛状态。调整张紧螺钉，加大两带轮之间的间距，张紧带轮，如右下图所示，此时的同步带处于张紧状态	 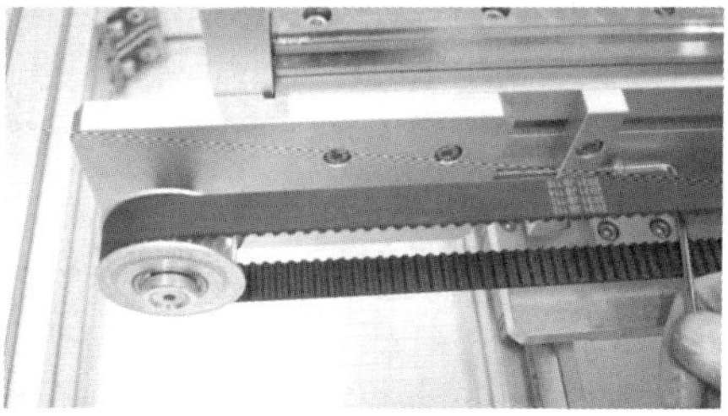

笔记

续表二

序号	操作步骤	示意图
9	将钢尺放置在垂直于同步带的位置(用于读取同步带垂直变形量)，然后手握张力测试仪，用探针下压同步带，使其产生约为1 cm的变形量 注：在安装滚珠丝杠传动系时，电机与丝杠之间也是通过同步齿形带传输动力的，此处也需要对张力进行校准。参考上述步骤，利用张力测试仪的探针使同步带产生约为0.5 cm (带轮间距较小)的变形量	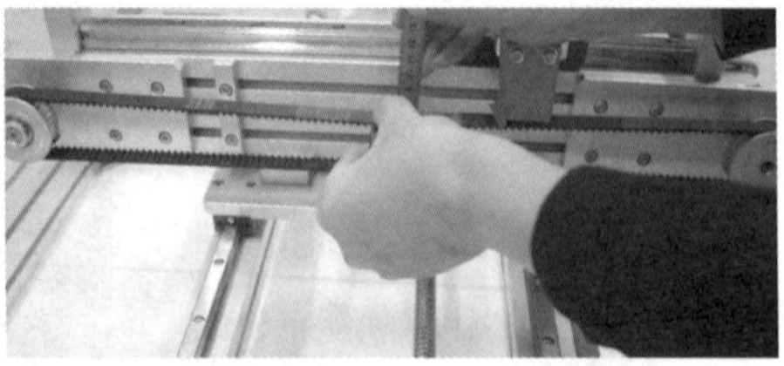 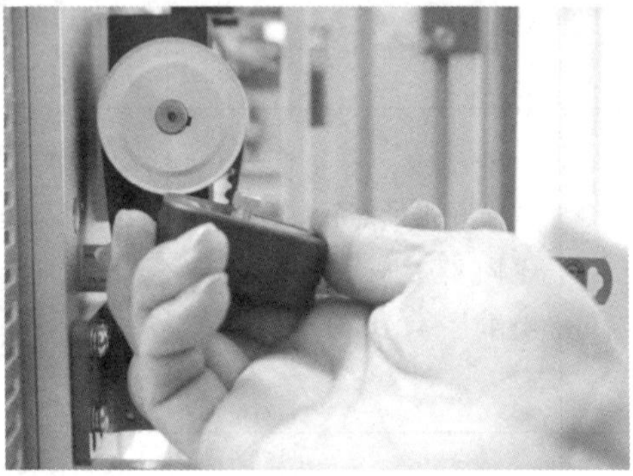
10	读取张力仪的表盘示数。如果力控制在5.5N左右，可以保证当前同步带的张紧力达到要求	 
11	张紧力调整完毕后，将从动带轮底板紧固在底座上	
12	先将同步带的滑块压片按照图示方式压在同步带齿形一侧，然后推动滑块，对齐滑块支架与滑块压片的安装孔	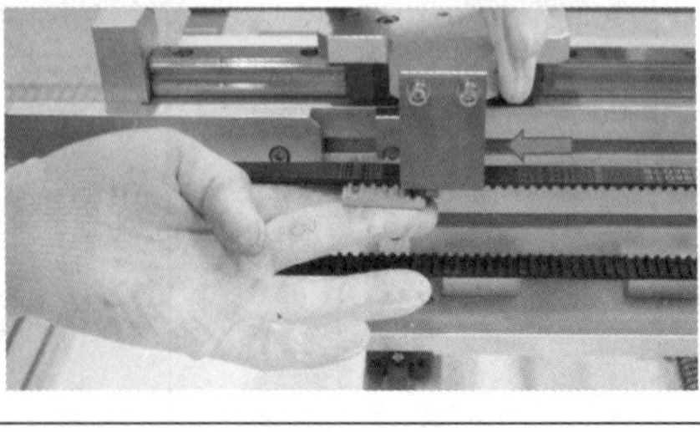

笔记

续表三

序号	操作步骤	示　意　图
13	用螺钉将滑块压片和滑块紧固在一起，即同步带与滑块此时已经固连在一起	
14	安装滑块上的执行杆件	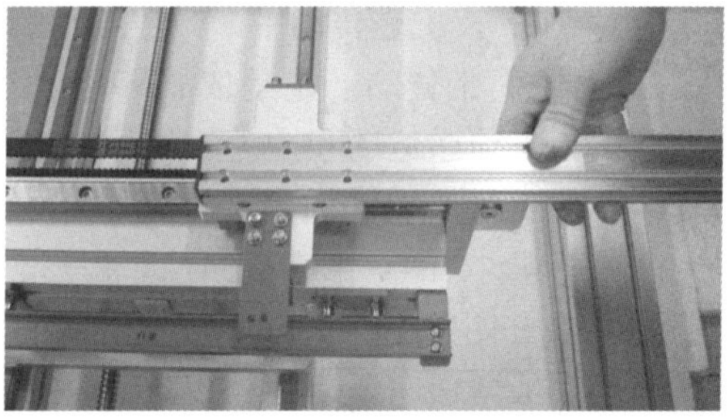
15	紧固执行杆件上的螺钉	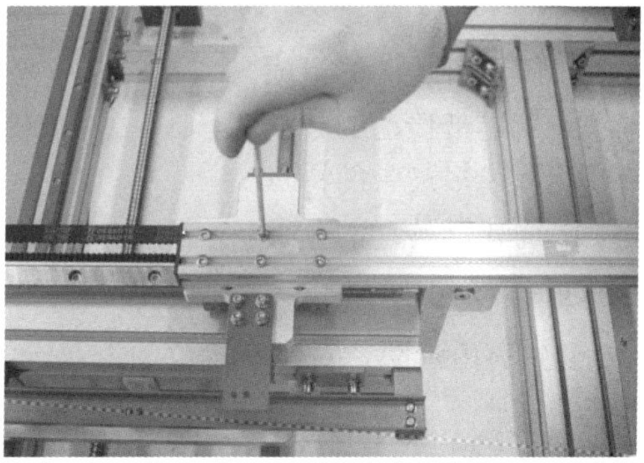
16	右图所示为安装完毕的同步带传动系	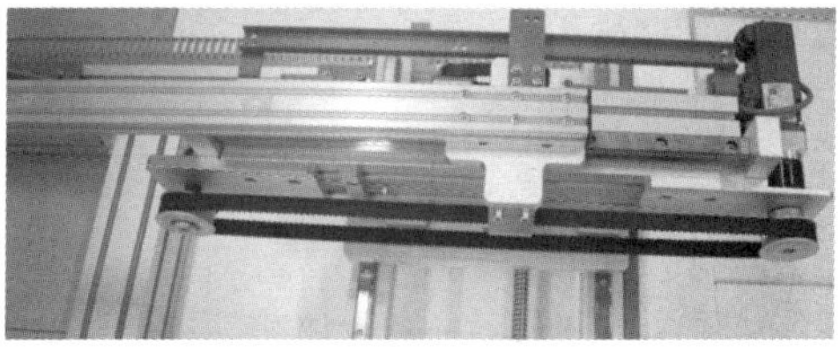

笔记

任务巩固

一、填空题

1. 带传动是通过传动带把主动轴的______和______传给从动轴的一种机械传动形式。

2. 链传动是通过______与链轮______的相互啮合来传递运动和动力。

3. 链传动一般是由______链轮、______链轮及______组成的。

4. 多联V形带有________联和_______联两种，每种都有______种不同的截面。

5. 根据齿形不同，齿形带可分为______齿同步带和______齿同步带。

6. 当传递较大的动力时，可采用______排链或______排链。

二、判断题

(　　) 1. 在机械传动中，带传动和链传动同属挠性传动。

(　　) 2. 带传动一定是依靠紧套在带轮上的传动带与带轮接触面间产生的摩擦力来传递运动和动力的。

(　　) 3. V带以底面为工作面。

(　　) 4. 多联V形带横断面呈楔形。

(　　) 5. 由于链传动的链节数常取奇数，为使链条与链轮磨损均匀，链轮的齿数一般应取与链节数互为质数的奇数。

(　　) 6. 直径较大的链轮可用组合式结构。

三、简答题

1. 简述带传动的组成。

2. 简述带传动的分类。

3. 简述多楔带的特点。

4. 简述链传动的分类。

四、双创训练题

学生自由组队，对所在单位的工业机器人滚珠丝杠进行拆装，并总结其规律。

任务二　齿轮传动

工作任务

如图5-37所示，工业机器人上所用的齿轮有球齿轮、锥齿轮、直齿轮。当然，工业机器人的末端执行装置也可以采用齿轮传动，如图5-38所示。

笔记

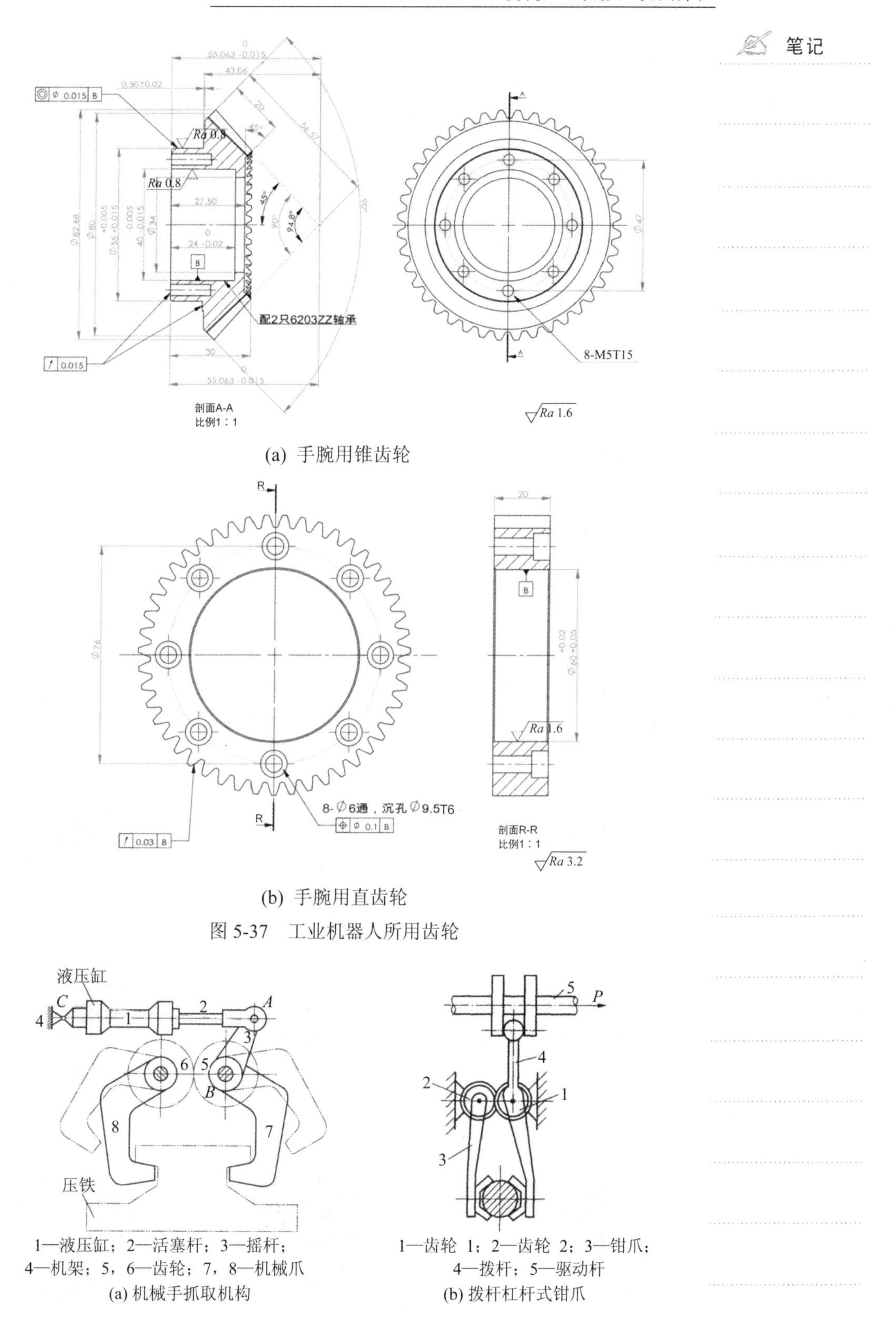

(a) 手腕用锥齿轮

(b) 手腕用直齿轮

图 5-37　工业机器人所用齿轮

1—液压缸；2—活塞杆；3—摇杆；
4—机架；5，6—齿轮；7，8—机械爪

(a) 机械手抓取机构

1—齿轮 1；2—齿轮 2；3—钳爪；
4—拨杆；5—驱动杆

(b) 拨杆杠杆式钳爪

图 5-38　工业机器人的末端装置

笔记

任务目标

知 识 目 标	能 力 目 标
1. 了解齿轮传动的特点与类型 2. 掌握渐开线标准直齿圆柱齿轮的各部分名称和代号 3. 掌握渐开线标准直齿圆柱齿轮传动的基本参数 4. 了解斜齿圆柱齿轮的主要参数 5. 了解直齿锥齿轮的基本参数	1. 能根据不同的需要选用不同精度等级的齿轮 2. 能根据需要选用不同结构的齿轮 3. 能根据需要选用不同参数的齿轮

任务准备

★ 实物教学

一、齿轮传动的类型与特点

1. 齿轮传动的类型

齿轮是广泛用于机械或部件中的传动零件，由于其参数部分标准化，所以将其划归为常用件。齿轮传动是传递机器动力和运动的一种主要形式。齿轮的设计与制造水平将直接影响到机械产品的性能和质量。按照齿轮轴线间相互位置、齿向和啮合情况的不同，常用齿轮传动分类如图 5-39 所示。

(a) 直齿圆柱外啮合

(b) 斜齿圆柱外啮合

(c) 齿轮齿条

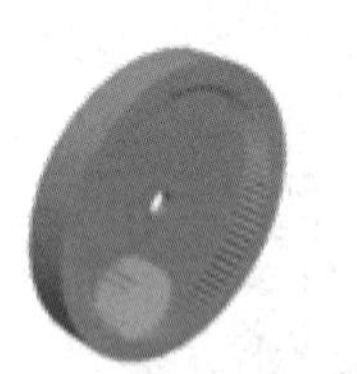

(d) 直齿圆柱内啮合

(e) 人字齿圆柱外啮合

(f) 斜齿圆柱外啮合

(g) 锥齿轮传动

(h) 准双曲面齿轮

(i) 曲线齿轮

图 5-39 常用齿轮传动分类

笔记

查一查：请同学们查一查不同齿轮的实物图。

2. 齿轮传动的特点

齿轮传动的特点如下：

(1) 传递功率大(可达 100 000 kW 以上)、速度范围广(圆周速度可从很低到 300 m/s)；

(2) 效率高(0.94～0.98)、工作可靠、寿命长、结构紧凑；

(3) 能保证恒定的瞬时传动比，可传递空间任意两轴间的运动；

(4) 制造、安装精度要求较高，因而成本也较高；

(5) 不宜用于轴间距离过大的传动。

采用视频、动画等多媒体教学。

二、渐开线标准直齿圆柱齿轮

1. 渐开线的形成

如图 5-40 所示，动直线沿着一固定的圆作纯滚动时，此动直线上任一点 *K* 的运动轨迹 *CK* 称为渐开线，该圆称为渐开线的基圆，其半径用 r_b 表示，该直线称为渐开线的发生线。以同一个基圆上产生的两条反向渐开线为齿廓的齿轮为渐开线齿轮，如图 5-41 所示。

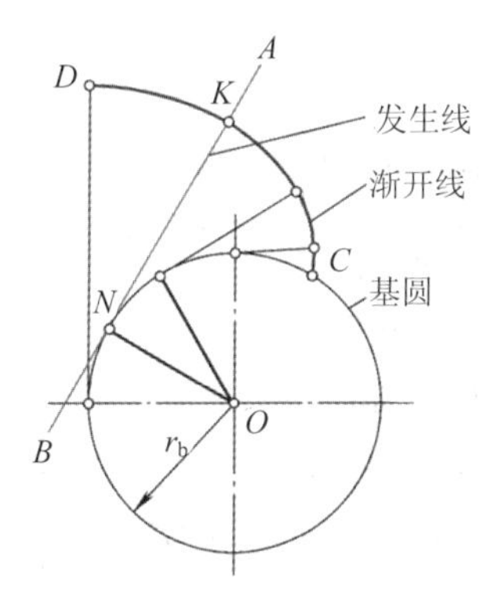

图 5-40　渐开线的形成

渐开线形成

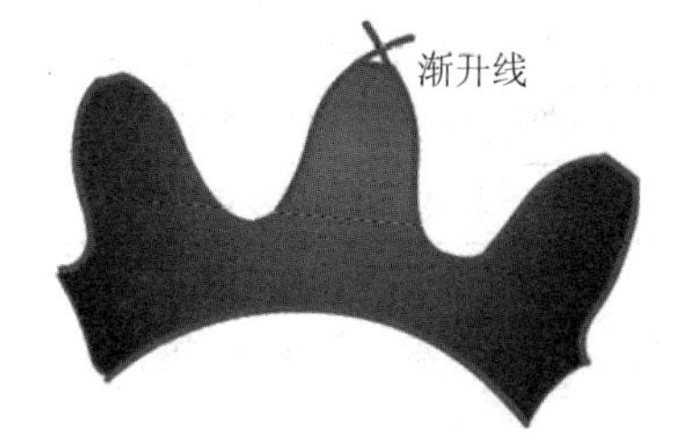

图 5-41　渐开线齿轮

2. 渐开线标准直齿圆柱齿轮的各部分名称和代号

图 5-42 所示为直齿圆柱齿轮示意图，图 5-42(a)所示为外齿轮，图 5-42(b)所示为内齿轮，由图可知，轮齿两侧齿廓是形状相同、方向相反的渐开线曲

笔记 面。其各部分名称、含义及代号见表 5-2。

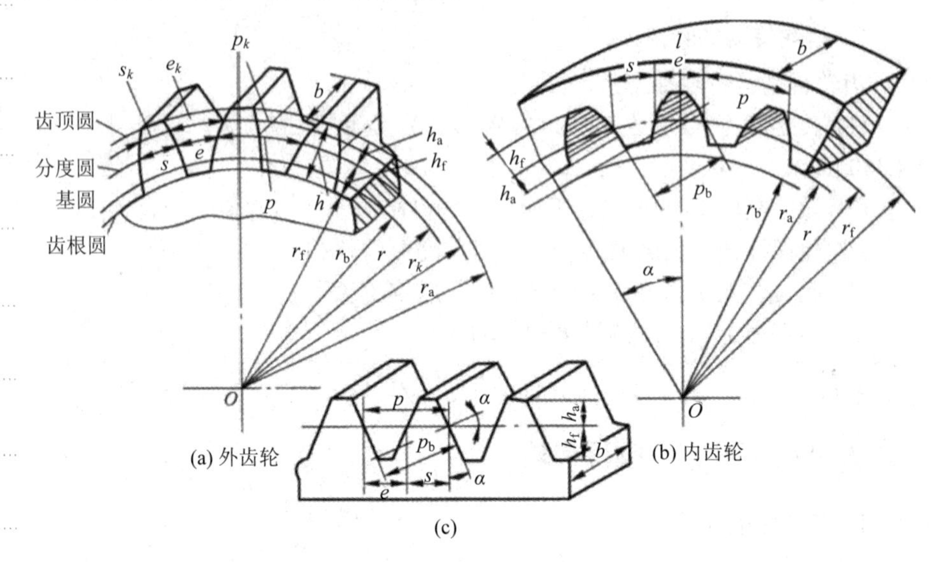

图 5-42 直齿圆柱齿轮示意图

表 5-2 渐开线标准直齿圆柱齿轮的各部分名称、含义及代号

序号	名称	含义	代号
1	齿顶圆	过齿轮各轮齿顶端所连成的圆	直径用 d_a 表示 半径用 r_a 表示
2	齿根圆	过齿轮各轮齿槽底部所连成的圆	直径用 d_f 表示 半径用 r_f 表示
3	齿厚	任意圆周上相邻两齿间的弧长	s_k
4	齿槽宽	任意圆周上相邻两齿间的弧长	e_k
5	分度圆	对于标准齿轮而言，齿厚与槽宽相等的那个圆 分度圆上的齿厚和槽宽分别用 s 和 e 表示	直径用 d 表示
6	齿距	相邻两齿同侧齿廓在分度圆上对应点间的弧长 $p=s+e$	p
7	齿顶高	分度圆到齿顶圆的径向距离	h_a
8	齿根高	分度圆到齿根圆的径向距离	h_f
9	全齿高	齿顶圆到齿根圆的径向距离	h
10	齿宽	轮齿的轴向宽度	b

做一做：认知并记忆标准直齿圆柱齿轮的各部分名称和代号。

3. 齿轮传动的基本参数

(1) 齿数 z。如图 5-43 所示，不同齿轮的齿数和齿轮形状是不同的。软齿面闭式传动的承载能力主要取决于齿面接触疲劳强度，故齿数宜选多些、模数宜选小一些，从而提高传动的平稳性并减少轮齿的加工量，推荐取

$z \geqslant 24 \sim 40$。硬齿面闭式传动及开式传动的承载能力主要取决于齿根弯曲疲劳强度，故齿数宜选少些、模数宜选大些，从而控制齿轮传动尺寸不必要地增加，推荐取 $z = 17 \sim 24$。

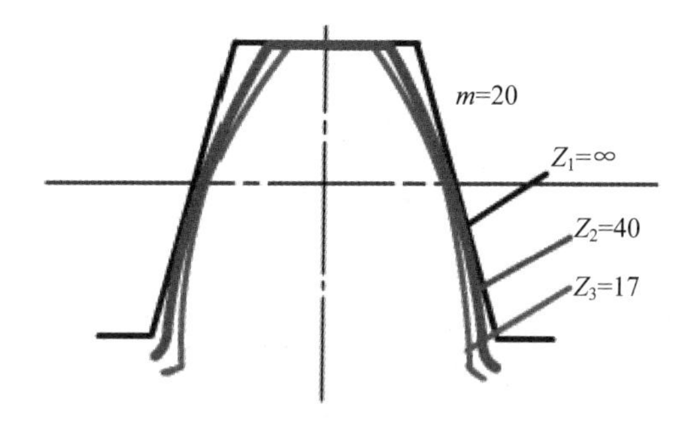

图 5-43　不同齿数的轮齿形状

(2) 模数 m。在工程上把分度圆上的齿距 p 与 π 的比值定为标准值(整数或有理数)，称为模数，用 m 表示。$m = \dfrac{p}{\pi}$ 且 $d = mz$，则分度圆直径 d、齿数 z、齿距 p 有如下关系：

$$\pi d = pz \quad 或 \quad d = \frac{p}{\pi} z \tag{5-2}$$

模数不同，齿轮的大小是不一样的，如图 5-44 所示。模数是设计和制造齿轮的基本参数。为了设计和制造方便，已将模数的数值标准化。渐开线圆柱齿轮标准模数(摘自 GB/T1357—2008)见表 5-3。

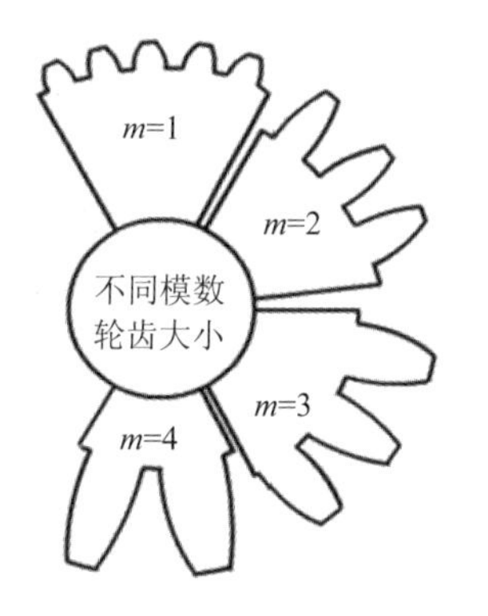

图 5-44　不同模数轮齿大小的比较

表 5-3　渐开线圆柱齿轮标准模数(摘自 GB/T1357—2008)

第一系列	0.1，0.12，0.15，0.2，0.25，0.3，0.4，0.5，0.6，0.8，1，1.25，1.5，2，2.5，3，4，5，6，8，10，12，16，20，25，32，40，50
第二系列	0.35，0.7，0.9，1.75，2.25，2.75，(3.25)，3.5，(3.75)，4.5，5.5，(6.5)，7，9，(11)，14，18，22，28，(30)，36，45

说明：优先采用第一系列，其次是第二系列，括号内的模数尽量不用。作为传递动力的齿轮，模数 m 不应小于 2 mm。

注意：由于模数是齿距 p 和 π 的比值，因此若齿轮的模数大，其齿距就大，齿轮的轮齿就大。若齿数一定，则模数大的齿轮的分度圆直径就大，轮齿也大，齿轮能承受的力量也就大。相互啮合的两个齿轮，其模数必须相等。

(3) 压力角。压力角是指齿轮啮合时齿廓在节点处的公法线与两节圆的公切线所夹的锐角，用字母“α”表示。标准渐开线圆柱齿轮压力角为 20°，不同压力角时轮齿的形状如图 5-45 所示。

笔记

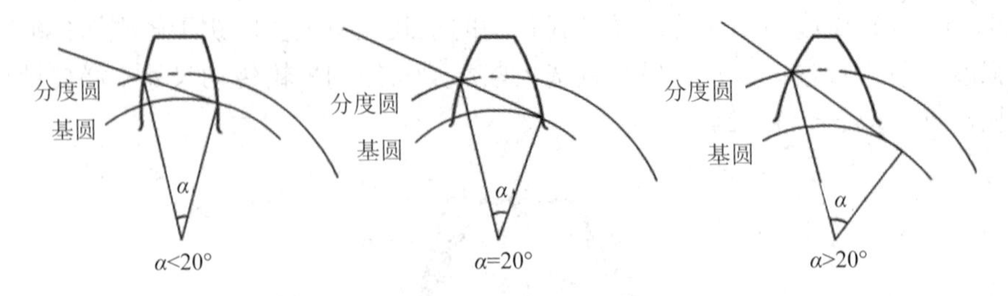

图 5-45　不同压力角时轮齿的形状

> **注意：**
> 两标准直齿圆柱齿轮正确啮合传动的条件是模数和压力角分别相等。

(4) 齿数比 i_{12}。一对齿轮传动的齿数比 i_{12} 不宜选择得过大，这是因为如果大、小齿轮的尺寸相差悬殊，会增大传动装置的结构尺寸。

$$i_{12}=\frac{n_1}{n_2}=\frac{z_2}{z_1} \tag{5-3}$$

式中，n_1、n_2 为主、从动轮的转速，单位为 r/min；z_1、z_2 为主、从动轮的齿数。

一般来说，直齿圆柱齿轮传动 $i_{12}\leqslant 5$；斜齿圆柱齿轮传动 $i_{12}\leqslant 6\sim 7$。当传动较大时，可采用两级或多级齿轮传动。

(5) 齿宽系数 ψ_d 和齿宽 b。齿宽系数可表示为 $\psi_d=\dfrac{b}{d_1}$，当小齿轮的齿宽 d_1 一定时，增大齿宽系数必然增大齿宽，可提高齿轮的承载能力。但齿宽越大，载荷沿齿宽的分布越不均匀，从而造成偏载并降低了传动能力。因此设计齿轮传动时应合理选择 ψ_d，一般取 $\psi_d=0.2\sim 1.4$，如表 5-4 所示。

表 5-4　齿宽系数 ψ_d

齿轮相对于轴承的位置	齿面硬度	
	软齿面(≤350 HBS)	硬齿面(>350 HBS)
对称布置	0.8～1.4	0.4～0.9
不对称布置	0.6～1.2	0.3～0.6
悬臂布置	0.3～0.4	0.2～0.25

> **注意：**
> 在一般精度的圆柱齿轮减速器中，为补偿加工和装配的误差，应使小齿轮比大齿轮宽一些，小齿轮的齿宽取 $b_1=b_2+(5\sim 10)$ mm。所以齿宽系数 ψ_d 实际上为 b_2/d_1。齿宽 b_1 和 b_2 都应为整数，最好个位数为 0 或 5。

(6) 齿顶高。表达式如下：

$$h_a=h_a^* m \quad (\text{标准直齿圆柱齿轮的齿顶高系数 } h_a^*=1) \tag{5-4}$$

(7) 顶隙。如图 5-46 所示。表达式如下：

$$C=c^* m \quad (c^*=0.25) \tag{5-5}$$

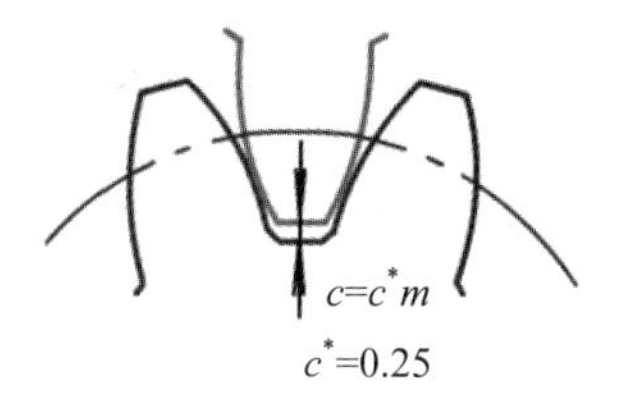

图 5-46　顶隙及顶隙系数

(8) 全齿高。表达式如下：

$$h = h_a + h_f = (2h_a^* + c^*)m \tag{5-6}$$

$$h_f = (h_a^* + c^*)m \tag{5-7}$$

标准齿轮是指模数、压力角、齿顶高系数和顶隙系数均为标准值，且分度圆上的齿厚等于齿槽宽的齿轮。外啮合标准直齿圆柱齿轮的几何尺寸计算见表 5-5。

表 5-5　外啮合标准直齿圆柱齿轮的几何尺寸计算

名　称	代　号	计 算 公 式
压力角	α	标准齿轮为 20°
齿数	z	通过传动比计算确定
模数	m	通过计算或结构设计确定
齿厚	s	$s = \frac{p}{2} = \frac{\pi m}{2}$
齿槽宽	e	$e = \frac{p}{2} = \frac{\pi m}{2}$
齿距	p	$p = \pi m$
基圆齿距	p_b	$p_b = p\cos\alpha = \pi m\cos\alpha$
齿顶高	h_a	$h_a = h_a^* m = m$
齿根高	h_f	$h_f = (h_a^* + c^*)m = 1.25m$
齿高	h	$h = ha + h_f = 2.25m$
分度圆直径	d	$d = mz$
齿顶圆直径	d_a	$d_a = d + 2h_a = m(z + 2)$
齿根圆直径	d_f	$d_f = d - h_f = m(z - 2.5)$
基圆直径	d_b	$d_b = d\cos\alpha$
标准中心距	a	$a=(d_1 + d_2)/2=m(z_1 + z_2)/2$
齿数比	u	$u = z_2/z_1$

笔记

4. 渐开线直齿圆柱齿轮传动的正确啮合条件

渐开线直齿圆柱齿轮传动的正确啮合条件具体如下：

(1) $p_{b1}=p_{b2}$，如图 5-47 所示。

(2) 模数相等。

(3) 分度圆上的齿形角相等。

5. 连续传动条件

如图 5-48 所示，必须保证前一对轮齿尚未结束啮合，后继的一对轮齿已进入啮合状态。

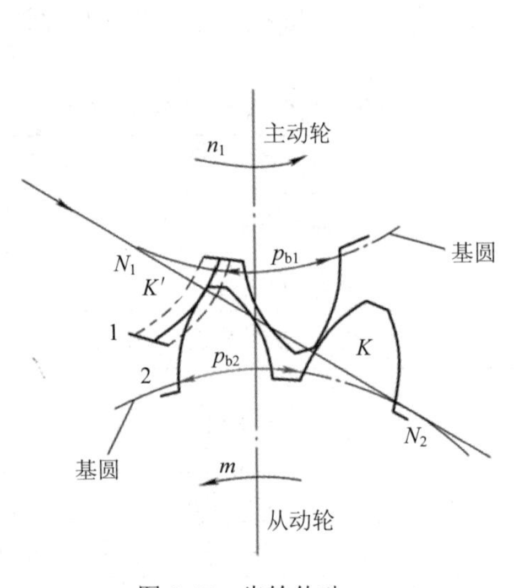

图 5-47　齿轮传动

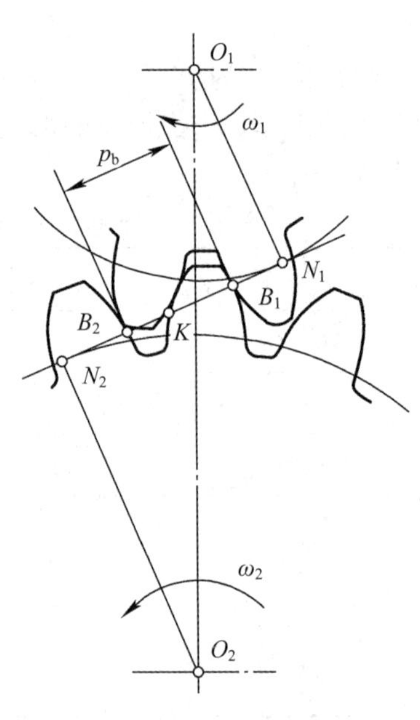

图 5-48　连续传动

6. 在工业机器人上的应用

1) 臂部减速机械

手臂用齿轮减速器机构的工作原理及结构如图 5-49 所示，该结构可用于工业机器人操作机的手臂直线垂直移动。

操作机手臂直线垂直移动机构的运动及动力是由驱动装置传递而来的。驱动装置输出轴通过联轴器与齿轮轴相连，而齿轮轴装在剖分式铸造壳体的轴承上。经过齿轮与齿轮间的啮合将运动传递到空心齿轮轴上；同时扭杆也与螺旋槽齿轮相连。套筒用销钉连接并沿着螺旋槽齿轮的螺旋槽移动；当旋转螺母时，扭杆受到套筒的扭转作用，由于转矩的作用及齿轮的运动链处于封闭加载状态，从而保证了该传动装置运动链中间隙的调整。

齿轮箱和内环齿轮采用一体式的设计。该机构结构紧凑、输出扭矩大。通过空心齿轮轴、螺旋槽齿轮—齿条传递运动给提升机构(图 5-49 中略去了提升机构的齿条)，而提升机构带动手臂机构完成直线垂直移动。

笔记

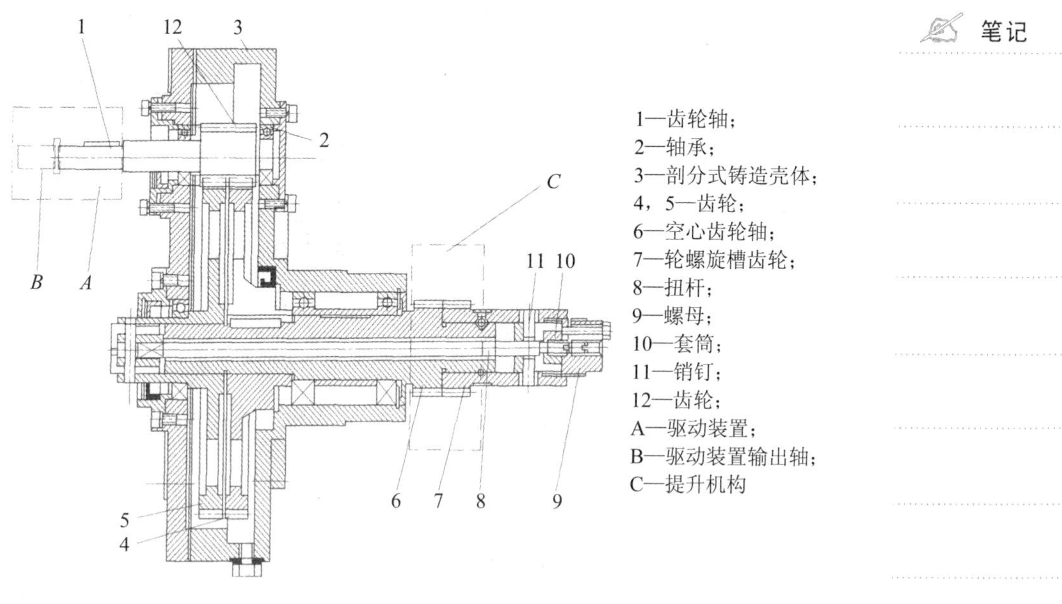

图 5-49 GT 操作机手臂直线垂直移动机构工作原理及结构

2) 臂部俯仰机构

工程中通常采用摆动油(气)缸驱动、铰链连杆机构传动实现手臂的俯仰，如图 5-50 所示。图 5-51 所示为球坐标式俯仰机械手结构图，其手臂 4 的俯仰由铰链活塞缸 6 和连杆机构来实现，手臂回转由回转油缸的动片 14 带动手臂回转缸体 11，经端盖支承架 3，使手臂 4 回转。定片 12 与手臂回转缸体 11 固连，支承架 3 通过键与活塞杆 1 连接。手臂升降由活塞油缸驱动活塞杆 1 带动手臂 4 和齿轮轴套 7 作上下移动。手臂回转和俯仰的位置反馈装置 9 的特点是，用齿轮轴套 7 作导向套，刚度大、导向性能好、传动平稳。另外，传动结构简单紧凑、外形美观整齐。

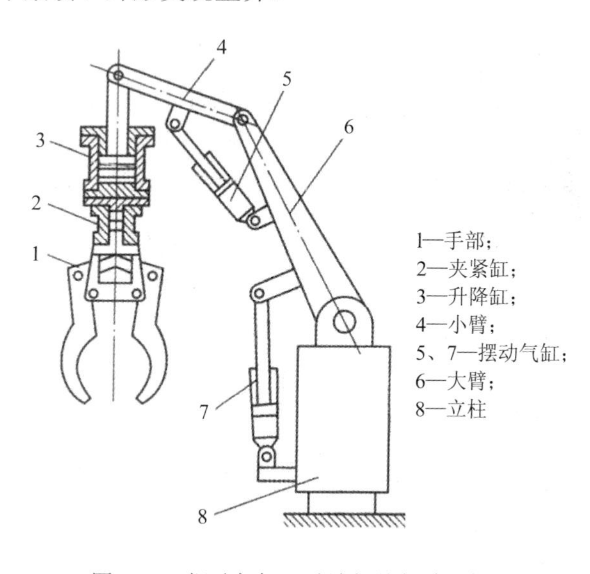

图 5-50 摆动气缸驱动连杆俯仰臂部机构

笔记

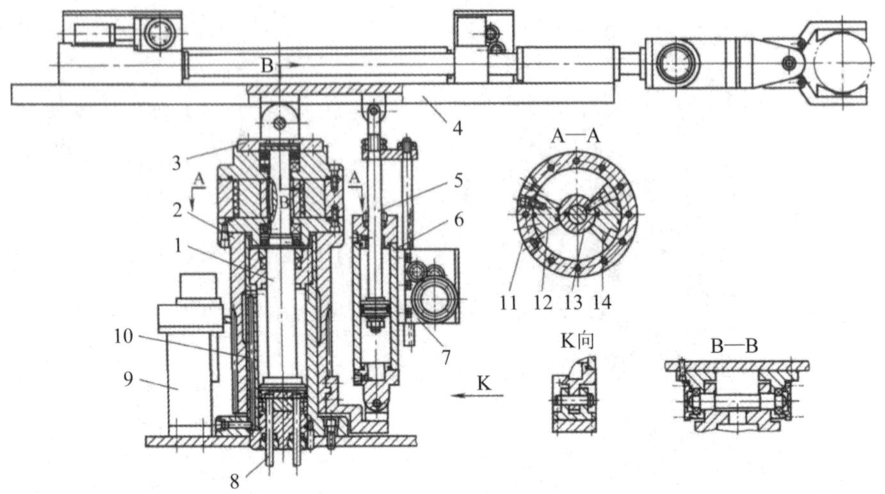

1—活塞杆；2—齿轮套；3—支承架；4—手臂；5—活塞杆；6—铰链活塞缸；
7—齿轮轴套；8—导向杆；9—手臂回转和俯仰的位置反馈装置；
10—升降缸；11—手臂回转缸体；12—定片；13—轴套；14—动片

图 5-51　球坐标式俯仰机械手结构图

7. 直齿圆柱内啮合齿轮简介

如图 5-52 所示，直齿圆柱内啮合齿轮的齿顶圆小于分度圆，齿根圆大于分度圆；内齿轮的齿廓是内凹的，其齿厚和齿槽宽分别对应的是外齿轮的齿槽和齿厚；为了使内齿轮齿顶的齿廓全部为渐开线，其齿顶圆必须大于基圆。

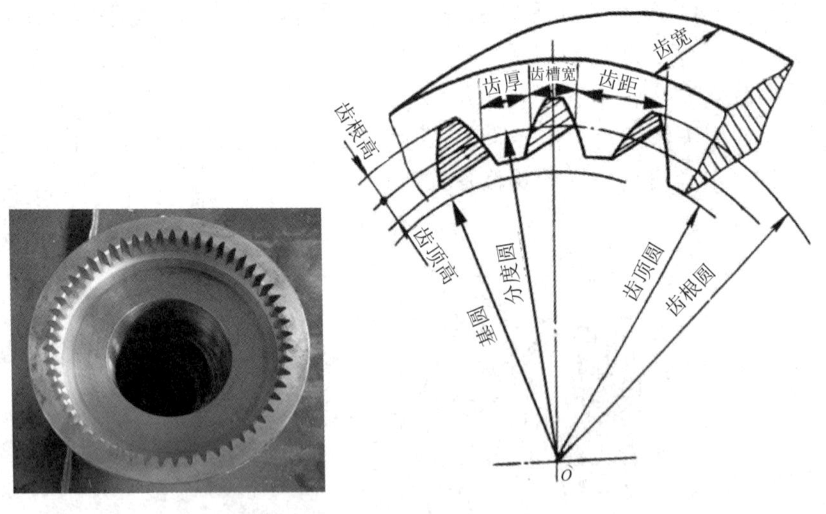

图 5-52　直齿圆柱内啮合齿轮

三、斜齿圆柱齿轮传动

齿线为螺旋线的圆柱齿轮称为斜齿圆柱齿轮，简称斜齿轮。

当平面沿着一个固定的圆柱面(基圆柱面)作纯滚动时，此平面上的一条以恒定角度与基圆柱的轴线倾斜交错的直线在固定空间内的轨迹曲面(*BB*)，

称为渐开线螺旋面，如图 5-53 所示。用渐开螺旋面作为齿面的圆柱齿轮即为渐开线圆柱齿轮，其恒定角度称为基圆螺旋角，用 β_b 表示。当 $\beta_b = 0$ 时，为直齿圆柱齿轮；当 $\beta_b \neq 0$ 时，则为斜齿圆柱齿轮。

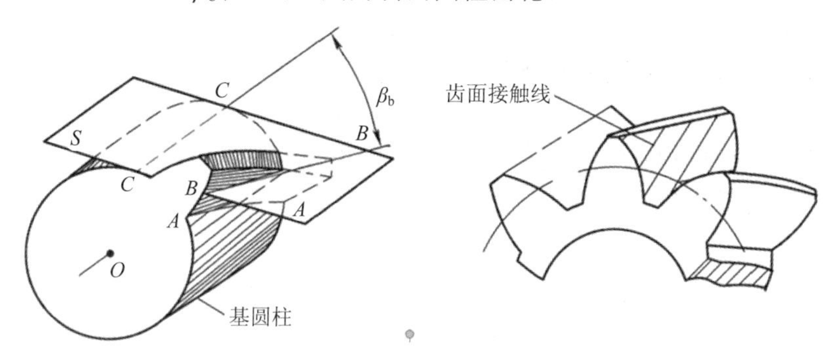

图 5-53　斜齿圆柱齿轮

1. 斜齿轮旋向的判别

如图 5-54 所示，将齿轮轴线垂直放置，轮齿自左至右上升者为右旋，反之为左旋。

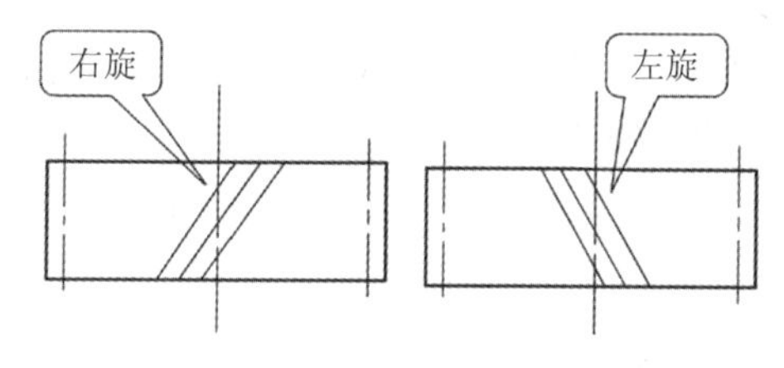

图 5-54　斜齿轮旋向的判别

2. 斜齿圆柱齿轮的主要参数

斜齿轮的轮齿为螺旋形，在垂直于齿轮轴线的端面(下标以 t 表示)和垂直于齿廓螺旋面的法面(下标以 n 表示)上有不同的参数。斜齿轮的端面是标准的渐开线，但从斜齿轮的加工和受力角度来看，斜齿轮的法面参数为标准值。

(1) 螺旋角。如图 5-55 所示，将斜齿轮沿分度圆柱面展开，这时分度圆柱面与轮齿相贯的螺旋线便成为一条斜直线，它与轴线的夹角为 β，该夹角称为斜齿轮分度圆柱上的螺旋角。

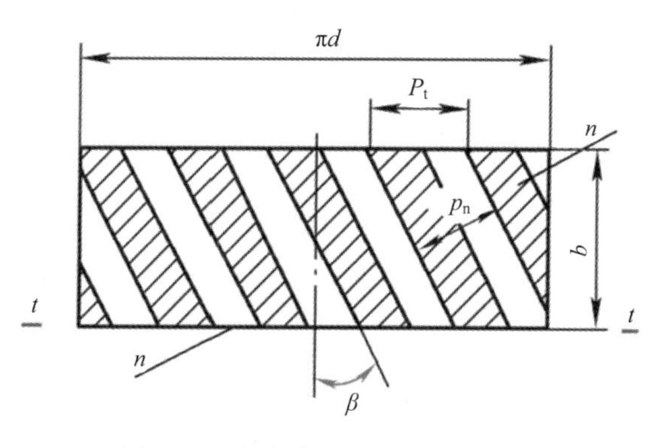

图 5-55　斜齿轮分度圆柱面展开图

笔记

(2) 模数。与齿线垂直的平面称为法面，与轴线垂直的平面称为端面。法面齿距除以圆周率 π 所得的商，称为法面模数，用 m_n 表示。端面齿距除以圆周率 π 所得的商，称为端面模数，用 m_t 表示。关系如下：

$$m_n = m_t\cos\beta \tag{5-8}$$

(3) 压力角。以 α_n 和 α_t 分别表示法向和端面压力角，关系如下：

$$\tan\alpha_n = \tan\alpha_t\cos\beta \tag{5-9}$$

(4) 齿顶高系数和顶隙系数。斜齿轮的齿顶高和齿根高，不论从法面来看还是从端面来看都是相同的，因此

$$h_a = h_{an}^* m_n$$

$$h_f = (h_{an}^* + c_n^*)m_n \tag{5-10}$$

式中，法向齿顶高系数 $h_{an}^* = 1$；法向顶隙系数 $c_n^* = 0.25$。

(6) 当量齿数。如图 5-56 所示，过斜齿轮齿线上任一点 C，作法平面，与分度圆柱交线为一椭圆。椭圆上 C 点附近的齿廓，可视为斜齿圆柱齿轮的法向(面)齿廓。以椭圆在 C 点的曲率半径为分度圆半径，以斜齿轮的法向(面)模数为模数，压力角为零的直齿圆柱齿轮，其齿廓与斜齿轮的法向齿廓近似。该直齿圆柱齿轮称为所述斜齿轮的当量齿轮，其齿数称为斜齿轮的当量齿数，用 z_v 表示。当量齿轮的齿数为

$$z_v = \frac{z}{\cos^3\beta} \tag{5-12}$$

式中，z 为斜齿轮的实际齿数。

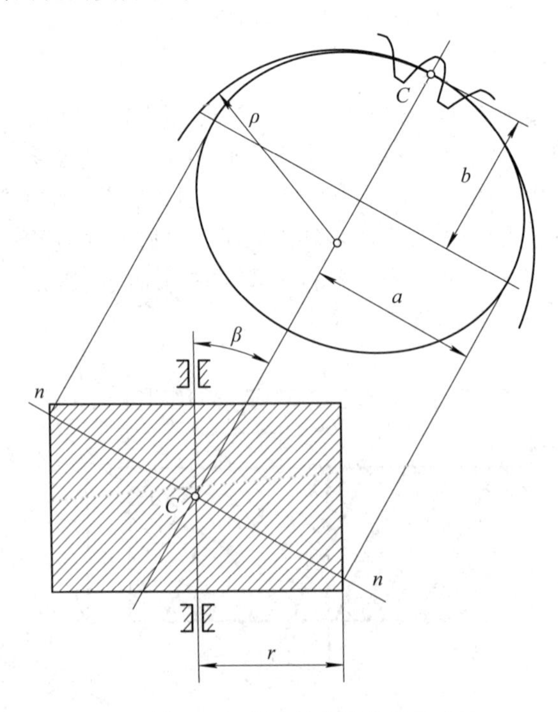

图 5-56　斜齿轮的当量圆柱齿轮

笔记

标准斜齿圆柱齿轮不发生根切的最少齿数可由其当量齿轮的最少齿数求出，即

$$z_{\min} = z_{v\min}\cos^3\beta = 17\cos^3\beta \tag{5-13}$$

由此可见，斜齿轮不根切的最少齿数小于 17，这是斜齿轮传动的优点之一。

3. 正确啮合条件

正确啮合条件如下：

(1) 法面模数(法向齿距除以圆周率 π 所得的商)相等，即 $m_{n1} = m_{n2} = m$；

(2) 法面齿形角(法平面内，端面齿廓与分度圆交点处的齿形角)相等，即 $\alpha_{n1}=\alpha_{n2} = \alpha$；

(3) 螺旋角相等、旋向相反，即 $\beta_1 = -\beta_2$。

四、直齿圆锥齿轮传动

锥齿轮用于轴线相交的传动，两轴交角 Σ 可由传动要求确定，常用的轴交角 $\Sigma = 90°$ (见图 5-57)。锥齿轮的特点是轮齿分布在圆锥面上，轮齿的齿形从大端到小端逐渐缩小。本节仅介绍常用的轴交角 $\Sigma = 90°$ 的直齿锥齿轮传动。

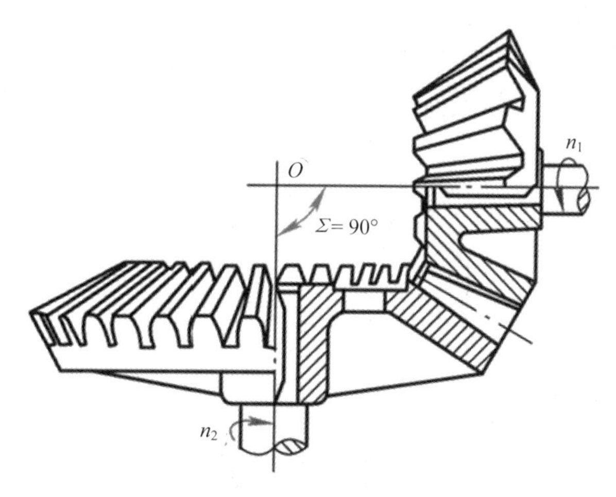

图 5-57　锥齿轮传动

1. 直齿锥齿轮的基本参数

(1) 当量齿数。直齿锥齿轮的齿廓曲线为空间的球面渐开线。由于球面无法展开为平面，给设计计算及制造带来不便，故采用近似方法。

图 5-58 所示为锥齿轮的轴向剖视图。当量齿轮分度圆直径用 d_v 表示，其模数为大端模数，压力角为标准值，所得齿数 z_v 称为当量齿数。

当量齿数 z_v 与实际齿数 z 的关系为

$$z_v = \frac{z}{\cos\delta} \tag{5-14}$$

式中，δ 为分度圆锥角。

笔记

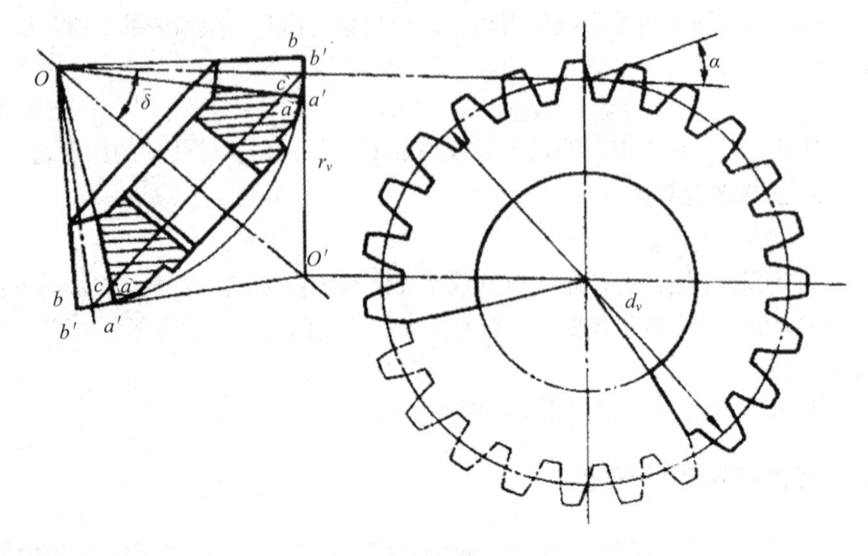

图 5-58 背锥和当量齿轮

(2) 模数。图 5-59 所示为一对标准直齿锥齿轮，其节圆锥与分度圆锥重合，轴交角 $\Sigma=\delta_1+\delta_2=90°$。

由于大端轮齿尺寸大，计算和测量时相对误差小，同时也便于确定齿轮外部尺寸，因此定义大端参数为标准值。模数 m 由表 5-6 查取，压力角 $\alpha=20°$，齿顶高系数 $h_{an}^*=1$，顶隙系数 $c_n^*=0.2$。

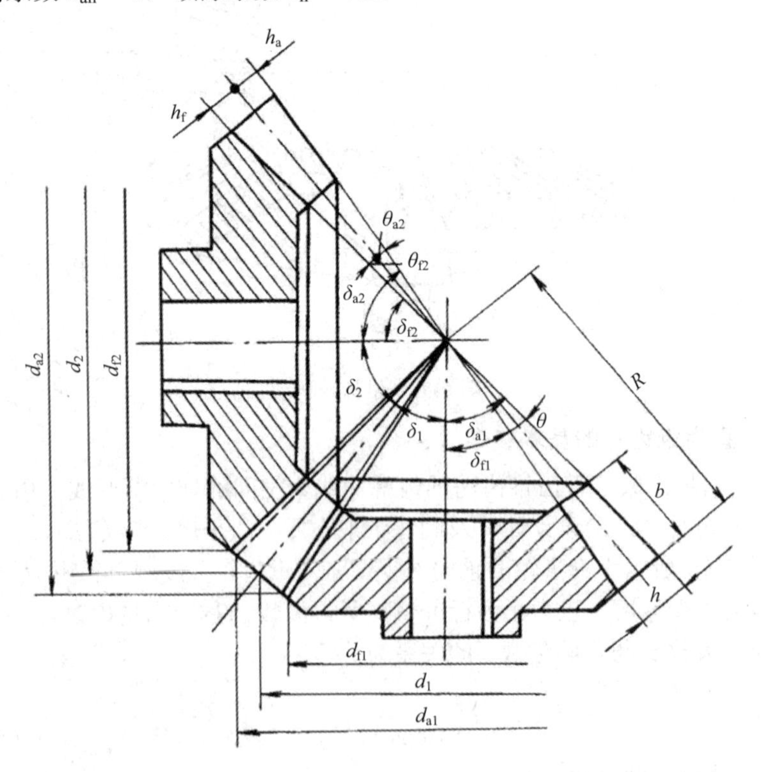

图 5-59 锥齿轮的几何尺寸

笔记

锥齿轮模数是指大端端面模数，模数代号为 m，模数 m 应符合表 5-6 的规定。

表 5-6　锥齿轮标准模数(GB 12368—90)　单位：mm

0.1	0.35	0.9	1.75	3.25	5.5	10	20	36
0.12	0.4	1	2	3.5	6	11	22	40
0.15	0.5	1.125	2.25	3.75	6.5	12	25	45
0.2	0.6	1.25	2.5	4	7	14	28	50
0.25	0.7	1.375	2.75	4.5	8	16	30	—
0.3	0.8	1.5	3	5	9	18	32	—

2. 一对标准直齿锥齿轮的正确啮合条件

两轮大端的模数和压力角分别相等，即

$$m_1 = m_2 = m \tag{5-15}$$

$$\alpha_1 = \alpha_2 = 20^\circ \tag{5-16}$$

3. 锥齿轮旋转方向判别

锥齿轮的旋转方向判别一般采用画图的方法，锥齿轮两轮的转向若指向节点，则都指向节点；其若背离节点，则都背离节点。箭头标注方法如图 5-60 所示。

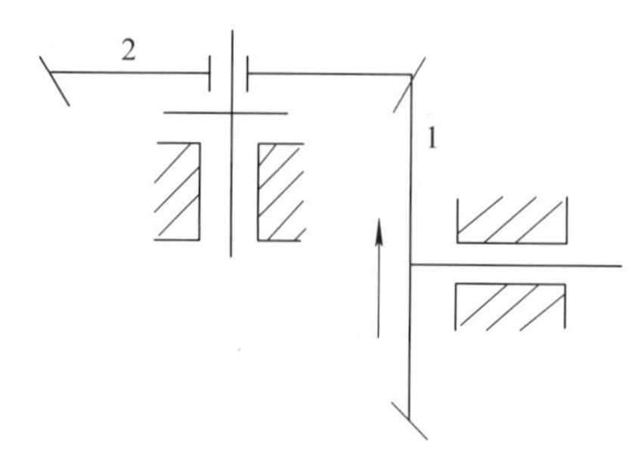

图 5-60　锥齿轮转向判别

4. 应用

1) 腕部

(1) 远程驱动腕部。远程驱动方式的驱动器安装在机器人的大臂、基座或小臂远端，通过连杆、链条或其他传动机构间接驱动腕部关节运动，因而腕部的结构紧凑、尺寸和质量小，有利于改善机器人的整体动态性能，但传动设计复杂，传动刚度也低。如图 5-61 所示，轴 I 作回转运动、轴 II 作俯仰运动、轴 III 作偏转运动。

(2) 机械传动的腕部结构图 5-62 所示为三自由度的机械传动腕部结构的传动示意图，该结构是一个具有三根输入轴的差动轮系。腕部旋转使得附加的腕部结构紧凑且重量轻。从运动分析的角度来看，这是一种比较理想的三自由度腕，这种腕部结构使得手部运动更灵活、适应性更广。目前，它已成功用于焊接、喷漆等通用机器人。

笔记

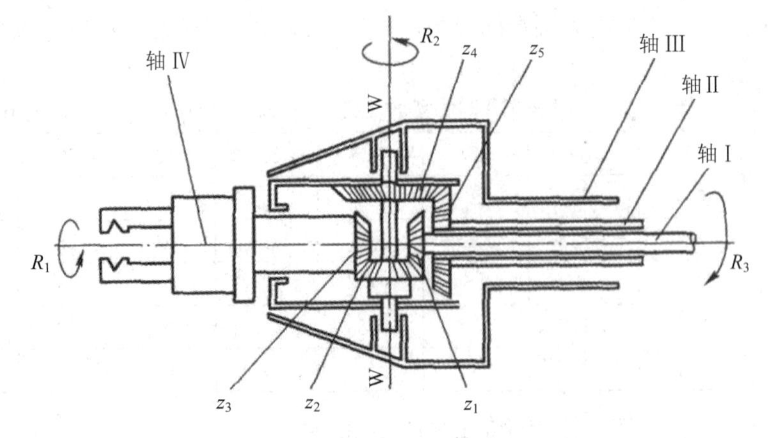

图 5-61 远程传动腕部

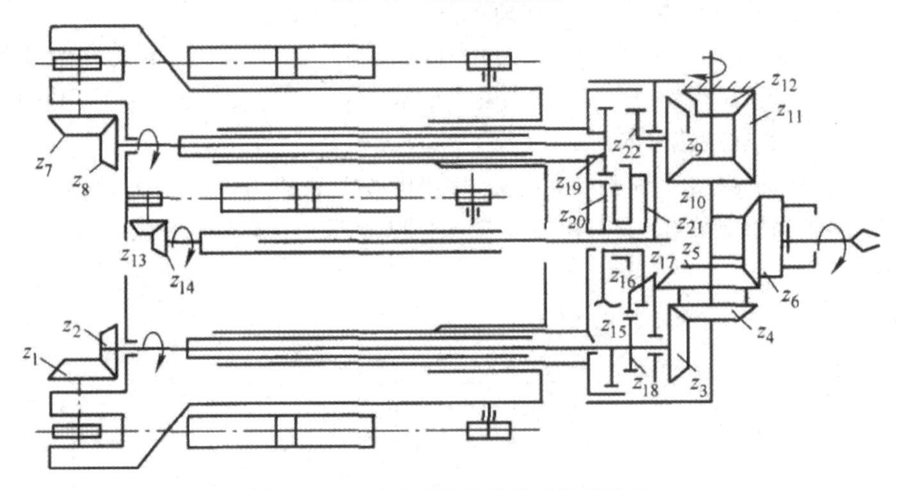

图 5-62 三自由度的机械传动腕部结构

2) 手臂复合运动

图 5-63 所示为行星带传动旋转机械手传动原理，该结构是由圆锥齿轮机构、两套行星齿形带传动机构(Ⅰ、Ⅱ)和凸轮机构串联组合而成的。平动是由行星齿形带传动机构来实现的，而提升平台 16 在水平面内的摆动是由凸轮机构来实现的。

下面以右半部分行星机构为例说明，右半部分是由行星机构Ⅰ和行星机构Ⅱ(如图 5-62 中虚线所示)串联组合而成的。在行星机构Ⅰ中，齿形带轮 5 是中心轮、齿形带轮 6 是行星轮、转臂 4 是系杆。在行星机构Ⅱ中，齿形带轮 7 与圆盘 14 是固定连接，故齿形带轮 7 相对圆盘 14 不能转动，齿形带轮 8 是行星轮、转臂 11 是系杆。

在整个系统回转过程中，齿形带轮 8 相对本系统而言的合成转速为 0，这就满足了提升平台 16 的平动工作要求。

将图 5-63 所示的行星齿形带传动机构Ⅰ和Ⅱ(如图 5-63 中虚线所示)由串联组合改为并联组合，即将图 5-63 所示的同步带轮 8 的中心与同步带轮 5 的中心同轴线，同步带轮 8 的轴线位置保持不动，但与圆盘 14 的固定连接改为

笔记

可动连接，从而衍生出一种新的在结构上仍然左右对称的行星传动机构。图 5-64 所示为并联行星传动机构传动原理。

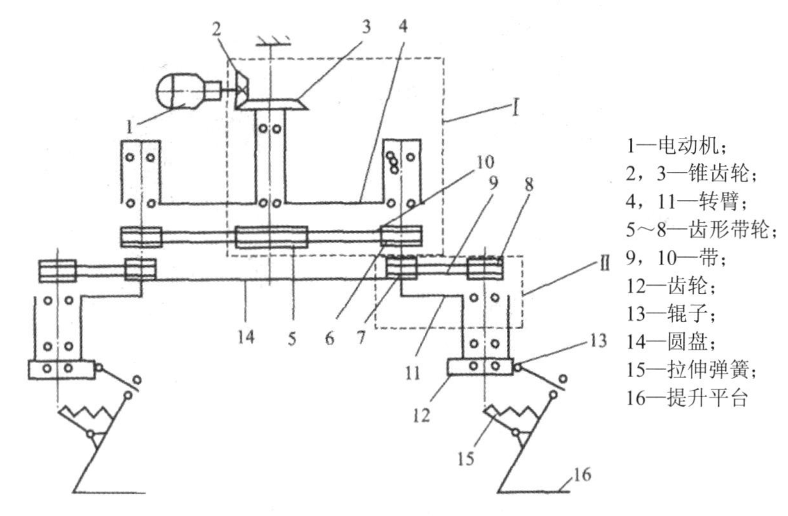

图 5-63　行星带传动旋转机械手传动原理

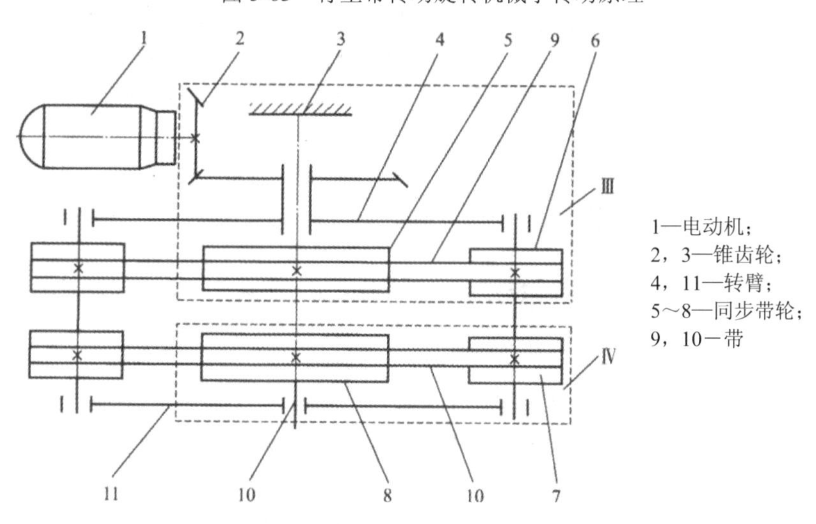

图 5-64　并联行星传动机构传动原理

图 5-65 所示为由行星齿轮机构组成手臂和手腕回转运动的结构图和运动简图。如图 5-65(a)所示，齿条活塞油缸驱动圆柱齿轮 10 回转，经键 5 带动主轴体(9 即行星架或系杆)回转，装在主轴体 9 上的手部 1 和锥齿轮 4 均绕主轴体的轴线回转。其中，锥齿轮 4 和锥齿轮 12 相啮合，而锥齿轮 12 相对手臂升降油缸 13 的活塞套 8 是不动的，因此，锥齿轮 12 是“固定”中心轮。当锥齿轮 4 随同主轴体 9 绕主轴体的轴线公转时，迫使它又绕自身轴线自转，即锥齿轮 4 作行星运动，故称为行星轮。锥齿轮 4 的自转，经键 5 带动手部 1 的夹紧油缸 2 回转，即为手腕回转运动。手臂的回转通过锥齿轮行星机构使手腕回转。

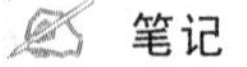

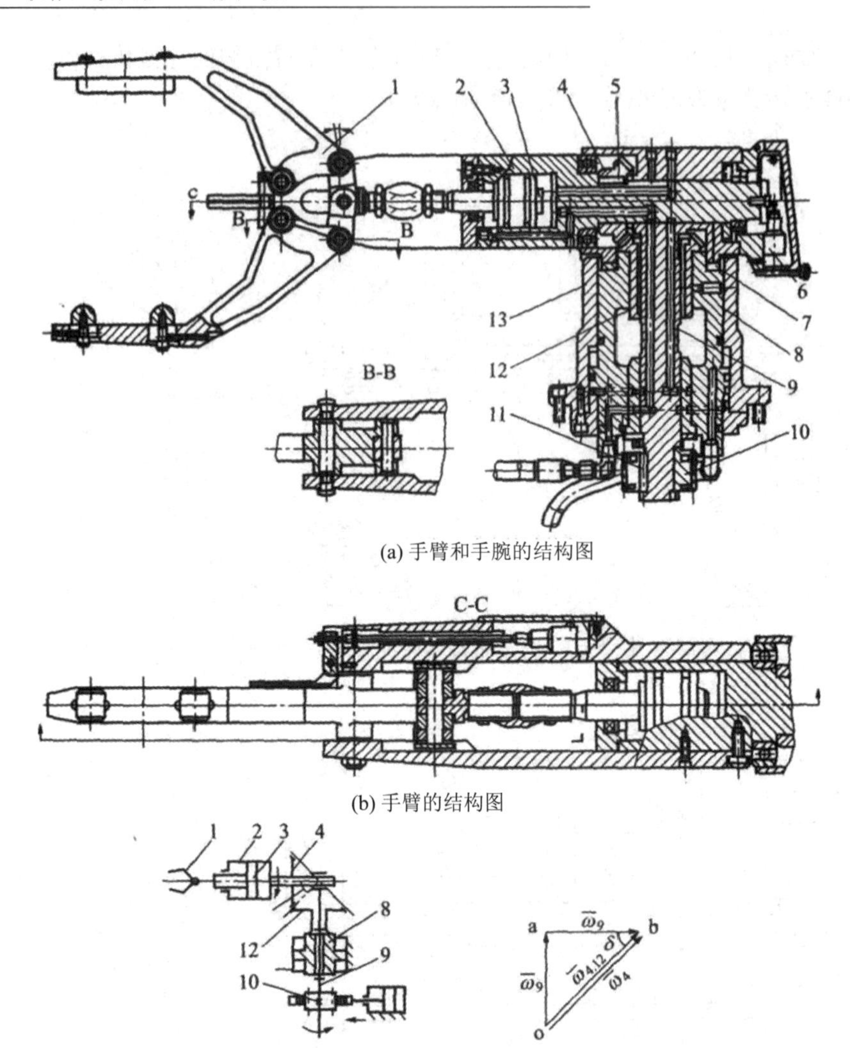

(a) 手臂和手腕的结构图

(b) 手臂的结构图

(c) 手臂运动简图　　(d) 手臂向量图

1—手部；2—夹紧油缸；3—活塞杆；4—锥齿轮；5—键；6—行程开关；7—止推轴承垫；8—活塞套；9—主轴体；10—圆柱齿轮；11—键；12—锥齿轮；13—升降油缸

图 5-65　用行星机构实现手臂和手腕同时回转

3) 在KUKAIR 662/100型机器人中的应用

(1) KUKAIR 662/100 型机器人的手腕传动。图 5-66 所示为 KUKAIR 662/100 型机器人的手腕传动原理图。这是一个具有 3 个自由度的手腕结构，关节配置形式为臂转、腕摆、手转结构。其传动链分成两部分：一部分传动链在机器人小臂壳内，3 个电动机的输出通过带传动分别传递到同轴传动的心轴、中间套、外套筒上；另一部分传动链安排在手腕部。图 5-67 所示为 KUKAIR 662/100 型机器人手腕部分的装配图，其传动路线如下：

① 臂转运动。臂部外套筒与手腕壳体 7 通过端面法兰连接，外套筒直接带动整个手腕旋转完成臂转运动。

② 腕摆运动。臂部中间套通过花键与空心轴 4 一端连接，空心轴 4 另一

端通过一对锥齿轮 12 和 13 带动腕摆谐波减速器的波发生器 16，波发生器上套有轴承和柔轮 14，谐波减速器的定轮 10 与手腕壳体相连，动轮 11 通过盖 18 和腕摆壳体 19 相固接。当中间套带动空心轴旋转时，腕摆壳体作腕摆运动。

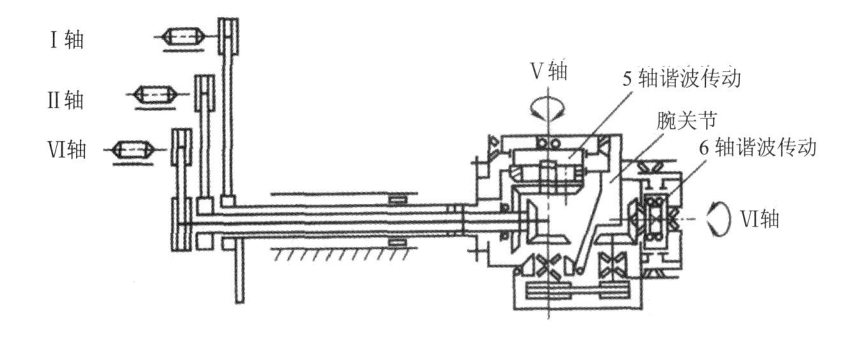

图 5-66　KUKAIR 662/100 型机器人的手腕传动原理图

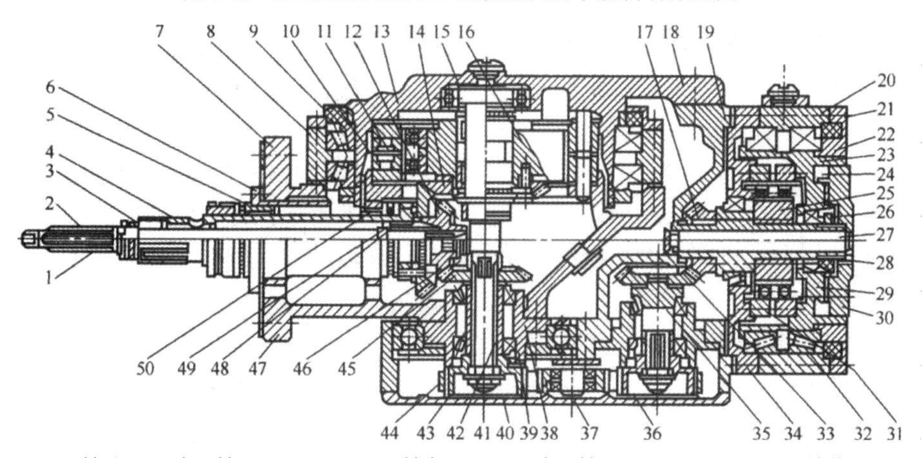

1—轴承；2—中心轴；3，5，42，49—轴套；4，28—空心轴；6，8，20，32，47—端盖；
7—手腕壳体；9，15，21，22，26，50—压盖；10，31—定轮；11，24—动轮；
12，13，45，46—锥齿轮；14，29—柔轮；16，25—波发生器；17，33—锥齿轮传动；
18，40—盖；19—腕摆壳体；23—安装架；27，37，48—轴；30—法兰盘；34—底座；
35，41—花键轴；36，44—同步齿形带传动；38，43—轴承套；39—固定架

图 5-67　KUKAIR 662/100 型机器人手腕部分的装配图

(2) 手转运动。臂部心轴通过花键与腕部中心轴 2 一端连接，中心轴 2 另一端通过一对锥齿轮 45 和 46 带动花键轴 41；花键轴一端通过同步齿形带传动 44 和 36 带动花键轴 35，花键轴另一端通过一对锥齿轮传动 33、带动谐波减速器的波发生器 25，波发生器上套有轴承和柔轮 29，谐波减速器的定轮 31 通过底座 34 与腕摆壳体相连，动轮 24 通过安装架 23 与连接手部的法兰盘 30 固定。当臂部心轴带动腕部中心轴旋转时，法兰盘作手转运动。

然而，臂转、腕摆、手转三个传动并不是独立的，彼此之间存在较复杂的干涉现象。当中心轴 2 和空心轴 4 固定不转，仅有手腕壳体作臂转运动时，锥齿轮 12 不转，锥齿轮 13 在锥齿轮 12 上滚动，因此产生附加的腕转运动；同理，锥齿轮 45 在锥齿轮 46 上滚动时，也产生附加的手转运动。当中心轴 2 和手腕壳体 7 固定不转、空心轴 4 转动时，使手腕作腕摆运动也会产生附

笔记 加的手转运动。最后，控制系统可进行修正。

任务实施

教师讲解

通过教师讲解，让学生进一步掌握国家标准，促进规范化、程序化水平的提高。

一、齿轮精度等级及选用

1. 精度等级

GB/T10095.1—2022 规定齿轮及齿轮副精度等级为 12 级。从 1 级到 12 级，精度从高到低依次排列。一般机械传动中，齿轮常用的精度等级为 6～8 级。

2. 精度等级的选用

齿轮精度的选择，要考虑齿轮的用途、工作条件、圆周速度、传递功率以及使用寿命和技术经济指标等方面要求，一般多用类比法。

一般情况下，三个公差组可选用相同精度等级。由于齿轮传动应用的场合不同，对传动性能三个方面的要求也不同，因此允许三个公差组选用不同精度等级。在同一公差组内，各项公差与极限偏差应保持相同的精度等级。例如，仪表及机床分度系统的齿轮传动，传递运动的准确性比传动的平稳性要求高。

3. 齿轮精度在图样上的标注

在齿轮零件图上应标注齿轮的精度等级和齿厚极限偏差的字母代号。如图 5-68 所示，齿轮第 I 公差组精度为 7 级，第 II 、第III公差组精度均为 6 级，齿厚上、下偏差代号分别为 G，M。如图 5-69 所示，齿轮的三个公差组精度同级。例如，7 级，齿厚上、下偏差代号分别为 F、L。

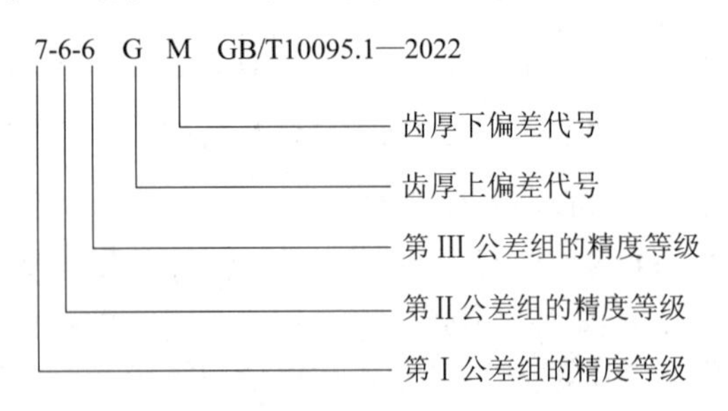

图 5-68 齿轮精度标注示例一

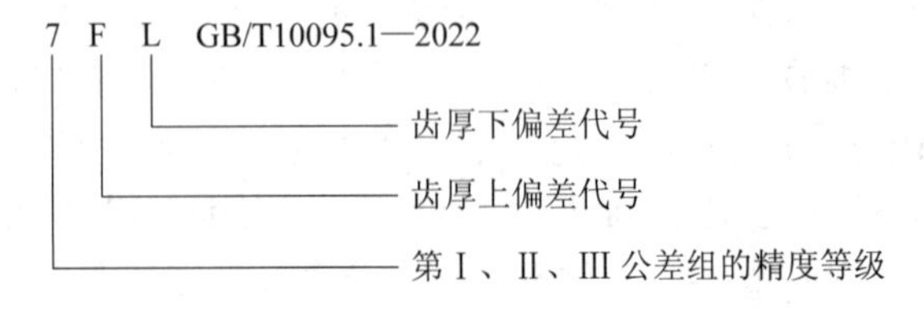

图 5-69 齿轮精度标注示例二

笔记

二、齿轮的结构

★ 实物教学

1. 圆柱齿轮的结构

1) 齿轮轴

对于齿顶圆直径不大或直径与相配轴直径相差很小(齿轮直径 d_a<2 轴径 d)的钢制齿轮，可将齿轮与轴制成一体。一般情况下，对于圆柱齿轮，当齿根圆与键槽顶部的距离 δ<2.5 m 时，可将齿轮与轴制成一体，称为齿轮轴，如图 5-70 所示。

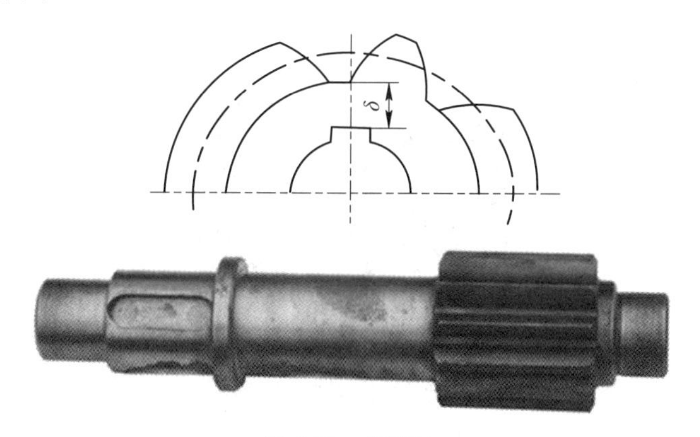

图 5-70　齿轮轴

2) 实心式齿轮

对于齿顶圆直径 d_a≤200 mm 的中、小尺寸的钢制齿轮，一般采用锻造毛坯的实心式结构。实心式圆柱齿轮如图 5-71 所示。

图 5-71　实心式圆柱齿轮(d_a<200 mm)

3) 辐板式齿轮

对于齿顶圆直径 d_a ≤500 mm 的较大尺寸的齿轮，为减轻质量和节约材料，常制成辐板式结构。辐板式齿轮一般采用锻造毛坯，辐板式圆柱齿轮结构如图 5-72 所示。

笔记

图 5-72　辐板式圆柱齿轮(d_a≤500 mm)

4) 轮辐式齿轮

当齿顶圆直径 d_a = 400～1000 mm 时，齿轮毛坯因受锻造设备的限制，往往改用铸铁或铸钢浇铸成轮辐式结构，如图 5-73 所示。

图 5-73　轮辐式齿轮

2. 锥齿轮的结构

与圆柱齿轮相似，锥齿轮按其尺寸大小也有齿轮轴、实心式锥齿轮、腹板式锥齿轮等结构形式。

1) 齿轮轴

如果锥齿轮的齿根圆到其键槽底面的距离 δ≤1.6 m(如图 5-74 所示)，应采用齿轮轴，如图 5-75 所示。

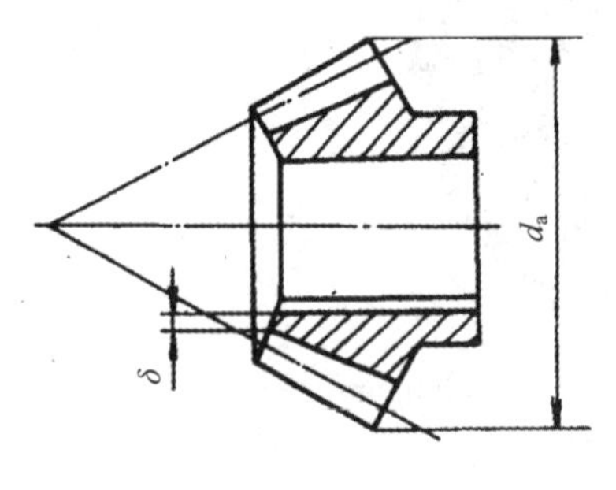

图 5-74　实心式锥齿轮(δ≤1.6 m 或 d_a<200 mm)

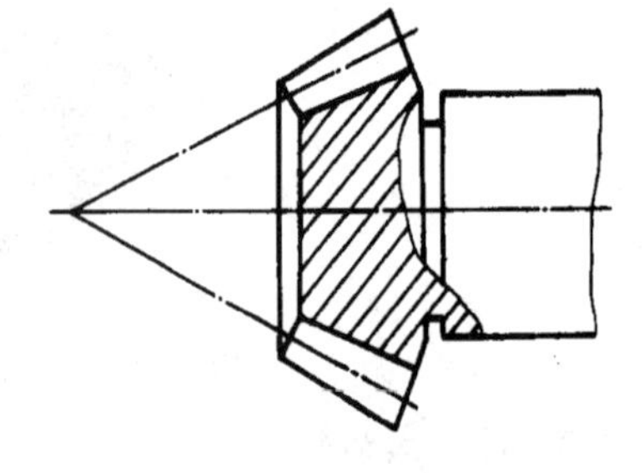

图 5-75 锥齿轮轴

2) 实心式锥齿轮

当齿顶圆直径 d_a≤200 mm、δ>1.6 m 时，则可采用如图 5-75 所示的实心式锥齿轮。

笔记

3) 腹板式锥齿轮

当齿顶圆直径 $d_a = 500$ mm 时，为减轻重量、节约材料，应采用腹板式结构，如图 5-76 所示。

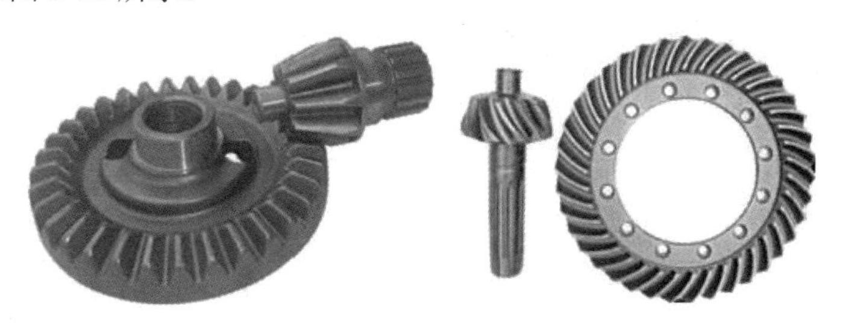

图 5-76　腹板式锥齿轮

任务扩展

相关几何计算

一、标准斜齿圆柱齿轮的几何计算

标准斜齿圆柱齿轮的几何计算公式如表 5-7 所示。

表 5-7　标准斜齿圆柱齿轮的几何计算公式(h^*_{an}=1，c^*_n=0.25)

名　称	代　号	计 算 公 式
法面模数	m_n	与直齿圆柱齿轮 m 相同。由强度计算决定
螺旋角	β	$\beta_1 = -\beta_2$　一般 $\beta = 8°$ ～$20°$
端面模数	m_t	$m_t = \dfrac{m_n}{\cos\beta}$
端面压力角	α_t	$\mathrm{tg}\,\alpha_t = \dfrac{tg\alpha_W}{\cos\beta}$
分度圆直径	d	$d = \dfrac{m_W}{\cos\beta} z$
法面齿距	p_n	$p_n=\pi m_g$
齿顶高	h_a	$h_a= m_n$
齿根高	h_f	$h_f=1.25m_\pi$
全齿高	h	$h = h_a + h_f$
齿顶圆直径	d_a	$d_a = d + 2h_a = m_g\left(\dfrac{z}{\cos\beta} + 2\right)$
齿根圆直径	d_f	$d_f = d - 2h_f = m_g\left(\dfrac{z}{\cos\beta} - 2.5\right)$
中心距	a	$a = \dfrac{1}{2}(d_1 + d_2) = \dfrac{m_a}{2\cos\beta}(z_1 + z_2)$

笔记

二、标准直齿锥齿轮的几何尺寸计算

标准直齿锥齿轮的几何尺寸计算如表 5-8 所示。

表 5-8　标准直齿锥齿轮的几何尺寸计算公式

名　称	符号	小齿轮	大齿轮
齿数	z	z_1	z_2
齿数比	i	$i=\frac{z_2}{z_1}=\cot\delta_1=\tan\delta_2$	
分度圆锥角	δ	$\delta_1=\arctan\left(\frac{z_1}{z_2}\right)$	$\delta_2=\arctan\left(\frac{z_2}{z_1}\right)$
齿顶高	h_a	$h_a=m$	
齿根高	h_f	$h_f=1.2m$	
分度圆直径	d	$d_1=z_1m$	$d_2=z_2m$
齿顶圆直径	d_a	$d_{a1}=d_1+2h_a\cos\delta_1$ $=m(z_1+2\cos\delta_1)$	$d_{a2}=d_2+2h_a\cos\delta_2$ $=m(z_2+2\cos\delta_2)$
齿根圆直径	d_f	$d_{f1}=d_1-2h_1\cos\delta_1$ $=m(z_1-2.4\cos\delta_1)$	$d_{f2}=d_2-2h_1\cos\delta_2$ $=m(z_2-2.4\cos\delta_2)$
锥距	R	$R=\frac{1}{2}\sqrt{d_1^2+d_2^2}=\frac{d_1}{2}\sqrt{i^2+1}=\frac{m}{2}\sqrt{z_1^2+z_2^2}$	
齿顶角	θ_a	正常收缩齿 $\theta_a=\arctan\left(\frac{h_a}{R}\right)$	
齿根角	θ_f	$\theta_f=\arctan\left(\frac{h_f}{R}\right)$	
齿顶圆锥面圆锥角	δ_a	$\delta_{a1}=\delta_1+\theta_a$	$\delta_{a2}=\delta_2+\theta_a$
齿根圆锥面圆锥角	δ_f	$\delta_{f1}=\delta_1-\theta_f$	$\delta_{f2}=\delta_2-\theta_f$
齿宽	b	$b=\psi_R d_1$，齿宽系数 $\psi_d=\frac{b}{R}$，一般 $\psi_R=\frac{1}{4}\sim\frac{1}{3}$；$b\leqslant 10$ m	

任务巩固

一、填空题

1. 软齿面闭式传动的齿数宜选______些，模数宜选______一些。

2. 硬齿面闭式传动及开式传动模数宜选______些，齿数宜选______些。

3. 一般对于直齿圆柱齿轮传动 $i_{12}\leqslant$____；斜齿圆柱齿轮传动 $i_{12}\leqslant$____。

4. 斜齿轮旋向的判别是将齿轮轴线垂直放置，轮齿自左至右上升者为旋，反之为______旋。

二、判断题

(　　) 1. 不同齿轮的齿数齿轮形状是相同的。

(　　) 2. 不同的模数齿轮大小是一样的。

笔记

(　　) 3. 标准渐开线圆柱齿轮压力角为 20°

(　　) 4. GB/T10095.1—2022 规定齿轮及齿轮副精度等级为 12 级。

(　　) 5. 在一般机械传动中，齿轮常用的精度等级为 6～7 级。

(　　) 6. 对于齿顶圆直径 d_a≤200 mm 的中、小尺寸的钢制齿轮，一般常采用锻造毛坯的实心式结构。

三、简答题

1. 简述齿轮传动的特点。
2. 简述渐开线直齿圆柱齿轮传动的正确啮合。
3. 简述斜齿圆柱齿轮正确啮合条件。
4. 简述圆柱齿轮的结构。
5. 简述锥齿轮的结构。

四、双创训练题

在教师的指导下，组成创新团队，更换工业机器人用齿轮。

任务三　齿轮齿条与蜗杆传动

工作任务

齿轮齿条与蜗杆传动也是工业机器人上常用的传动。图 5-77 所示为齿轮齿条在桁架工业机器人上的应用，图 5-77 所示为桁架工业机器人齿轮齿条传动。

图 5-77　齿轮齿条在桁架工业机器人上的应用

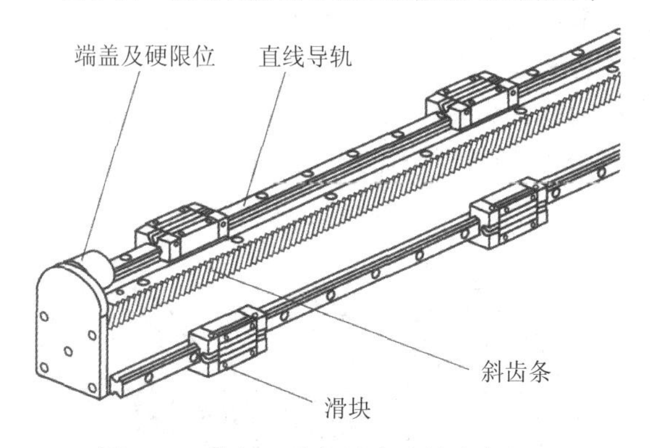

图 5-78　桁架工业机器人齿轮齿条传动

图 5-79 所示为采用丝杠螺母传动的手臂升降机构。该机构由电动机 1 带动蜗杆 2 使蜗轮 5 回转，依靠蜗轮内孔的螺纹带动丝杠 4 作升降运动。为了

笔记

防止丝杠的转动，在丝杠上端铣有花键，与固定在箱体 6 上的花键套 7 组成导向装置。

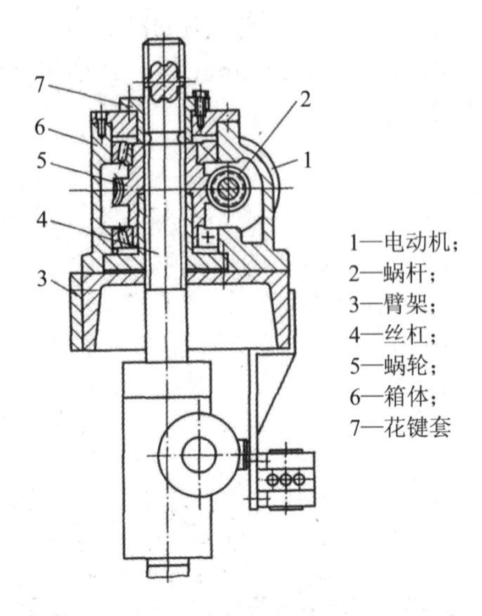

图 5-79　蜗轮蜗杆传动在工业机器人上的应用

任务目标

知 识 目 标	能 力 目 标
1. 掌握齿轮齿条传动的特点 2. 掌握不完全齿轮机构的应用 3. 了解蜗杆传动的情况	1. 能根据需要选择不同结构的蜗杆与蜗轮 2. 能分析工业机器人用齿轮齿条传动

任务准备

一、齿轮齿条传动

当齿轮的齿数增加到无穷多时，其圆心位于无穷远处，齿轮上的基圆、分度圆、齿顶圆等各圆成为基线、分度线、齿顶线等互相平行的直线，渐开线齿廓也变成直线齿廓，齿轮即演化成为齿条，如图 5-80 所示。齿条(与齿轮一样)有斜齿轮齿条传动与直齿轮齿条传动，如图 5-81 所示。齿条的主要特点如下。

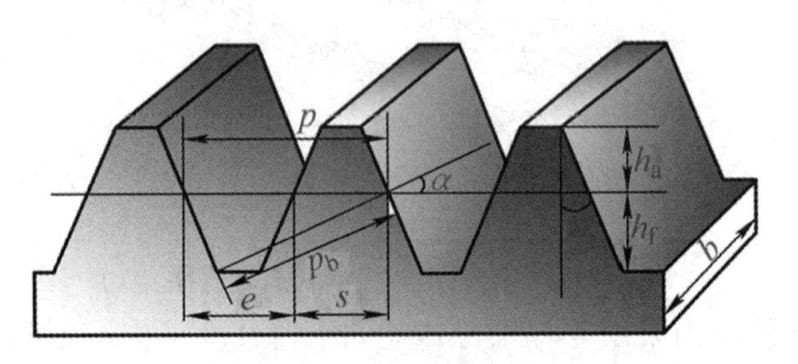

图 5-80　齿条的形成

笔记

(a) 斜齿条

(b) 直齿条

图 5-81　齿轮齿条传动的形式

(1) 齿廓上各点的法线相互平行。传动时，齿条做直线运动，且速度大小和方向均一致。如图 5-82 所示。

(2) 齿条齿廓上各点的齿形角均相等，且等于齿廓直线的倾斜角，标准值 α 为 20°。

(3) 不论是在分度线上、齿顶线上，还是在与分度线平行的其他直线上，齿距均相等，模数为同一标准值。

齿条的移动速度可按下式计算：

$$v = n_1\pi d_1 = n_1\pi m z_1 \tag{5-17}$$

$$L = \pi d_1 = \pi m z_1 \tag{5-18}$$

式中，v 为齿条的移动速度，mm/min；n_1 为齿轮的转速，r/min；d_1 为齿轮分度圆直径，mm；m 为齿轮的模数，mm；z_1 为齿轮的齿数；L 为齿轮每回转一周齿条的移动距离。

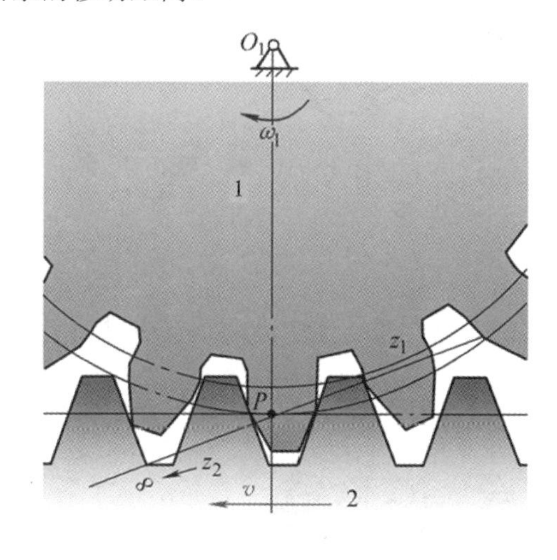

图 5-82　齿轮齿条传动

齿轮齿条计算

二、不完全齿轮机构

图 5-83 所示为不完全齿轮机构，内啮合与外啮合不完全齿轮机构相似，

笔记

内啮合时两轮转向相同，而外啮合时两轮转向相反。图 5-84 所示为不完全齿轮与齿条啮合的工业机器人用平行连杆式钳爪。

不完全齿轮机构的特点是工作可靠、传递的力大，而且从动轮停歇的次数、每次停歇的时间及每次转过的角度，其变化范围都比槽轮机构大得多，只要适当设计均可实现；但是不完全齿轮机构加工工艺较复杂，从动轮在运动开始和终了时有较大的冲击。

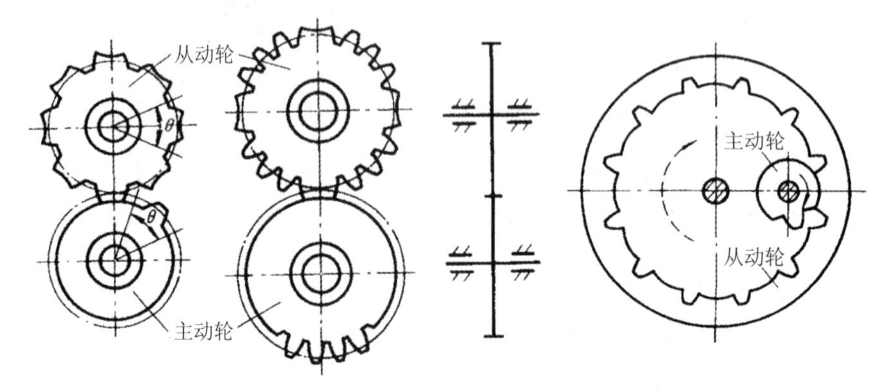

图 5-83　不完全齿轮机构

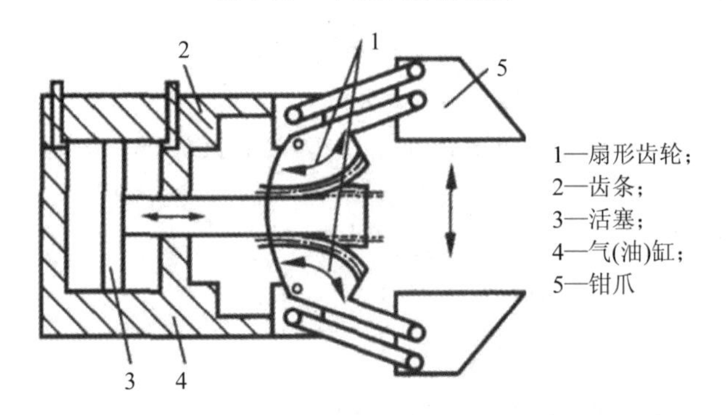

图 5-84　平行连杆式钳爪

三、蜗杆传动

蜗杆传动由蜗杆和蜗轮组成，常用于传递空间两垂直交错轴间的运动和动力，如图 5-85 所示。

图 5-85　蜗杆传动

笔记

1. 蜗杆传动的特点

蜗杆传动与一般齿轮传动相比，其主要特点如下。

(1) 传动比大，结构紧凑。由于蜗杆的头数很小，所以传动比可以很大。一般情况下，单级蜗杆传动比在仅传递运动(如分度机构)时，甚至会超过500。因此，一对蜗杆传动即可达到多级齿轮传动的传动比，结构紧凑。

(2) 传动平稳，无噪声。因为蜗杆齿是连续的螺旋齿，所以蜗杆传动连续、平稳、噪声很小。

(3) 具有自锁性。与螺杆机构相似，当蜗杆的导程角小于相啮合轮齿间的当量摩擦角时，蜗杆传动具有自锁性，即只能由蜗杆带动蜗轮转动，蜗轮不能作为主动件带动蜗杆转动。

(4) 传动效率低，摩擦磨损较大。在啮合传动时，蜗杆和蜗轮的轮齿间存在较大的相对滑动速度，因此摩擦损耗大，传动效率低且易发热。传动效率一般为0.7～0.8，在蜗杆传动可自锁时，传动效率低于0.5。因此，蜗杆传动不适于传递大功率的场合。

(5) 制造成本高。因为磨损严重，蜗轮常采用价格昂贵的减磨材料(如青铜)制造，所以成本较高。故蜗杆传动只适用功率不太大的场合。

2. 蜗杆传动的类型

蜗杆传动的类型如表5-9所示。

表5-9　蜗杆传动的主要类型

分类依据	蜗杆传动类型	图　例	说　明
按蜗杆形状	圆柱蜗杆传动		应用最为广泛，分为普通圆柱蜗杆传动和圆弧齿圆柱蜗杆传动
	环面蜗杆传动		其主要特征是蜗杆包围蜗轮，蜗杆体是一个由凹圆弧为母线所形成的回转体
	锥蜗杆传动		蜗杆是由在节锥上分布的等导程的螺旋所形成；蜗轮在外观上就像一个曲线锥齿轮

笔记

续表

分类依据	蜗杆传动类型	图例	说明
按垂直于轴线的横截面上蜗杆的齿廓曲线形状	阿基米德蜗杆（ZA 型）		应用较广；其端面齿廓为阿基米德螺旋线，轴向齿廓为直线；较易车削，但难以磨削，不易得到较高精度
	渐开线蜗杆（ZI 型）		其端面齿廓为渐开线；可以用滚刀加工，并在专用机床上磨削，制造精度较高，利于成批生产
	法向直廓蜗杆（ZN 型）		其端面齿廓为延伸渐开线，法面 N—N 齿廓为直线；车削简单，可用砂轮磨削
按螺旋方向	左旋、右旋	与螺纹旋向相似	一般为右旋
按头数	单头、多头	与螺纹线数相似	一般为单头

查一查：蜗杆传动的应用。

3. 蜗杆传动的主要参数

1) 蜗杆头数z_1和蜗轮齿数z_2

蜗杆头数 z_1 是指蜗杆螺旋线的数目，z_1 一般取 1、2、4。当传动比大于 40 或要求蜗杆自锁时，取 $z_1 = 1$。当传递功率较大时，为提高传动效率、减少能量损失，常取 z_1 为 2、4。蜗杆头数越多，加工精度越难保证。

一般情况，蜗轮齿数 $z_2 = 28 \sim 80$。若 $z_2 < 28$，会降低传动平稳性，且易产生根切。若 z_2 过大，蜗轮直径增大，与之相应的蜗杆长度增加，刚度减小，从而影响啮合的精度。

笔记

2) 传动比

通常，蜗杆为主动件，蜗杆传动的传动比 i 等于蜗杆与蜗轮的转速比。当蜗杆转一周时，蜗轮转过 z_1 个齿，故传动比为

$$i=\frac{n_1}{n_2}=\frac{1}{z_1/z_2}=\frac{z_2}{z_1} \tag{5-19}$$

式中，n_1、n_2 分别为蜗杆、蜗轮的转速，单位为 r/min。

传动比确定以后，可查表 5-10 选取 z_1、z_2。

表 5-10　蜗杆头数 z_1、蜗轮齿数 z_2 推荐值

传动比 $i=\frac{z_2}{z_1}$	7～13	14～27	28～40	>40
蜗杆头数 z_1	4	2	2、1	1
蜗轮齿数 z_2	28～52	28～54	28～80	>40

蜗杆传动的传动比 i 仅与 z_1 和 z_2 有关，不等于蜗轮与蜗杆分度圆直径之比，即：

$$i=\frac{z_2}{z_1}\neq\frac{d_2}{d_1} \tag{5-20}$$

3) 模数 m

蜗杆的轴面模数 m_{x1} 和蜗轮的端面模数 m_{t2} 相等，且为标准值。

$$m=m_{x1}=m_{t2} \tag{5-21}$$

查一查：工业机器人所用蜗杆传动的模数。

4) 齿形角 α

蜗杆的轴面齿形角 α_{x1} 和蜗轮的端面齿形角 α_{t2} 相等，且为标准值。

$$\alpha=\alpha_{x1}=\alpha_{t2}=20^\circ \tag{5-22}$$

5) 蜗杆螺旋线升角 λ

蜗杆螺旋面与分度圆柱面的交线为螺旋线。如图 5-86 所示，展开蜗杆分度圆柱，其螺旋线与端面的夹角即为蜗杆分度圆柱上的蜗杆螺旋线升角 λ，或称为导程角。由图 5-86 可得蜗杆螺旋线的导程为

$$L=z_1p_1=z_1\pi m \tag{5-23}$$

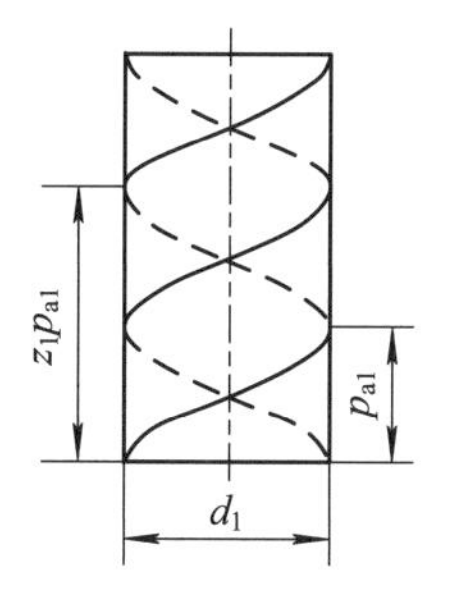

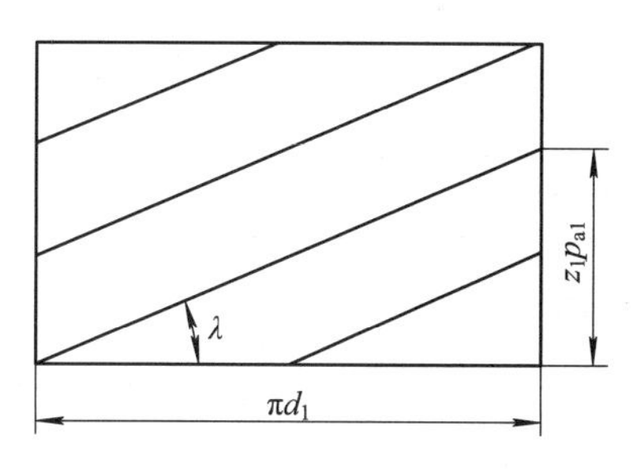

图 5-86　展开蜗杆分度圆柱

笔记

蜗杆分度圆柱上螺旋线升角 λ 与导程的关系为

$$\tan\lambda = \frac{L}{\pi d_1} = \frac{z_1 \pi m}{\pi d_1} = \frac{z_1 m}{d_1} \tag{5-24}$$

通常，蜗杆螺旋线的升角 λ 为 3.5°～27°。当升角小时，传动效率低，但可实现自锁(λ 为 3.5°～4.5°)。当升角大时，传动效率高，但蜗杆加工困难。

6) 蜗杆分度圆直径 d_1 和蜗杆直径系数 q

加工蜗轮时，为了保证蜗杆与配对蜗轮的正确啮合，加工蜗轮的滚刀尺寸应与相啮合蜗杆的尺寸基本相同。由式(5-24)得

$$d_1 = m\frac{z_1}{\tan\lambda} \tag{5-25}$$

可见，蜗杆的分度圆直径 d_1 不仅与模数 m 有关，还与 z_1 和 λ 有关。为使刀具标准化，同一模数的蜗杆的蜗杆分度圆直径 d_1 必须采用标准值。d_1 与 m 的比值称为蜗杆直径系数 q。即

$$d_1 = qm \tag{5-26}$$

式中，d_1、m 已标准化；q 值可查阅相关标准。

4. 蜗杆几何尺寸计算公式

蜗杆几何尺寸计算公式如表 5-11 所示。

表 5-11　普通圆柱蜗杆传动的几何尺寸计算公式

名　称	计 算 公 式	
	蜗　杆	蜗　轮
齿顶高	$h_{a1} = m$	$h_{a2} = m$
齿根高	$h_{f1} = 1.2m$	$h_{f2} = 1.2m$
分度圆直径	$d_1 = mq$	$d_2 = mz_2$
齿根圆直径	$d_{f1} = m(q - 2.4)$	$d_{f2} = m(z_2 - 2.4)$
齿顶圆直径	$d_{a1} = m(q + 2)$	$d_{a2} = m(z_2 + 2)$
顶隙	$c = 0.2m$	
蜗杆轴向齿距 蜗轮端面齿距	$p_{a1} = p_{t2} = \pi m$	
蜗杆的螺旋线升角	$\lambda = \arctan\frac{z_1}{q}$	
蜗轮的螺旋角		$\beta = \lambda$
中心距	$a = \frac{m}{2}(q + z_2)$	

做一做： 计算蜗杆传动的相关几何尺寸。

笔记

5. 蜗轮回转方向的判定

如图 5-87 所示，右手手心对着自己，四指顺着蜗杆或蜗轮轴线方向摆正，若齿向与右手拇指指向一致，则该蜗杆或蜗轮为右旋，反之为左旋。

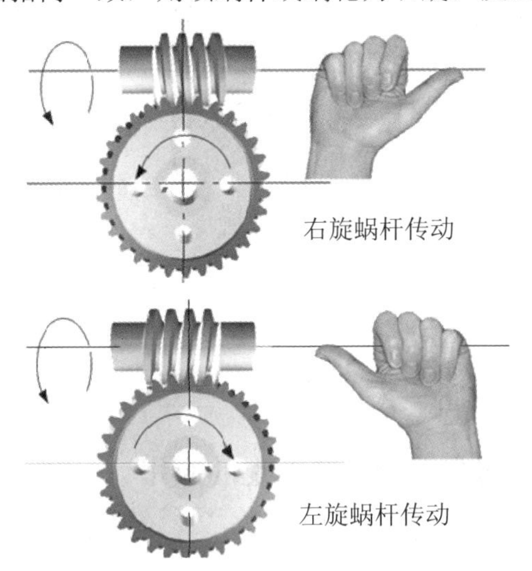

图 5-87　蜗轮回转方向的判定

6. 蜗杆传动的正确啮合条件

蜗杆传动的正确啮合条件如下：

(1) 在中间平面内，蜗杆的轴面模数 m_{x1} 和蜗轮的端面模数 m_{t2} 相等，即 $m_{x1}=m_{t2}$。

(2) 在中间平面内，蜗杆的轴面齿形角 α_{x1} 和蜗轮的端面齿形角 α_{t2} 相等，即 $\alpha_{x1}=\alpha_{t2}$。

(3) 蜗杆分度圆导程角 γ_1 和蜗轮分度圆柱面螺旋角 β_2 相等，且旋向一致，即 $\gamma_1=\beta_2$。

任务实施

一、蜗杆与蜗轮的结构

如图 5-88 所示，蜗杆通常与轴合为一体。蜗轮常采用组合结构，如图 5-89 所示。考虑到所设计的蜗杆传动是动力传动，属于通用机械减速器，从 GB/T10089—2018 圆柱蜗杆、蜗杆精度中选择 8 级精度，侧隙种类为 f，便可以从机械设计手册中查得要求的公差项目及表面粗糙度。

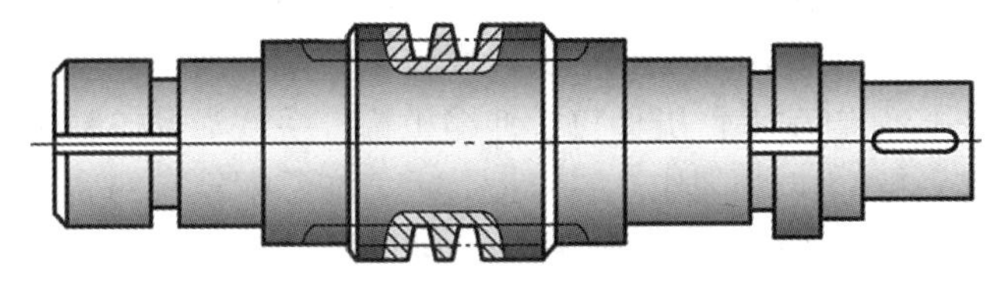

图 5-88　蜗杆结构

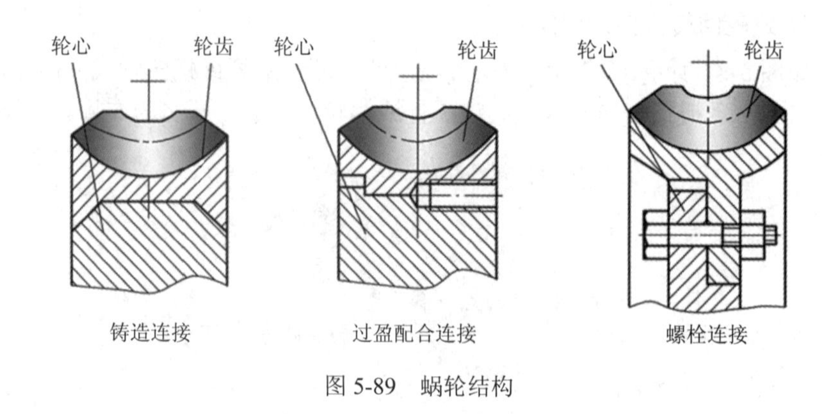

铸造连接　　过盈配合连接　　螺栓连接

图 5-89　蜗轮结构

做一做：绘制蜗轮和蜗杆的工作结构图，填写技术要求，检查并签名。

二、齿轮齿条传动在工业机器人上的应用

1. 在机械手上的应用

图 5-90 所示为齿轮齿条直接传动的齿轮杠杆式手部的结构。驱动杆 2 末端制成双面齿条与扇齿轮 4 相啮合，扇齿轮 4 与手指 5 固连在一起，可绕支点回转。驱动力推动齿条作直线往复运动，带动扇齿轮回转，从而使手指松开或闭合。

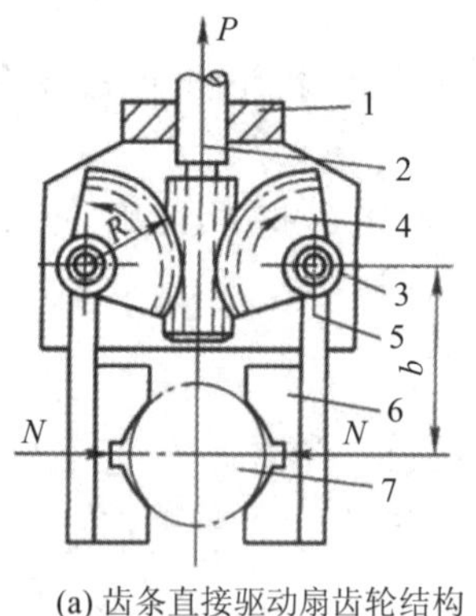

(a) 齿条直接驱动扇齿轮结构

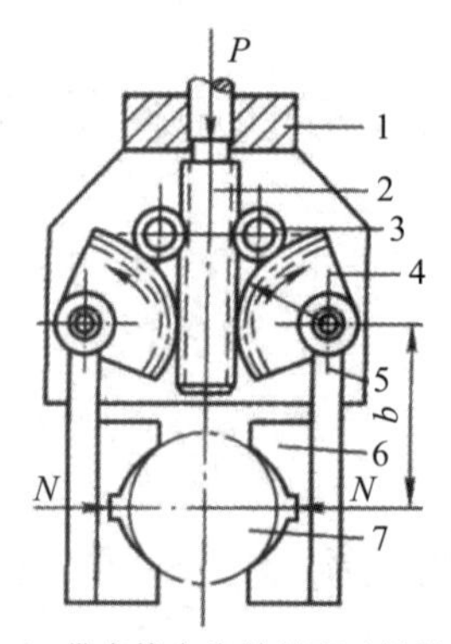

(b) 带有换向齿轮的驱动结构

1—壳体；
2—驱动杆；
3—中间齿轮；
4—扇齿轮；
5—手指；
6—V形指；
7—工件

图 5-90　齿轮齿条直接传动的齿轮杠杆式手部

2. 在机械手臂上的应用

成套电动手臂机构的工作原理及结构如图 5-91 所示，用于操作机手臂的轴向位移，该机构主要用于工业机器人操作机。

GT—D2 成套电动手臂机构包含伸缩机构。手臂沿导向键装在机构的转台上，并用双头螺栓和螺母固定在其上。手臂在装配结构的壳体的内腔沿着棱柱形滚动导轨做纵向(垂直纸面)移动，手臂沿纵向移动是伸缩机构的主要特征。

笔记

在手臂的壳体边上固接有齿条，齿条与剖分式小齿轮啮合，由于该小齿轮做成剖分式的，因此小齿轮的上、下半部分会有相对的角位移；在预紧扭杆的作用下，小齿轮下半部分的角位置相对于其上半部分发生改变，这样便能消除齿条齿轮传动中的间隙。

另外，在花键轴上装有内齿轮，它与固定在直流电动机转子上的小齿轮相啮合。在减速器上盖的内孔中刚性固接着驱动电动机。测速发电机、位置光电编码器通过齿轮传动测试运动速度及位置。

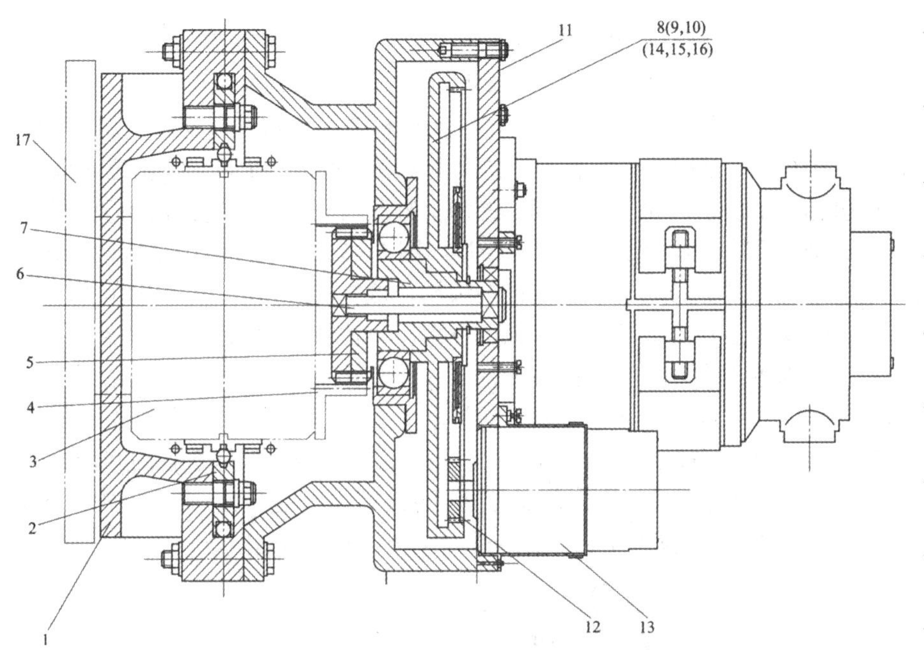

1—壳体；2—滚动导轨；3—手臂；4—齿条；5—剖分式小齿轮；6—扭杆；7—花键轴；8—带内齿圈的轮；9，12，15—小齿轮；10—直流电动机(驱动电动机)；11—上盖；13—测速发电机；14—剖分式齿轮；16—位置光电编码器；17—转台

图 5-91　GT—D2 成套电动手臂机构工作原理及结构

(1) 手臂直线运动机构。机器人手臂的伸缩、横向移动均属于直线运动。实现手臂往复直线运动的机构形式比较多，常用的有液压(气压)缸、齿轮齿条机构、丝杠螺母机构及连杆机构等。其中，液压(气压)缸的体积小、重量轻，因而在机器人的手臂结构中应用较多。

在手臂的伸缩运动中，为了使手臂移动的距离和速度能定值增加，可以采用齿轮齿条传动的增倍机构。图 5-92 所示为采用气压传动的齿轮齿条式增倍机构的手臂结构。当活塞杆 3 左移时，与活塞杆 3 相连接的齿轮 2 也左移，并使运动齿条 1 一起左移。由于齿轮 2 与固定齿条 4 相啮合，齿轮 2 在移动的同时还在固定齿条上滚动，并将此运动传给运动齿条 1，从而使运动齿条 1 又向左移动。因为手臂固连在齿条 1 上，所以手臂的行程和速度均为活塞杆 3 的两倍。

笔记

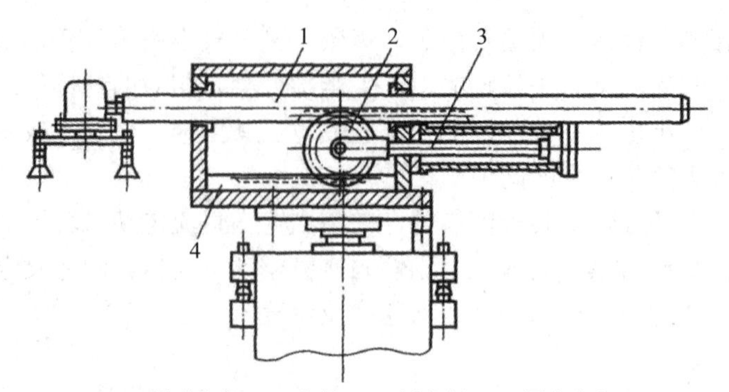

1—运动齿条；2—齿轮；3—活塞杆；4—固定齿条

图 5-92　齿轮齿条式增倍机构的手臂结构

(2) 手臂升降和回转运动的结构。实现机器人手臂回转运动的机构形式是多种多样的，常用的机构有叶片式回转缸、齿轮传动机构、链轮传动机构、连杆机构。下面以齿轮传动机构中的活塞缸和齿轮齿条机构为例来说明手臂回转运动。手臂升降和回转运动的结构如图 5-93 所示。齿轮齿条机构是通过齿条的往复移动，带动与手臂连接的齿轮作往复回转运动，即实现手臂回转运动。带动齿条往复移动的活塞缸可以由压力油或压缩气体驱动。活塞液压缸两腔分别进压力油，推动齿条活塞 7 作往复移动(见图 5-93 A—A 剖面)，与齿条 7 啮合的齿轮 4 即作往复回转运动。由于齿轮 4、手臂升降缸体 2、连接板 8 均用螺钉连接成一体，连接板又与手臂固连，从而实现手臂的回转运动。升降液压缸的活塞杆通过连接盖 5 与机座 6 连接而固定不动，缸体 2 沿导向套 3 作上下移动，因升降液压缸外部装有导向套，故结构刚性好、传动平稳。

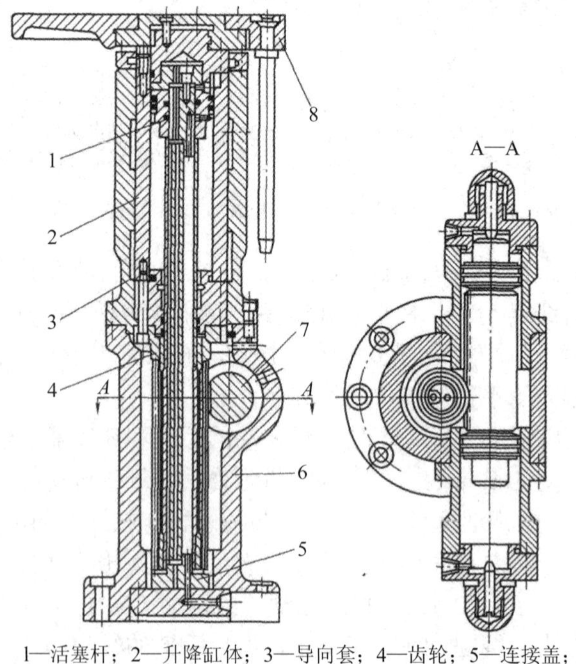

1—活塞杆；2—升降缸体；3—导向套；4—齿轮；5—连接盖；
6—机座；7—齿条；8—连接板

图 5-93　手臂升降和回转运动的结构

笔记

任务扩展

齿轮齿条传动系的安装

一、任务内容

安装齿条、电机组件至水平滑台上，并完成齿轮齿条之间间隙的调整。

二、工序前保证

工序前应保证：水平导轨滑台组件、电机组件(齿轮)均已安装完毕。

三、待安装部件

待安装部件有：齿轮齿条传动系组件。

四、使用工具

使用工具有：内六角扳手、游标卡尺、卷尺。

五、注意事项

注意事项如下：

(1) 安装人员戴手套。

(2) 螺钉紧固的顺序是由中间向两侧。

(3) 齿条与导轨需要保证平行。

齿轮齿条传动系的安装

六、安装步骤

齿轮齿条传动系组件安装的具体操作步骤详见表 5-12。

表 5-12　齿轮齿条传动系的安装

序号	操作步骤	示　意　图
1	首先将 T 型螺母套在齿条的紧固螺钉上，且螺母的方向一字排开，保持一致	
2	将齿条放在底座的固定槽中	

笔记

续表一

序号	操作步骤	示 意 图
3	利用卷尺测出齿条两端距离底座两侧的位置，使齿条尽可能位于底座的中部	
4	使用内六角扳手将齿条预压紧在底座上，此时齿条并未完全固定在底座上，方便后续位置调整	
5	使用游标卡尺测量齿条与同侧导轨之间的距离，保证两端和中间这三个位置的尺寸一致，即可保证齿条与导轨平行	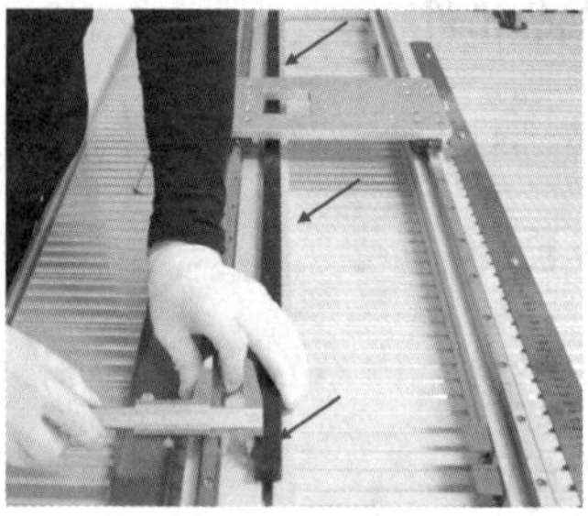
6	按照从中间到两侧放射的顺序，紧固齿条的螺钉	
7	在底板上安装固定两个定位块	
8	先松开定位块上的顶丝，便于后续电机组件(齿轮)的安装操作	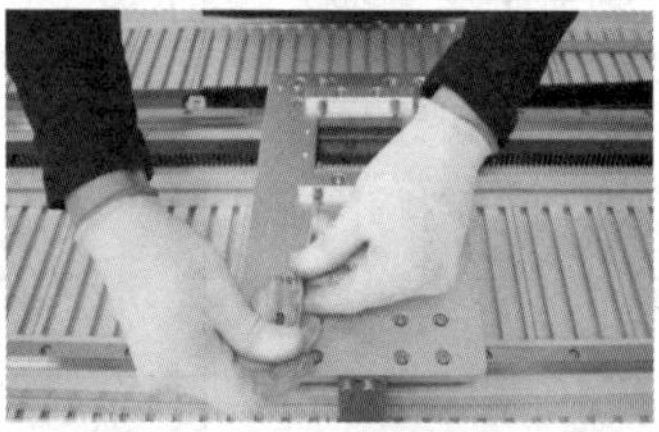
9	安装电机组件，注意在放入过程中，使轮与齿条处于正常啮合状态	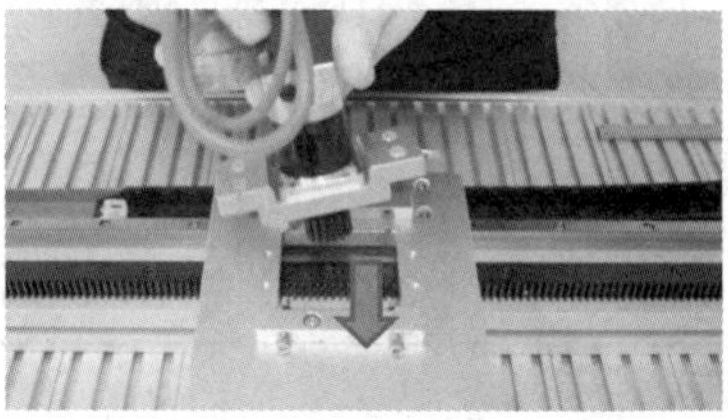

笔记

续表二

序号	操作步骤	示意图
10	使用紧固螺钉对电机组件进行预压紧	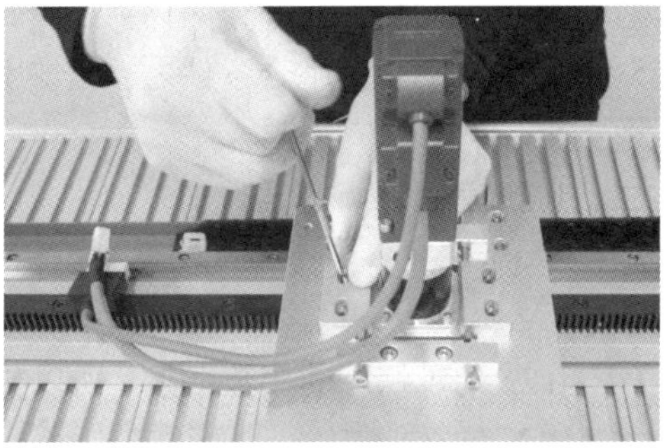
11	先松开顶丝的锁定螺母，通过调整两侧顶丝旋入的长短即可改变齿轮与齿条的啮合程度	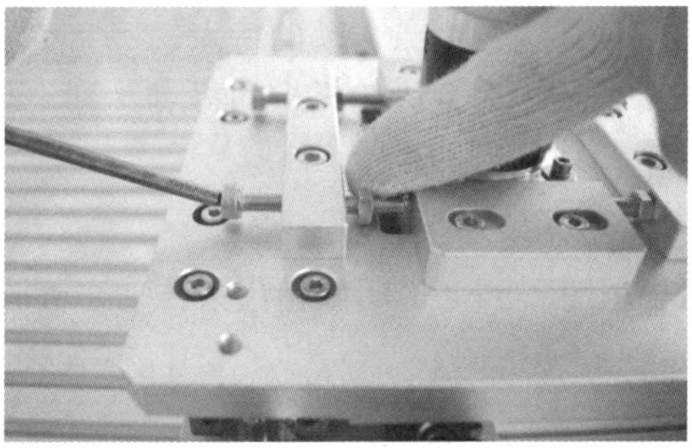
12	顶丝间隙调整过程中，可用手拖动底板在导轨上滑动，然后观察齿轮、齿条的啮合位置，使其保持在齿面的中部 若啮合位置靠近齿面顶端，则需要减小间隙，反之同理	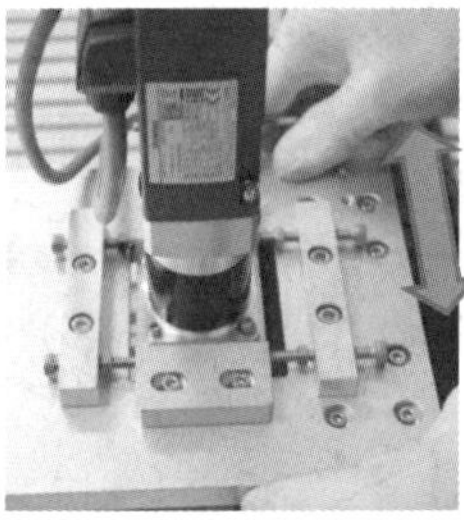 
13	电机组件位置调整后需要紧固顶丝的锁定螺母，以防发生偏移 最后压紧电机的固定螺母，齿轮齿条传动系安装完毕	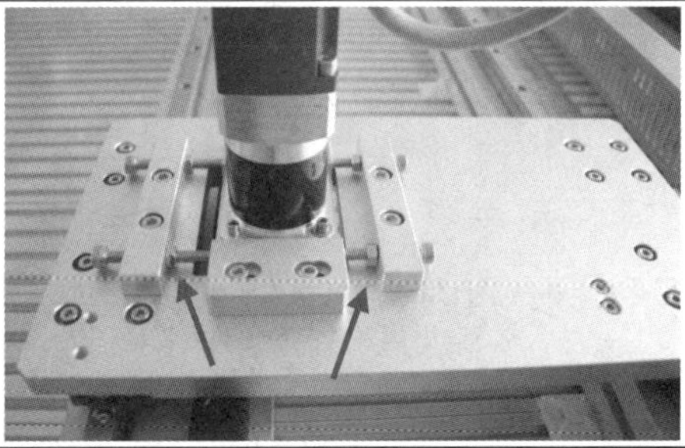

任务巩固

一、填空题

1. 在齿轮齿条传动中，齿条作______运动，齿轮传______运动。
2. 蜗杆传动由蜗杆和蜗轮组成，常用于传递空间______轴间的______和

笔记

动力。

3. 蜗杆传动的传动效率______，摩擦磨损较______。

4. 蜗杆通常与______合为一体。蜗轮常采用______结构。

5. 蜗杆传动的正确啮合条件之一是在中间平面内，蜗杆的______和蜗轮的______相等。

二、判断题

(　　) 1. 从理论上来说，齿条是由齿轮演化而来的，故齿条只能一边有齿。

(　　) 2. 由于蜗杆的头数很小，所以传动比可以很大。

三、简答题

1. 简述齿轮齿条传动的特点。

2. 简述不完全齿轮机构的特点。

3. 简述蜗杆的种类。

四、应用题

根据图 5-94，说明齿轮齿条传动在机械手上应用的工作原理。

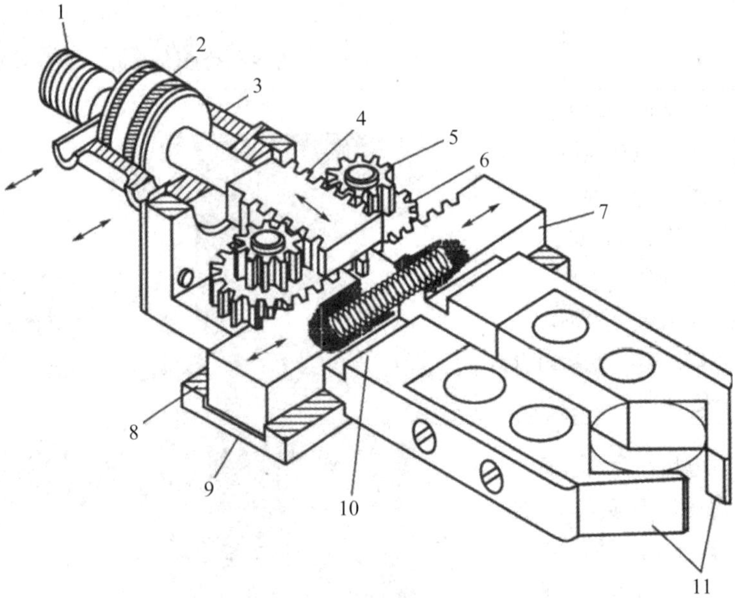

1—螺杆(用于与机器人手臂相连接)；2—活塞；3—气缸；4—双面齿条；
5—小齿轮A；6—小齿轮B；7—滑动齿条A；8—滑动齿条B；
9—手爪体；10—压缩弹簧；11—可换夹爪

图 5-94　手爪平行开闭的机械手

五、双创训练题

1. 上网查询齿轮齿条传动在工业机器人上的应用，并尝试进行项目团队运营实施。

2. 上网查询蜗轮蜗杆传动在工业机器人上的应用，组成团队，尝试商业虚拟管理。

笔记

任务四　工业机器用减速装置

工作任务

减速器是工业机器人上的重要部件，谐波减速器是应用于机器人领域的两种主要减速器之一。在关节型机器人中，谐波减速器通常放置在小臂、腕部或手部，如图 5-95 所示。谐波减速器的外观如图 5-96 所示。谐波传动减速器是一种靠波发生器装配上柔性轴承使柔性齿轮产生可控弹性变形，并与刚性齿轮相啮合来传递运动和动力的齿轮传动。谐波齿轮传动减速器是利用行星齿轮传动原理发展起来的一种新型减速器。

图 5-95　谐波减速器的应用

谐波减速器的应用

图 5-96　谐波减速器的外观

任务目标

知 识 目 标	能 力 目 标
1. 掌握摆线针轮传动 的特点 2. 掌握谐波齿轮减速器的工作原理 3. 掌握 RV 减速器的传动原理	1. 能看懂行星齿轮传动机构 2. 能看懂谐波传动机构 3. 知道谐波减速器的构成 4. 会对谐波减速器进行消隙 5. 能看懂 RV 减速器结构

任务准备

一、摆线针轮行星传动

1. 概述

摆线针轮行星传动也是一种 K-H-V 型轮系(K 代表中心轮，H 代表系杆，V 代表等角速比输出机构)，属于一齿差行星传动，它的行星轮齿是“摆线齿”，而内齿的齿轮是“针齿”。

1) 摆线针轮传动的优点

摆线针轮行星传动与少齿差渐开线行星传动一样，具有结构紧凑，体积

笔记

小，重量轻等优点，此外，它还具有如下优点：

(1) 转臂轴承载荷只有渐开线齿形的60%左右，即寿命提高5倍左右。因为转臂轴承是一齿差行星传动的薄弱环节，所以这是一个很重要的优点。

(2) 摆线轮和针轮之间几乎有半数齿同时接触(指在制造精度高的情况下)，而且摆线齿与针齿都可以磨削，所以传动平稳，而且噪声小。

(3) 针齿销可以加套筒，使之与摆线轮的接触成为滚动摩擦，延长了摆线轮这一重要部件的寿命。

(4) 传动效率高，一级传动可以达到90%～95%，而渐开线一齿差行星传动的效率只能达到85%～90%。

2) 摆线针轮传动的缺点

(1) 制造精度要求比较高，否则达不到多齿接触。

(2) 摆线齿的磨削需要有专用机床。

图5-97所示为摆线针轮的示意图，图中1为摆线轮、2是针轮，是固定的内齿轮。它由带有销轴套的销轴组成，构成了一个齿轮，所以也称为针齿轮。

行星轮就是摆线轮 1，它的齿廓曲线是变形外摆线的等距曲线。它的输出机构V是采用偏心轮销孔机构。系杆H是有一个偏心量e的偏心轴，它是主动件，行星轮1是从动件。

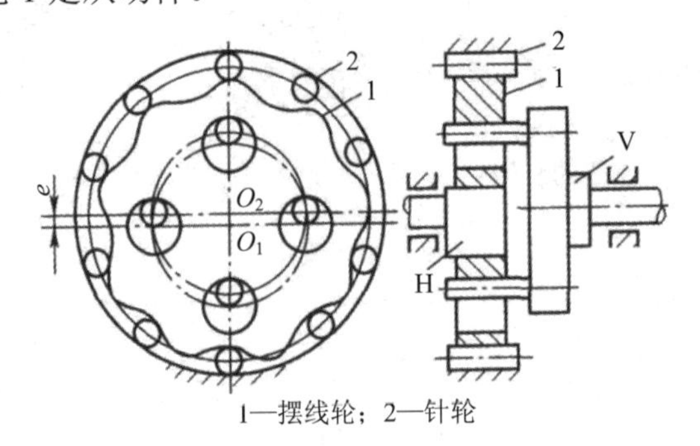

1—摆线轮；2—针轮

图5-97 摆线针轮传动

行星轮的变形外摆线等距曲线齿廓与固定针齿轮的圆弧齿廓是一对共轭齿廓，构成了瞬时传动比为定值的内齿啮合。根据啮合条件，针齿轮的齿数(就是圆柱销的个数)Z_2与行星轮的齿数Z_1只能相差一个齿，即$Z_2 - Z_1 = 1$，所以摆线行星传动也是一齿差行星传动，传动比为

$$i_{H1} = \frac{\omega_H}{\omega_1} = \frac{-Z_1}{Z_2 - Z_1} = -Z_1 \tag{5-27}$$

因此，可以得到很大的传动比。

图5-98所示为一个摆线针轮传动的装配图。图中的输入轴就是一个具有偏心e的偏心轴，这个偏心就相当于转臂H，它带动着摆线轮旋转，而这个摆线轮作为外齿，与内齿相啮合，这个内齿环就是由针齿销(外带针齿套)所组成的一个内齿。这些针齿销固定在外圈上。在摆线轮的上面有好几个销轴孔，这些销轴孔中插入输出盘的销轴(外带有销轴套)，由摆线轮的旋转引起销轴联动，带动输出盘旋转，而输出盘又带动输出轴旋转。

笔记

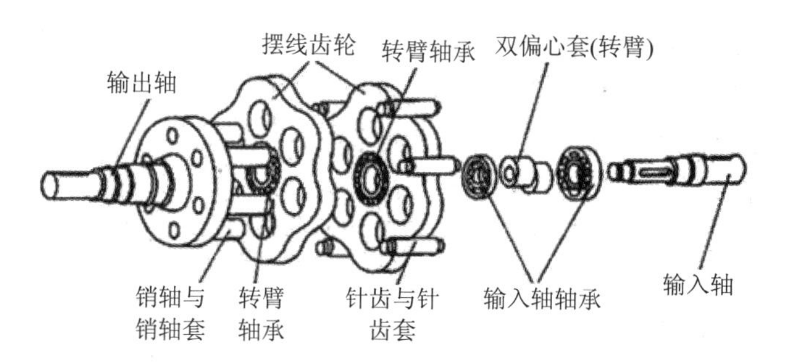

图 5-98　摆线针轮传动装配图

2. 行星齿轮传动机构

图 5-99 所示为行星齿轮传动的结构简图。行星齿轮传动尺寸小，惯量低；一级传动比大，结构紧凑；载荷分布在若干个行星齿轮上，内齿轮也具有较高的承载能力。

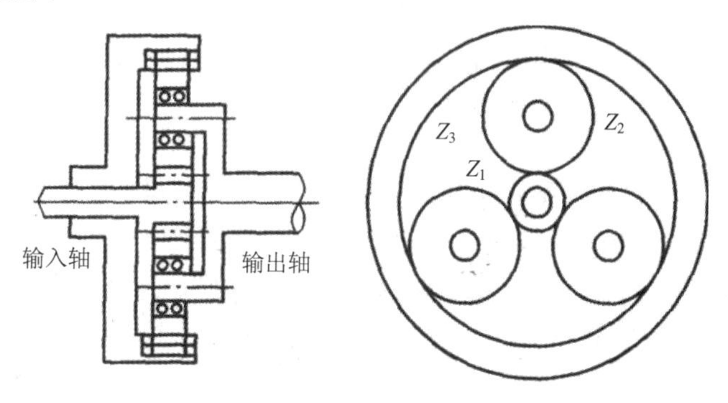

图 5-99　行星齿轮传动

3. 行星齿轮减速器的整体结构分析

图 5-100 是一个行星齿轮减速器的整体结构。

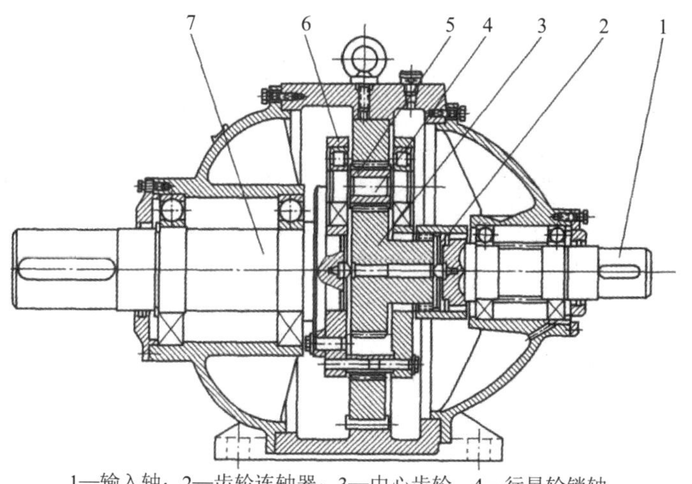

1—输入轴；2—齿轮连轴器；3—中心齿轮；4—行星轮销轴；
5—行星齿轮；6—双臂整体式行星架；7—输出轴

图 5-100　太阳轮浮动的 NGW 型单级行星减速器 $\left(i_{AX}^{B}=2.8\sim4.5\right)$

行星齿轮传动

笔记

齿轮连轴器在行星齿轮传动中广泛使用，是为了保证浮动件在受力不平衡时产生位移，以使各个行星轮的载荷分布均匀。中心齿轮是输入轴的齿轮，输入轴旋转经齿轮连轴器把旋转传递过来，中心轮旋转，带动行星轮旋转。行星齿轮的齿宽与直径之比为 ϕ_a=0.5～0.7，行星轮内孔配合直径应加工方便，切齿简单，这样制造精度才可以保证，行星轮内最好不要有台肩之类的结构。

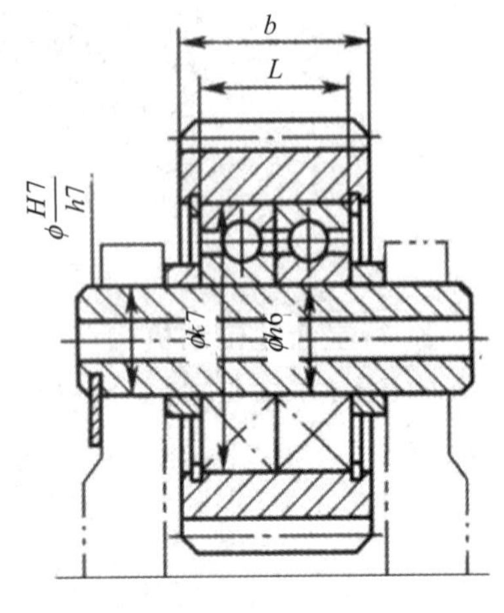

图 5-101　行星轮安装

行星轮安装(见图 5-101)：为了使结构紧凑简单，便于安装，轴承安装到行星轮中去，弹簧挡圈安装在轴承外侧。由于两个轴承距离很近，如果两个轴承的原始径向间隙不同，会引起轴承的较大的倾斜，从而使齿轮载荷集中。当载荷较大时，采用滚柱轴承较为合适。本例中采用的就是滚柱轴承。

行星架是为了把几个行星轮固定成一个整体。行星架(见图 5-102)可以采用整体结构(可以铸造，焊接制造)，也可以采用可拆式结构(叫作双壁分开式)。这种行星架的主要特点是受载后变形较小，刚性好。这样有利于行星轮上载荷沿齿宽方向均匀分布，减小振动和噪声，保证了刚度，通常取壁厚 $S=(0.16\sim0.28)a$。当传动的扭矩较大时，可选用铸钢材料，如 ZG45、ZG55 等。传动的扭矩较小时，可采用铸铁，如 HT20-40、QT60-2 等。铸造后均需热处理，消除内应力。

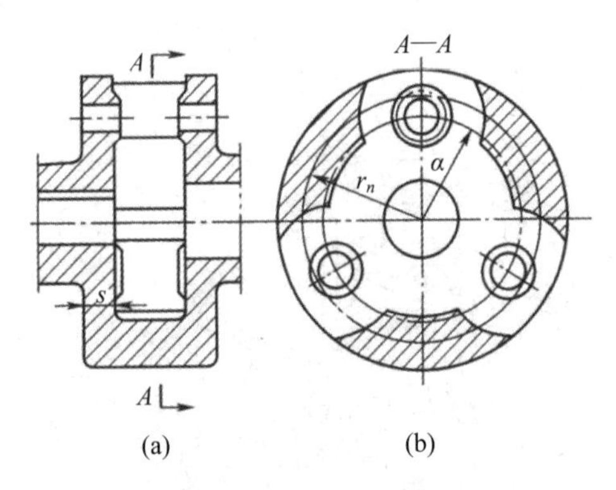

图 5-102　行星架结构

二、谐波传动机构

1. 谐波传动机构概述

如图 5-103 所示，谐波传动机构由谐波发生器、柔轮和刚轮三个基本部分组成。

笔记

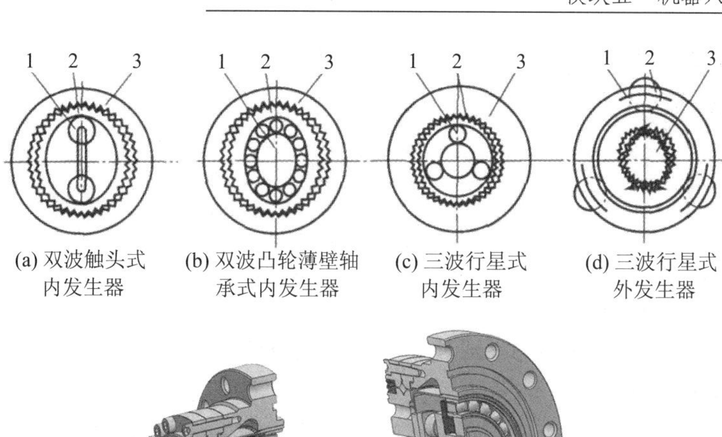

(a) 双波触头式内发生器　(b) 双波凸轮薄壁轴承式内发生器　(c) 三波行星式内发生器　(d) 三波行星式外发生器

(e) 三维图

1—谐波发生器；2—柔轮；3—刚轮

图 5-103　谐波传动机构的组成和类型

1) 谐波发生器

谐波发生器是在椭圆形凸轮的外周嵌入薄壁轴承制成的部件。轴承内圈固定在凸轮上，外圈靠钢球发生弹性变形，一般与输入轴相连。

2) 柔轮

柔轮是杯状薄壁金属弹性体，杯口外圆切有齿，底部称柔轮底，用来与输出轴相连。

3) 刚轮

刚轮内圆有很多齿，齿数比柔轮多两个，一般固定在壳体。谐波发生器通常采用凸轮或偏心安装的轴承构成。刚轮为刚性齿轮，柔轮为能产生弹性变形的齿轮。当谐波发生器连续旋转时，产生的机械力使柔轮变形的过程形成了一条基本对称的和谐曲线。发生器波数表示发生器转一周时，柔轮某一点变形的循环次数。其工作原理是：当谐波发生器在柔轮内旋转时，迫使柔轮发生变形，同时进入或退出刚轮的齿间。在发生器的短轴方向，刚轮与柔轮的齿间处于啮入或啮出的过程，伴随着发生器的连续转动，齿间的啮合状态依次发生变化，即“啮入→啮合→啮出→脱开→啮入”的变化过程。这种错齿运动把输入运动变为输出的减速运动。

谐波传动速比的计算与行星传动速比计算一样。如果刚轮固定，谐波发生器 ω_1 为输入，柔轮 ω_2 为输出，则速比为

$$i_{12}=\frac{\omega_1}{\omega_2}=-\frac{Z_r}{Z_g-Z_r} \tag{5-28}$$

笔记

如果柔轮静止，谐波发生器输入轴的角速度为 ω_1，刚轮输出轴的角速度为 ω_3，则速比为

$$i_{13}=\frac{\omega_1}{\omega_3}=-\frac{Z_g}{Z_g-Z_r} \tag{5-29}$$

式中，Z_r 为柔轮齿数；Z_g 为刚轮齿数。

柔轮与刚轮的轮齿周节相等，齿数不等，一般取双波发生器的齿数差为 2，三波发生器齿数差为 3。双波发生器在柔轮变形时所产生的应力小，容易获得较大的传动比。三波发生器在柔轮变形所需要的径向力大，传动时偏心变小，适用于精密分度。通常在齿数差为 2 时，推荐谐波传动最小齿数 $Z_{min}=150$，齿数差为 3 时，$Z_{min}=225$。

谐波传动的特点是结构简单、体积小、重量轻、传动精度高、承载能力大、传动比大，且具有高阻尼特性。但柔轮易疲劳，扭转刚度低，且易产生振动。

此外，也有采用液压静压波发生器和电磁波发生器的谐波传动机构，图 5-104 所示为采用液压静压波发生器的谐波传动示意图。凸轮 1 和柔轮 2 之间不直接接触，在凸轮 1 上的小孔 3 与柔轮内表面有大约 0.1 mm 的间隙。高压油从小孔 3 喷出，使柔轮产生变形波，从而产生减速驱动谐波传动，因为油具有很好的冷却作用，能提高传动速度。此外还有利用电磁波原理波发生器的谐波传动机构。

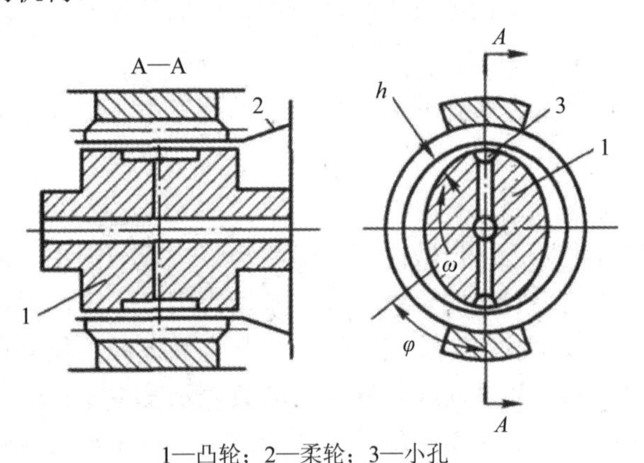

1—凸轮；2—柔轮；3—小孔

图 5-104 液压静压波发生器谐波传动

谐波传动机构在机器人中已得到广泛应用，例如，美国送到月球上的机器人、苏联送上月球的移动式机器人“登月者”、德国大众汽车公司研制的 Rohren、GerotR30 型机器人和法国雷诺公司研制的 Vertical80 型机器人等都采用了谐波传动机构。

2. 谐波齿轮减速器的工作原理

谐波齿轮减速器是利用谐波齿轮传动的原理，与少齿差行星齿轮传动相似。它依靠柔性轮产生的可空变形波引起齿间的相对错齿来传递动力和运动。

图 5-105 所示为双波传动谐波齿轮减速器的原理图，它由波形发生器(3，或系杆和行星架 H)、柔轮 2 和刚轮 1 组成(见图 5-105)。柔轮是一个薄壁外齿轮，刚轮为内齿轮，刚轮与柔轮的齿数差为 2，波形发生器将柔轮撑成椭圆形。当波形发生器为主动件时，柔轮长轴处的 A、B 轮齿刚好与刚性齿轮啮合，而 C、D 处的轮齿脱开啮合，其他区域齿轮处于过渡状态。当波形发生器旋转 1 周时，柔轮相对固定的刚轮逆时针转过 2 齿，这样一来就把波形发生器的快速转动变为柔轮的慢速转动，从而获得非常大的减速比。由于谐波齿轮采用了部分柔性件(柔轮)，传动时有许多齿同时参与啮合传动，因而传递的载荷较大，承载能力大。又因轮齿的相对位移不大，而且主要发生在载荷小的区域，故齿轮啮合时摩擦磨损小。

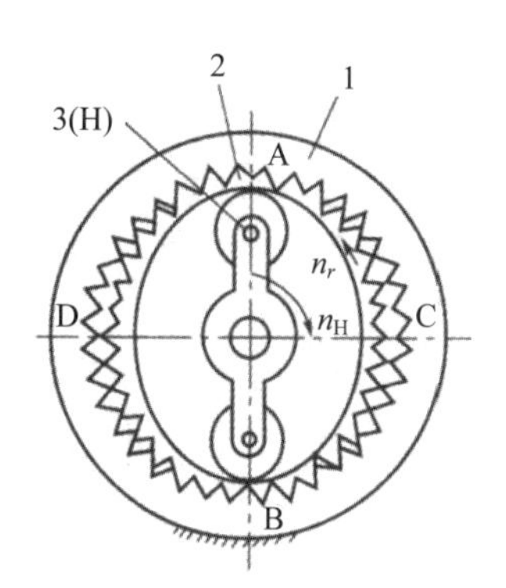

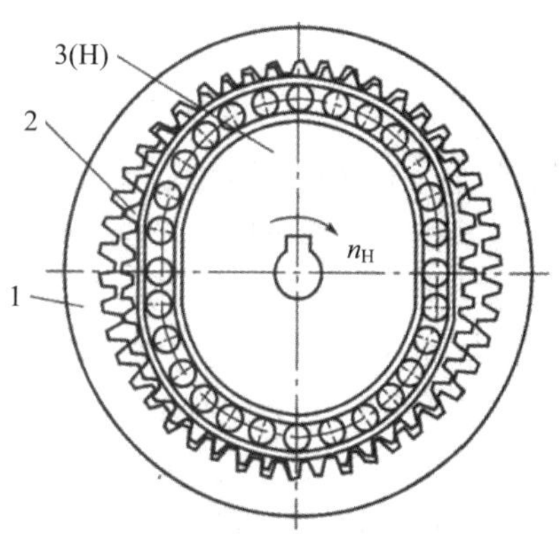

(a) 由一个转臂和几个辊子组成的波形发生器　(b) 由椭圆盘和柔性球轴承组成的波形发生器

1—刚轮；2—柔轮；3—波形发生器

图 5-105　双波传动谐波齿轮减速器的原理图

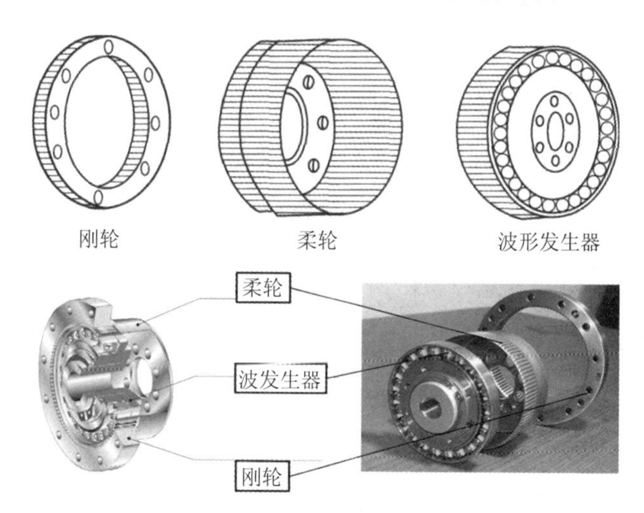

图 5-106　谐波减速器零部件图

参看图 5-107 来分析啮合过程，波发生器装入柔轮内圆之后，使柔轮产生弹性变形。这时长轴已促使柔轮的齿插入到刚轮的齿槽中去。在这个区域最中心处，齿与槽已处在完全啮合状态。而短轴处柔轮的齿已经完全脱开了

笔记

刚轮的齿槽，言外之意就是柔轮齿已从槽中出来，还有一定的间隙。这时对应的柔轮齿的中心线是否与齿槽中心线相对，并不能确定。关键是由于柔轮的弹性变形，使柔轮上的齿向后走，随着短轴的旋转，它向相反方向运动。

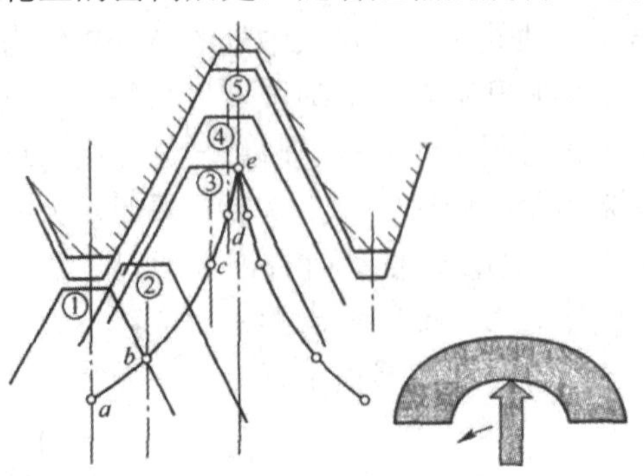

图 5-107　柔轮与刚轮的啮合过程

长轴向下压齿的过程为：长轴是把自己前进方向上的一个柔轮的齿拉过来啮合，压在刚轮的齿槽中。这个过程在图 5-106 中表示①的位置时，柔轮的齿可能处于短轴区域，当波发生器逆时针旋转时，长轴一点一点地把这个柔轮的齿拉过来，即由①的位置到了⑤的位置，直到最后完全啮合(波发生器的滚轮中心正好完全压合为止)，这个过程就是啮入状态。长轴继续逆时针旋转，最后又拉入新的齿，然后新的齿也进入啮入状态，而刚才啮合的齿一点一点地进入短轴区域，直至达到完全脱离状态。“啮入→啮合→啮出→脱开”，不断地各自改变工作状态就是错齿运动。

通过上面的叙述可以看出，这个运动的完成要伴随着柔轮的变形才可能实现。另外通过啮合过程的分析，可以看出波发生器的旋转方向与柔轮的旋转方向是相反的。

3. 谐波减速器的基本构成

谐波减速器就是少齿差行星减速器，但是它又与一般的少齿差行星减速器不同。这也是为什么把它放在少齿差行星减速器之后来介绍。谐波齿轮传动通常由刚性圆柱内齿轮 G、柔性圆柱齿轮 R、波发生器 H 和柔性轴承等零部件所构成。柔性圆柱齿轮和刚性圆柱内齿轮的齿形分为直线三角齿形和渐开线齿形两种，而渐开线齿形应用得较多。在图 5-108 中可以看出谐波减速器的基本组成。

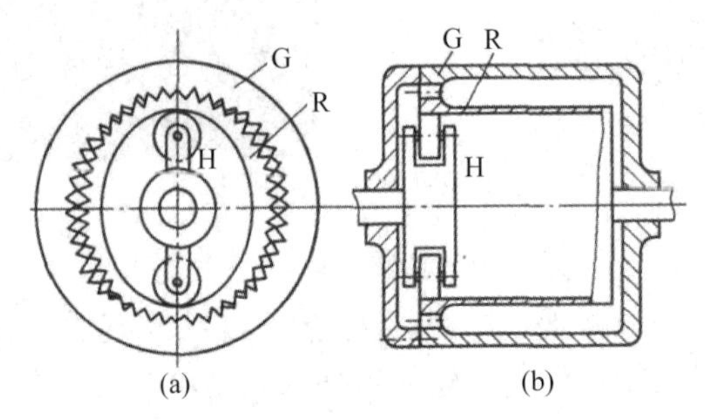

图 5-108　谐波减速器的构成

笔记

柔轮、刚轮与波发生器三者中任何一个均可以固定，其余两个就可以作为主动轮和从动轮。这种结构传动比特别大，而且外形尺寸比较小，传动紧凑，零件数目少，传动的效率也较高，可达到 92%～96%，单级的传动比可达到 50～4000。承载能力也较高，这是由于柔轮与刚轮之间属于面接触，而且同时接触到的齿数也较多，这样一来，相对的滑动速度就比较小，齿面磨损得也均匀。多齿同时啮合的程度决定于波发生器的设计。柔轮和刚轮的齿侧间隙是可调节的，当柔轮的扭转刚度较高时，可实现无侧隙的高精度啮合。谐波齿轮传动可用来由密封空间向外部或由外部向密封空间传递运动。

4. 谐波齿轮减速器减速比的计算

谐波齿轮传动中波形发生器是行星架 H(系杆)，柔轮(R)相当于行星轮，刚轮(G)相当于中心轮。故谐波齿轮减速器的减速比可以按照行星轮系传动比的计算方法计算。有两种基本情况。

一种是刚轮固定，波形发生器输入，柔轮输出，传动比为

$$i_{\mathrm{HG}}=\frac{Z_{\mathrm{R}}}{Z_{\mathrm{R}}-Z_{\mathrm{G}}} \tag{5-30}$$

另一种是柔轮固定，波形发生器输入，刚轮输出，传动比为

$$i_{\mathrm{HG}}=\frac{Z_R}{Z_G-Z_R} \tag{5-31}$$

若传动比计算出现“–”号，表明输入与输出转向相反，出现“+”号则表示相同。

5. 谐波齿轮减速器的选用

谐波齿轮减速器自行设计的较少，多数选择应用现成产品，设计者亦可根据实际情况参考工程设计手册相关章节内容自行设计。谐波齿轮减速器在中国已经有系列化产品生产与提供，并已有国家标准《谐波传动减速器》(GB/T 14118—1993)。

1) 技术条件

谐波齿轮减速器的技术条件如下：

(1) 精密级和普通级的传动误差和空程分别小于 2′ 和 6′ 。

(2) 额定载荷下输出轴的扭转变形角不超过 15′ 。

(3) 传动比为 63～125 时，效率大于 80%～90%；传动比大于 125 时，效率为 70%～80%。

(4) 额定转速和额定载荷下使用寿命为 1×10^4 h。

(5) 噪声不大于 60 dB。

2) 特点

与一般齿轮传动相比，谐波齿轮传动具有以下特点：

笔记

(1) 传动比大。单级谐波齿轮传动比为 50～500，多级和复式传动的传动比更大，可能达到 30 000 以上。

(2) 承载能力大。传递额定输出转矩时，谐波齿轮传动同时接触的齿数可达总对数的 30%～40%以上。

(3) 传动精度高。在同样制造条件下，谐波齿轮传动精度比一般齿轮的传动精度至少高一级。齿侧间隙可调整到最小，以减少传动误差。

(4) 传动平稳。基本上无冲击振动。

(5) 传动效率高。单级传动的效率为 65%～90%。

(6) 结构简单、体积小、重量轻。在传动比和承载力相同的条件下，谐波齿轮减速器比一般齿轮减速器的体积和重量减少 1/3～1/2。

(7) 成本较高。柔性材料性能要求较高，制造困难，精度高，因而成本比一般齿轮传动要高。

6. 谐波减速器的典型结构

图 5-109 所示为谐波齿轮减速器。

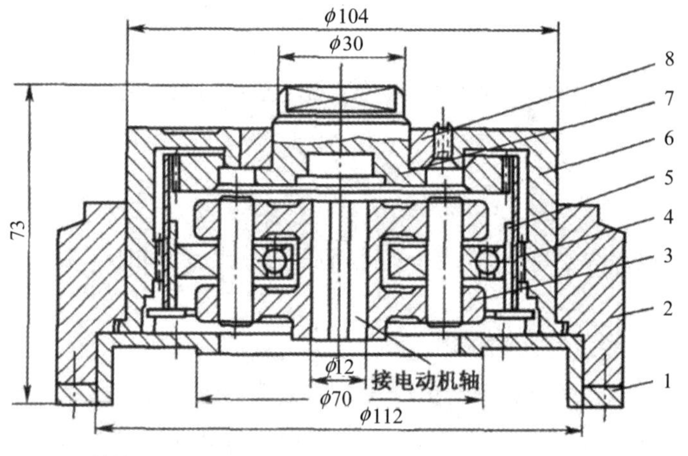

1—端盖；2—壳体；3—双滚轮式波发生器；4—柔轮(Z_R=290)；5—抗弯环；6—刚轮；7—输出轴(Z_c=292)；8—轴衬

图 5-109　谐波齿轮减速器

这是一个小的双波单级谐波齿轮减速器。减速比为 $i = 290/(292 - 290) = 145$，输入电动机为 4 极交流异步电动机，转速约为 1450 r/min，那么输出转速为 10 r/min。输入电动机的功率为 1 kW，输入扭矩约为 6.5 N·m，即 6.86 N·m，而输出扭矩为 0.7 × 145 = 9.8 Nm。这是双波传动，是由两个滚珠轴承制成的滚轮。在滚轮与柔轮之间有一个抗弯环，柔轮是筒形花键连接，柔轮的内齿部分与输出轮外齿相啮合，然后这个输出轮与输出轴连在一起，由输出轴输出扭矩。输出轴上没有轴承，这主要是因为转速很慢，不必要安装，在结构上也很难有地方安装这个轴承。常用的安装方式如图 5-110、图 5-111 所示。

笔记

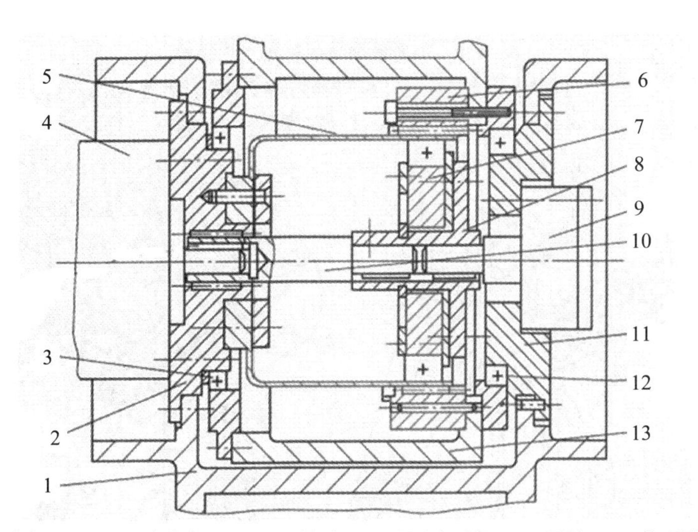

1—臂座；2、11—法兰盘；3、12—轴承；4—驱动电动机；5—柔轮；6—从动刚轮；7—波发生器；8—套筒；9—电磁制动器；10—驱动轴；13—手臂壳体

图 5-110　带谐波减速器的机器人手臂关节结构

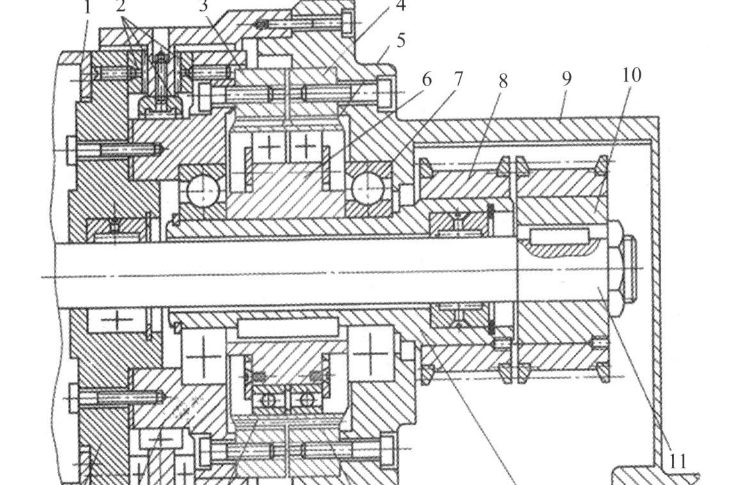

1—手腕；2—滚针轴承；3、4—刚轮；5—柔轮；6—波发生器；7—轴承；8、10—带轮；9—手臂壳体；11—传动轴；12—空心轴；13、14—柔轮工作段；15、17—法兰；16—壳体

图 5-111　带复波式谐波减速装置的传动结构

7. 谐波减速器的消隙

1) 对称传动消隙

一个传动系统设置两个对称的分支传动，并且其中必有一个是具有“回弹”能力的。图 5-112 所示为双谐波传动消隙方法。电动机置于关节中间，电动机双向输出轴传动完全相同的两个谐波减速器，驱动一个手臂的运动。谐波传动中的柔轮弹性很好。

笔记

2) 偏心机构消隙

图 5-113 所示的偏心机构实际上是中心距调整机构。特别是齿轮磨损等原因造成传动间隙增加时，最简单的方法是调整中心距，这是在 PUMA 机器人腰转关节上应用的又一实例。图中 OO' 中心距是固定的；一对齿轮中的一个齿轮装在 O' 轴上，另一个齿轮装在 A 轴上；A 轴的轴承偏心地装在可调的支架 1 上。应用调整螺钉转动支架 1 时，就可以改变一对齿轮啮合的中心距 AO' 的大小，达到消除间隙的目的。

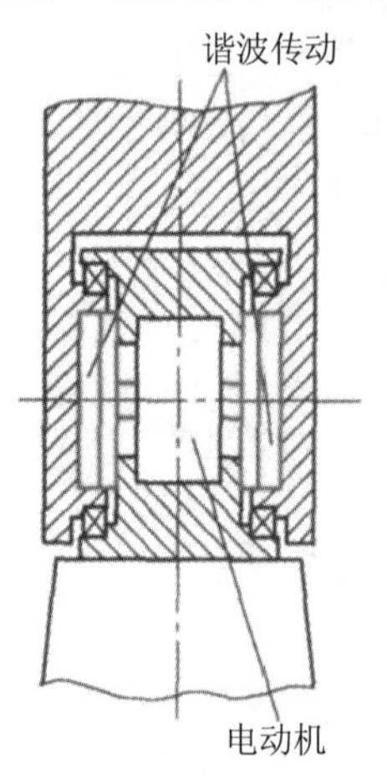

图 5-112 双谐波传动消隙方法

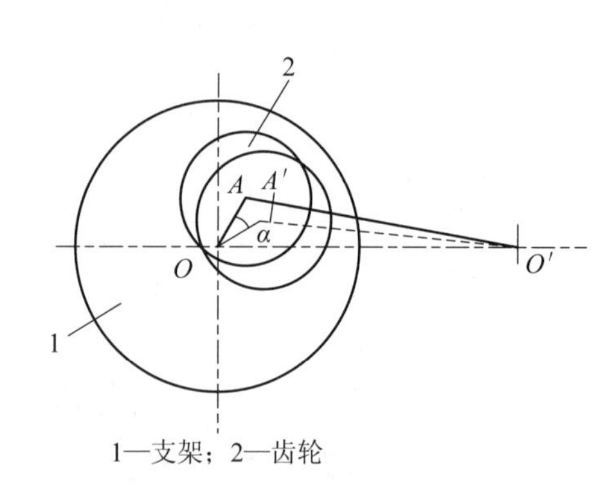

图 5-113 偏心消隙机构

做一做：组建创新团队，对您所在学校或单位的工业机器人减速器进行间隙调整。

三、RV 减速器

1. 概述

现在机器人中大量使用 RV(Rotary Vector)减速器。RV 减速器是 1986 年日本帝人公司首先研制成功，并获得日本专利的一种减速器，RV 就是旋转矢量的意思。RV 减速器是渐开线行星传动机构和摆线针轮传动机构相结合的一种行星传动机构，其特点是结构紧凑，速比大且刚性大，所以应用范围非常广泛。RV 减速器是在摆线针轮传动的基础上发展起来的一种新型的传动装置。它具有体积小、重量轻、传动比范围大、传动效率高等优点。它比摆线针轮传动体积更小，且具有较大的过载能力，在机器人的传动机构中，它已在很大程度上逐渐取代了单纯摆线针轮传动和谐波齿轮传动。RV 减速器的基本特点可概括如下：

(1) 传动比大。通过改变第一级减速装置中齿轮的齿数 Z_1 和 Z_2，就可以方便地获得范围较大的传动比，其常用的传动比范围 $i = 157 \sim 192$。

(2) 结构紧凑。传动机构置于行星架的两个支承主轴承的内侧，可使传动的轴向尺寸大大缩小。

(3) 使用寿命长。采用两级减速机构，低速级的针摆传动公转速度减小，传

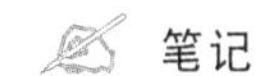
笔记

动更加平稳，转臂轴承个数增多，且内外环相对转速下降，可提高其使用寿命。

(4) 刚性大，抗冲击性能好。输出机构采用两端支承结构，比一般摆线减速机的输出机构(悬臂梁结构)刚性大，抗冲击性能高。

(5) 传动效率高。因为除了针轮齿销支承部件外，其余部件均为滚动轴承进行支承，所以传动效率很高。

(6) 只要设计中考虑周到，就可以获得很高的传动精度。

2. RV 减速器结构

以用在 120 kg 点焊机器人上的 RV-6A Ⅱ减速器为例进行介绍。它的额定输入转速为 1500 r/min，负载为 58 Nm。它主要包括渐开线中心轮、曲柄轴、RV 齿轮(摆线轮)、针轮、刚性盘及输出轴等零部件。零部件的介绍如图 5-114 所示。其零件如图 5-115 所示。

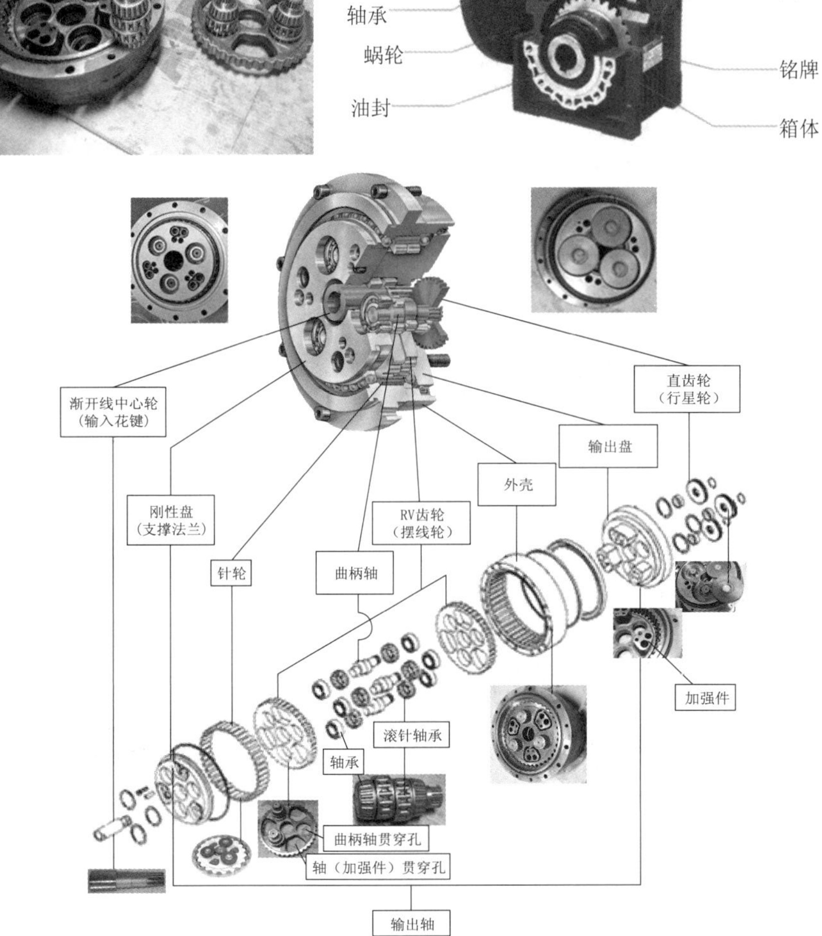

图 5-114　RV 减速器结构

笔记

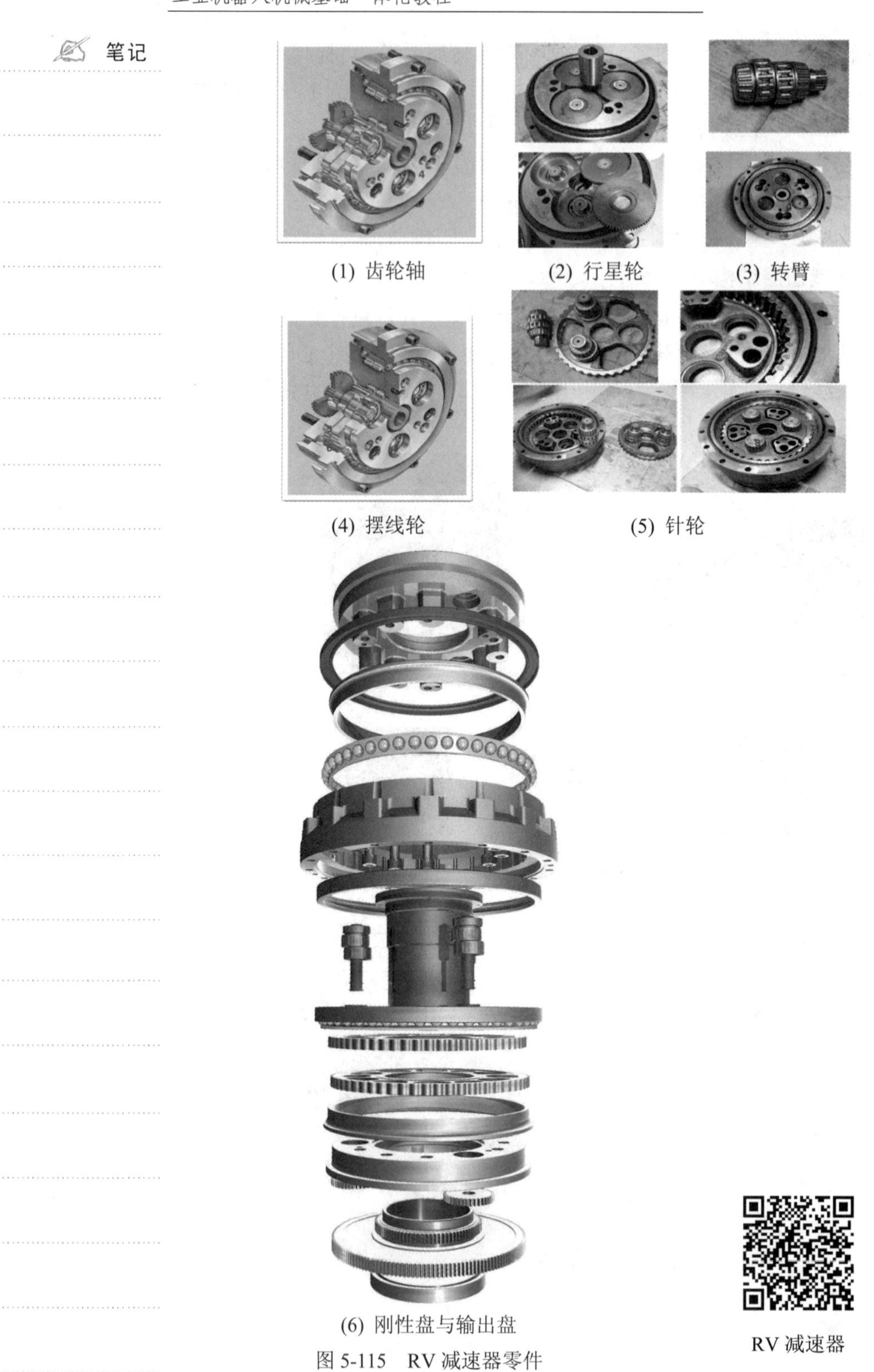

(1) 齿轮轴　(2) 行星轮　(3) 转臂

(4) 摆线轮　(5) 针轮

(6) 刚性盘与输出盘

图 5-115　RV 减速器零件

RV 减速器

(1) 齿轮轴：齿轮轴是一根输入轴，它的一端与电动机相接，另一端带一个齿轮，就是一个中心轮(负责输入功率)。它所带的齿轮与所啮合的齿轮是渐开线行星轮。

(2) 行星轮：它与转臂(曲柄轴)固联，两个行星轮均匀地分布在一个圆周上，起到功率分流作用，即将输入功率分成两路传递给摆线针轮行星机构。

(3) 转臂(曲柄轴)H：转臂是摆线轮的旋转轴。它的一端与行星轮相连接，另一端与支承圆盘相连。它可以带动摆线轮产生公转，而且又支承着摆线轮产生自转。

(4) 摆线轮(RV 齿轮)：为了实现径向力的平衡，在该传动机构中，一般采用两个完全相同的摆线轮，摆线轮分别安装在曲柄轴上，且两摆线轮的偏心位置相互成 180° 对称。

(5) 针轮：针轮与机架固定在一起成为一个针轮壳体，在针轮上安装有 30 个齿。

(6) 刚性盘与输出盘：输出盘是 RV 传动机构与外界从动工作机相互连接的构件，输出盘与刚性盘相互连接成为一个整体而输出运动或动力。刚性盘上均匀分布着两个转臂的轴承孔，而转臂的输出端借助于轴承安装在这个刚性盘上。

3. 传动原理

如图 5-116 所示，RV 传动机构是由渐开线圆柱齿轮的行星减速机构与摆线针轮行星减速机构两部分构成的。渐开线行星齿轮与曲柄轴连成一体，作为摆线针轮的传动部分的输入。如果渐开线中心齿轮顺时针方向旋转，那么渐开线行星齿轮在公转的同时还要逆时针方向自转，并通过曲柄带动着摆线轮作偏心运动。此时摆线轮在其轴线公转的同时还将在齿针的作用下反向自转，即产生顺时针转动。同时，通过曲柄轴将摆线轮的转动等速度地传给输出机构。RV 减速器的型号含义见图 5-117。

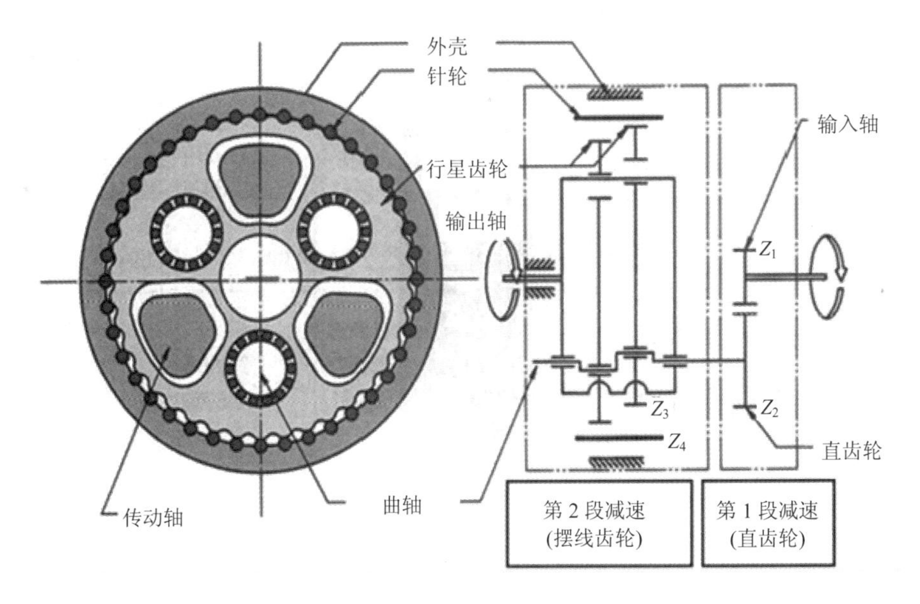

图 5-116　RV 传动简图

笔记

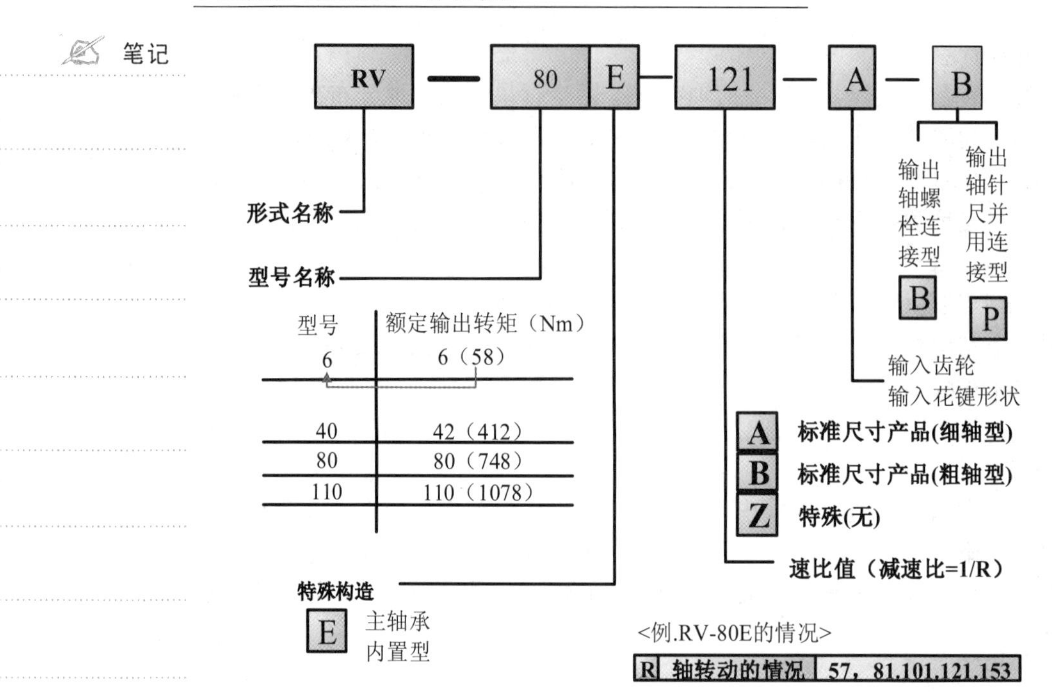

图 5-117　RV 减速器的型号含义

看一看：您学校或单位工业机器人所用的减速器是哪几种？

任务实施

现场教学

带领学生到工厂的工业机器人旁边进行介绍，但应注意安全。

一、Movemaster EX RV_M1 的驱动传动

图 5-118 所示为机器人 Movemaster EX RV-M1 的驱动传动简图。该机器人采用电动方式驱动，有 5 个自由度，分别为腰部转动、肩部旋转、肘部伸展、腕部俯仰和腕部转动。各关节均由直流伺服电机驱动，其中，腰部旋转部分与腕关节的翻转为直接驱动。为了减小惯性矩，肩关节、肘关节和腕关节的俯仰都采用同步带传动。实验室常用的末端操作器(在零件装配时有开闭动作)采用直流电机驱动，具体如下。

1. 腰部(J1 轴)转动

(1) 腰部(J1 轴)由基座内的电机和调谐齿轮驱动。

(2) J1 轴限位开关装在基座顶部。

2. 肩部(J2 轴)旋转

(1) 肩部(J2 轴)由肩关节处的调谐齿轮驱动，由连接在 J2 轴电机上同步带带动旋转。

(2) 电磁制动闸装在调谐齿轮的输入轴上。这是为了防止断电时，肩部由于自重而下转。

笔记

(3) J2 轴限位开关装在肩壳内上臂处。

3. 肘部(J3 轴)伸展

(1) J3 轴电机的转动由同步带传送至调谐齿轮。

(2) 调谐齿轮上 J3 轴输出轴的转动由 J3 轴的驱动连杆传送至肘部的轴上，从而带动前臂伸展。

(3) 电磁制动闸装在调谐齿轮的输入轴上。

(4) J3 轴限位开关安装在肩壳内上臂处。

4. 腕部(J4 轴)俯仰

(1) J4 轴的电动机安装在前臂内。J4 轴同步带将该电机的转动传送到调谐齿轮上，从而带动腕壳旋转。

(2) J4 轴的限位开关安装在前臂下侧。

5. 腕部(J5 轴)转动

(1) J5 轴电动机和 J5 轴调谐齿轮安装在腕壳内的同一轴上，由它们带动手爪安装法兰旋转。

(2) J5 轴的限位开关安装在前臂下。

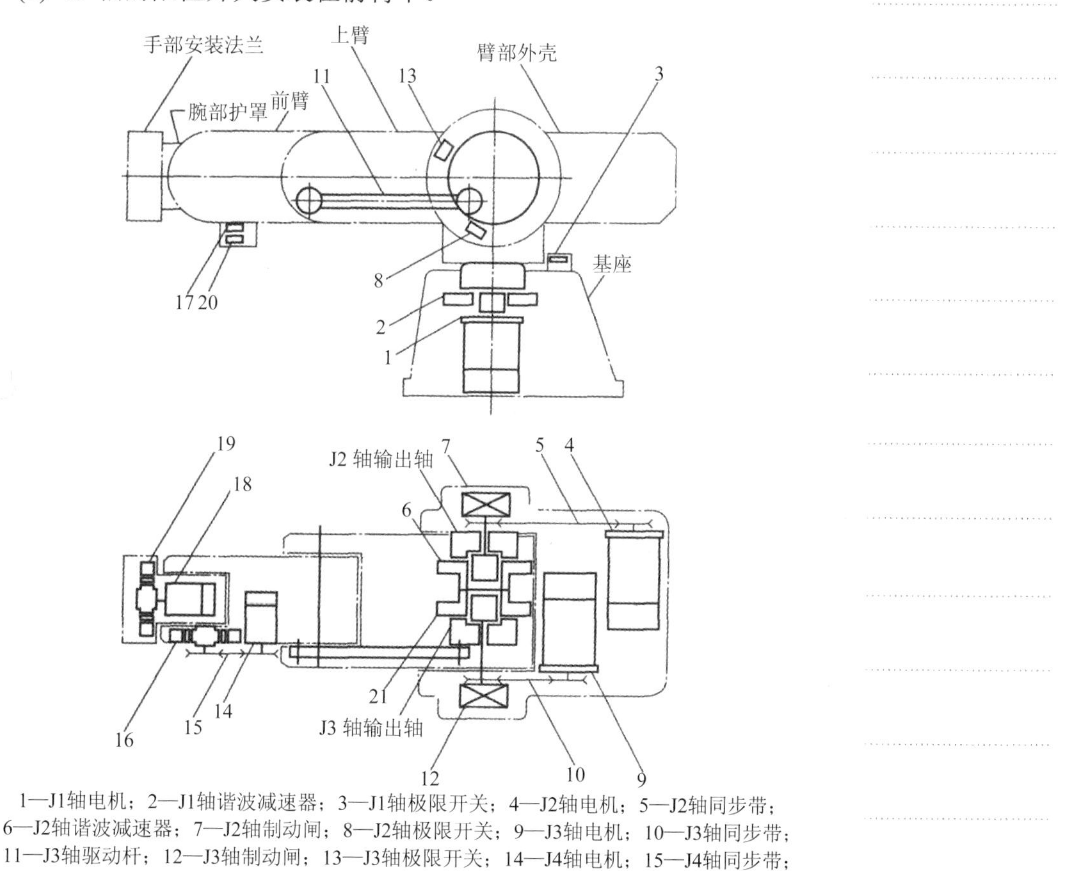

1—J1轴电机；2—J1轴谐波减速器；3—J1轴极限开关；4—J2轴电机；5—J2轴同步带；
6—J2轴谐波减速器；7—J2轴制动闸；8—J2轴极限开关；9—J3轴电机；10—J3轴同步带；
11—J3轴驱动杆；12—J3轴制动闸；13—J3轴极限开关；14—J4轴电机；15—J4轴同步带；
16—J4轴谐波减速器；17—J4轴极限开关；18—J5轴电机；19—J5轴谐波减速器；
20—J5轴极限开关；21—J3轴谐波减速器

图 5-118　机器人驱动传动内部结构简图

笔记

二、PUMA 562 机器人传动

PUMA 562 机器人有 6 个自由度，其传动方式如图 5-119 所示。

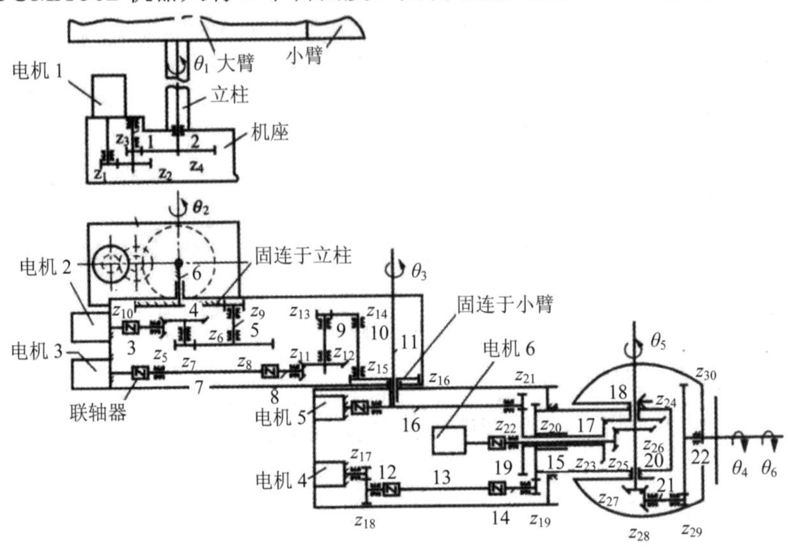

图 5-118　PUMA 562 机器人的传动示意图

由图 5-119 可以看出：

(1) 电机 1 通过两对齿轮传动带动立柱回转。

(2) 电机 2 通过联轴器、一对圆锥齿轮和一对圆柱齿轮带动齿轮 z_9，齿轮 z_9 绕与立柱固联的齿轮 z_{10} 转动，于是形成了大臂相对于立柱的回转。

(3) 电机 3 通过两个联轴器和一对圆锥齿轮、两对圆柱齿轮(z_{16} 固联于小臂上)驱动小臂相对于大臂回转。

(4) 电机 4 通过一对圆柱齿轮、两个联轴器和另一对圆柱齿轮(z_{20} 固联于手腕的套筒上)驱动手腕相对于小臂回转。

(5) 电机 5 通过联轴器、一对圆柱齿轮、一对圆锥齿轮(z_{24} 固联于手腕的球壳上)驱动手腕相对于小臂(亦即相对于手腕的套筒)摆动。

(6) 电机 6 通过联轴器、两对圆锥齿轮和一对圆柱齿轮驱动机器人的机械接口(法兰盘)相对于手腕的球壳回转。

总之，上述 6 个电机通过一系列的联轴器和齿轮副，形成了 6 条传动链，得到了 6 个转动自由度，从而形成了一定的工作空间并使工具有了各式各样的运动姿势。

做一做：画出学校或单位所用工业机器人的传动图。

任务扩展

传动件的定位

工业机器人的重复定位精度要求较高，设计时应根据具体要求选择适当

笔记

的定位方法。目前，常用的定位方法有电气开关定位、机械挡块定位和伺服定位系统。

一、电气开关定位

电气开关定位利用电气开关(有触点或无触点)作为行程检测元件，当机械手运行到定位点时，行程开关发出信号，切断动力源或接通制动器，从而使机械手获得定位。液压驱动的机械手运行至定位点时，行程开关发出信号，电控系统使电磁换向阀关闭油路而实现定位。当电动机驱动的机械手需要定位时，行程开关发出信号，电气系统激励电磁制动器进行制动而定位。使用电气开关定位的机械手结构简单、工作可靠、维修方便，但由于受惯性力、油温波动和电控系统误差等因素的影响，重复定位精度比较低，精度一般为±3～5 mm。

二、机械挡块定位

机械挡块定位是在行程终点设置机械挡块，当机械手减速运动到终点时，紧靠挡块而定位。若定位前缓冲较好，定位时驱动压力未撤除，在驱动压力下将运动件压在机械挡块上，或驱动压力将活塞压靠在缸盖上就能达到较高的定位精度，精度最高可达±0.02 mm。若定位时关闭驱动油路、去掉驱动压力，机械手运动件不能紧靠在机械挡块上，定位精度就会降低，其降低的程度与定位前的缓冲效果和机械手的结构刚性等因素有关。

图 5-120 所示是利用插销定位的结构。当机械手运行到定位点前，由行程节流阀实现减速。当机械手到达定位点时，定位液压缸将插销推入圆盘的定位孔中实现定位。这种方法的定位精度相当高。

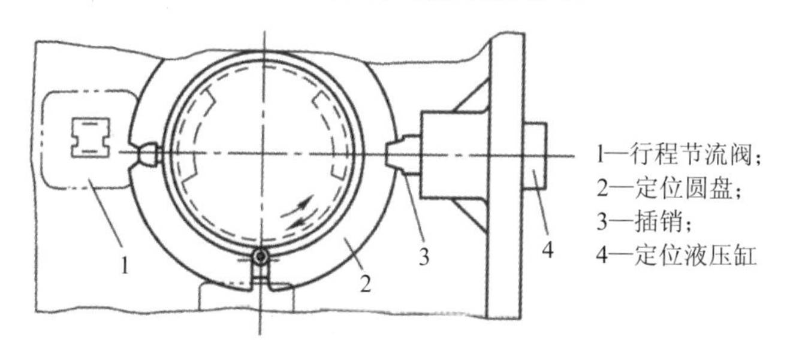

图 5-120　利用插销定位的结构

三、伺服定位系统

电气开关定位与机械挡块定位只适用于两点或多点定位，而在任意点定位时，要使用伺服定位系统。伺服定位系统可以通过输入指令控制位移的变化，从而获得良好的运动特性。它不仅适用于点位控制，还适用于连续轨迹控制。

开环伺服定位系统没有行程检测及反馈，是一种直接用脉冲频率变化和

笔记

脉冲数控制机器人速度和位移的定位方式。这种定位方式抗干扰能力差，定位精度较低。如果需要较高的定位精度(如±0.2 mm)，则一定要降低机器人关节轴的平均速度。

闭环伺服定位系统具有反馈环节，其抗干扰能力强、反应速度快、容易实现任意点定位。图 5-121 所示是齿轮齿条反馈式电—液闭环伺服定位系统方框图。齿轮齿条将位移量反馈到电位器上，达到给定脉冲时，电动机及电位器触头停止运转，机械手获得准确定位。

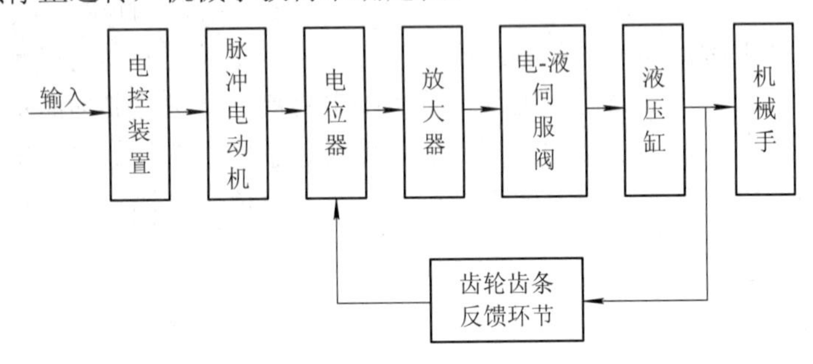

图 5-121　齿轮齿条反馈式电－液闭环伺服定位系统方框图

任务巩固

一、填空题

1. 摆线针轮行星传动属于一______传动，它的行星轮齿是“摆线齿”，而内齿的齿轮是“______”。

2. 行星齿轮传动载荷分布在若干个_____齿轮上，内齿轮也具有_____的承载能力。

3. 谐波传动机构由______、______和______三个基本部分组成。

4. 谐波传动机构柔轮是______薄壁金属弹性体，______外圆切有齿。

5. 谐波发生器通常采用______或偏心安装的______构成。

6. 当谐波发生器连续旋转时，产生的机械力使______变形的过程形成了一条基本对称的______曲线。

二、判断题

(　　) 1. 在关节型机器人中，谐波减速器通常放置在控制柜中。

(　　) 2. 谐波发生器是在椭圆型凸轮的外周嵌入薄壁轴承制成的部件。

(　　) 3. 谐波发生器柔轮与刚轮的轮齿周节相等，齿数相等。

三、简答题

1. 简述摆线针轮传动的特点。

2. 简述谐波齿轮减速器的工作原理。

3. 谐波减速器是如何消隙的？

四、双创训练题

1. 了解 RV 减速器的装配过程，根据实际情况，拟定优化方案。

2. 简述谐波减速在工业机器人上的应用，并根据实际情况进行拆装。

笔记

模块六

机器人液压与气压传动

任务一　机器人液压传动

工作任务

液压传动在工业机器人中也经常使用，主要用液压缸实现手臂复合运动。机器人手臂的伸缩、横向移动均属于直线运动。实现手臂往复直线运动的机构形式比较多，常用的有活塞油(汽)缸、齿轮齿条机构、丝杠螺母机构以及连杆机构等。因为活塞油(汽)缸的体积小、重量轻，在机器人的手臂结构中的应用较多。

图 6-1 所示为手臂直线和回转运动的结构，该手臂的直线运动采用双导向杆的伸缩结构，此手臂结构具有传动结构简单、紧凑和轻巧等特点。手臂和手腕通过连接板安装在升降油缸的上端，当双作用油缸 1 的两腔分别通入压力油时推动活塞杆 2(即手臂)作往复直线移动。导向杆 3 在导向套 4 内移动，以防手臂伸缩时的转动(并兼作手腕回转缸 6 及手部夹紧油缸 7 的输油管道)。手臂回转是由手臂回转油缸来实现的，如图 6-1 A—A 所示。中心轴 13 固定不动，而回转油缸 14 与手臂座 8 一起回转。手臂横向移动是由活塞缸 15 驱动的，回转缸体与滑台 10 用螺钉连接，活塞杆 16 通过两块连接板 12 用螺钉固定在滑座 11 上。当活塞缸 15 通入压力油时，其缸体就带动滑台 10，沿着燕尾形滑座 11 作横向往复移动，如图 6-1 B—B 所示。

图 6-2 所示为 GZ-Ⅱ型装配用工业机器人的运动原理图，其运动是通过电液控制来实现的。GZ-Ⅱ型装配操作机器人的运动要求包括：小车沿门架导轨的移动，手臂的摆动及在垂直方向运动，手腕的摆动及相对于纵轴的转动。手臂摆动用线性电液步进驱动装置，驱动装置由步进电动机、随动分配器和液压缸组成，其中液压缸活塞杆内装有位置反馈螺旋机构。

笔记

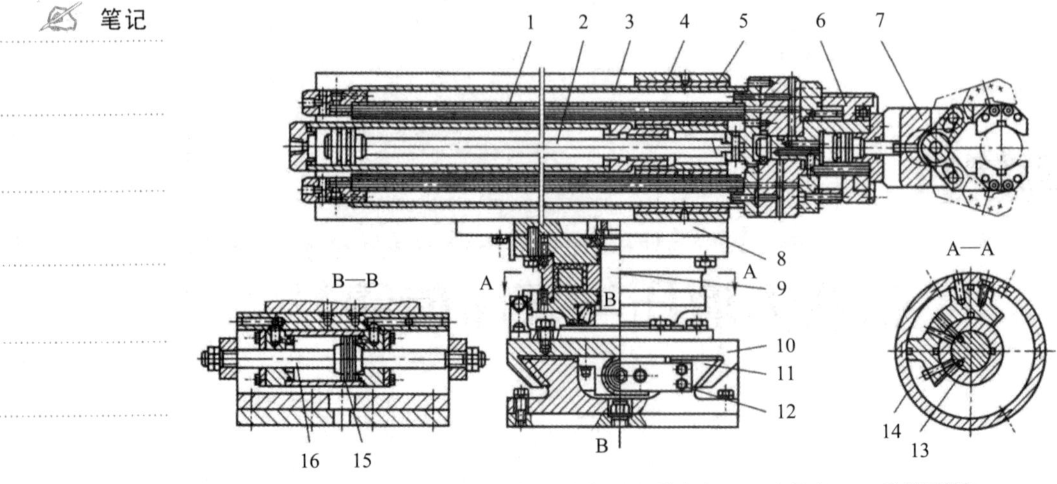

1—双作用油缸；2—活塞杆；3—导向杆；4—导向套；5—支承座；6—手腕回转缸；7—手部夹紧油缸；8—手臂座；9—手臂回转油缸；10—滑台；11—滑座；12—连接板；13—中心轴；14—回转油缸；15—活塞缸；16—活塞杆

图 6-1 手臂直线和回转运动的结构

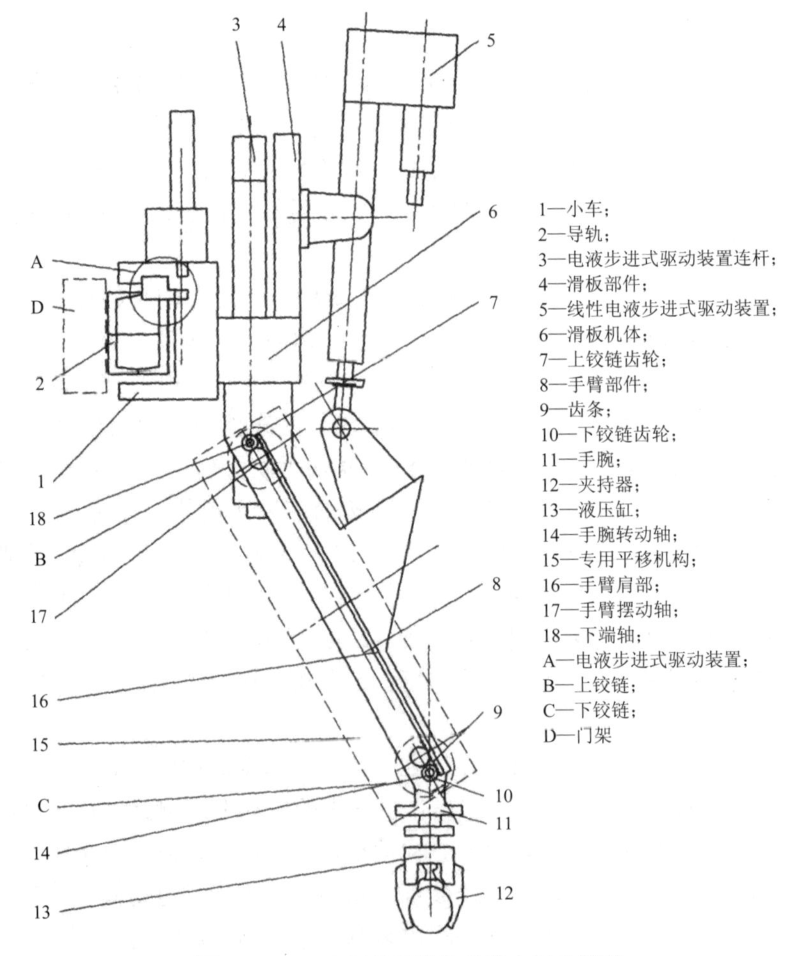

图 6-2 GZ-Ⅱ型装配操作机器人运动原理

笔记

任务目标

知 识 目 标	能 力 目 标
1. 了解液压传动系统的工作原理 2. 掌握液压传动系统的组成 3. 掌握液压系统的基本回路	1. 会用液压气动系统图形符号 2. 能分析工业机器人所用液压系统

任务准备

★ 实物教学

一、液压传动系统的工作原理

图 6-3 所示为液压千斤顶。在图 6-3(b)中活塞与缸体内壁间有着良好的密封性，大小活塞分别可以在大小缸体内上下移动，形成一个容积可变的密封空间。当提起手柄时，小活塞在小缸体内上移，其下部缸体内容积增大，形成局部真空，这时大活塞上的重物使大缸内的液压油作用在单向阀 1 上，单向阀 1 关闭，而油箱内液压油在大气压作用下，打开单向阀 2 进入小缸体，完成吸油；当压下手柄时，小活塞下移，小缸体下腔内压力升高，单向阀 2 关闭，液压油打开单向阀 1 进入大缸体内，迫使大活塞上移，顶起重物 G。当再次提起手柄时，大缸体内压力油使单向阀 1 自动关闭，小缸体下腔继续从油箱吸油。不断重复提压手柄操作，就能不断把油液压入大缸体下腔，使重物逐渐升起。如果将放油阀转过 90°，油液流回油箱，大活塞下移，重物回落。由此可见，手柄、小缸体、小活塞、两个单向阀组成了手动液压泵。

液压传动是以油液作为工作介质，依靠密封空间的容积变化传递运动，依靠介质内压力传递动力，其实质是能量转换，即先将机械能转换成压力能，再通过各种元件组成的控制回路实现能量控制，最后将压力能转换成机械能。

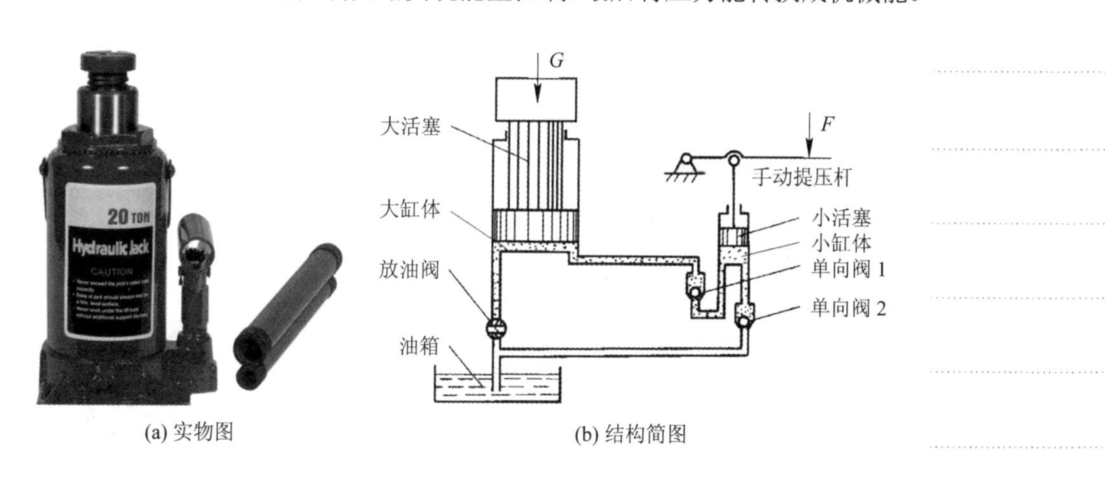

(a) 实物图　　(b) 结构简图

图 6-3　液压千斤顶

笔记

二、液压传动系统的组成

液压传动系统的组成见表 6-1。

表 6-1 液压传动系统的组成

名称	作　　用	具体组件
动力装置	把机械能转换成压力能的装置	液压泵
执行装置	把压力能转换成机械能的装置	液压缸、液压马达
控制调节装置	对液压与气压系统中流体的压力、流量和流动方向进行控制和调节的装置	单向阀、换向阀、节流阀、溢流阀等
辅助装置	保证液压系统能正常工作	除上述三部分以外的装置，如油箱、滤清器、蓄能器、管件、压力表等
工作介质	传递能量的载体。在系统中能传递能量，并起到润滑、防腐、防锈及冷却等作用	普通液压油、自动变速器油、助力转向泵油、机油等

1. 动力装置

液压系统中的动力元件把电动机或其他原动机输出的机械能转换成液压能，其作用是向液压系统提供压力油。

液压泵按不同的方式，可以分为不同的类型。其常用分类方式如下：

(1) 按结构不同分为：齿轮泵、叶片泵、柱塞泵、螺杆泵。

(2) 按输油方向不同分为：单向泵、双向泵。

(3) 按输出流量不同分为：定量泵、变量泵。

(4) 按额定压力不同分为：低压泵、中压泵、高压泵。

1) 齿轮泵

齿轮泵分为外啮合齿轮泵(见图 6-4)和内啮合齿轮泵(见图 6-5)。

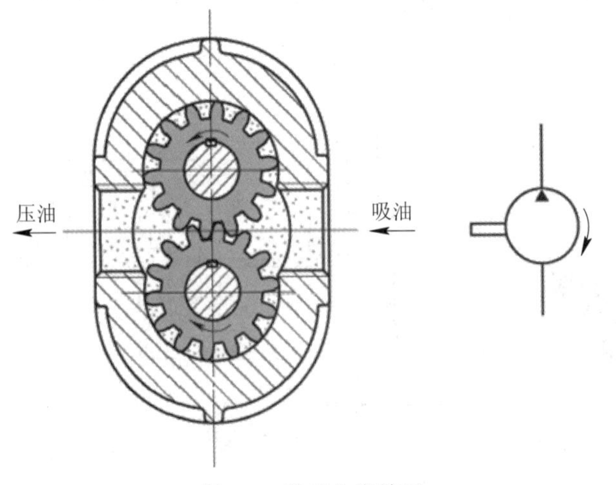

图 6-4　外啮合齿轮泵

外啮合齿轮泵

笔记

图 6-5　内啮合齿轮泵

2) 叶片泵

叶片泵分为单作用式叶片泵(见图 6-6)和双作用式叶片泵(见图 6-7)。

图 6-6　单作用式叶片泵

图 6-7　双作用式叶片泵

笔记

3) 柱塞泵

柱塞泵分为径向柱塞泵(见图 6-8)和轴向柱塞泵(见图 6-9)。

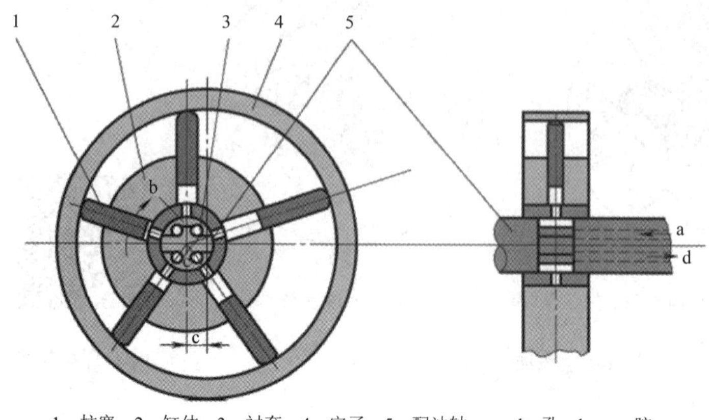

1—柱塞；2—缸体；3—衬套；4—定子；5—配油轴；a、d—孔；b、c—腔

图 6-8　径向柱塞泵

径向柱塞泵

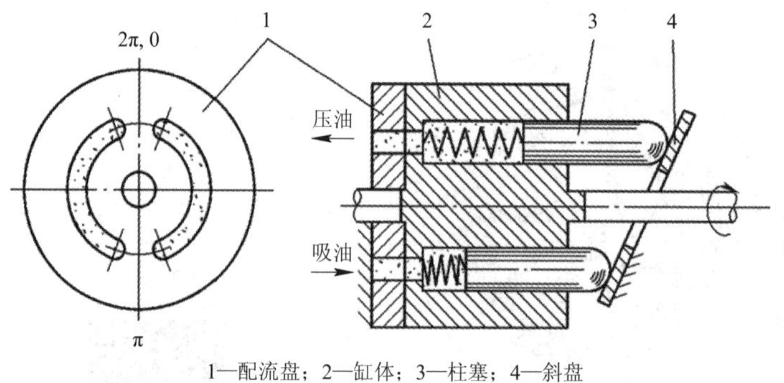

1—配流盘；2—缸体；3—柱塞；4—斜盘

图 6-9　轴向柱塞泵

轴向柱塞泵

2. 执行装置

液压系统中的执行元件将液压能转换为直线(或曲线)运动形式的机械能，输出运动速度和力，结构简单、工作可靠。

1) 液压马达

液压马达分为叶片式液压马达(见图 6-10)与径向柱塞式液压马达(见图 6-11)。

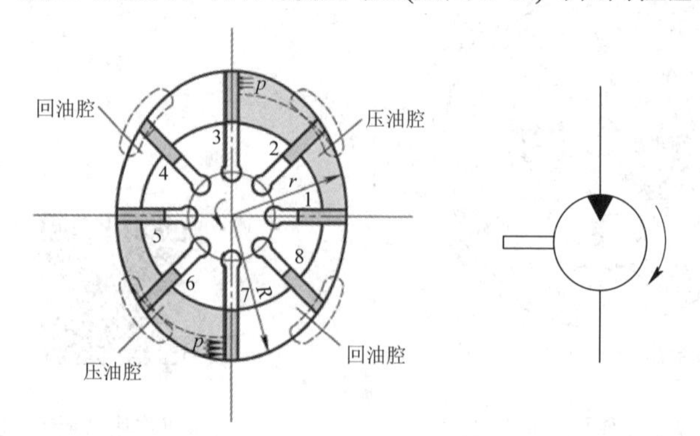

图 6-10　叶片式液压马达

叶片式液压马达

笔记

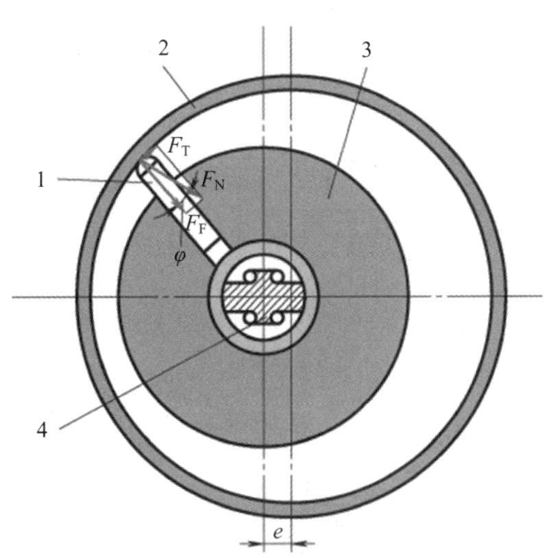

1—柱塞；2—定子；3—缸体；4—配油轴

图 6-11　径向柱塞式液压马达

2) 液压缸

液压缸分为活塞式液压缸、柱塞缸(见图 6-12)和伸缩缸(见图 6-13)。活塞式液压缸分为双作用双杆液压缸(见图 6-14)和双作用单杆液压缸(见图 6-15)。

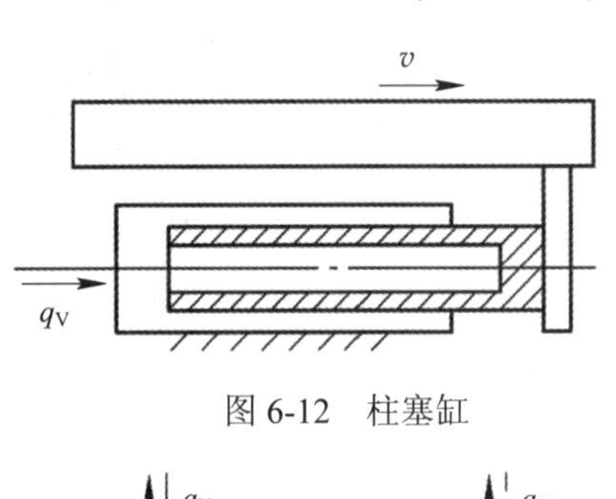

图 6-12　柱塞缸

柱塞缸

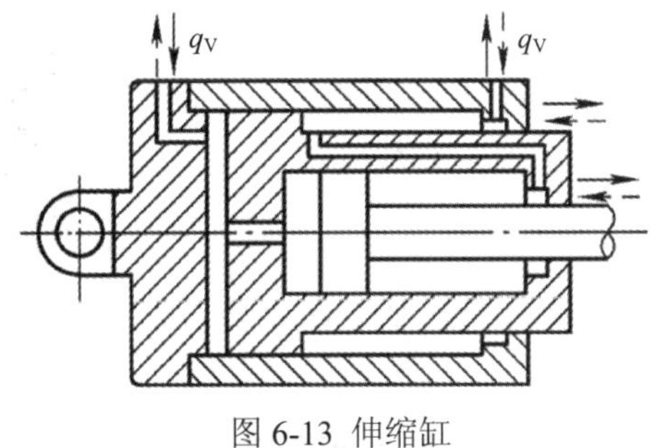

图 6-13 伸缩缸

伸缩缸

双作用双杆液压缸

双作用单杆液压缸

笔记

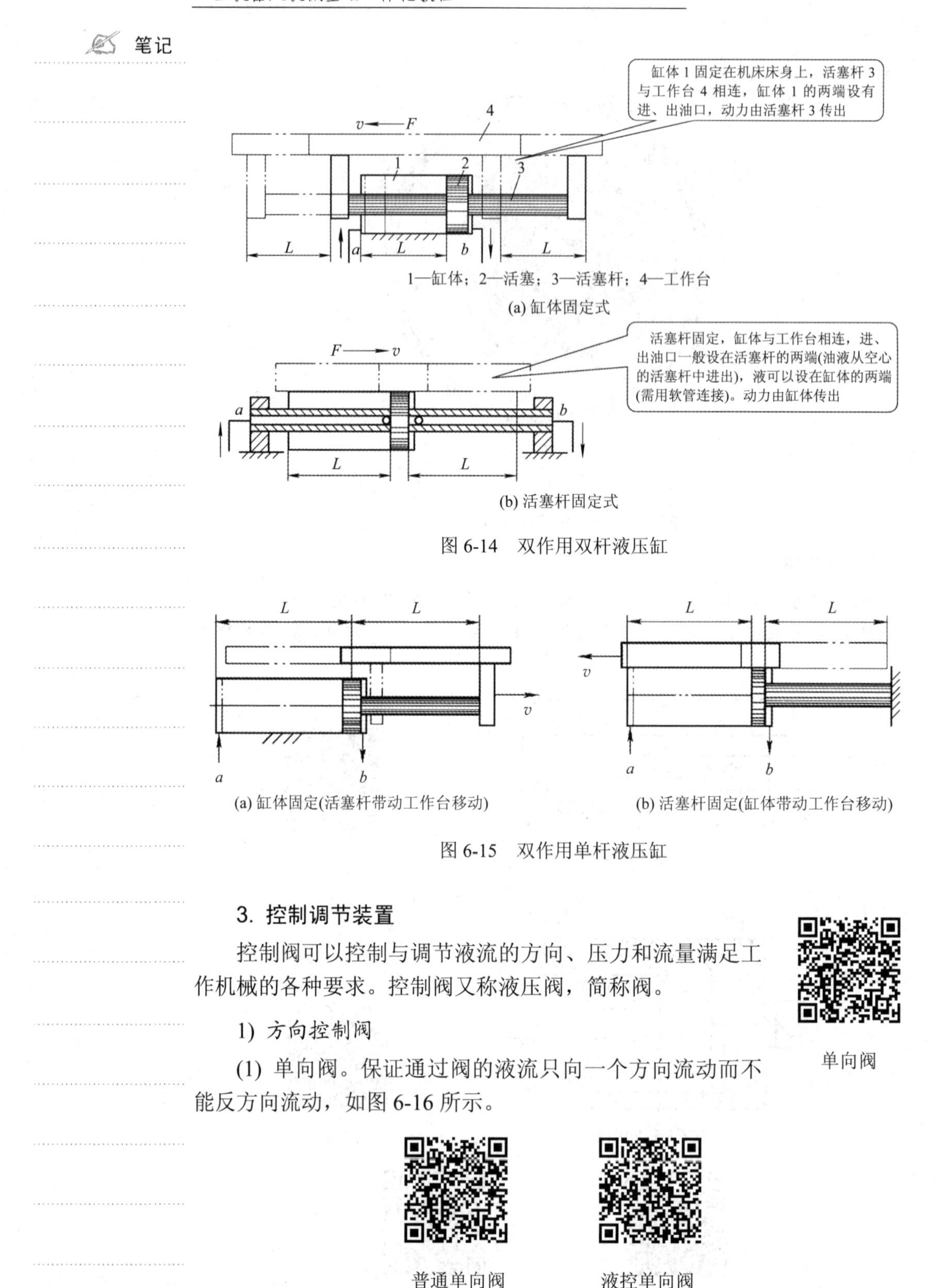

1—缸体；2—活塞；3—活塞杆；4—工作台

(a) 缸体固定式

(b) 活塞杆固定式

图 6-14　双作用双杆液压缸

(a) 缸体固定(活塞杆带动工作台移动)

(b) 活塞杆固定(缸体带动工作台移动)

图 6-15　双作用单杆液压缸

3. 控制调节装置

控制阀可以控制与调节液流的方向、压力和流量满足工作机械的各种要求。控制阀又称液压阀，简称阀。

1) 方向控制阀

(1) 单向阀。保证通过阀的液流只向一个方向流动而不能反方向流动，如图 6-16 所示。

笔记

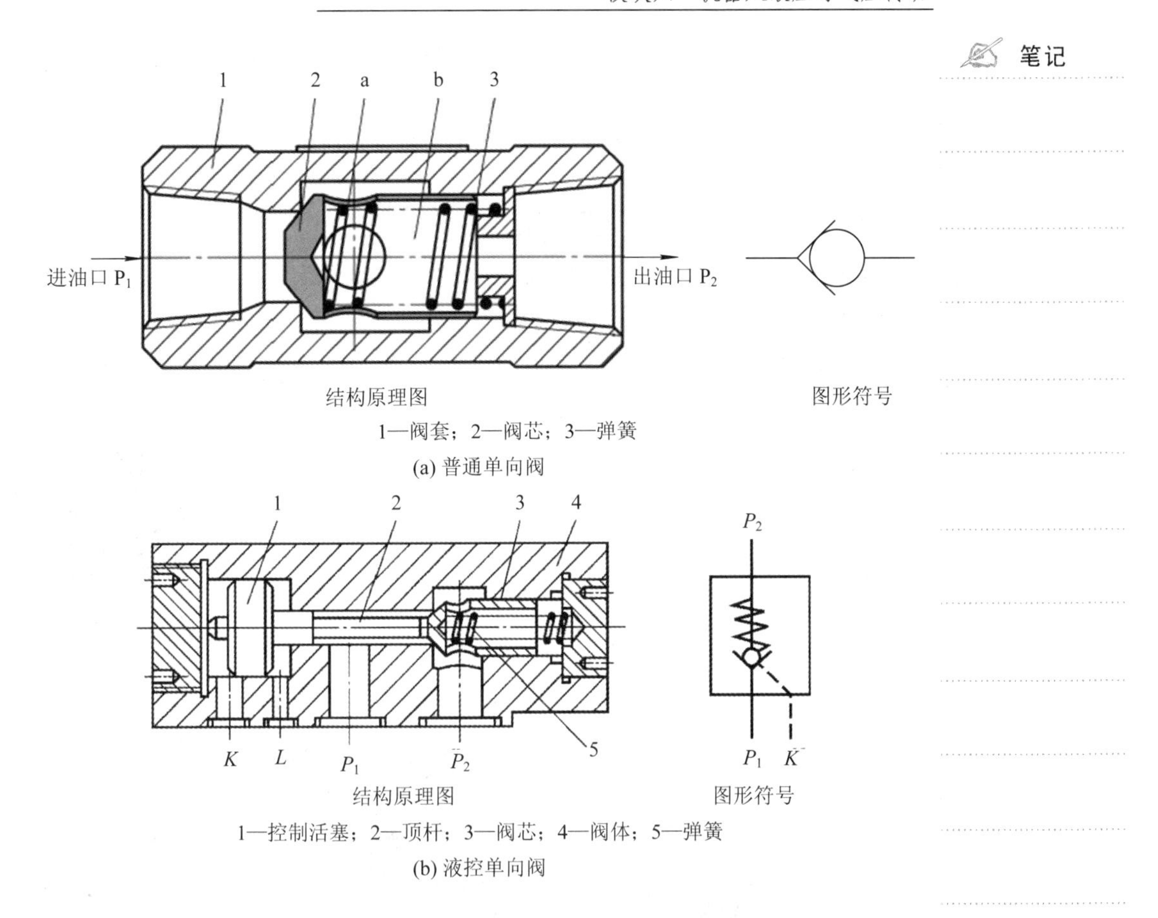

结构原理图　　图形符号

1—阀套；2—阀芯；3—弹簧

(a) 普通单向阀

结构原理图　　图形符号

1—控制活塞；2—顶杆；3—阀芯；4—阀体；5—弹簧

(b) 液控单向阀

图 6-16　单向阀

(2) 换向阀。利用阀芯对阀体的相对运动，使油路接通、关断或变换油流的方向，从而实现液压执行元件及其驱动机构的启动、停止或变换运动方向，如图 6-17 所示。

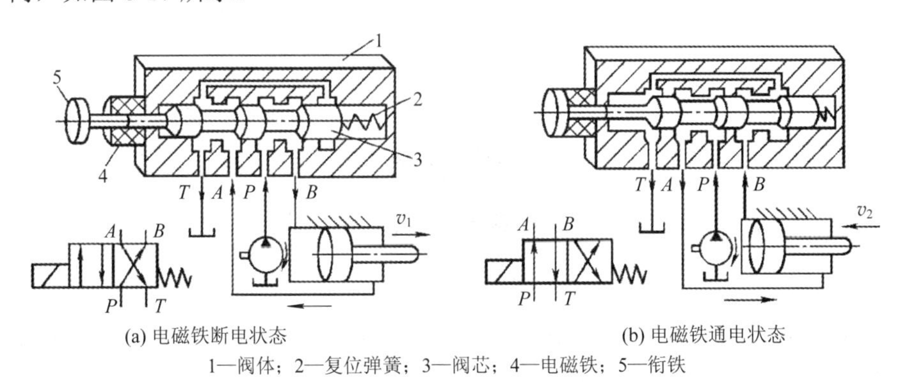

(a) 电磁铁断电状态　　(b) 电磁铁通电状态

1—阀体；2—复位弹簧；3—阀芯；4—电磁铁；5—衔铁

图 6-17　换向阀

2) 压力控制阀

压力控制阀是指控制液压系统中的压力，或利用系统中的压力变化来控制其他液压元件的动作，简称压力阀。

笔记

(1) 溢流阀。溢流阀的主要作用是溢流和稳压，保持液压系统的压力恒定；限压保护作用，防止液压系统过载。溢流阀有直动式溢流阀(见图 6-18)与先导式溢流阀(见图 6-19)两种。

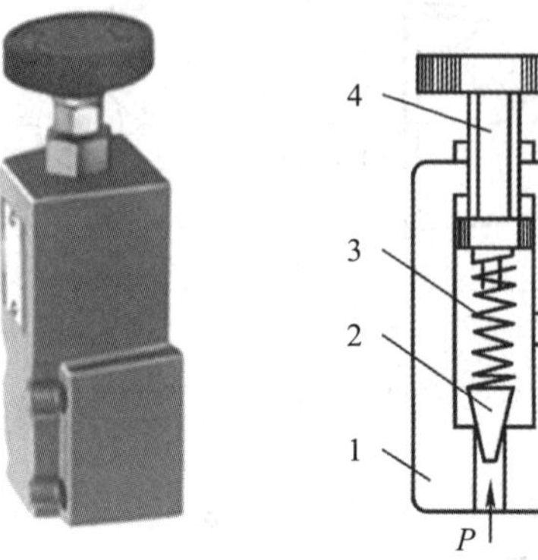

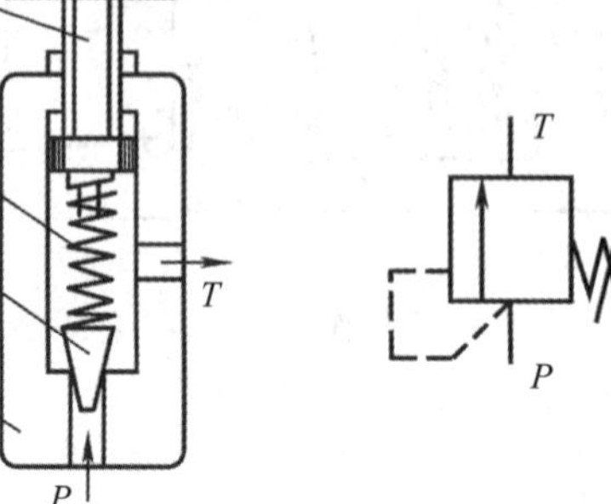

1—阀体；2—阀芯；3—弹簧；4—调压螺杆

图 6-18　直动式溢流阀

直动式溢流阀

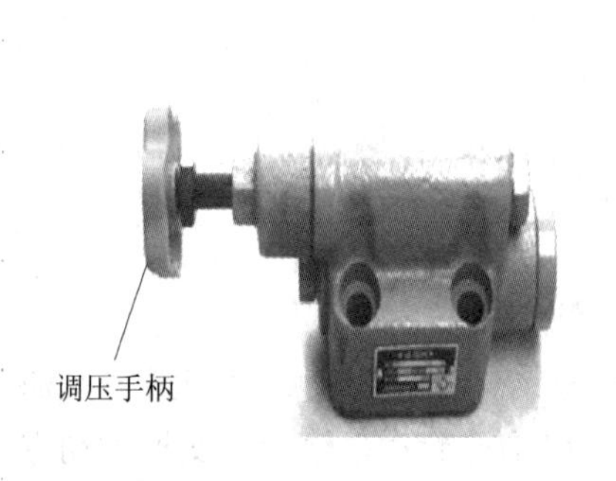

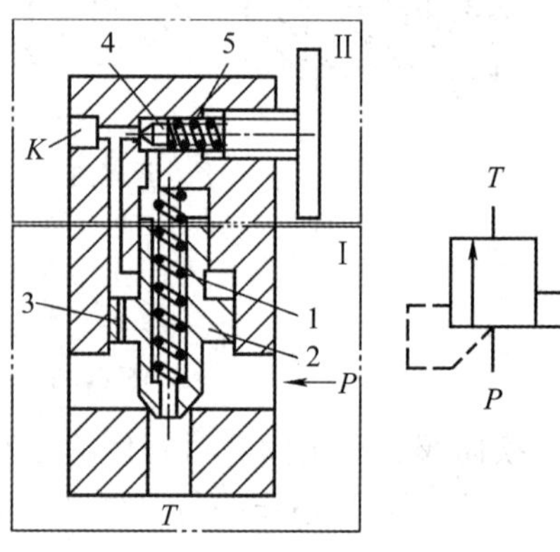

1—主阀弹簧；2—主阀芯；3—阻尼孔；4—先导阀；5　调压弹簧

图 6-19　先导式溢流阀

先导式溢流阀

(2) 减压阀。减压阀可以降低系统某一支路的油液压力，使同一系统有两个或多个不同压力。利用压力油通过缝隙(液阻)降压，使出口压力低于进口压力，并保持出口压力为一定值。缝隙越小，压力损失越大，减压作用就越强。减压阀有直动型减压阀(见图 6-20)与先导型减压阀(见图 6-21)两种。

笔记

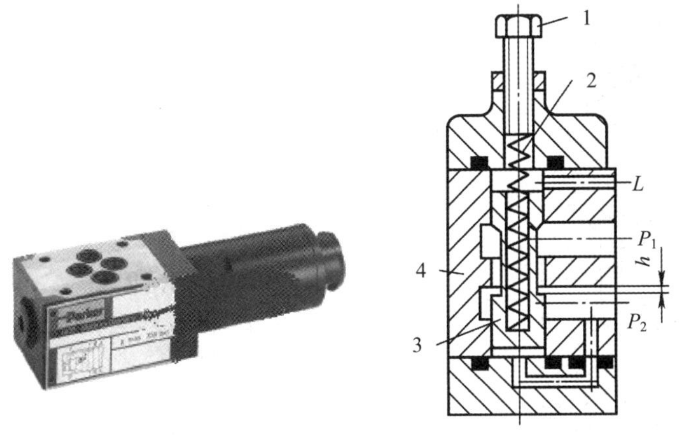

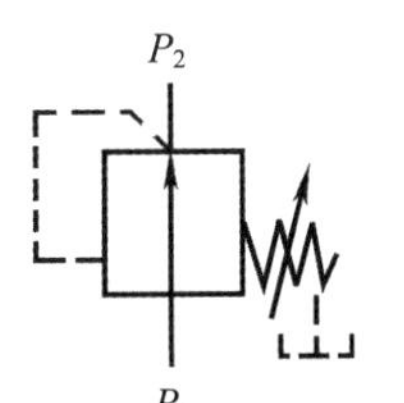

1—调压螺栓；2—调压弹簧；3—阀芯；4—阀体

图 6-20　直动型减压阀

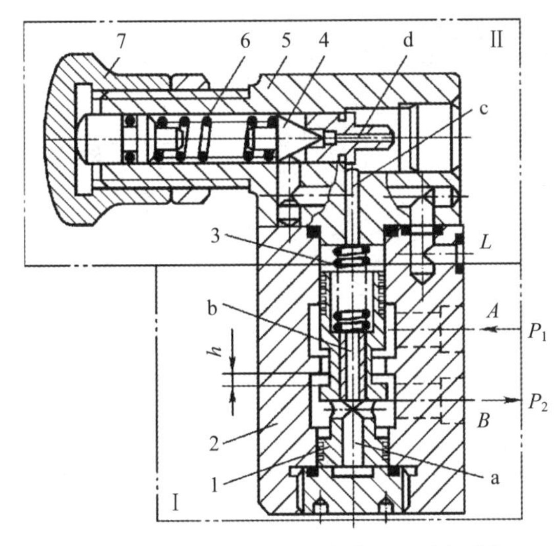

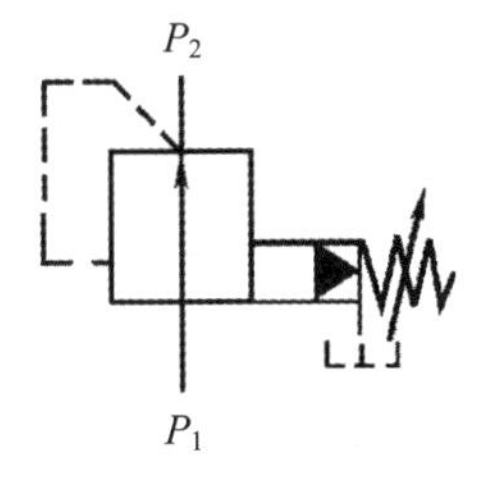

1—主阀芯；2—主阀阀体；3—主阀弹簧；4—锥阀；5—先导阀阀体；
6—调压弹簧；7—调压螺帽；a—轴心孔；b—阻尼孔；c、d—通孔

图 6-21　先导式减压阀

(3) 顺序阀。顺序阀利用液压系统中的压力变化控制油路的通断，从而实现某些液压元件按一定的顺序动作。按结构和工作原理不同可分为直动型顺序阀(见图 6-22)与先导型顺序阀(见图 6-23)两种；按控制油路连接方式不同可分为内控式与外控式两种。

直动型顺序阀

笔记

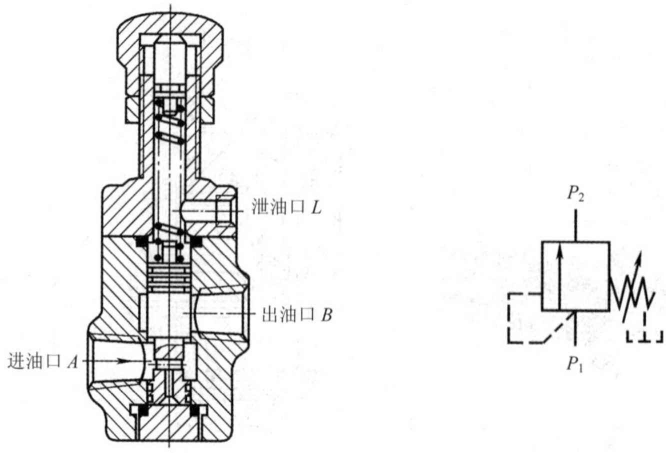

图 6-22　直动型顺序阀

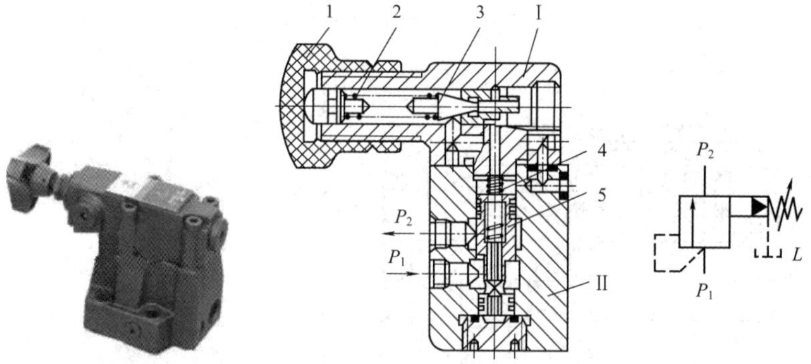

1—调节螺母；2—调压弹簧；3—锥阀；4—主阀弹簧；5—主阀芯

图 6-23　先导型顺序阀

3) 流量控制阀

流量阀是通过改变阀口过流截面积来调节通过阀口的流量，从而控制执行元件运动速度的控制阀。简称流量阀，有节流阀(见图 6-24)与调速阀(见图 6-25)两种。

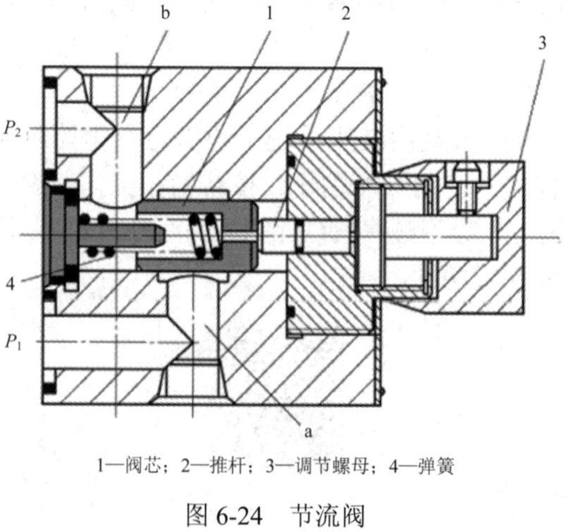

1—阀芯；2—推杆；3—调节螺母；4—弹簧

图 6-24　节流阀

笔记

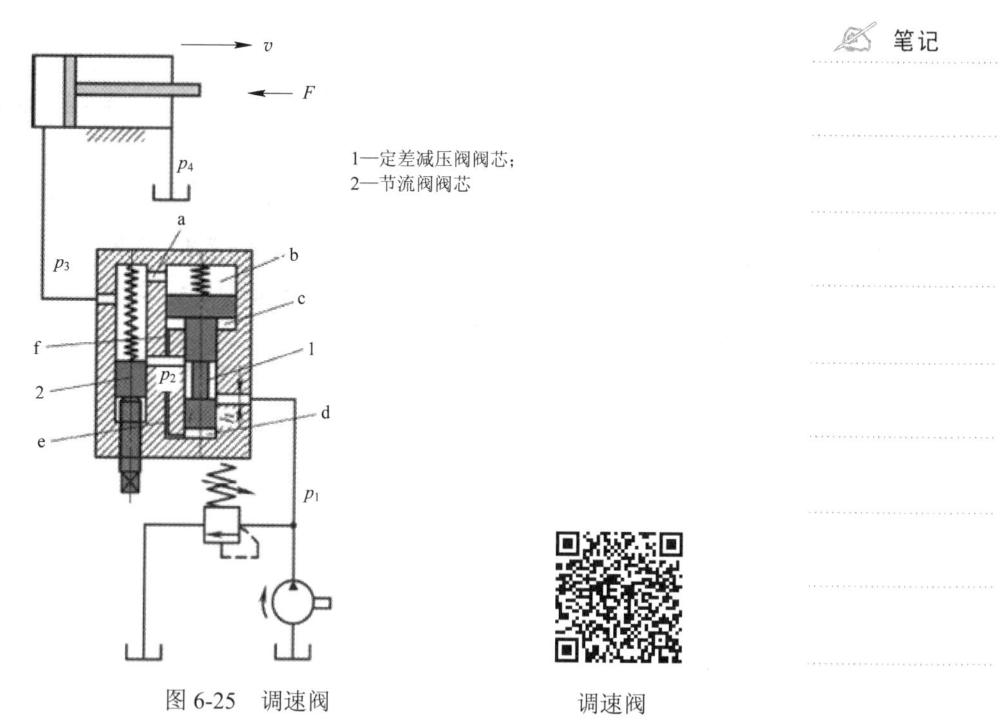

1—定差减压阀阀芯；
2—节流阀阀芯

图 6-25　调速阀

调速阀

4) 叠加式液压阀

叠加式液压阀可简称为叠加阀，叠加阀的工作原理与一般液压阀基本相同，但在具体结构和连接尺寸上不同。叠加阀自成系列，每个叠加阀既有一般液压元件的控制功能，又能起到通道体的作用。每一种通径系列的叠加阀的主油路通道和螺栓连接孔的位置都与所选用的相应通径的换向阀相同，因此同一通径的叠加阀都能按要求叠加起来，进而组成各种不同控制功能的系统。常用的有叠加式溢流阀(见图 6-26)与叠加式调速阀(见图 6-27)两种。

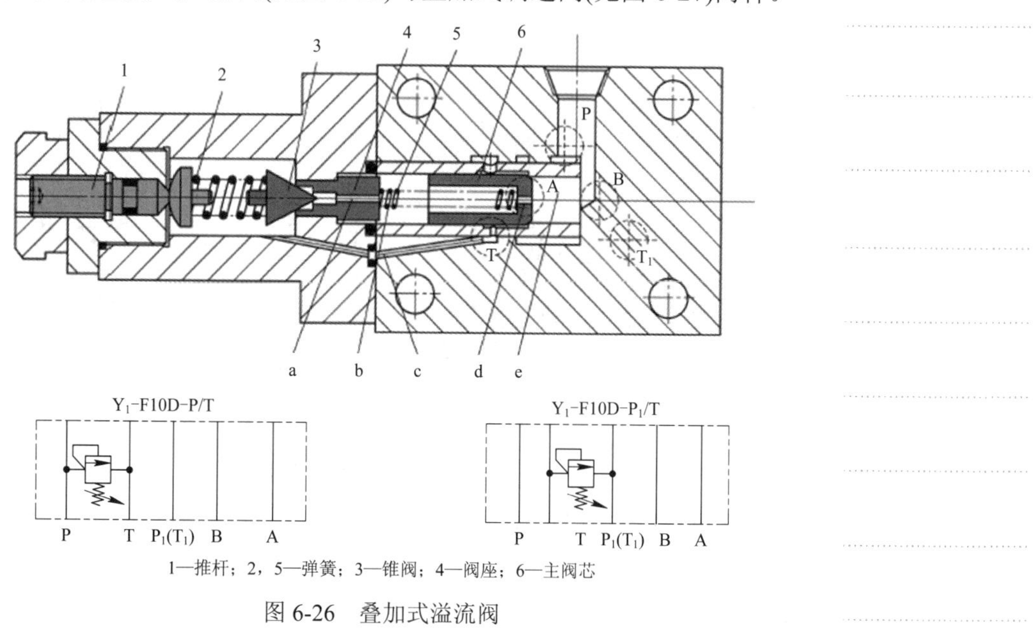

1—推杆；2，5—弹簧；3—锥阀；4—阀座；6—主阀芯

图 6-26　叠加式溢流阀

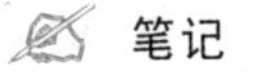
笔记

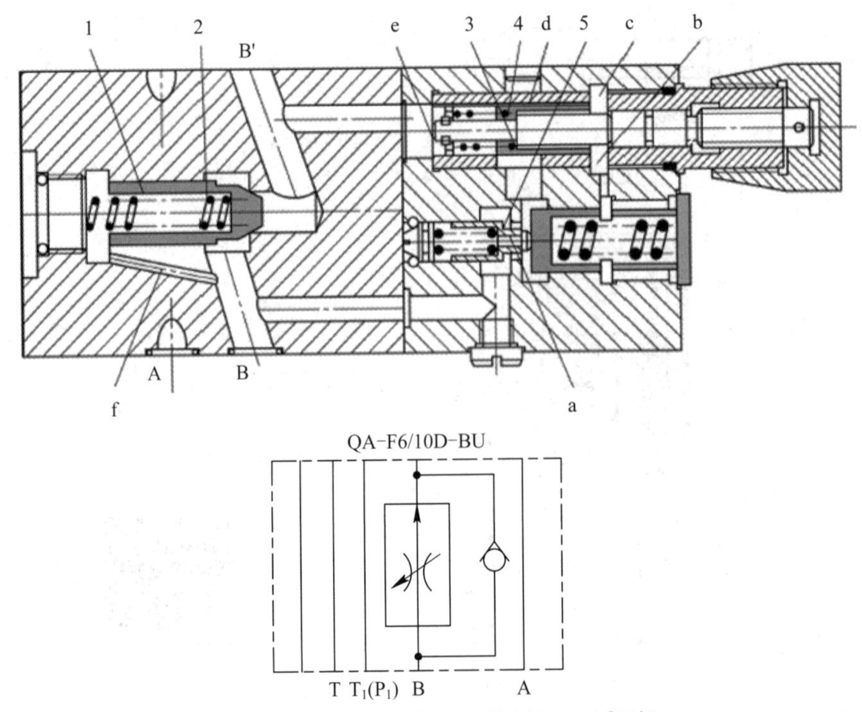

1—单向阀；2，4—弹簧；3—节流阀；5—减压阀

图 6-27 叠加式调速阀

5) 二通式插装阀

插装阀是插装阀功能组件的统称。插装阀功能组件有：插装方向阀功能组件(可简称为插装方向阀)、插装压力阀、插装流量阀，如图 6-28 所示。由插装阀功能组件组成的液压系统可称为插装阀液压系统。

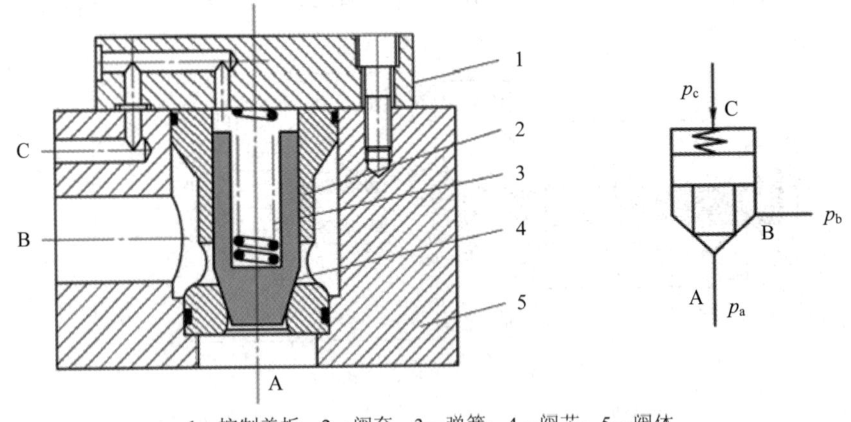

1—控制盖板；2—阀套；3—弹簧；4—阀芯；5—阀体

图 6-28 二通式插装阀

4. 液压系统的辅助元件

在一个液压系统中，液压油的储备、压力的监测、油液的杂质过滤等都需要有专用元件来配合工作，否则液压系统将无法工作。液压系统辅助元件

笔记

对系统的动态性能、工作稳定性、工作寿命、噪声和温升等都有直接影响。液压系统的辅助元件有油箱、滤油器、管件、蓄能器等。

1) 油箱

油箱在液压系统中除了可以储油外，还起着散热、分离油液中的气泡、沉淀杂质等作用。油箱中安装有很多辅件，如冷却器、加热器、空气过滤器及液位计等。图 6-29 为液压泵卧式安置的油箱。

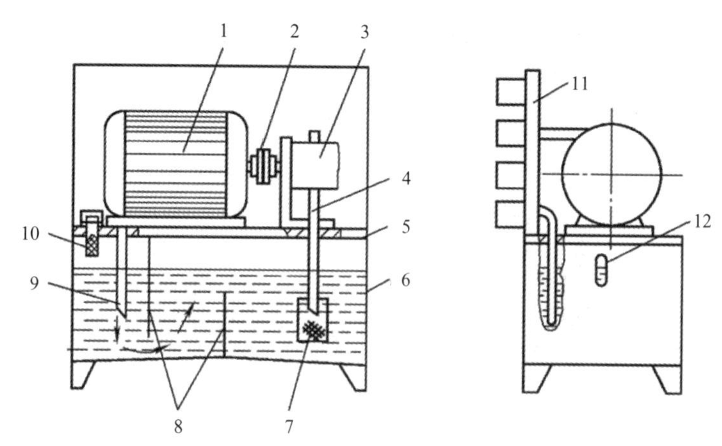

1—电动机；2—联轴器；3—液压泵；4—吸油管；5—盖板；6—油箱体；7—过滤器；8—隔板；9—回油管；10—加油口；11—控制阀连接板；12—液位计

图 6-29　液压泵卧式安置的油箱

2) 滤油器

液压系统中的大多数故障是由于介质中混有杂质而造成的，油液中的污染物会使液压组件等内部相对运动部分发生划伤、磨损、卡滞、堵塞阀口等，降低系统工作可靠性，减少使用寿命。因此要对油液进行过滤。滤油器按其过滤精度(滤去杂质的颗粒大小)的不同，有粗滤油器(滤去大于 100 μm 的杂质)、普通滤油器(滤去 10～100 μm 的杂质)、精密滤油器(滤去 5～10 μm 的杂质)和特精滤油器(滤去 1～5 μm 的杂质)四种。常用的滤油器类型按其滤心材料和结构形式不同，主要有网式、线隙式、烧结式、纸质及磁性滤油器等，见表 6-2。

表 6-2　滤油器的性能特点及应用

滤油器类型	图　例	实　物	性能特点及应用
网式滤油器	上盖 圆筒 钢丝网 下盖		结构简单，流通能力强，清洗方便，但过滤精度低。通常安装在系统泵入口处作为粗过滤

笔记

续表

滤油器类型	图 例	实 物	性能特点及应用
线隙式滤油器	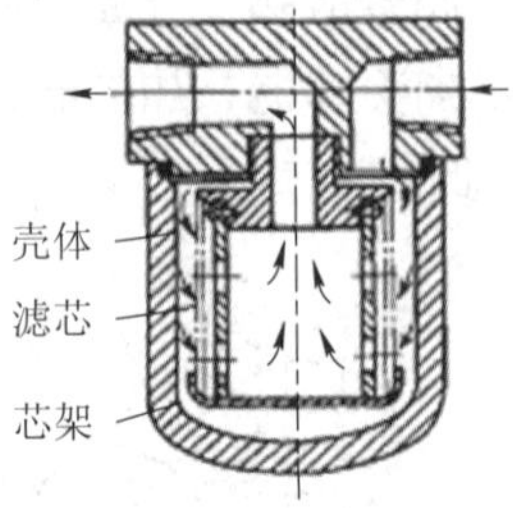 壳体 滤芯 芯架		结构简单，流通能力强，过滤精度高，不易清洗，用于低压管道中或辅助回路中
线隙式滤油器	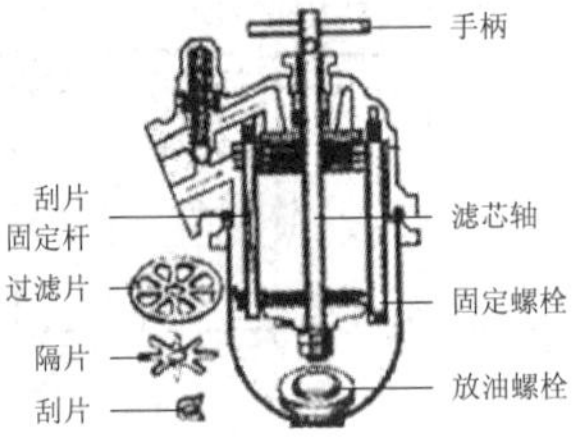 手柄 刮片固定杆 滤芯轴 过滤片 固定螺栓 隔片 刮片 放油螺栓		过滤效率高，具有较好的过滤性能，但结构复杂。其通常安装在系统泵出口处作为粗过滤
烧结式滤油器	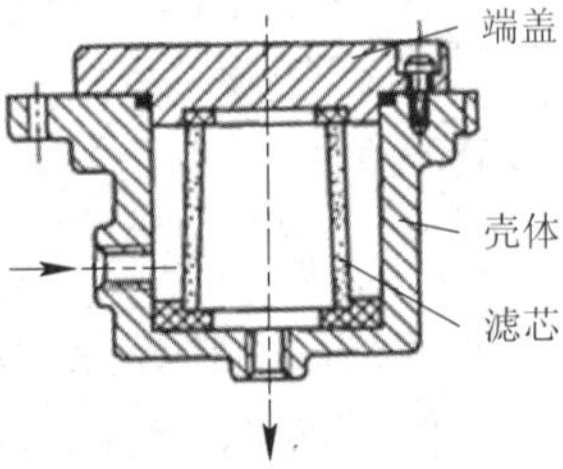 端盖 壳体 滤芯		过滤精度高，滤芯能承受高压，但金属颗粒容易脱落，堵塞后不易清洗，适用于精过滤
纸质滤油器	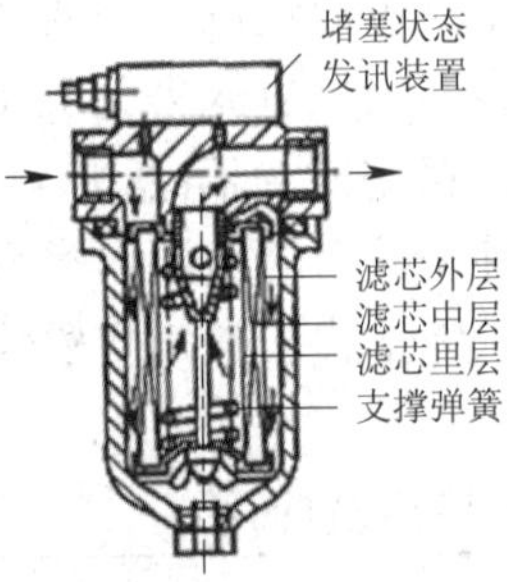 堵塞状态发讯装置 滤芯外层 滤芯中层 滤芯里层 支撑弹簧	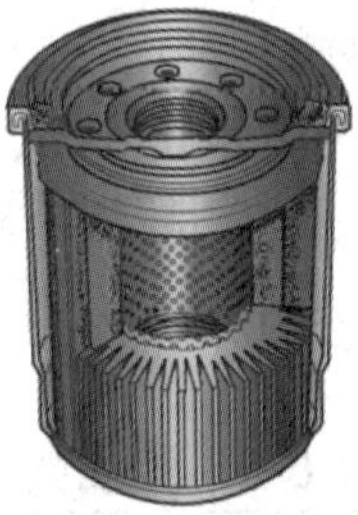	过滤精度高，但堵塞后无法清洗，必须更换纸芯。通常用于精过滤
磁性滤油器	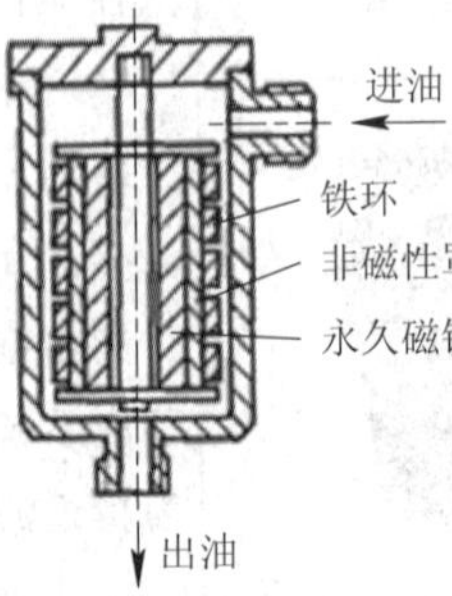 进油 铁环 非磁性罩 永久磁铁 出油	 	利用磁铁吸附油液中的铁质微粒，特别适合于产生钢铁材料磨损的液压系统

笔记

3) 管件

管件包括油管、管接头和法兰等。油管和管接头是各组件组成系统时必需的连接和输油组件。

(1) 油管的功能是连接液压元件，传输液压油和传递压力能。在液压系统中，使用油管的种类有很多，如表 6-3 所示。固定组件间的油管常用硬管，有相对运动的组件间常用软管。

表 6-3　液压系统常用油管及其性能特点

种类		性能特点
硬管	钢管	承受高压、价格低廉、耐腐性好、刚性好，但装配时不能任意成形
	紫铜管	容易变成各种形状，材料价格高，抗震能力及承压能力有限
软管	尼龙管	加热后可任意成形和扩口，冷却后定型，承压能力因材质而异
	塑料管	重量轻耐油，价格便宜，装配方便，承压能力低，易变质老化
	橡胶管	安装方便，能吸收部分液压冲击，耐压能力差

(2) 管接头是连接油管和油管、油管与液压件的可拆卸连接组件。按与油管的连接方式不同可分为卡套式、焊接式、扩口式、扣压式等。液压系统常用的管接头，见表 6-4。

表 6-4　液压系统中常用的管接头

分类	结构图例	实物图例	性能特点
扩口式管接头	接头体 锁紧螺母 套管 油管		被扣口的管子只能是薄壁且塑性好的管子，适用于紫铜管、薄钢管、尼龙管和塑料管等低压管道的连接
焊接式管接头	组合密封圈 O形密封圈 锁紧螺母 接管 接头体 (a) 接管 接头体 (b)		接管与接头体之间的密封方式有平加 O 形圈密封(图(a))，可造性好，可用于高压系统；球面与锥面接触密封(图(b))，有自位性，但密封可靠性稍差，适用于压力不高的系统。焊接式管接头只能用于连接厚壁钢管
扣压式管接头	软管 接头外套 接头芯		图为 A 型扣压式管接头，扣压式管接头具有较好的抗拔脱和密封性能，常应用于高压胶管的连接

笔记

续表

分类	结构图例	实物图例	性能特点
夹紧式管接头	旋转接头 锁紧螺母 塑料软管		锁紧螺母用于夹紧软管，适用于中、低压软管的连接
快速管接头	钢球 接头芯 接头体 弹簧 外套 弹簧座 单向阀 单向阀		全称为快速装拆管接头，它的装拆无须工具，只用于经常装拆的场合

4) 蓄能器

如图 6-30 所示，储存压力油的一种容器可以在短时间内供应大量压力油，补偿泄漏以保持系统压力，消除压力脉动与缓和液压冲击等，图 6-31 所示为蓄能器的应用。

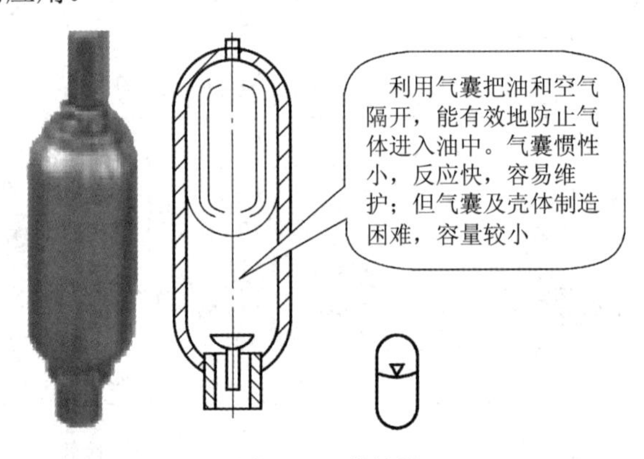

图 6-30　蓄能器

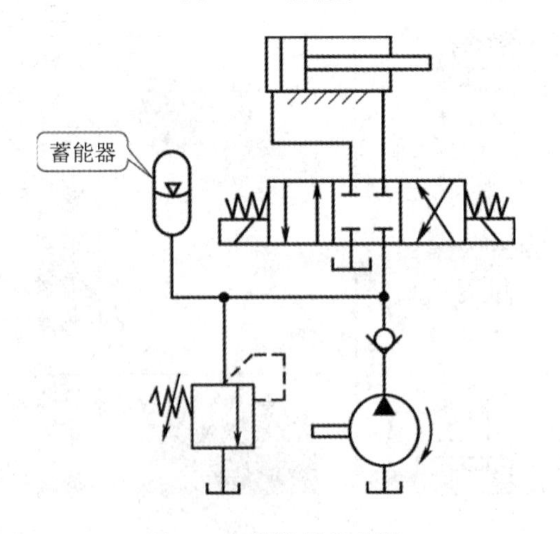

图 6-31　蓄能器的应用

笔记

5. 工作介质

液压传动最常用的工作介质是液压油，此外还有乳化型传动液和合成型传动液等。工作介质的选用原则是符合液压系统的工作条件、液压系统的工作环境、综合经济分析等。

一体化教学

教师在进行授课的同时，让学生进行绘制。

6. 液压气动系统图形符号

液压气动系统图形符号如表 6-5～6-9 所示。

表 6-5　基本符号管路及连接

名　称	符　　号	名　称	符　　号
工作管路		管端连接于油箱底部	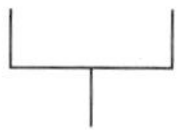
控制管路		密闭式油箱	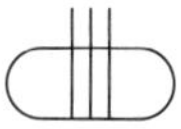
连接管路	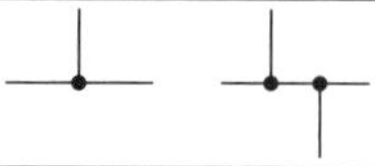	直接排气	
交叉管路		带连接措施的排气	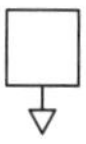
软管总成		带止回阀的快换接头	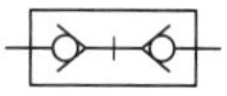
组合元件线		不带止回阀的快换接头	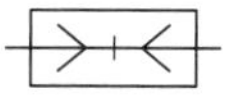
管口在液面以上的油箱		单通路旋转接头	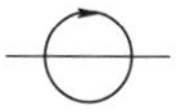
管口在液面以下的油箱		三通路旋转接头	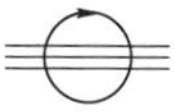

表 6-6　控制机构和控制方法

名　称	符　　号	名　称	符　　号
具有可调行程限制装置的顶杆	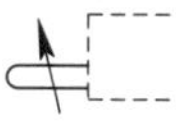	双作用电磁铁	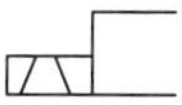
手动锁定控制机构	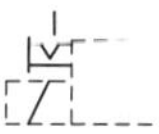	用作单方向行程操纵的滚轮杠杆	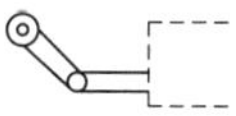
踏板式人力控制	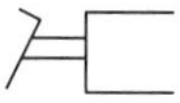	加压或泄压控制	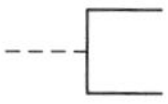
使用步进电机的控制机构	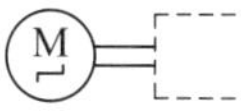 M	内部压力控制	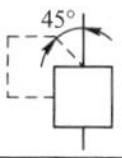 45°
单作用电磁铁连续控制	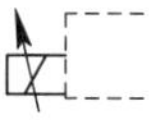	外部压力控制	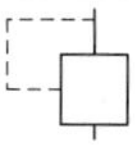

笔记

续表

名　称	符　　号	名　称	符　　号
双作用电气控制机构		液压先导控制	
单作用电磁铁		电—液先导控制	
双作用电气控制机构“连续控制”		电磁—气压先导控制	

表 6-7　泵马达和缸

名　称	符　　号	名　称	符　　号
单向定量液压泵		定量液压泵—马达	
双向变量马达		变量液压泵—马达	
双向定量液压泵		液压源	
单向定量马达		压力补偿变量泵	
双向定量马达		单作用单杆缸	
单向变量马达		双作用单活塞杆缸	
单向变量液压泵		双作用双活塞杆缸(左右终点带限位开关)	Y G　G Y
双向变量液压泵		双向缓冲缸(可调)	
摆动泵		双作用伸缩缸	
单作用弹簧复位缸	详细符号　简化符号	单作用伸缩缸	

笔记

表 6-8　控 制 件

名　称	符　　号	名　称	符　　号
直动型溢流阀	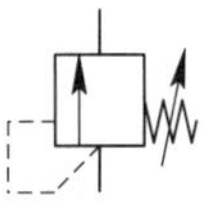	调速阀	
先导型溢流阀	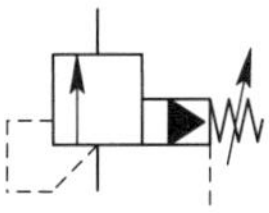	温度补偿调速阀	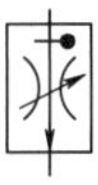
三通减压阀	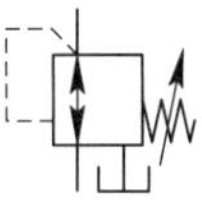	带清声器的节流阀	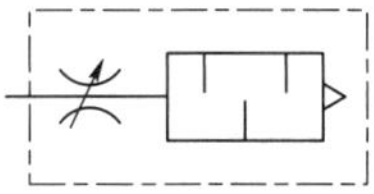
直动型减压阀	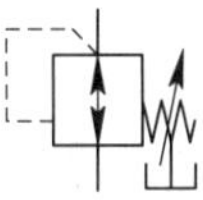	二位二通换向阀	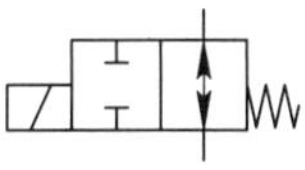
顺序阀带有旁通阀	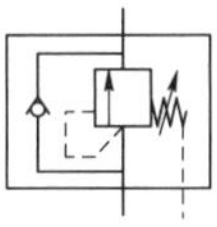	二位三通换向阀	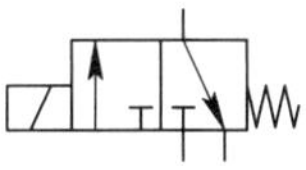
不可调节流阀		二位四通换向阀	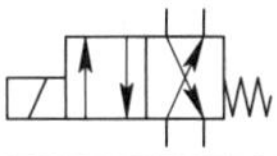
先导型减压阀	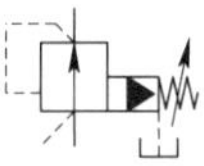	单向阀有复位弹簧常闭	
直动型顺序阀	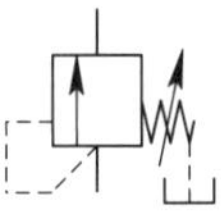	双单向阀先导式	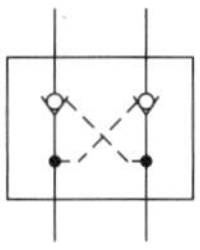
先导型顺序阀	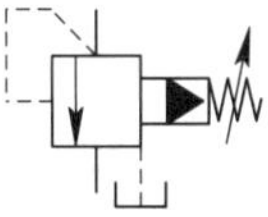	流压锁	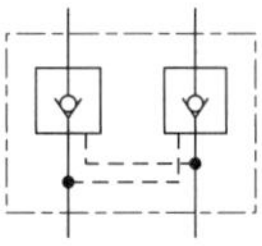
流量控制阀	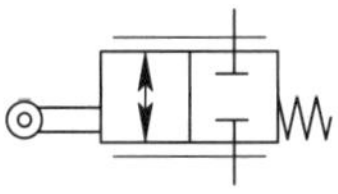	快速排气阀	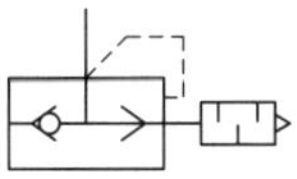
三通减压阀	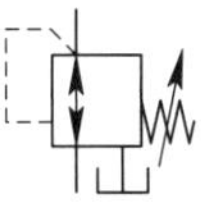	可调节流量控制阀	
可调节流量控制阀单向自由流动	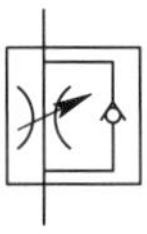		

笔记

表6-9 辅助元件

名 称	符 号	名 称	符 号
过滤器	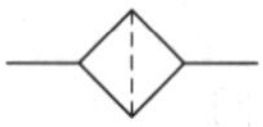	电动机	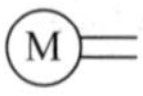 M
磁心过滤器		原动机	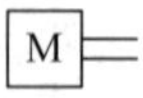 M
带压力表的过滤器	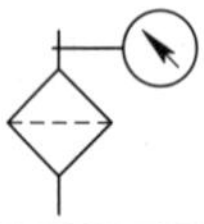	温度计	
冷却器	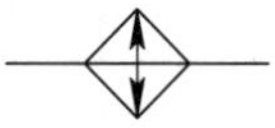	手动排水流体分离器	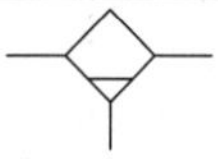
加热器	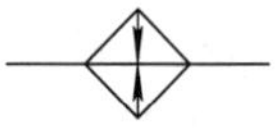	自动排水流体分离器	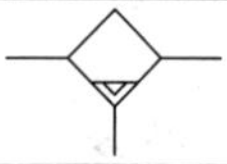
流量计	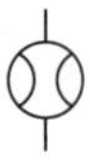	带手动排水分离器的过滤器	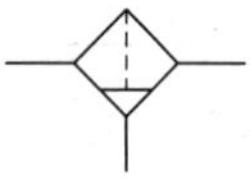
压力继电器	详细符号 一般符号 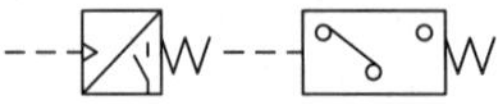	吸附式过滤器	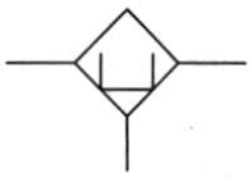
压力测量单元(压力表)		油雾分离器	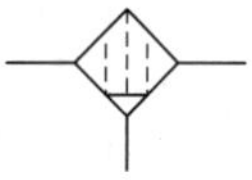
隔膜式充气蓄能器	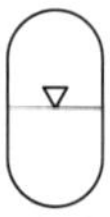	手动排水式油雾器	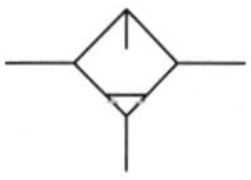
囊隔式充气蓄能器		空气干燥器	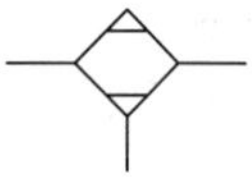
活塞式充气蓄能器	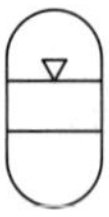	油雾器	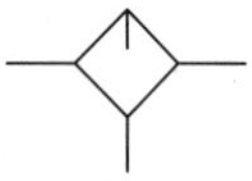
液位指示器(液位计)	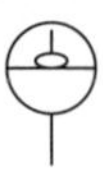	气源调节装置	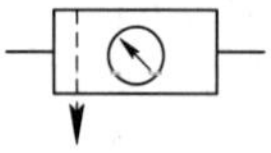
消声器	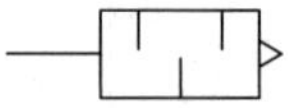	气—液转换器	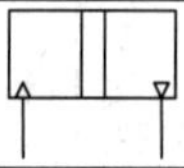
气压源			

笔记

任务实施

让学生在教师的指导下绘制出各种常见液压回路。

技能训练

一、液压系统基本回路

液压系统基本回路是指由某些液压元件和附件构成的，能完成某种特定功能的回路。

1. 方向控制回路

在液压系统中，方向控制回路是指控制执行元件的启动、停止(包括锁紧)及换向的回路。

1) 换向回路

常用的换向回路有采用二位四通电磁换向阀的换向回路(见图 6-32)与采用三位四通手动换向阀的换向回路(见图 6-33)。

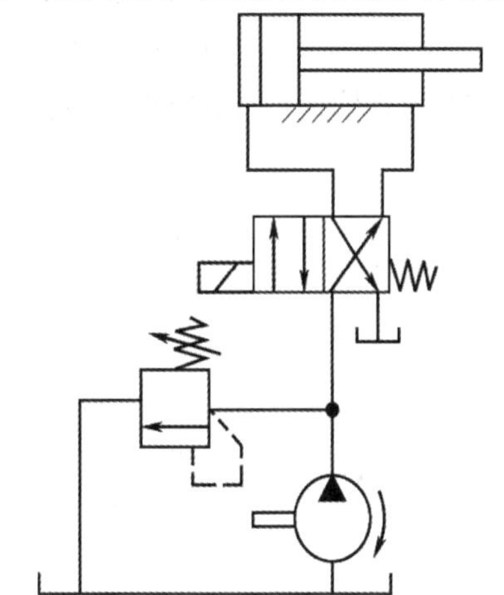

图 6-32　采用二位四通电磁换向阀的换向回路

二位四通电磁换向阀换向回路仿真模拟

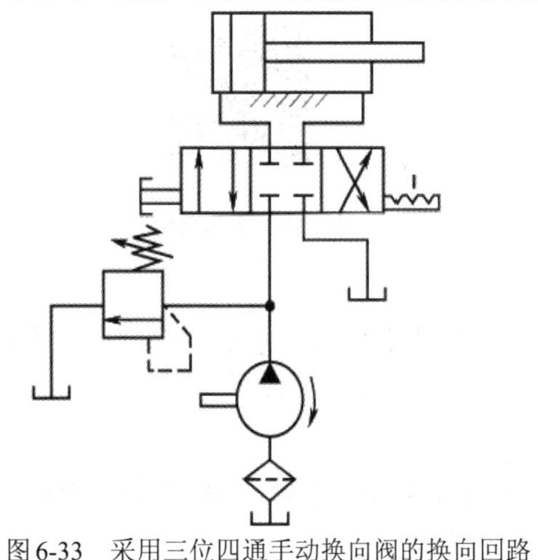

图 6-33　采用三位四通手动换向阀的换向回路

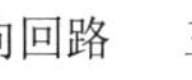

三位四通手动换向阀换向回路仿真模拟

笔记

2) 锁紧回路

常用的锁紧回路有采用O型中位机能的三位四通电磁换向阀的锁紧回路(见图6-34)与采用液控单向阀的锁紧回路(见图6-35)。

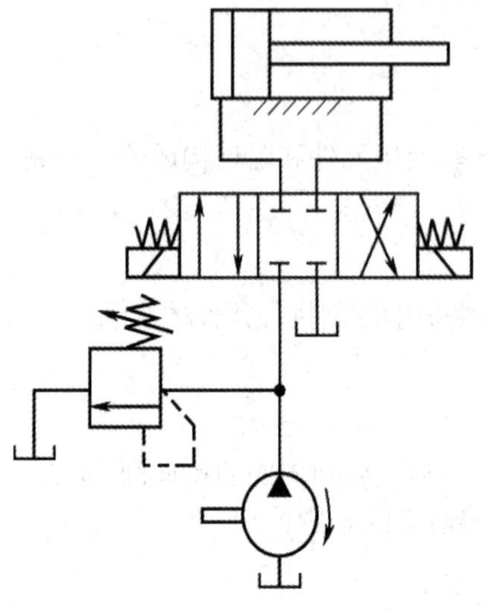

图6-34 采用O型中位机能的三位四通电磁换向阀的锁紧回路

三位四通电磁换向阀锁紧回路仿真模拟

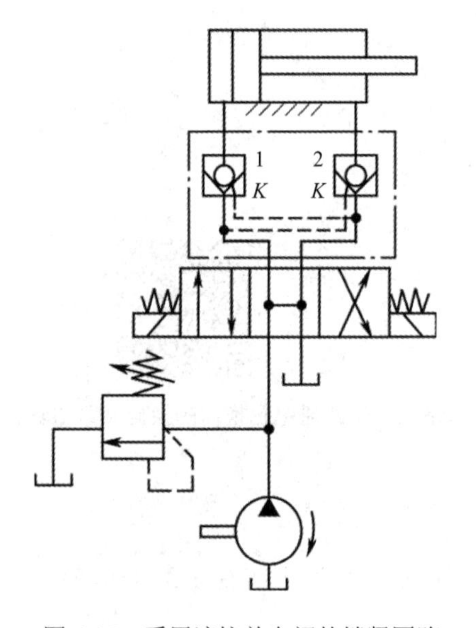

图6-35 采用液控单向阀的锁紧回路

液控单向阀锁紧回路仿真模拟

2. 压力控制回路

压力控制回路是指利用压力控制阀来调节系统或系统某一部分压力的回路。压力控制回路可以实现调压、减压、增压、卸荷等功能。

1) 调压回路

如图6-36所示，回路的调压功能主要由溢流阀完成，使液压系统整体或某一部分的压力保持恒定或不超过某个数值。

笔记

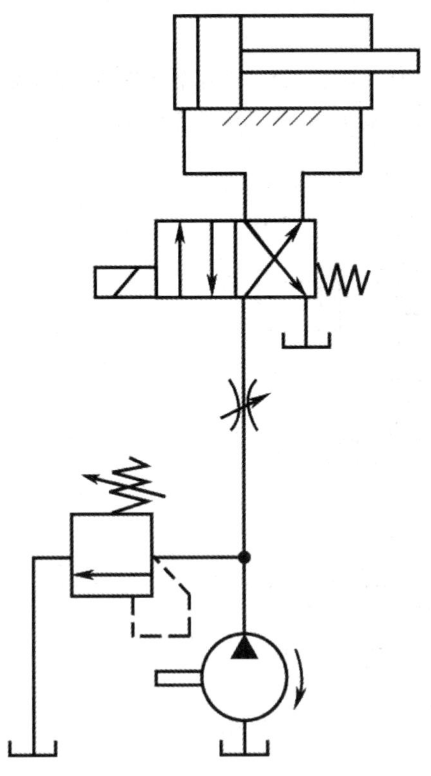

图 6-36　采用溢流阀的调压回路

2) 减压回路

如图 6-37 所示，回路的减压功能主要由减压阀完成，使系统中的某一部分油路具有较低的稳定压力。

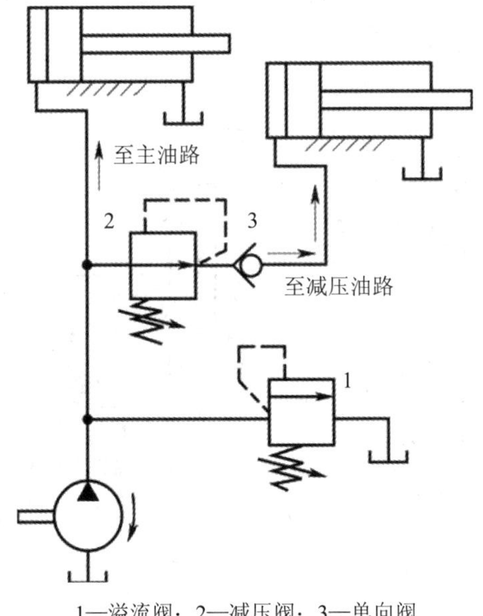

1—溢流阀；2—减压阀；3—单向阀

图 6-37　采用减压阀的减压回路

笔记

3) 增压回路

如图 6-38 所示，采用增压液压缸的增压回路使系统中局部油路或个别执行元件的压力得到比主系统压力高得多的压力。

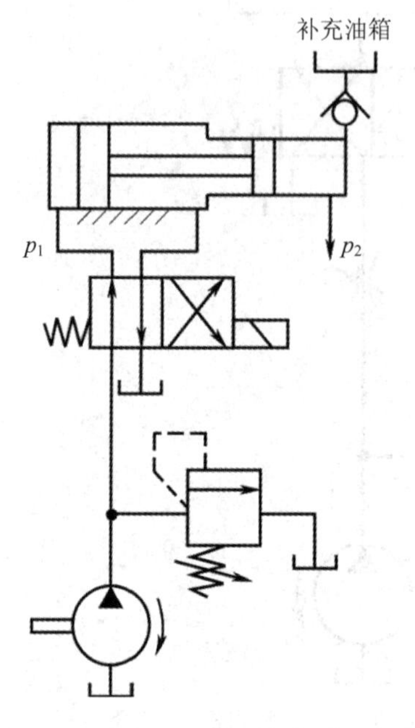

图 6-38　采用增压液压缸的增压回路

采用增压液压缸的增压回路

4) 卸荷回路

卸荷回路能够避免使驱动液压泵的电动机频繁启闭，让液压泵在接近零压的情况下运转，以减少功率损失和系统发热，延长泵和电动机的使用寿命，如图 6-39、图 6-40 所示。

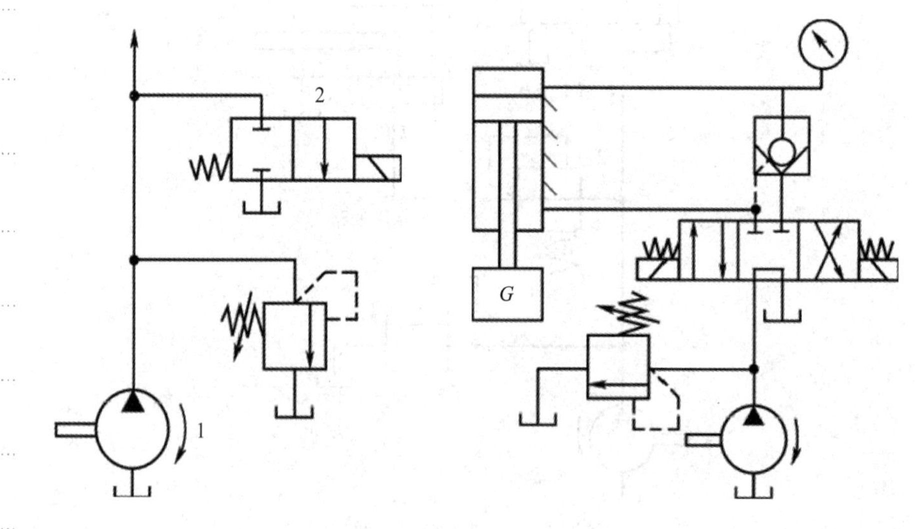

图 6-39　二位二通换向阀构成的卸荷回路　　图 6-40　三位四通换向阀构成的卸荷回路

笔记

3. 速度控制回路

速度控制回路是指控制执行元件运动速度的回路，一般是采用改变进入执行元件的流量来实现速度控制的。

1) 调速回路

调速回路是指用于调节工作行程速度的回路，常用的回路如下。

(1) 进油节流调速回路。进油节流调速回路将节流阀串联在液压泵与液压缸之间，如图 6-41 所示。泵输出的一部分油液经节流阀进入液压缸的工作腔，另一部分油液经溢流阀流回油箱。由于溢流阀有溢流，泵的出口压力 p_B 保持恒定。该回路调节节流阀通流截面积可以改变通过节流阀的流量，从而调节液压缸的运动速度。

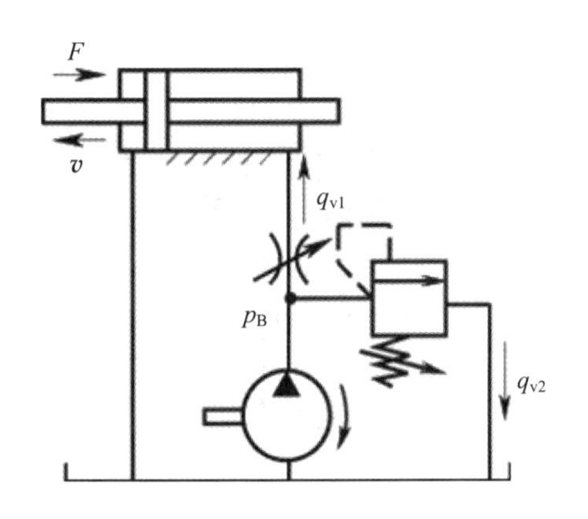

图 6-41　进油节流调速回路

进油节流调速回路

进油节流调速回路仿真模拟

(2) 回油节流调速回路。回油节流调速回路将节流阀串接在液压缸与油箱之间，如图 6-42 所示。该回路调节节流阀通流截面积可以改变从液压缸流回油箱的流量，从而调节液压缸的运动速度。

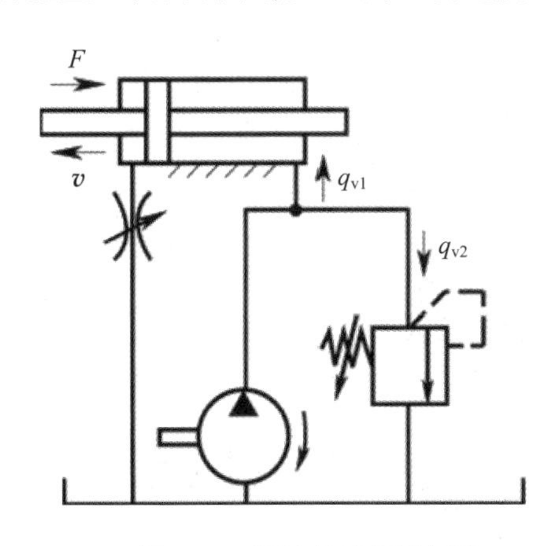

图 6-42　回油节流调速回路

回油节流调速回路

(3) 变量泵的容积调速回路。变量泵的容积调速回路是指依靠改变液压泵的流量调节液压缸速度的回路，如图 6-43 所示。液压泵输出的压力油全部

笔记

进入液压缸，推动活塞运动。该回路改变液压泵输出油量的大小，从而调节液压缸运动速度。溢流阀具有安全保护作用，该阀平时不打开。当系统过载时，该阀打开，从而限定系统的最高压力。

2) 速度换接回路

速度换接回路是指使不同速度相互转换的回路，常用的回路如下。

(1) 液压缸差动连接速度换接回路。液压缸差动连接速度换接回路是指利用液压缸差动连接获得快速运动的回路，如图 6-44 所示。图 6-44 所示用一个二位三通电磁换向阀来控制快慢速度的转换。当液压缸差动连接时，当相同流量进入液压缸时，其速度提高。

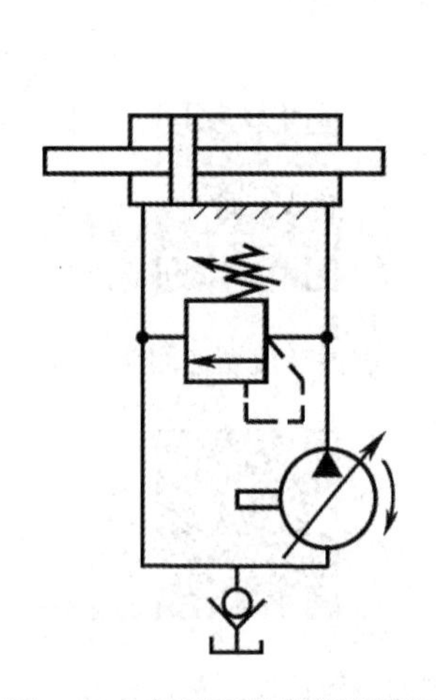

图 6-43　变量泵的容积调速回路

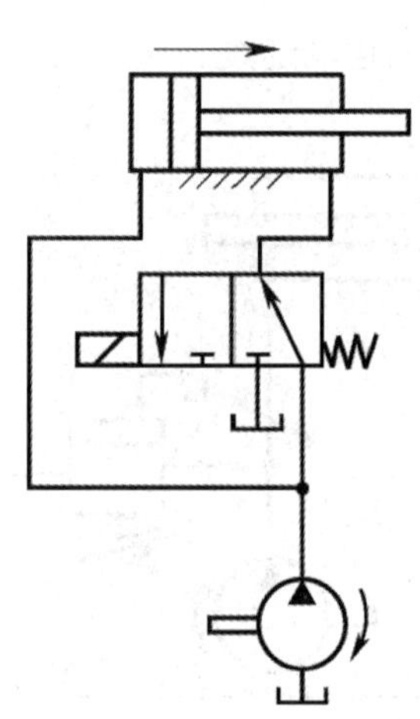

图 6-44　二位三通电磁换向阀速度换接回路

(2) 短接流量阀速度换接回路。短接流量阀速度换接回路是指采用短接流量阀获得快慢速运动的回路。图 6-45 所示为二位二通电磁换向阀左位工作，回路回油节流，液压缸慢速向左运动。当二位二通电磁换向阀右位工作(电磁铁通电)时，流量阀(调速阀)被短接，回油直接流回油箱，速度状态由慢速转换为快速。二位四通电磁换向阀用于实现液压缸运动方向的转换。

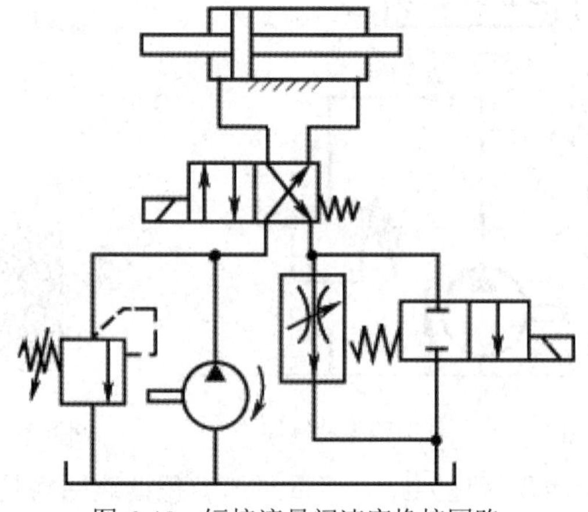

图 6-45　短接流量阀速度换接回路

(3) 串联调速阀速度换接回路。串联调速阀速度换接回路是指采用串联调速阀获得速度换接的回路。图 6-46 所示为二位二通电磁换向阀左位工作，液压泵输出的压力油经调速阀 A 后，通过二位二通电磁换向阀进入液压缸，液压缸工作速度由调速阀 A 调节。当二位二通电磁换向阀右位工作(电磁铁通电)时，液压泵输出的压力油通过调速阀 A，再经调速阀 B 后进入液压缸，液压缸工作速度由调速阀 B 调节。

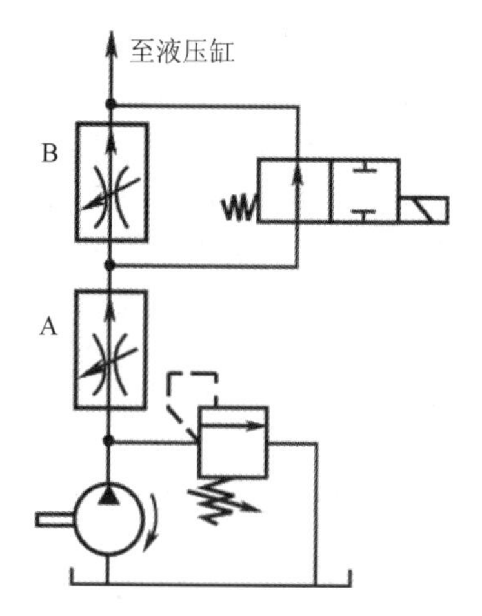

图 6-46　串联调速阀速度换接回路　　串联调速阀速度换接回路

(4) 并联调速阀速度换接回路。并联调速阀速度换接回路是指采用并联调速阀获得速度换接的回路。如图 6-47 所示，液压缸工作速度分别由调速阀 A 和调速阀 B 调节。速度转换由二位三通电磁换向阀控制。

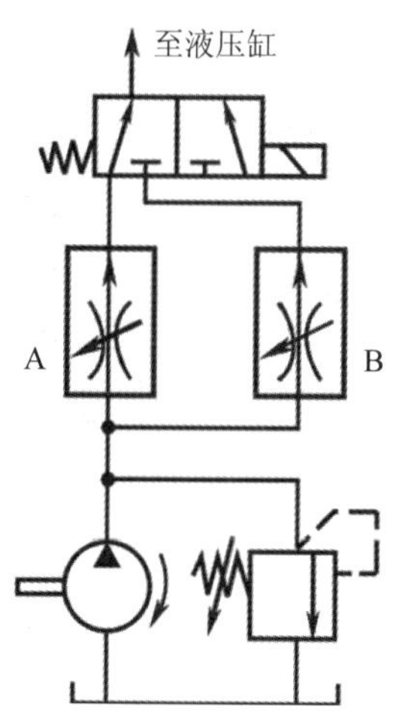

图 6-47　并联调速阀速度换接回路　　并联调速阀速度换接回路

4. 顺序动作控制回路

顺序动作控制回路是指多缸液压系统中的各个液压缸严格地按规定顺序动作的回路。这种回路在机械制造等行业的液压系统中得到了普遍应用。例

笔记

如，组合机床回转工作台的抬起和转位、夹紧机构的定位和夹紧等，都必须按固定地顺序运动。按控制方式不同，顺序动作控制回路可分为行程控制和压力控制两大类。

1) 行程控制的顺序运动回路

图 6-48 所示为用行程开关控制的顺序运动回路。在该回路中，右电磁换向阀的电磁铁通电后，右液压缸按箭头①的方向左行。当右液压缸左行到预定位置时，挡块压下行程开关 S_2，发出信号使左电磁换向阀的电磁铁通电，则左液压缸按箭头②的方向左行。当左液压缸运行到预定位置时，挡块压下行程开关 S_3，发出信号使左电磁换向阀的电磁铁断电，则左液压缸按箭头③的方向右行。当左液压缸右行到原位时，挡块压下行程开关 S_4，使右电磁换向阀的电磁铁断电，则右液压缸按箭头④的方向左行。当右液压缸右行到原位时，挡块压下行程开关 S_1，发出信号表明工作循环结束。这种用电信号控制转换的顺序运动回路，使用调整方便，便于更改动作顺序，因此，在工业机器人中应用广泛，常采用 PLC 控制。

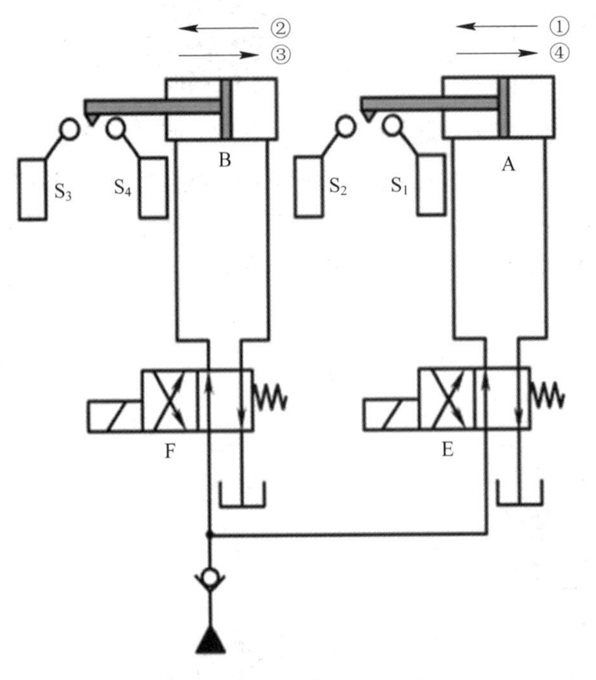

图 6-48　行程控制的顺序动作回路

行程控制的顺序动作回路

行程控制顺序动作回路

仿真模拟

2) 压力控制的顺序动作回路

图 6-49 所示为使用顺序阀来实现两个液压缸顺序动作的回路。在该回路中，当三位四通换向阀左位接入回路且顺序阀 D 的调定压力大于液压缸 A 的最大前进工作压力时，压力油先进入液压缸 A 左腔，则左液压缸按箭头①的方向右行；液压缸运动至终点后压力上升，压力油打开顺序阀 D 进入液压缸 B 的左腔，则右液压缸按箭头②的方向右行。同样地，当三位四通换向阀右

笔记

位接入回路且顺序阀 C 的调定压力大于液压缸 B 的最大返回工作压力时，两个液压缸分别按箭头③和箭头④的顺序返回。

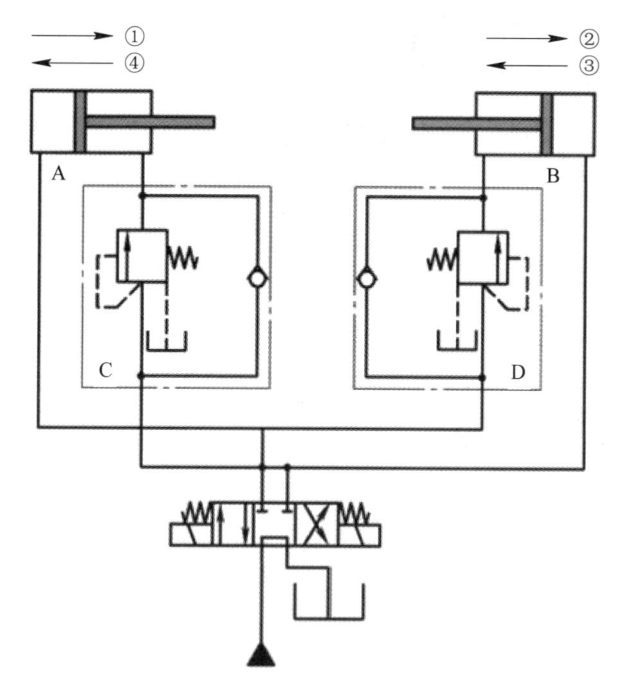

图 6-49　压力控制的顺序动作回路

压力控制的顺序动作回路

5. 同步回路

同步回路的作用是保证系统中的两个或多个液压缸在运动中的位移量相同或以相同的速度运动。从理论上讲，对两个工作面积相同的液压缸输入等量的油液即可使两液压缸同步，但泄漏、摩擦阻力、制造精度、外负载、结构弹性变形以及油液中的含气量等因素都会影响同步，因此，同步要尽量克服或减少这些因素的影响，有时还要采取补偿措施，消除累积误差。

1) 带补偿措施的串联液压缸同步回路

图 6-50 所示为带补偿措施的串联液压缸同步回路。在这个回路中，液压缸 1 的有杆腔 A 的有效面积与液压缸 2 的无杆腔 B 的面积相等，因而从有杆腔 A 排除的油液进入无杆腔 B 后，两液压缸的升降同步。补偿措施使同步误差在每一次下行运动中都可消除，避免误差的积累。其补偿原理为：当三位四通换向阀 5 右位工作时，两液压缸活塞同时下行运动，若缸 1 的活塞先运动到底，则触动行程开关 a 使阀 5 得电，压力油便经阀 5 和液控单向阀 3 向缸 2B 腔补油，其活塞继续运动直至到底，误差即被消除。若缸 2 的活塞先运动到底，则触动行程开关 b 使阀 4 得电，控制压力油使液控单向阀反向通道打开，使缸 1A 腔通过液控单向阀回油，其活塞继续运动直至到底。这种带补偿措施的串联液压缸同步回路只适用于负载较小的液压系统。

笔记

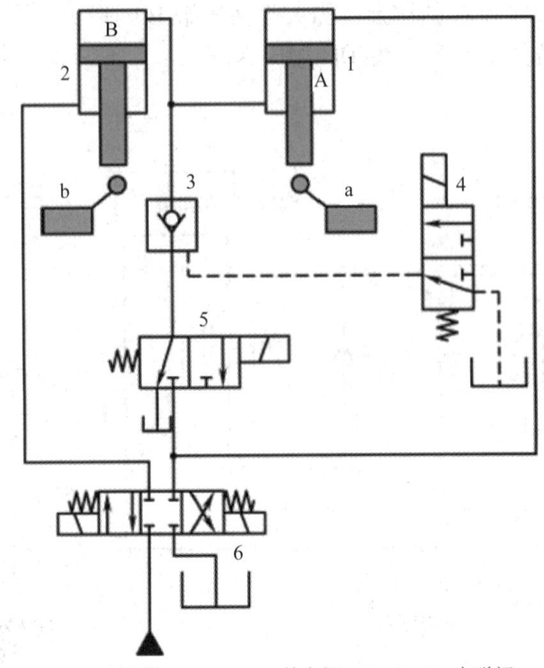

1，2—液压缸；3，4，5—单向阀；4，5，6—电磁阀

图 6-50　带补偿措施的串联液压缸同步回路

2) 采用同步缸或同步马达的同步回路

图 6-51 所示为位用两个尺寸相同的双杆液压缸连接的同步液压缸 3 来实现液压缸 1 和液压缸 2 同步运动的回路，在该回路中，当同步液压缸的活塞左移时，油腔 a 与 b 中的油液使液压缸 1 和液压缸 2 同步上升。若液压缸 1 的活塞先到终点，则油腔 a 的剩余油液经单向阀 4 和安全阀 5 排回油箱，油腔 b 的油继续进入液压缸 2 的下腔，使之到达终点。同理，若液压缸 2 的活塞先到达终点，也可使液压缸 1 的活塞相继到终点。这种同步回路的同步精度取决于液压缸的加工精度和密封性，一般精度可达到 98%～99%。由于同步缸一般不宜做得过大，所以这种回路仅适用于小容量的场合。

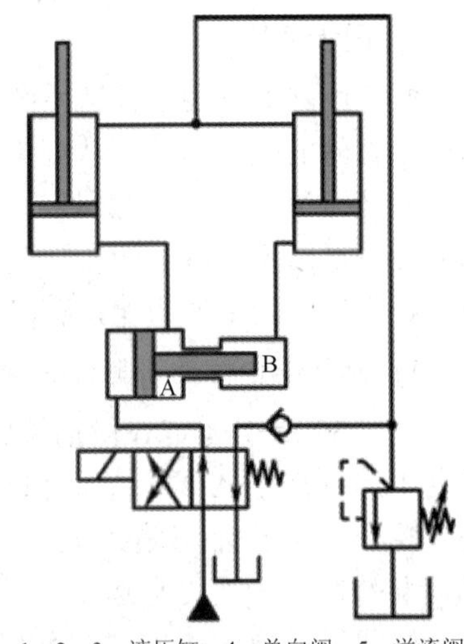

1，2，3—液压缸；4—单向阀；5—溢流阀

图 6-51　采用同步缸或同步马达的同步回路

若采用同步马达的同步回路，由于所用马达一般为容积效率较高的柱塞式马达，所以费用较高。同步控制回路也可采用分流阀(同步阀)控制同步。对于同步精度要求较高的场合，可采用比例调速阀和电液伺服阀组成的同步

笔记

回路。

3) 多缸快慢速互不干扰回路

多缸快慢速互不干扰回路的作用是防止液压系统中的几个液压缸因速度快慢的不同，而在动作上的相互干扰。图 6-52 所示为双泵供油来实现多缸快慢速互不干扰回路。在该回路中，各液压缸(A 和 B)工进时(工作压力大)，由左侧的小流量液压泵 1 供油，用左调速阀 8 调节左液压缸 A 的工进速度，用右调速阀 3 调节右液压缸 B 的工进速度。快进时(工作压力小)，由右侧大流量液压泵 2 供油。两个液压泵的输出油路由二位五通换向阀隔离，互不相混。这样避免了因工作压力不同所引起的运动干扰，使各液压缸均可单独实现“快进→工进→快退”的工作循环。

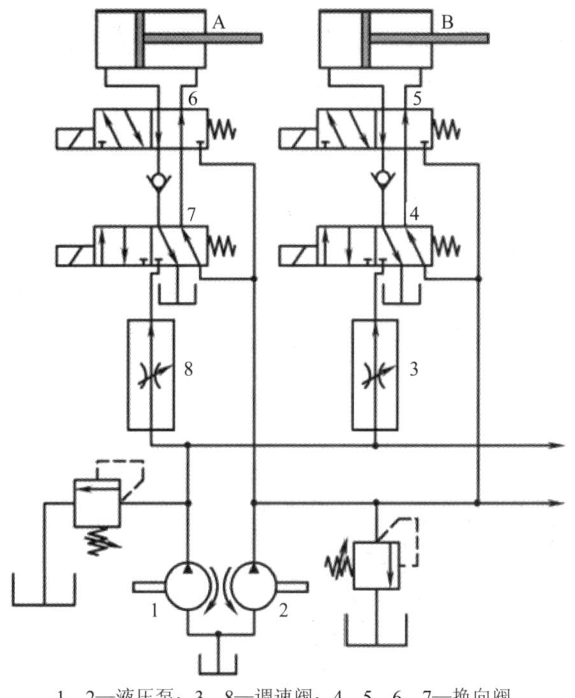

1，2—液压泵；3，8—调速阀；4，5，6，7—换向阀

图 6-52　多缸快慢速互不干扰回路

多缸快慢速互不干扰回路

采用视频、动画等多媒体教学。

多媒体教学

二、液压系统在工业机器人中的应用

1. 腕部

1) 手腕的自由度

手腕除应满足启动和传送过程中所需的输出力矩外，还应满足手腕结构简单，紧凑轻巧，避免干涉，传动灵活等。多数情况下，要求将腕部结构的驱动部分安排在小臂上，使外形整齐，也可以设法使几个电动机的运动传递

笔记

到同轴旋转的心轴和多层套筒上去，运动传入手腕部后再分别实现各个动作。下面介绍几个常见的机器人手腕结构。

(1) 单自由度手腕。图 6-53 所示为采用回转油缸的手腕结构。定片 1 与后盖 3、回转缸体 6 和前盖 7 均用螺钉和销子进行连接和定位，动片 2 与手部的夹紧缸体(4 或转轴)用键连接。缸体 4 与指座 8 固连成一体。当回转油缸的两腔分别通入压力油时，驱动动片连同夹紧缸体 4 和指座 8 一同转动，即手腕的回转运动。此手腕具有结构简单和紧凑等优点。

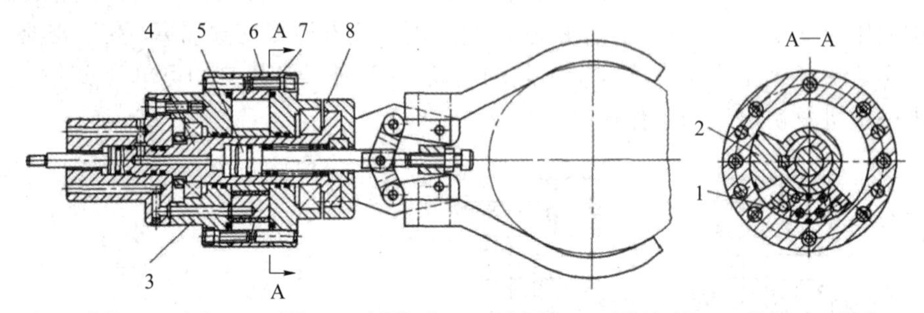

1—定片；2—动片；3—后盖；4—夹紧缸体；5—活塞杆；6—回转缸体；7—前盖；8—指座

图 6-53　单自由度手腕回转结构

(2) 二自由度手腕。图 6-54 所示为双手悬挂式机器人实现手腕回转和左右摆动的结构图，其油路的分布如剖面所示。图中 V—V 剖面所表示的是油缸外壳转动而中心轴不动，以实现手腕的左右摆动；图中 L—L 剖面所表示的是油缸外壳不动而中心轴回转，以实现手腕的回转运动。

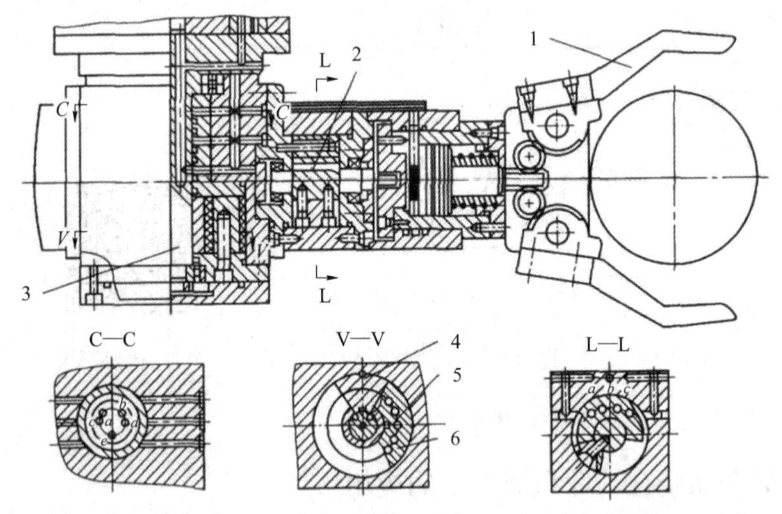

1—手腕；2—中心轴；3—固定中心轴；4—定片；5—摆动回转油缸体；6—动片

图 6-54　具有回转与摆动的二自由度手腕结构

2) 驱动

(1) 液压(气)缸驱动的腕部结构。

直接用回转液压(气)缸驱动实现腕部的回转运动，其具有结构紧凑、灵

巧等优点。图 6-55 所示的腕部结构采用回转液压缸实现腕部的旋转运动。从 A—A 剖视图可以看出：回转叶片 11 用螺钉、销钉和回转轴 10 连在一起；固定叶片 8 和缸体 9 连接。当压力油从右进油孔 7 进入液压缸右腔时，便推动回转叶片 11 和回转轴 10 一起绕轴线顺时针转动；当液压油从左进油孔 5 进入左腔时，便推动转轴逆时针方向回转。由于手部和回转轴 10 连成一个整体，故回转角度极限值由动片、定片之间允许回转的角度来决定。图示的液压缸可以回转 +90° 或 −90°，腕部旋转的位置控制采用机械挡块。固定挡块安装在刚体上，可调挡块与手部连接。当要求任意点定位时，可用位置检测元件对所需位置进行检测并加以反馈控制。

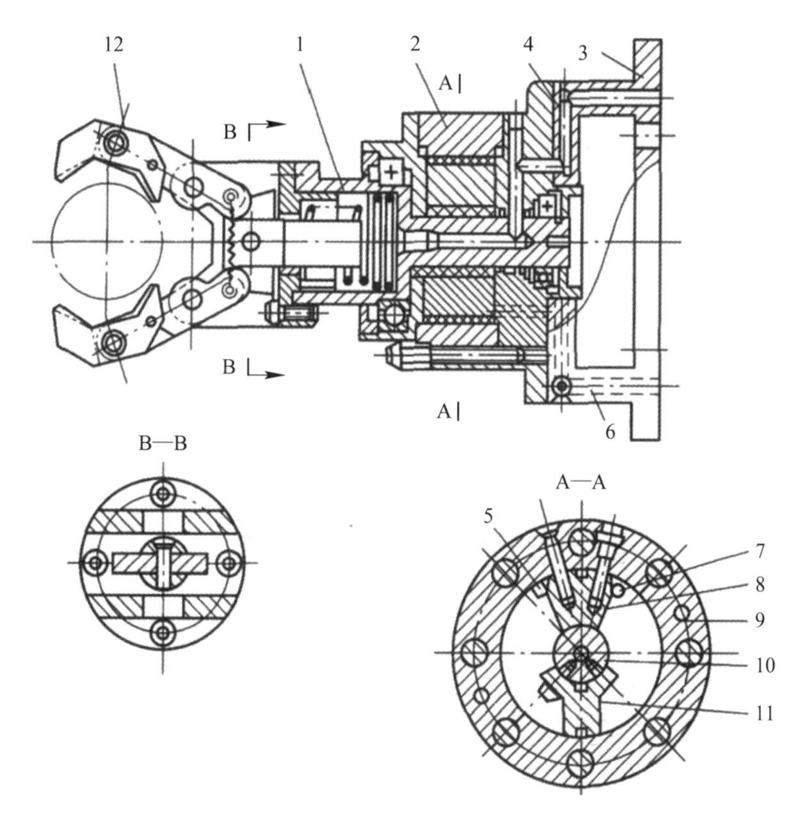

1—手部驱动位；2—回转液压缸；3—腕架；4—通向手部的油管；
5—左进油孔；6—通向摆动液压缸油管；7—右进油孔；8—固定叶片；
9—缸体；10—回转轴；11—回转叶片；12—手部

图 6-55　摆动液压缸的旋转腕图

腕部用于和臂部连接，三根油管由臂内通过，并经腕架分别进入回转液压缸和手部驱动液压缸。如果能把上述转轴的直径设计得较大，并足以容纳手部驱动液压缸时，则可把转轴做成手部驱动液压缸的缸体。这就能进一步缩小腕部与手部的总轴向尺寸，使结构更加紧凑。图 6-56 所示为复合液压缸驱动的腕部结构。

笔记

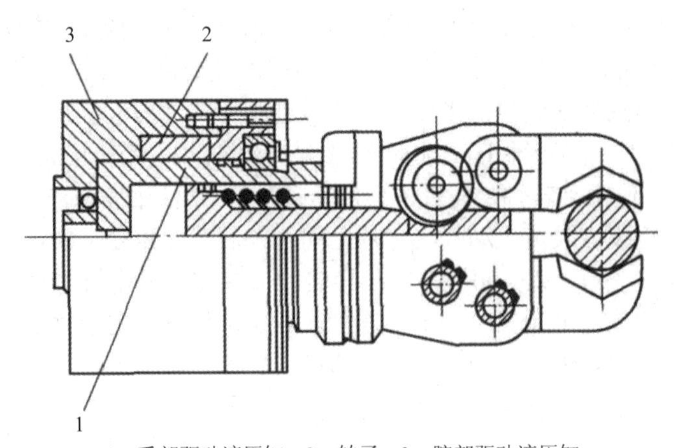

1—手部驱动液压缸；2—转子；3—腕部驱动液压缸

图 6-56 复合液压缸驱动的腕部结构

(2) 直接驱动。直接驱动是指驱动器安装在腕部运动关节的附近直接驱动关节运动，因而传动路线短，传动刚度好，但腕部的尺寸和质量大、惯量大。如图 6-57 所示，驱动源直接装在腕部上，这种直接驱动腕部的关键是能否设计和加工出尺寸小、重量轻而驱动转矩大、驱动性能好的驱动电动机或液压马达。

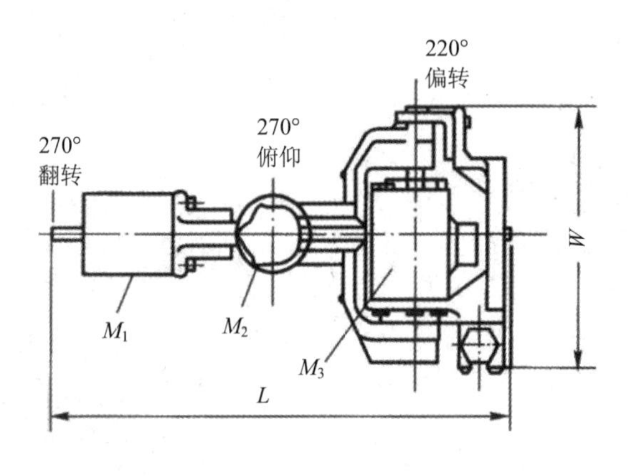

图 6-57 液压直接驱动 BBR 腕部

2. 机器人手臂

机器人手臂由大臂、小臂或多臂组成。手臂的驱动方式主要有液压驱动、气动驱动和电动驱动等几种形式，其中电动驱动形式最为通用。

当行程较小时，采用油(气)缸直接驱动；当行程较大时，可采用油(气)缸驱动齿条传动的倍增机构或步进电动机及伺服电动机驱动，也可用丝杠螺母或滚珠丝杆传动。为了增加手臂的刚性，防止手臂在伸缩运动时绕轴线转动或产生变形，臂部伸缩机构需设置导向装置，或设计方形、花键等形式的臂杆。常用的导向装置有单导向杆和双导向杆等，可根据手臂的结构、抓重等因素选取。

图 6-58 所示为采用四根导向柱的臂部伸缩机构。手臂的垂直伸缩运动由

笔记

油缸 3 驱动，其特点是行程长、抓重大。当工件形状不规则时，为了防止产生较大的偏重力矩，可采用四根导向柱，这种结构多用于箱体加工线上。

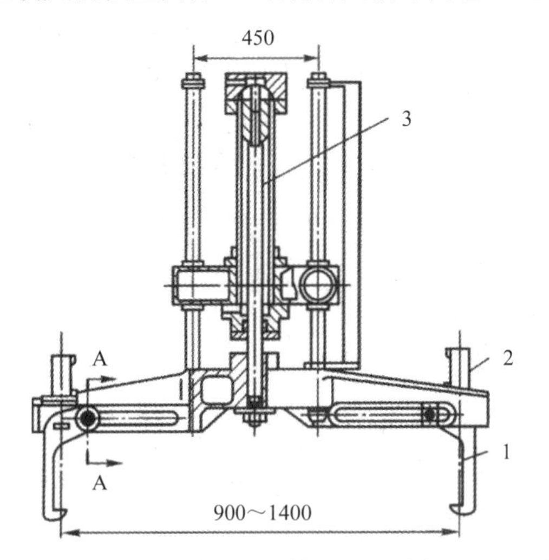

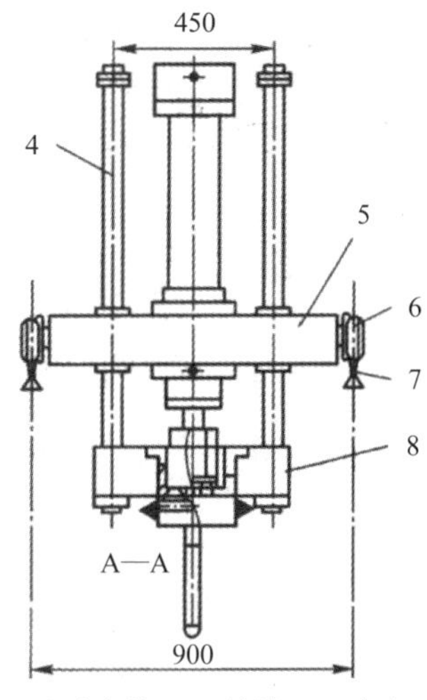

1—手部；2—夹紧缸；3—油缸；4—导向柱；5—运行架；6—行走车轮；7—轨道；8—支座

图 6-58 四导向柱式臂部伸缩机构

往复直线运动还可采用液压或气压驱动的活塞液压(气)缸。活塞液压(气)缸的体积小、重量轻，因而在机器人手臂结构中应用较多。双导向杆手臂的伸缩结构如图 6-59 所示，手臂和手腕是通过连接板安装在升降液压缸的上端。当双作用液压缸 1 的两腔分别通入压力油时，推动活塞杆(2 即手臂)做往复直线移动；导向杆 3 在导向套 4 内移动，以防手臂伸缩式的转动(并兼作手腕回转缸 6 及手部 7 的夹紧液压缸用的输油管道)。手臂的伸缩液压缸安装在两根导向杆之间，由导向杆承受弯曲作用，活塞杆只受拉压作用，故双导向杆手臂受力简单、传动平稳、外形整齐美观、结构紧凑。

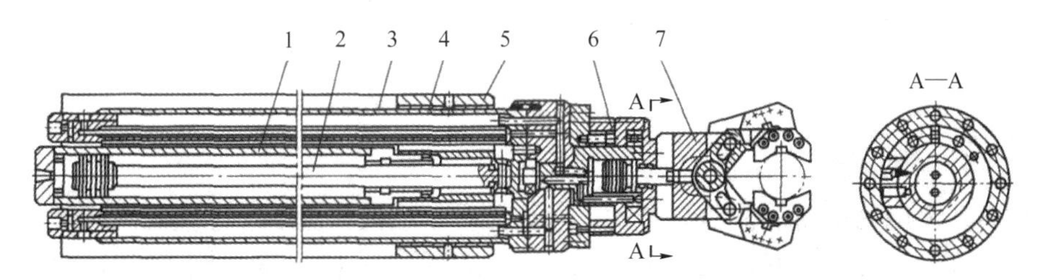

1—双作用液压缸；2—活塞杆；3—导向杆；4—导向套；5—支承座；6—手腕回转缸；7—手部

图 6-59 双导向杆手臂的伸缩结构

任务扩展

一、装卸堆码机液压系统

装卸堆码机是一种仓储机械。现代化仓库利用它，可以实现纺织品包、油桶、木箱等货物的装卸、堆码的机械化作业。堆码机主要由两大部分组成：

笔记

液压马达驱动的行走地盘与六自由度的圆柱坐标式机械手，机械手可以完成升降、俯仰臂伸缩、回转、手腕偏转和手指夹紧等动作。

图 6-60 所示为装卸堆码机的液压系统图。该系统是由一台定量泵供油构成一个单泵供油的并联开式系统。此外，该系统采用蓄电池供电、直流电动机驱动的工作方式，没有仓库污染。由于装卸堆码机采用了液压驱动的机械手，所以比常用的叉车更为方便、灵活，堆码的高度及深度都大大高于叉车。

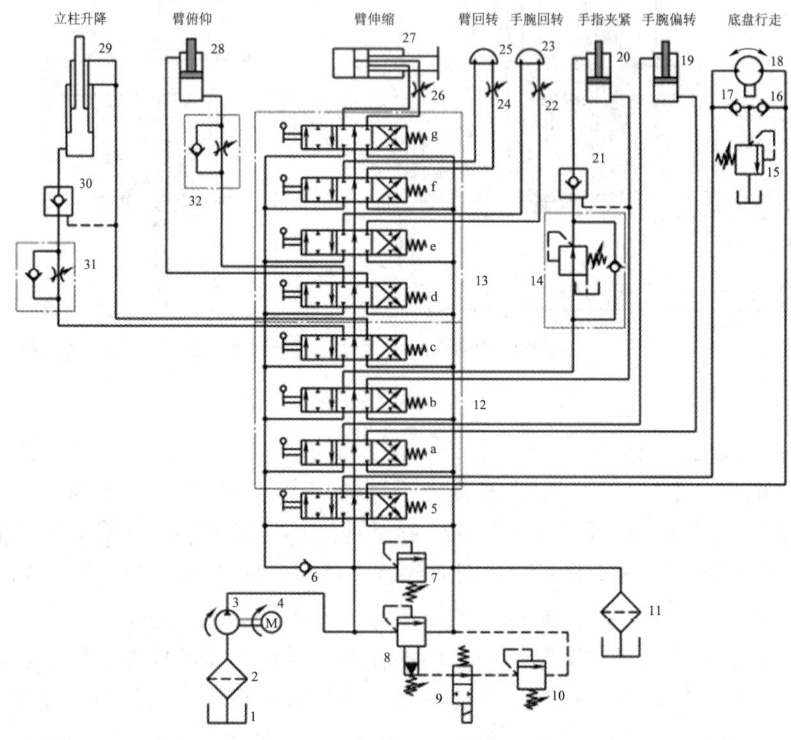

1—油槽；2，11—过滤器；3—液压泵；4—电动机；5—换向阀；6，16，17，21，30—单向阀；7，8，10，15—溢流阀；9—电磁阀；12，13—换向阀组；14—减压阀；18—液压阀；19，20，27，28，29—伸缩液压缸；22，24，26—节流阀；23，25—回转液压缸；31—单向节流阀

图 6-60 装卸堆码机的液压系统

1. 底盘行走

直流电动机带动液压泵转动，当控制脚踏板换向阀 5 左位接入系统时，地盘行走液压马达开始工作驱动底盘行走，单向阀 17 和安全阀 15 用以放置液压马达超载。在地盘行走困难时，可按增力按钮，使阀 9 工作，使溢流阀 8 的远程控口堵死，由阀 8 调压，使系统压力增高，行走机构行走顺利。底盘后退时的情况可依此类推。

2. 立柱升降

当液压马达驱动行走机构运行到预定位置时，阀 5 复位，此时操纵多路换向阀 12 中阀 C 的手动操纵杆。

当升降的所需的高度时，阀 12 中 c 复位，此时由液控单向阀 30 锁紧，阀 12 中 c 由操纵杆操作至右位时立柱下降。

3. 臂回转

臂回转动作由手臂回转缸来实现，当控制多路换向阀 13 中 f，使其作为接入系统时，回转缸带动机械手臂转动，转动速度可以由节流阀 24 调节。

4. 手指夹紧

手指夹紧缸负责夹紧货物的工作，手指的夹紧松开由多路换向阀控制，夹紧力的大小可以由减压阀 14 来控制，不同的货物要求不同的夹紧力，可根据需要调整。为使货物被夹紧后能保持一定时间，特意在回路中设置了液控单向阀 21。

二、电液驱动系统

图 6-61 所示为机械手手臂伸缩电液伺服系统原理图，它由电液伺服阀 1、液压缸 2、活塞杆带动的机械手手臂 3、电位器 4、步进电动机 5、齿轮齿条 6 和放大器 7 等元件组成。当数字控制部分发出一定数量的脉冲信号时，步进电动机带动电位器 4 的动触头转过一定的角度，使动触头偏移电位器中位，产生微弱电压信号，该信号经放大器 7 放大后输入电液伺服阀 1 的控制线圈，使伺服阀产生一定的开口量。假设此时压力油经伺服阀进入液压缸左腔，推动活塞连同机械手手臂上的齿条相啮合，当手臂向右移动时，电位器跟着做顺时针方向旋转。当电位器的中位和动触头重合时，动触头输出电压为零，电液伺服阀失去信号，阀口关闭，手臂停止移动。手臂移动的行程取决于脉冲的数量，速度取决于脉冲的频率。当数字控制部分反向发出脉冲时，步进电动机向反方向转动，手臂便向左移动。机械手手臂移动的距离与输入电位器的转角成比例，机械手手臂完全跟随输入电位器的转动而产生相应的位移，所以它是一个带有反馈的位置控制电液伺服系统。

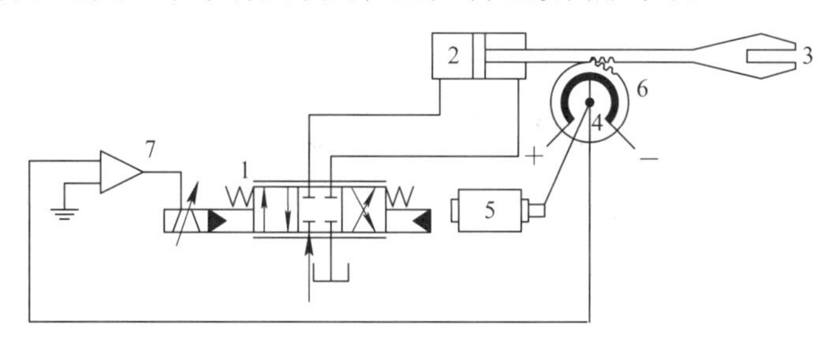

1—电液伺服阀；
2—液压缸；
3—机械手手臂；
4—电位器；
5—步进电动机；
6—齿轮齿条；
7—放大器

图 6-61　机械手手臂伸缩电液伺服系统原理图

任务巩固

一、填空题

1. 液压系统中的执行元件，将液压能转换为直线(或旋转)运动形式的___________能，输出运动___________和___________。

2. 液压系统中的辅助元件有油箱、_________、_________、_________、管件等。

笔记

3. 油管和管接头是各组件组成系统时必需的________和_______组件。

4. 管接头是连接_________管和_________管、_______管与________的可拆卸连接。

5. 方向控制回路在液压系统中，控制执行元件的_________________、_____________(包括锁紧)及_____________的回路。

6. 压力控制回路可以实现_________压、_________压、_________压、卸荷等功能。

二、判断题

(　　) 1. 油箱在液压系统中只有储油的作用。

(　　) 2. 调压回路使液压系统整体或某一部分的压力保持恒定或不超过某个数值。

(　　) 3. 减压回路使系统中的某一部分油路具有较低的波动压力。

(　　) 4. 增压回路使系统中局部油路或个别执行元件的压力得到比主系统压力高得多的压力。

(　　) 5. 同步回路的作用是只保证系统中的两个或多个液压缸在运动中的位移量相同。

三、简答题

1. 液压传动系统由哪几部分组成？

2. 液压传动系统中管接头有哪几种？

3. 液压系统辅助元件有哪几种？

四、双创训练题

根据实际情况，拆装本单位的一台工业机器人的液压系统，并总结拆装规律，找出工业机器人用液压系统的平均潜力。

任务二　机器人气压传动

工作任务

使用一台通用机器人，要其在作业时能自动更换不同的末端操作器，就需要配置具有快速装卸功能的换接器。换接器由换接器插座和换接器插头两部分组成，分别装在机器腕部和末端操作器上，一般是靠气压来实现机器人对末端操作器的快速自动更换。

气动换接器和常用末端操作器如图 6-62 所示。该换接器也分成两部分：一部分装在手腕上，称为换接器；另一部分在末端操作器上，称为配合器。利用气动锁紧器将两部分进行连接，并具有就位指示灯，以表示电路、气路是否接通，其结构如图 6-63 所示，ABB120 工业机器人快换装置的气路之一如图 6-64 所示。当然气压传动也可以应用在工业机器人的其他装置，如图

笔记

6-65 所示的吸盘上。

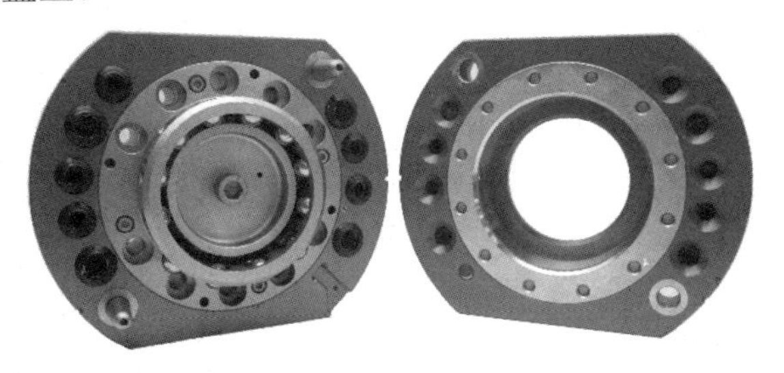

(a) 气动换接器

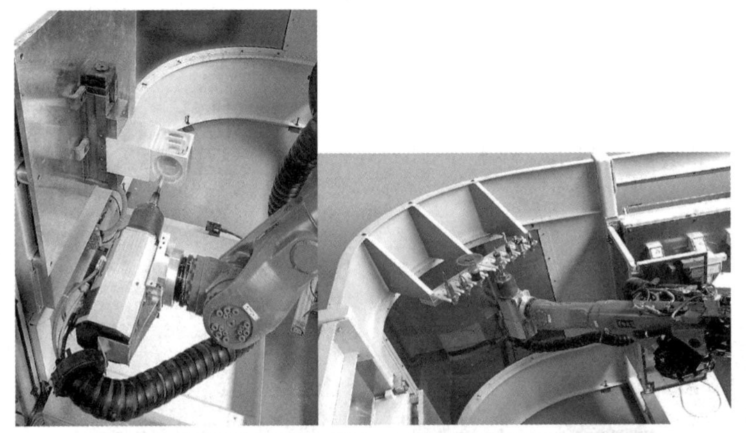

(b) 常用末端操作器

图 6-62　气动换接器和常用末端操作器

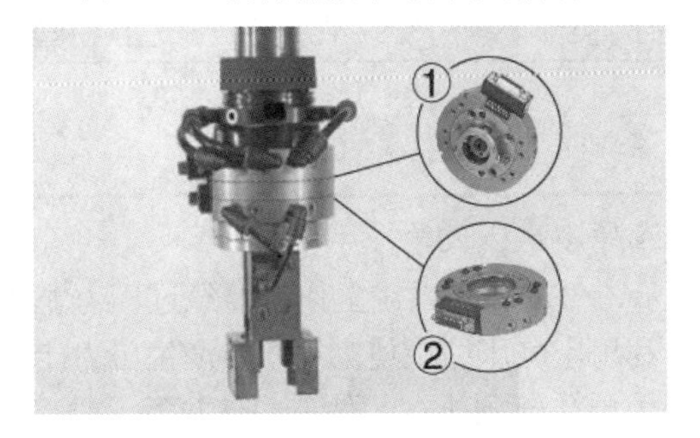

图 6-63　结构

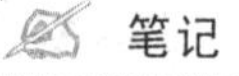 笔记

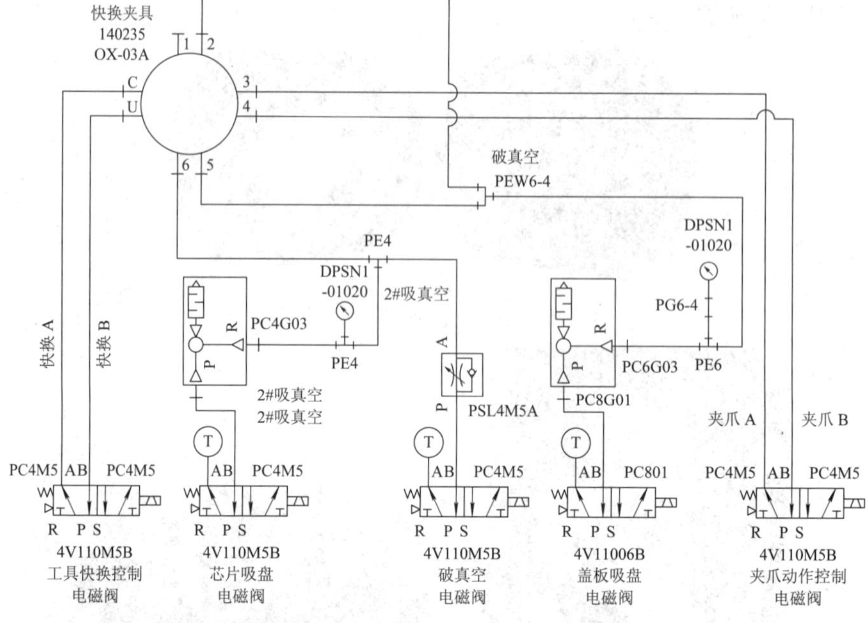

图 6-64 工业机器人上快换夹具的气路图

(a) 易品专用吸盘

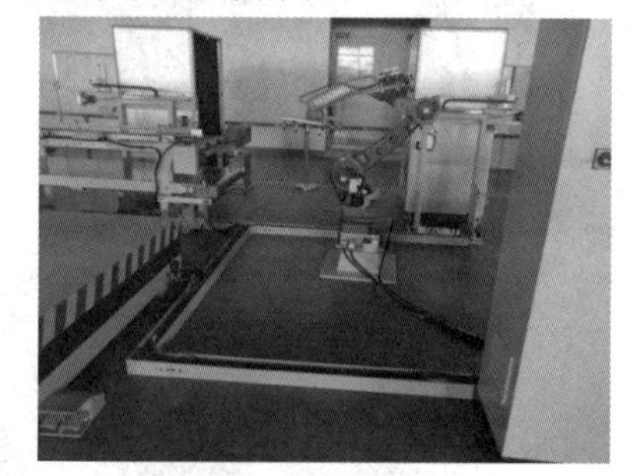

(b) 一般吸盘

图 6-65 工业机器用吸盘

任务目标

知 识 目 标	能 力 目 标
1. 掌握气源装置及气动辅助元件	1. 能分析气压传动的基本回路
2. 了解气动执行元件的种类与工作原理	2. 能分析工业机器人用气压系统
3. 掌握气压控制阀的种类	3. 能选用气压控制阀

任务准备

多媒体教学

采用视频、动画等多媒体教学。

如图 6-66 所示，气动传动系统工作时要经过压力能与机械能之间的转换，其工作原理是利用空气压缩机使空气介质产生压力能，并在控制元件的控制下，把气体压力能传输到执行元件，而使执行元件(气缸或气马达)完成直线运动和旋转运动。

笔记

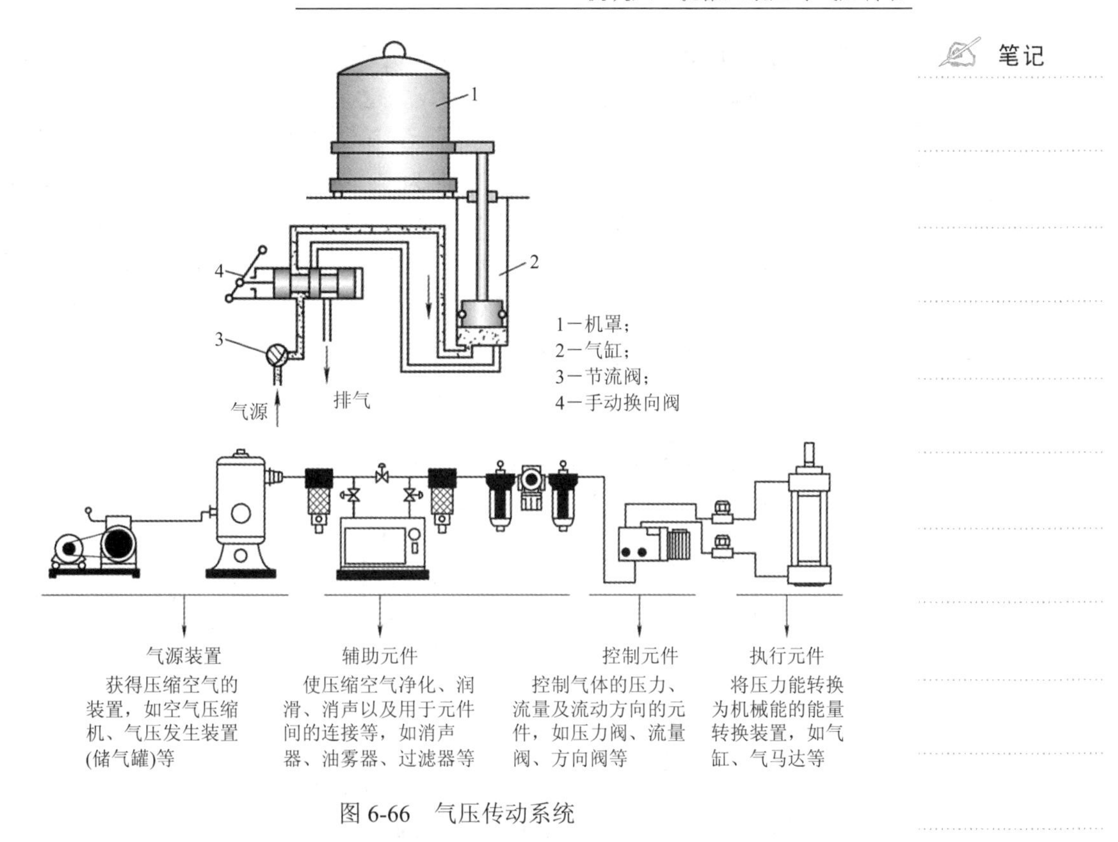

图 6-66　气压传动系统

一、气源装置及气动辅助元件

如图 6-67 所示，空气压缩机 1 用以产生压缩空气；冷却器 2 用以降温冷却压缩空气；油雾分离器 3 用以分离并排出降温冷却凝结的水滴、油滴、杂质等；储气罐 4 和 7 用以储存压缩空气，稳定压缩空气的压力，并除去部分油分和水分；干燥器 5 用以进一步吸收或排除压缩空气中的水分及油分；空气过滤器 6 用以进一步过滤压缩空气中的灰尘、杂质颗粒。

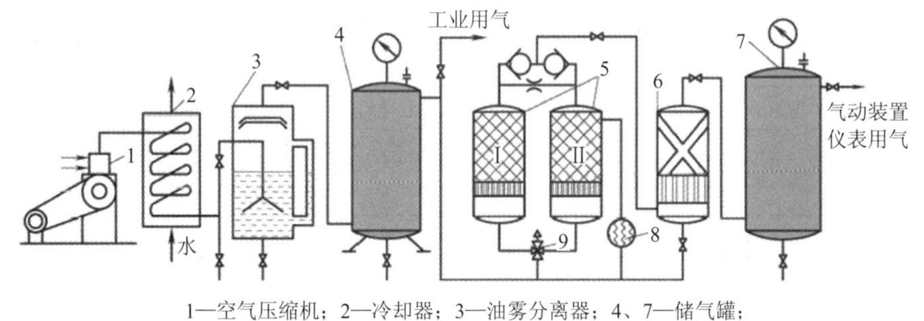

1—空气压缩机；2—冷却器；3—油雾分离器；4、7—储气罐；
5—干燥器；6—空气过滤器；8—加热器；9—四通阀

图 6-67　气源装置及气动辅助元件

1. 空气压缩机

空气压缩机是产生和输送压缩空气的装置，它将机械能转化为气体压力

笔记

能。常用的空气压缩机的分类，如图 6-68 所示。工业机器人常用空气压缩机的结构如图 6-69 与表 6-10 所示。其使用方法是第一步将空气压缩机的开关向上拔、得电、电机运转，如图 6-70 所示；第二步是空气压缩机的气压达到一定的值后，调节球阀把手 90°，方向为出气方向，如图 6-71 所示。因为空气压缩机在工作时，从大气中吸入含有水分和灰尘的空气，经压缩后空气温度升至 140～170℃，此时油分、水分以及灰尘便形成混合的胶体微雾，同其他杂质一起送至气动装置，这影响设备的寿命，严重时使整个气动系统工作不稳定，所以必须净化。

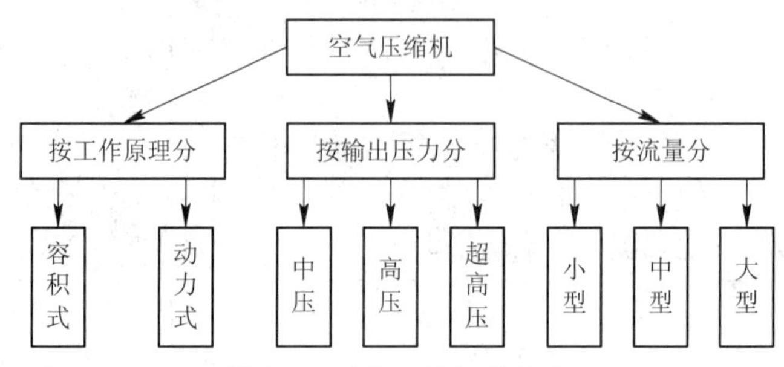

图 6-68　空气压缩机的分类

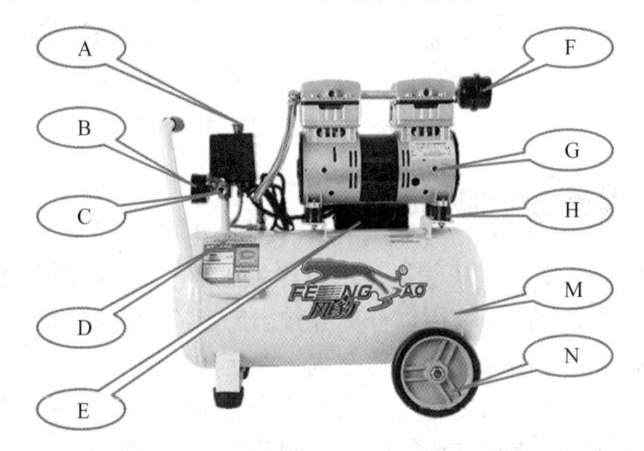

图 6-69　工业机器人常用空气压缩机结构

表 6-10　空气压缩机部件名称

序　号	名　称	说　　明
A	开关	简易开关，方便使用，按下为关，拔上为开
B	压力表	在使用时，需注意气压表显示，确保内部气压充足
C	排气阀	全铜球阀型排气阀，安全方便
D	机身参数	直观了解空气压缩机的最大气压、重量、型号等参数
E	电容	电动机启动电容
F	进气过滤器	过滤进气口空气，也用作消声器，消除噪音
G	全铜电动机	不过热，动力强劲
H	减震脚垫	电机工作时，减少对储气罐的震动
M	储气罐	可存储一定量的空气，方便使用
N	万向机轮	拖动或移动便携

笔记

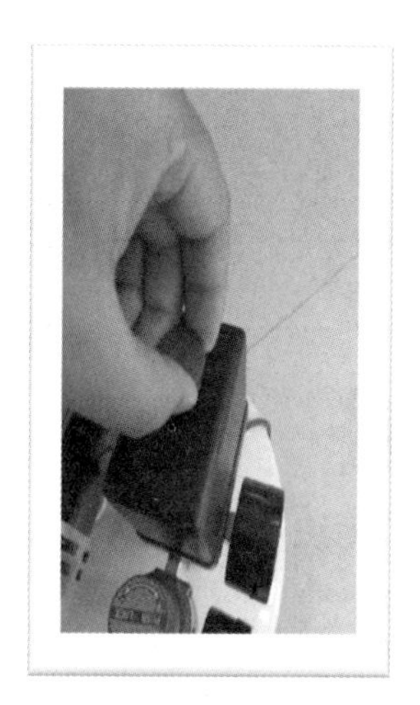

图 6-70　开关向上拔

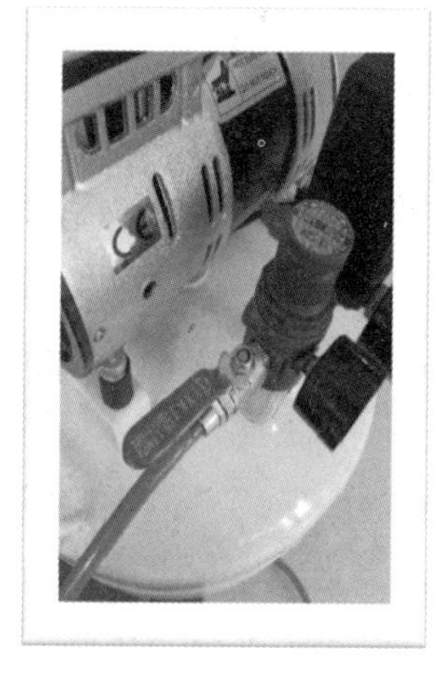

图 6-71　调节球阀把手 90°

2. 气源净化装置

1) 空气过滤器

图 6-72 所示为普通空气过滤器(二次过滤器)的结构及其图形符号。其工作原理是：压缩空气从输入口进入后，被引入旋风叶子 1，旋风叶子上有许多呈一定角度的缺口，迫使空气沿切线方向产生强烈旋转。这样夹杂在空气中的较大水滴、油滴和灰尘等便依靠自身的惯性与存水杯 3 的内壁碰撞，从空气中分离出来沉到杯底，而微粒灰尘和雾状水汽则由滤芯 2 滤除。为防止气体旋转将存水杯中积存的污水卷起，在滤芯下部设有挡水板 4。此外存水杯中的污水应通过手动排水阀 5 及时排放。在某些人工排水不方便的场合，可采用自动排水式空气过滤器。

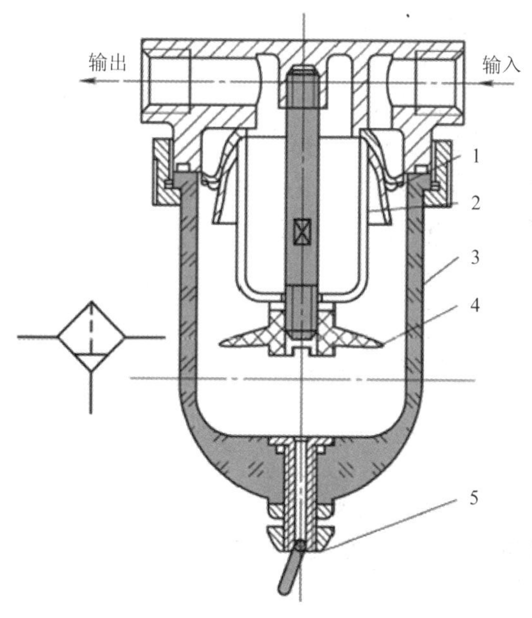

1—旋风叶子；
2—滤芯；
3—存水杯；
4—挡水板；
5—手动排水阀

图 6-72　普通空气过滤器

笔记

2) 除油器

除油器用于分离压缩空气中所含的油分和水分。图 6-73 所示为除油器的结构及其图形符号。其工作原理是：当压缩空气进入除油器后产生流向和速度的急剧变化，依靠惯性作用，将密度比压缩空气大的油滴和水滴分离出来。

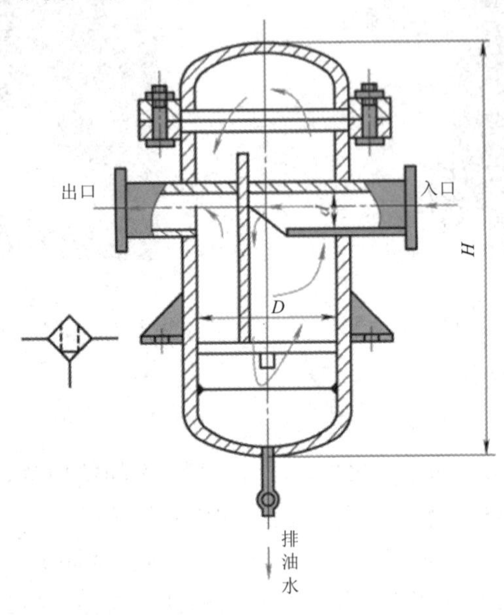

图 6-73　除油器

3) 空气干燥器

空气干燥器是吸收和排除压缩空气中的水分和部分油分与杂质，使湿空气变成干空气的装置。目前在工业上常用的方法是冷冻法和吸附法。

图 6-74 所示为不加热再生式干燥器的结构及其图形符号，它有两个填满干燥剂的相同容器(Ⅰ和Ⅱ)。其工作原理是：空气从一个容器的下部流到上部，水分被干燥剂吸收而得到干燥，一部分干燥后的空气又从另一个容器的上部流到下部，从饱和的干燥剂中把水分带走并放入大气，即实现了不需外加热源而使吸附剂再生。图 6-74 中的Ⅰ、Ⅱ两容器定期地交替工作(5～10 min)使吸附剂产生吸附和再生，这样可得到连续输出的干燥压缩空气。

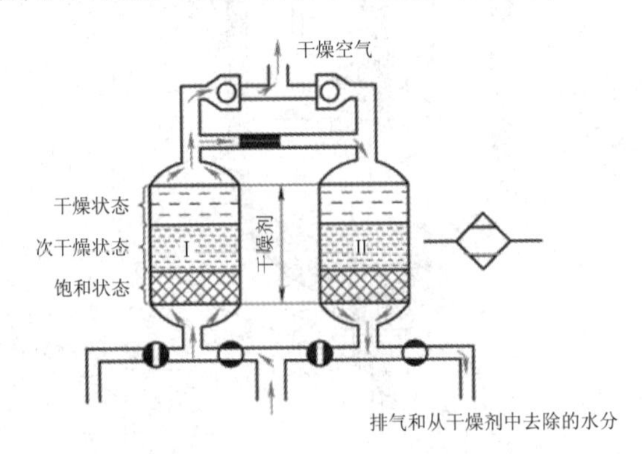

图 6-74　不加热再生式干燥器

笔记

4) 后冷却器

后冷却器安装在空压机出口管道上，空气压缩机排出温度为 140～170℃的压缩空气，经过后冷却器温度降至 40～50℃。后冷却器可使压缩空气中的油雾和水汽迅速达到饱和，凝结析出，如图 6-75 所示。

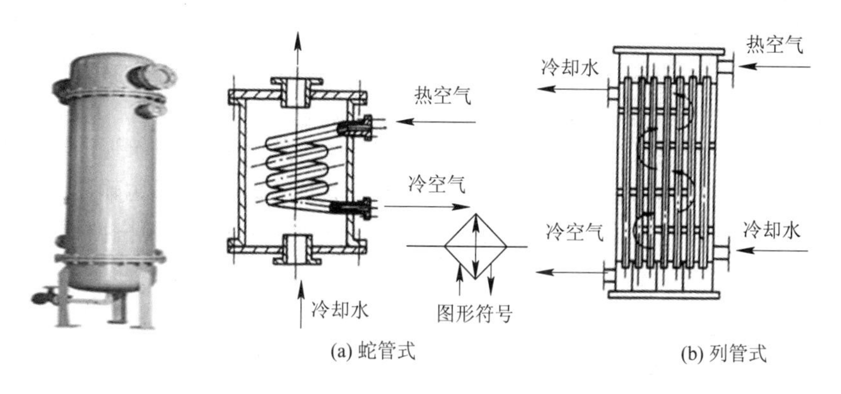

图 6-75　后冷却器

5) 储气罐

储气罐的作用是消除压力波动，保证输出气流的连续性；储存一定数量的压缩空气，调节用气量或以备发生故障和临时需要应急使用，进一步分离压缩空气中的水分和油分。储气罐一般采用圆筒状焊接结构，有立式和卧式两种，一般以立式居多，如图 6-76 所示。每个储气罐应有以下附件。

(1) 安全阀。其作用是调整极限压力，通常比正常工作压力高 10%。

(2) 孔口。其作用是清理、检查。

(3) 压力表。其作用是指示储气罐罐内空气压力。

(4) 接管。其作用是排放储气罐的底部的油水。

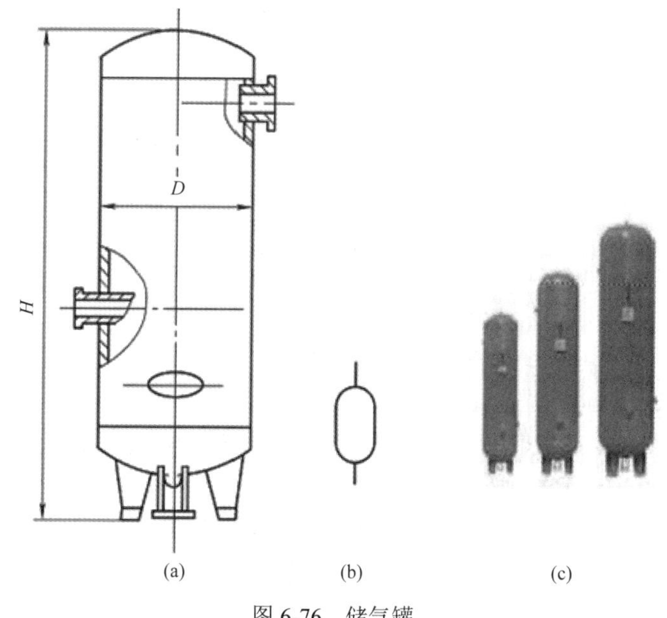

图 6-76　储气罐

笔记

3. 辅助元件

1) 油雾器

图 6-77 所示为普通型油雾器的结构及其图形符号。压缩空气从输入口进入后，通过立杆 1 上的小孔 a 进入截止阀座 4 的腔内，在截止阀的阀芯 2 上下表面形成压力差，此压力差被弹簧 3 的部分弹簧力所平衡，而使阀芯处于中间位置，因而压缩空气就进入储油杯 5 的上腔 c，油面受压，压力油经吸油管 6 将单向阀 7 的阀芯托起，阀芯上部管道有一个边长小于阀芯(钢球)直径的四方孔，使阀芯不能将上部管道封死，压力油能不断地流入视油器 9 内，再滴入立杆 1 中，被通道中的气流从小孔 b 中引射出来，雾化后由输出口输出。视油器上部的节流阀 8 用以调节滴油量，可在 0～200 滴/min 范围内调节。

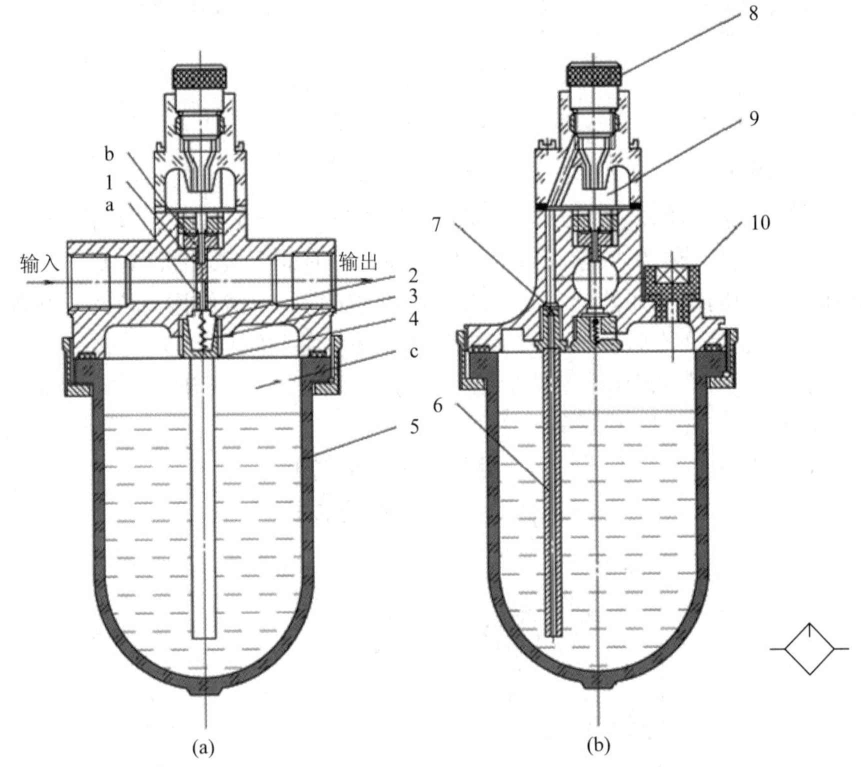

1—立杆；2—阀芯；3—弹簧；4—阀座；5—储油杯；6—吸油管；7—单向阀；8—节流阀；9—视油器；10—油塞

图 6-77　普通型油雾器

2) 消声器

气动元件上使用的消声器的类型一般有三种，即吸收型消声器、膨胀干涉型消声器、膨胀干涉吸收型消声器。

(1) 吸收型消声器。其工作原理是：当有压气体通过消声罩(吸音材料)时，气流受到阻力，声能量被部分吸收而转化为热能，从而降低了噪声强度，如图 6-78 所示。

笔记

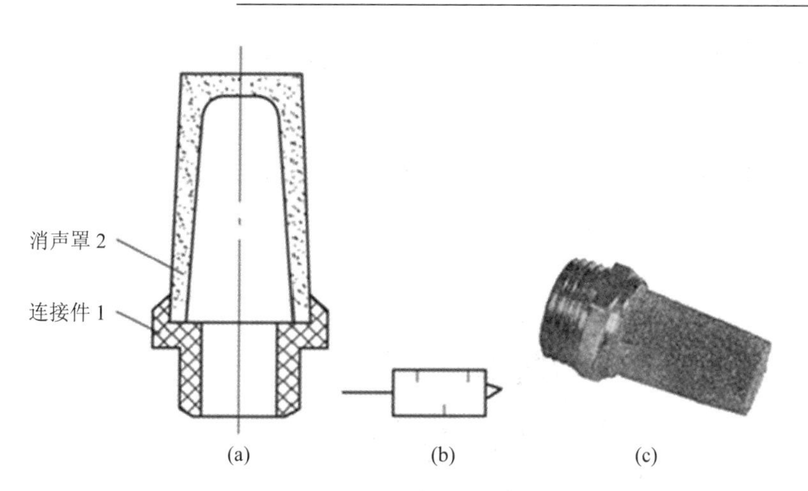

图 6-78　吸收型消声器

(2) 膨胀干涉型消声器。此消声器呈管状，直径比排气孔大得多，气流在里面扩散反射，互相干涉，减弱了噪声强度，最后经过非吸音材料制成的多孔外壳排入大气。

(3) 膨胀干涉吸收型消声器。它是前两种消声器的综合应用，如图 6-79 所示。当气流由斜孔引入，在 A 室扩散、减速、碰壁撞击后，反射到 B 室，气流束相互撞击、干涉，进一步减速，使噪声减弱。然后气流经过吸音材料的多孔侧壁排入大气，噪声被再次减弱。这种消声器的降低噪声效果更好。

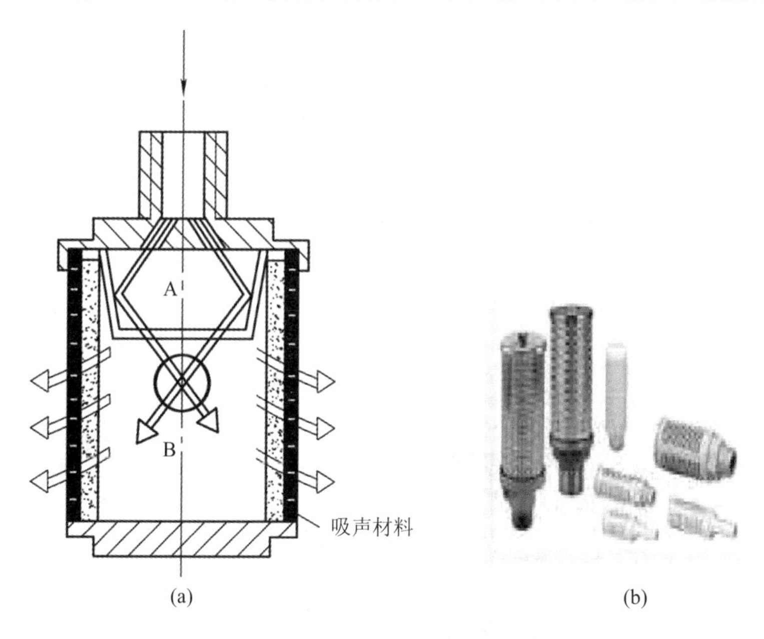

图 6-79　膨胀干涉吸收型消声器

3) 转换器

常用的转换器有气电转换器、电气转换器、气液转换器等。

(1) 气电转换器及电气转换器。气电转换器是将压缩空气的气信号转变

笔记

成电信号的装置，即用气信号(气体压力)接通或断开电路的装置，也称为压力继电器。

按信号压力的大小，压力继电器可分为低压型(0～0.1 MPa)、中压型(0.1～0.6 MPa)和高压型(>1.0 MPa)三种。图 6-80 所示为中、高压型压力继电器的结构及其图形符号。

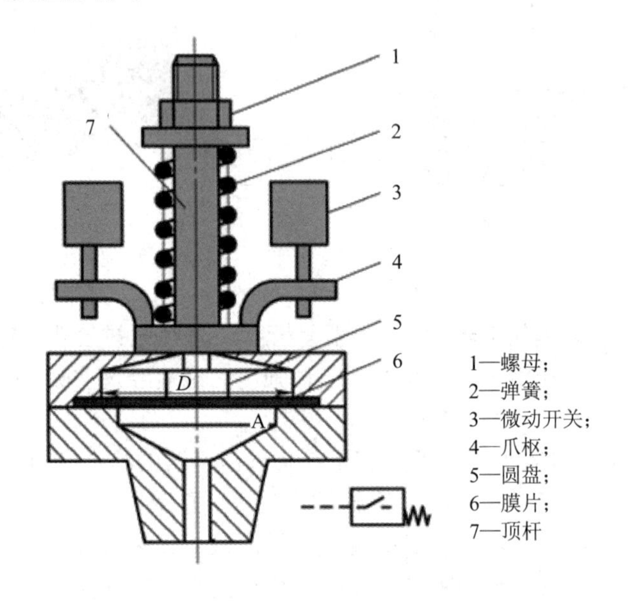

图 6-80　中、高压型压力继电器

(2) 气液转换器。气动系统中常常用到气—液阻尼缸，或使用液压缸作执行元件，以求获得较平稳的速度，因而就需要一种把气信号转换成液压信号的装置，这就是气液转换器。其中一种是直接作用式，即在一筒式容器内，压缩空气直接作用在液面上，或通过活塞、隔膜等作用在液面上，推压液体以同样的压力向外输出。图 6-81 所示为气液直接接触式转换器的结构及其图形符号。

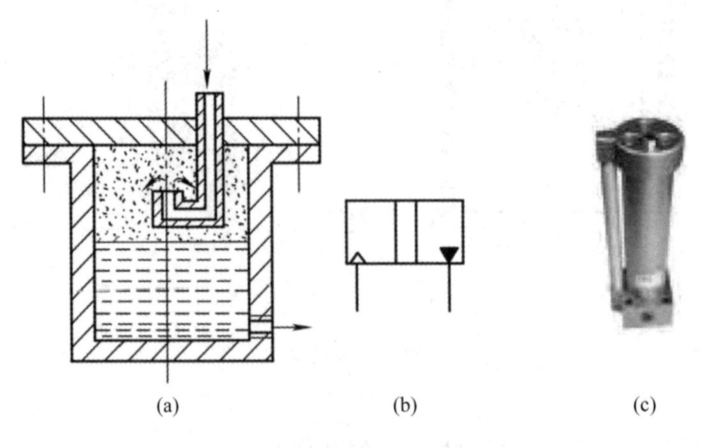

图 6-81　气液直接接触式转换器

笔记

★ 实物教学

二、气动执行元件

气缸和气马达是气动系统的执行元件，它们将压缩空气的压力能转换为机械能。气缸用于实现直线往复运动或摆动，气马达用于实现连续回转运动。

1. 常用气缸

1) 单作用气缸

如图 6-82 所示，压缩空气仅在气缸的一端进气，推动活塞运动。活塞返回借助的是其他外力，如重力、弹簧力等。

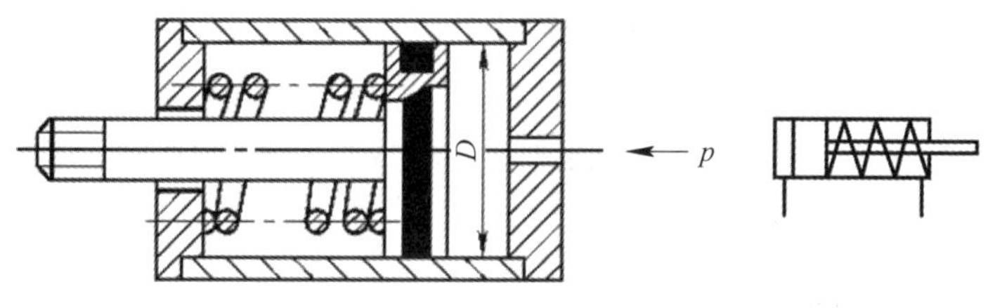

图 6-82　单作用气缸

2) 双作用气缸

如图 6-83 所示，双作用气缸的活塞的往返运动是靠气缸两腔交替进气和排气来实现的。

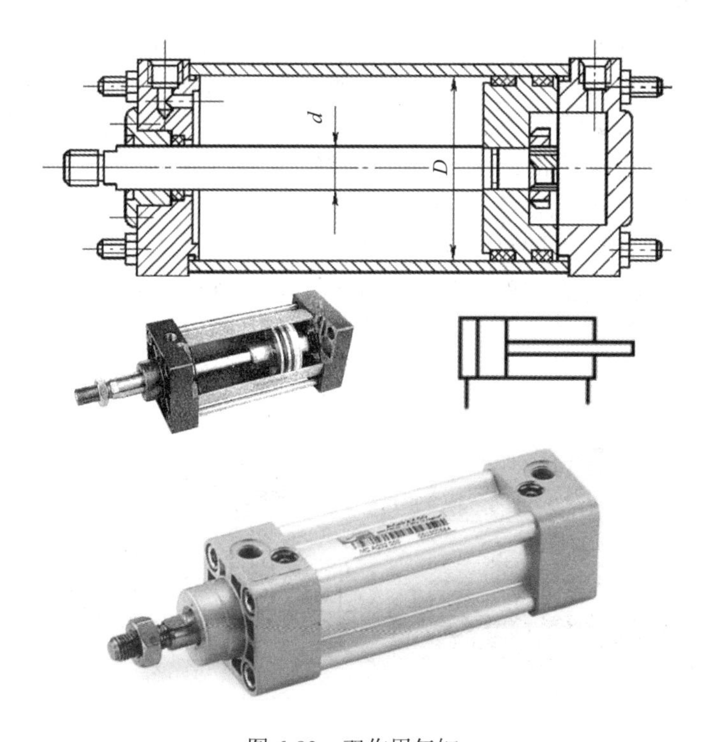

图 6-83　双作用气缸

笔记

3) 薄膜式气缸

薄膜式气缸是利用压缩空气通过膜片推动活塞杆做往复运动。图 6-84 所示为薄膜式气缸，它主要由膜片和中间硬芯相连来代替普通气缸中的活塞，依靠膜片在气压作用下的变形来使活塞杆前进。

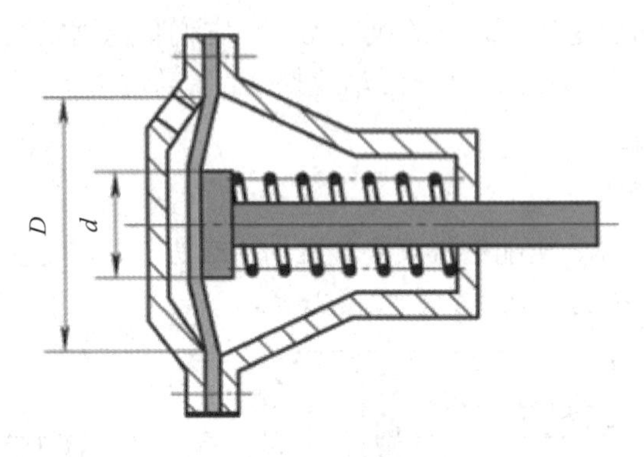

图 6-84　薄膜式气缸

4) 气液阻尼缸

(1) 串联型气液阻尼缸。

气液阻尼缸是由气缸和液压缸组合而成的，它以压缩空气为能源，利用油液的不可压缩性和控制流量来获得活塞的平稳运动和调节活塞的运动速度。

图 6-85 所示为串联型气液阻尼缸的工作原理。若压缩空气自 A 口进入气缸左侧，必推动活塞向右移动。因液压缸活塞与气缸活塞是同一个活塞杆，故液压缸也将向右运动，此时液压缸右腔排油，油液由 A 口经节流阀而对活塞的运动产生阻尼作用，调节节流阀即可改变阻尼缸的运动速度。反之，压缩空气自 B 口进入气缸右侧，活塞向左移动，液压缸左腔排油，此时单向阀开启，无阻尼作用，活塞快速向左运动。串联型气液阻尼缸缸体长，加工与装配的工艺要求高，且两缸间可能产生油气互串现象。

(2) 并联型气液阻尼缸。如图 6-86 所示，并联气液阻尼缸解决了油气互窜现象。

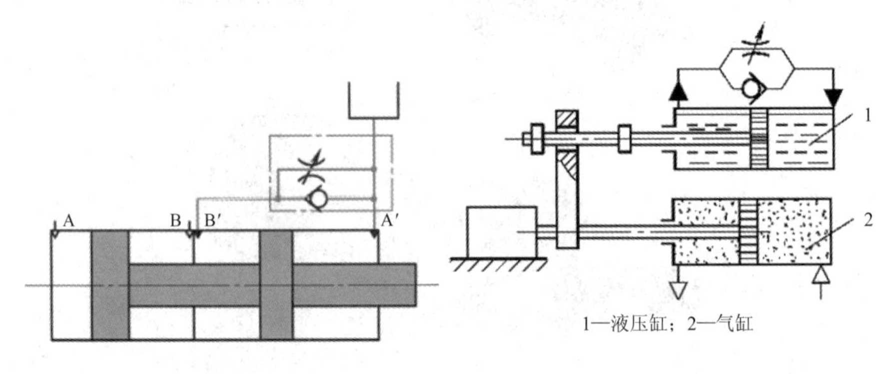

图 6-85　串联型气液阻尼缸

1—液压缸；2—气缸

图 6-86　并联型气液阻尼缸

笔记

5) 冲击气缸

如图 6-87 所示，当压缩空气进入储能腔时，其压力通过小面积的喷嘴口作用在活塞上，不能克服活塞杆腔的排气压力所产生的向上推力及活塞与缸体间的摩擦力，喷嘴处于关闭状态。

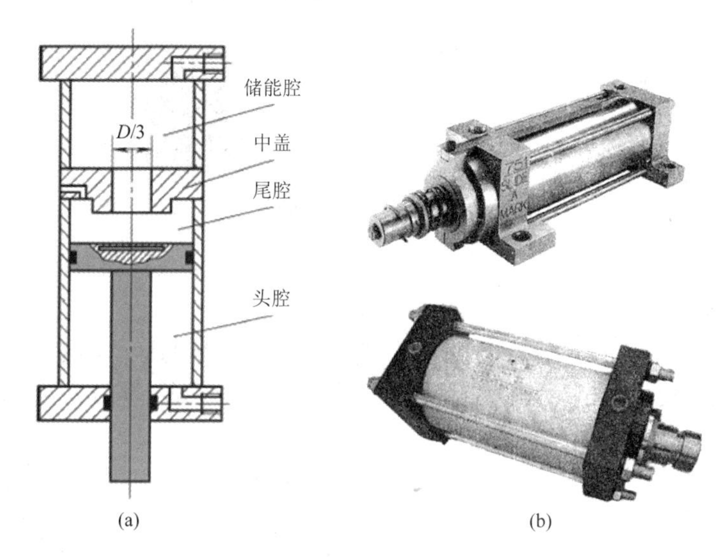

图 6-87　冲击气缸

2. 气动马达

气动马达是将压缩空气的压力能转换成旋转的机械能的装置，在气压传动中使用最广泛的是叶片式和活塞式气动马达。图 6-88 所示为双向旋转叶片式气动马达的工作原理。当压缩空气从进气口 A 进入气室后立即喷向叶片 1，作用在叶片的外伸部分，产生转矩带动转子 2 做逆时针方向的转动，输出旋转的机械能，废气从排气口 C 排出，残余气体则经排气口 B 排出(二次排气)。若进、排气口互换，则转子反转，输出相反方向的机械能。转子转动的离心力和叶片底部的气压力、弹簧力(图中未画出)使得叶片紧密地抵在定子 3 的内壁上，这保证了密封效果，提高了容积效率。

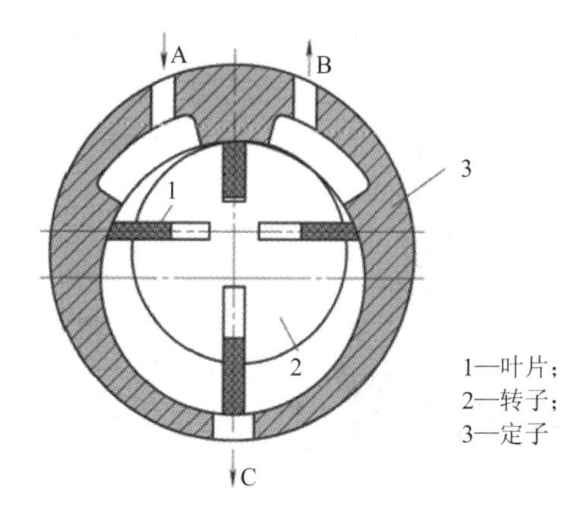

图 6-88　双向旋转叶片式气动马达的工作原理图

笔记

三、气压控制阀

气压控制阀是指控制和调节压缩空气压力、流量和流向的控制元件。

1. 方向控制阀

方向控制阀是指控制压缩空气的流动方向和气流通断的一种阀。

1) 单向阀

如图 6-89 所示，单向阀只能使气流沿一个方向流动，不允许气流反向流动。

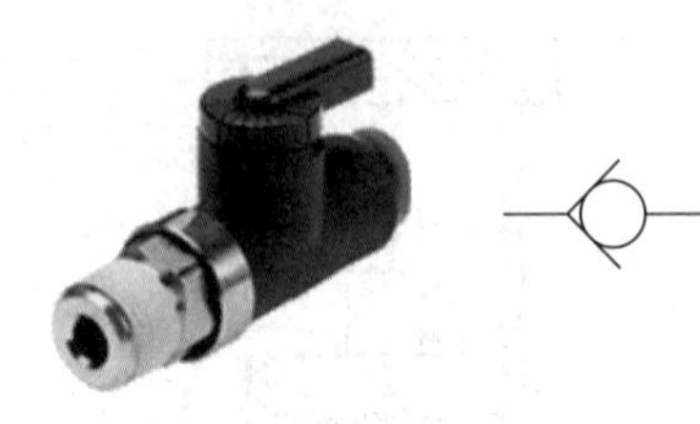

图 6-89　单向阀

2) 换向阀

如图 6-90 所示，换向阀利用换向阀阀芯相对阀体的运动，使气路接通或断开，从而使气动执行元件实现启动、停止或变换运动方向。

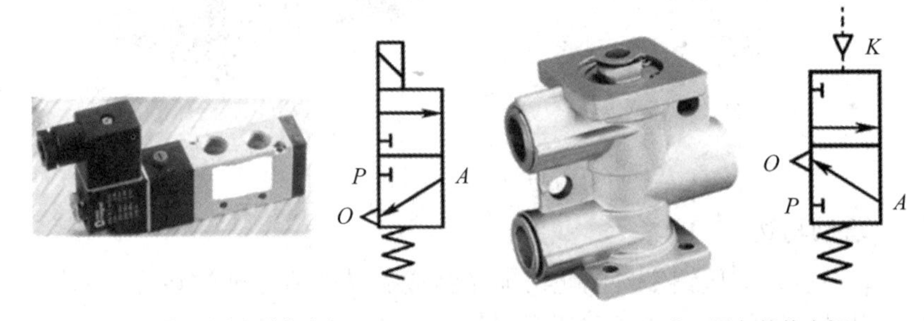

(a) 二位三通电磁换向阀　　(b) 二位三通气控换向阀

图 6-90　换向阀

2. 压力控制阀

1) 减压阀

如图 6-91 所示，减压阀将从储气罐传来的压力调到所需的压力，减小压力波动，保持系统压力的稳定。减压阀通常安装在过滤器之后，油雾器之前。在生产实际中，常把过滤器、减压阀和油雾器这三个元件做成一体，称为气源三联件(气动三大件)，如图 6-92 所示。

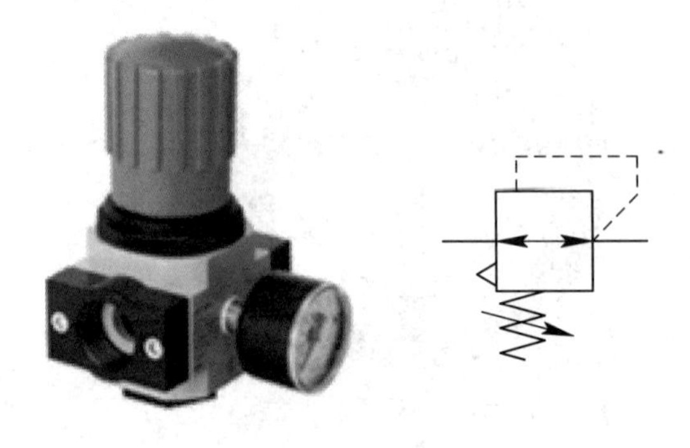

图 6-91　减压阀

笔记

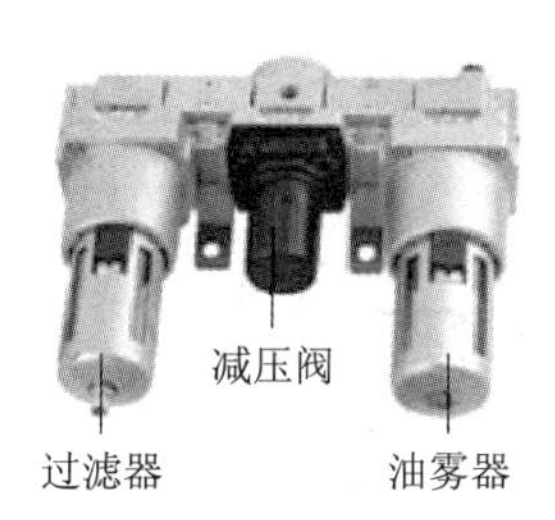

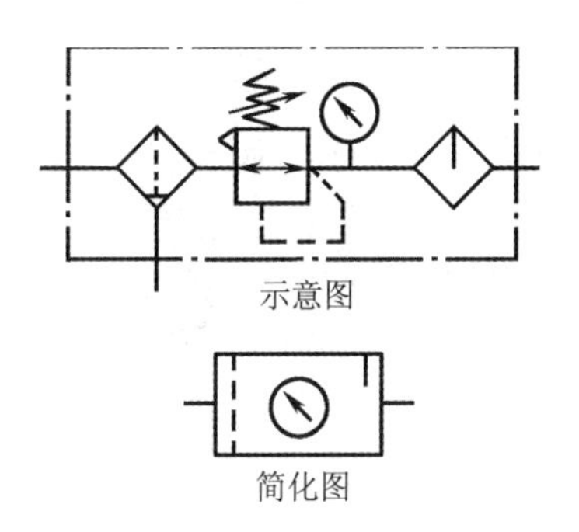

图 6-92　气源三联件

2）顺序阀

如图 6-93 所示，顺序阀是指依靠回路中压力的变化来控制执行机构按顺序动作的压力阀。

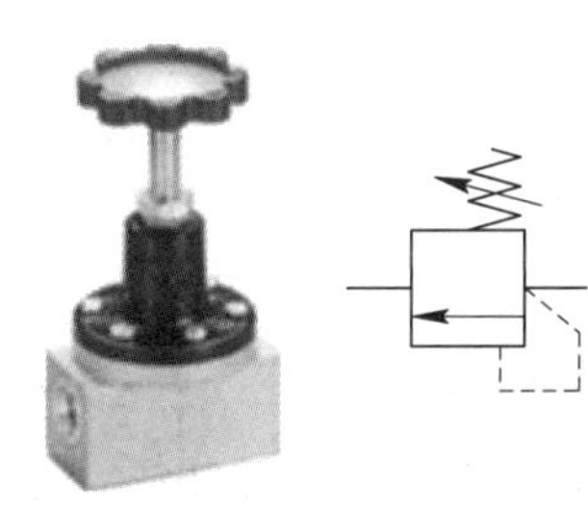

图 6-93　顺序阀

3）溢流阀

如图 6-94 所示，溢流阀在系统中起过载保护作用。当储气罐或气动回路内的压力超过某气压溢流阀的调定值时，溢流阀打开向外排气。当系统的气体压力在调定值以内时，溢流阀关闭；当气体压力超过该调定值时，溢流阀打开。

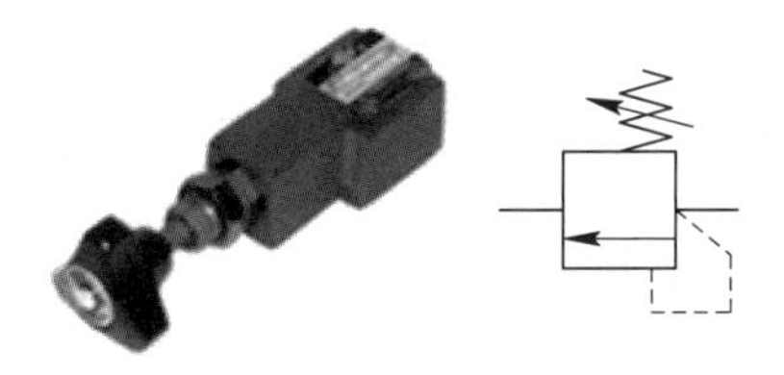

图 6-94　溢流阀

3. 流量控制阀

流量控制阀是指通过改变阀的流通面积来实现流量控制的元件。

1）排气节流阀

如图 6-95 所示，排气节流阀安装在气动元件的排气口处，调节排入大气的流量，以此控制执行元件的运动速度。它不仅能调节执行元件的运动速度，还能起到降低排气噪声的作用。

笔记

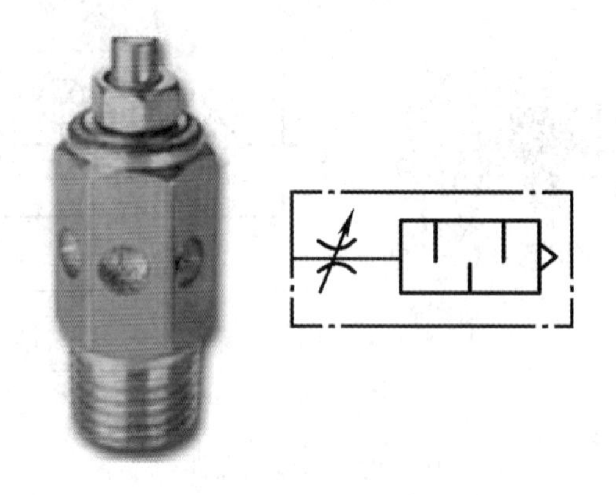

图 6-95　排气节流阀

2) 单向节流阀

如图 6-96 所示，当气流正向流入时，节流阀起作用，调节执行元件的运动速度；当气流反向流入时，单向阀起作用。

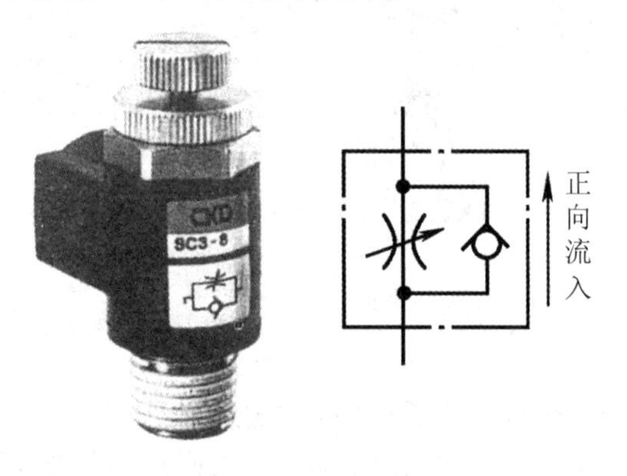

图 6-96　单向节流阀

任务实施

根据实际情况，让学生在教师的指导下应用仿真软件进行技能与双创训练。

技能训练

一、气压传动基本回路

1. 方向控制回路

方向控制回路是通过进入执行元件压缩空气的通、断或变向来实现气动系统执行元件的起动、停止和换向作用的回路。

1) 单作用气缸换向回路

如图 6-97(a)所示：当电磁铁通电时，活塞杆向上伸出；当电磁铁断电时，活塞杆在弹簧作用下返回。

如图 6-97(b)所示：当两电磁铁均断电时，换向阀在弹簧的作用下处于中位，使气缸可以停在任意位置，但定位精度不高。

笔记

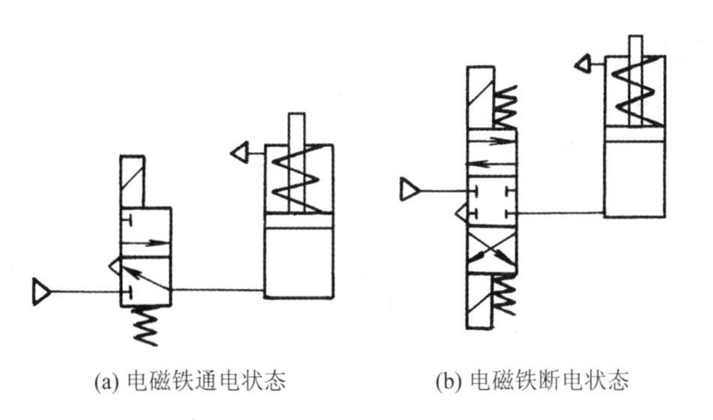

(a) 电磁铁通电状态　　(b) 电磁铁断电状态

图 6-97　单作用气缸换向回路

2) 双作用气缸换向回路

如图 6-98(a)所示，用单气控二位五通的换向回路。如图 6-98(b)所示，当有气控信号 K 时，活塞杆推出；反之，活塞杆退回。如图 6-98(c)所示，当手动阀换向时，由手动阀控制的压缩空气推动二位五通气控换向阀换向，气缸活塞外伸；松开手动阀，活塞杆返回。如图 6-98(d)、(e)、(f)所示，两端控制电磁铁线圈或按钮不能同时操作，否则将出现误动作，其回路相当于双稳的逻辑功能。图 6-98(f) 还有中位停止位置，但中停定位精度不高。

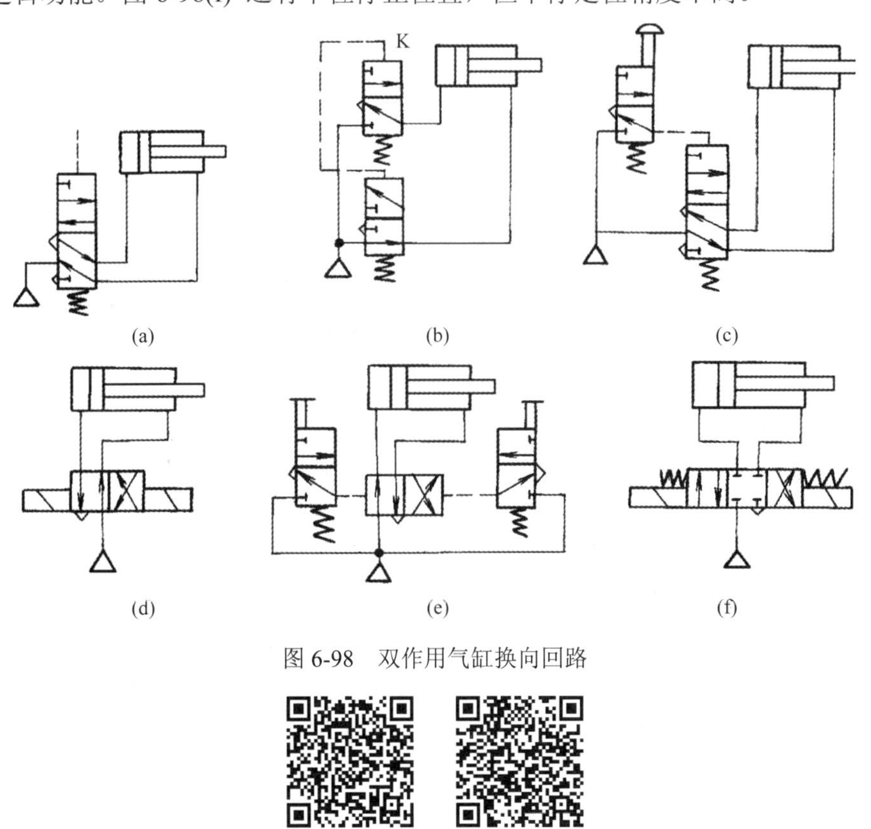

(a)　(b)　(c)

(d)　(e)　(f)

图 6-98　双作用气缸换向回路

(a)　(b)

双作用气缸换向回路仿真模拟

笔记

2. 压力控制回路

压力控制回路是使回路中的压力保持在一定范围内，或使回路得到高、低不同压力的基本回路。

1) 一次压力控制回路

如图 6-99 所示，主要用来控制气罐内的压力，使它不超过规定的压力。回路可以采用外控溢流阀或电接点压力表来控制。采用溢流阀控制时：若气罐内压力超过规定压力值时，溢流阀接通，压缩机输出的压缩空气由溢流阀 1 排入大气，使气罐内压力保持在规定范围内。这种结构简单、工作可靠，但气量浪费大。采用电接点压力表 2 控制时：直接控制压缩机的停止或转动，这样也可保证气罐内压力在规定的范围内。这种结构对电机及控制要求较高，常用于小型空气压缩机。

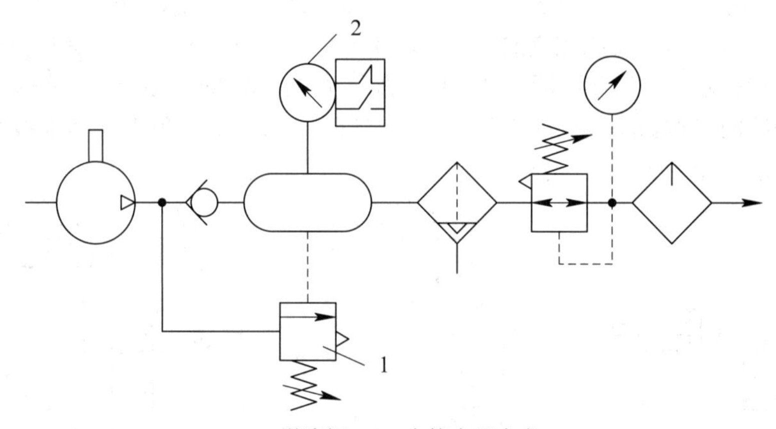

1—溢流阀；2—电接点压力表

图 6-99 一次压力控制回路

2) 二次压力控制回路

如图 6-100 所示，二次压力控制回路主要是对气动控制系统的气源压力进行控制，输出压力的大小由溢流式减压阀调整。在该回路中，常联合使用排水过滤器、减压阀、油雾器，这称为气源处理装置。通常又称为气动三联件，已有组合件生产。供给逻辑元件的压缩空气不需要加入润滑油，这可省去油雾器或可在油雾器之前用三通接头引出支路，如图 6-101 所示。

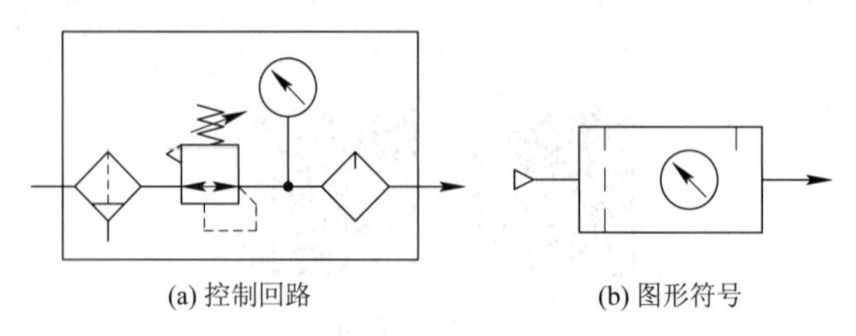

(a) 控制回路　　(b) 图形符号

图 6-100 二次压力控制回路

笔记

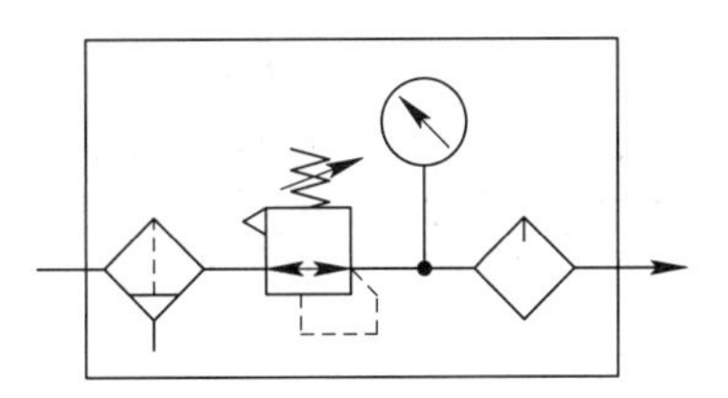

图 6-101　省去油雾器

3) 高低压转换回路

图 6-102(a)所示由两个减压阀分别调出 p_1 和 p_2 两种不同的压力，气压系统就能得到所需要的高压和低压输出。图 6-102(b)所示为利用两个减压阀和一个换向阀构成的高低压力 p_1 和 p_2 的自动转换回路。

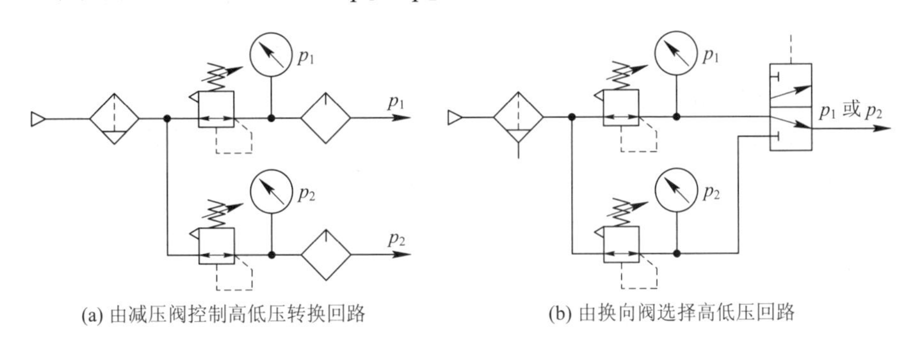

(a) 由减压阀控制高低压转换回路　　(b) 由换向阀选择高低压回路

图 6-102　高低压转换回路

3. 速度控制回路

1) 单作用气缸速度控制回路

如图 6-103(a)所示，两个反向安装的单向节流阀，可分别实现进气节流和排气节流来控制活塞杆的伸出及缩回速度。

如图 6-103(b)所示，气缸上升时可调速，气缸下降时可通过快排气阀排气，使气缸快速返回。

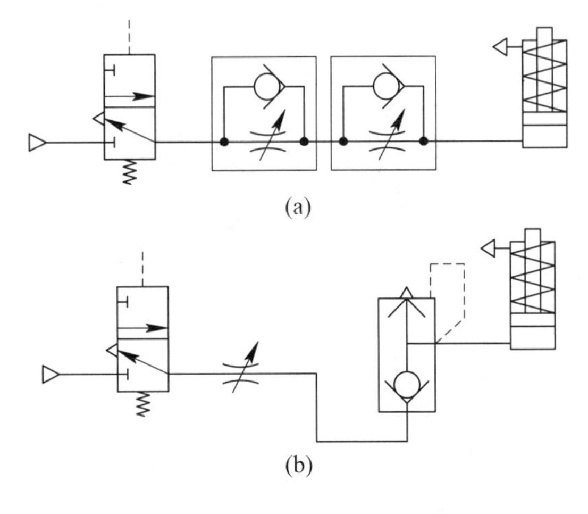

图 6-103　单作用气缸速度控制回路

笔记

(a)　　(b)

单作用气缸速度控制回路仿真模拟

2) 双作用气缸速度控制回路

图 6-104(a)为进气节流调速。当换向阀在图示位置时，气流经节流阀进入气缸 A 腔，B 腔排出的气体经换向阀快排。进气节流也有不足，一是当负载方向与活塞运动方向相反时，活塞运动易出现不平稳现象，即“爬行”现象；二是当负载方向与活塞运动方向一致时，由于排气经换向阀快排，几乎没有阻尼情况，负载易产生“跑空”现象，使气缸失去控制。进气节流调速多应用于垂直安装的气缸。

图 6-104(b)为排气节流调速。当换向阀在图示位置时，压缩空气经换向阀直接进入气缸 A 腔，B 腔排出的气体经节流阀、换向阀排入大气。其主要特点是气缸速度随负载变化较小，运动较平稳，能承受负值负载。

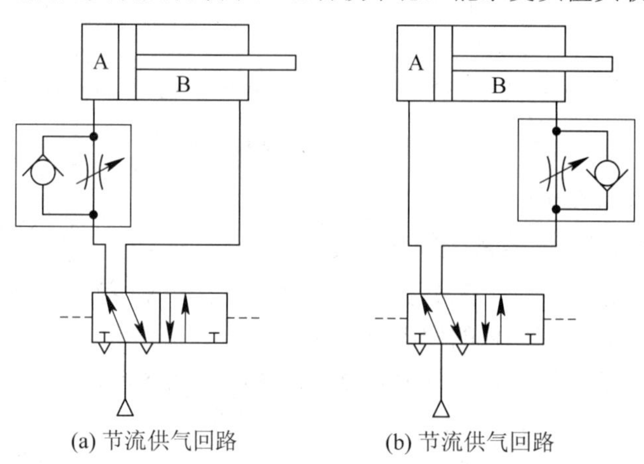

(a) 节流供气回路　　(b) 节流供气回路

图 6-104　双作用气缸速度控制回路

(a)　　(b)

双作用气缸速度控制回路仿真模拟

3) 气液转换速度控制回路

如图 6-105 所示，该回路利用气液转换器 1、2 将气压变成液压，利用液压油驱动液压缸 3，得到平稳易控制的活塞运动速度。这种回路充分发挥了气动供气方便和液压速度容易控制的特点。

笔记

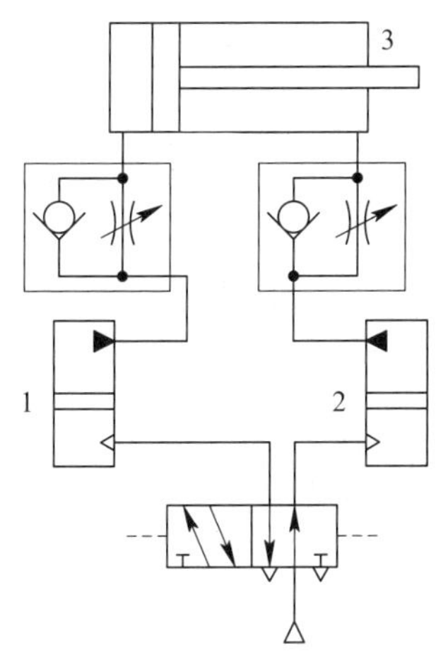

1、2—气液转换器；3—液压缸

图 6-105　气液转换速度控制回路

4) 气液阻尼缸调速回路

如图 6-106(a)所示，慢进快退回路。改变单向节流阀开度，可控制活塞前进速度。活塞返回时，气液阻尼缸中液压缸无杆腔油液经单向阀快速流入有杆腔，返回速度较快。高位油箱起到补充泄漏油液的作用。

如图 6-106(b)所示，快进快退回路。当有 K_2 信号时，五通阀换向，活塞向左运动，液压缸无杆腔中的油液经 a 口进入有杆腔，气缸快速向左前进；当活塞将 a 口关闭时，液压缸无杆腔中的油液从 b 口经节流阀进入有杆腔，活塞工进。当 K_2 信号消失，有 K_1 输入信号时，五通阀换向，活塞向右快速返回。

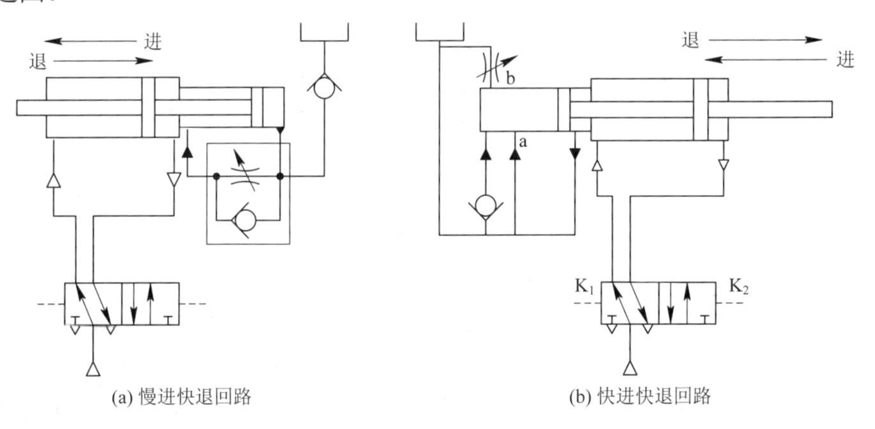

(a) 慢进快退回路　　(b) 快进快退回路

图 6-106　气液阻尼缸调速回路

5) 缓冲回路

如图 6-107 所示，当活塞向右运动时，右腔气体经行程阀及三位五通阀排掉。当活塞前进到预定位置压下行程阀时，气体只能经节流阀排除，使活塞运动速度减慢，达到了缓冲目的。调整行程阀的安装位置就可以改变缓冲的开始时间。缓冲回路主要应用于惯性力较大的气缸。

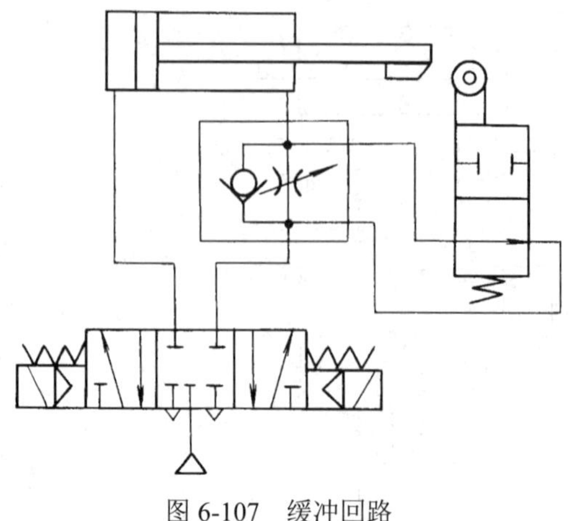

图 6-107　缓冲回路

缓冲回路仿真模拟

4. 增压回路

图 6-108 所示为由气液转换器和增压器组成的增压回路。图 6-108 所示为带有冲头的工作缸，其工作循环为：快进→工进→快退，工进时需要克服大的负载。

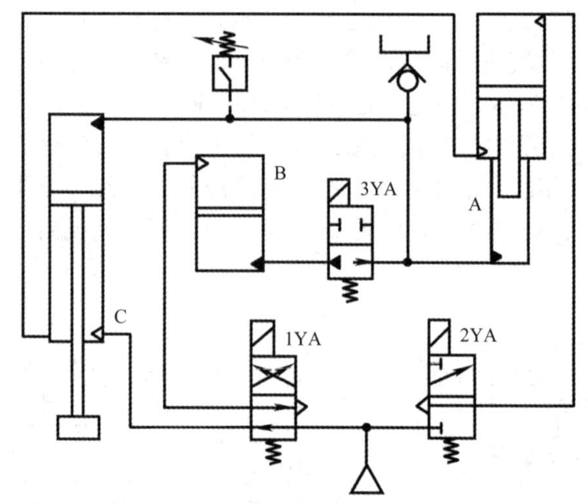

1YA～3YA—电磁铁；A—增压器；B—气液转换器；C—工作缸

图 6-108　增压回路

当电磁铁 1YA 通电，气源的压缩空气进入气液转换器 B 输出低压油液，进入工作缸 C 上腔，使活塞杆快速运动。当冲头接触负载后，C 缸上腔压力增加，压力继电器输出信号，电磁铁 2YA、3YA 通电。此时增压器 A 输出高压油进入 C 缸上腔使其完成工进动作。当电磁铁 1YA 通电，气源的压缩空气进入气液转换器 B 输出低压油液，进入工作缸 C 上腔，使活塞杆快速运动。当冲头接触负载后，C 缸上腔压力增加，压力继电器输出信号，电磁铁 2YA、3YA 通电。此时增压器 A 输出高压油进入 C 缸上腔使其完成工进动作。

二位二通电磁阀的作用是防止高压油进入气液转换器。当 1YA、2YA、3YA 都通电时，压缩空气进入 C 缸下腔，使活塞杆快速退回。

笔记

5. 延时回路

图 6-109(a)所示是延时断开回路。当按下阀 A 后，阀 B 立即换向，活塞杆伸出，同时压缩空气经节流阀进入气容 C。经过一定时间，气容 C 中的压力升高到一定值后，阀 B 自动换向，活塞返回。

图 6-109(b)所示是延时接通回路。当按下阀 A 后，压缩空气经阀 A 和节流阀进入气容 C。经过一定时间，气容 C 中的压力升高到一定值时，B 阀才换向，使气路接通压缩空气。拉出阀 A，阀 B 换向，气路排气。

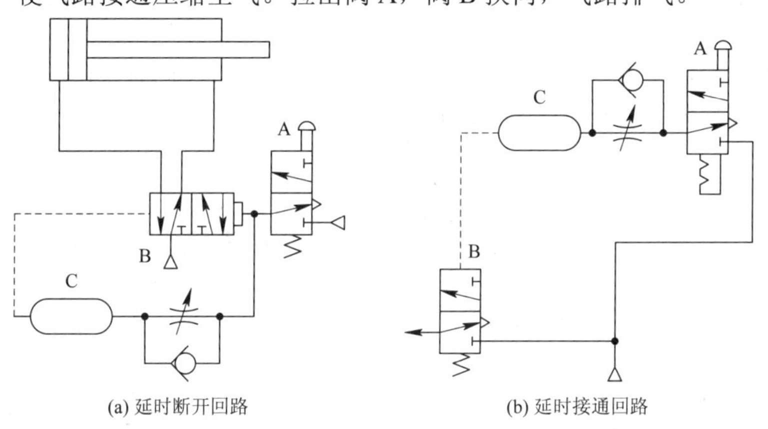

(a) 延时断开回路　　(b) 延时接通回路

图 6-109　延时回路

6. 互锁回路

如图 6-110 所示，利用梭阀 1、2、3 及换向阀 4、5、6 进行互锁。防止各缸活塞同时动作，保证只有一个活塞动作。例如，当换向阀 7 被切换，则换向阀 4 也换向，使 A 缸活塞杆伸出。同时，A 缸进气管路的气体使梭阀 1、2 动作，把换向阀 5、6 锁住。此时即使换向阀 8、9 有气控信号，B、C 缸也不会动作。如要改变缸的动作，必须把前一个动作缸的气控阀复位，以此达到互锁的目的。

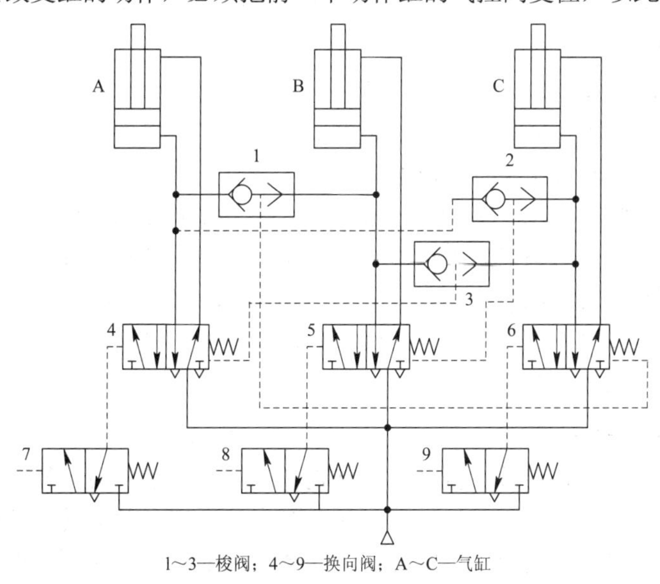

1～3—梭阀；4～9—换向阀；A～C—气缸

图 6-110　互锁回路

互锁回路仿真模拟

笔记

7. 双手同时操作回路

如图 6-111(a)所示，只有两手同时操作手动阀 1、2 切换主阀 3 时，气缸活塞才能下落。如果阀 1 或 2 的弹簧折断而不能复位，单独按下一个手动阀，气缸活塞也可下落，所以此回路并不十分安全。

如图 6-111(b)所示，需要两手同时按下手动阀时，气容 6 中预先充满的压缩空气才能经阀 1 及气阻 5 节流，延迟一定时间后切换主阀 3，此时活塞才能下落。如果两手不同时按下手动阀，或因其中任意一个手动阀弹簧折断不能复位，气容 6 内的压缩空气都将通过手动阀 2 的排气口排空，无控制压力，阀 3 就不能切换，气缸活塞也就不能下落。在双手同时操作回路中，两个手动阀必须安装在单手不能同时操作的距离上。

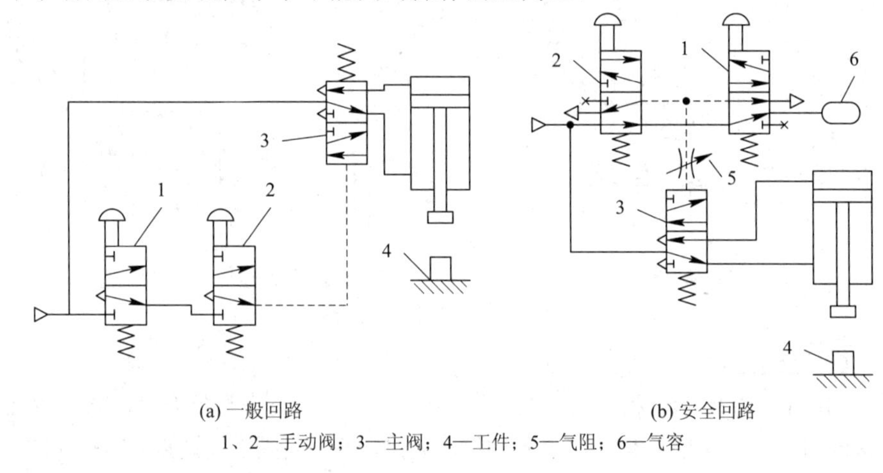

(a) 一般回路　　(b) 安全回路

1、2—手动阀；3—主阀；4—工件；5—气阻；6—气容

图 6-111　双手同时操作回路

8. 顺序动作回路

顺序动作回路是指各个气缸按一定程序完成各自动作的回路。

1) 单缸往复动作回路

单缸往复动作回路是指输入一个信号后，气缸只完成一次往复动作，如图 6-112 所示。如图 6-112(a)所示，当按下阀 1 手动按钮，压缩空气使阀 3 换向，活塞杆伸出。当滑块压下行程阀 2 时，阀 3 复位，活塞杆返回，完成一次循环。如图 6-112(b)所示，按下阀 1 的手动按钮，阀 3 阀芯右移，气缸无杆腔进气，活塞杆伸出。当活塞到达终点时，无杆腔气压升高，打开顺序阀 4，阀 3 换向，气缸返回，完成一次循环。如图(c)所示，按下阀 1 的按钮，阀 3 换向，气缸活塞杆伸出。当压下行程阀 2 后，经过一定时间后阀 3 才能换向，使气缸返回，完成一次循环动作。

2) 单缸连续往复动作回路

如图 6-113 所示，单缸连续往复动作回路是指输入一个信号后，气缸的往复动作可连续进行。当按下阀 1 按钮后，阀 4 换向，活塞向前运动，这时由于阀 3 复位将气路封闭，使阀 4 不能复位，活塞继续前进。活塞到达终点压下行程阀 2，使阀 4 控制气路排气，在弹簧作用下阀 4 复位，气缸返回。

笔记

当压下阀 3 时，阀 4 换向，活塞再次向前，如此形成了伸出和缩回的连续往复动作。当提起阀 1 的按钮后，阀 4 复位，活塞返回停止运动。

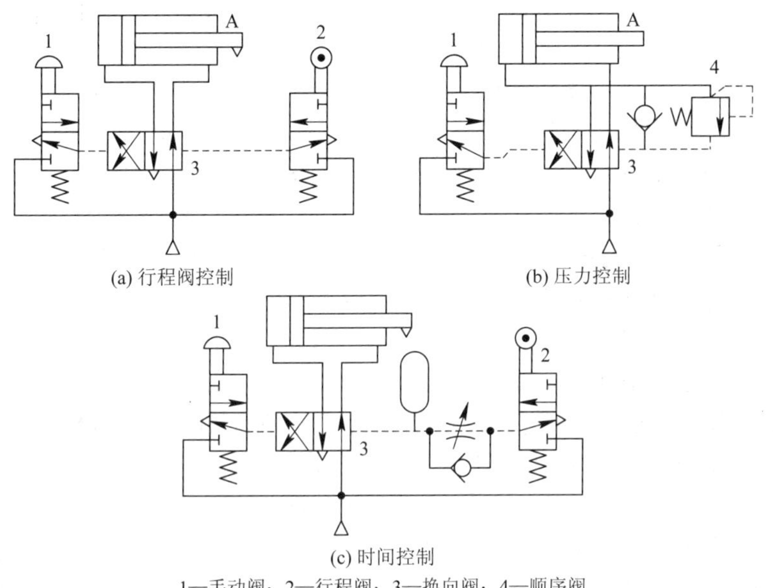

(a) 行程阀控制　(b) 压力控制

(c) 时间控制

1—手动阀；2—行程阀；3—换向阀；4—顺序阀

图 6-112　单缸往复动作回路

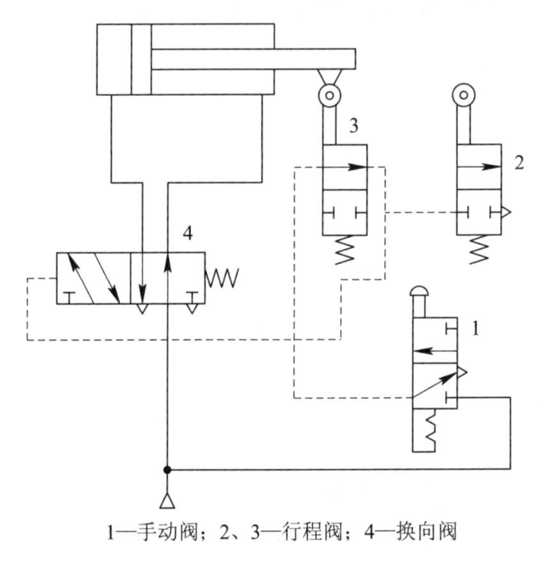

1—手动阀；2、3—行程阀；4—换向阀

图 6-113　单缸连续往复动作回路

单缸连续往复动作回路仿真模拟

现场教学

把学生带到工业机器人旁边进行现场教学，但要注意安全。

二、气压系统在工业机器人上的应用

1. 机器人的吸附式手部

吸附式手部靠吸附力取料。根据吸附力的不同，手部有气吸附和磁吸附

笔记

两种。吸附式手部适用于大平面(单面接触无法抓取)、易碎(玻璃、磁盘)、微小(不易抓取)的物体，因此适用面也较大。

气吸式手部是工业机器人常用的一种吸持工件的装置。它由吸盘(一个或几个)、吸盘架及进排气系统组成。

气吸式手部具有结构简单、重量轻、使用方便可靠等优点，主要用于搬运体积大，重量轻的零件，如冰箱壳体、汽车壳体等；也广泛用于需要小心搬运的物件，如显像管、平板玻璃等，以及非金属材料，如板材、纸张等，或材料的吸附搬运。

气吸式手部的另一个特点是不损伤工件表面，且对被吸持工件预定的位置精度要求不高，但要求工件上与吸盘接触部位光滑平整、清洁，被吸工件材质致密，没有透气空隙。

气吸式手部是利用吸盘内的压力与大气压之间的压力差工作的。按形成压力差的方法，气吸式手部可分为真空气吸、气流负压气吸、挤压排气气吸三种。

(1) 真空气吸附手部。利用真空发生器产生真空，其基本的原理如图 6-114 所示。当吸盘压到被吸物后，吸盘内的空气被真空发生器或者真空泵从吸盘上的管路中抽走，使吸盘内形成真空。而吸盘外的大气压力把吸盘紧紧地压在被吸物上，使之形成一个可以共同运动的整体。真空发生器是利用压缩空气产生真空(负压)的真空发生器，其原理是从喷嘴中放出(喷射)压缩空气产生真空。真空发生部分是没有活动部的单纯结构，所以其使用寿命较长。

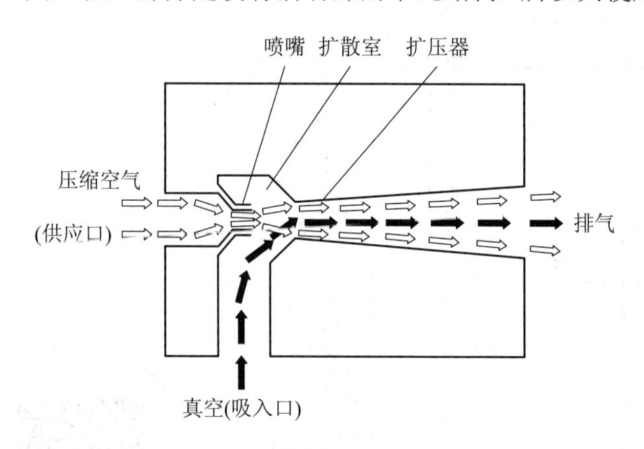

图 6-114　真空发生器基本的原理图

图 6-115 所示为产生负压的真空吸盘控制系统。吸盘吸力在理论上决定于吸盘与工件表面的接触面积和吸盘内、外压差，但实际上其与工件表面状态有十分密切的关系，工件表面状态影响负压的泄漏。采用真空泵能保证吸盘内持续产生负压，所以这种吸盘比其他形式吸盘的吸力大。

图 6-116 所示为真空气吸附手部结构。真空的产生是利用真空系统实现的，真空度较高，主要零件为橡胶吸盘 1，通过固定环 2 安装在支承杆 4 上；支承杆由螺母 6 固定在基板 5 上。取料时，橡胶吸盘与物体表面接触，橡胶吸盘的边缘起密封和缓冲作用，然后真空抽气，吸盘内腔形成真空，进行吸

笔记

附取料。放料时，管路接通大气，失去真空，物体放下。为了避免在取放料时产生撞击，有的还在支承杆上配有弹簧缓冲；为了更好地适应物体吸附面的倾斜状况，有的在橡胶吸盘背面设计有球铰链。真空吸盘按结构可分为普通型与特殊型两大类。

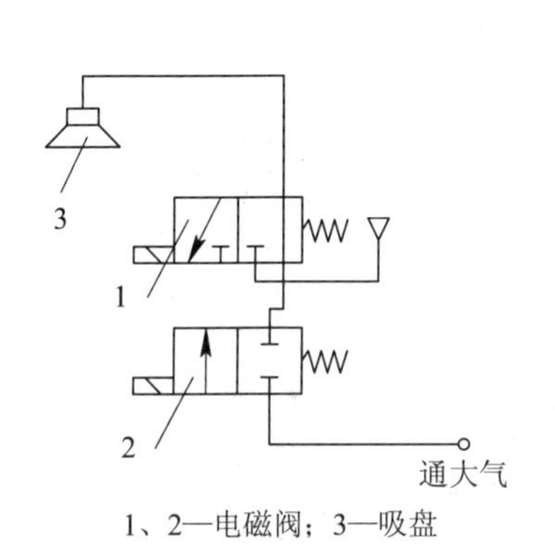

1、2—电磁阀；3—吸盘

图 6-115　真空吸盘控制系统

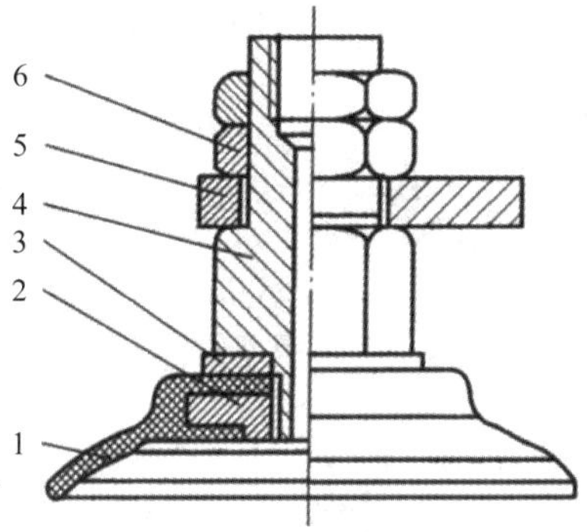

1—橡胶吸盘；2—固定环；3—垫片；
4—支承杆；5—基板；6—螺母

图 6-116　真空气吸附手部

① 普通型。普通型吸盘一般用来吸附表面光滑平整的工件，如玻璃、瓷砖、钢板等。吸盘的材料有丁腈橡胶、硅橡胶、聚氨酯、氟橡胶等。要根据工作环境对吸盘耐油、耐水、耐腐、耐热、耐寒等性能的要求，选择合适的材料。普通吸盘橡胶部分的形状一般为碗状，但异形的也可使用，这要视工件的形状而定。吸盘的形状可为长方形、圆形和圆弧形等。

常用的几种普通型吸盘的结构如图 6-117 所示。图 6-117(a)所示为普通型直进气吸盘，靠头部的螺纹可直接与真空发生器的吸气口相连，使吸盘与真空发生器成为一体，结构非常紧凑。图 6-117(b)所示为普通型侧向进气吸盘，其中弹簧用来缓冲吸盘部件的运动惯性，可减小对工件的撞击力。图 6-117(c)所示为带支撑楔的吸盘，这种吸盘结构稳定，变形量小，并能在竖直吸吊物体时产生更大的摩擦力。图 6-117(d)所示为采用金属骨架，由橡胶压制而成的碟盘形大直径吸盘，该吸盘作用面采用双重密封结构面，大径面为轻吮吸启动面，小径面为吸牢有效作用面。柔软的轻吮吸启动使得吸着动作特别轻柔，不伤工件，且易于吸附。图 6-117(e)所示为波纹型吸盘，其可利用波纹的变形来补偿高度的变化，往往用于吸附工件高度变化的场合。图 6-117(f)所示为球铰式吸盘，吸盘可自由转动，以适应工件吸附表面的倾斜，转动范围可达 30°～50°，吸盘体上的抽吸孔通过贯穿球节的孔，与安装在球节端部的吸盘相通。

② 特殊型。特殊型吸盘是为了满足特殊应用场合而专门设计的，图 6-118 所示为两种特殊型吸盘的结构。图 6-118(a)所示为吸附有孔工件的吸盘。当工件表面有孔时，普通型吸盘不能形成密封容腔，工作的可靠性得不到保证。吸附有孔工件吸盘的环形腔室为真空吸附腔，与抽吸口相通，工件上的孔与真空吸附区靠吸盘中的环形区隔开。为了获得良好的密封性，所用的吸盘材

笔记

料具有一定的柔性，以利于吸附表面的贴合。图 6-118(b)所示为可挠性轻型工件的吸盘。可挠性轻型工件(如纸、聚乙烯薄膜等)采用普通吸盘时，由于吸盘接触面积大，易使这类轻、软、薄工件沿吸盘边缘皱折，出现许多狭小缝隙，降低真空腔的密封性。而采用该结构形式的吸盘，可很好地解决工件起皱问题。其材料可选用铜或铝。

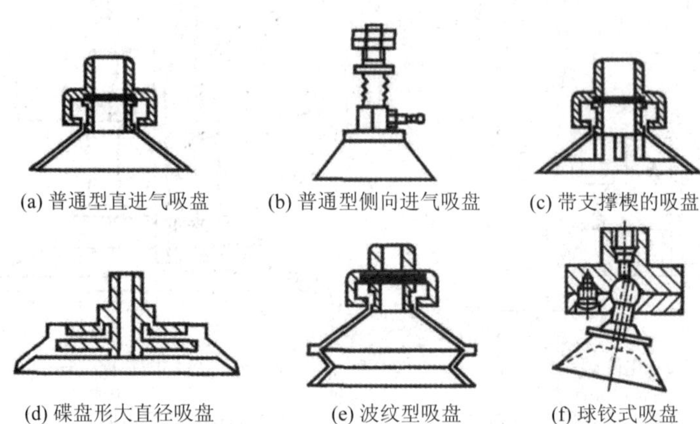

图 6-117　几种普通型吸盘的结构

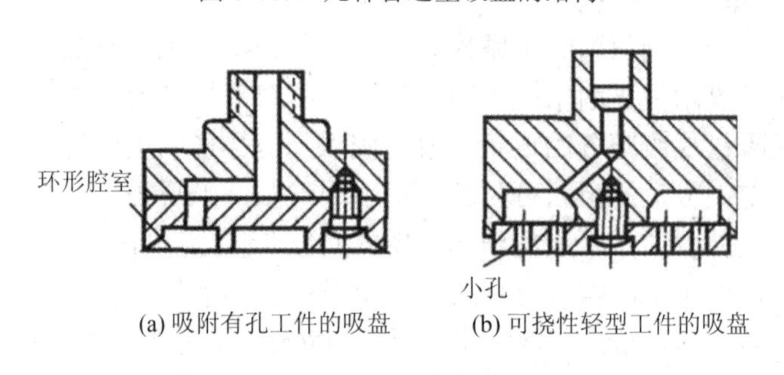

图 6-118　两种特殊型吸盘的结构

③ 自适应吸盘。图 6-119 所示的自适应吸盘具有一个球关节，使吸盘能倾斜自如，适应工件表面倾角的变化，这种自适应吸盘在实际应用中获得了良好的效果。

④ 异形吸盘。图 6-120 所示为异形吸盘中的一种。通常吸盘只能吸附一般的平整工件，而该异形吸盘可用来吸附鸡蛋、锥颈瓶等物件，扩大了真空吸盘在工业机器人上的应用。

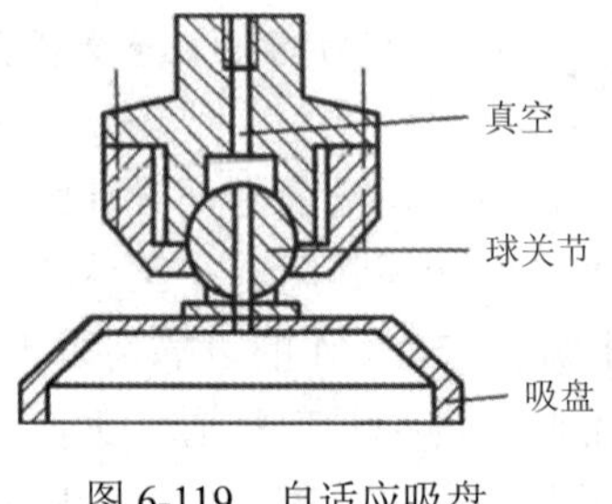

图 6-119　自适应吸盘

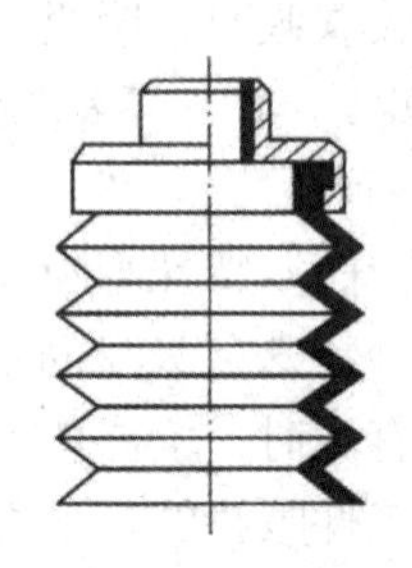

图 6-120　异形吸盘

(2) 气流负压吸附手部。图 6-121 所示为气流负压吸附手部，压缩空气进入喷嘴后利用伯努利效应使橡胶皮腕内产生负压。当需要取物时，压缩空气高速流经喷嘴 5 时，其出口处的气压低于吸盘腔内的气压，于是，腔内的气体被高速气流带走而形成负压，完成取物动作。当需要释放时，切断压缩空气即可。气流负压吸附手部需要的压缩空气，工厂一般都有空气压缩机站或空气压缩机，比较容易获得空气压缩机气源，不需要专为机器人配置真空泵，所以气流负压吸盘在工厂内使用方便、成本较低。

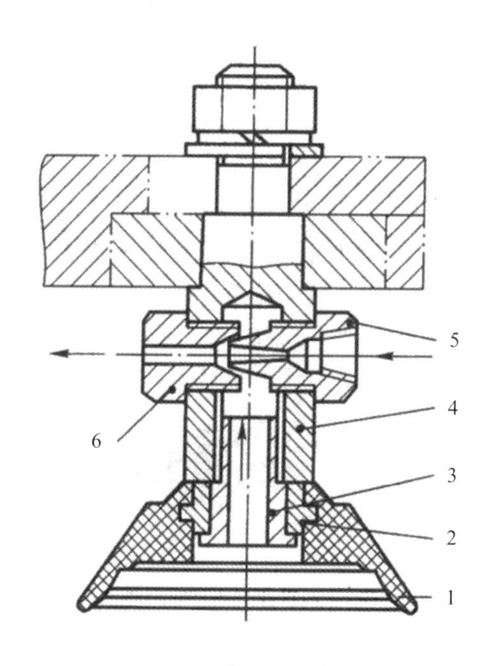

图 6-121　气流负压吸附手部

(3) 挤压排气式手部。图 6-122 所示为挤压排气式手部结构。其工作原理为：取料时手部先向下，吸盘压向工件 5，橡胶吸盘 4 形变，将吸盘内的空气挤出；之后，手部向上提升，压力去除，橡胶吸盘恢复弹性形变使吸盘内腔形成负压，将工件牢牢吸住，机械手即可进行工件搬运。到达目标位置后要释放工件时，用碰撞力或电磁力使压盖 2 动作，使吸盘腔与大气连通而失去负压，破坏吸盘腔内的负压，释放工件。

挤压排气式手部结构简单，既不需要真空泵系统也不需要压缩空气气源，比较经济方便。但要防止漏气，不宜长期停顿，可靠性比真空吸盘和气流负压吸盘差。挤气负压吸盘的吸力计算是在假设吸盘与工件表面气密性良好的情况下进行的，利用热力学定律和静力平衡公式计算内腔最大负压和最大极限吸力。对市场供应的三种型号耐油橡胶吸盘进行吸力理论计算及实测的结果表明，理论计算误差主要由假定工件表面为理想状况所造成。实验表明，在工件表面清洁度、平滑度较好的情况下牢固吸附时间可达到 30 s，能满足一般工业机器人工作循环时间的要求。

笔记

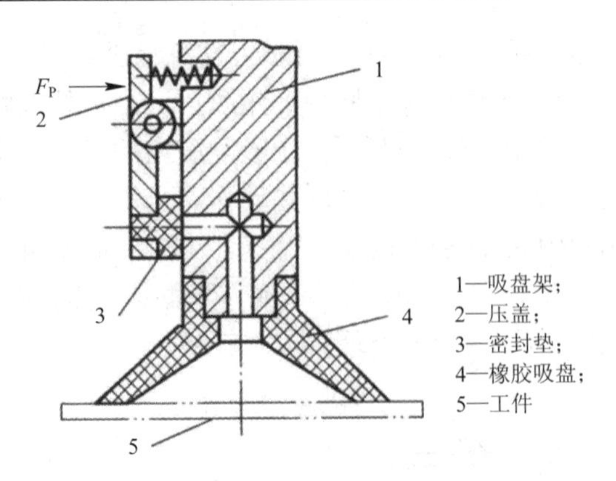

图 6-122　挤压排气式手部

2. 去毛刺加工工具

加工工具是工业机器人实现去毛刺加工的末端执行器，其包括径向浮动工具与轴向浮动工具两种。其主轴高速旋转运动由压缩空气提供动力，具有浮动功能。径向浮动工具浮动量为±8 mm，转速最高可达 40 000 r/min，质量 1.2 kg，正常工作气压 6.2 bar；轴向浮动工具浮动量为±7.5 mm，转速最高可达 5600 r/min，质量 3.3 kg，正常工作气压 6.2 bar，如图 6-123 所示。

(a) 径向浮动工具

(b) 轴向浮动工具

图 6-123　加工工具

3. 气压驱动系统

1) 气压驱动回路分析

图 6-124 所示为一典型的气压驱动回路，图中没有画出空气压缩机和储气罐。压缩空气由空气压缩机产生，其压力约为 0.5～0.7 MPa，并被送入储气罐。然后由储气罐用管道接入驱动回路。在过滤器内被除去灰尘和水分后，流向压力调整阀调压，使压缩空气的压力降至 4～5 MPa。

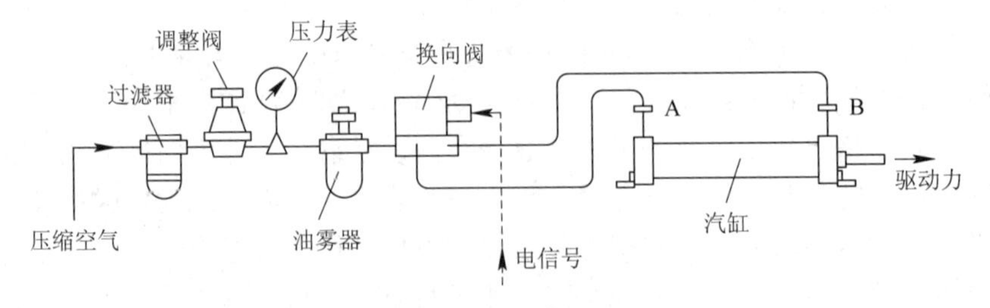

图 6-124　气压驱动回路

在油雾器中，压缩空气被混入油雾。这些油雾用以润滑系统的滑阀及汽缸，同时也起到一定的防锈作用。从油雾器出来的压缩空气接着进入换向阀，

笔记

电磁换向阀根据电信号,改变阀芯的位置使压缩空气进入汽缸的 A 腔(或者 B 腔),驱动活塞向右(或者向左)运动。

2) 典型工业机器人的气动驱动分析

ZHS-R002 机器人气动系统简图,如图 6-125 所示。SMART 和 KUKA 机器人的气动平衡原理,如图 6-126 所示。KUKA 机器人平衡系统气压回路,如图 6-127 所示。

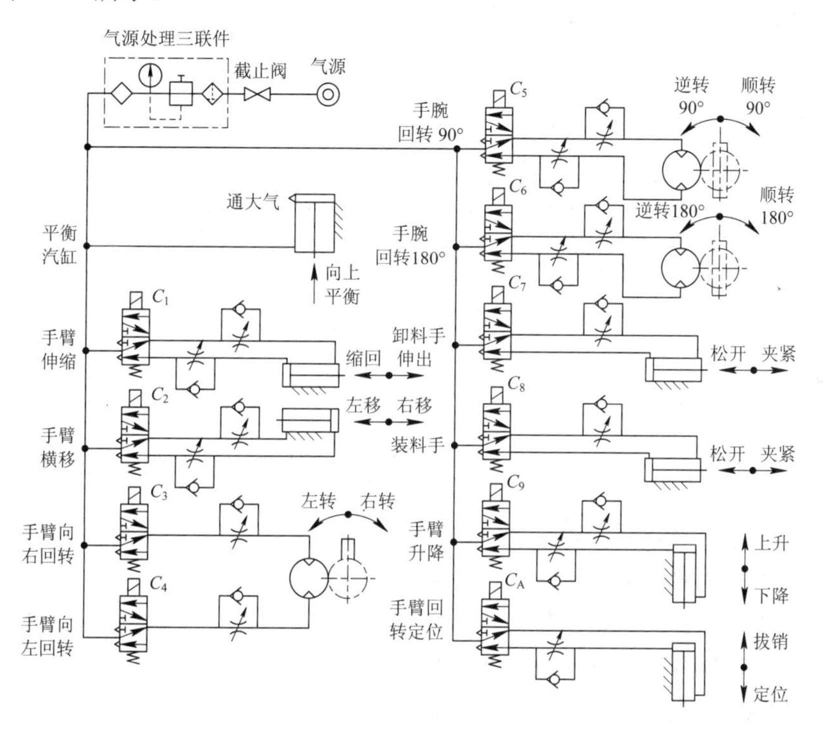

图 6-125　ZHS-R002 机器人气动系统简图

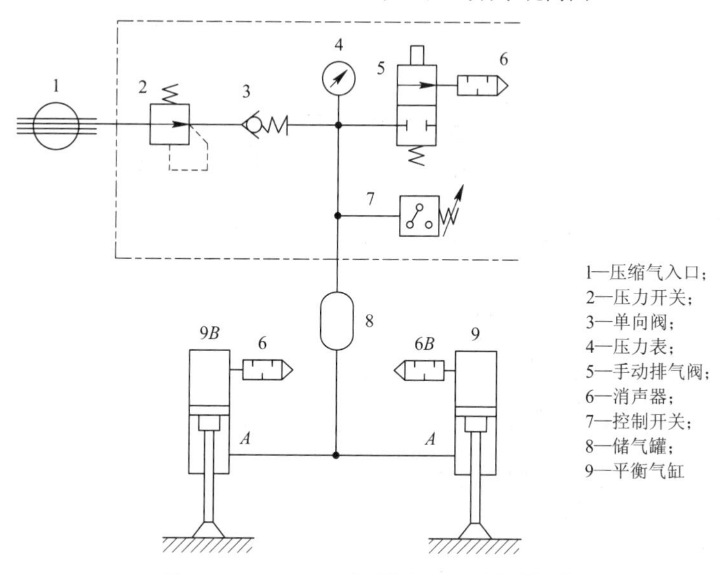

图 6-126　SMART 机器人气动平衡原理图

笔记

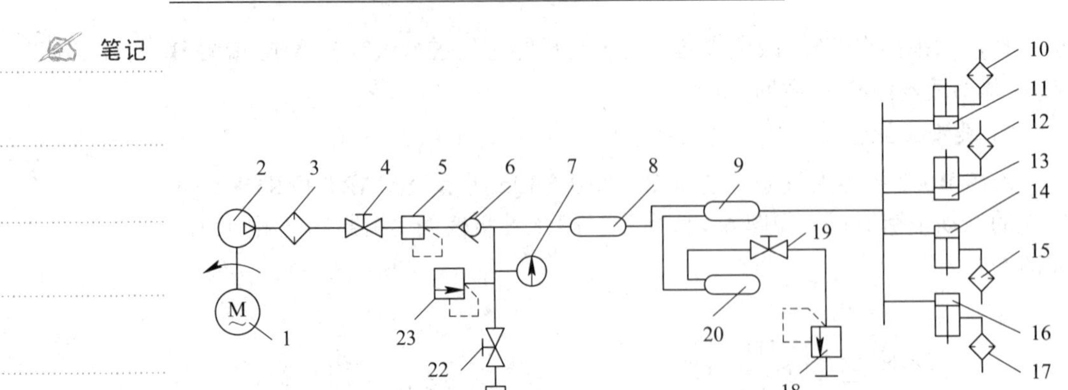

1—交流电动机；2—空气压缩机；3—压缩空气过滤器；4—压缩空气入口开关；
5—压力调节阀；6—单向阀；7—接点压力计；8、9、20—压缩空气储存罐；
10、12、15、17—空气过滤器；11、13、14、16—气缸；18—外控溢流阀；
19—压缩空气出口开关；21—消声器；22—压缩空气释气开关；23—安全阀

图 6-127 KUKA 机器人平衡系统气压回路

任务扩展

机械手气压传动系统

机械手是自动生产设备和生产线上的重要装置之一，其模拟人手的部分动作，并按着预定的控制程序、轨迹和工艺要求实现自动抓取、搬运，完成工件的上料、卸料和自动换刀，如图 6-128 所示。系统由 A、B、C、D 四个气缸组成，实现手指夹持、手臂伸缩、立柱升降和立柱回转四个动作。机械手手指部分为真空吸头，即无 A 气缸部分。

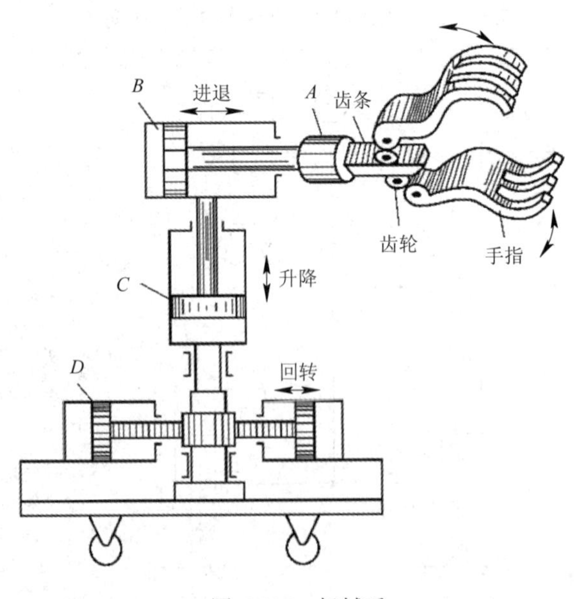

图 6-128 机械手

工作循环过程如图 6-129 所示，即立柱上升→伸臂→立柱顺时针转→真空吸头取工件→立柱逆时针转→缩臂→立柱下降。电磁铁动作顺序见表 6-11。

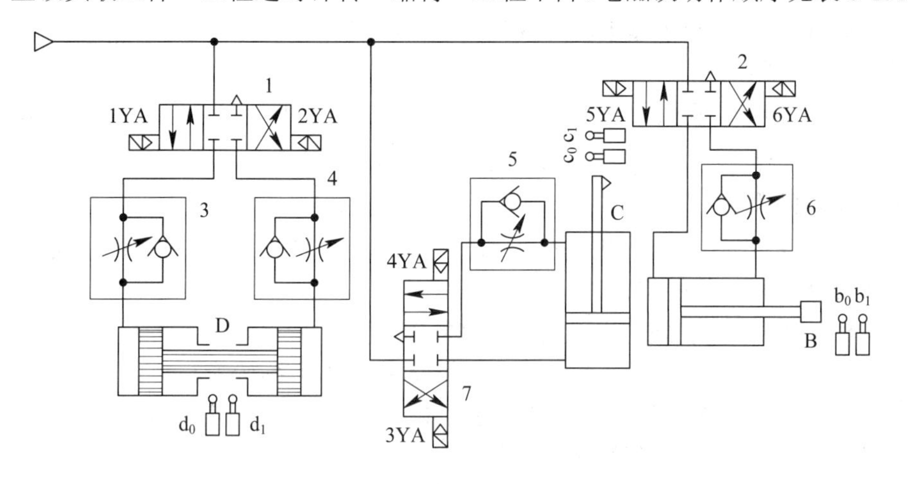

图 6-129　气动机械手工作循环过程

表 6-11　电磁铁动作顺序表

动作 \ 电磁铁	1YA	2YA	3YA	4YA	5YA	6YA
立柱上升				+		
手臂伸出				−	+	
立柱转位	+				−	
立柱复位	−	+				
手臂缩回		−				+
立柱下降			+			−

任务巩固

一、填空题

1. 换接器由换接器__________和换接器__________两部分组成。

2. 气动系统工作时要经过__________与__________之间的转换。

3. 除油器用于分离压缩空气中所含的__________和__________。

4. 空气干燥器是吸收和排除压缩空气中的__________分和__________分与杂质。

5. 气动元件上使用的消声器的类型一般有三种：__________消声器，__________消声器，__________消声器。

6. 双杆作用气缸活塞的往返运动是靠气缸两腔交替__________和__________来实现的。

7. 单向阀只能使气流沿__________方向流动，不允许气流__________倒流。

8. 排气节流阀安装在气动元件的排气口处，调节排入大气的________，

笔记

以此控制执行元件的运动速度。它不仅能调节执行元件的__________速度，还能起到降低__________噪声的作用。

9. 吸附式机械手靠吸附力取料，根据吸附力的不同有__________附和__________附两种。

10. 气吸式机械手是工业机器人常用的一种吸持工件的装置。它由__________(一个或几个)、__________及进排气系统组成。

二、判断题

(　　) 1. 空气压缩机是产生和输送压缩空气的装置，它是将气体的压力能转化为机械能的装置。

(　　) 2. 储气罐的作用只是存储气体。

(　　) 3. 吸收型消声器是当有压气体通过消声罩(吸音材料)时，气流受到阻力，声能量被部分吸收而转化为热能，从而降低了噪声强度。

(　　) 4. 单作用气缸压缩空气仅在气缸的一端进气。

(　　) 5. 方向控制阀是只控制压缩空气流动方向的一种阀。

(　　) 6. 顺序阀依靠回路中压力的变化来控制执行机构按顺序动作的压力阀。

(　　) 7. 一次压力控制回路主要用来控制气罐内的压力，使它不超过规定的压力。

(　　) 8. 气吸式机械手对整个工件表面的位置精度要求不高。

三、简答题

1. 常用的空气压缩机有哪几种？
2. 方向控制回路有哪几种？
3. 常用的速度控制回路有哪几种？

四、双创训练题

自由组建创新团队，分析所在学校工业机器人的气路，并画出气路图。

笔记

参 考 文 献

[1] 劳动和社会保障部教材办公室. 机械基础. 3版. 北京：中国劳动和社会保障出版社，2001.

[2] 左健民. 液压与气压传动. 5版. 北京：机械工业出版社，2016.

[3] 韩鸿鸾，相洪英. 工业机器人的组成一体化教程. 西安：西安电子科技大学出版社，2020.

[4] 马振福，柳青. 气动与液压传动. 2版. 北京：机械工业出版社，2021.

[5] 韩鸿鸾. 工业机器人应用编程自学·考证·上岗一本通(初级). 北京：化学工业出版社，2021.

[6] 韩鸿鸾. 工业机器人操作与运维自学·考证·上岗一本通(初级). 北京：化学工业出版社，2021.